混凝土结构原理与应用

主　　编　夏志成　袁小军
编审委员　龚自明　马淑娜　孔新立
　　　　　冷　捷　刘新宇　王　菲
　　　　　戴银所　陈明雄　苏新军

国防工业出版社
·北京·

内容简介

本书是根据国家“高等学校土木工程本科指导性专业规范”的要求，针对军事土木工程专业的人才培养方案和混凝土结构课程的特点，突出“原理与拓展相结合、军工与民用相结合、理论与实践相结合”的教学指导思想，依据《混凝土结构设计规范》(GB 50010—2010)和其他相关规范、标准，结合编者多年来的教学实践经验编写而成。

本书既可作为军事土木工程本科专业和人防工程师培训的教材，也可作为从事国防工程和人防工程的技术人员的参考书。

图书在版编目(CIP)数据

混凝土结构原理与应用／夏志成，袁小军主编.—北京：国防工业出版社，2015.10
ISBN 978-7-118-10465-3

Ⅰ.①混... Ⅱ.①夏... ②袁... Ⅲ.①混凝土结构 Ⅳ.①TU37

中国版本图书馆 CIP 数据核字(2015)第 256707 号

※

国防工業出版社出版发行
(北京市海淀区紫竹院南路 23 号 邮政编码 100048)
三河市腾飞印务有限公司印刷
新华书店经售

*

开本 787×1092 1/16 **印张** 23½ **字数** 584 千字
2015 年 10 月第 1 版第 1 次印刷 **印数** 1—3000 册 **定价** 49.00 元

国防书店：(010)88540777　发行邮购：(010)88540776
发行传真：(010)88540755　发行业务：(010)88540717

PREFACE 前言

“混凝土结构基本原理”是军事土木工程专业的一门专业基础核心课程,具有理论性强、实践性强和综合性强的特点。在课程内容方面,既有经典的力学理论和大量的结构试验,又有学科交叉产生的新技术;既有结构设计计算原理和方法,又与国家、军队的相关规范息息相关。在工程实践方面,既有民用土木工程的应用,又有军事土木工程的应用。目前,军事土木工程专业的人才培养方案对混凝土结构课程提出了更高的要求,课程教学既要达到普通高校土木工程专业的基本要求,又要突出军事土木工程领域的鲜明特色;既要强调课程基本原理的学习,更要注重理论知识与工程实践相结合。鉴于上述特点和要求,本教材除绪论外,主要内容包括混凝土结构材料的力学性能,混凝土结构的设计方法,受弯、受剪、受扭、受压和受拉承载力计算方法,混凝土构件的裂缝、变形控制和耐久性,预应力混凝土构件,混凝土梁板结构,混凝土板柱结构和混凝土防护结构等。

本教材共分13章。其中第1、3章由夏志成编写,第2章由龚自明、戴银所编写,第4、8章由袁小军编写,第5、11章由马淑娜编写,第6章由袁小军、夏志成、陈明雄编写,第7章由龚自明编写,第9章由冷捷、王菲编写,第10章由孔新立编写,第12章由刘新宇编写,第13章由苏新军、王菲编写。另外,袁小军对教材部分例题和习题进行了试做。本教材由夏志成、袁小军担任主编,由薛文、赵海燕统一排版,夏志成、袁小军、龚自明、冷捷对个别章节进行了审阅。

由于编者水平有限,不足之处在所难免,恳请广大读者批评指正。

编　者

2015年5月

CONTENTS 目录

第1章 绪论

第2章 混凝土结构材料的物理力学性能

第3章 混凝土结构设计方法

第4章 受弯构件正截面承载力计算

第5章 受弯构件斜截面承载力计算

第6章 受压构件承载力计算

第7章 受拉构件承载力计算

第8章　受扭构件承载力计算

第9章　钢筋混凝土构件的挠度、裂缝和耐久性

第10章 预应力混凝土构件

第11章 钢筋混凝土梁板结构

第12章 钢筋混凝土板柱结构

第13章 钢筋混凝土防护结构简介

第1章 绪论

本章提要:阐述了混凝土结构的基本概念,配筋的作用,钢筋和混凝土共同工作的原因,以及混凝土结构的优缺点;介绍了混凝土结构的发展阶段以及在建筑工程、桥梁工程、水利工程、地下工程、特种结构和军事工程中的应用,从材料和结构方面简介了混凝土结构的技术拓展;叙述了混凝土防护结构的基本概念、荷载特点和设计特点;最后,归纳了本课程的主要内容和主要特点,提出了学习本课程应注意的问题。

1.1 混凝土结构的一般概念

1.1.1 基本概念

以混凝土为主要材料制成的结构称为混凝土结构(concrete structure),包括素混凝土结构、钢筋混凝土结构、预应力混凝土结构等。无筋或不配置受力钢筋的混凝土结构称为素混凝土结构(plain concrete structure);配置受力的普通钢筋、钢筋网或钢筋骨架的混凝土结构称为钢筋混凝土结构(reinforced concrete structure);配置受力的预应力钢筋,通过张拉或其他方法建立预应力的混凝土结构称为预应力混凝土结构(prestressed concrete structure)。目前,混凝土结构广泛应用于工业与民用建筑、桥梁、隧道、矿井以及水利、港口、核电和军事工程建设中。

1.1.2 配筋的作用

钢筋混凝土结构或构件是由钢筋和混凝土两种不同的材料组成的,钢筋的抗拉和抗压强度都很高,而混凝土的抗压强度较高、抗拉强度很低。为了充分发挥这两种材料的性能,按照受力合理的方式把钢筋和混凝土组合在一起,使钢筋主要承受拉力,混凝土主要承受压力,取长补短,共同工作,这就形成了钢筋混凝土结构或构件。混凝土内配置钢筋的目的主要是提高结构或构件的承载能力和变形能力。

如图1.1(a)所示为素混凝土简支梁,在外加集中荷载 P 和梁自重的作用下,梁的截面上部受压,下部受拉。由于混凝土的抗拉强度很低,只要梁弯矩最大截面附近受拉边缘的混凝土一旦被拉裂,梁就会突然断裂,此时梁截面受压区的压应力还不大,其混凝土抗压强度远远没有充分利用,梁的承载力也很低。这种梁在破坏前变形很小,破坏很突然,没有任何预兆,属于脆性破坏,在工程设计中必须避免。

为了克服上述情况，在梁截面受拉区的下侧配置适量的受力钢筋，使钢筋主要承受梁受拉区的拉力，混凝土主要承受梁受压区的压力，这就构成了钢筋混凝土梁，如图1.1(b)所示。由于钢筋的抗拉强度和混凝土的抗压强度都高，当受拉区的混凝土开裂后，梁还能继续承受荷载，直到受拉钢筋达到屈服强度后，荷载还略有增加，直至受压区混凝土被压坏，梁才破坏。破坏时，钢筋与混凝土两种材料的强度都得到了充分的利用。与条件相同的素混凝土梁相比，其承载能力和变形能力也有了很大的提高。破坏前，梁的变形很大，破坏过程较缓慢，有明显的预兆，属于延性破坏，是工程设计中所要求的。

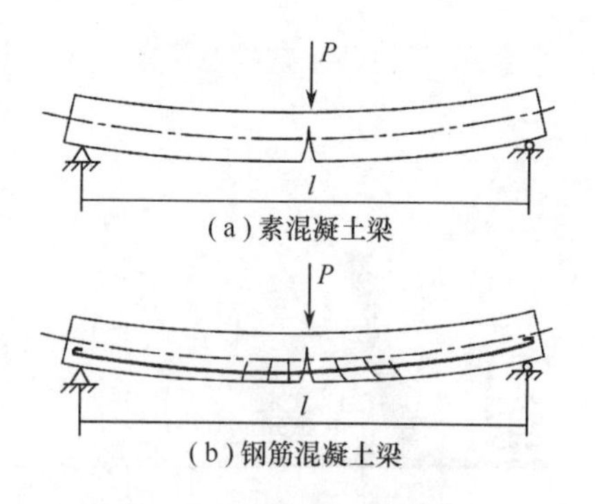

图1.1　素混凝土梁和钢筋混凝土梁的破坏情况

混凝土的抗压强度高，常用于受压构件或拱形结构，如图1.2(a)、图1.3所示。在轴心受压构件中，如图1.2(b)所示，配置纵向受压钢筋的作用是：协助混凝土承受压力，提高柱的承载能力；改善柱的脆性破坏程度；减小柱的截面尺寸；承受偶然因素引起的弯矩和拉应力。

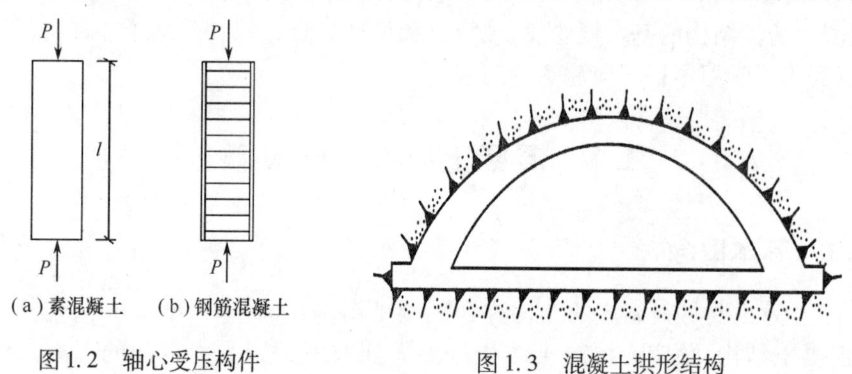

图1.2　轴心受压构件

图1.3　混凝土拱形结构

综上所述，钢筋混凝土构件中配筋的主要作用是：配置在构件受拉区的钢筋，当受拉区出现裂缝时主要代替混凝土受拉；配置在受压区的钢筋协助混凝土受压。其目的在于充分利用钢筋和混凝土各自的材料性能，提高构件的承载能力，改善其力学性能。

1.1.3　共同工作的原因

钢筋和混凝土的物理力学性能差异很大，却能有效地结合在一起共同工作，主要基于下述3个原因：

(1) 钢筋与混凝土之间存在着粘结力。混凝土硬化后，使钢筋和混凝土能结合在一起，保证在外荷载作用下两者共同受力、共同变形。因此，粘结力是钢筋和混凝土能够共同工作的基础。

(2) 钢筋和混凝土的温度线膨胀系数接近。钢材为1.2×10^{-5}/℃，混凝土为$(1.1\sim1.5)\times10^{-5}$/℃，当温度变化时，钢筋和混凝土之间的粘结力不会因两者之间产生过大的相对变形而破坏。

(3) 混凝土对钢筋具有保护和固定作用。混凝土始终包裹着钢筋，使钢筋不易锈蚀，受压时不易失稳，火灾时可避免钢筋很快软化而导致结构破坏。因此，合适的混凝土保护层厚度是保证钢筋和混凝土共同工作的必要措施。

1.1.4 主要优缺点

混凝土结构的主要优点如下：

(1) 就地取材。砂、石是混凝土中的主要组分，均可就地取材。另外，可有效利用矿渣、粉煤灰等工业废料和建筑垃圾制造再生骨料，变废为宝，低碳节能。

(2) 用材合理。充分发挥了钢筋抗拉强度高和混凝土抗压强度高的材料性能。与钢结构相比，可以节约钢材，降低造价。

(3) 可塑性好。根据工程建设需要，可以浇筑成各种形状和尺寸的结构，如箱形结构、拱形结构、圆形结构等。

(4) 整体性好。对于现浇混凝土结构或装配整体式混凝土结构，整体性好，这有利于结构抗震、抗爆和防水、防毒等。

(5) 耐火性好。在300℃范围以内混凝土强度基本不降低。由于钢筋表面具有一定厚度的混凝土保护层，使混凝土包裹着钢筋，可避免火灾时钢筋很快软化，结构发生倒塌破坏。

(6) 耐久性好。在正常环境条件下，混凝土包裹着钢筋，可避免钢筋锈蚀。通常混凝土强度越高，其耐久性越好，维修费用越少。对特殊环境下的混凝土结构，只要经过耐久性设计，一般也能满足工程使用要求。

正因为混凝土结构具有上述优点，所以在土木工程领域得到日益广泛的应用。但混凝土结构也存在一些缺点，主要是结构自重大，抗裂性差，隔热、隔声性能较差，施工复杂且受季节气候影响，现役结构如遭损伤则修复困难等，这些缺点也同样限制了混凝土结构的应用范围。随着科学技术的不断发展，新材料、新技术、新方法的不断应用，上述缺点在一定程度上已经克服或逐渐改善。如采用轻质高强混凝土能减轻结构自重，采用预应力混凝土和钢纤维混凝土能提高结构的抗裂性能，采用植筋技术能修复结构损坏，采用粘贴钢板或粘贴碳纤维布能进行结构加固等。

1.2 混凝土结构的发展及工程应用

1.2.1 发展阶段

19世纪中期，混凝土结构开始得到应用，至今已有160多年的历史。与钢结构、木结构和砌体结构相比，它出现较晚，但由于具有独特的物理力学性能、丰富的材料来源和相对低廉的工程造价，其发展速度极快，目前已成为世界各国应用最为广泛的结构。其发展可大致划分为4个阶段。

第一阶段(1850—1920年)。这一阶段仅能建造中小型的梁、板、拱、柱和基础等构件，原因在于采用的钢筋和混凝土强度都普遍很低。计算理论尚未建立，按弹性理论设计方法即容许应力法进行构件设计。

第二阶段(1920—1950年)。这一阶段能建造各种空间结构，钢筋和混凝土强度有所提高。发明了预应力混凝土结构，并逐渐应用于实际工程。计算理论开始考虑材料塑性，按破损阶段计算构件截面承载力。

第三阶段(1950—1980年)。这一阶段混凝土单层房屋和桥梁结构的跨度不断增大，预制构件广泛运用，高层建筑体系基本形成，混凝土高层建筑已达262m，原因在于钢筋和混凝土强度都普遍提高，各种现代化施工方法得以发展。计算理论开始考虑荷载和材料的变异性，并过渡到按极限状态设计方法进行构件设计。

第四阶段(1980 年—至今)。大模板现浇和大板等工业化体系进一步发展，高层建筑结构体系有新的发展，超高层建筑日益增多。振动台试验、拟动力试验和风洞试验较普遍地开展。计算机辅助设计(CAD)有效地改进了设计方法，既提高设计效率，又提高了设计质量。非线性有限元分析方法的广泛应用，实现了复杂结构的全过程受力模拟，产生了“近代混凝土力学”这一学科分支。结构设计方法已采用以概率理论为基础的极限状态设计方法。新材料和新结构不断出现，各学科之间的相互渗透，促使混凝土结构不断发展。

1.2.2 工程应用

混凝土结构作为现代最主要的工程结构之一，在土木工程建设领域应用极其广泛，成就非常显著。

1. 建筑工程

我国是采用混凝土结构最多的国家。在高层建筑工程(constructional engineering)中多采用混凝土结构和钢与混凝土组合结构。例如目前世界上最高的建筑阿联酋迪拜大厦，160 层，高 828m，其主体结构采用钢与混凝土组合结构，如图 1.4 所示。上海环球金融中心是目前我国大陆最高的建筑，101 层，高 492m，其主体结构也是钢与混凝土组合结构，如图 1.5 所示。在多层住宅中，虽然墙体大多采用砌体结构，但其楼板几乎全部采用现浇混凝土楼盖或预制混凝土楼板。

图 1.4　阿联酋迪拜大厦

图 1.5　上海环球金融中心

2. 桥梁工程

桥梁工程(bridge engineering)的中小跨度桥梁绝大部分是采用混凝土结构建造的，常用的结构形式有梁、拱、桁架等；大跨度桥梁较多也是采用混凝土结构建造。例如，1991 年建造的挪威 Skarnsundet 预应力混凝土斜拉桥，跨度达 530m。重庆长江二桥为预应力混凝土斜拉桥，跨度达 444m。虽有采用钢悬索、钢斜拉索，但其桥面构件多采用混凝土构件。如上海杨埔大桥为斜拉桥，主跨 602m，其桥塔和桥面均为混凝土结构。

3. 水利工程

水利工程(water resources engineering)中的水电站、拦洪坝、引水渡槽、污水排灌管等均采用钢筋混凝土结构。世界上最高的混凝土重力坝是瑞士狄克桑斯大坝，坝高 285m，坝顶宽 15m，坝底宽 225m，坝长 695m。我国长江三峡水利枢纽工程是世界上最大的水利工程，混凝土大坝高 186m，坝体混凝土用量达 1527 万 m^3。另外，举世瞩目的南水北调大型水利工程，沿线将建造很多预应力混凝土渡槽。

4. 地下工程

地下工程(underground engineering)多采用混凝土结构建造。我国许多城市都建有地下商业街、地下停车场、地下仓库、地下工厂、地下旅店等；目前，除了北京、上海、天津、广州、南京等城市已有地铁外，许多城市正在建造地铁。日本 1994 年建成的青函海底隧道全长 53.8km，我国仅上海就修建了 4 条过江隧道。号称“万里长江第一隧”的南京长江隧道，全长 6042m，于 2010 年 5 月通车，如图 1.6 所示。

5. 特种结构

特种结构(special structure)中的烟囱、水塔、筒仓、储水池、电视塔、核电站反应堆安全壳、近海采油平台等，很多是采用混凝土结构建造的。例如，1989 年挪威建成的混凝土近海采油平台，水深 216m。瑞典建成容积为 10000m^3 的预应力混凝土水塔。目前世界上最高的电视塔是加拿大多伦多电视塔，塔高 553.3m，是预应力混凝土结构，如图 1.7 所示。其他混凝土结构高耸建筑物还有莫斯科奥斯坦金电视塔(高 533.3m)、天津电视塔(高 415.2m)、北京中央电视塔(高 405m)等。

图 1.6 南京长江隧道

图 1.7 加拿大多伦多电视塔

6. 军事工程

目前，军事工程(military engineering)中筑城工事、洞库、军港码头、机场、发射阵地等多数采用混凝土结构建造。至 20 世纪 80 年代初，我国共修建坑道工程约 5600km，堪称构筑起一条地下“万里长城”；掘开式钢筋混凝土永备工事 35000 多个；人防工程 3500 万 m^2，可掩蔽全国 7000 万城市人口的 50%。在世界上，瑞士、瑞典、以色列、丹麦、挪威和中国是建造人防工程较多的国家。

1.2.3 技术拓展

随着科学技术的发展，新型混凝土及其结构形式不断涌现，并日益运用于土木工程建设中。改善材料和结构的性能一直是混凝土结构学科坚持不懈的研究课题。从材料和结构组成方面着手，主要是向轻质高强方向发展，以提高混凝土结构的抗裂、抗渗、抗疲劳、抗冻融、抗震、抗冲击、抗爆炸和耐久等性能，同时使其更易于成型、方便施工。

1. 轻质混凝土

轻质混凝土(light - weight concrete)主要采用轻质骨料制成,容重一般为14～18kN/m^3,目的在于减轻混凝土结构的自重。轻质骨料主要有天然轻集料、人造轻集料和工业废料。用轻质混凝土浇筑成的结构,其自重可比用普通混凝土减少20%～30%,这意味着在同样地基承载力的条件下可多建几层结构。由于重量减轻,在地震区可有效地减小地震作用,节约材料,降低造价。利用轻质混凝土制作野战工事(field works)构件,可以有效解决工事抗力与构筑速度之间的矛盾。

为了落实"节能、降耗、减排、环保"可持续发展的基本国策,利用建筑垃圾、工业废渣制作再生骨料而构成的再生混凝土,已经在土木工程建设中得到应用。

2. 高性能混凝土

我国将强度大于C50的混凝土称为高强混凝土(high strength concrete),C80以上的混凝土称为超高强混凝土。高强混凝土具有强度高、变形小、耐久性好等特点,在相同荷载条件下可使构件截面减少,但在受压时表现出较少的塑性和更大的脆性,因此其结构构件计算方法和构造措施上与普通混凝土有一定的差别,在地震区应用也受到一定的限制,具体按我国现行规范中有关规定执行。在高强混凝土中掺入适量的钢纤维能提高其抗冲击韧性,可制作抗御武器侵彻的遮弹材料。

随着已建成的混凝土结构出现耐久性破坏的现象,人们开始重视高耐久性混凝土研究,并将高强混凝土改称为高性能混凝土(high performance concrete)。高性能混凝土是具有高强度、高耐久性、高流动性及高抗渗透性的混凝土,是混凝土材料今后发展的重点和方向,也是适应现代工程结构向大跨度、高抗力、高耸方向发展和承受恶劣环境条件的需要。

3. 纤维混凝土

纤维混凝土(fiber concrete)是在普通混凝土中掺入适量的各种纤维材料,可以较大地提高其抗拉、抗剪、抗折强度和抗裂、抗疲劳、抗冻融、抗冲击爆炸等性能,因而得到快速发展并在土木工程建设中得到应用。目前应用较多的纤维材料有钢纤维、合成纤维、玻璃纤维和碳纤维等。

钢纤维混凝土(steel fiber concrete)是在普通混凝土中掺入少量低碳钢、不锈钢的纤维后形成的一种比较均匀而多向增强的高性能混凝土,有无筋钢纤维混凝土结构和钢纤维钢筋混凝土结构。钢纤维混凝土以其优越的性能,广泛应用于机场跑道、地下工程衬砌、军港码头、火箭发射场、水工结构、道路桥梁和刚性防水屋面等。

4. 活性粉末混凝土

活性粉末混凝土(reactive powder concrete)是一种超高强度、超高韧性和高耐久性的超高性能混凝土,简称RPC,它由级配良好的砂子、水泥、硅粉、高效减水剂以及适量的纤维等组成。由于大颗粒骨料的剔除、组分细度的增加和超细粉末的活性,导致结构密度大,空隙率低,抗渗能力强,流动性好,耐久性、耐火性和耐腐蚀性好等;掺入纤维后致使韧性提高,变形性能改善,比现有高性能混凝土的性能又有了质的飞跃,其综合结构性能超过了钢结构。

5. 钢与混凝土组合结构

组合结构是由两种或两种以上性质不同的材料组合成整体,共同受力、协调变形的结构。钢与混凝土组合结构(steel - concrete composite structures)是指利用型钢或用钢板焊接成钢骨架,再在其上、四周或内部浇注混凝土,使型钢与混凝土形成整体而共同受力、变形协调的结构。目前通常分为五大类,即钢与混凝土组合梁(composite beams of steel and concrete)、压型钢板混凝土组合楼板(composite floor slabs of profiled steel sheeting and concrete)、型钢混凝土结构(steel reinforced concrete structures)、钢管混凝土结构(steel tube confined concrete structures)和外包钢混凝土结构(external steel concrete structures),如图1.8所示。

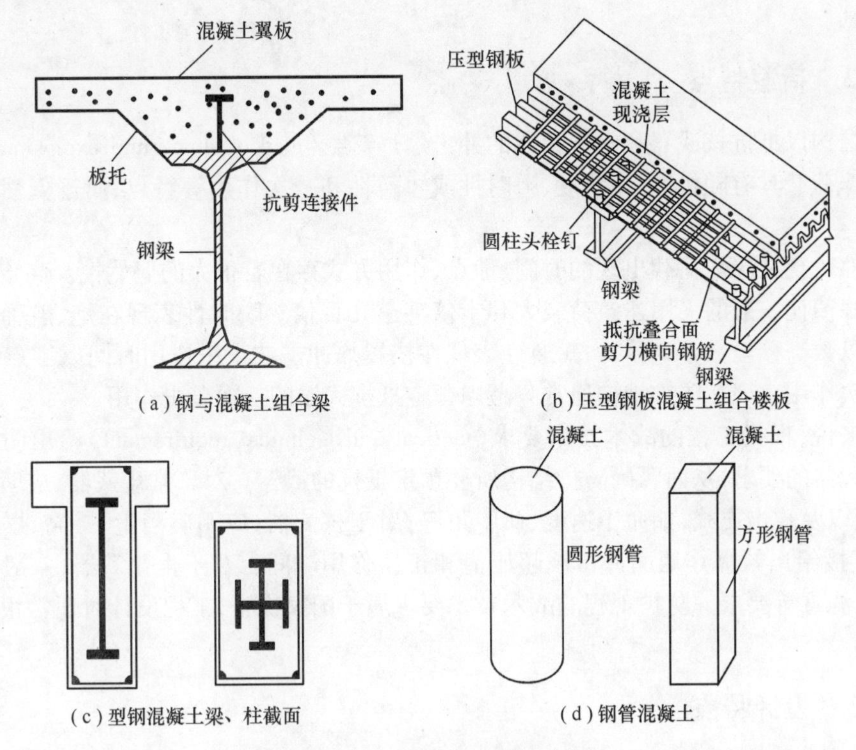

图1.8 钢与混凝土组合结构

钢与混凝土组合结构能充分发挥钢与混凝土两种材料各自的优势,克服各自的缺点,具有承载能力高、刚度和延性大、抗震性能好的优点,且造价相对较低、施工方便,成为继传统的木结构、砌体结构、钢结构和钢筋混凝土结构之后的第五大结构体系,在土木工程建设领域具有广阔的应用前景。

1.3 混凝土防护结构

1.3.1 基本概念

防护工程(protective engineering)通常是指对各种武器杀伤破坏作用具有预定防护功能的工程建筑。按其用途可分为两大类:一是供军队作战使用的国防工程(national defense engineering),主要包括指挥通信工程、阵地工程、飞机洞库、舰艇洞库、导弹发射井、后方仓库洞库、人员和武器装备掩蔽工程等;二是供城市防空使用的人防工程(civil air defense engineering),主要包括人防指挥工程、人员掩蔽工程、医疗救护工程、人防专业队工程和配套工程等。国防工程多建于边防、海防或纵深要地,保密要求高。人防工程多建于城市市区,一般注重平战结合。就防护工程技术而言,国防工程和人防工程的专业技术内容基本相同。

防护结构(protective structures)是指能抵抗预定杀伤武器破坏作用的工程结构,通常包括工程结构主体(简称防护结构)和防护设备与设施(防护门、防护密闭门和消波系统等)。预定杀伤武器主要有常规武器(conventional weapons)和核武器(nuclear weapons)、生物武器(biological weapons)、化学武器(chemical weapons)等,常规武器主要有炮弹、航弹、导弹等。由于这些武器作用所产生的荷载属于偶然性冲击爆炸荷载,因此与一般建筑结构所受荷载相比具有本质的区别。

1.3.2 荷载特点

防护结构以抵抗核武器和常规武器的冲击爆炸荷载(load of shock and explosion)为主,由于冲击爆炸荷载具有随机性、高集度、瞬时性或短暂性和一次作用等特点,属于偶然性作用的动荷载。

随机性表现在爆炸荷载出现的时间、地点、作用方式存在着很大的偶然性。高集度表现在爆炸荷载峰值比一般的民用建筑荷载大几十倍甚至几百倍。瞬时性表现在炮、航弹装药爆炸作用时间以数毫秒至数十毫秒计;短暂性表现在核爆炸冲击波正压作用时间以零点几秒至1s以上。一次作用表现在防护结构通常只考虑预定抵抗武器的一次袭击作用。

一般来说,根据工程的战术技术要求(tactical and technical requirement)给出防常规武器和核化生武器的要求,从而明确防护结构所要预定抵抗的武器。对于常规武器,应明确武器的口径、弹型以及攻击方式,如命中速度、命中角等;对于核武器,应明确当量、爆高、爆心投影点位置,或直接给出核爆炸地面冲击波超压值和正压作用时间。对于生化武器,一般应规定密闭、消毒及滤毒等要求。防护工程的战术技术要求属于国家机密,工程设计时通常根据有关文件执行。

1.3.3 设计特点

如前所述,防护结构主要抵抗预定武器的冲击爆炸荷载作用,这与《建筑结构设计统一标准》(GB 50068—2001)所明确的偶然性荷载既相似又不完全相同。防护结构设计是防护工程建设的重要环节,其设计特点也和一般建筑结构有所不同。

1. 结构可靠度可适当降低

在正常使用阶段,一般民用建筑一旦遭到破坏,将危害人民生命财产的安全,造成严重的后果,因此在设计时对结构可靠度要求很高,或者说要求破坏概率或失效概率必须很低。对防护工程而言,由于所抵抗预定武器的冲击爆炸荷载并不是经常出现和固定不变的,仅在战时才可能出现且作用时间短暂,通常仅考虑一次武器作用,因此允许结构有相对较低的可靠度。

2. 应考虑结构的动力响应

防护结构通常主要抵抗动荷载(dynamic load)作用,静荷载(static load)只占较少的比例。在冲击爆炸荷载作用下结构将产生振动,由于惯性力的影响,其动应力和动位移不同于静载作用下的应力和位移。此外,与一般民用建筑承受的动力作用相比,防护结构的动荷载作用是瞬时或短暂的,结构动力分析通常采用等效静载法(equivalent static load methods),将动力计算转化为静力计算。对特殊工程才进行较为严格的动力分析,直接计算出结构的动应力和动位移。

3. 允许构件进入塑性阶段

防护结构的动荷载具有瞬时性和短暂性,并随时间而衰减,因此,即使构件进入塑性屈服状态,只要构件最大变形不超过结构破坏的极限变形,在荷载作用消失后,构件的振动变形将因阻尼的影响而不断衰减,最后恢复到一定的静止平衡状态。在大多数情况下,超过弹性范围不大的塑性变形并不妨碍防护结构在遭受冲击爆炸作用后的使用,结构常常允许出现裂缝和一定的残余变形。通常情况下,考虑构件进入塑性阶段工作,可以充分发挥材料的潜能,具有更高的经济价值,但必须避免构件发生脆性破坏。

4. 材料强度可以适当提高

混凝土和钢筋等材料的大量试验表明,材料强度的提高与加载速度或应变速率有关,即加载速度或应变速率增加,材料强度提高。在防护结构承受爆炸荷载的快速变形范围内,钢筋的弹性模量没有变化,屈服强度明显提高,混凝土的强度极限和弹性模量均有提高,但两种材料的变形指标如极限延伸率、极限变形、泊松系数等基本不变。在防护结构设计时,要考虑钢筋与混凝土的强度提高,但应注意相互匹配问题,两者不应相差太大。

5. 应重视结构的构造要求

对于承受动荷载的防护结构,必要的构造措施与承载力计算同等重要,可以提高结构的整体抗毁能力。由于防护结构通常允许进入塑性阶段工作,如果构件没有足够的延性,将会出现屈服后的次生剪坏,必须采取一定的构造措施。由于防护结构允许在大变形状态下工作,因此不能完全简单地套用一般建筑结构中的构造要求和配筋方式,如双向板中的分离式配筋就不适用于防护结构。

1.4 本课程的主要内容及学习方法

1.4.1 主要内容

结构是指能承受作用并具有适当刚度的由各连接部件有机组合而成的系统,构件是指在物理上可以区分出的部件。通俗地说,结构是空间承重骨架;严格地说,结构是由一系列受力类型不同的构件,按照一定的规则和正确的连接方式组成,能承受并传递荷载和其他间接作用的骨架。钢筋混凝土基本构件按其受力特点不同可以分为图 1.9 所示的几类。

(1) 受弯构件(flexural members)。截面上有弯矩、剪力作用而轴力可以忽略不计的构件。如楼盖、屋盖中梁、板,掘开式工事中的顶盖等。

(2) 受压构件(compression members)。截面上有压力作用,当压力的作用线与构件截面形心相重合时为轴心受压构件,当压力的作用线与构件截面形心不重合时为偏心受压构件。如柱、剪力墙、屋架的压杆和坑道工事的拱形衬砌等。柱、墙、拱等构件一般为偏心受压且有剪

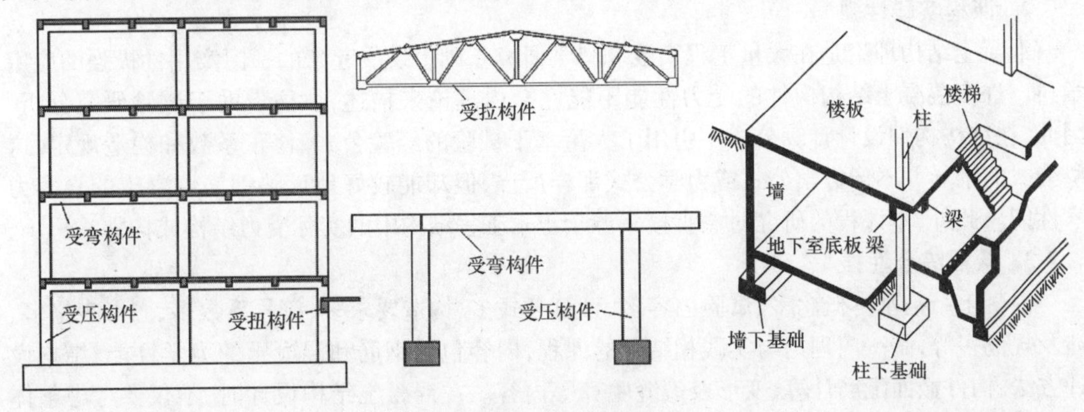

图 1.9 混凝土基本构件类型

力作用。

(3) 受拉构件(tension members)。截面上有拉力作用,当拉力的作用线与构件截面形心相重合时为轴心受拉构件,当压力的作用线与构件截面形心不重合时为偏心受拉构件。如屋架的拉杆、水池的池壁和双肢柱的受拉肢等。

(4) 受扭构件(torsional members)。截面除作用有弯矩和剪力外,还有扭矩作用。如带有悬挑雨篷的过梁、框架边梁和曲梁等。

混凝土结构设计的一般步骤是:① 确定结构方案,根据结构的使用要求、安全经济、施工可行等,选择合理的结构方案,即进行结构布置以及确定构件类型等;② 进行内力分析,计算结构上可能作用的所有荷载并进行组合,对结构进行内力分析,求出构件截面内力;③ 截面配筋设计,对结构各类构件分别进行截面设计,以确定配筋数量、配筋方式并采取必要的构造措施;④ 绘制施工图,根据工程要求,完成结构施工图、计算书和说明书,包括细部大样和材料明细表。

关于确定结构方案和进行内力分析等内容,将在"工程结构"、"防护结构"和"地下结构"等专业课中详述。本课程的主要内容是混凝土结构基本构件的受力性能、承载力和变形计算以及配筋构造等,即为混凝土结构的基本原理,是混凝土结构的共性问题,故本课程是土木工程学科的专业基础课核心课程。同时,本课程也对混凝土结构的应用作一简介,如混凝土梁板结构、板柱结构和防护结构。

1.4.2 主要特点

如上所述,本课程主要讲述混凝土结构的基本原理,其计算内容主要涉及材料力学的相关知识。由于钢筋混凝土是由钢筋和混凝土两种材料组成的,是一种非线性、非匀质、非连续的材料,受力性能复杂,所以本课程具有不同于材料力学的一些特点,其内容更为丰富。

1. 课程理论性强

混凝土结构理论以力学课程为基础,涉及高等数学、材料力学、建筑材料等前续课程,主要研究方法是将土木工程问题过渡到力学问题,再从力学问题归结到数学问题,是一个从具体到抽象,将试验升华为理论,最后再以理论指导具体工程实践的过程。课程内容涉及面广,既有经典的力学理论和大量的结构试验,又有学科交叉产生的新技术;既有计算公式推导和经验公式运用,又有具体设计方法及相应构造规定;既有设计理论的通用性,又有国家和军队各行业规范的不同要求。

2. 课程实践性强

混凝土结构理论是在大量工程实践和科学研究基础上发展起来的一门实用性极强的应用学科。许多混凝土结构构件的受力性能不能完全由理论来描述,往往借助于试验研究分析。因此,在结构构件设计计算公式中引用了大量基于试验的经验公式、修正系数和构造规定,这些公式的推导并不像数学公式或力学公式那样严谨,但却能较好地反映钢筋混凝土的真实力学性能。此外,本课程的研究对象直接来源于土木工程结构中的实际受力结构或构件。

3. 课程综合性强

混凝土结构基本概念多、试验内容多、计算公式多、构造要求多、符号系数多、图形表格多、涉及规范多等,是一门理论与实践相结合的课程,内容包括钢筋和混凝土的力学性能、结构设计方法、构件截面配筋计算、变形及裂缝验算等内容。在混凝土结构设计时,不仅要考虑整体方案、材料选择、构件形式、截面尺寸、配筋规格和构造措施等,同时还要考虑安全适用、经济合理、施工可行，因此，设计结果往往不是唯一的，可能有多种选择方案。最终设计结果应经过各种方案的比较，综合考虑使用、材料、造价、施工等指标的可行性，寻找较为合适的设计结果。

1.4.3 注意问题

由于混凝土结构原理课程的上述特点，学习本课程时应注意以下问题：

1. 掌握基本理论

混凝土结构的基本理论是一致的。学好混凝土结构的基本理论，重点在于掌握混凝土结构的基本概念、基本原理和基本方法，培养工程意识。深刻理解混凝土结构的重要概念，切勿死记硬背；熟悉混凝土结构的基本原理，明确课程的重点内容、难点内容、一般内容和自学内容，突出重点内容，化解难点内容，了解一般内容，关注前沿内容；熟练掌握混凝土结构的设计计算方法，重视适用条件和构造规定，树立工程概念，注意本课程不同于数学、力学的学习方法，通过课程作业和课程设计等，逐步熟悉和正确运用我国现行的一些设计规范和规程，培养解决工程问题的综合能力。

2. 加强实践环节

混凝土结构理论是以实验为基础的，经历了试验—理论—实践不断循环的发展过程，形成了基本理论与工程实践相互促进、相得益彰的良性循环。除课堂教学、课外研学外，应通过工地现场教学、课程试验、课程作业和课程设计等实践环节，增加感性认识，积累工程经验，进一步理解课程内容和训练试验的基本技能，逐步提高工程实践能力和创新能力。

3. 熟悉现行规范

设计规范和规程是国家颁布的有关设计计算和构造要求的技术规定和标准，规范条文尤其是强制性条文是设计中必须遵守的带有法律性的技术文件，这将使设计方法达到统一化和标准化，从而有效地贯彻国家的技术经济政策，保证工程质量。《混凝土结构设计规范》(GB 50010—2010)(以下简称《规范》)是总结近年来全国高校和设计、科研单位的科研成果和工程实践经验，学习借鉴国外先进规范和经验，并广泛征求国内有关单位意见，经过反复修改而制定的，它代表了该学科在这一时期的技术水平。

本 章 小 结

(1) 以混凝土为主要材料制成的结构称为混凝土结构。混凝土内配置钢筋的目的是提高结构或构件的承载能力和变形能力。钢筋混凝土就是按照受力合理的方式把钢筋和混凝土组合在一起，使钢筋主要承受拉力，混凝土主要承受压力，取长补短，共同工作，充分发挥两种材料各自的优点。

(2) 钢筋和混凝土共同工作的原因是：钢筋和混凝土之间存在着粘结力，钢筋和混凝土的温度线膨胀系数接近，混凝土对钢筋具有保护和固定作用。这是保证钢筋混凝土工作并得到广泛应用的根本原因。

(3) 钢筋混凝土结构的主要优点是就地取材、用材合理、可塑性好、整体性好、耐火性好、耐久性好等；主要缺点是结构自重大，抗裂性差，隔热、隔声性能较差，施工复杂且受季节气候影响，现役结构如遭损伤则修复困难等。

(4) 从材料和结构组成方面着手，混凝土结构主要是向轻质高强方向发展，以提高混凝土结构的抗裂、抗渗、抗疲劳、抗冻融、抗震、抗冲击、抗爆炸和耐久等性能，同时使其更易于成型、方便施工。

(5) 防护工程包括国防工程和人防工程,但其专业技术内容基本相同。混凝土防护结构主要抵抗预定核武器和常规武器的冲击爆炸荷载为主,其荷载特点和设计特点与一般建筑结构具有本质区别。

(6) 混凝土结构按受力特点不同可分为受弯构件、受压构件、受扭构件和受拉构件。本课程主要讲述混凝土结构的基本原理,与材料力学既有联系又有区别,课程特点是理论性强、实践性强和综合性强,学习本课程时应掌握基本理论、加强实践环节和熟悉现行规范。

思考题

1. 混凝土中配置钢筋的目的是什么?钢筋和混凝土共同工作的原因是什么?
2. 钢筋混凝土结构有哪些优缺点?克服这些缺点的途径有哪些?
3. 混凝土结构目前有哪些应用?其发展方向有哪些?
4. 与一般建筑结构相比,作用在防护结构上的荷载有哪些特点?其设计特点如何?
5. 本课程主要包括哪些内容?其特点如何?学习时应注意哪些问题?

第2章 混凝土结构材料的物理力学性能

本章提要：由钢筋和混凝土这两种不同物理力学性能的材料组成的钢筋混凝土结构，所涉及的一切计算、构造和设计问题，归根结底都来源于两种材料性能上的特点。为掌握钢筋混凝土构件的性能特点、分析及设计方法，正确、合理地进行钢筋混凝土结构设计，就必须深入了解钢筋和混凝土的物理力学性能及其相互作用。本章分别介绍了混凝土和钢筋的物理性能及在不同受力条件下强度和变形的特点，以及钢筋和混凝土之间的相互作用。

2.1 混 凝 土

2.1.1 混凝土的组成材料

普通混凝土(normal concrete)是由水泥、砂(细骨料)、石子(粗骨料)、水经搅拌后入模浇筑，经养护硬化形成的人工石材，是一种多相复合材料。为了改善混凝土的某些性能还常加入适量的外加剂和矿物掺合料。

混凝土组成结构与其强度有直接关系。混凝土的强度主要决定于骨料强度、水泥石的强度及其与骨料表面的粘结强度，而水泥石的强度及其与骨料表面的粘结强度与水胶比(water - binder ratio)、水泥强度等级、骨料(aggregate)的性质等密切相关，其中，水胶比和水泥强度等级是决定混凝土强度的主要因素。此外，混凝土的强度还受施工质量、养护条件及龄期的影响。

混凝土在凝结硬化过程中，水泥水化反应形成的水泥结晶体和水泥凝胶体组成的水泥胶块把砂、石骨料粘结在一起。水泥结晶体、砂、石骨料以及未水化的水泥颗粒组成了混凝土中错综复杂的弹性骨架；混凝土主要依靠弹性骨架来承受外力，因此具有弹性变形的特点。水泥凝胶体是混凝土产生塑性变形的根源，并起着调整和分散混凝土应力的作用。

在混凝土凝结初期，由于泌水、骨料下沉以及水泥凝胶体的收缩等原因，在粗骨料与水泥凝胶体的接触面上将形成微裂缝(称为界面初始微裂缝或粘结裂缝)；当混凝土硬化后，由于浇筑质量或多余水分的蒸发还会在混凝土中形成一些空隙。上述裂缝及空隙是混凝土内最薄弱的环节(图 2.1)，在结构或构件受荷载前就存在，在荷载作用下将持续发展，对混凝土的强度和变形将产生重要影响。

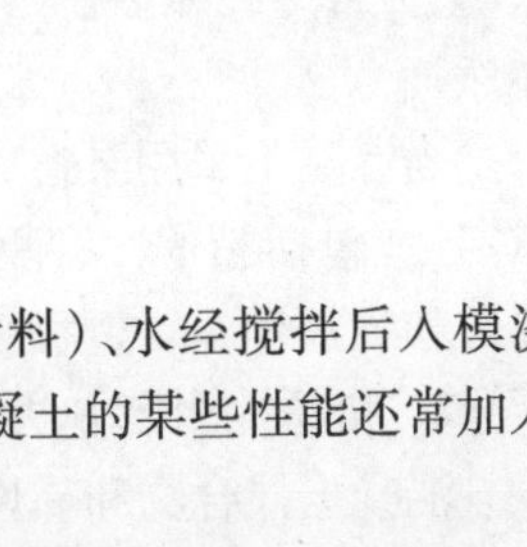

图 2.1 混凝土内裂缝情况

2.1.2 混凝土拌合物的和易性

混凝土在未凝结硬化以前，称为混凝土拌合物(concrete mixture)。它必须具有良好的和易性，便于施工，以保证能获得良好的浇筑质量，混凝土拌合物凝结硬化以后，应具有足够的强度，以保证建筑物能安全地承受设计荷载；还应具有必要的耐久性。

1. 和易性的概念

新拌混凝土的和易性(workability)，也称工作性，是指拌合物易于搅拌、运输、浇捣成型，并获得质量均匀密实的混凝土的一项综合技术性能，包括流动性、黏聚性和保水性等3个方面的含义。

流动性(mobility)是指混凝土拌合物在本身自重或外力作用下，能产生流动，并均匀密实地填满模板的性能。

黏聚性(cohesiveness)是指混凝土拌合物在施工过程中其组成材料之间有一定的黏聚力，不致产生分层和离析的现象。

保水性(water retention)是指混凝土拌合物在施工过程中，具有一定的保水能力，不致产生严重的泌水现象。发生泌水现象的混凝土拌合物，由于水分分泌出来会形成容易透水的孔隙，而影响混凝土的密实性，降低质量。

由此可见，混凝土拌合物的流动性、黏聚性和保水性有其各自的内容，它们之间是互相联系的，但常存在矛盾。通常情况下，混凝土拌合物的流动性越大，则保水性和黏聚性越差；反之亦然。

当混凝土采用泵送施工时，混凝土拌合物的和易性通常称为可泵性，可泵性包括流动性、稳定性(包括黏聚性、保水性)及管道摩阻力三方面的内容。一般要求泵送性能要好；否则在输送和浇筑等施工过程中拌合物容易发生离析造成堵塞。

2. 和易性测定方法及指标

混凝土拌合物和易性是一项极其复杂的综合指标，到目前为止全世界尚没有能够全面反映混凝土拌合物和易性的测定方法。在工地和试验室，通常是做坍落度(slump)试验测定拌合物的流动性，并辅以直观经验评定黏聚性和保水性。在特制的坍落度测定筒内，按规定方法装入拌合物捣实抹平，把筒垂直提起，量出试料坍落减少的高度，即坍落度。坍落度小于10mm的混凝土，用维勃稠度作为和易性指标。维勃稠度测试方法是：在坍落度筒中按规定方法装满拌合物，提起坍落度筒，在拌合物试体顶面放一透明圆盘，开启振动台，同时用秒表计时，测试混凝土在外力作用下完全填满面板所需时间代表混凝土流动性。所读秒数，称为维勃稠度。时间越短，流动性越好；时间越长，流动性越差。该法适用于骨料最大粒径不超过40mm，维勃稠度在5～30s之间的混凝土拌合物稠度测定。

3. 流动性(坍落度)的选择

在选择混凝土拌合物的坍落度时，要根据构件截面大小、钢筋疏密和捣实方法来确定。当构件截面尺寸较小或钢筋较密，或采用人工插捣时，坍落度可选择大些；反之，如构件截面尺寸较大，或钢筋较疏，或采用振动器振捣时，坍落度可选择小一些。通过试配给出的配合比中，包括了坍落度的确定值，在施工作业中必须给予保证，不得擅自变更。

泵送混凝土在选择坍落度时除要考虑振捣方式外，还要考虑其可泵性。拌合物坍落度过小，泵送时吸入混凝土缸较困难，即活塞后退吸混凝土时，进入缸内的数量少，影响泵送效率。这种拌合物进行泵送时的摩阻力也大，要求用较高的泵送压力，使混凝土泵机件的磨损增加，甚至会产生阻塞,造成施工困难;如果坍落度过大,拌合物在管道中滞留的时间变长,则泌水就多,容易产生离析而形成阻塞。

4. 影响和易性的主要因素

混凝土拌合物在自重或外力作用下产生流动性能的大小,与水泥浆的流变性能以及骨料颗粒间的内摩擦力有关。骨料间的内摩擦力不仅取决于骨料的颗粒形状和表面特征,还与骨料颗粒表面水泥浆层的厚度有关;而水泥浆的流变性能又与水泥浆的稠度密切相关。因此,影响混凝土拌合物和易性的主要因素有以下几个方面:

1)水泥浆的数量

新拌混凝土中的水泥浆,赋予混凝土拌合物以一定的流动性。在水胶比不变的情况下,单位体积拌合物内,水泥浆越多,则拌合物的流动性就越大。但若水泥浆过多,则会出现流浆现象,使得拌合物的黏聚性变差,同时也对混凝土的强度和耐久性产生一定影响,且水泥用量也大。如果水泥浆过少,则不能填满骨料空隙或不能很好包裹骨料表面,此时就会产生崩坍现象,黏聚性变差。因此,混凝土拌合物中水泥浆的含量应当以满足流动性要求为度,但不宜过量。

对于泵送混凝土而言,水泥浆体既是其获得强度的来源,又是混凝土具有可泵性的必要条件。因为它能使混凝土拌合物稠化,提高石子在混凝土拌合物中均匀分散的稳定性。水泥浆在泵送过程中形成润滑层,在输送管内壁起着润滑作用,当混凝土拌合物所受的压力超过输送管内壁与砂浆之间存在的摩擦阻力时,混凝土即向前流动。为了能够形成一个很好的润滑层,以保证混凝土泵送能够顺利进行,混凝土拌合物中必须有足够量的水泥浆,它除了能够填充骨料间所有空隙并能将石子相互分开,尚有富余量使混凝土在输送管内壁形成薄浆层。混凝土在泵送过程中,水泥浆(其中包括一部分细砂)具有承受和传递压力的作用,如果由于水泥浆量不够而导致石子相互分开得不够,则泵的压力将会经过石质骨架进行传递,从而造成石子被卡住和被挤碎,阻力急剧增加并形成堵塞;如果水泥浆量不足,黏聚性差,在泵送管道内就会出现离析现象,不能形成一个很好的润滑层,也要发生堵管现象。

2)水泥浆的稠度

水泥浆的稠度(cement slurry consistency)是由水胶比所决定的。在胶凝材料用量不变的情况下,水胶比越小,水泥浆就越稠,混凝土拌合物的流动性就越小。当水胶比过小时,水泥浆干稠,则混凝土拌合物的流动性过低,从而使施工困难,不能保证混凝土的密实性。增加水胶比会使流动性加大。如果水胶比过大,又会造成混凝土拌合物的黏聚性和保水性不良,从而产生流浆、离析现象,并严重影响混凝土的强度。所以水胶比不能过大或过小。一般应根据混凝土强度和耐久性要求合理地选用。

在泵送混凝土贴近输送管内壁的浆层内应含有较多的水,在输送管内壁处形成一层水膜,泵送时起到润滑作用,但水胶比不能过大;否则泌水率大,也会出现离析现象,一旦泵送中断,拌和水浮到表面,再泵送时,表面泌水先流动,则混凝土各组分分离,造成不均匀和失去连续性,堵塞管道,不能泵送。

对混凝土拌合物流动性起决定性作用的不是水泥浆的多少,或水泥浆的稀稠,而是用水量。因为无论是提高水胶比还是增加水泥浆用量,最终都表现为混凝土用水量的增加。当使用确定的材料拌制混凝土时,水泥用量在一定范围内,为达到一定流动性,所需加水量为一常值。一定范围是指每立方混凝土水泥用量增减不应超过50~100kg。一般是根据选定的坍落度,选用一立方混凝土的用水量。但应指出,在试拌混凝土时,却不能通过单纯改变用水量的办法来调整混凝土拌合物的流动性。因为单纯加大用水量会降低混凝土的强度和耐久性。因此,应该在保持水胶比不变的条件下用调整水泥浆量的办法来调整混凝土拌合物的流动性。

3）砂率

砂率(sand coarse aggregate ratio)是指混凝土中砂子占砂石总重量的百分率(砂重量/砂石总重量)。砂率的变动会使骨料的空隙率和骨料的总表面积有显著改变,因而对混凝土拌合物的和易性产生显著影响。

砂率过大时,骨料的总表面积和空隙率都会增大,在水泥浆含量不变的情况下,相对地水泥浆显得少了,减弱了水泥浆的润滑作用,而使得混凝土拌合物的流动性减小。如砂率过小,又不能保证在粗骨料之间有足够的砂浆层,也会降低混凝土拌合物的流动性,而且会严重影响其黏聚性和保水性,容易造成离析、流浆等现象。因此,砂率有一个合理值。合理砂率是指砂子填满石子空隙并有一定的富余量,能在石子间形成一定厚度的砂浆层,以减少粗骨料间的摩擦阻力,使混凝土流动性达最大值;或者在保持流动性不变的情况下,使水泥浆用量达最小值。

影响合理砂率大小的因素很多,可概括为以下几个:

(1) 石子最大粒径较大、级配较好、表面较光滑时,由于粗骨料的空隙率较小,可以采用较小的砂率。

(2) 砂的细度模数较小时,由于砂中细颗粒较多,混凝土的黏聚性容易得到保证,而且砂在粗骨料中的拨开作用较小,故可以采用较小的砂率。

(3) 水胶比较小、水泥浆较稠时,由于混凝土的黏聚性较易得到保证,故可以采用较小的砂率。

(4) 施工要求的流动性较大时,粗骨料常易出现离析,所以为了保证混凝土的黏聚性,需要采用较大的砂率。

(5) 当掺用了引气剂或减水剂等外加剂时,可适当减小砂率。

由于影响合理砂率的因素很多,因此不可能用计算的方法得出准确的合理砂率。一般地,在保证拌合物不离析,又能很好地浇筑、捣实的条件下,应尽量选用较小的砂率。这样可节约水泥。对于混凝土量大的工程应通过试验找出合理砂率,如无使用经验可按骨料的品种、规格及混凝土的水胶比值参照相应规范选用合理的数值。

4）水泥品种和骨料的性质

水泥品种(cement category)不同时,达到相同流动性的需水量往往不同,从而影响混凝土流动性。另外,不同水泥品种对水的吸附作用也不相同,从而影响混凝土的保水性和黏聚性。从前面对骨料的分析可知,卵石表面光滑,碎石粗糙且多棱角,一般卵石拌制的混凝土拌合物比碎石拌制的流动性好,但黏聚性和保水性则相对较差。河砂拌制的混凝土又比山砂拌制的流动性好。骨料级配好的混凝土拌合物的流动性也好。

5）矿物掺合料

矿物掺合料(mineral admixture)包括粉煤灰和粒化高炉矿渣粉等。

粉煤灰。其具有形态效应、活性效应、微集料效应等三大效应。在混凝土中掺入一定量粉煤灰后,除了粉煤灰本身的火山灰活性作用,生成硅酸钙凝胶,作为胶凝材料一部分起增强作用外,在混凝土用水量不变的情况下,不仅可以起到显著改善混凝土拌合物和易性的效应,增加流动性和黏聚性,还可降低水化热。若保持混凝土拌合物原有的和易性不变,则可减少用水量,起到减水的效果,从而提高混凝土的密实度和强度,增强耐久性。

粒化高炉矿渣粉。其主要化学成分是 CaO、SiO_2 和 Al_2O_3,占总量的 90% 以上。化学成分与硅酸盐水泥相近,只是 CaO 含量比硅酸盐水泥少些,SiO_2 较多。一般认为 CaO 和 Al_2O_3 含量高者活性大。细度大于 $350m^2/kg$,一般为 $400 \sim 600m^2/kg$。其活性比粉煤灰高,根据《用于水泥和混凝土中的粒化高炉矿渣粉》(GB/T 18046—2008),按 7d 和 28d 的活性指数,分为 S105、S95 和 S75 这 3 个级别。作为混凝土掺合料,其掺量也可较大。

6) 外加剂

混凝土外加剂是指在拌制混凝土过程中为改善和调节混凝土的性能而掺加的物质。混凝土外加剂按其主要功能分为四类:改善混凝土拌合物流动性能的外加剂(包括各种减水剂、引气剂和泵送剂等);调节混凝土凝结时间、硬化性能的外加剂(包括缓凝剂、早强剂和速凝剂等);改善混凝土耐久性的外加剂(包括引气剂、防水剂和阻锈剂等);改善混凝土其他性能的外加剂(包括加气剂、膨胀剂、着色剂、防冻剂、防水剂和泵送剂等)。

在拌制混凝土时,加入很少量的减水剂(water - reducing admixture)就能使混凝土在不增加胶凝材料(水泥)用量的条件下,获得很好的和易性,增大流动性和改善黏聚性、降低泌水性。而且由于改变了混凝土的结构,混凝土的耐久性能也得到提高。因此这种方法也是常用的。通常配制坍落度很大的流态混凝土,是依靠掺入流化剂(高效减水剂),这样单位用水量较少,可保证混凝土硬化后具有良好的性能。

7) 时间和温度

随时间的延长,拌合物随着水泥水化和水分蒸发,而逐渐变得干稠,混凝土的流动性将随着时间的延长而下降,其原因是有一部分水供给水泥水化,一部分水被骨料吸收,一部分水蒸发以及凝聚结构的逐渐形成,致使混凝土拌合物的流动性变差。加入外加剂(如高效减水剂等)的混凝土,会随时间的延长,由于外加剂在溶液中的浓度逐渐下降,导致坍落度损失的增加。拌合物的和易性也受温度的影响,因为环境温度的升高,水分蒸发及水泥水化反应加快,拌合物的流动性变差,而且坍落度损失也变快。

5. 改善和易性的措施

在实际工作中调整拌合物的和易性,可采取以下措施:

(1) 改善砂、石级配,有利于提高混凝土的质量和节约水泥。

(2) 尽可能降低砂率。通过试验,采用合理砂率。好处同上。

(3) 尽量采用较粗的砂、石。

(4) 当混凝土拌合物坍落度太小时,维持水胶比不变,适当增加胶凝材料和水的用量,或者加入外加剂等;当拌合物坍落度太大,但黏聚性良好时,可保持砂率不变,适当增加砂、石。

当决定采取某项措施来调整和易性时,还必须同时考虑对混凝土强度、耐久性等其他性质的影响。

2.1.3 混凝土的强度

材料强度是指结构材料所能承受的某种极限应力。进行混凝土结构设计计算需要了解混凝土的强度如何取值。如前所述,混凝土的强度除与水胶比和水泥强度等级有很大关系外,还不同程度地受施工质量、养护条件及龄期的影响,试件的大小和形状、试验方法和加载速率也会影响到混凝土强度的试验结果。因此,各国对单向受力下混凝土强度规定了统一的试验方法,即标准试验方法。

下面主要介绍我国混凝土的抗压强度、抗拉强度及复合应力作用下的强度的试验方法及取值情况。

1. 混凝土抗压强度

抗压强度(compressive strength of concrete)是混凝土基本力学性能指标之一。混凝土构件的受弯、受压等承载力的计算均与抗压强度有关。

1)混凝土立方体抗压强度

混凝土立方体抗压强度(cubic strength of concrete)(简称立方体强度)是衡量混凝土强度的基本指标,用f_{cu}表示。我国规范采用立方体抗压强度标准值$f_{cu,k}$作为划分混凝土强度等级的标准。《普通混凝土力学性能试验方法标准》(GB/T 50081—2002)规定了具体的试验方法。

《规范》规定的混凝土强度等级(strength grade of concrete)有C15、C20、C25、C30、C35、C40、C45、C50、C55、C60、C65、C70、C75和C80,共14个等级。符号"C"代表混凝土,数字表示混凝土立方体抗压强度的标准值(单位为MPa),如C50表示混凝土立方体抗压强度标准值为50MPa。

《规范》规定,素混凝土结构的强度等级不应低于C15;钢筋混凝土结构的混凝土强度等级不应低于C20,采用400MPa、500MPa级钢筋时,混凝土强度等级不宜低于C25;承受重复荷载的钢筋混凝土构件,混凝土强度等级不应低于C30;预应力混凝土结构的混凝土强度等级不宜低于C40且不应低于C30。

由于骨料强度经常大大超过水泥石和粘结面的强度,所以混凝土的强度一般主要决定于水泥石强度及其与骨料表面的粘结强度。在普通混凝土中,骨料最先破坏的可能性很小。普通混凝土受力破坏一般出现在骨料和水泥石的分界面上,这就是常见的粘结面破坏的形式。另外,当水泥石强度较低时,水泥石本身破坏也是常见的破坏形式,而水泥石强度及其与骨料的粘结强度又与水泥标号、水胶比及骨料的性质有密切关系。水胶比和水泥强度等级是决定混凝土强度的主要因素。

水泥是混凝土中的活性组分,其强度的大小直接影响着混凝土强度。在配合比相同的条件下,所用的水泥强度等级越高,制成的混凝土强度也越高。当用同一种水泥时,混凝土的强度主要决定于水胶比。因为水泥水化时所需的结合水,一般只占水泥质量的23%左右,但在拌制混凝土拌合物时,为了获得必要的流动性,常需用较多的水(占水泥质量的40%~70%),也即较大的水胶比。当混凝土硬化后,多余的水分就残留在混凝土内部形成水泡或蒸发后形成气孔,大大减少了混凝土抵抗荷载的实际有效断面,而且可能在孔隙周围产生应力集中。因此可以认为,在水泥标号相同的情况下,水胶比越小,水泥石的强度越高,与骨料粘结力也越大,混凝土的强度就越高。但应说明,如果加水太少(水胶比太小),拌合物过于干硬,在一定的捣实成型条件下,无法保证浇筑质量,混凝土中将出现较多的蜂窝、孔洞,强度也将下降。试验证明,混凝土强度随水胶比的增大而降低,呈曲线关系,而混凝土强度和胶水比的关系则呈直线关系。

水泥石与骨料的粘结力还与骨料的表面状况有关,碎石表面粗糙,粘结力比较大,卵石表面光滑,粘结力比较小。因而在水泥标号和水胶比相同的条件下,碎石混凝土的强度往往高于卵石混凝土的强度。

根据工程实践的经验,得出关于混凝土强度与水胶比、水泥强度等因素之间保持近似恒定的关系。一般采用直线形的经验公式来表示,即

$$f_{cu,0}=\alpha_a f_b(B/W-\alpha_b) \tag{2.1}$$

式中 B——每立方米混凝土中的胶凝材料用量,kg;

W——每立方米混凝土中的用水量,kg;

B/W——混凝土胶水比(胶凝材料与水质量比);

$f_{cu,0}$——混凝土28d抗压强度,MPa;

f_b——胶凝材料(水泥与矿物掺合料按使用比例混合)28d胶砂强度,MPa;试验方法应按现行国家标准《水泥胶砂强度检验方法(ISO法)》(GB/T 17671—1999)执行;

α_a,α_b——回归系数,根据工程所使用的原材料,通过试验建立的水胶比与混凝土强度关系来确定;当不具备上述试验统计资料时,可采用以下经验系数:

采用碎石　$\alpha_a=0.53$、$\alpha_b=0.20$;采用卵石　$\alpha_a=0.49$、$\alpha_b=0.13$。

上面的经验公式一般只适用于流动性混凝土和低流动性混凝土,对干硬性混凝土则不适用。利用强度公式,可根据所用的水泥强度等级和水胶比来估计所制成混凝土的强度,也可根据水泥强度等级和要求的混凝土强度等级来计算应采用的水胶比。

混凝土立方体抗压强度不仅与养护时的温度、湿度和龄期等因素有关,由于环箍效应,而且与立方体试件的尺寸、形状和试验方法也有密切关系。试验结果表明,与标准试件测得的强度相比,用边长200mm的立方体试件测得的强度偏低,而用边长100mm的立方体试件测得的强度偏高,因此需将非标准试件的实测值乘以换算系数换算成标准试件的立方体抗压强度。根据试验结果对比,混凝土强度等级小于C60时,采用边长为200mm的立方体试件的换算系数为1.05,采用边长为100mm的立方体试件的换算系数为0.95;混凝土强度等级不小于C60时,宜采用标准试件,使用非标准试件时,尺寸换算系数应由试验确定。试验时,由于钢的弹性模量比混凝土大5~15倍,而泊松比大不到2倍,试件受压时上下表面与试验机承压板之间将产生阻止试件向外横向变形的摩擦阻力,像两道套箍一样将试件上下两端套住,从而延缓裂缝的发展,提高了试件的抗压强度;破坏时试件中部剥落,形成两个对顶的角锥形破坏面,如图2.2(a)所示。如果在试件的上下表面涂一些润滑剂,试验时摩擦阻力就大大减小,试件将沿着平行于力的作用方向产生几条裂缝而破坏,所测得的抗压强度较低,其破坏情况如图2.2(b)所示。我国规定的标准试验方法是不涂润滑剂。

混凝土立方体抗压强度还与养护条件和龄期有关,如图2.3所示。

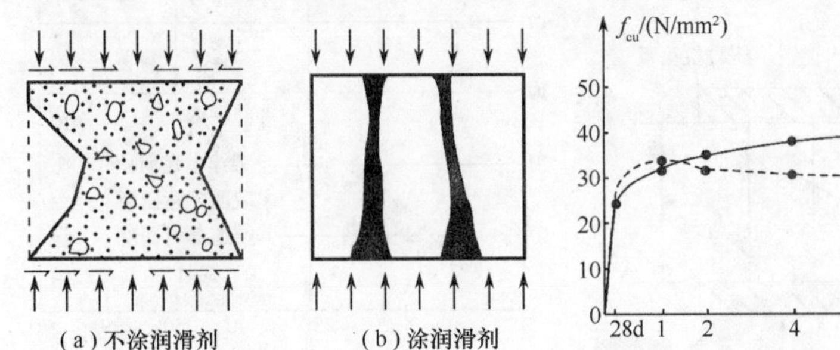

图2.2　混凝土的立方体试件破坏情况

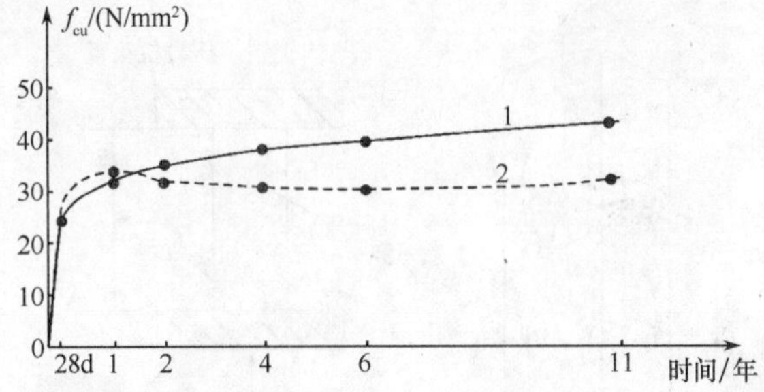

图2.3　混凝土立方体抗压强度随龄期的变化

1—潮湿环境中;2—在干燥环境中。

混凝土立方体抗压强度随混凝土的龄期逐渐增长,初期增长较快,以后逐渐缓慢;强度增长过程往往要延续几年,在潮湿环境中往往延续更长。我国规范规定的标准养护条件为温度(20±2)℃、相对湿度在95%以上的潮湿空气环境,规定的试验龄期为28d。

近年来,我国建材行业根据工程应用的具体情况,对某些种类的混凝土(如粉煤灰混凝土等)的试验龄期作了修改,允许根据有关标准的规定对这些种类的混凝土试件的试验龄期进行调整，如粉煤灰混凝土因早期强度增长较慢，其试验龄期可为60d。

2）混凝土轴心抗压强度

混凝土的抗压强度与试件的形状有关，实际工程中的构件一般不是立方体而是棱柱体，因此用棱柱体试件的抗压强度能更好地反映混凝土构件的实际受力情况。用混凝土棱柱试件测得的抗压强度称为混凝土轴心抗压强度（axial compressive strength of concrete），也称混凝土棱柱体抗压强度（prismatic compressive strength of concrete），用f_c表示。

我国《普通混凝土力学性能试验方法标准》（GB/T 50081—2002）规定，以150mm×150mm×300mm的棱柱体作为混凝土轴心抗压强度试验的标准试件。棱柱体试件与立方体试件的制作条件相同，加载速度与立方体抗压强度试验相同，试验时试件上下表面不涂润滑剂。图2.4所示为混凝土棱柱试件抗压试验和试件破坏的情况。

混凝土轴心抗压强度比立方体抗压强度要低，这是因为棱柱体的高度h比宽度b大，试验机压板与试件之间的摩擦力对试件中部横向变形的约束要小。高宽比h/b越大，测得的强度越低，但当高宽比达到一定值后，这种影响就不明显了。试验表明，当高宽比h/b由1增加到2时，抗压强度降低很快；但当高宽比h/b由2增加到4时，其抗压强度变化不大。确定棱柱体试件尺寸时，一方面要考虑到试件应具有足够的高度以消除试件中部的应力所受到的压力板与试件之间摩擦力的影响，另一方面也要考虑避免试件过高，以免试件破坏时产生较大的附加偏心距而降低极限抗压强度。根据资料，一般认为试件的高宽比为2～3时，可以基本消除上述两因素的影响。

混凝土强度等级小于C60时，用非标准试件测得的强度值均应乘以尺寸换算系数，其值对200mm×200mm×400mm试件为1.05；对100mm×100mm×300mm试件为0.95。当混凝土强度等级不小于C60时，宜采用标准试件，使用非标准试件时，尺寸换算系数应由试验确定。

图2.5是我国所做的混凝土轴心抗压强度与立方体抗压强度对比试验的结果。

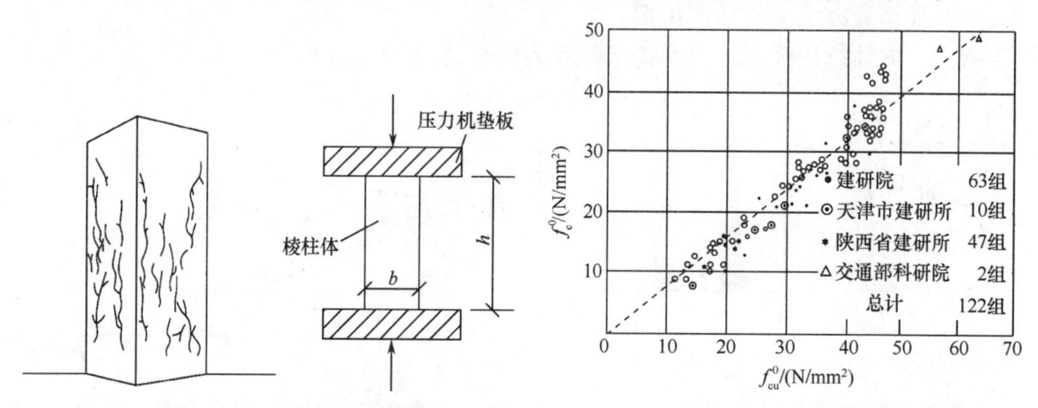

图2.4 混凝土棱柱试件抗压试验和试件破坏的情况

图2.5 混凝土轴心抗压强度与立方体抗压强度的关系

从图2.5中可以看出，试验值f_c^0和f_{cu}^0的统计平均值大致呈线性关系。考虑实际结构构件混凝土与试件在尺寸、制作、养护和受力方面的差异，《规范》采用的混凝土轴心抗压强度标准值f_{ck}与立方体抗压强度标准值$f_{cu,k}$之间的换算关系为

$$f_{ck}=0.88\alpha_{c1}\alpha_{c2}f_{cu,k} \tag{2.2}$$

式中　α_{c1}——混凝土轴心抗压强度与立方体抗压强度的比值，对 C50 及以下普通混凝土，$\alpha_{c1}=0.76$；对高强混凝土 C80，$\alpha_{c1}=0.82$；中间按线性规律变化插值；

α_{c2}——混凝土的脆性系数，对 C40 及以下普通混凝土，$\alpha_{c2}=1.0$；对高强混凝土 C80，$\alpha_{c2}=0.87$；中间按线性规律变化插值；

0.88——考虑结构中混凝土的实体强度与立方体试件混凝土强度差异等因素的修正系数。

混凝土棱柱体抗压强度同样受到加载速度的影响。随着加载速度的减小，在极端情况下减为零（即在荷载长期作用下），混凝土棱柱体抗压强度将降低为 $0.8f_c$；龄期增长对强度（通常设计中按 28d 龄期强度计算）提高的影响将部分地被荷载长期作用下强度的降低所抵消。

国外（如日本、美国、欧洲混凝土协会等）常采用混凝土圆柱体试件（直径为 6 英寸即 152mm，高度为 12 英寸即 305mm）来确定混凝土轴心抗压强度，计算 f'_c。对 C60 以下的混凝土，圆柱体抗压强度标准值 f'_{ck} 和立方体抗压强度 $f_{cu,k}$ 的比值为 0.79，对 C60 混凝土，比值取 0.833；对 C70 混凝土，比值取 0.857；对 C80 混凝土，比值取 0.875。

2. 混凝土抗拉强度

抗拉强度（tensile strength）也是混凝土基本力学性能指标之一，它可以用来间接衡量混凝土的冲切强度。混凝土构件的开裂、裂缝宽度、变形验算以及受剪、受扭、受冲切等承载力的计算均与抗拉强度有关。

测定混凝土抗拉强度的试验方法通常有两种：一种为直接拉伸试验；另一种为间接测试方法，称为劈裂试验。

直接拉伸试验如图 2.6 所示。试件尺寸为 100mm × 100mm × 500mm，两端预埋钢筋，钢筋位于试件的轴线上，对试件施加拉力使其均匀受拉，试件破坏时的平均拉应力即为混凝土的抗拉强度，称为轴心抗拉强度（axial tensile strength）f_t，这种试验对试件尺寸及钢筋位置要求很严格。

劈裂试验如图 2.7 所示。试件为立方体时，在上、下压板与试件之间垫以圆弧形垫块及垫条各一条；试件为圆柱体时，在上、下压板与试件承压线之间各垫一条垫条。垫块为钢制弧形垫块，垫条由 3 层胶合板制成，垫条不得重复使用；具体尺寸见《普通混凝土力学性能试验方法标准》（GB/T 50081—2002）。宜把垫条及试件安装在定位架上使用。

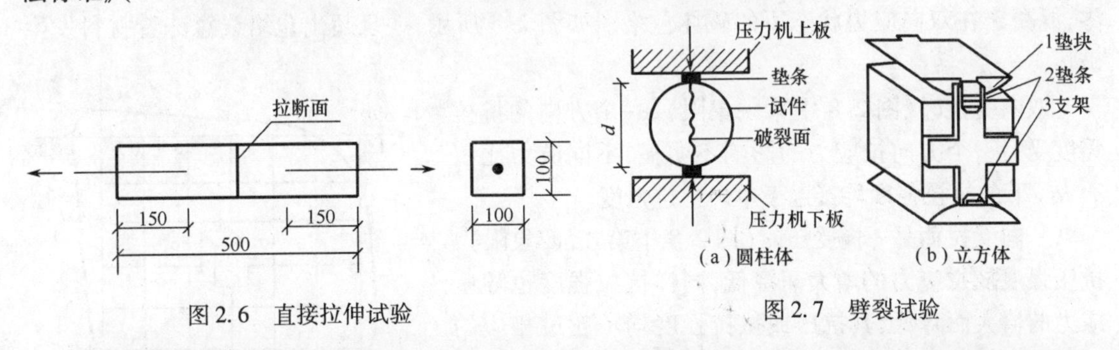

图 2.6　直接拉伸试验　　　图 2.7　劈裂试验

对圆柱体或立方体试件施加线荷载，在试件中间截面除加力点附近很小的范围以外，有与该面垂直且基本均匀分布的拉应力。当拉应力达到混凝土的抗拉强度时，试件沿中间截面劈裂成两半。

劈裂试验加荷应连续均匀，混凝土强度等级小于 C30 时，加载速度取 0.02 ~ 0.05MPa/s，混凝土强度等级不小于 C30 且小于 C60 时，加载速度取 0.05 ~ 0.08MPa/s，混凝土强度等级不小于 C60 时，取 0.08～0.10MPa/s。

根据弹性理论，试件劈裂破坏时，混凝土劈裂抗拉强度（splitting tensile strength）$f_{t,s}$ 可按式（2.3）计算，即

$$f_{t,s}=\frac{2F}{\pi dl} \tag{2.3}$$

式中 F——劈裂破坏荷载；

d——圆柱体的直径或立方体的边长；

l——圆柱体的长度或立方体的边长。

劈裂试验中试件的大小和垫条的尺寸、刚度都对试验结果有一定影响。我国的一些试验结果为劈裂抗拉强度略大于轴心抗拉强度，而国外的一些试验结果为劈裂抗拉强度略小于轴心抗拉强度。

混凝土强度等级小于 C60 时，用 100mm×100mm×100mm 非标准试件测得的劈裂抗拉强度值，应乘以尺寸换算系数 0.85；当混凝土强度等级不小于 C60 时，宜采用标准试件，使用非标准试件时，尺寸换算系数应由试验确定。

混凝土的抗拉强度比抗压强度低得多，一般为抗压强度的 1/20～1/8，且不与抗压强度成正比。混凝土的强度等级越高，抗拉强度与抗压强度的比值越低。

根据对比试验结果，《规范》采用的混凝土轴心抗拉强度标准值 f_{tk}（MPa）与立方体抗压强度标准值 $f_{cu,k}$（MPa）之间的换算关系为

$$f_{t,k}=0.88\times0.395f_{cu,k}^{0.55}(1-1.645\delta)^{0.45}\cdot\alpha_{c2} \tag{2.4}$$

式中 0.88 和 α_{c2}——与式（2.2）相同；

δ——试验结果的变异系数。

3. 混凝土在复合应力作用下的强度

实际工程中的混凝土结构或构件大多是处于复合应力（combined stresses）状态（通常受到轴力、弯矩、剪力及扭矩的不同组合作用），混凝土的强度和变形性能有明显的变化。

1）混凝土的双向受力强度（strength of concrete under biaxial stresses）

在混凝土单元体两个互相垂直的平面上，作用有法向应力 σ_1 和 σ_2，第三个平面上应力为零，混凝土在双向应力状态下的破坏包络图如图 2.8 所示，一旦超出包络线意味着材料发生破坏。

双向受拉时（图 2.8 中第一象限），一个方向的抗拉强度受另一个方向拉应力的影响不明显，不同应力比值 σ_1/σ_2 下的抗拉强度均接近于单向抗拉强度。

一向受拉而另一向受压时（图 2.8 中第二、四象限），抗压强度随拉应力的增大而降低，同样抗拉强度也随压应力的增大而降低，其抗压或抗拉强度均不超过相应的单轴强度。

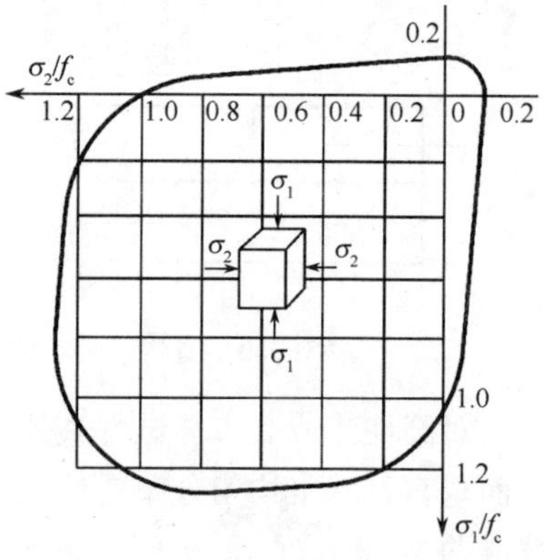

图 2.8 双向应力状态下混凝土的破坏包络图

双向受压时（图 2.8 中第三象限），一向的抗压强度随另一向压应力的增大而增大，最大抗压强度发生在两个应力比（σ_1/σ_2 或 σ_2/σ_1）为 0.4 或 0.7 时，其强度比单向抗压强度增加约 30%，而在两向压应力相等的情况下

强度增加15% ~20%。

2）混凝土在正应力和剪应力共同作用下的强度

混凝土在正应力(normal stress)和剪应力(shearing stress)共同作用下的强度变化曲线如图2.9所示。

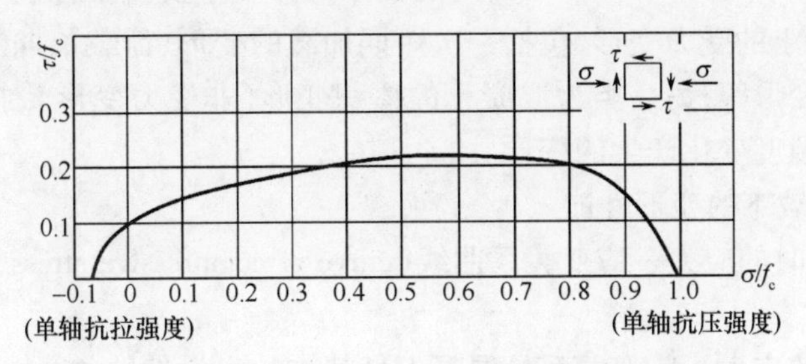

图2.9　混凝土在正应力和剪应力共同作用下的强度曲线

当混凝土受到剪力或扭矩引起的剪应力τ和轴力引起的法向应力σ作用时，形成“剪压”或“剪拉”复合应力状态。理论上这类问题可通过换算为主应力，按双向拉压应力状态来处理。但由于混凝土材料本身组成结构的特点，实际上仍采用在截面上同时施加法向应力和剪应力的直接试验方法来测定其破坏强度。

3）混凝土的三向受压强度(strength of concrete under triaxial stresses)

就受力状态而言，混凝土立方体试件、棱柱体试件都存在三向受压情况，只不过侧向压应力的大小和作用范围不同。约束混凝土中的三向受压是一种被动的侧压力作用，即侧压力的大小取决于混凝土的横向变形。图2.10所示为圆柱体混凝土试件三向受液压(施加主动侧压力)时(侧向等压，应力均为σ_2)的试验结果，其纵向抗压强度和变形随侧向压力的增大而显著增大，这说明施加主动侧压力时，从开始加荷就限制了混凝土内微裂缝的发展，可以极大地提高混凝土的抗压强度和承受变形的能力，使混凝土的变形性能接近于理想的塑性状态。

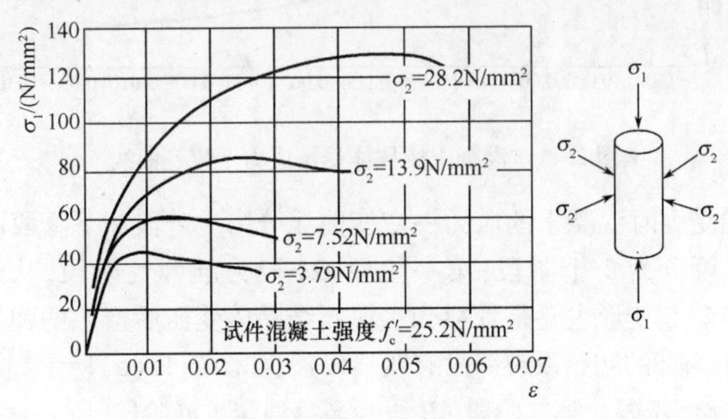

图2.10　圆柱体试件三向受压试验

由试验结果得到的经验公式为

$$f_{cc}' = f_c' + \beta\sigma_2 \tag{2.5}$$

式中　f_{cc}'——在等侧向压应力σ_2作用下混凝土圆柱体抗压强度；

f_c'——无侧向压应力时混凝土圆柱体抗压强度；

β——侧向压应力系数，根据试验结果取$\beta = 4.0 \sim 7.0$，当侧向压应力较低时得到的系数值较高。

式(2.5)为螺旋箍筋柱的计算基础。

2.1.4 混凝土的变形

混凝土变形(deformation of concrete)是混凝土的一个重要力学性能。混凝土的变形可分为两类:一类是混凝土的受力变形,包括一次短期加载的变形、荷载长期作用下的变形和多次重复荷载作用下的变形等;另一类为混凝土的体积变形(非受力变形),指的是混凝土由于硬化过程中的收缩或温度变化产生的变形。

1. 一次短期加载下的变形性能

1) 混凝土受压时的应力—应变关系曲线(curve of compressive stress - strain relationship of concrete)

混凝土受压时的应力—应变关系是混凝土最基本的力学性能之一,它是研究分析钢筋混凝土构件截面应力、建立强度和变形计算理论所必不可少的依据。

我国采用棱柱体试件测定混凝土一次短期单轴加载时的变形能力,实测的典型混凝土棱柱体在一次短期单轴加载下的应力—应变曲线如图2.11所示。

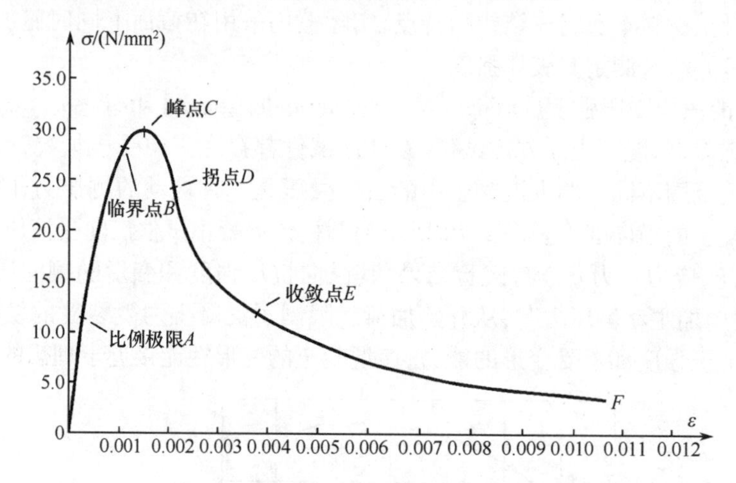

图2.11 混凝土棱柱体受压应力—应变曲线

可以看到,单轴受力时混凝土的应力—应变曲线分为上升段和下降段两个部分。

上升段(OC)又可分为3个阶段:第一阶段OA段为准弹性阶段,从开始加载到应力为$(0.3 \sim 0.4)f_c$的A点,其变形主要是骨料和水泥石结晶体受压后产生的弹性变形,水泥胶体的黏性流动以及混凝土内部的初始微裂缝没有明显发展,如图2.12(a)所示,故应力—应变关系接近于直线,A点称为比例极限。第二阶段AB段为裂缝稳定扩展阶段,压应力超过A点,混凝土逐渐表现出明显的非弹性性质,应变增长速度超过应力增长速度,应力—应变曲线逐渐弯曲,至临界点B(对应应力σ一般取$0.8f_c$);在这一阶段,混凝土内原有的微裂缝开始扩展,并产生新的裂缝,如图2.12(b)所示,但裂缝的发展仍能保持稳定,即应力不增加,裂缝也不继续发展;B点的应力可作为混凝土长期抗压强度的依据。第三阶段BC段为裂缝不稳定扩展阶段,随着荷载的进一步增加,压应力超过B点,试件中所积蓄的弹性应变能保持大于裂缝发展所需要的能量,从而形成裂缝快速发展、贯通的不稳定状态,曲线明显弯曲,直至峰值C点,如图2.12(c)所示;峰值C点对应的应力即为混凝土的棱柱体抗压强度(又称轴心抗压强度)f_c,相应的应变称为峰值应变ε_0,其值为$0.015 \sim 0.0025$,对C50及以下的素混凝土通常取$\varepsilon_0 = 0.002$。

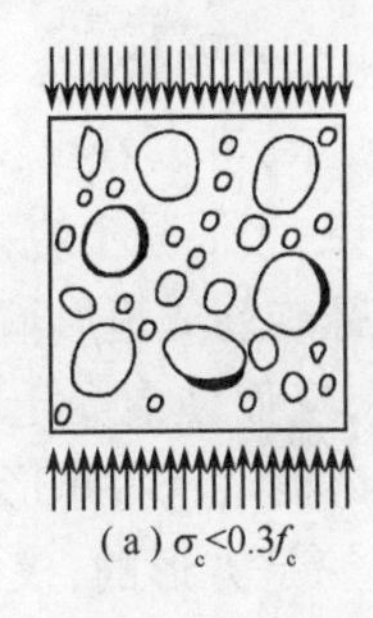

(a) $\sigma_c<0.3f_c$

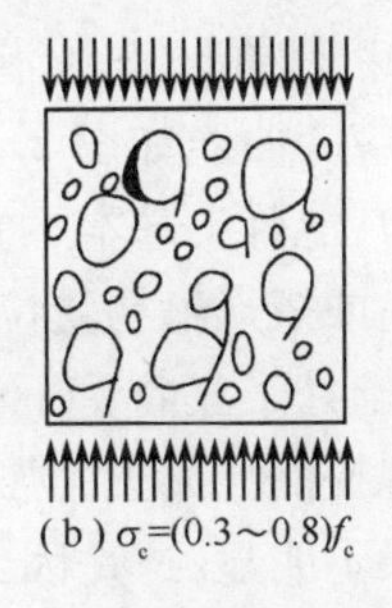

(b) $\sigma_c=(0.3\sim0.8)f_c$

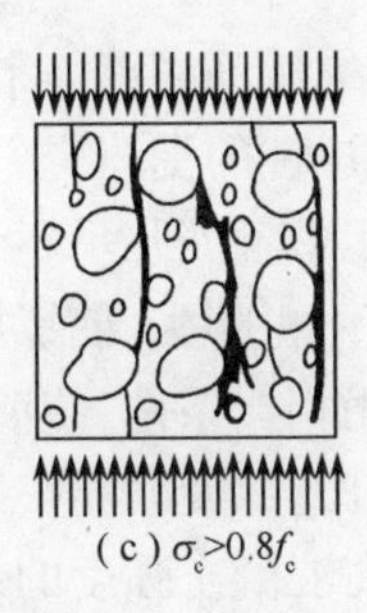

(c) $\sigma_c>0.8f_c$

图 2.12　混凝土内裂缝发展过程

下降段(CF)是混凝土达到峰值应力后裂缝继续扩展、贯通，从而使应力—应变关系发生变化的阶段。混凝土的应力达到f_c以后，裂缝迅速发展，内部结构受到越来越严重的破坏，赖以传递荷载的传力路线不断减小，试件的平均强度降低，故应力—应变曲线向下弯曲(曲线为上凸曲线)，直到凹向发生改变，曲线出现“拐点”，超过“拐点”，应力—应变曲线开始凸向应变轴(曲线开始变为下凸曲线)，这时，只靠骨料间的咬合力及摩擦力与残余承压面来承受荷载。随着变形增加，应力—应变曲线逐渐凸向水平轴方向发展，此段曲线中，曲率最大的E点称为收敛点。从收敛点E开始以后的曲线称为收敛段，超过E点后，试件的贯通主裂缝已经很宽，内聚力几乎耗尽，对无侧向约束的混凝土，收敛段已失去结构意义。混凝土达到极限强度后，在应力下降幅度相同的情况下，变形能力大的混凝土延性要好。

混凝土应力—应变曲线的形状和特征是混凝土内部结构变化的力学标志，随着混凝土强度的提高，混凝土应力—应变曲线将逐渐变化。不同强度混凝土的应力—应变曲线如图 2-13 所示。

可以看出，随着混凝土强度的提高，上升段曲线的直线部分增大，峰值应变ε_0有所增大；但混凝土强度越强，曲线下降段越陡，即应力下降相同幅度时变形越小，延性越差，残余应力相对较低。由于高强混凝土中砂浆与骨料的粘结较强，粘结裂缝较少，破坏往往是骨料的劈裂，因而其受压破坏具有脆性破坏的特征。

混凝土受压应力—应变曲线的形状与加载速度也有着密切的关系。相同强度的混凝土在不同加载速度下的应力—应变曲线如图 2.14 所示。可以看出，随着加载速度的降低，峰值应力逐渐减小，但与峰值应力对应的应变却增大了，下降段也变得平缓一些。

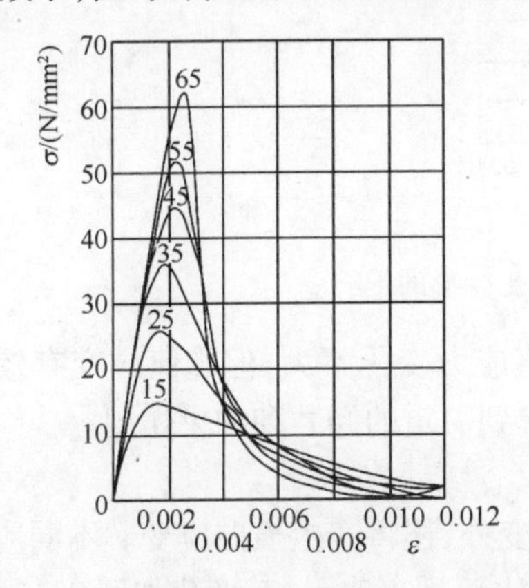

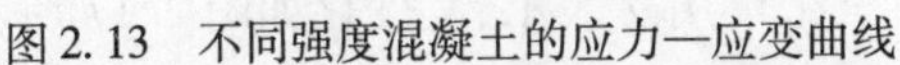

图 2.13　不同强度混凝土的应力—应变曲线

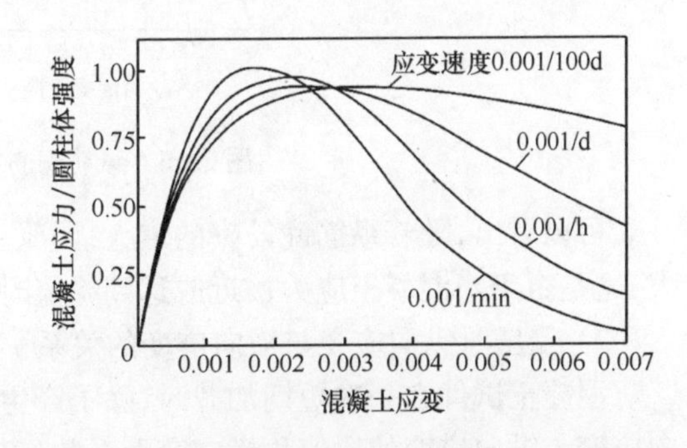

图 2.14　不同速率下混凝土的应力—应变曲线

如前所述，混凝土受到横向约束时，其强度和变形能力均可明显提高。三向受压条件下混凝土的应力—应变曲线可以由周围用液体压力加以约束的圆柱体进行加压试验得到。在实际工程中可采用密排螺旋筋或箍筋来约束混凝土,改善混凝土的受力性能。配有密排螺旋筋短柱和密排矩形箍筋短柱的受压应力—应变曲线如图 2.15 所示,可以看出,在混凝土轴向压力很小时,螺旋筋或矩形箍筋几乎不受力,混凝土基本不受约束;当混凝土应力达到临界应力时,混凝土内裂缝引起体积膨胀,使螺旋筋或矩形箍筋受拉,而螺旋筋或矩形箍筋反过来又约束混凝土,形成液压作用相似条件,使混凝土处于三向受压状态,从而使混凝土的受力性能得到改善。从图中还可看出,螺旋筋能很好地提高混凝土的强度和延性,密排矩形箍筋能较好地提高混凝土延性,但提高混凝土强度的效果不明显,这是因为箍筋是方形的,仅能使箍筋的角上和核心的混凝土受到约束。

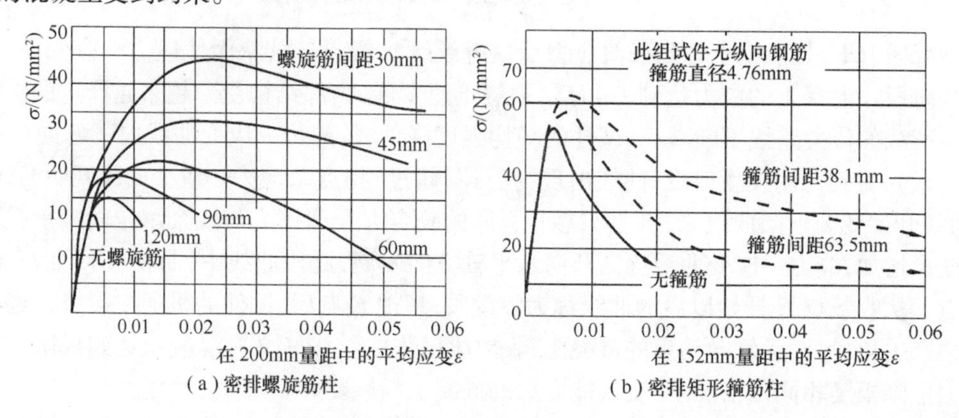

图 2.15 配有密排螺旋筋短柱和密排矩形箍筋短柱的受压应力—应变曲线

试验表明,混凝土内配置纵向钢筋时也可使混凝土的变形能力有一定程度提高。不同纵筋配筋率(箍筋间距较大,仅用于固定纵筋位置)的混凝土试件的受压应力—应变曲线如图 2.16所示。

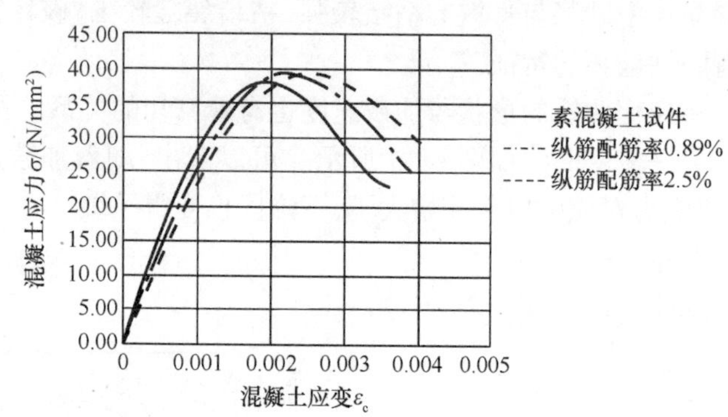

图 2.16 纵筋配筋率对混凝土变形的影响

可以看出,随着纵筋配筋率的增大,混凝土的峰值应力变化不大,但峰值应变有较明显增大,这是由于当混凝土应力接近或达到峰值时,纵筋起到一定的卸载和约束作用。

2)受压时纵向应变与横向应变的关系

混凝土试件在一次短期加载时,除了产生纵向应变外,还将产生横向应变。不同应力下横向应变与纵向应变的比值称横向变形系数(又称泊松比),用μ表示,其变化如图 2.17 所示。

可以看出,当应力值小于 $0.5f_c$ 时,横向变形系数基本保持为常数;当应力值超过 $0.5f_c$ 以后,横向变形系数逐渐增大,应力越高,增大的速度越快,表明试件内部的微裂缝迅速发展。材料处于弹性阶段时,混凝土的横向变形系数(泊松比)μ 可取 0.2。

试验还表明，当混凝土压应力较小时，由于体积压实，体积随压应力的增大而减小。当压应力超过一定值后，随着压应力的增加，由于剪切破坏导致混凝土内部出现较多裂纹，体积又重新增大，最后超过了原来的体积，即出现剪胀现象。混凝土体积应变 ε_v 与应力的变化关系如图 2.18 所示。

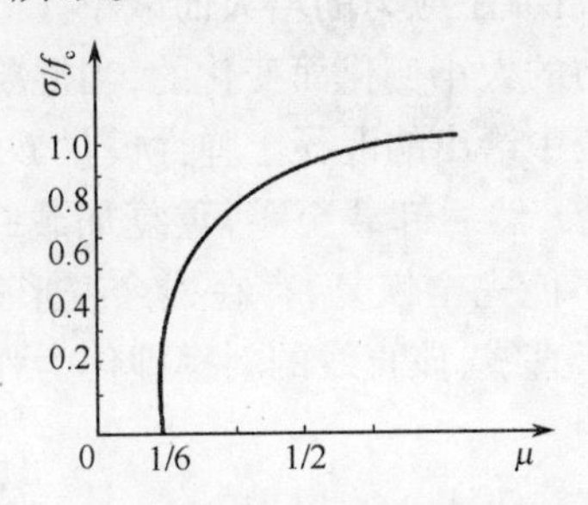

图 2.17　混凝土横向应变和纵向应变的关系

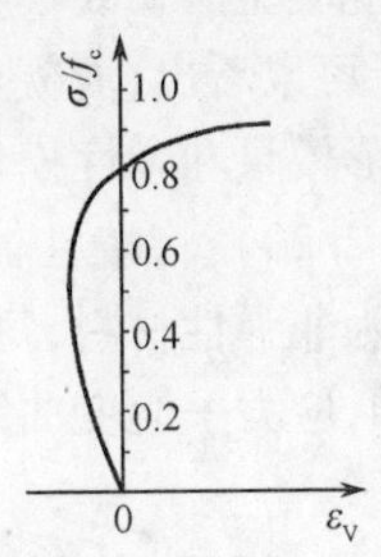

图 2.18　混凝土体积应变与应力的关系

3）混凝土的变形模量

与弹性材料不同，混凝土受压的应力—应变关系是一条曲线，在不同的应力阶段，应力与应变之比的变形模量不是常数，而是随着混凝土的应力变化而变化。混凝土的变形模量(modulus of deformation of concrete)有 3 种表示方法。

(1) 混凝土的弹性模量(即原点模量)E_c。

如图 2.19 所示，在混凝土受压应力—应变曲线的原点作切线，该切线的斜率即为原点模量，称为弹性模量(modulus of elasticity of concrete)，用 E_c 表示，即

$$E_c = \frac{\sigma_c}{\varepsilon_{ce}} = \tan\alpha_0 \tag{2.6}$$

式中　α_0——混凝土受压应力—应变曲线在原点处的切线与横坐标的夹角。

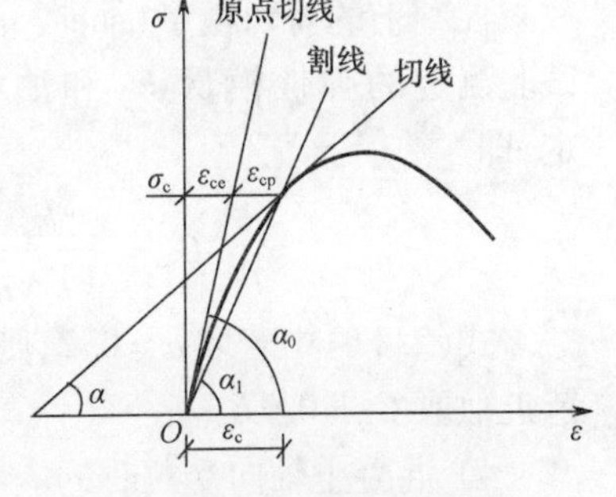

图 2.19　混凝土变形模量的表示方法

(2) 混凝土的变形模量(即弹塑性模量或割线模量)E_c'。

连接图 2.19 中原点 O 至曲线上任一点应力为 σ_c 处的割线的斜率称为混凝土在 σ_c 处的割线模量(secant modulus)或变形模量，用 E_c'表示，即

$$E_c' = \frac{\sigma_c}{\varepsilon_c} = \tan\alpha_1 \tag{2.7}$$

式中　α_1——混凝土受压应力—应变曲线上应力为 σ_c 处割线与横坐标的夹角。

式(2.7)中总变形 ε_c 包含了混凝土弹性变形 ε_{ce} 和塑性变形 ε_{cp} 两部分，因此混凝土的割线模量也是变值，也随着混凝土应力的增大而减小。比较式(2.6)和式(2.7)可以得到

$$E_c' = \frac{\sigma_c}{\varepsilon_c} = \frac{\sigma_c}{\varepsilon_{ce} + \varepsilon_{cp}} = \frac{\varepsilon_{ce}}{\varepsilon_{ce} + \varepsilon_{cp}} \cdot \frac{\sigma_c}{\varepsilon_{ce}} = \nu E_c \tag{2.8}$$

式中　ν——混凝土受压时的弹性系数，即混凝土弹性应变与总应变之比，其值随混凝土应力的增大而减小。当 $\sigma_c < 0.3f_c$ 时，混凝土基本处于弹性阶段，可取 $\nu = 1$；当 $\sigma_c = 0.5f_c$ 时，可取 $\nu = 0.8 \sim 0.9$；当 $\sigma_c = 0.8f_c$ 时，可取 $\nu = 0.4 \sim 0.7$。

(3) 混凝土的切线模量 E_c''。

在混凝土受压的应力—应变曲线上某一应力值为 σ_c 处作切线，该切线的斜率即为相应于

应力 σ_c 时混凝土的切线模量(tangent modulus),用 E''_c表示,即

$$E''_c = \tan\alpha \tag{2.9}$$

式中 α——混凝土受压应力—应变曲线上应力为 σ_c 处切线与横坐标的夹角。

可以看出,混凝土的切线模量是一个变值,它随着混凝土应力的增大而减小。

由以上分析可以看出,混凝土的变形模量是随应力的大小变化而变化的,当混凝土处于弹性阶段时,其变形模量和弹性模量近似相等。我国规范中给出的混凝土弹性模量 E_c 是按下述方法确定的(图 2.20):将棱柱体试件加载至应力 $0.4f_c$,然后卸载至零,重复加载卸载 5 ~ 10 次,由于混凝土为非弹性材料,每次卸载为零时,变形不能完全恢复,存在残余变形;但随加载重复次数的增加,应力—应变曲线渐趋稳定并基本趋于直线,该直线的斜率即作为弹性模量的取值。

根据试验结果,混凝土弹性模量与混凝土立方体强度f_{cu}之间的关系可用式(2.10)表示(式中f_{cu}的单位应取 MPa),即

$$E_c = \frac{10^5}{2.2 + \frac{34.7}{f_{cu}}} \quad \text{MPa} \tag{2.10}$$

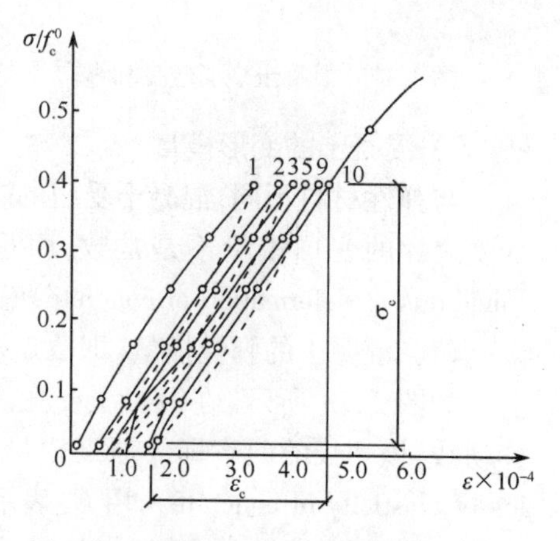

图 2.20 混凝土弹性模量的测定方法

混凝土的剪切模量(shear modulus) G_c 可根据抗压试验测定的弹性模量 E_c 和泊松比 μ 按式(2.11)确定,即

$$G_c = \frac{E_c}{2(1+\mu)} \tag{2.11}$$

式(2.11)中若取$\mu = 0.2$,则 $G_c = 0.416E_c$。我国规范近似取 $G_c = 0.4E_c$。

4)混凝土轴向受拉时的应力—应变关系

混凝土受拉应力—应变曲线的测试比受压时要困难,试验资料较少。采用电液伺服试验机控制应变速度测出的混凝土轴心受拉应力—应变曲线如图 2.21 所示。

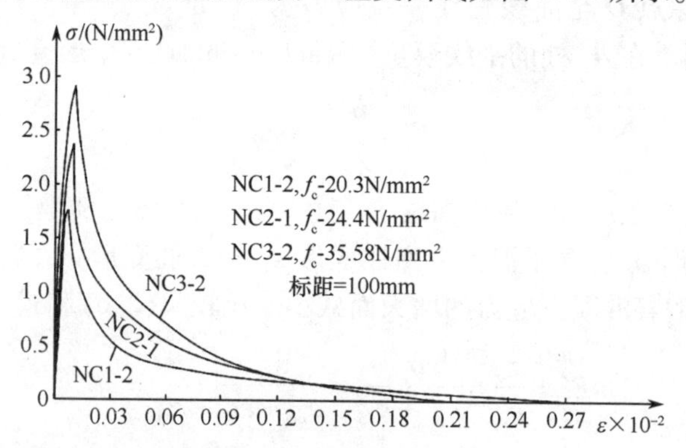

图 2.21 不同强度混凝土受拉时的应力—应变曲线

可以看出,曲线形状与受压时相似,也有上升段和下降段,在试件加载的初期,变形与应力呈线性增长,应力至$(0.4 \sim 0.5)f_t$ 时达比例极限,应力至$(0.76 \sim 0.83)f_t$ 时,曲线出现临界点(即裂缝不稳定扩展的起点),到达峰值应力 f_t 时应变很小,只有 $75 \times 10^{-6} \sim 115 \times 10^{-6}$,曲线

的下降段随着混凝土强度的提高也更为陡峭。曲线原点切线斜率与受压时基本一致,因此混凝土受拉受压均可以采用相同的弹性模量 E_c;相应于抗拉强度 f_t 时的变形模量可取 $E'_c = 0.5E_c$,即取弹性系数 $\nu = 0.5$。

2. 混凝土在荷载长期作用下的变形性能——徐变

20 世纪初,人们第一次发现钢筋混凝土桥梁的挠度几年后仍然继续增长的现象,这提醒人们有必要研究混凝土在长期荷载作用下的变形性质。混凝土在荷载的长期作用下(结构或材料承受的荷载或应力不变)随时间而增长的变形称为徐变(creep)。

图 2.22 所示为 100mm × 100mm × 400mm 棱柱体试件在相对湿度 65%、温度 20℃条件下,承载压应力 $\sigma_c = 0.5f_c$ 后保持外荷载不变,应变随时间变化关系曲线。图 2.22 中:ε_{ce} 为加载时产生的瞬时弹性应变(instantaneous elastic strain);ε_{cr} 为随时间而增长的应变,即混凝土的徐变。

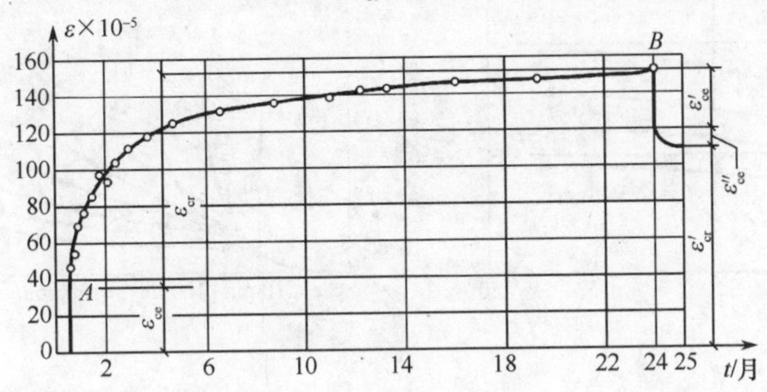

图 2.22　混凝土的徐变

从图 2.22 中可以看出,徐变在前 4 个月增长较快,6 个月左右时可达终极徐变的 70% ~ 80%,以后增长逐渐缓慢,两年的徐变为瞬时弹性应变的 2 ~ 4 倍。若在两年后 B 点时卸载,其瞬时恢复应变为 ε'_{ce};经过一段时间(约 20d),试件还将恢复一部分应变 ε''_{ce},这种现象称为弹性后效。弹性后效是混凝土中粗骨料受压时的弹性变形逐渐恢复引起的,其值仅为徐变的 1/12 左右。最后还将留下大部分不可恢复的残余应变 ε'_{cr}。

混凝土徐变的产生,是由于在荷载长期作用下,混凝土凝胶体中的水分逐渐析出,水泥石逐渐黏性流动,微细空隙逐渐闭合,结晶内部逐渐滑动,微细裂缝逐渐发生和扩展等各种因素的综合结果。

影响混凝土徐变的因素很多,总的来说可分为以下 3 个方面。

1) 内在因素

内在因素主要是指混凝土的组成与配合比。水泥用量大,水泥胶体多,水灰比越高,徐变越大。骨料弹性性质也明显影响徐变值,一般来讲,骨料越坚硬,弹性模量越高,对水泥石的约束作用越大,徐变越小。钢筋的存在对徐变也有影响。要减小徐变,就应尽量减少水泥用量,减少水灰比,增加骨料所占体积及刚度。

2) 环境影响

环境影响主要是指混凝土的养护及使用时的温度和湿度影响。养护的温度越高,湿度越大,水泥水化作用越充分,徐变就越小,采用蒸汽养护可使徐变减少 20% ~ 35%;试件加载后,环境温度越低、湿度越大,以及体表比(构件体积与表面积的比值)越大,徐变就越小。高温干燥的受荷环境将使徐变显著增大。

3) 应力条件

应力条件的影响包括加载时施加的初应力水平(σ/f_c)和混凝土的龄期两个方面。在同样的应力水平下，加载龄期越早，混凝土硬化越不充分，徐变就越大；在同样的加载龄期条件下，施加的初应力水平越大，徐变就越大。不同 σ/f_c 比值的条件下徐变随时间增长的变化曲线如图 2.23 所示。从图中可以看出，当 σ/f_c 的比值小于 0.5 时，曲线接近等间距分布，即徐变值与应力的大小成正比，这种徐变称为线性徐变，通常线性徐变在两年后趋于稳定，其渐近线与时间轴平行；当应力 $\sigma > 0.5f_c$ 时，徐变的增长较应力的增长快，这种徐变称为非线性徐变。在非线性徐变范围内，当应力 $\sigma > 0.8f_c$ 时，这时的非线性徐变往往是不收敛的，最终将导致混凝土的破坏，如图 2.24 所示。因此，一般取混凝土应力约等于 $(0.75 \sim 0.8)f_c$ 作为混凝土的长期极限强度。混凝土构件在使用期间，应当避免经常处于不变的高应力状态。

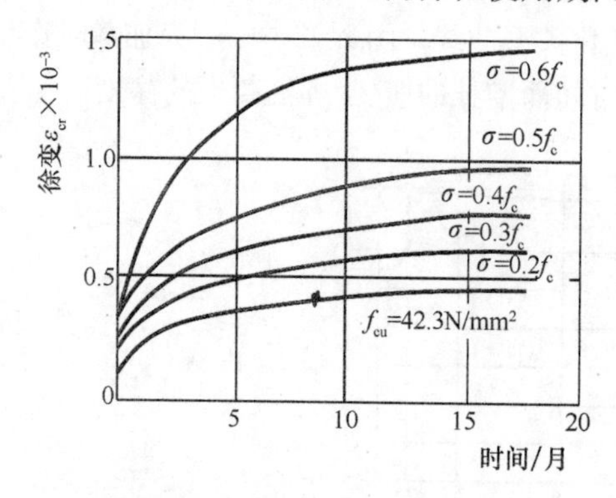

图 2.23　压应力与徐变的关系

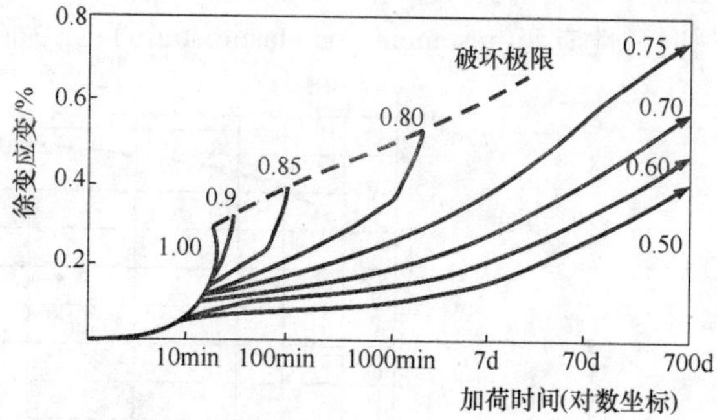

图 2.24　不同应力比值的徐变与时间曲线

徐变对钢筋混凝土结构和构件的受力性能有重要影响。一方面，徐变将使构件的变形增加，如受长期荷载作用的受弯构件由于受压区混凝土的徐变，可使挠度增大 2～3 倍或更多；长细比较大的偏心受压构件，由于徐变引起的附加偏心距增大，将使构件的承载力降低；徐变还将在钢筋混凝土截面中引起应力重分布，在预应力混凝土构件中，徐变将引起相当大的预应力损失。另一方面，徐变对结构的影响也有有利的一面，在某些情况下，徐变可减少由于支座不均匀沉降引而产生的应力，并可延缓收缩裂缝的出现。

3. 混凝土的收缩、膨胀和温度变形

混凝土在空气中凝结硬化过程中体积减小的现象称为收缩（shrinkage），混凝土在水中凝结硬化过程中体积增大的现象称为膨胀（swell）。一般来说，收缩值要比膨胀值大很多。

混凝土的收缩是一种随时间而增长的变形，如图 2.25 所示。

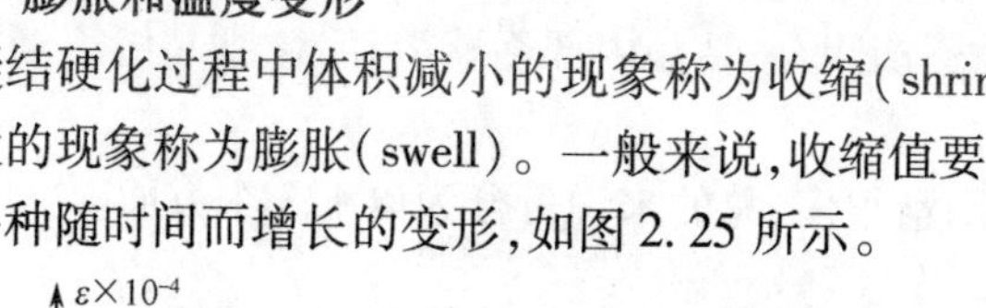

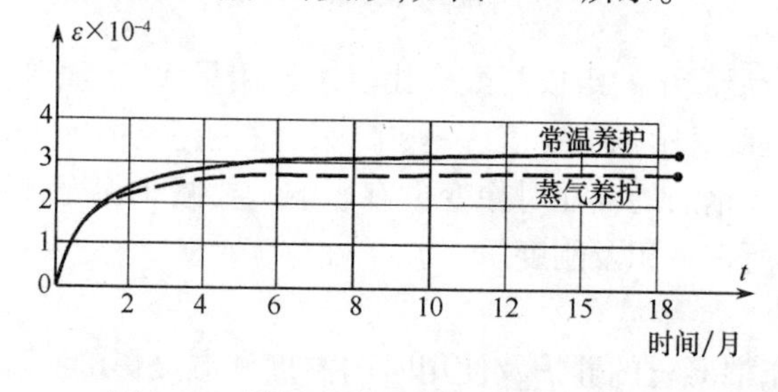

图 2.25　混凝土收缩变形与试件的关系

由图 2.25 可以看出，混凝土收缩随时间增长而增加，收缩速度随时间的增长而逐渐减缓。凝结硬化初期收缩变形发展较快，一般两周可完成全部收缩的 25%，一个月可完成全部收缩的 50%，3 个月后增长缓慢，两年后趋于稳定，最终收缩应变一般为 $(2\sim5)\times10^{-4}$。

引起混凝土收缩的原因，在硬化初期主要是水泥石凝固结硬过程中产生的体积变形，后期主要是混凝土内自由水分蒸发而引起的干缩。混凝土的组成、配合比是影响收缩的重要因素。水泥用量越多,水灰比越大,收缩就越大。骨料级配好、密度大、弹性模量高、粒径大等均可减少混凝土的收缩。

因为干燥失水是引起混凝土收缩的主要原因,所以构件的养护条件,存放及使用时的温度和湿度,以及凡是影响混凝土中水分保持的因素,都对混凝土的收缩有影响。高温湿养(蒸汽养护)可加快水化作用,减少混凝土中的自由水分,因而可减少收缩。使用时的温度越高相对湿度越低,收缩就越大。如果混凝土处于饱和湿度情况下或在水中,不仅不会收缩,而且会产生体积膨胀。

混凝土的最终收缩量还和构件的体表比有关,体表比较小的构件如"工"字形、箱形薄壁构件,收缩量较大,而且发展也较快。

混凝土的收缩对混凝土结构有着不利的影响。在钢筋混凝土结构中,混凝土往往由于钢筋或邻近部件的牵制处于不同程度的约束状态,使混凝土产生收缩拉应力,从而加速裂缝的出现和开展(如有些养护不良的混凝土构件在加载前就出现由于混凝土收缩所产生的裂缝)。在预应力混凝土结构中,混凝土的收缩将导致预应力的损失。对跨度变化比较敏感的超静定结构(如拱结构),混凝土收缩将产生不利的应力。

混凝土的膨胀往往是有利的,一般可不予考虑。

混凝土的线胀系数随骨料的性质和配合比的不同而在$(1.0\sim1.5)\times10^{-5}/℃$之间变化,它与钢筋的线胀系数$1.2\times10^{-5}/℃$相近,因此当温度变化时,在钢筋和混凝土之间仅引起很小的内应力,不致产生有害的影响。我国规范取混凝土的线胀系数为$\alpha_c=1.0\times10^{-5}/℃$。

2.1.5 混凝土的耐久性

1. 耐久性的概念

混凝土的耐久性(the durability of concrete)是指混凝土在使用环境下抵抗各种物理和化学作用破坏的能力。混凝土的耐久性直接影响结构物的安全性和使用性能。混凝土除应具有设计要求的强度,以保证其能安全地承受设计荷载外,还应根据其周围的自然环境以及使用上的特殊要求,而具有各种特殊性能。例如,承受压力水作用的混凝土,需要有一定的抗渗性能;遭受反复冰冻作用的混凝土,需要具有一定的抗冻性能;遭受环境水侵蚀作用的混凝土,需要有与之相适应的抗侵蚀性能;处于高温环境中的混凝土,则需要有较好的耐热性能等。而且要求混凝土在使用环境条件下要性能稳定。

环境对混凝土结构产生的物理和化学作用以及混凝土结构本身抵御环境作用的能力,是影响耐久性的因素。通常在混凝土结构设计中,往往忽视环境对结构的作用,许多混凝土结构在没有达到设计使用年限前,就出现了钢筋锈胀、混凝土劣化剥落等影响结构性能及外观的耐久性破坏现象,需要大量经费进行修复甚至拆除重建。近年来,混凝土结构的耐久性及其设计受到普遍关注。我国在《混凝土结构设计规范》(GB 50010—2010)中也将把混凝土结构的耐久性设计作为一项重要内容。混凝土结构耐久性设计的目标,就是使混凝土结构在规定的使用年限即设计使用寿命内,在常规的维修条件下,不出现混凝土劣化、钢筋腐蚀等影响结构正常使用和影响外观的损坏。

混凝土耐久性能主要包括抗渗、抗冻、抗侵蚀、碳化、碱骨料反应及混凝土中的钢筋锈蚀等性能。

2. 混凝土耐久性的性能指标

1）抗渗性

抗渗性(the impermeability of concrete)是指混凝土抵抗水、油等液体在压力作用下渗透的性能。它直接影响着混凝土的抗冻性和抗侵蚀性。混凝土的抗渗性主要与混凝土密实度及其内部孔隙的大小和构造有关。混凝土内部的互相连通的孔隙和毛细管通路,以及由于在施工过程中,振捣不实产生的蜂窝、孔洞都会造成混凝土渗水。

我国一般采用抗渗等级来表示混凝土的抗渗性,也有采用相对渗透系数来表示的。抗渗等级是按标准试验方法进行试验,用每组6个试件中4个试件未出现渗水时的最大水压力来表示的。如分为P4、P6、P8、P10、P12等5个等级,即相应表示能够抵抗0.4、0.6、0.8、1.0、1.2MPa的水压力而不渗水。抗渗等级不小于P6级的混凝土为抗渗混凝土。

影响混凝土抗渗性的因素有水胶比、水泥品种、骨料的最大粒径、养护方法、外加剂及掺合料等。

(1) 水胶比。混凝土水胶比的大小,对其抗渗性能起决定性作用,混凝土抗渗性随混凝土水胶比的增大而降低,在成型密实的混凝土中,水泥石的抗渗性对混凝土的抗渗性影响最大。

(2) 骨料最大粒径。在水胶比相同时,混凝土骨料的最大粒径越大,其抗渗性能就越差。这是由于骨料和水泥浆的界面处易产生裂隙和较大骨料下方易形成孔穴。

(3) 养护方法。在干燥条件下,混凝土早期失水过多,容易形成收缩裂隙,因而降低混凝土的抗渗性。蒸汽养护的混凝土,其抗渗性较潮湿养护的混凝土要差。

(4) 水泥品种。水泥的细度越大,水泥硬化体孔隙率越小,强度就越高,则其抗渗性越好。

(5) 外加剂。在混凝土中掺入某些外加剂,如减水剂等,可减小水胶比,改善混凝土的和易性,因而可改善混凝土的密实性,即提高混凝土的抗渗性能。

(6) 掺合料。在混凝土中加入矿物掺合料,如优质粉煤灰,由于优质粉煤灰能发挥其形态效应、活性效应、微骨料效应和界面效应等,可提高混凝土的密实度、细化孔隙,从而改善了孔结构以及骨料与水泥石界面的过渡区结构,因而提高了混凝土的抗渗性。

(7) 龄期。混凝土龄期越长,其抗渗性越好。因为随着水泥水化的进展,混凝土的密实性逐渐增大。

凡是受到水压作用的构筑物的混凝土,就有抗渗性的要求。提高混凝土抗渗性的措施是增大混凝土的密实度和改变混凝土中的孔结构,减小连通孔隙。

2）抗冻性

混凝土的抗冻性(the frost resistance of concrete)是指混凝土在水饱和状态下,经受多次冻融循环作用,能保持强度和外观完整性的能力。在寒冷地区,特别是在接触水又受冻的环境中的混凝土,要求具有较高的抗冻性能。混凝土受冻融作用破坏的原因,是由于混凝土内部孔隙中的水在负温下结冰后体积膨胀造成的静水压力以及因冰水蒸汽压的差别推动未冻水向冻结区的迁移所造成的渗透压力。当这两种压力所产生的内应力超过混凝土的抗拉强度,混凝土就会产生裂缝,多次冻融使裂缝不断扩展直至破坏。

混凝土的密实度、孔隙构造和数量、孔隙的充水程度是决定抗冻性的重要因素。因此,当混凝土采用的原材料质量好、水胶比小、具有封闭细小孔隙(如掺入引气剂的混凝土)及掺入减水剂、防冻剂等时其抗冻性都较高。

随着混凝土龄期增加,混凝土抗冻性能也得到提高。因为水泥不断水化,可结冰的水量减少;水中溶解盐浓度随水化深入而增加,冰点也随龄期而降低,抵抗冻融破坏的能力也随之增强。所以延长冻结前的养护时间可以提高混凝土的抗冻性。一般在混凝土抗压强度尚未达到5.0MPa或抗折强度尚未达到1.0MPa时,不得遭受冰冻。

混凝土抗冻性一般以抗冻等级表示。抗冻等级是采用快冻法(水冻水融)以龄期28d的试块在吸水饱和后,承受反复冻融循环,以抗压强度下降不超过25%,而且重量损失不超过5%时所能承受的最大冻融循环次数来确定。混凝土抗冻等级划分为以下几级:F50、F100、F150、F200、F250、F300、F350、F400和大于F400等9个等级,分别表示混凝土能够承受反复冻融循环次数为50、100、150、200、250、300、350和400。

提高混凝土抗冻性的最有效方法是采用加入引气剂、减水剂和防冻剂。

3) 抗侵蚀性

当混凝土所处环境中含有侵蚀性介质时,混凝土便会遭受侵蚀,通常有软水侵蚀、硫酸盐侵蚀、镁盐侵蚀、碳酸侵蚀、一般酸侵蚀与强碱侵蚀等。混凝土在海岸、海洋工程中的应用也很广泛,海水对混凝土的侵蚀作用除化学作用外,尚有反复干湿的物理作用;盐分在混凝土内的结晶与聚集、海浪的冲击磨损、海水中氯离子对混凝土内钢筋的锈蚀作用等,也都会使混凝土遭受破坏。

混凝土的抗侵蚀性(the erosion resistance of concrete)与所用水泥的品种、混凝土的密实程度和孔隙等特征有关。密实和孔隙封闭的混凝土,环境水不易侵入,故其抗侵蚀性较强。所以,提高混凝土抗侵蚀性的措施,主要是合理选择水泥品种、降低水胶比、提高混凝土的密实度和改善孔结构。

4) 抗氯离子渗透性

环境中水、土壤中的氯离子因浓度差会向混凝土内部扩散渗透,当到达混凝土结构中的钢筋表面并达到一定浓度时,将导致钢筋快速锈蚀,严重影响混凝土结构的耐久性。

对于近海或海洋地区接触海水氯化物,或降雪地区接触除冰盐的钢筋混凝土结构的混凝土应有较高的抗氯离子渗透性(the nature of the resistance of concrete to chloride ion penetration)。该性能可采用快速氯离子迁移系数法或电通量法测定,分别用氯离子迁移系数和电通量表示。

在混凝土中氯离子主要通过水泥石中的孔隙和水泥石与骨料界面进行扩散渗透,因此,提高混凝土的密实度、降低孔隙率、改善界面结构是提高混凝土抗氯离子渗透性的主要途径,其中最有效的方法是掺入硅灰、粒化高炉矿渣粉、优质粉煤灰等矿物掺合料。

5) 混凝土的碳化(中性化)

混凝土的碳化作用(concrete carbonation)是指大气中的二氧化碳与水泥石中的氢氧化钙作用,生成碳酸钙和水。碳化过程就是二氧化碳由表及里向混凝土内部逐渐扩散的过程。因此,气体扩散速度决定了碳化的快慢。碳化消耗了混凝土中的部分氢氧化钙,使得混凝土碱度降低,引起水泥石化学组成及组织结构的变化,从而会对混凝土的化学性能和物理力学性能产生明显的影响,主要是对强度、收缩的影响。

碳化对混凝土性能既有有利的影响,也有不利的影响。

碳化降低了混凝土的碱度,就减弱了对钢筋的保护作用,可能导致钢筋锈蚀。由于在干缩产生的压应力下的氢氧化钙晶体溶解和碳酸钙在无压力处沉淀,将显著增加混凝土的收缩。

另外,碳化使得混凝土的抗压强度增大,其原因是碳化放出的水有利于水泥的水化作用,而且碳酸钙的沉淀减少了水泥石内部的孔隙。

混凝土所处环境条件中空气中的二氧化碳浓度、相对湿度等因素也会影响混凝土的碳化速度。二氧化碳浓度增大自然会加速碳化进程。例如，一般室内较室外快，二氧化碳含量较高的工业车间（如铸造车间）碳化快。当混凝土在水中或在相对湿度100%的条件下，由于混凝土孔隙中的水阻止了二氧化碳向内部扩散，碳化停止。同样，处于特别干燥的条件（如相对湿度在25%以下）下的混凝土，则由于缺少使二氧化碳及氢氧化钙作用所需的水分，碳化也会停止。一般认为相对湿度在50%～75%时碳化速度最快。

6）碱骨料反应

当粗骨料中夹杂着活性氧化硅（活性氧化硅的矿物形式有玉髓、蛋白石和鳞石英等，含有活性氧化硅的岩石有凝灰岩、流纹岩和安山岩等）时，如果混凝土中所用的水泥又含有较多的碱，就可能发生碱骨料破坏。这是因为水泥中碱性氧化物水解后生成的氢氧化钠和氢氧化钾会与骨料中的活性氧化硅起化学反应，结果是在骨料表面生成了复杂的碱—硅酸凝胶。这样就改变了骨料与水泥浆原来的界面，生成的凝胶是无限膨胀的，即不断吸水后体积可以不断肿胀，由于凝胶被水泥石所包围，当凝胶吸水不断肿胀时，就会把水泥石胀裂。这种碱性氧化物和活性氧化硅之间的化学作用通常称为碱骨料反应（concrete alkali aggregate reaction）。

重要工程的混凝土所使用的碎石或卵石应进行碱活性检验。若怀疑骨料中含有引起碱—碳酸盐反应的物质，应用岩石柱法进行检验，经检验判定骨料有潜在危害时，不宜做混凝土骨料。另外，粗骨料中严禁混入煅烧过的白云石或石灰石块。

抑制碱骨料反应的措施：尽可能选择非活性骨料；严格控制混凝土中总的碱量，符合现行有关标准的规定。选择低碱水泥（含碱量不大于0.6%），以降低混凝土总含碱量。另外，在混凝土配合比设计中，在保证质量要求的前提下，尽量降低水泥用量，从而进一步减少混凝土的含碱量。当掺入外加剂时，必须控制外加剂的含碱量。硅灰、粒化高炉矿渣粉、粉煤灰（高钙高碱粉煤灰除外）等活性矿物掺合料，对碱骨料反应有明显的抑制作用，因为活性混合材料可与混凝土中碱（包括 Na^+、K^+ 和 Ca^{2+}）起反应，又由于它们是粉状、颗粒小、分布较均匀，因此反应进行得快，而且反应产物能够均匀地分散在混凝土中，而不集中在骨料表面，从而降低了混凝土中的含碱量，抑制碱骨料反应。

3. 提高混凝土耐久性的措施

混凝土在遭受压力水、冰冻或侵蚀等作用时的破坏过程，虽然各不相同，但对提高混凝土的耐久性的措施来说，却有很多共同之处。除原材料的选择外，提高混凝土的密实度是提高混凝土耐久性的最重要环节。一般提高混凝土耐久性的措施有以下几个方面：

（1）合理选择水泥品种。

（2）选用较好的砂、石骨料。质量良好、技术条件合格的砂、石骨料，是保证混凝土耐久性的重要条件。

改善粗细骨料的颗粒级配，在允许的最大粒径范围内尽量选用较大粒径的粗骨料，可减小骨料的空隙率和比表面积，也有助于提高混凝土的耐久性。

（3）掺用外加剂、矿物掺合料。引气剂或减水剂对提高抗渗、抗冻等有良好的作用；矿物掺合料可显著改善抗渗性、抗氯离子渗透性和抗腐蚀性，并能抑制碱骨料反应，还能节约水泥。

（4）适当控制混凝土的水胶比及水泥用量。水胶比的大小是决定混凝土密实性的主要因素，它不但影响混凝土的强度，而且也严重影响其耐久性，故必须严格控制水胶比。

保证足够的水泥用量，同样可以起到提高混凝土密实性和耐久性的作用。《普通混凝土配合比设计规程》（JGJ 55—2011）对工业与民用建筑工程所用混凝土的最大水胶比及最小水泥用量作了规定。

对耐久性要求较高的混凝土结构,混凝土的水胶比及水泥(胶凝材料)应符合《混凝土耐久性设计规范》(GB/T 50476—2008)的要求。

(5) 加强混凝土质量的生产控制。在混凝土施工中,应当搅拌均匀、浇筑和振捣密实及加强养护,以保证混凝土的施工质量。

2.1.6 普通混凝土的配合比设计

混凝土配合比(the mix proportion of concrete)是指每立方米混凝土中各种材料的用量。常用的表示方法有两种:一种是以每立方米混凝土中各项材料的质量表示,如水泥 300kg、水 180kg、砂 720kg、石子 1200kg,其每立方米混凝土总质量为 2400kg;另一种表示方法是以各项材料相互间的质量比来表示(以水泥质量为1),将上例换算成质量比为水泥:砂:石 =1:2.4:4,水胶比 =0.60。

1. 混凝土配合比设计的基本要求

设计混凝土配合比的任务,就是要根据原材料的技术性能及施工条件,合理选择原材料,并确定能满足工程所要求的技术经济指标的各项组成材料的用量。具体说,混凝土配合比设计应满足混凝土配制强度、拌合物性能、耐久性能和经济性的要求。

2. 混凝土配合比设计中的 3 个参数

混凝土配合比设计,实质上就是确定胶凝材料(水泥与矿物掺合料按使用比例混合)、水、砂与石子这 4 项基本组成材料用量之间的 3 个比例关系。即:水与胶凝材料之间的比例关系,常用水胶比表示;砂与石子之间的比例关系,常用砂率表示;水泥浆与骨料之间的比例关系,常用单位用水量(即一立方混凝土的用水量)来反映。水胶比、砂率、单位用水量是混凝土配合比的 3 个重要参数,因为这 3 个参数与混凝土的各项性能之间有着密切的关系,在配合比设计中正确地确定这 3 个参数,就能使混凝土满足上述设计要求。

3. 混凝土配合比设计的步骤

混凝土配合比设计包括初步配合比计算、试配和调整等步骤。

1) 初步配合比的计算

按选用的原材料性能及对混凝土的技术要求进行初步配合比的计算,以便得出供试配用的配合比。

(1) 配制强度($f_{cu,0}$)的确定。为了使混凝土强度具有要求的保证率,则必须使其配制强度高于所设计的强度等级值。但设计要求的混凝土强度等级已知,混凝土的配制强度可按式(2.12)确定,即

$$f_{cu,0}=f_{cu,k}-t\sigma \tag{2.12}$$

式中 $f_{cu,0}$——混凝土的配制强度,MPa;

$f_{cu,k}$——混凝土立方体抗压强度标准值,这里取设计混凝土强度等级值,MPa;

σ——混凝土强度标准差,MPa;

t——概率度。

当混凝土的设计强度等级小于 C60 时,配置强度应按式(2.13a)计算,即

$$f_{cu,0}\geqslant f_{cu,k}+1.645\sigma \tag{2.13a}$$

即混凝土强度的保证率为95%,对应 $t=-1.645$。混凝土强度标准差 σ 应根据施工单位统计资料确定。

当设计强度等级不小于 C60 时，配置强度应按式（2.13b）计算，即

$$f_{cu,0} \geqslant 1.15 f_{cu,k} \tag{2.13b}$$

遇有下列情况时应适当提高混凝土的配制强度：现场条件与试验条件有显著差异时；重要工程和对混凝土有特殊要求时；C30 级及其以上强度等级的混凝土，工程验收可能采用非统计方法评定时。

（2）初步确定水胶比（W/B）。根据已测定的水泥实际强度 f_{ce}（或选用的水泥强度等级）、粗骨料种类及所要求的混凝土配制强度（$f_{cu,0}$），按混凝土强度公式计算出所要求的水胶比值（适用于混凝土强度等级不大于 C60），即

$$W/B = \frac{\alpha_a \cdot f_b}{f_{cu,0} + \alpha_a \cdot \alpha_b \cdot f_b} \tag{2.14}$$

式中 W/B——混凝土水胶比；

α_a，α_b——回归系数，取值应符合《普通混凝土配合比设计规程》（JGJ 55—2011）的规定；

f_b——胶凝材料（水泥与矿物掺合料按使用比例混合）28d 胶砂强度，MPa，试验方法应按现行国家标准《水泥胶砂强度检验方法（ISO 法）》（GB/T 17671）执行，当无实测值时，可按以下规定确定：

当胶凝材料 28d 胶砂抗压强度值（f_b）无实测值时，可按式（2.15）计算，即

$$f_b = \gamma_f f \gamma_s f_{ce} \tag{2.15}$$

式中 γ_f、γ_s——粉煤灰影响系数和粒化高炉矿渣粉影响系数，可按表 2.1 选用；

f_{ce}——水泥 28d 胶砂抗压强度，MPa，可实测，也可按式（2.16）进行计算。

当水泥 28d 胶砂抗压强度（f_{ce}）无实测值时，可按式（2.16）计算，即

$$f_{ce} = \gamma_c f_{ce,g} \tag{2.16}$$

式中 γ_c——水泥强度等级值的富余系数，可按实际统计资料确定，当缺乏实际统计资料时，也可按表 2.2 选用；

$f_{ce,g}$——水泥强度等级值，MPa。

表 2.1 粉煤灰影响系数（γ_f）和粒化高炉矿渣粉影响系数（γ_s）

种类 掺量/%	粉煤灰影响系数	粒化高炉矿渣粉影响系数
0	1.00	1.00
10	0.90 ~ 0.95	1.00
20	0.80 ~ 0.85	0.95 ~ 1.00
30	0.70 ~ 0.75	0.90 ~ 1.00
40	0.60 ~ 0.65	0.80 ~ 0.90
50	—	0.70 ~ 0.85

注：1. 采用Ⅰ级、Ⅱ级粉煤灰宜取上限值；

2. 采用 S75 级粒化高炉矿渣粉宜取下限值，采用 S95 级粒化高炉矿渣粉宜取上限值，采用 S105 级粒化高炉矿渣粉可取上限值加 0.05；

3. 当超出表中的掺量时，粉煤灰和粒化高炉矿渣粉影响系数应经试验确定

表 2.2 水泥强度等级值的富余系数(γ_c)

水泥强度等级值	32.5	42.5	52.5
富余系数	1.12	1.16	1.10

为了保证混凝土必要的耐久性,水胶比还不得大于规定的最大水胶比值,如计算所得的水胶比大于规定的最大水胶比值时,应取规定的最大水胶比值。

(3) 每立方干硬性或塑性混凝土选取的用水量(m_{wo})。用水量的多少,主要根据混凝土所要求的坍落度值及所用骨料的种类、规格来选择。所以应先考虑工程种类与施工条件,按规范确定适宜的坍落度值,再参考规范定出每立方混凝土的用水量。

对流动性、大流动性混凝土(坍落度大于90mm)的用水量的计算,是以坍落度90mm的用水量为基础,按每增大20mm坍落度应相应增加5kg/m³用水量来计算,当坍落度增大到180mm以上时,随坍落度相应增加的用水量可减少。

根据已选定的每立方混凝土用水量(m_{wo})和得出的胶水比(B/W)值,可求出胶凝材料用量(m_{bo})为

$$m_{bo} = \frac{m_{wo}}{W/B} \tag{2.17}$$

为保证混凝土的耐久性,由式(2.17)计算得出的水泥用量还要满足规范规定的最小胶凝材料用量的要求。如算得的胶凝材料用量少于规定的最小胶凝材料用量,则应取规定的最小胶凝材料用量值。

水胶比、用水量和矿物掺合料掺量确定后,胶凝材料、矿物掺合料和水泥的用量就可以通过计算得出,其中,矿物掺合料掺量是在计算水胶比过程中选用不同掺量经过比较后确定的。计算得出的胶凝材料、矿物掺合料和水泥的用量还要在试配过程中调整验证。

(4) 选取合理的砂率值(β_s)。

应根据骨料的技术指标、混凝土拌合物性能和施工要求,参考既有历史资料确定。如无历史资料时,则可按骨料种类、规格及混凝土的水胶比,参考规范中表格选用合理砂率。

坍落度大于60mm的混凝土砂率,可经试验确定,在上述方法基础上,按坍落度每增大20mm,砂率增大1%的幅度予以调整;坍落度小于10mm的混凝土,其砂率应经试验确定。

另外,砂率也可根据砂填充石子空隙并稍有富余,以拨开石子的原则来确定。具体方法可参考有关教材。

(5) 计算粗、细骨料的用量(m_{go})及(m_{so})。

粗、细骨料的用量可用质量法或体积法求得。

质量法,即根据经验,如果原材料情况比较稳定,所配制的混凝土拌合物的表观密度将接近一个固定值,这就可以先假设(即估计)一个混凝土拌合物表观密度,再根据已知砂率就可求出粗、细骨料的用量。

体积法,即假定混凝土拌合物的体积等于各组成材料绝对体积和混凝土拌合物中所含空气的体积的总和。再根据已知的砂率,可求出粗、细骨料的用量。与质量法比较,体积法需要测定水泥和矿物掺合料的密度以及骨料的表观密度等,对技术条件要求略高。

通过以上5个步骤就可以将水、胶凝材料、砂和石子的用量全部求出,得到初步配合比,供试配用。

我国长期以来一直在工程中采用以干燥状态骨料为基准的混凝土配合比设计,如需以饱

和面干骨料为基准进行计算时,则应作相应的修改。

2）混凝土配合比的试配、调整与确定

（1）混凝土配合比的试配。

在试配过程中,首先是试拌,调整混凝土拌合物。在计算配合比的基础上,尽量保持水胶比不变,采用适当的胶凝材料用量,通过调整外加剂用量和砂率,使混凝土拌合物坍落度和和易性等性能满足施工要求,提出试拌配合比。调整好混凝土拌合物并形成试拌配合比后,即开始混凝土强度试验。无论是计算配合比还是试拌配合比,都不能保证混凝土配制强度是否满足要求,混凝土强度试验的目的是通过3个不同水胶比的配合比的比较,取得能够满足配制强度要求的、胶凝材料用量经济合理的配合比。由于混凝土强度试验是在混凝土拌合物调整适宜后进行,所以强度试验采用3个不同水胶比的配合比的混凝土拌合物性能应维持不变,即维持用水量不变,增加和减少胶凝材料用量,并相应减少和增加砂率,外加剂掺量也做减少和增加的微调。在没有特殊规定的情况下,混凝土强度试件在28d龄期进行抗压试验;当设计规定采用60d或90d等其他龄期强度时,混凝土强度试件在相应的龄期进行抗压试验。

经过和易性调整试验得出的混凝土基准配合比,其水胶比不一定选用恰当,其结果是强度不一定符合要求。所以应检验混凝土的强度。一般采用3个不同的配合比,其中一个为试拌配合比,另外两个配合比的水胶比宜较试拌配合比分别增加及减少0.05,其用水量应该与试拌配合比相同,砂率可分别增加和减少1%。每个配合比至少应制作一组(3块)试件,标准养护到28d或设计龄期时试压。

（2）混凝土配合比的调整、确定。

根据混凝土强度试验结果,宜绘制强度和胶水比的线性关系图或插值法确定略大于配制强度对应的胶水比,再做进一步配合比调整偏于安全。也可以直接采用前述至少3个水胶比混凝土强度试验中一个满足配制强度的胶水比做进一步配合比调整,虽然相对比较简明,但有时可能强度富余较多,经济代价略多。

在试拌配合比的基础上,用水量(m_w)和外加剂用量(m_a)应根据确定的水胶比做调整;胶凝材料用量(m_b)应以用水量乘以确定的胶水比计算得出;粗骨料和细骨料用量(m_g 和 m_s)应在用水量和胶凝材料用量之间进行调整。

（3）混凝土表观密度的校正。

配合比经试配、调整确定后,还需根据实测的混凝土表观密度($\rho_{oh实}$)作必要的校正。

当混凝土拌合物表观密度实测值与计算值之差的绝对值不超过计算值的2%时,调整的配合比可维持不变;当二者之差超过2%时,应将配合比中每项材料用量均乘以校正系数。

另外,通常简易的做法是通过试压,选出既满足混凝土强度要求,胶凝材料用量又较少的配合比为所需的配合比,再作混凝土表观密度的校正。

若对有特殊要求的混凝土配合比设计,如抗渗等级不低于P6级的抗渗混凝土、抗冻等级不低于F100级的抗冻混凝土、强度等级不低于C60高强混凝土、泵送混凝土、大体积混凝土等,其配合比设计应按《普通混凝土配合比设计规程》(JGJ 55—2011)有关规定进行。

3）施工配合比

配合比设计是以粗、细骨料是饱和面干为基准的,而工地存放的砂、石材料都含有一定的水分。所以现场材料的实际称量应按工地砂、石的含水情况进行修正,修正后的配合比叫做施工配合比。

2.2 钢　筋

2.2.1 钢筋的类型

钢筋分为柔性钢筋和劲性钢筋两类，一般所称钢筋指柔性钢筋，劲性钢筋指用于混凝土结构中的型钢（角钢、槽钢及工字钢等）。

柔性钢筋包括钢筋和钢丝。按外形特征，钢筋可分为光面钢筋和带肋钢筋（或称变形钢筋）两类。带肋钢筋又分为等高肋和月牙肋两种。等高肋钢筋表面有两条纵向凸缘（纵肋），两侧有等距离的斜向凸缘（横肋）；其中横肋斜向一个方向而呈螺纹形的称为螺纹钢筋，斜向不同方向而呈“人”字形的称为人字钢筋。等高肋钢筋横肋较密，消耗于肋纹的钢材较多，且纵肋和横肋相交，容易造成应力集中，对钢筋的性能不利，冶金部组织有关单位研制了月牙纹钢筋，其特点是横肋呈月牙形，与纵肋不相交，且横肋的间距较等高肋钢筋大，可克服等高肋钢筋的缺点，而粘结强度降低不多。目前我国广泛使用的钢筋是月牙纹钢筋。

光面钢筋直径为6～22mm，带肋钢筋直径为6～50mm。带肋钢筋的直径是标志尺寸（和光面钢筋具有相同重量的当量直径），设计时其截面按标志尺寸（即当量直径）确定。钢丝直径在10mm以内。

2.2.2 钢筋的成分、性能、品种和级别

混凝土结构中采用的钢筋（reinforcement），不仅要强度高，而且要具有良好的塑性和可焊性，同时与混凝土有较好的粘结性能。

我国混凝土结构中使用的钢筋按化学成分可分为碳素钢和普通低合金钢两大类。碳素钢除含有Fe元素外，还含有少量的C（碳）、Si（硅）、Mn（锰）、S（硫）、P（磷）等元素。根据含碳量的多少，碳素钢又可分为低碳钢（含碳量小于0.25%）、中碳钢（含碳量为0.25%～0.6%）和高碳钢（含碳量为0.6%～1.4%），含碳量越高，钢筋的强度越高，但塑性和可焊性越差。普通低合金钢除含有碳素钢已有的成分外，再加入一定量的Si（硅）、Mn（锰）、V（钒）、Ti（钛）、Cr（铬）等合金元素，这样既可以有效地提高钢筋的强度，又可以使钢筋保持较好的塑性。

我国混凝土结构中常用的钢筋有热轧钢筋（hot rolled steel bar）、中强度预应力钢丝（middle－strength prestressing wire）、消除应力钢丝（removing stress wire）、钢绞线（strand）及预应力螺纹钢筋（prestressing corkscrew － ribbed bar）等。《规范》规定，纵向受力普通钢筋宜采用热轧钢筋，预应力筋宜采用预应力钢丝、钢绞线和预应力螺纹钢筋。

热轧钢筋是由低碳钢、普通低合金钢或细晶粒钢在高温状态下轧制而成，有明显的屈服点和流幅，断裂时有“颈缩”现象，伸长率比较大。细晶粒钢是我国冶金行业为了节约低合金资源，近年来研制开发出的钢筋，这种钢筋不需要添加或只需添加很少的合金元素，通过控制轧钢的温度形成细晶粒的金相组织，就可以达到与添加合金元素相同的效果，其强度和延性完全满足混凝土结构对钢筋性能的要求。热轧钢筋根据其力学性能分类见表2.3。

HPB300级钢筋属于低碳钢，外形为光面，与混凝土的粘结强度较低，主要用作板的受力钢筋、箍筋及构造钢筋。HRB335级、HRB400级和HRB500级为普通低合金热轧月牙纹变形钢筋，具有较好的延性、可焊性、机械连接性能及施工适应性；HRBF335级、HRBF400级和HRBF500级为细晶粒热轧月牙纹变形钢筋，具有一定延性，但宜控制其焊接工艺以避免影响

表 2.3 热轧钢筋分类

分类	代号含义	符号
HPB300	H(Hot rolled)—热轧,P(Plain)—光圆,B(Bar)—钢筋,300(300MPa)—屈服强度	Φ
HRB335	H(Hot rolled)—热轧,R(Ribbed)—带肋,B(Bar)—钢筋,335(335MPa)—屈服强度	Φ
HRBF335	F(Fine)—细晶粒,其余同 HRB335	Φ^F
HRB400	400(400MPa)—屈服强度,其余同 HRB335	Φ
HRBF400	40υ(400MPa)—屈服强度,其余同 HRBF335	Φ^F
RRB400	R(Remained heat treatment)—余热处理,R(Ribbed)—带肋,B(Bar)—钢筋, 400(400MPa)—屈服强度	Φ^R
HRB500	500(500MPa)—屈服强度,其余同 HRB335	Φ
HRBF500	500(500MPa)—屈服强度,其余同 HRBF335	Φ^F

其力学性能;RRB400 级为余热处理月牙纹变形钢筋,余热处理钢筋是由轧制的钢筋经高温淬水、余热回温处理后得到的,其强度提高,价格相对较低,但可焊性、机械连接性能及施工适应性较差,可在对延性及加工性要求不高的构件中使用,如基础、大体积混凝土以及跨度及荷载不大的楼板、墙体;余热处理带肋钢筋不宜焊接,不宜用作重要部位的受力钢筋,不宜用于直接承受疲劳荷载的构件。

中强度预应力钢丝、消除应力钢丝、钢绞线和预应力螺纹钢筋是用于预应力混凝土结构的预应力筋(表 2.4)。中强度预应力钢丝新的钢筋混凝土规范为补充中强度预应力筋的空缺而列入的预应力钢筋;消除应力钢丝是将钢筋拉直后校直,经中温回火消除应力并经稳定化处理的钢丝,螺旋肋钢丝是以普通低碳钢或低合金钢热轧的圆盘条为母材,经冷轧减径后在其表面冷轧成两面或三面有月牙肋的钢筋;钢绞线是由多根高强钢丝捻制在一起经过低温回火处理清除预应力后而制成,其直径是指钢绞线外接圆的直径,有 1×3(3 股)和 1×7(7 股)两种,钢绞线强度高、柔性好,特别适用于曲线配筋的预应力混凝土结构、大跨度或重荷载的屋架等;预应力螺纹钢筋又称精轧螺纹钢筋,是用于预应力混凝土结构的大直径高强钢筋,这种钢筋在轧制时沿钢筋纵向全部轧有规律性的螺纹肋条,可用螺纹套筒连接和螺帽锚固,不需要再加工螺钉,也不需要焊接。

表 2.4 预应力筋分类

分类	直径/mm	抗拉强度/ MPa	符号
中强度预应力钢丝	5、7、9	800 ~ 1270	Φ^{PM}(光面),Φ^{HM}(螺旋肋)
消除应力钢丝	5、7、9	1470 ~ 1860	Φ^{P}(光面),Φ^{H}(螺旋肋)
钢绞线	8.6 ~ 21.6	1570 ~ 1960	Φ^{S}
预应力螺纹钢筋	18、25、32、40、50	980 ~ 1230	Φ^{T}

常用钢筋、钢丝和钢绞线的外形如图 2.26 所示。

在钢筋混凝土结构中,除上述钢筋种类外,还会用到两类钢筋:热处理钢筋和冷加工钢筋。

热处理钢筋是将特定强度的热轧钢筋再通过加热、淬火和回火等调质工艺处理的钢筋,以热处理状态交货,成盘供应。热处理钢筋强度高,应力—应变曲线没有明显屈服点,伸长率小,质地硬脆。热处理钢筋主要用作预应力钢筋。

冷加工钢筋是将某些热轧光面钢筋(称为母材)经冷拉、冷拔或冷轧、冷扭等工艺进行再加工而得到的直径较细的光面或变形钢筋,有冷拉钢筋、冷拔钢丝、冷轧带肋钢筋和冷轧扭钢

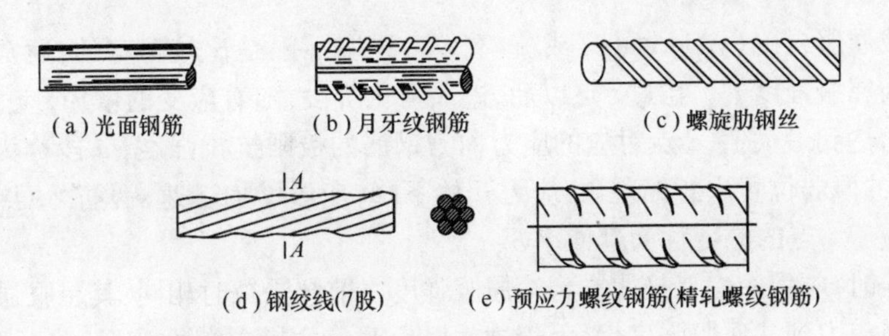

图 2.26　常用钢筋、钢丝和钢绞线的外形

筋等。热轧钢筋经冷加工后强度提高，但钢筋的塑性(伸长率)明显降低，因此冷加工钢筋主要用于对延性要求不高的板类构件，或作为非受力构造钢筋。

由于预应力热处理钢筋应用很少，冷加工钢筋的性能受母材和冷加工工艺影响较大，《规范》中未列入热处理钢筋和冷加工钢筋，工程应用时可按相关的热处理及冷加工钢筋技术标准执行。

2.2.3　钢筋强度和变形

1. 钢筋的应力—应变关系

根据单向受拉时应力—应变关系(stress - strain relationship)特点的不同，混凝土结构所采用的钢筋可分为有明显屈服点钢筋(如热轧钢筋)和无明显屈服点钢筋(如钢丝、钢绞线)两类，习惯上也分别称为软钢和硬钢。

1) 有明显屈服点钢筋

有明显屈服点(yield point)钢筋拉伸时的典型应力—应变曲线($\sigma-\varepsilon$ 曲线)如图 2.27 所示。

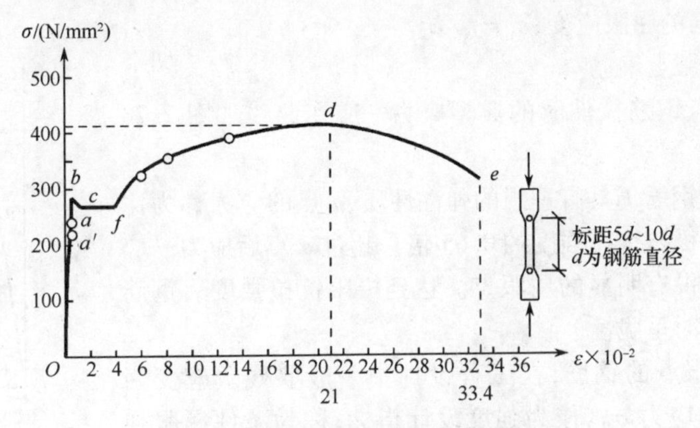

图 2.27　热轧钢筋的应力—应变曲线

图 2.27 中，a'点以前，钢筋的应力与应变成比例变化，与 a'点对应的应力称为钢筋的比例极限(limit of ratio)；a 点以前，钢筋处于弹性阶段(elastic stage)，钢筋应力卸载后无塑性残余变形，与 a 点对应的应力称为钢筋的弹性极限(limit of elasticity)，通常 a'与 a 点很接近；直线 oa'的斜率为钢筋的弹性模量(modulus of elasticity)E_s。到达 b 点后，钢筋进入塑性阶段(plastic stage)，b 点对应的应力称为钢筋的屈服上限(yield upper limit)，它与加载速度、钢筋截面形式和试件表面光洁度等因素有关，通常 b 点是不稳定的。当从 b 点下降到 c 点，c 点对应的应力称为钢筋的屈服下限(yield lower limit)，c 点以后钢筋开始塑性流动，应力保持不变而应变

急剧增长形成屈服台阶(yield stage)或流幅(cf),屈服下限是比较稳定的,通常以屈服下限 c 点的应力作为屈服强度 f_y。当过 f 点以后,进入强化阶段,随着应变的增加,应力又继续增大,至 d 点时应力达到最大值,d 点对应的应力称为钢筋的极限抗拉强度,fd 段称为强化段。d 点以后,在试件的薄弱位置出颈缩现象,应力开始下降,变形增加迅速,钢筋断面缩小,直至 e 点被拉断。对应于 e 点的应变称为延伸率 δ。

钢筋受压时,应力—应变规律在到达屈服强度之前与受拉时相同,其屈服强度与受拉时也基本相同。当应力到达屈服强度后,由于试件发生明显的横向塑性变形,截面面积增大,不会发生材料破坏,因此难以得出明显的极限抗压强度。

有明显屈服点钢筋有两个强度指标:对应于 c 点的屈服强度和对应于 d 点的极限抗拉强度。在钢筋混凝土结构设计计算中,它是钢筋强度的设计依据,因为当构件某一截面的钢筋应力达到屈服强度后,将在荷载基本不变的情况下持续的塑性变形,在卸载时这部分变形是不可恢复的,这将使构件的变形和裂缝的宽度显著增大以至于无法使用,因此一般结构计算中不考虑钢筋的强化段而取屈服强度作为设计强度的依据。极限抗拉强度一般情况下用作材料的实际破坏强度,钢筋的强屈比(极限抗拉强度与屈服强度的比值)(ratio of tensile strength to yield point)表示结构的可靠性潜力,在抗震结构中考虑到受拉钢筋可能进入强化阶段,要求强屈比不小于 1.25。

在构件的计算分析中,热轧钢筋的应力—应变关系采用理想的弹塑性模型进行描述,即

$$\begin{cases}\sigma_s = E_s\varepsilon_s, & \varepsilon_s \leqslant \varepsilon_y \\ \sigma_s = f_y, & \varepsilon_s > \varepsilon_y\end{cases} \tag{2.18}$$

式中　E_s——钢筋的弹性模量,普通钢筋和预应力钢筋的弹性模量可按《规范》的有关规定进行取值;

ε_y——钢筋的屈服应变,$\varepsilon_y = f_y/E_s$。

2) 无明显屈服点钢筋

无明显屈服点钢筋拉伸时的典型应力—应变曲线如图 2.28 所示。

在 a 点以前,钢筋仍具有理想的弹性性质,a 点的应力称为比例极限,其值约为极限抗拉强度的 0.65 倍。超过 a 点后应力—应变关系为非线性,没有明显的屈服点。达到极限抗拉强度后钢筋很快被拉断,破坏时呈脆性。

对无明显屈服点的钢筋,在工程设计中一般取残余应变为 0.2% 时所对应的应力 $\sigma_{0.2}$ 作为强度设计指标,称为条件屈服强度。《规范》规定对无明显屈服点的钢筋如中强度预应力钢丝、消除应力钢丝和钢绞线的条件屈服强度取极限抗拉强度的 0.85 倍。

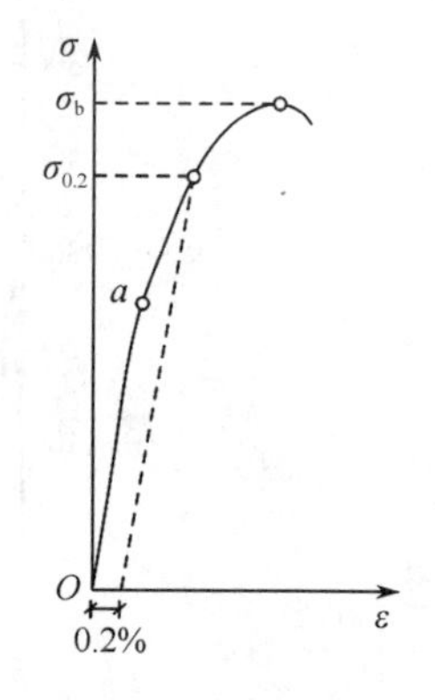

图 2.28　无明显屈服点钢筋的应力—应变曲线

2. 钢筋的伸长率

伸长率反映了钢筋拉断前的变形能力,它是反映钢筋塑性性能的一个指标。伸长率大的钢筋塑性性能好,拉断前有明显预兆;伸长率小的钢筋塑性性能较差,其破坏发生突然,呈脆性特征。因此,用于混凝土结构中的钢筋除了要有足够的强度外,还应具有一定的塑性变形能力。《规范》除了规定钢筋的强度指标外,还规定了钢筋的伸长率(steel bar elongation)指标。

1）钢筋的断后伸长率（伸长率）

钢筋拉断后的伸长值与原长的比称为钢筋的断后伸长率（习惯上称为伸长率），按式（2.19）计算，即

$$\delta=\frac{l-l_0}{l_0}\times 100\% \tag{2.19}$$

式中 δ——断后伸长率，%；

l——钢筋包含颈缩区的量测标距拉断后的长度；

l_0——试件拉伸前的标距长度，一般可取 $l_0=5d$（d 为钢筋直径）或 $l_0=10d$，相应的断后伸长率表示为 δ_5 或 δ_{10}，对预应力钢丝也有取 $l_0=100$mm 的，断后伸长率表示为 δ_{100}。

断后伸长率只能反映钢筋残余变形（residual deformation）的大小，其中还包含断口颈缩区域的局部变形，不能正确反映钢筋的变形能力。一方面，不同量测标距长度 l_0 得到的结果不一致，对同一钢筋，当 l_0 取值较小时得到的 δ 值较大，而当 l_0 取值较大时得到的 δ 值则较小；另一方面，断后伸长率忽略了钢筋的弹性变形，不能反映钢筋受力时的总体变形能力。此外，量测钢筋拉断后的标距长度 l 时，需将拉断的两端钢筋对合后再量测，也容易产生人为误差。因此，近年来国际上已采用对应于钢筋最大应力 σ_b 下的应变 δ_{gt}（均匀伸长率）来反映钢筋的变形能力。

2）钢筋最大力下的总伸长率（均匀伸长率）

如图 2.29 所示，钢筋在达到最大应力 σ_b 时的变形包括塑性残余变形 ε_r 和弹性变形 ε_e 两部分，最大力下的总伸长率（均匀伸长率）δ_{gt} 可用式（2.20）表示，即

$$\delta_{gt}=\left(\frac{L-L_0}{L_0}+\frac{\sigma_b}{E_s}\right)\times 100\% \tag{2.20}$$

式中 L_0——试验前的原始标距（不包含颈缩区）；

L——试验后量测标记之间的距离；

σ_b——钢筋的最大拉应力（即极限抗拉强度）；

E_s——钢筋的弹性模量。

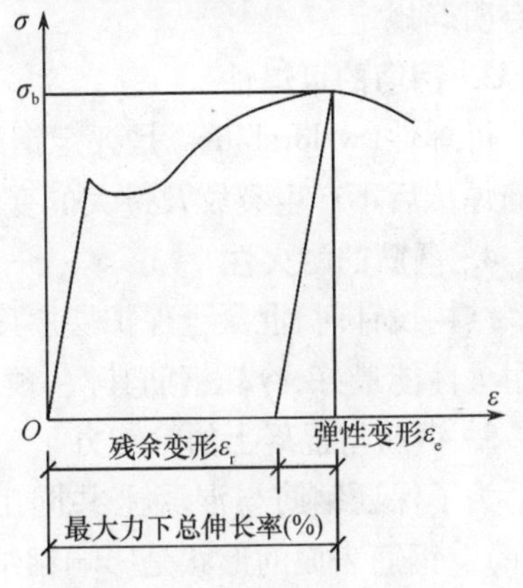

图 2.29 钢筋最大力下的总伸长率

式（2.20）括号中的第一项反映了钢筋的塑性残余变形，第二项反映了钢筋在最大拉应力下的弹性变形。

钢筋最大力下的总伸长率 δ_{gt} 既能反映钢筋的残余变形，又能反映钢筋的弹性变形，量测结果受原始标距 L_0 的影响较小，也不易产生人为误差，因此，《规范》采用 δ_{gt} 来统一评定钢筋的塑性性能。

3. 钢筋的冷弯性能

钢筋的冷弯性能（steel bar behavior of cold bending）是检验钢筋韧性、内部质量和加工可适性的有效方法，是将直径为 d 的钢筋绕直径为 D 的弯芯进行弯折（图 2.30），在达到规定冷弯角度 α 时，钢筋不发生裂纹、断裂或起层现象。冷弯性能也是评价钢筋塑性的指标，弯芯的直径 D 越小，弯折角 α 越大，说明钢筋的

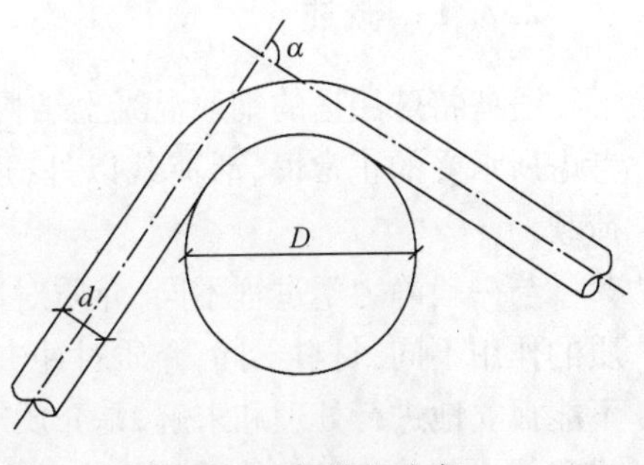

图 2.30 钢筋的冷弯

塑性越好。

对有明显屈服点的钢筋，其检验指标为屈服强度、极限抗拉强度、伸长率和冷弯性能4项。对无明显屈服点的钢筋，其检验指标则为极限抗拉强度、伸长率和冷弯性能3项。对在混凝土结构中应用的热轧钢筋和预应力钢筋的具体性能要求见有关现行国家标准。

2.2.4 混凝土结构对钢筋性能的要求

1. 钢筋的强度

钢筋的强度是指钢筋的屈服强度（yield strength）及极限抗拉强度（ultimate tensile strength），其中钢筋的屈服强度（对无明显流幅的钢筋取条件屈服强度）是设计计算时的主要依据。采用高强度钢筋可以节约钢材，减少资源和能源的消耗，从而取得良好的社会效益和经济效益。在钢筋混凝土结构中推广应用强度高、延性好的热轧钢筋（500MPa级或400MPa级），在预应力混凝土结构中推广应用高强预应力钢丝、钢绞线和预应力螺纹钢筋，限制并逐步淘汰强度较低、延性较差的钢筋，符合国家可持续发展的要求，是今后混凝土结构的发展方向。

2. 钢筋的塑性

要求钢筋有一定的塑性（plasticity），可使其在断裂前有足够的变形，能给出构件将要破坏的预兆，因此要求钢筋的伸长率和冷弯性能合格；钢筋的伸长率和冷弯性能是施工单位验收钢筋是否合格的主要指标。《规范》和相关的国家标准中对各种钢筋的伸长率（δ_{gt}）和冷弯性能均有明确规定。

3. 钢筋的可焊性

可焊性（weld ability）是评定钢筋焊接后的接头性能的指标。要求在一定的工艺条件下，钢筋焊接后不产生裂纹及过大的变形，保证焊接后的接头性能良好，即可焊性好。

4. 钢筋的耐火性

结构设计时，混凝土保护层厚度应满足构件耐火极限（refractory limit）的要求。热轧钢筋的耐火性能最好，冷轧钢筋其次，预应力钢筋最差。

5. 钢筋与混凝土的粘结力

为了保证钢筋与混凝土共同工作，要求钢筋与混凝土之间必须有足够的粘结力（bond force）。钢筋表面的形状是影响粘结力的重要因素。

2.3 钢筋与混凝土材料的动力性能

2.3.1 概述

一些特殊用途的钢筋混凝土结构（如防护工程、核电站的安全壳等）进行设计时，除了要考虑所承受的正常恒、活荷载以外，还要考虑一些偶然的特殊荷载强烈作用，如爆炸与冲击荷载。

与一般静力学过程不同，介质对冲击荷载的响应具有两个显著特征。载荷不同，冲击对介质的作用不同；材料不同，介质对冲击的响应也不相同；材料和荷载之间相互作用、相互影响，不能孤立地进行处理和求解，是介质对冲击荷载响应区别于一般静力学过程的特征之一。爆炸和冲击荷载的显著特征是载荷强度高和作用时间短，也就是说，被作用介质在很短时间内要受到很大的作用力，并且要产生很大的变形，这也意味着被作用介质处于高应变率状态；高应变率是介质对冲击响应区别于一般静力学过程的另一特征。因此，抗爆结构的设计涉及两方面的内容，一方面是介质在冲击作用下的运动规律，另一方面是介质本身的动态力学性质，即材料动态本构关系。

通常所说的材料强度指标是在标准试验方法下得出的，其中规定了标准的加载速率（常规静态试验中材料应变率为 10^{-5} 数量级）。而承受爆炸和冲击荷载时，防护结构发生整体变形时的材料应变率在（0.05 ~ 1）/s 的范围，发生局部变形时材料应变率为（10^3 ~ 10^5）/s 数量级（如冲击侵彻），甚至高达 10^7/s 数量级（如接触爆炸），远大于通常材料试验的应变率。

动载下结构的变形过程取决于动载随时间的变化规律和结构的自振周期 T。弹性工作状态下，结构从开始受力发生变位到最大值的时间 t_m，在化爆作用时约为 $T/4$，核爆时接近且不超过 $T/2$。如果动荷载有升压时间 t_1，则 t_m 也与 t_1 有关，但不超过（$t_1 + T/2$）。结构若处于弹塑性工作状态，结构到达最大塑性变形的时间要大于弹性时的数值，而结构到达最大抗力或开始屈服的时间 t_y 则比弹性工作时的 t_m 值低。结构材料从开始变形到应力达最大值的时间，大体上就是结构变位或抗力达最大值的时间（抗爆结构通常其值小于 50ms），从而可以大致确定抗爆结构在动载下的应变速率范围。由于结构材料从受力变形到破坏是有一个变形过程的，在快速变形时，这一过程表现为滞后，反映在材料强度指标上就是强度提高，但变形特征（如塑性性能等）则一般变化不大。

抗爆结构允许进入塑性阶段工作，承受动荷载的构件设计也就必须保证其有足够的塑性变形能力，并避免发生突然性的脆性破坏。这也与动载作用下结构构件经历的工作状态和所表现的性能密切相关。

2.3.2 钢筋的动力性能

抗爆结构中使用较多的是低碳钢的热轧钢筋。如前所述，这种钢筋的应力—应变曲线有明显的弹性阶段和塑性阶段及屈服点。塑性阶段由屈服台阶和硬化段所组成。在断裂前有相当大的相对伸长，其伸长率可达 20% ~30% 。对于无明显屈服点的钢筋应用较少。由于冷加工处理的钢筋伸长率低、塑性变形能力差，抗爆结构中一般不采用。

根据钢筋常应变速率下单轴试验的结果，钢筋的动力学性能（dynamic performance of steel bar）有以下结论：

（1）随着应变速率的增加，具有明显屈服台阶的各种钢筋的屈服强度均有不同程度的提高。其静屈服强度低的，快速变形下提高得多；反之则少。

（2）钢筋在快速变形下，极限强度提高很少（HPB300、HRB335）或基本不变（HRB400 及以上钢筋），工程设计中一般不考虑极限强度的提高。

（3）钢筋抗拉与抗压具有相同的强度提高比值。

（4）钢筋在快速变形下的弹性模量不变；屈服台阶长度、极限强度时的应变、极限伸长率等均无明显变化。

（5）初始静应力的存在不影响屈服强度的提高。在动载作用下，如锚杆等预应力结构中的钢材，仍可采用无预应力时的提高比值。

（6）钢筋动剪切屈服强度约等于动拉力屈服强度的 0.6 倍；极限剪切强度约等于极限拉力强度的 0.75 倍。

在核爆动荷载和静荷载同时作用或核爆动荷载单独作用下，钢筋动力强度设计值可取静荷载作用下材料强度设计值乘以钢筋强度综合调整系数 γ_{yd}，按表 2.5 取值；考虑化爆动荷载时的材料动力强度设计值可参考核爆动荷载作用时的取值。

表 2.5　钢筋的强度综合调整系数 γ_{yd}

钢筋种类	受力状态	
	受拉、受弯、受剪、受扭	受压
HPB300	1.40	1.40
HRB335	1.35	1.35
HRBF335		
HRB400	1.20	1.15
HRBF400		
RRB400		
HRB500	1.05	1.10
HRBF500		

工程设计中，承受爆炸荷载作用的钢筋混凝土结构的钢筋弹性模量及泊松比可取静荷载作用时的数值。

2.3.3　混凝土的动力性能

混凝土抗压强度随其龄期的增加而增长，在静力结构设计时，不考虑混凝土后期强度的提高。但抗爆工程设计中可以考虑混凝土的后期强度提高，其提高比值可取 1.2 ~ 1.3。

根据混凝土动态力学性能试验的结果，其动力学性能有以下结论：

(1) 随着应变速率的增加，混凝土的应力—应变曲线的初始段更接近直线，其抗压弹性模量也随之增加。

(2) 抗压强度随应变速率的增加而提高。在一般抗爆结构应变速率范围内，常用混凝土强度提高比值大体相同，为 1.2 左右。在动载作用下抗爆结构中的混凝土设计强度，是静载强度与快速变形和龄期影响二项的提高比值的乘积。

(3) 混凝土的抗拉强度在快速变形下的提高比值比抗压时大，但抗拉的后期强度增长比值没有抗压多，综合二者因素，将动载作用下混凝土抗拉设计强度的提高比值取与抗压时相同。

(4) 混凝土动力抗压强度对于混凝土不均匀性的弊病比静载时更为敏感，由此而引起的强度降低更多，因此动力强度提高值宜偏低取用。

(5) 混凝土被水饱和时，动力强度提高，而静力强度降低。

(6) 混凝土的极限应变值、泊松系数基本不受应变速率影响。

在核爆动荷载和静荷载同时作用或核爆动荷载单独作用下，混凝土强度综合调整系数 γ_{cd} 按表 2.6 取值，考虑化爆动荷载时的混凝土强度综合调整系数可参考取用。

表 2.6　混凝土综合强度调整系数 γ_{cd}

混凝土强度等级	受力状态
	受拉、受压、受弯、受剪、受扭
<C60	1.50
≥C60	1.4

工程设计中，承受爆炸荷载作用的钢筋混凝土结构的混凝土强度等级宜采用 C30～C80，混凝土弹性模量可取静荷载作用时的 1.2 倍，泊松比可取静荷载作用时的数值。

2.4 钢筋与混凝土的相互作用——粘结

2.4.1 粘结的作用与性质

在钢筋混凝土结构中，钢筋和混凝土这两种性质不同的材料之所以能够共同工作，除了二者具有相近的线胀系数外，更主要的是依靠混凝土硬化后钢筋和混凝土之间产生的良好粘结力，能够承受由于二者的相对变形在界面上产生的相互作用力。

粘结应力(bond stress)是钢筋和混凝土接触面上的剪应力，由于这种剪应力的存在，钢筋和周围混凝土之间的内力得到传递，二者得以共同工作；粘结应力的大小取决于钢筋与混凝土之间的应变差。

图 2.31 所示为钢筋混凝土受弯构件，由图中钢筋微段 dx 上内力的平衡可求得

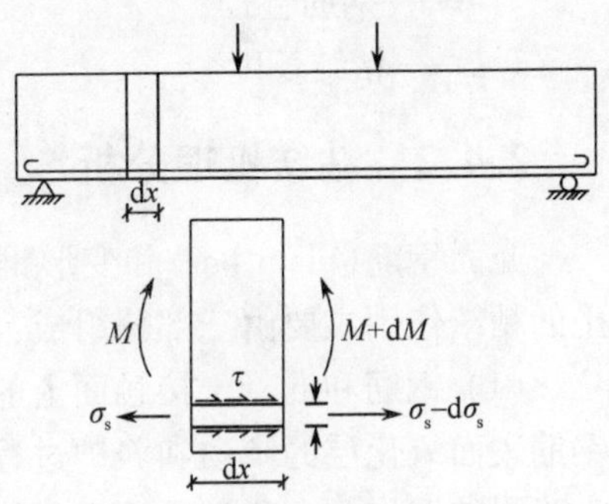

图 2.31 钢筋和混凝土之间的粘结应力

$$\tau=\frac{d\sigma_s\cdot A_s}{\pi dx\cdot d}=\frac{\frac{1}{4}\pi d^2}{\pi d}\cdot\frac{d\sigma_s}{dx}=\frac{d}{4}\cdot\frac{d\sigma_s}{dx}\qquad(2.21)$$

式中 τ——微段 dx 上的平均粘结应力，即钢筋表面上的剪应力；

A_s——钢筋的截面面积；

d——钢筋直径。

式(2.21)表明，粘结应力使钢筋应力沿其长度发生变化，没有粘结应力，钢筋应力就不会发生变化(即不会产生钢筋应力的增量 $d\sigma_s$)；反之，如果钢筋应力没有变化，就说明不存在粘结应力 τ。

根据受力性质的不同，钢筋和混凝土的粘结应力分为两类，第一类是钢筋端部的锚固粘结应力，如图 2.32(a)所示，受拉钢筋必须有足够的锚固长度，以便通过这段长度上粘结应力的积累，使钢筋中建立起所需发挥的拉力；第二类是混凝土构件裂缝间的局部接结应力，如图 2.32(b)所示，在两个开裂截面之间，钢筋应力的变化受到粘结应力的影响，钢筋应力变化

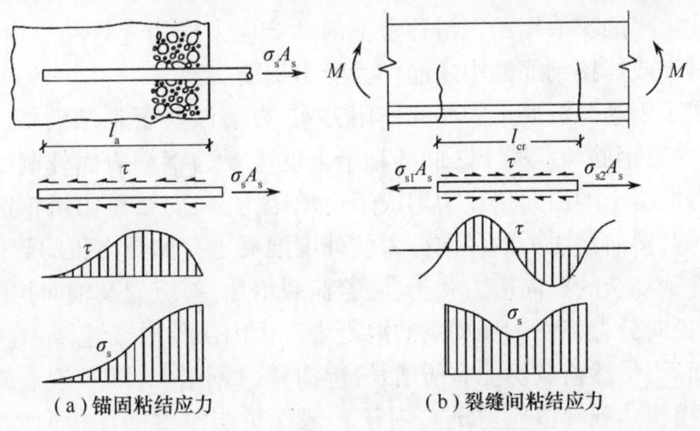

(a)锚固粘结应力 (b)裂缝间粘结应力

图 2.32 锚固粘结应力和局部粘结应力

的幅度反映了裂缝间混凝土参与工作的程度。局部粘结应力的丧失只影响到构件的刚度和裂缝的开展,而锚固粘结应力的丧失将使构件提前破坏,降低构件的承载能力。

粘结应力沿钢筋呈曲线分布,最大粘结应力产生在离端头某一距离处。钢筋埋入混凝土的长度 l_a 太长,靠近钢筋端头处的粘结应力就会很小,甚至等于零。由此可见,为了保证钢筋在混凝土中有可靠的锚固,钢筋应有足够的锚固长度,但也不必太长。

粘结强度 τ_u 是指发生粘结破坏时的最大平均粘结应力。测定粘结强度的方法有两种:一种是拔出试验,即把钢筋的一端埋在混凝土内,另一端施加拉力,将钢筋拔出,测出其拉力;另一种是梁式试验,可以考虑弯矩的影响。粘结强度通常采用标准试件拔出来测定,钢筋与混凝土之间的平均粘结应力 τ 可表示为

$$\tau = \frac{F}{\pi dl} \tag{2.22}$$

式中 F——钢筋的拉力;

d——钢筋直径;

l——粘结长度。

2.4.2 粘结机理分析

光面钢筋(plain bar)和变形钢筋(deformed bar)具有不同的粘结机理。光面钢筋与混凝土的粘结作用主要由三部分组成:

(1) 钢筋和混凝土接触面上的化学胶结作用(adhesion action),来源于浇注时水泥浆体向钢筋表面氧化层的渗透和养护过程中水泥晶体的生长和硬化,从而使水泥胶体和钢筋表面产生吸附胶着作用。化学胶结力只能在钢筋和混凝土界面处于原生状态时才起作用,一旦发生滑移,它就失去作用。

(2) 钢筋与混凝土之间的摩阻作用(friction action),由于混凝土凝结时收缩,使钢筋和混凝土接触面上产生正应力。摩阻力的大小取决于垂直摩擦面上的压应力,还取决于摩擦系数,即钢筋与混凝土接触的粗糙程度。

(3) 钢筋表面粗糙不平产生的咬合作用(interlocking action)。光面钢筋的粘结强度很大程度上取决于钢筋的表面状况。光面钢筋拔出试件的破坏形态是钢筋被徐徐拔出的剪切破坏。实测表明,锈蚀钢筋的表面凸凹可达 0.1mm,其粘结强度较高,约为 $1.4f_t$(f_t 为混凝土抗拉强度),而未经锈蚀的新轧制的钢筋的粘结强度仅为 $0.4f_t$。光面钢筋粘结的主要问题是强度低、滑移大,因此很多国家采用给定滑移量下的粘结应力作为允许粘结应力,且限定光面钢筋只有用在焊接骨架或焊接钢筋网中才能作为受力钢筋。

变形钢筋改变了钢筋与混凝土间相互作用方式,显著改善了粘结效果。虽然胶结力和摩擦力仍然存在,但变形钢筋与混凝土之间的粘结强度主要为钢筋表面轧制的肋与混凝土的机械咬合作用。肋对混凝土的斜向挤压力形成了滑动阻力,斜向挤压力沿钢筋轴向的分力使混凝土轴向受拉、受剪;斜向挤压力的径向分力使外围混凝土有如受内压的管壁,产生环向拉力;外围混凝土因此处于复杂的三向应力状态,随着荷载增加,剪应力及轴向拉应力使肋处混凝土产生内部斜裂缝,径向分力将使钢筋周围的混凝土产生内部径向裂缝,如图 2.33 所示;当径向裂缝达到试件表面后,虽然荷载仍能有所增长,但滑移急剧增大,随劈裂裂缝沿试件长度的发展,试件粘结应力很快达到峰值应力 τ_u。对于一般保护层厚度的无横向配筋试件,试件的粘结破坏属于粘结强度很快丧失的脆性劈裂破坏。当混凝土的保护层厚度 c 与钢筋直径 d 的比

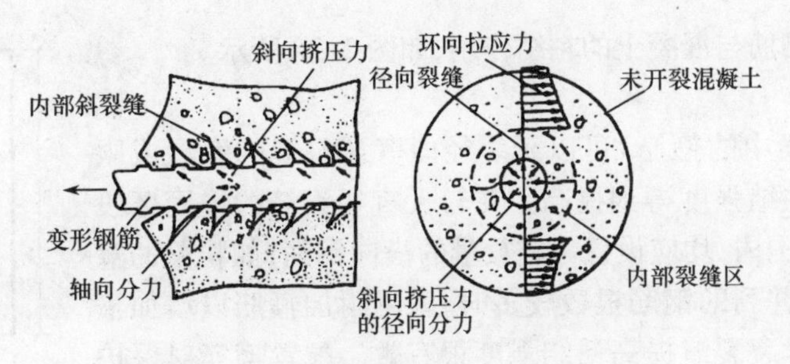

图 2.33　变形钢筋与混凝土的相互作用

值较大($c/d \geq 5$)或试件中配置有较强的横向钢筋时,粘结破坏将产生“刮犁式”破坏,这种破坏形式表现出了较好的粘结延性,属于剪切型破坏,其粘结强度比劈裂型破坏提高很多。

2.4.3　影响粘结强度的主要因素

影响钢筋与混凝土粘结强度的因素很多,主要有以下几种:

1) 钢筋表面形状

前已述及,钢筋外表面形状决定着钢筋与混凝土的粘结机理、破坏类型和粘结强度。试验表明,在相同条件下,光面钢筋的粘结强度约比变形钢筋粘结强度低20%,因此变形钢筋所需的锚固长度比光面钢筋要短,而光面钢筋的锚固端头则需要作弯钩以提高粘结强度。

2) 混凝土强度

变形钢筋和光面钢筋的粘结强度均随混凝土强度的提高而提高,但不与立方体抗压强度 f_{cu} 成正比。试验表明,在相同条件下,粘结强度 τ_u 与混凝土的抗拉强度 f_t 大致成正比例关系。

3) 保护层厚度和钢筋净距

变形钢筋具有较高的粘结强度,但在粘结破坏时容易使周围混凝土产生劈裂裂缝,从而降低结构的耐久性。钢筋外围混凝土保护层太薄时,外围混凝土可能发生径向劈裂而使粘结强度显著降低(图 2.34),增大混凝土保护层厚度和保持必要的钢筋净距,可以提高外围混凝土的抗劈裂能力,保证粘结强度的发挥。试验表明,在一定相对埋置长度($l/d=4\sim6$)情况下,相对粘结强度 τ_u/f_t 与相对保护层厚度 c/d 的平方根成正比,但 $c/d>5$ 时,τ_u/f_t 将不再增长,发生钢筋沿外径圆柱面上的剪切破坏。

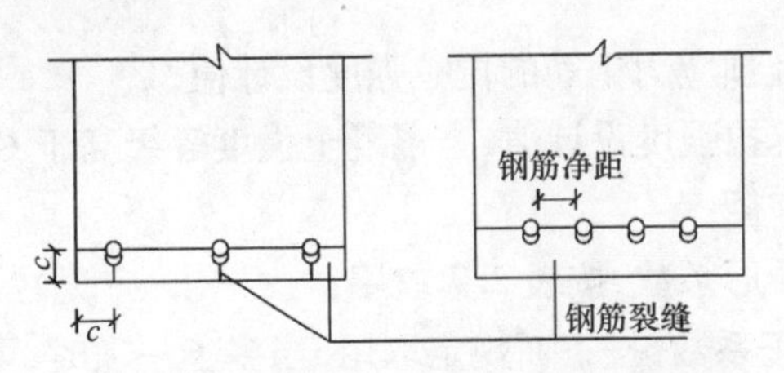

图 2.34　保护层厚度和钢筋净距的影响

在钢筋混凝土梁的配筋截面中,多根钢筋并列一排时,钢筋净距对粘结强度有很大影响,净距不足将发生沿钢筋水平的贯穿整个梁宽的劈裂裂缝。净距减小,削弱了混凝土的劈裂抗力,钢筋发挥的应力减小。

4) 钢筋浇注位置

粘结强度与浇注混凝土时钢筋所处的位置也有显著的关系。对于混凝土浇筑深度过大的“顶部”水平钢筋,其底部的混凝土由于水分、气泡的逸出和骨料泌水下沉,与钢筋间形成了空隙层，从而削弱了钢筋与混凝土的粘结作用，如图 2.35 所示。

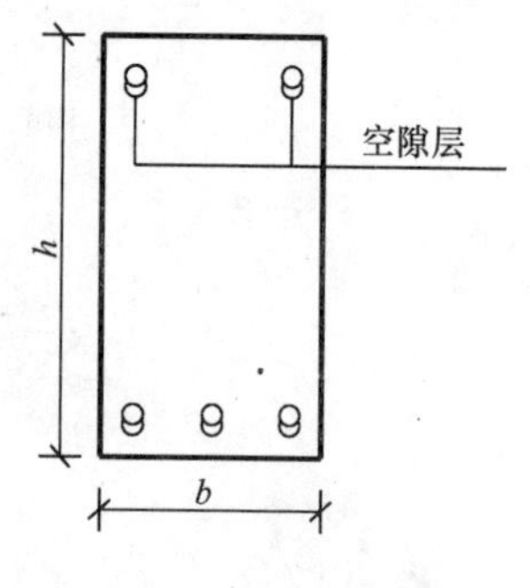

图 2.35　浇注位置的影响

5）横向钢筋

横向钢筋（如梁中的箍筋）可以延缓径向劈裂裂缝的发展或限制裂缝的宽度，使粘结强度得到提高。在较大直径钢筋的锚固区段或钢筋搭接长度范围内，均应设置一定数量的横向钢筋，如将梁的箍筋加密等。当一排并列的钢筋根数较多时，采用附加箍筋以增加箍筋的肢数，对控制劈裂裂缝提高粘结强度很有效。配置箍筋对保护后期粘结强度，改善钢筋延性也有明显作用。

6）侧向压力

当钢筋的锚固区作用有侧向压应力时，横向压力约束了混凝土的横向变形，可增强钢筋与混凝土之间的摩阻作用，使粘结强度提高。因此在直接支承的支座处，如梁的简支端，考虑支座压力的有利影响，伸入支座的钢筋锚固长度可适当减少。

2.4.4　钢筋的锚固长度

为了保证钢筋与混凝土之间的可靠粘结，钢筋必须有一定的锚固长度（anchorage length）。我国钢筋强度不断提高，结构形式的多样性也使锚固条件有了很大变化，根据近年来系统试验研究及可靠度分析的结果并参照国外标准，当计算中充分利用钢筋的抗拉强度时，《规范》给出了以简单计算确定受拉钢筋锚固长度的方法。

受拉钢筋的锚固长度 l_a 应根据锚固条件按式（2.23）计算，且不应小于 200mm，即

$$l_a = \zeta_a l_{ab} \tag{2.23}$$

式中　l_{ab}——受拉钢筋的基本锚固长度，取决于钢筋强度 f_y 及混凝土抗拉强度 f_t，并与钢筋直径及外形有关，其值按式（2.24）计算，即

$$l_{ab} = \alpha \frac{f_y}{f_t} d \tag{2.24}$$

或

$$l_{ab} = \alpha \frac{f_{py}}{f_t} d \tag{2.25}$$

式中　f_y，f_{py}——普通钢筋、预应力钢筋的抗拉强度设计值；

f_t——混凝土轴心抗拉强度设计值，当混凝土强度等级高于 C60 时，按 C60 取值；

d——锚固钢筋的直径；

α——锚固钢筋的外形系数，按表 2.7 取用；

ζ_a——锚固长度修正系数，按下面规定取用，当多于一项时，可以连乘计算，但不应小于 0.6，对预应力筋，可取 1.0。

表 2.7　锚固钢筋的外形系数

钢筋类型	光圆钢筋	带肋钢筋	螺旋肋钢丝	3 股钢绞线	7 股钢绞线
α	0.16	0.14	0.13	0.16	0.17
注：光圆钢筋末端应做 180°弯钩，弯后平直段长度不应小于 $3d$，但做受压钢筋时可不做弯钩					

纵向受拉普通钢筋的锚固长度修正系数 ζ_a 应按下列规定取用：

（1）当带肋钢筋的公称直径大于 25mm 时取 1.10。

（2）环氧树脂涂层带肋钢筋取 1.25。

（3）施工过程中易受扰动的钢筋取 1.10。

（4）当纵向受力钢筋的实际配筋面积大于其设计计算面积时，修正系数取设计计算面积与实际配筋面积的比值，但对有抗震设防要求及直接承受动力荷载的结构构件，不应考虑此项修正。

（5）锚固钢筋的保护层厚度为 $3d$ 时修正系数可取 0.80，保护层厚度为 $5d$ 时修正系数可取 0.70，中间按内插取值，此处 d 为纵向受力带肋钢筋的直径。

当锚固钢筋的保护层厚度不大于 $5d$ 时，锚固长度范围内应配置横向构造钢筋，其直径不应小于 $0.25d$（此处 d 为最大锚固钢筋的直径）；对梁、柱、斜撑等构件间距不应大于 $5d$，对板、墙等平面构件间距不应大于 $10d$，且均应大于 100mm（此处 d 为最小锚固钢筋的直径）。

当纵向受拉钢筋末端采用钢筋弯钩或机械锚固措施时，包括弯钩或锚固端头在内的锚固长度（投影长度）可取为基本锚固长度 l_{ab} 的 60%，并不应再考虑上述锚固长度修正系数 ζ_a。弯钩和机械锚固的形式和技术要求应符合表 2.8 及图 2.36 的规定。

表 2.8 钢筋弯钩和机械锚固的形式和技术要求

锚固形式	技术要求
90°弯钩	末端 90°弯钩，弯钩内径 $4d$，弯后直段长度 $12d$
135°弯钩	末端 135°弯钩，弯钩内径 $4d$，弯后直段长度 $5d$
一侧贴焊锚筋	末端一侧贴焊长 $5d$ 同直径钢筋
两侧贴焊锚筋	末端两侧贴焊长 $3d$ 同直径钢筋
焊端锚板	末端与厚度 d 的锚板穿孔塞焊
螺栓锚头	末端旋入螺旋锚头

注：1. 焊缝和螺纹长度应满足承载力要求。
2. 螺栓锚头或焊接锚板的承压净面积不应小于锚固钢筋计算截面积的 4 倍（总投影面积为 5 倍，对方形边长为 $1.98d$、圆形直径为 $2.24d$）。
3. 螺栓锚头的规格应符合相关标准的要求。
4. 螺栓锚头和焊接锚板的钢筋净间距不宜小于 $4d$；否则应考虑群锚效应的不利影响。
5. 截面角部的弯钩和一侧贴焊锚筋的布筋方向宜向截面内侧偏置

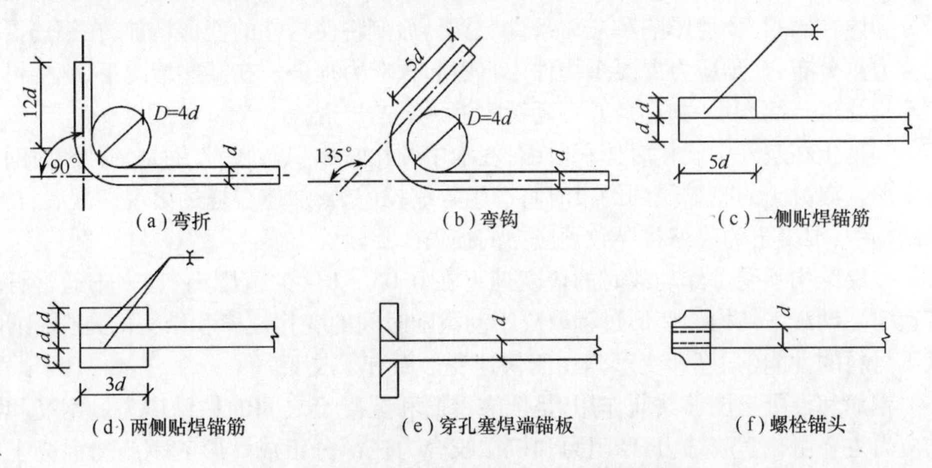

图 2.36 弯钩和机械锚固的形式和技术要求

混凝土结构中的纵向受压钢筋，当计算中充分利用钢筋的抗压强度时，受压钢筋的锚固长度应不小于相应受拉锚固长度的0.7倍。受压钢筋不应采用末端弯钩和一侧贴焊锚筋的锚固措施。受压钢筋锚固长度范围内的横向构造钢筋的要求同受拉钢筋。

本章小结

(1) 我国用于钢筋混凝土结构和预应力混凝土结构中的钢筋或钢丝可分为热轧钢筋、中强度预应力钢丝、消除应力钢丝、钢绞线和预应力螺纹钢筋。根据钢筋单调受拉时应力—应变关系特点的不同，可分为有明显屈服点钢筋和无明显屈服点钢筋。对于有明显屈服点的钢筋，取屈服强度作为强度设计指标；而对于无明显屈服点的钢筋，则取残余应变为0.2%时所对应的应力$\sigma_{0.2}$作为强度设计指标，称为条件屈服强度。

(2) 钢筋的力学性能指标有屈服强度、极限抗拉强度、伸长率和冷弯性能等。混凝土结构对钢筋的基本要求有强度、塑性、可焊性以及与混凝土的粘结性能等。

(3) 混凝土中水泥结晶体和砂、石骨料组成了混凝土中错综复杂的弹性骨架，其作用是承受外力，并使混凝土具有弹性变形的的特点。水泥凝胶体是混凝土产生塑性变形的根源，并起着调整和扩散混凝土应力的作用。混凝土凝结过程中在粗骨料与水泥胶块的接触面上产生微裂缝，这些微裂缝是混凝土内最薄弱的环节，对混凝土的强度和变形将产生重要影响。

(4) 混凝土的立方体抗压强度(简称立方体强度)是衡量混凝土强度的基本指标，用f_{cu}表示。我国《规范》采用立方体抗压强度标准值作为评定混凝土强度等级的标准。混凝土轴心抗压强度能更好地反映混凝土构件的实际受力情况，用混凝土棱柱体试件测得的抗压强度称为混凝土的轴心抗压强度，也称棱柱体抗压强度，用f_c表示。混凝土的抗拉强度也是其基本力学性能指标之一，混凝土构件的开裂、裂缝宽度、变形验算以及受剪、受扭、受冲切等承载力的计算均与抗拉强度有关。在复合应力状态下，混凝土的强度和变形性能有明显的变化。

(5) 混凝土的应力—应变关系是混凝土力学性能的一个重要方面，它是钢筋混凝土构件截面应力分析，建立强度和变形计算理论必不可少的依据。混凝土一次短期加荷时的应力—应变全曲线分为上升段和下降段两个部分。混凝土的变形模量有3种表示方法，即弹性模量(原点模量)E_c、切线模量E_c''和变形模量(割线模量)E_c'。

(6) 混凝土在荷载的长期作用下随时间增长而增长的变形称为徐变，影响混凝土徐变的因素可分为内在因素、环境影响和应力条件三类。徐变将使构件的变形增加，在钢筋混凝土截面引起应力重分布，在预应力混凝土构件中将引起预应力损失。在某些情况下，徐变可减少由于支座不均与沉降而产生的应力，并可延缓收缩裂缝的出现。

(7) 混凝土在空气中硬化时体积收缩，在水中硬化时体积膨胀，收缩是一种随时间增长而增长的变形。混凝土的收缩受到约束时将产生收缩拉应力，加速裂缝的出现和开展；在预应力混凝土结构中，混凝土的收缩将导致预应力的损失。

(8) 抗爆结构承受爆炸动载时的应变速率在0.05~1/s的范围内，远大于通常材料试验的应变速率。动载下结构的变形过程取决于动载随时间的变化规律和结构的自振周期T。爆炸动载下材料的性能(强度和变形)，由于快速变形而有了改变。

(9) 钢筋和混凝土能够共同作用，是依靠钢筋和混凝土之间的粘结应力。钢筋和混凝土的粘结应力主要由化学胶结力、摩阻力和机械咬合力三部分组成。影响钢筋与混凝土粘结强度的因素主要有钢筋表面形状、混凝土强度、保护层厚度，钢筋浇筑位置、钢筋净间距、横向钢筋和横向压力等。为了保证与混凝土之间的可靠粘结，钢筋必须有一定的锚固长度。

思考题

2.1　混凝土的组成有哪些?

2.2　混凝土和易性的概念是什么? 如何测定? 影响因素有哪些? 提高混凝土和易性的措施有哪些?

2.3　混凝土耐久性的概念是什么? 性能指标有哪些? 提高混凝土耐久性的措施有哪些?

2.4　我国规范是如何确定混凝土强度等级的?

2.5　普通混凝土的配合比设计步骤有哪些?

2.6　混凝土在复合应力状态下的强度有哪些特点?

2.7　混凝土在一次短期加荷时的应力—应变曲线有什么特点?

2.8　混凝土的变形模量有几种表示方法? 混凝土的弹性模量是如何确定的?

2.9　什么是混凝土的徐变? 影响混凝土徐变的因素有哪些? 徐变对普通混凝土结构和预应力混凝土结构有何影响?

2.10　混凝土的收缩变形有哪些特点? 对混凝土结构有哪些影响?

2.11　我国用于钢筋混凝土结构和预应力混凝土结构中的钢筋或钢丝有哪些种类? 有明显屈服点钢筋和没有明显屈服点钢筋的应力—应变曲线有什么不同? 为什么将屈服强度作为强度设计指标?

2.12　钢筋的力学性能指标有哪些? 混凝土结构对钢筋性能有哪些基本要求?

2.13　混凝土的立方体抗压强度是如何确定的? 与试块尺寸、试验方法和养护条件有什么关系?

2.14　钢筋和混凝土之间的粘结力主要由哪几部分组成? 影响钢筋与混凝土粘结强度的因素主要有哪些? 钢筋的锚固长度是如何确定的?

2.15　钢筋与混凝土的动态力学性能各有何特点?

习　题

1. 传统的钢筋伸长率指标(δ_5、δ_{10}、δ_{100})在实际工程应用中存在哪些问题? 试说明钢筋总伸长率(均匀伸长率)δ_{gt}的意义和测量方法。参见图2.5，某直径14mm的HRB500级钢筋拉伸试验的结果如表2.9所示，若钢筋极限抗拉强度$\sigma_b = 661\text{N/mm}^2$、弹性模量$E_s = 2\times10^5\text{N/mm}^2$。试分析求出$\delta_5$、$\delta_{10}$、$\delta_{100}$及$\delta_{gt}$的值。

表2.9　HRB500级钢筋拉伸试验结果　(mm)

试验前标距长度	拉断后拉距长度	试验前标距长度	拉断后标距长度
$l_0 = 5d = 70$	$l = 92.0$	$l_0 = 140$	$l = 162.4$
$l_0 = 10d = 140$	$l = 169.5$		
$l_0 = 100$	$l = 125.4$		

第3章 混凝土结构设计方法

本章提要:以我国现行的规范和标准为依据,介绍了结构的功能要求、安全等级、设计使用年限、设计基准期、4 种设计状况等设计要求;介绍了结构上的作用、作用效应、结构抗力和结构的极限状态、可靠度、可靠指标等基本概念;阐述了荷载、材料强度的取值原则和不同荷载效应组合的极限状态设计表达式。最后,简介了混凝土防护结构的极限状态、设计的基本规定和极限状态设计表达式。

3.1 结构设计的要求

3.1.1 结构的功能要求

在规定的设计使用年限内,结构必须满足的功能要求是安全性、适用性、耐久性和鲁棒性。结构设计的目的是在保证安全的前提下,寻求功能要求与经济合理之间的均衡,设计出技术先进、施工方便的结构。结构的功能要求如下:

(1) 安全性(safety)。在正常施工和正常使用时,结构应能承受在施工和使用期间可能出现的各种作用,如荷载、外加变形和约束变形等。正常施工是指要求按相关工程施工规范规定的工艺、流程和方法保证结构的施工质量,正常使用是指要求按结构设计用途使用,不得随意改变。

(2) 适用性(serviceability)。在正常使用期间,结构应保持良好的使用性能,如不产生影响正常使用的过大变形,或不产生让使用者感到不安的过宽裂缝等。

(3) 耐久性(durability)。在正常使用和正常维护条件下,结构应具有足够的耐久性能,如在预定的设计使用年限内,混凝土的劣化、钢筋的锈蚀不超过一定的限度等。

(4) 鲁棒性(robustness)。在正常使用期间,结构应具有整体抵御突发偶然事件或极端灾害的能力,如当发生地震、洪水、台风、冰灾等极端灾害(天灾)和爆炸、撞击、火灾等突发偶然事件(人祸)时,结构应能保持必需的整体性,不出现与起因不相称的破坏后果,防止出现结构的连续倒塌。

安全性、适用性、耐久性和鲁棒性统称为结构的可靠性(structural reliability),亦指结构在规定的时间内,在规定的条件下完成预定功能的能力。规定的时间是指设计使用年限,规定的条件是指正常设计、正常施工、正常使用和正常维护,即不考虑人为过失的影响,预定功能是指安全性、适用性、耐久性和鲁棒性。

3.1.2 结构的安全等级

结构设计时，应根据结构破坏可能产生的后果，即危及人的生命、造成的经济损失及产生的社会或环境影响等严重程度，也就是应根据结构的重要性，采用不同的安全等级（safety class）。建筑结构安全等级的划分如表3.1所示。如对人员比较集中、使用频繁的影剧院、体育馆等，安全等级宜按一级进行设计。建筑结构中梁、柱等各类构件的安全等级一般应与整个结构的安全等级相同，对部分特殊的构件可根据其重要程度做适当调整。

对重要的建筑结构，应采取必要的措施，防止出现结构的连续倒塌；对一般的建筑结构，宜采取适当的措施，防止出现结构的连续倒塌。对混凝土防护结构而言，由于结构的重要性已体现在工程的抗力等级指标上，故安全等级统一按建筑结构的二级考虑。

表3.1　建筑结构的安全等级

安全等级	破坏后果	建筑物类型	结构重要性系数 γ_0
一级	很严重 对人的生命、经济、社会或环境影响很大	大型公共建筑	1.1
二级	严重 对人的生命、经济、社会或环境影响较大	普通住宅和办公楼	1.0
三级	不严重 对人的生命、经济、社会或环境影响较小	小型或临时性 储存建筑等	0.9

3.1.3 结构的设计使用年限

结构的设计使用年限（design working life）是指设计规定的结构或构件不需要进行大修即可按预定目的使用的年限，即结构在正常使用和正常维护条件下所应达到的使用年限。结构的设计使用年限与结构的实际使用寿命有关，但并不等于结构的使用寿命，当结构超过设计使用年限后，并不意味着结构已经损坏而不能使用，只是其可靠度可能较设计时的预期值有所减小，或者说结构完成预定功能的能力越来越低了，但结构仍可继续使用或经大修后继续使用。对同一建筑结构而言，若结构的可靠度相同，则设计使用年限取得越长，结构构件的截面尺寸就会越大，所需的材料用量也越多。

设计基准期（design reference period）是为确定可变作用等取值而选用的时间参数，它不等同于结构的设计使用年限。设计如需采用不同的设计基准期，则必须相应确定在不同的设计基准期内最大作用的概率分布及其统计参数。建筑结构所采用的设计基准期为50年，即建筑结构的可变作用取值是按50年确定的。

我国《工程结构可靠性设计统一标准》（GB 50153—2008）规定了建筑结构的设计使用年限及荷载调整系数 γ_L，如表3.2所示。

表3.2　设计使用年限分类及荷载调整系数

类别	设计使用年限/年	示　例	γ_L
1	5	临时性建筑	0.9
2	25	易于替换的结构构件	
3	50	普通房屋和构筑物	1.0
4	100	标志性建筑和特别重要的建筑结构	1.1
注：对于设计使用年限为25年的结构构件，γ_L 应按各种材料结构设计规范的规定采用			

3.1.4 结构的设计状况

设计状况(design situation)是代表一定时段内的一组设计条件,设计应做到在该组条件下结构不超越有关的极限状态。由于在建设和使用过程中结构所承受的作用及持续的时间和结构所处的环境等各有差异,所以在结构设计时必须采用相应的结构体系、可靠度水准和设计方法等。我国《工程结构可靠性设计统一标准》(GB 50153—2008)规定,工程结构设计时应区分下列设计状况:

(1) 持久设计状况(persistent design situation)。在结构使用过程中一定出现,且持续期很长的设计状况,其持续期一般与设计使用年限为同一数量级。它适用于结构使用时的正常情况,如建筑结构承受家具和正常人员荷载的状况。

(2) 短暂设计状况(transient design situation)。在结构施工和使用过程中出现概率较大,而与设计使用年限相比,其持续期很短的设计状况。它适用于结构遇到的临时情况,如结构施工和维修时承受堆料和施工荷载的状况。

(3) 地震设计状况(seismic design situation)。结构遭受地震时的设计状况。它适用于结构遭受地震时的情况,在抗震设防地区必须考虑地震设计状况。

(4) 偶然设计状况(accidental design situation)。在结构使用过程中出现概率很小,且持续期很短的设计状况。它适用于结构遭遇的突发偶然情况,如结构遭受火灾、撞击、爆炸等作用的状况。

对于上述4种设计状况,均应进行承载能力极限状态设计,以确保结构的安全性。对于持久设计状况,尚应进行正常使用极限状态设计,以保证结构的适用性和耐久性。对于短暂设计状况,可根据需要进行正常使用极限状态设计或施工阶段的承载能力验算。对于地震设计状况,可根据需要进行正常使用极限状态设计。对于偶然设计状况,允许直接遭受偶然作用的构件或结构中的部分构件破坏,但剩余的部分结构应具有在一段时间内不发生连续倒塌的可靠度,且可不进行正常使用极限状态设计。

3.2 结构的极限状态

3.2.1 结构的极限状态

整个结构或结构的一部分超过某一特定状态就不能满足设计规定的某一功能要求,此特定状态称为该功能的极限状态(limit states)。极限状态是区分结构可靠和失效的界限,分为承载能力极限状态和正常使用极限状态。

1. 承载能力极限状态

对应于结构或结构构件达到最大承载能力或达到不适于继续承载的变形的状态。当结构或结构构件出现下列状态之一时,应认为超过了承载能力极限状态(ultimate limit states)。

(1) 结构构件或连接因所受应力超过材料强度而破坏。

(2) 结构或构件达到最大承载力而破坏。

(3) 结构整体或结构的一部分作为刚体失去平衡(如倾覆、滑移等)。

(4) 结构转变为机动体系。

(5) 结构或构件因过度变形而不适于继续承载。

(6) 结构或结构构件丧失稳定(如细长柱压屈失稳等)。

(7) 结构或结构构件因受动力荷载重复作用而发生疲劳破坏。

(8) 结构因局部破坏而发生连续倒塌。

2. 正常使用极限状态

对应于结构或结构构件达到正常使用或耐久性能的某项规定限值的状态。当结构或结构构件出现下列状态之一时,应认为超过了正常使用极限状态(serviceability limit states)。

(1) 影响正常使用或外观的变形。

(2) 影响正常使用或耐久性能的局部损坏。

(3) 影响正常使用的振动。

(4) 影响正常使用的其他特定状态。

结构设计时应对结构的不同极限状态分别进行计算或验算;当某一极限状态的计算或验算起控制作用时,可仅对该极限状态进行计算或验算。对于一般混凝土结构,通常先按承载能力极限状态进行承载能力计算,然后再按正常使用极限状态进行变形、裂缝宽度或抗裂等验算。对混凝土防护结构,通常只按承载能力极限状态进行承载力计算。

3.2.2 结构上的作用、作用效应和结构抗力

1. 结构上的作用

作用(action)是指施加在结构上的集中力或分布力和引起构件外加变形或约束变形的原因。施加在结构上的集中力或分布力称为直接作用(direct action),习惯上称为荷载,如构件自重、人群重量、风压力和积雪重量等;引起结构外加变形或约束变形的原因称为间接作用(indirect action),如温度变化、基础不均匀沉降和地震作用等。结构上的作用按随时间的变异性,可分为三类。

(1) 永久作用(permanent action)。在设计使用年限内其量值不随时间变化,或其变化与平均值相比可以忽略不计的作用,如结构自重、土压力等。

(2) 可变作用(variable action)。在设计使用年限内其量值随时间变化,且其变化与平均值相比不可忽略不计的作用,如楼面活荷载、风荷载、雪荷载等。

(3) 偶然作用(accidental action)。在设计使用年限内不一定出现,而一旦出现其量值很大,且持续期很短的作用,如爆炸、撞击及地震引起的作用等。

2. 作用效应 S

作用效应(effect of action)是指由作用引起的结构或结构构件的反应,即各种作用施加在结构上所产生的内力和变形,如弯矩、剪力、轴力、扭矩、挠度、转角和裂缝等。当为直接作用(即荷载)时,其效应也称为荷载效应。作用效应(或荷载效应)S 与作用(或荷载)Q 之间一般近似按线性关系考虑,并均为随机变量。

3. 结构抗力 R

结构抗力(structural resistance)是指结构或结构构件承受作用效应的能力,即结构或结构构件抵抗内力和变形的能力,如承载力、刚度、抗裂度等。结构抗力的主要影响因素有材料性能、几何参数以及计算模式的精确性,这些因素都是随机变量,因此结构抗力也是随机变量。

3.2.3 结构的极限状态方程

结构设计要达到预定的功能要求,通常与结构上的各种作用、环境影响、材料性能、几何参

数等因素密切相关，这些因素均为随机变量，称为基本变量（basic variable），记为 $X_i(i=1,2,\cdots,n)$，因此，结构的功能函数（performance function）可表示为

$$Z=g(X_1,X_2,\cdots,X_n) \tag{3.1}$$

当

$$Z=g(X_1,X_2,\cdots,X_n)=0 \tag{3.2}$$

时，称为极限状态方程（limit states equation）。

当功能函数中仅有作用效应 S 和结构抗力 R 两个基本变量时，得

$$Z=g(R,S)=R-S \tag{3.3}$$

通过功能函数 Z 可以判别结构所处的状态：

当 $Z>0$ 时，结构处于可靠状态。

当 $Z<0$ 时，结构处于失效状态。

当 $Z=0$ 时，结构处于极限状态。

结构所处的状态也可用图 3.1 表达。

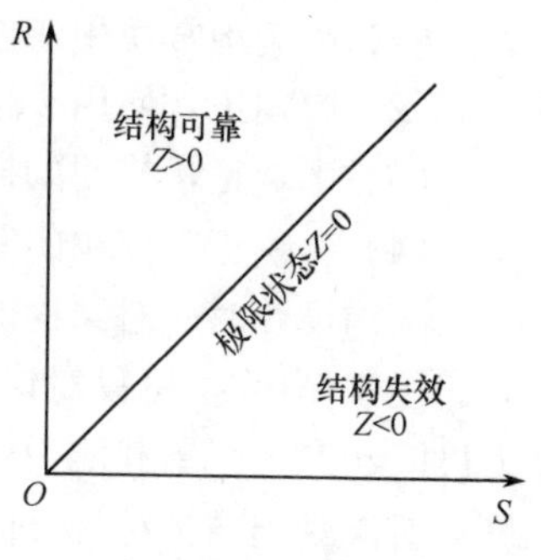

图 3.1　结构所处的状态

3.3　概率极限状态设计法

《规范》采用以概率理论为基础的极限状态设计法（limit states design method），以可靠指标度量结构构件的可靠度，采用分项系数的设计表达式进行混凝土结构设计。

3.3.1　结构的可靠度和可靠指标

1. 结构可靠度

结构可靠度（degree of structural reliability）是指结构在规定的时间内，在规定条件下完成预定功能的概率，它是结构可靠性的定量描述。由于作用效应 S 和结构抗力 R 都是随机变量，所以采用概率方法来度量结构的可靠性。结构可靠度与结构的使用年限长短有关，对新建结构则指设计使用年限的结构可靠度，当结构的使用年限超过设计使用年限后，结构的失效概率（probability of failure）可能较设计预期值增大。

由结构的功能函数可知，当 $Z=R-S\geqslant 0$，即 $S\leqslant R$，结构就不会超过极限状态。假定 R 和 S 均服从正态分布，R 和 S 的平均值分别为 μ_R 和 μ_S，标准差分别为 σ_R 和 σ_S，且 R 和 S 相互独立，其概率密度曲线如图 3.2 所示。由图可见，在大多数情况下，$S<R$，但由于离散性，仍有可能出现 $R<S$ 的情况，即曲线中相重叠的范围（图中阴影部分），其重叠范围的大小也反映了 $R<S$ 的概率大小，也就是结构的失效概率。

由概率理论可知，两个相互独立的随机变量 R 和 S，若服从正态分布时，其随机变量之差 $Z=R-S$，仍服从正态分布，其平均值和标准差分别为

$$\mu_Z=\mu_R-\mu_S \tag{3.4}$$

$$\sigma_Z=\sqrt{\sigma_S^2+\sigma_R^2} \tag{3.5}$$

Z 的概率密度曲线如图 3.3 所示，由图可见，$Z=R-S<0$ 的概率称为失效概率，用 P_f 表示，其值为图中阴影部分的面积（亦称尾部面积），可用式（3.6）计算，即

$$P_f = P(Z < 0) = \int_{-\infty}^{0} f(Z)\,dZ = \int_{-\infty}^{0} \frac{1}{\sigma_Z\sqrt{2\pi}} \exp\left[-\frac{1}{2}\left(\frac{Z-\mu_Z}{\sigma_Z}\right)^2\right] dZ \tag{3.6}$$

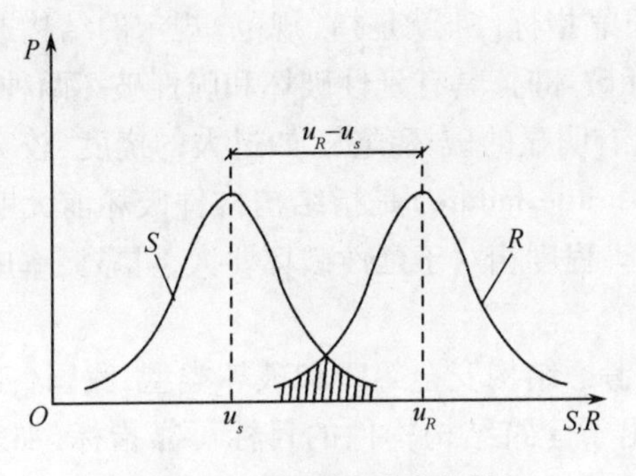

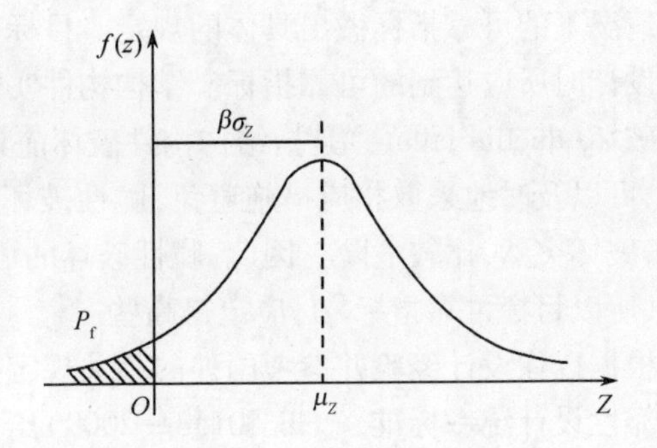

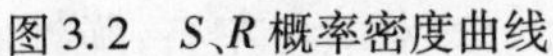

图 3.2　S、R 概率密度曲线　　　　图 3.3　Z 概率密度曲线

通过概率理论求解,得

$$P_f = \phi\left(-\frac{\mu_Z}{\sigma_S}\right) = 1 - \phi\left(\frac{\mu_Z}{\sigma_S}\right) \tag{3.7}$$

式中　$\phi(*)$——标准正态分布函数,可通过数学手册查得。

由图 3.3 可见,$Z \geqslant 0$ 的概率即为可靠概率(probability of survival),用 P_s 表示,其值相当于图中 $Z \geqslant 0$ 部分曲线与横轴之间的面积。由

$$P_s + P_f = 1 \tag{3.8}$$

得

$$P_s = P(Z \geqslant 0) = 1 - P_f = \phi\left(\frac{\mu_Z}{\sigma_Z}\right) \tag{3.9}$$

2. 可靠指标 β

用可靠概率来度量结构的可靠性具有明确的物理意义,但积分计算麻烦,通常改用另一种比较简便的方法,也是目前国际标准和我国《规范》采用的可靠指标 β 计算方法。从图 3.3 可见,阴影部分的面积与 μ_Z 和 σ_Z 的大小有关;增大 μ_Z,曲线右移,曲线变低变宽,阴影面积减少;减小 σ_Z,曲线变高变窄,阴影面积也减少。

若令

$$\beta = \frac{\mu_Z}{\sigma_Z} = \frac{\mu_R - \mu_S}{\sqrt{\sigma_R^2 + \sigma_S^2}} \tag{3.10}$$

则有

$$P_f = \phi\left(-\frac{\mu_Z}{\sigma_Z}\right) = \phi(-\beta) \tag{3.11}$$

由式(3.11)可见,β 与 P_f 之间存在着相互对应的数值关系。β 越大,失效概率 P_f 越小,可靠概率 P_s 越大,结构则越可靠。因此,β 与 P_f 或 P_s 一样可以作为衡量结构可靠度的指标(reliability indax),故称 β 为结构的可靠指标。由概率理论可求得 β 与 P_f 的特殊值的关系,如表 3.3 所示。

表 3.3　可靠指标和失效概率的对应关系

β	1.5	2.0	2.5	2.7	3.2	3.7	4.2
P_f	6.68×10^{-2}	2.28×10^{-2}	6.21×10^{-3}	3.5×10^{-3}	6.9×10^{-4}	1.1×10^{-4}	1.3×10^{-5}

3. 目标可靠指标[β]

按承载能力极限状态设计时,要使结构完成预定功能的概率达到一个允许的水平,必须对不同情况下的可靠指标做出具体的规定。目标可靠指标[β]就是指《规范》规定的结构或结构构件设计时所应达到的可靠指标。结构构件实际破坏时,具有延性破坏和脆性破坏两种类型。延性破坏(ductile failure)是指结构构件破坏前具有明显的破坏预兆,如过大的挠度、较宽的裂缝等,可以及时地采取相应措施避免;脆性破坏(brittle failure)是指结构构件破坏前无明显的预兆,破坏突然,比较危险。因此,脆性破坏的危害程度相对于延性破坏要大,可靠概率应提高一些,所以目标可靠指标[β]应定得高些。

根据以往设计经验并参考国外的相关规定,考虑结构安全等级和破坏类型,我国《工程结构可靠性设计统一标准》(GB 50153—2008)给出了建筑结构构件的目标可靠指标,如表3.4所示。对于混凝土防护结构,延性破坏时的目标可靠指标[β]为1.5左右,脆性破坏时的目标可靠指标[β]为2.0~2.5,对应的失效概率如表3.3所示。

表3.4 建筑结构构件的目标可靠指标

破坏类型	安全等级		
	一级	二级	三级
延性破坏	3.7	3.2	2.7
脆性破坏	4.2	3.7	3.2

3.3.2 荷载代表值

荷载代表值(representative values of a load)是设计中用以验算极限状态所采用的荷载量值,包括荷载标准值、组合值、频遇值和准永久值,其量值从大到小的排序依次为荷载标准值>组合值>频遇值>准永久值,其排序不可颠倒,但组合值与频遇值可能取相同值。结构设计时,对不同荷载应采用不同的代表值。荷载标准值是结构设计时所采用的荷载基本代表值,其他代表值可在标准值的基础上乘以相应的系数后得到。

1. 荷载标准值和设计值

荷载标准值(characteristic value of a load)是指设计基准期内最大荷载统计分布的特征值,可根据对观测数据的统计、荷载的自然界限或工程经验确定。

1)荷载标准值

(1)永久荷载标准值G_k。一般按结构构件的设计尺寸和材料单位体积的自重计算确定。对于自重变异较大的材料和构件,如现场制作的屋面保温材料等,考虑到结构的可靠性,其标准值应根据荷载对结构有利或不利,分别取上限值或下限值。

(2)可变荷载标准值Q_k。通常根据设计基准期内最大荷载统计分布,按一定保证率取其上限分位值确定。当实际荷载统计困难时,多根据以往工程经验确定一个协议值作为其荷载标准值。根据统计分析和以往工程经验,《建筑结构荷载规范》(GB 50009—2012)给出了风荷载、雪荷载、楼(屋)面活荷载等可变荷载的标准值,设计时可直接查取,如附表14所示。

2)荷载设计值

按承载能力极限状态进行结构构件截面承载力计算时,为了满足可靠度的要求,必须采用比其标准值更大的荷载设计值(design value of a load)。荷载设计值等于荷载分项系数(partial coefficient of a load)乘以荷载标准值。

永久荷载设计值可表示为

$$S_G = \gamma_G G_k \tag{3.12}$$

式中　γ_G——永久荷载分项系数。当永久荷载效应对结构不利时：对由可变荷载效应控制的组合，应取1.2；对由永久荷载效应控制的组合，应取1.35；当永久荷载效应对结构有利时：不应大于1.0。

可变荷载设计值可表示为

$$S_Q = \gamma_Q Q_k \tag{3.13}$$

式中　γ_Q——可变荷载分项系数。一般情况下应取1.4；对标准值大于$4kN/m^2$的工业房屋楼面结构的活荷载，应取$\gamma_Q = 1.3$。

2. 可变荷载组合值

可变荷载组合值(combination value of a variable load)是指设计基准期内使组合后的荷载效应的超越概率与该荷载单独作用时的相应概率趋于一致的荷载值，或组合后使结构具有规定可靠指标的作用值。原因在于作用在结构上的各种可变荷载，在同一时刻达到最大值的概率很小，若设计时仍采用各种荷载效应值叠加，则可能造成结构的可靠指标不统一。

可变荷载组合值可表示为

$$S_k = \psi_c Q_k \tag{3.14}$$

式中　ψ_c——可变荷载组合值系数。《建筑结构荷载规范》(GB 50009—2012)给出了各种可变荷载组合值系数，设计时可直接查取，如附表14所示。

3. 可变荷载准永久值

可变荷载准永久值(quasi - permanent value of a variable load)是指在设计基准期内，其超越的总时间约为设计基准期一半的荷载值，即在设计基准内经常作用的可变荷载值。它是按正常使用极限状态设计时，考虑荷载长期效应组合所采用的荷载代表值。由于结构在荷载长期效应作用下，永久荷载是长期存在的，而可变荷载则时有时无，时大时小，若达到和超过某一值的可变荷载出现次数较多、作用时间较长，以至累计作用的总持续时间与整个设计基准期的比值已达到50%。

可变荷载准永久值可表示为

$$S_q = \psi_q Q_k \tag{3.15}$$

式中　ψ_q——可变荷载准永久值系数。《建筑结构荷载规范》(GB 50009—2012)给出了各种可变荷载准永久值系数，设计时可直接查取，如附表14所示。

4. 可变荷载频遇值

可变荷载频遇值(frequent value of a variable load)是指在设计基准内，其超越的总时间为规定的较小比率，或超越概率为规定频率的荷载值。它与准永久值的区别在于累计作用的总持续时间较短，与整个设计基准期的比值不超过10%，但量值较大，一般与永久荷载组合用于结构振动变形的计算。

可变荷载频遇值可表示为

$$S_f = \psi_f Q_k \tag{3.16}$$

式中　ψ_f——可变荷载频遇值系数。《建筑结构荷载规范》(GB 50009—2012)给出了各种可变荷载频遇值系数，设计时可直接查取，如附表22所示。

3.3.3 材料强度的取值

当按正常使用极限状态验算结构构件的变形和裂缝宽度时,必须采用材料强度的标准值;当按承载能力极限状态进行结构构件截面承载力计算时,必须采用材料强度的设计值。

1. 材料强度标准值

材料强度标准值(characteristic value of material strength)是一种特征值,其取值原则是在符合规定质量的材料强度实测总体中,标准值应具有不小于95%的保证率。材料强度标准值可由式(3.17)确定,即

$$f_k = \mu_f - 1.645\sigma_f = \mu_f(1 - 1.645\delta_f) \tag{3.17}$$

式中 f_k——材料强度的标准值;

μ_f——材料强度的平均值;

σ_f——材料强度的标准差;

δ_f——材料强度的变异系数。

2. 材料强度设计值

材料强度设计值(design value of material strength)是按承载能力极限状态设计时所采用的材料强度代表值,材料强度设计值等于材料强度标准值除以材料分项系数。

钢筋和混凝土可按式(3.18)计算,即

$$f_c = \frac{f_{ck}}{\gamma_c}, \quad f_s = \frac{f_{sk}}{\gamma_s} \tag{3.18}$$

式中 f_c, f_s——混凝土和钢筋的强度设计值;

f_{ck}, f_{sk}——混凝土和钢筋的强度标准值;

γ_c, γ_s——混凝土和钢筋的材料分项系数。

混凝土和钢筋的材料分项系数是通过可靠度分析确定的。对混凝土:$\gamma_c = 1.4$;对钢筋:400MPa级及以下的热轧钢筋取 $\gamma_s = 1.1$,对500MPa级热轧钢筋取 $\gamma_s = 1.15$,对预应力筋取 $\gamma_s = 1.2$。

《规范》规定了各类钢筋和各种强度等级混凝土强度的标准值和设计值,分别见附表1、附表2、附表4、附表5、附表6和附表7。

3.3.4 极限状态设计表达式

1. 荷载效应组合

结构或结构构件在使用期间,除承受永久荷载外,可能还同时承受两种或两种以上的可变荷载,这就需要考虑这些荷载同时作用时所产生荷载效应组合(load effect combination)。由于参与组合的几种可变荷载同时达到各自标准值的概率很小,所以在结构设计时,必须根据各种可能同时出现的荷载组合的最不利情况以及结构的极限状态,采用相应的可变荷载代表值。

结构按极限状态设计时,必须根据使用期间可能同时作用的荷载情况,对不同的设计状况应采用相应的作用组合,在每一种作用组合中还必须选取其中的最不利组合进行结构设计。《工程结构可靠性设计统一标准》(GB 50153—2008)规定了不同极限状态的组合情况。

1) 承载能力极限状态设计

(1) 基本组合(fundamental combination),用于持久或短暂设计状况。

（2）偶然组合（accidental combination），用于偶然设计状况。

（3）地震组合（seismic combination），用于地震设计状况。

2）正常使用极限状态设计

（1）标准组合（characteristic combination），宜用于不可逆正常使用极限状态。

（2）频遇组合（frequent combination），宜用于可逆正常使用极限状态。

（3）准永久组合（quasi - permanent combination），宜用于长期效应是决定性因素的正常使用极限状态设计。

可逆正常使用极限状态（reversible serviceability limit states）是指当产生超越正常使用极限状态的作用卸除后，该作用产生的超越状态可以恢复的一种极限状态；不可逆正常使用极限状态（irreversible serviceability limit states）是指当产生超越正常使用极限状态的作用卸除后，该作用产生的超越状态是不可恢复的一种极限状态。如一混凝土梁在某一荷载作用下其挠度超过了允许值，卸除该荷载后，若梁的挠度小于允许值，则为可逆的；否则为不可逆的。

2. 承载能力极限状态设计表达式

结构按承载能力极限状态设计时，考虑结构的安全等级或设计使用年限的不同，其目标可靠指标应有所不同，故引入结构重要性系数 γ_0。承载能力极限状态设计表达式为

$$\gamma_0 S \leqslant R \tag{3.19}$$

式中 γ_0——结构重要性系数，取值见表 3.1；

S——荷载效应组合的设计值，通常用 N、M、V、T 等表示；

R——结构构件抗力的设计值；

$$R = R(a_k、f_c、f_s、\cdots)/\gamma_{Rd} \tag{3.20}$$

γ_{Rd}——结构构件的抗力模型不定性系数，静力设计取 1.0，对不确定性较大的结构构件根据具体情况取大于 1.0 的数值；

f_c，f_s——混凝土、普通钢筋或预应力钢筋的强度设计值；

a_k——结构构件几何参数的标准值。

其中承载能力极限状态一般应按基本组合进行荷载效应组合，必要时尚应考虑荷载效应的偶然组合和地震组合，其计算内容包括：①结构构件应进行承载力计算；②直接承受反复荷载的构件应进行疲劳验算；③有抗震设防要求时，应进行抗震承载力计算；④必要时尚应进行结构整体稳定、倾覆、滑移、漂浮验算；⑤对于可能遭受偶然作用，且倒塌可能引起严重后果的重要混凝土结构，宜进行防连续倒塌设计。

对于基本组合，荷载效应组合的设计值 S 应从下列组合值中取最不利值确定。

1）由可变荷载控制的效应设计值

$$S = \sum_{j}^{m} \gamma_{Gj} S_{GjK} + \gamma_{Q1}\gamma_{L1} S_{Q1K} + \sum_{i=2}^{n} \gamma_{Qi}\gamma_{Li}\psi_{ci} S_{QiK} \tag{3.21}$$

式中 γ_{Gj}——第 j 个永久荷载的分项系数；

γ_{Qi}——第 i 个可变荷载的分项系数；

γ_{Q1}——主导可变荷载的分项系数；

γ_{L1}——主导可变荷载考虑设计使用年限的荷载调整系数，取值见表 3.2；

γ_{Li}——第 i 个可变荷载考虑设计使用年限的荷载调整系数，取值见表 3.2；

S_{GjK}——按第 j 个永久荷载标准值 G_{jK} 计算的荷载效应值；

S_{Q1K}——按主导可变荷载标准值 Q_{1K} 计算的荷载效应值；

S_{QiK}——按第 i 个可变荷载标准值 Q_{iK} 计算的荷载效应值；

ψ_{ci}——第 i 个可变荷载 Q_i 的组合值系数；

m——参与组合的永久荷载数；

n——参与组合的可变荷载数。

2）由永久荷载控制的效应设计值

$$S = \sum_{j}^{m} \gamma_{Gj} S_{GjK} + \sum_{i=1}^{n} \gamma_{Qi} \gamma_{Li} \psi_{ci} S_{QiK} \tag{3.22}$$

3. 正常使用极限状态设计表达式

混凝土结构除应按承载能力极限状态设计外，还应进行正常使用极限状态的验算，以满足结构的正常使用和耐久性要求。正常使用极限状态的计算内容包括：①对需要控制变形的构件应进行变形验算；②对使用上限制出现裂缝的构件应进行混凝土拉应力验算；③对允许出现裂缝的构件应进行受力裂缝宽度验算；④对有舒适度要求的楼盖结构应进行竖向自振频率验算。

正常使用极限状态设计表达式为

$$S \leqslant C \tag{3.23}$$

式中 S——正常使用极限状态荷载组合的效应设计值；

C——结构或结构构件达到正常使用要求的规定限值，如变形、裂缝、振幅、加速度、应力等限值。

对于一般常见的工程结构，正常使用极限状态主要进行变形和裂缝控制验算。根据结构设计的需要，通常还区分荷载的短期作用（short－term action）和长期作用（long－term action），短期作用主要包括标准组合和频遇组合，长期作用主要有准永久值组合。与承载能力极限状态相比，正常使用极限状态的目标可靠指标相对要低，材料强度取标准值。

对于正常使用极限状态，应根据不同的设计要求，采用标准组合、频遇组合和准永久组合，荷载组合的效应设计值 S 应按下列公式确定。

1）标准组合

$$S_k = \sum_{j}^{m} S_{GjK} + S_{Q1K} + \sum_{i=2}^{n} \psi_{ci} S_{QiK} \tag{3.24}$$

这种组合主要用于当一个极限状态被超越时将产生严重的永久性损伤的情况。

2）频遇组合

$$S_f = \sum_{j}^{m} S_{GjK} + \psi_{f1} S_{Q1K} + \sum_{i=2}^{n} \psi_{qi} S_{QiK} \tag{3.25}$$

式中 ψ_{f1}——主导可变荷载 Q_1 的频遇值系数；

ψ_{qi}——第 i 个可变荷载 Q_i 的准永久值系数。

这种组合主要当一个极限状态被超越时将产生局部损害、较大变形或短暂振动的情况。

3）准永久组合

$$S_q = \sum_{j}^{m} S_{GjK} + \sum_{i=1}^{n} \psi_{qi} S_{QiK} \tag{3.26}$$

这种组合主要用于当长期效应是决定性因素时的一些情况。

【例 3.1】 承受均布荷载作用的简支梁，计算跨度 $l_0 = 6\text{m}$。永久荷载的标准值（包括梁自重）$g_k = 5\text{kN/m}$，可变荷载 $q_k = 9\text{kN/m}$，可变荷载的组合系数 $\psi_c = 0.7$，准永久值系数 $\psi_q = 0.5$，安全等级为二级。试求：

（1）按承载力极限状态设计时梁跨中弯矩设计值 M。

（2）在正常使用极限状态下荷载效应的标准组合弯矩值 M_k 和荷载效应的准永久组合弯矩值 M_q。

解 （1）按承载力极限状态设计时的梁跨中弯矩设计值 M。

① 由可变荷载效应控制的组合。

$$
\begin{aligned}
M &= \gamma_0(\gamma_G M_{GK} + \gamma_Q M_{QK}) \\
&= 1.0 \times \left(1.2 \times \frac{1}{8} g_k l_0^2 + 1.4 \times \frac{1}{8} q_k l_0^2\right) \\
&= 1.0 \times \left(1.2 \times \frac{1}{8} \times 5 \times 6^2 + 1.4 \times \frac{1}{8} \times 9 \times 6^2\right) \\
&= 83.7(\text{kN} \cdot \text{m})
\end{aligned}
$$

② 由永久荷载效应控制的组合。

$$
\begin{aligned}
M &= \gamma_0(\gamma_G M_{GK} + \gamma_Q \psi_c M_{QK}) \\
&= 1.0 \times \left(1.35 \times \frac{1}{8} g_k l_0^2 + 1.4 \times 0.7 \times \frac{1}{8} q_k l_0^2\right) \\
&= 1.0 \times \left(1.35 \times \frac{1}{8} \times 5 \times 6^2 + 1.4 \times 0.7 \times \frac{1}{8} \times 9 \times 6^2\right) \\
&= 70.07(\text{kN} \cdot \text{m})
\end{aligned}
$$

取①和②中的较大值，即 $M = 83.7\text{kN} \cdot \text{m}$。

（2）在正常使用极限状态下荷载效应的标准组合 M_k 和荷载效应的准永久组合弯矩值 M_q。

① 荷载效应的标准组合 M_k。

$$
\begin{aligned}
M_k &= M_{GK} + M_{QK} \\
&= \frac{1}{8} g_k l_0^2 + \frac{1}{8} q_k l_0^2 \\
&= \frac{1}{8} \times 5 \times 6^2 + \frac{1}{8} \times 9 \times 6^2 \\
&= 63(\text{kN} \cdot \text{m})
\end{aligned}
$$

② 准永久组合弯矩值 M_q。

$$
\begin{aligned}
M_q &= M_{GK} + \psi_q M_{QK} \\
&= \frac{1}{8} g_k l_0^2 + 0.5 \times \frac{1}{8} q_k l_0^2 \\
&= \frac{1}{8} \times 5 \times 6^2 + 0.5 \times \frac{1}{8} \times 9 \times 6^2 \\
&= 42.75(\text{kN} \cdot \text{m})
\end{aligned}
$$

3.4 混凝土防护结构设计方法

3.4.1 防护结构的极限状态

防护工程破坏是指工程遭受武器袭击时丧失了完成其预定防护功能的能力，主要包括结构局部破坏、结构整体破坏和防护设备破坏等，而结构破坏往往是导致防护工程破坏的最重要原因之一。影响防护结构完成预定功能的极限状态主要有：

1. 整体作用极限状态(integral effect of limit states)

(1) 结构产生整体破坏。如在预定的常规武器冲击爆炸或核武器爆炸冲击波作用下，防护工程的梁、板构件会产生弯曲破坏或剪切破坏，柱会产生压缩破坏等；整体破坏通常发生在结构或构件产生最大内力的附近部位，与结构形式、结构跨度、构件厚度和支座约束条件等均有密切关系。

(2) 结构整体或结构的一部分作为刚体产生整体滑移或倾覆。

(3) 结构整体或结构的一部分产生漂浮，如防护结构底板位于地下水位以下且底面积较大时。

2. 局部作用极限状态(partial effect of limit states)

在常规武器冲击爆炸作用下结构产生局部破坏，如结构出现震塌、贯穿等现象；局部破坏通常发生在弹着点附近，与支座约束条件和结构形式无关，主要与结构跨度和构件厚度有密切关系。

3. 正常使用极限状态(serviceability limit states)

(1) 在预定武器爆炸动载作用下结构出现贯穿裂缝，如有密闭要求的结构段，若结构出现贯穿裂缝将可能造成有害生化物的侵入，间接杀伤结构内的人员。

(2) 在预定武器爆炸动载作用下结构产生过大的变形；如有特殊要求的指挥作战室，过大的变形将造成人员心理恐慌，影响完成指挥作战任务；装有精密仪器设备的结构构件，过大的变形将影响仪器设备的正常使用等。

(3) 在预定武器爆炸动载作用下结构产生过大的振动加速度，如过大的振动加速度将造成人员和仪器设备的损伤。

(4) 在预定核武器作用下进入结构内的早期核辐射剂量超过人员所能耐受的允许值。

显然，考虑所有极限状态进行防护结构设计十分繁琐，也没有必要。通常根据防护工程的战术技术要求等，选出主要起控制作用的极限状态进行设计计算。

3.4.2 防护结构设计的基本规定

防护结构设计应充分体现战备观点、经济观点和工程观点，保证结构能够抵抗预定杀伤武器的破坏作用，实现安全、可靠与经济、合理的统一。

1. 武器作用效应

考虑预定杀伤武器的破坏效应是防护结构设计不同于建筑结构设计的内容。武器破坏效应主要包括常规武器的侵彻、震塌、贯穿和爆炸作用，核武器效应主要包括空气冲击波、热辐射、早期核辐射、放射性沾染、地冲击和电磁脉冲等。不同等级的防护结构所考虑的武器破坏效应不同，这属于涉密内容。设计计算时通常只考虑战术技术指标中规定的杀伤武器一次作用,不考虑各种武器的同时作用或重复作用,但应保证结构各个部位的抗力相互协调。重要的工程可考虑杀伤武器的重复作用。

2. 设计荷载类型

防护结构的设计荷载,应根据可能同时作用的不同类型荷载进行组合,考虑结构整体破坏时的设计荷载包括动荷载和静荷载两部分。动荷载主要包括炮弹、航弹和导弹等冲击爆炸荷载,核爆炸空气冲击波超压、动压和负压,或岩土中的压缩波荷载等,静荷载主要包括围岩压力、围岩局部作用力、土压力、水压力、结构自重、回填材料重量和永久设备荷载等。

3. 结构动力计算

防护结构动力计算可采用等效静载法,按单自由度体系进行弹性或弹塑性工作阶段计算。必要时也可按多自由度体系进行计算。当按等效静载法计算结构内力时,可将复杂结构简化为基本结构或构件,分别计算出等效静载标准值后,按静荷载作用下结构内力的计算方法计算原结构的内力。

4. 承载能力计算

防护结构的承载能力计算,按照现行的工业与民用建筑的结构设计规范执行;动荷载作用下结构构件截面承载能力计算的各种分项系数和材料的物理力学指标,可按现行国防工程或人防工程设计规范确定。一般情况下,只需按整体作用和局部作用这两种极限状态进行设计,然后再按防核武器早期核辐射进行校核。其他各种极限状态,仅对有特殊要求的工程才进行设计验算。

3.4.3 极限状态设计表达式

防护工程主要包括国防工程和人防工程,其设计使用年限一般按 50 年考虑,特殊工程应按工程的战术技术要求确定。对于混凝土防护结构,目前仅有条件对整体作用极限状态作适当分析,其他两种极限状态只能以定值设计法(deterministic design method)设计。

按整体作用极限状态进行结构构件承载能力计算时,国防工程只考虑战时使用状况;人防工程应分别考虑平时(包括施工期间)使用状况和战时使用状况,并取其中不利情况进行设计。平时使用状况下结构或构件承载力设计计算,应按国家现行的有关标准执行。战时使用状况下,根据相关国防工程和人防工程的规范,考虑核爆炸动载与静载的组合、常规武器爆炸与静载的组合,此时荷载组合中不考虑活荷载等其他不相关的荷载,其结构或构件承载力设计表达式应采用式(3.27),即

$$\gamma_0(\gamma_G S_{Gk} + \gamma_Q S_{Qk}) \leqslant R \tag{3.27}$$

$$R = R(a_k、f_{cd}、f_{yd}、\cdots)$$

式中 γ_0——结构重要性系数,可取 1.0;

γ_G——永久荷载分项系数,当其效应对结构不利时可取 1.2,有利时可取 1.0;

S_{Gk}——永久荷载效应标准值;

γ_Q——等效静荷载分项系数,可取 1.0;

S_{Qk}——等效静荷载效应标准值;

R——结构构件抗力的设计值;

f_{cd}——混凝土动力强度设计值,$f_{cd} = \gamma_{cd} f_c$,γ_{cd} 见表 2.6;

f_{yd}——钢筋动力强度设计值,$f_{yd} = \gamma_{yd} f_y$,γ_{yd} 见表 2.5;

a_k——结构构件几何参数的标准值。

相关取值的说明：

（1）防护结构的重要性已经体现在抗力等级上，故结构重要性系数 γ_0 可取1.0。

（2）关于等效静荷载的分项系数 γ_Q：

① 常规武器爆炸动荷载与核武器爆炸动荷载均属于结构设计基准期内的爆炸荷载，根据《工程结构可靠性设计统一标准》（GB 50153—2008）规定，偶然作用的代表值不乘以荷载分项系数，而直接采用规定的标准值为设计值，即 γ_Q 取1.0。

② 防护结构构件的可靠度水准要比国家现行的相关规范低得多，故 γ_Q 不宜大于1.0。

③ 等效静荷载虽然是偶然荷载，但也是防护结构设计时的重要荷载，故 γ_Q 不宜小于1.0。

④ 等效静荷载是设计中的规定值，不是随机变量的统计值，目前也没条件按统计样本进行分析，因此按国家现行的相关规范取值即可。

本章小结

（1）结构的功能要求是安全性、适用性、耐久性和鲁棒性，可概括为结构的可靠性。结构设计就是在保证安全的前提下，寻求功能要求与经济合理之间的均衡，设计出技术先进、施工方便的结构。

（2）结构设计使用年限与设计基准期是两个不同的概念，一个是指在规定条件下所应达到的使用年限，另一个是为确定可变作用等取值而选用的时间参数，且两者都不等同于结构的实际寿命。

（3）由于在建设和使用过程中结构所承受的作用及持续的时间和结构所处的环境等各有差异，所以在结构设计时必须采用不同的结构设计状况。结构设计状况分为持久设计状况、短暂设计状况、偶然设计状况和地震设计状况。

（4）结构的极限状态是区分结构可靠和失效的标志，且分为承载能力极限状态和正常使用极限状态。

（5）可靠指标 β 与可靠概率 P_s、失效概率 P_f 之间存在着相互对应的数值关系。β 越大，失效概率 P_f 越小，可靠概率 P_s 越大，结构则越可靠。因此，可靠指标 β 也可以作为衡量结构可靠度的指标，设计规范规定了结构构件的目标可靠指标。

（6）作用在结构上的荷载可分为永久荷载、可变荷载和偶然荷载。荷载代表值包括荷载标准值、组合值、频遇值和准永久值，荷载标准值是结构设计时所采用的基本代表值，其他代表值可在标准值的基础上乘以相应的系数后得到。

（7）材料强度标准值是一种特征值，其取值原则是在符合规定质量的材料强度实测总体中，标准值应具有不小于95%的保证率。材料强度设计值是按承载能力极限状态设计时所采用的材料强度代表值，等于材料强度标准值除以材料分项系数。

（8）承载能力极限状态设计时的荷载效应组合，应采用基本组合（持久或暂时设计状况）、偶然组合（偶然设计状况）和地震组合（地震设计状况）。正常使用极限状态设计时的荷载效应组合，应根据不同的设计要求和荷载的长期或短期作用，采用标准组合、频遇组合和准永久组合。

（9）防护结构的极限状态分为整体作用极限状态、局部作用极限状态和正常使用极限状态。目前仅有条件对整体作用极限状态作适当分析，其他两种极限状态只能以定值设计法设计。

（10）混凝土防护结构必须考虑预定杀伤武器的破坏效应作用。其设计状况分平时使用状况和战时使用状况，平时使用状况下结构或构件承载力计算应按国家现行的有关标准执行，战时使用状况下结构或构件承载力计算应按现行的国防工程和人防工程相关标准执行。

思考题

3.1 结构有哪些功能要求？什么是结构的可靠性？

3.2 什么是设计使用年限？什么是设计基准期？两者有何区别？

3.3 什么是结构设计状况？工程结构的设计状况可分哪几种？

3.4 什么是结构的极限状态？极限状态可分为哪两类？

3.5 什么是结构上的作用？作用是如何分类的？什么是作用效应和结构抗力？

3.6 什么是结构的可靠度？可靠度应如何度量和表达？试说明 $S<R$、$S=R$ 和 $S>R$ 的意义。

3.7 可靠指标 β 与可靠概率 P_s、失效概率 P_f 之间具有哪些相互对应的数值关系？

3.8 什么是延性破坏？什么是脆性破坏？什么是目标可靠指标？

3.9 荷载有哪些代表值？这些代表值如何确定和应用？

3.10 什么是材料强度标准值？什么是材料强度设计值？它们是如何确定的？

3.11 承载能力极限状态和正常使用极限状态各采用哪些荷载效应组合？

3.12 防护结构的极限状态有哪些？目前设计仅对哪种极限状态进行可靠性分析？

习　题

受均布荷载作用的简支梁，计算跨度 $l=4\text{m}$。荷载的标准值：永久荷载（包括梁自重）$g_k=8\text{kN/m}$，可变均布荷载 $q_k=6.4\text{kN/m}$，跨中承受可变集中荷载，其标准值 $P_k=9\text{kN}$，无风荷载作用（组合系数 ψ_c 可取 0.7），准永久值系数 $\psi_q=0.5$，该梁安全等级为一级，求按承载能力极限状态设计该梁跨中截面的弯矩设计值 M，以及在正常使用极限状态情况下荷载效应的标准组合弯矩值 M_k 和荷载效应的准永久组合弯矩值 M_q。

第4章 受弯构件正截面承载力计算

本章提要:本章是教材的重点内容,重点掌握配筋率对受弯构件破坏特征的影响和适筋梁在各阶段的受力特点;熟练掌握单筋矩形截面、双筋矩形截面和T形截面承载力的设计计算方法;熟悉受弯构件正截面的构造要求。

4.1 概　　述

受弯构件(flexural members)通常是指截面上作用弯矩和剪力的构件。土木工程中钢筋混凝土受弯构件的应用非常广泛,梁(beam)和板(slab)是典型的受弯构件。

试验表明,钢筋混凝土受弯构件的破坏有两种可能:

(1) 正截面破坏。这种破坏是在弯矩作用下由于抗弯能力不足而引起的,破坏截面与梁的纵轴垂直,故称为沿垂直截面破坏。

(2) 斜截面破坏。这种破坏是在弯矩和剪力(主要是剪力)共同作用下由于抗剪能力不足引起的,破坏截面是斜向的,故称为沿斜截面破坏。

钢筋混凝土受弯构件的设计内容通常包括正截面受弯承载力计算、斜截面受剪承载力计算、钢筋布置(根据荷载产生的弯矩图和剪力图确定钢筋的布置)、正常使用阶段的挠度和裂缝宽度验算以及绘制施工图等。本章主要介绍正截面受弯承载力的计算,其他内容将分别在第5章和第9章介绍。

4.2 受弯构件一般构造要求

构造要求(detailing requirements)是结构设计的一个重要组成部分,是在长期工程实践经验的基础上对结构计算的必要补充,以考虑结构计算中没有涉及的因素(如混凝土的收缩、徐变和温度应力等)。结构计算和构造措施是相辅相成的,因此,在进行受弯构件正截面承载力计算之前,需要熟悉相关构造要求。

4.2.1 梁的构造要求

1. 梁的截面

1) 梁的截面形式

常见的梁截面形式有矩形、T形、工字形、花篮形、箱形和倒L形等,如图4.1所示。

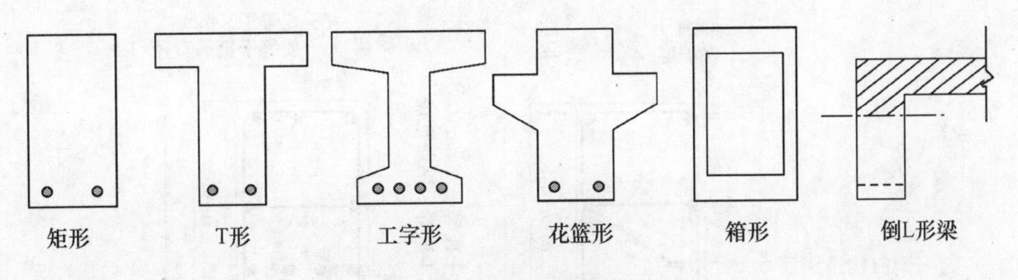

图 4.1　梁常见截面形式

2）梁的截面尺寸

梁的截面尺寸主要取决于支承条件、跨度及荷载大小等因素。

（1）截面高度。

根据工程经验，为满足正常使用极限状态要求，梁的截面高度一般如下：

① 梁的截面高度一般取 $h=(1/10\sim1/16)l_0$，其中 l_0 为梁的计算跨度。

② 为便于施工，统一模数，截面高度 $h\leqslant800$mm 时，以 50mm 为模数，截面高度 $h>800$mm 时，以 100mm 为模数。

（2）截面宽度。

① 梁截面的高宽比 h/b 一般在下列范围内采用：

矩形截面　$h/b=2.0\sim3.5$。

T 形截面　$h/b=2.5\sim4.0$。

② 梁的截面宽度宜采用 150，180，200，220，…，如截面宽度 $b\geqslant200$mm 时，一般应以 50mm 为模数。

2. 梁的配筋

梁中常配置的钢筋有纵向受力钢筋、弯起钢筋、箍筋、架立钢筋和梁侧纵向构造钢筋等，弯起钢筋和箍筋的构造要求见第 5 章有关内容。

1）纵向受力钢筋

纵向受拉钢筋（longitudinal stressed steel reinforcement）配置在梁截面的受拉区，截面的受压区有时也配置一定数量的纵向受压钢筋。

纵向受力钢筋宜优先采用 HRB400 级或 RRB400 级，也可采用 HRB335 级。

纵向受力钢筋直径常采用 12～28mm。当梁截面高度 $h\geqslant300$mm 时，直径不应小于 10mm，当梁高度 $h<300$mm 时，直径不应小于 8mm。若采用两种不同直径的钢筋，则钢筋直径相差至少 2mm，以便于施工中能用肉眼识别。

纵向受力钢筋的根数至少为 2 根，梁跨度较大时一般不少于 3 根，伸入梁支座范围内的纵向受力钢筋根数不少于 2 根。

为保证钢筋与混凝土之间具有足够的粘结力和便于浇筑混凝土，梁的上部纵向钢筋的净距，不应小于 30mm 和 $1.5d$（d 为纵向钢筋的最大直径），下部纵向钢筋的净距不应小于 25mm 和 d，如图 4.2 所示。梁下部纵向钢筋配置多于两排时，两排以上钢筋水平方向的中距应比下面两排的中距增大一倍。

2）架立钢筋

架立钢筋（erection steel reinforcement）布置于梁的受压区，它平行于纵向受拉钢筋，以固定箍筋的位置，承受由于混凝土收缩及温度变化所产生的拉应力。如在受压区有受压纵向钢筋时，受压钢筋可兼作架立钢筋。

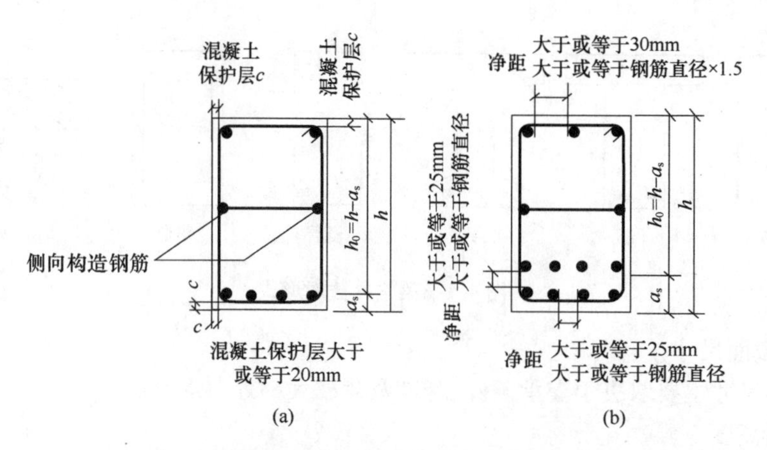

图 4.2　保护层厚度，钢筋净距及截面有效高度

架立钢筋的直径与梁的跨度有关。当跨度小于 4m 时，不宜小于 8mm；当跨度为 4 ~ 6m 时，不宜小于 10mm；当跨度大于 6m 时，架立钢筋的直径不宜小于 12mm。

3）侧向构造钢筋

侧向构造钢筋（longitulinal detailing steel reinforcement）又称腰筋，其作用是承受侧面温度变化及混凝土收缩引起的应力，并抑制混凝土裂缝的开展。当梁的腹板高度 $h_w \geqslant 450$mm 时，在梁的两个侧面沿高度应配置纵向构造钢筋，每侧纵向钢筋的截面面积不应小于腹板面积的 0.1%，其间距不宜大于 200mm，直径不宜小于 10mm。梁的腹板高度 h_w：对于矩形截面，取有效高度；对于 T 形截面，取有效高度减去翼缘高度；对于 I 形截面，取腹板净高。

3. 梁的混凝土强度

梁常用混凝土强度等级为 C20、C25、C30、C35 及 C40 等。

4.2.2　板的构造要求

1. 板的截面

1）板的截面形式

建筑工程中常用的板有现浇矩形截面板、预制空心板、预制槽形板等，如图 4.3 所示。

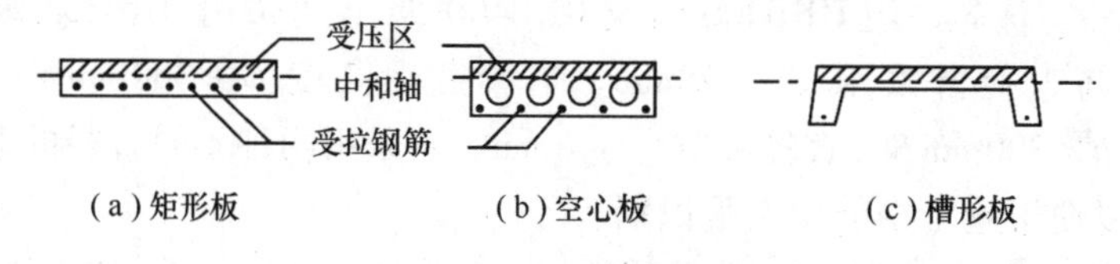

图 4.3　板常见截面形式

2）板的厚度

现浇钢筋混凝土板的厚度除应满足承载力和各项功能要求外，还不宜小于表 4.1 的规定。在国防工程和人防工程中，顶板多为厚板，最小厚度不应小于 200mm。

2. 板的配筋

由于板一般不会发生斜截面破坏，故不需配置箍筋，通常板中仅配置两种钢筋，即受力钢筋和分布钢筋。

1）受力钢筋

受力钢筋（stressed steel reinforcement）沿板的跨度方向设置，承担由弯矩作用而产生的拉力。

表 4.1　现浇钢筋混凝土板的最小厚度

板的类型		厚度/mm
单向板	屋面板	60
	民用建筑楼板	60
	工业建筑楼板	70
	行车道下的楼板	80
双向板		80
悬臂板（根部）	板的悬臂长度≤500mm	60
	板的悬臂长度>1200mm	100
密肋板	面板	50
	肋高	250
无梁楼板		150
现浇空心楼板		200

受力钢筋的直径通常采用 6～12mm，板厚度较大时，钢筋直径可采用 14～18mm；受力钢筋的间距一般在 70～200mm 之间；当板厚 $h \leqslant 150$mm 时，不宜大于 200mm；当板厚 $h > 150$mm 时，不宜大于 $1.5h$，且不宜大于 250mm。

2）分布钢筋

分布钢筋（distributing steel reinforcement）与受力钢筋垂直，设置在受力钢筋的内侧，其作用是：①固定受力钢筋的位置并将荷载均匀地传递给受力钢筋；②抵抗因混凝土收缩及温度变化而在垂直受力钢筋方向所产生的拉应力。

分布钢筋的直径常用 6mm 和 8mm，其截面面积不应小于单位长度上受力钢筋截面面积的 15%，且不宜小于该方向板截面面积的 0.15%，间距不宜大于 250mm。当集中力较大时，分布钢筋的截面面积相应增加，间距不宜大于 200mm。

3. 板的混凝土强度

板常用混凝土强度等级为 C20、C25、C30、C35、C40 等。

4.2.3　混凝土保护层厚度和截面有效高度

1. 混凝土保护层厚度

最外层钢筋（从箍筋外皮算起）到混凝土表面的垂直距离，称为混凝土保护层厚度（concrete cover），用 c 表示。混凝土保护层有 3 个作用：① 防止钢筋锈蚀；② 在火灾等情况下，避免钢筋的温度上升过快；③ 保证纵向钢筋与混凝土有较好的粘结。

混凝土保护层的最小厚度应符合《混凝土结构设计规范》（GB 50010—2010）的规定，见表 4.2。

表 4.2　混凝土保护层的最小厚度 c　（mm）

环境等级	板、墙、壳	梁、柱、杆
一	15	20
二 a	20	25
二 b	25	35

·（续）

环境等级	板、墙、壳	梁、柱、杆
三 a	30	40
三 b	40	50

注：1. 混凝土强度等级不大于 C25 时，表中保护层厚度数值应增加 5mm。
2. 钢筋混凝土基础应设置混凝土垫层，基础中钢筋的混凝土保护层厚度应从垫层顶面算起，且不应小于 40mm。
3. 关于混凝土结构环境类别的解释详见附表 10。

设计年限为 50 年的混凝土结构，最外层钢筋的保护层厚度应符合表 4.2 中规定；设计年限为 100 年的混凝土结构，最外层钢筋的保护层厚度不应小于表 4.2 中数值的 1.4 倍。

构件中受力钢筋的保护层厚度不应小于钢筋的公称直径 d。

2. 截面有效高度

设纵向受拉钢筋的合力点至截面受拉边缘的竖向距离为 a_s，则合力点至截面受压区边缘的竖向距离 $h_0 = h - a_s$，则 h_0 为截面的有效高度（effective depth of section）（图 4.2），bh_0 称为截面的有效面积。

在正截面受弯承载力设计中，钢筋直径、数量和排列均为未知条件，因此 a_s 往往需要预先估计。

梁内受拉钢筋为一排时，有

$$a_s = c + d_v + d/2$$

梁内受拉钢筋为两排时，有

$$a_s = c + d_v + d + d_2/2$$

式中 c——混凝土保护层厚度，参见表 4.2；

d_v——箍筋直径；

d——受拉钢筋直径；

d_2——两排钢筋之间的距离。

为方便计算：

(1) 若取梁内受拉钢筋直径为 20mm，则不同环境等级下的 a_s 参考值列于表 4.3 中。

(2) 若取板内受力钢筋直径为 10mm，对于一类环境可取 $a_s = 20\text{mm}$，对于二类 a 环境可取 $a_s = 25\text{mm}$。

表 4.3 混凝土梁 a_s 近似取值

环境等级	梁混凝土保护层最小厚度	箍筋直径 6mm		箍筋直径 8mm	
		受拉钢筋一排	受拉钢筋两排	受拉钢筋一排	受拉钢筋两排
一	20	35	60	40	65
二 a	25	40	65	45	70
二 b	35	50	75	55	80
三 a	40	55	80	60	85
三 b	50	65	90	70	95

4.3　受弯构件正截面受弯性能试验研究

4.3.1　纵向受拉钢筋的配筋率

纵向受拉钢筋的配筋率 ρ(ratio of reinforcement)反映纵向受拉钢筋面积与截面有效面积的比值,它是对受弯构件的受力性能有很大影响的一个重要指标,即

$$\rho=\frac{A_s}{bh_0} \tag{4.1}$$

式中　A_s——纵向受拉钢筋截面积;

b——梁的截面宽度;

h_0——梁的截面有效高度。

4.3.2　受弯构件正截面破坏形态

试验结果表明,当梁的截面尺寸和材料强度等级确定以后,若改变纵向受拉钢筋的配筋率 ρ,不仅梁的受弯承载力会发生变化,而且梁在破坏阶段的受力性质也会发生明显变化。当配筋率过大或过小时,甚至会使梁的破坏形态发生实质性变化。根据正截面破坏特征的不同,可将受弯构件正截面受弯破坏形态分为适筋破坏、超筋破坏和少筋破坏 3 种,与之相应的梁称为适筋梁、超筋梁和少筋梁。

1. 适筋梁

当梁的纵向受拉钢筋配置适当时,称为适筋梁(ideally reinforced beam)。破坏首先是由于受拉区钢筋进入屈服阶段,继续增加荷载后,受压区混凝土被压碎,这种破坏称为“适筋破坏”。适筋梁的破坏不是突然发生的,破坏前裂缝与挠度有明显的增长,属于塑性破坏,如图 4.4(a)所示。破坏时适筋梁的钢筋与混凝土强度都得到充分利用,破坏前有明显的预兆,故正截面承载力计算是建立在适筋梁基础上的。

2. 超筋梁

当梁的纵向受拉钢筋配置过多时,称为超筋梁(overreinforced beam),破坏是受压区边缘混凝土达到极限压应变导致梁受压破坏,由于配筋过多,钢筋未屈服,这种梁破坏突然,无明显预兆,属于脆性破坏,设计中应避免,如图 4.4(b)所示。

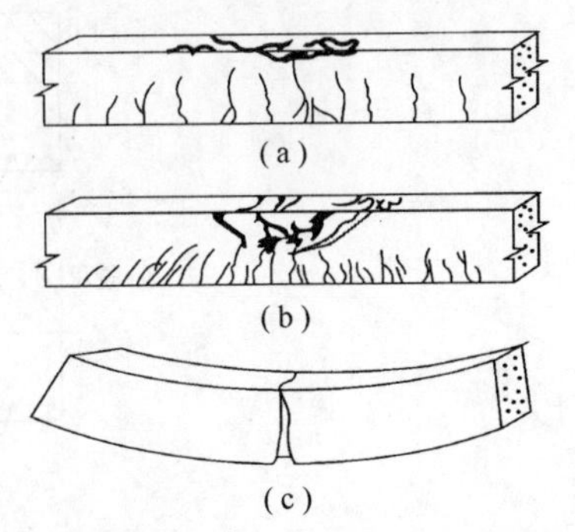

图 4.4　梁正截面 3 种破坏形态

3. 少筋梁

当梁的纵向受拉钢筋配置过少时,称为少筋梁(underreinforced beam),由于配筋过少,受拉区混凝土一旦开裂,钢筋很快屈服甚至被拉断,导致很宽的裂缝和过大的变形而无法继续承载。少筋梁的强度取决于混凝土的抗拉强度,也属于脆性破坏,无明显预兆,因此是不安全的,设计中杜绝出现,如图 4.4(c)所示。

为更清楚地体现配筋率对梁破坏特征的影响,如表 4.4 所示。

表 4.4　适筋梁、超筋梁、少筋梁的破坏情况比较

情况	少筋梁	适筋梁	超筋梁
配筋率	$\rho<\rho_{\min}$	$\rho_{\min}\leqslant\rho\leqslant\rho_{\max}$	$\rho>\rho_{\max}$
破坏原因	混凝土开裂	钢筋到达屈服,受压区混凝土压碎	受压区混凝土先压碎
破坏性质	受拉脆性破坏	塑性破坏	受压脆性破坏
材料强度利用情况	混凝土抗压强度未被利用	钢筋抗拉强度、混凝土抗压强度均被充分利用	钢筋抗拉强度未被充分利用

4.3.3　适筋梁正截面受力的 3 个阶段

试验表明,适筋梁从开始加载到正截面完全破坏,截面的受力状态可以分为下面 3 个阶段,如图 4.5 所示。

1. 第Ⅰ阶段——弹性工作阶段

开始增加荷载时,弯矩很小,量测到截面上各个纤维应变都很小,变形的变化规律符合平截面假定(平截面在梁变形后保持平面)。由于应力很小,梁的工作情况与匀质弹性体相类似,拉力由钢筋与混凝土共同承担,钢筋应力很小。受拉与受压混凝土均处于弹性工作阶段,应力分布为三角形(图 4.5(a))。

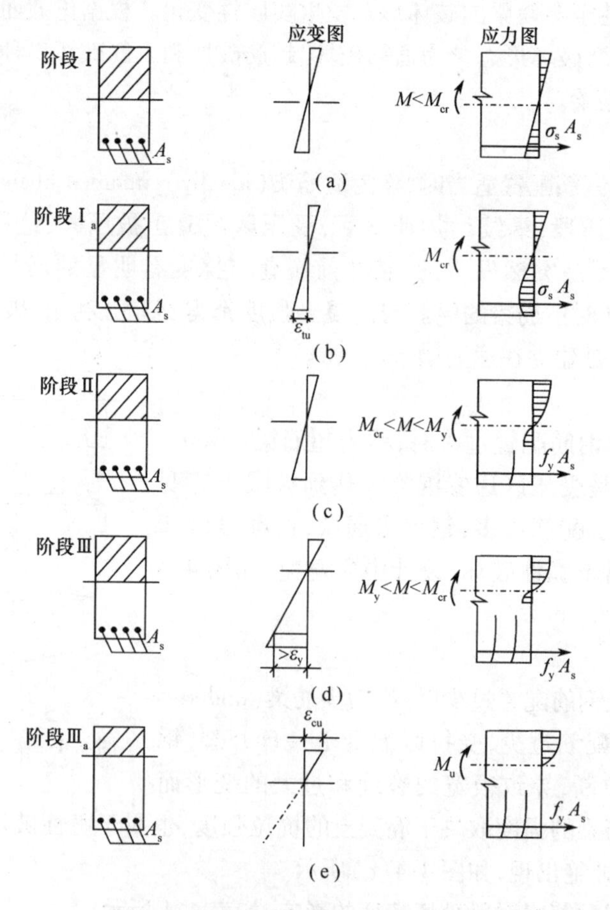

图 4.5　钢筋混凝土梁工作的 3 个阶段

当弯矩逐渐增大,应变也随之加大。由于混凝土受拉强度很低,在受拉边缘处混凝土已产生塑性变形,受拉区应力已呈曲线状态。

在弯矩增加到开裂弯矩 M_{cr} 时,受拉区边缘纤维应变到达混凝土受拉极限应变 ε_{tu}(0.0001 ~ 0.00015),梁处于即将出现裂缝的极限状态,此即第Ⅰ阶段末,以 I_a 示之(图4.5(b))。此时受拉钢筋应力 $\sigma_s = 20 \sim 30\text{N/mm}^2$。受压区混凝土的应变相对其受压极限应变仍很小,基本上仍处于弹性工作阶段,应力图形接近于直线变化。

由于受拉混凝土塑性变形的出现与发展,I_a 阶段中和轴的位置较Ⅰ阶段初期略有上升。I_a 应力图形将作为计算构件开裂弯矩 M_{cr} 及抗裂度验算的依据。

2. 第Ⅱ阶段——带裂缝工作阶段

截面受力达 I_a 阶段后,内力只要稍许增加,在最薄弱的截面处将首先出现第一条裂缝,这标志梁由第Ⅰ阶段转化为第Ⅱ阶段工作。在裂缝截面处的混凝土退出工作,其所承担的拉力转移给钢筋承担,钢筋应力比混凝土开裂前突然加大,故裂缝一经出现就具有一定的宽度,并沿梁高延伸到一定的高度,中和轴的位置也随之上升,受压高度将因此而逐渐减少。

随着弯矩的增加,钢筋与混凝土的应变也随之增加,裂缝宽度也加宽并向受压区延伸,但应变规律仍符合平截面假定。由于混凝土受压区高度的减少,导致受压面积的减少。在弯矩继续增加的情况下,受压混凝土的应力与应变不断增加,受压混凝土的塑性性质将表现得越来越明显,应变的增长速度越来越快,受压区的应力图形由直线转为曲线。当弯矩增加到使钢筋的应力恰好到达屈服强度 f_y 时,称为第Ⅱ阶段末,以 II_a 表示。这时截面所能承担的弯矩为 M_y。

正常使用的梁,一般都处于第Ⅱ阶段。故第Ⅱ阶段的应力状态将作为正常使用阶段变形和裂缝宽度计算的依据。

3. 第Ⅲ阶段——破坏阶段

钢筋屈服之后,截面承载力无明显增加,但受压区塑性变形急速发展,受拉区裂缝迅速开展,并向上延伸(中和轴再次上升),致使受压区面积减小,压应力迅速增大,这就是截面受力的第Ⅲ阶段。

在内力几乎保持不变的情况下,裂缝进一步急剧开展,受压区混凝土出现纵向裂缝,当受压区混凝土压应变达到极限应变 ε_{cu}(为0.003 ~ 0.005),受压混凝土被压碎,截面发生破坏。这种特定的受力状态,称为第Ⅲ阶段末,用 III_a 表示,相应的弯矩为极限弯矩 M_u。第Ⅲ阶段末的应力状态为正截面承载力"极限状态"计算的依据。

4.4 受弯构件正截面受弯承载力分析

4.4.1 基本假定

(1) 平截面假定(plane section supposition)。对有弯曲变形的构件,变形后截面上任意点的应变与该点到中和轴的距离成正比。

(2) 不考虑受拉区混凝土的抗拉作用。对于承载力极限状态下的正截面,其受拉区混凝土的绝大部分因开裂已经退出工作,而中和轴以下可能残留很小的未开裂部分,作用相对很小,为简化计算,完全可以忽略混凝土抗拉强度的影响。

(3) 对混凝土应力—应变关系曲线采用理想化的应力—应变曲线,曲线由抛物线上升段和水平段组成,如图 4.6 所示。

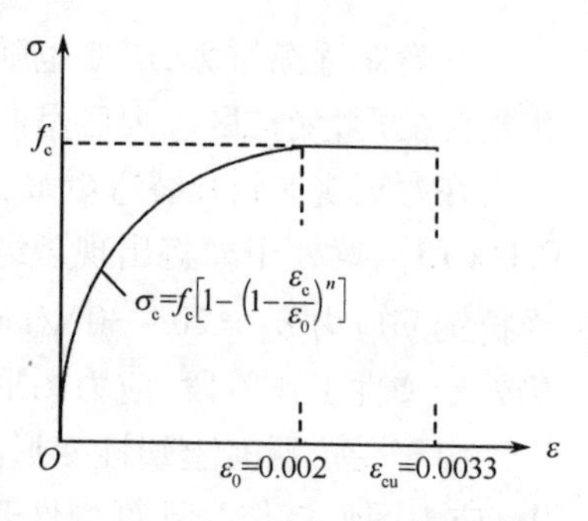

图 4.6　混凝土应力—应变曲线

各段的应力—应变关系方程如下:

上升段,当 $\varepsilon_c \leqslant \varepsilon_0$ 时,有

$$\sigma_c = f_c\left[1-\left(1-\frac{\varepsilon_c}{\varepsilon_0}\right)^n\right] \tag{4.2a}$$

水平段,当 $\varepsilon_0 < \varepsilon_c \leqslant \varepsilon_{cu}$时,有

$$\sigma_c = f_c \tag{4.2b}$$

$$n = 2 - \frac{1}{60}(f_{cu,k} - 50) \tag{4.2c}$$

$$\varepsilon_0 = 0.002 + 0.5 \times (f_{cu,k} - 50) \times 10^{-5} \tag{4.2d}$$

$$\varepsilon_{cu} = 0.0033 - (f_{cu,k} - 50) \times 10^{-5} \tag{4.2e}$$

当按式(4.2c)计算的 n 值大于 2 时,取 $n=2$,即 $n \leqslant 2$;当计算的 $\varepsilon_0 < 0.002$ 时,取为 0.002,即 $\varepsilon_0 \geqslant 0.002$;当计算的 $\varepsilon_{cu} > 0.0033$ 时,取为 0.0033,即 $\varepsilon_{cu} \leqslant 0.0033$。

对于混凝土各强度等级,各参数按式(4.2c)~式(4.2e)的计算结果见表 4.5。规范建议的公式仅适用于正截面计算。

表 4.5　混凝土应力—应变曲线参数

混凝土强度等级 $f_{cu,k}$	≤C50	C60	C70	C80
n	2	1.83	1.67	1.50
ε_0	0.002	0.00205	0.0021	0.00215
ε_{cu}	0.0033	0.0032	0.0031	0.0030

按图 4.6,设 C_{cu} 为混凝土压应力—应变曲线所围的面积,y_{cu} 为此面积的形心到坐标原点 O 的距离,则有

$$C_{cu} = \int_0^{\varepsilon_{cu}} \sigma_c(\varepsilon_c)\,d\varepsilon_c \tag{4.3}$$

$$y_{cu} = \frac{\int_0^{\varepsilon_{cu}} \sigma_c(\varepsilon_c)\,\varepsilon_c\,d\varepsilon_c}{C_{cu}} \tag{4.4}$$

令 $k_1 f_c = \frac{C_{cu}}{\varepsilon_{cu}}, k_2 = \frac{y_{cu}}{\varepsilon_{cu}}$,将基本假定(3)规定的关系式(4.2a)、式(4.2b)以及参数 n、ε_0 和 ε_{cu}的取值代入式(4.3)和式(4.4),可得系数 k_1 和 k_2,见表 4.6。系数 k_1 和 k_2 只取决于混凝土受压应力—应变曲线的形状,因此称为混凝土受压应力—应变曲线系数。

表 4.6　混凝土应力—应变曲线系数 k_1 和 k_2

混凝土强度等级	≤C50	C60	C70	C80
k_1	0.797	0.774	0.746	0.713
k_2	0.588	0.598	0.608	0.619

(4) 钢筋应力—应变曲线采用两段直线的曲线形式,如图 4.7 所示。钢筋的应力—应变关系方程为

$$\sigma_s = E_s \varepsilon_s \leqslant f_y \tag{4.5}$$

受拉钢筋的极限应变取为0.01。

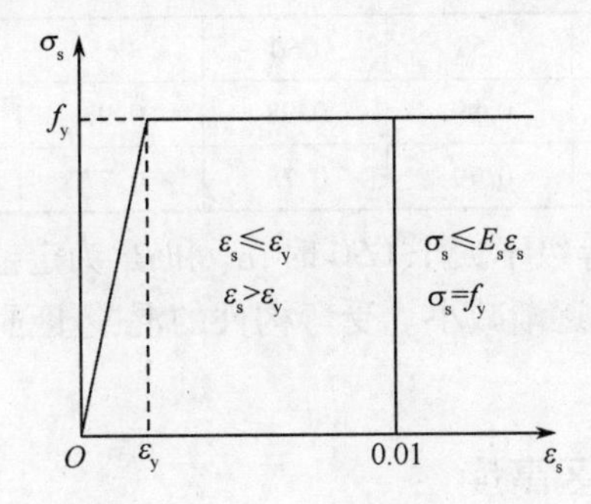

图4.7　钢筋应力—应变曲线

4.4.2　等效矩形应力图

按《规范》给出的混凝土应力—应变关系曲线求受压区混凝土的合力 C 及其合力点的作用位置是非常复杂的，设计上可采用简化的处理方法，即采用等效矩形应力图形(equivalent rectangular stress block)的方法，如图4.8所示。

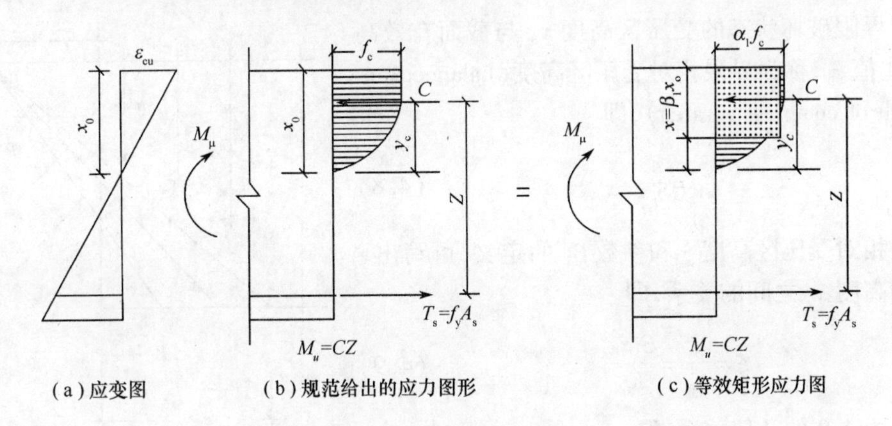

图4.8　等效应力图形

等效矩形应力分布图必须符合下面两个条件，从而不影响正截面受弯承载力的计算结果。

(1) 等效矩形应力图的合力应等于曲线应力图的合力。

(2) 等效矩形应力图的合力作用点应与曲线应力图的合力作用点重合。

设等效矩形应力图的应力值为 $\alpha_1 f_c$，高度为 x，按等效原则并引入 k_1 和 k_2 后，可得

$$\begin{cases} C = \alpha_1 f_c bx = k_1 f_c bx_0 \\ x = 2(x_0 - y_c) = 2(1 - k_2)x_0 \end{cases} \tag{4.6}$$

令 $\beta_1 = \dfrac{x}{x_0} = 2(1 - k_2)$，则 $\alpha_1 = \dfrac{k_1}{\beta_1} = \dfrac{k_1}{2(1 - k_2)}$。

系数 β_1 是矩形应力图受压高度与中和轴高度的比值。

系数 α_1 是受压区矩形应力图的应力值与混凝土轴心抗压强度设计值的比值。

可见系数 α_1 和 β_1 也仅与混凝土的应力—应变曲线有关，称为等效矩形应力图形系数，取值见表4.7。

表 4.7 混凝土受压区等效矩形应力图形系数

混凝土强度等级	≤C50	C55	C60	C65	C70	C75	C80
α_1	1.0	0.99	0.98	0.97	0.96	0.95	0.94
β_1	0.8	0.79	0.78	0.77	0.76	0.75	0.74

由表可知,当混凝土强度等级不大于 C50 时,α_1 和 β_1 为定值;当混凝土强度等级大于 C50 时,α_1 和 β_1 随强度等级的提高逐渐减小。受弯构件的混凝土强度等级一般不大于 C50,可取 $\alpha_1 = 1.0$,$\beta_1 = 0.8$。

4.4.3 界限相对受压区高度

当纵向受拉钢筋达到屈服强度的同时,受压区边缘混凝土也达到了极限压应变 ε_{cu},此时受弯构件达到了极限承载力而发生破坏,是适筋破坏和超筋破坏的界限,故称为界限破坏。此时的配筋率即为适筋梁配筋的上限,称为最大配筋率或界限配筋率。

正截面混凝土受压区高度 x 与 h_0 的比值称为相对受压区高度 ξ,即

$$\xi = \frac{x}{h_0} \tag{4.7}$$

处于界限破坏状态的受压区高度 x_b 与截面有效高度 h_0 的比值 ξ_b,称为界限相对受压区高度(balanced relative depth of compressive area),即

$$\xi_b = \frac{x_b}{h_0} \tag{4.8}$$

根据相对受压区高度 ξ 和参数 β_1 的定义,可写出 ξ 和中和轴高度 x_0 之间的关系,即

$$\xi = \frac{x}{h_0} = \frac{\beta_1 x_0}{h_0} \tag{4.9}$$

根据图 4.9 的几何关系,得

$$x_{cb}/h_o = \varepsilon_{cu}/(\varepsilon_{cu} + \varepsilon_y)$$

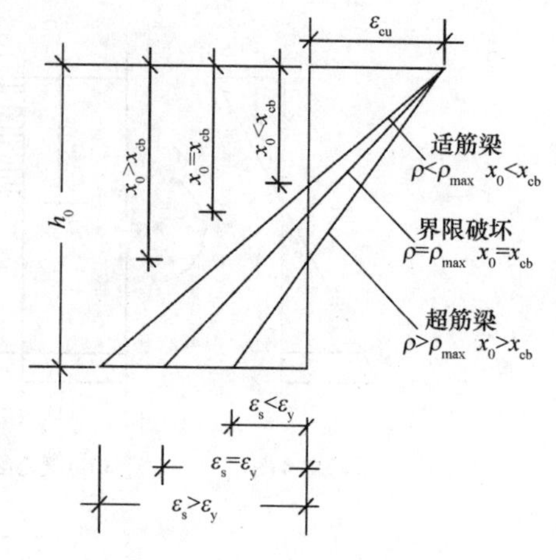

图 4.9 相对界限受压区高度的计算图形

则相对界限受压区高度为

$$\xi_b = \frac{x_b}{h_0} = \frac{\beta_1 x_{cb}}{h_0} = \frac{\beta_1 \varepsilon_{cu}}{\varepsilon_{cu} + \varepsilon_y} = \frac{\beta_1}{1 + \dfrac{\varepsilon_y}{\varepsilon_{cu}}} \tag{4.10}$$

对于有明显屈服点的钢筋,取 $\varepsilon_y = f_y/E_s$,得

$$\xi_b = \frac{\beta_1}{1 + \dfrac{f_y}{\varepsilon_{cu} E_s}} \tag{4.11}$$

式中 f_y——钢筋抗拉强度设计值;

E_s——钢筋的弹性模量。

式(4.11)表明,界限相对受压区高度 ξ_b 仅与材料性能有关,而与截面尺寸无关。

当混凝土强度等级不超过 C50 时,受压区混凝土边缘极限压应变 $\varepsilon_{cu} = 0.0033$,$\beta_1 =$

0.8，则

$$\xi_b = \frac{\beta_1}{1 + \frac{f_y}{\varepsilon_{cu} E_s}} = \frac{0.8}{1 + \frac{f_y}{0.0033 E_s}} \tag{4.12}$$

为便于应用，对常用的有明显屈服点的钢筋可算得 ξ_b 的具体数值，如表4.8中所示，设计时可直接查用。

表4.8　界限相对受压区高度 ξ_b

混凝土强度等级 / 钢筋级别	≤C50	C60	C70	C80
HPB300	0.576	0.556	0.537	0.518
HRB335 HRBF335	0.550	0.531	0.512	0.493
HRB400 HRBF400 RRB400	0.518	0.499	0.481	0.463
HRB500 HRBF500	0.482	0.464	0.447	0.429

对于无明显屈服点的钢筋，取 $\varepsilon_y = 0.002 + f_y/E_s$，则式(4.10)可写成

$$\xi_b = \frac{\beta_1}{1 + \frac{\varepsilon_y}{\varepsilon_{cu}}} = \frac{\beta_1}{1 + \frac{0.002}{\varepsilon_{cu}} + \frac{f_y}{\varepsilon_{cu} E_s}} \tag{4.13}$$

因此，由图4.9可知，根据相对受压区高度 ξ 的大小可进行受弯构件正截面破坏类型的判别。

若 $\xi > \xi_b$，则为超筋破坏。

若 $\xi < \xi_b$，则不会发生超筋破坏。

若 $\xi = \xi_b$，则为界限破坏。

与界限相对受压区高度相对应的配筋率称为界限配筋率 ρ_b（适筋梁最大配筋率 ρ_{max}）。

根据图4.8(c)，可建立力的平衡方程为

$$\alpha_1 f_c b x = f_y A_s \tag{4.14}$$

由此可得 ρ 和 ξ 的关系为

$$\rho = \frac{A_s}{b h_0} = \xi \frac{\alpha_1 f_c}{f_y} \tag{4.15}$$

当 $\xi = \xi_b$ 时，对应的界限配筋率即为

$$\rho_b = \rho_{max} = \xi_b \frac{\alpha_1 f_c}{f_y} \tag{4.16}$$

为避免超筋破坏，应满足

$$\xi \leqslant \xi_b \text{ 或 } \rho \leqslant \rho_{max} \tag{4.17}$$

4.4.4 最小配筋率

为避免配筋率过低而出现一裂即坏的少筋梁脆性破坏情况，在工程设计中还需确定最小配筋率率 $\rho_{\min}$ 的限值。如果单从承载力方面考虑，纵向受拉钢筋的最小配筋率 $\rho_{\min}$ 则可按Ⅲ$_a$ 受力状态计算的钢筋混凝土受弯构件正截面承载力 M_u 与同样条件下素混凝土梁按Ⅰ$_a$ 受力状态计算的开裂弯矩 M_{cr} 相等的原则来确定。然而，考虑到混凝土抗拉强度的离散性以及温度变化和混凝土收缩对钢筋混凝土结构的不利影响等，最小配筋率 $\rho_{\min}$ 的确定还需受到裂缝宽度限值等条件的控制。因此，实际工程中钢筋混凝土构件最小配筋率 $\rho_{\min}$ 的确定实际是一个涉及因素较多的复杂问题。

我国《规范》在考虑了上述各种因素并参考以往的工程经验后，规定受弯构件一侧纵向受拉钢筋的最小配筋百分率为 $0.45f_t/f_y$ 和 0.2% 的较大值，即

$$\rho_{\min} = \max\left\{0.45\frac{f_t}{f_y}, 0.2\%\right\} \tag{4.18}$$

对于板类受弯构件，当受拉钢筋强度级别为 400N/mm^2、500N/mm^2 时，其最小配筋率应允许采用 $0.45f_t/f_y$ 和 0.15% 的较大值。

为避免少筋破坏，应满足

$$\rho \geqslant \rho_{\min}\frac{h}{h_0} \text{或} A_s \geqslant A_{s\min} = \rho_{\min}bh \tag{4.19}$$

4.5 单筋矩形截面受弯承载力计算

只在截面受拉区配置纵向受力钢筋的矩形截面受弯构件，称为单筋矩形截面(singly reinforced rectangular section)受弯构件。

4.5.1 基本公式

单筋矩形截面在达到承载力极限状态时，其正截面承载力的计算简图如图 4.10 所示。

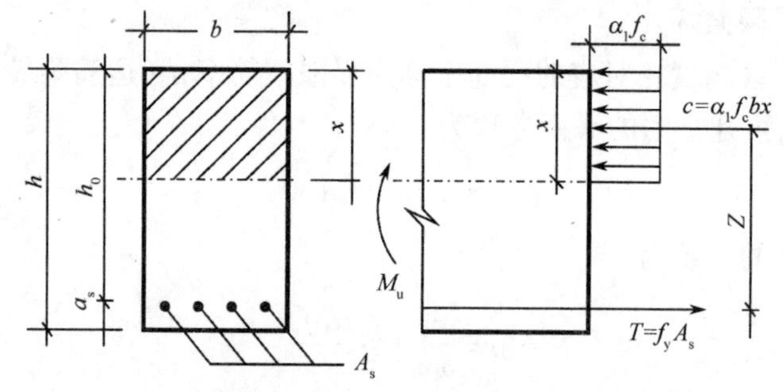

图 4.10 单筋矩形截面正截面受弯承载力计算图形

根据静力平衡条件，可得基本公式为

$$\sum X = 0, \quad \alpha_1 f_c bx = f_y A_s \tag{4.20}$$

$$\sum M = 0, \quad M \leqslant M_u = \alpha_1 f_c bx\left(h_0 - \frac{x}{2}\right) \tag{4.21}$$

或
$$M \leqslant M_u = f_y A_s \left(h_0 - \frac{x}{2} \right) \tag{4.22}$$

式中 M——弯矩设计值；

M_u——正截面受弯承载力设计值；

f_c——混凝土轴心抗压强度设计值，按附表2采用；

f_y——钢筋的抗拉强度设计值，按附表6采用；

α_1——混凝土受压区等效矩形应力图形系数，按表4.7采用；

b——截面宽度；

X——按等效矩形应力图形计算的受压区高度，简称混凝土受压区高度或受压区计算高度；

h_0——截面有效高度，即受拉钢筋合力点至截面受压区边缘之间的距离；

A_s——受拉区纵向钢筋的截面面积；

4.5.2 适用条件

基本式(4.20)、式(4.21)或式(4.22)是根据适筋构件的计算简图推导出来的，它们只适用于适筋构件计算。为保证受弯构件为适筋破坏，不出现少筋破坏和超筋破坏，上述基本公式必须满足下列两个适用条件，即

1）不超筋

$$\begin{cases} \xi \leqslant \xi_b \\ x \leqslant \xi_b h_0 \\ \rho \leqslant \rho_{max} \end{cases} \tag{4.23}$$

2）不少筋

$$\begin{cases} \rho \geqslant \rho_{min} \dfrac{h}{h_0} \\ A_s \geqslant A_s = \rho_{min} bh \end{cases} \tag{4.24}$$

4.5.3 计算系数

利用基本公式(4.20)、式(4.21)或式(4.22)进行正截面受弯承载力计算时，有时需要求解一元二次方程，方能求出截面受压区高度 x，计算过程相对比较麻烦。可根据基本公式采用一些计算系数，以简化计算。

将 $x = \xi h_0$ 代入式(4.21)，得

$$M \leqslant M_u = \alpha_1 f_c bx \left(h_0 - \frac{x}{2} \right) = \alpha_1 f_c bh_0^2 \xi (1 - 0.5\xi) = \alpha_1 \alpha_s f_c bh_0^2 \tag{4.25}$$

式中 α_s——截面抵抗矩系数，有

$$\alpha_s = \xi (1 - 0.5\xi) \tag{4.26}$$

当 $\xi = \xi_b$ 时，最大截面抵抗矩系数为

$$\alpha_{s,max} = \xi_b (1 - 0.5\xi_b) \tag{4.27}$$

此时，适筋梁正截面最大受弯承载力为

$$M_{max} = \alpha_1 \alpha_{s,max} f_c bh_0^2 \tag{4.28}$$

将 $x=\xi h_0$ 代入式(4.22),得

$$M \leqslant M_u = f_y A_s (h_0 - x/2) = f_y A_s h_0 (1 - 0.5\xi) = f_y A_s \gamma_s h_0 \tag{4.29}$$

式中 γ_s——内力臂系数,即

$$\gamma_s = 1 - 0.5\xi \tag{4.30}$$

由式(4.26)和式(4.30)可知 α_s、γ_s、ξ 三者之间存在一一对应的关系,当已知系数 α_s 时,ξ、γ_s 可由式(4.31)、式(4.32)求出,即

$$\xi = 1 - \sqrt{1 - 2\alpha_s} \tag{4.31}$$

$$\gamma_s = \frac{1 + \sqrt{1 - 2\alpha_s}}{2} \tag{4.32}$$

附表 20 列出了不同 ξ 对应的 α_s、γ_s 值,可供计算时查用。在计算时,可采用 $\alpha_s \leqslant \alpha_{s,max}$ 来判断是否超筋,对于热轧钢筋,当混凝土强度等级不超过 C50 时,其最大截面抵抗矩系数 $\alpha_{s,max}$ 可按表 4.9 取用。

表 4.9 最大截面抵抗矩系数 $\alpha_{s,max}$(混凝土强度等级≤C50)

钢筋类型	HPB300	HRB335	HRB400、RRB400	HRB500、HRBF500
$\alpha_{s,max}$	0.412	0.399	0.384	0.365

4.5.4 设计计算方法

在工程设计计算中,正截面受弯承载力的计算有两类问题:截面设计和截面复核。

1. 截面设计

已知截面弯矩设计值 M,混凝土强度等级和钢筋级别,构件的截面尺寸 $b \times h$,求所需受拉钢筋截面面积。若截面尺寸未定,可根据 4.2 节相关构造要求确定。计算步骤如下:

(1) 根据混凝土强度等级和钢筋级别,查出其强度设计值 f_c、f_t、f_y 及系数 α_1、$\alpha_{s,max}$ 等。

(2) 计算截面有效高度 $h_0 = h - a_s$。

(3) 将已知值代入式(4.28)求解 α_s,得

$$\alpha_s = \frac{M}{\alpha_1 f_c b h_0^2} \tag{4.33}$$

若 $\alpha_s \leqslant \alpha_{s,max}$,则可由附表 20 查 γ_s 或 ξ,然后计算 A_s,即

$$A_s = \frac{M}{f_y \gamma_s h_0} \text{或} A_s = \frac{\alpha_1 f_c b \xi h_0}{f_y} \tag{4.34}$$

若 $\alpha_s > \alpha_{s,max}$,则应加大截面尺寸,或提高混凝土强度等级,或改用双筋截面。

(4) 验算是否满足最小配筋条件,即满足 $\rho \geqslant \rho_{min} \dfrac{h}{h_0}$ 或 $A_s \geqslant A_{smin} = \rho_{min} bh$。

(5) 按求得 A_s 值选配钢筋,确定钢筋直径、根数(查验间距是否符合要求)。

2. 截面复核

已知截面弯矩设计值 M,混凝土强度等级和钢筋级别,构件的截面尺寸 $b \times h$,纵向受拉钢筋截面面积 A_s,求所能承受的最大弯矩设计值 M_u,复核截面是否安全。计算步骤如下:

(1) 根据混凝土强度等级和钢筋级别,查出其强度设计值 f_c、f_t、f_y 及系数 α_1、ξ_b 等。

(2) 验算配筋情况,求出 ρ。

当$\rho<\rho_{\min}\dfrac{h}{h_0}$时，则受弯构件是不安全的，应修改设计。

若$\rho\geqslant\rho_{\min}\dfrac{h}{h_0}$时，由式(4.21)求解$x$，得

$$x=\frac{f_y A_s}{\alpha_1 f_c b} \tag{4.35}$$

(3) 当$x\leqslant\xi_b h_0$时，$M_u=\alpha_1 f_c bx\left(h_0-\dfrac{x}{2}\right)$；当$x>\xi_b h_0$时，取$x=\xi_b h_0$，此时

$$M_u=\alpha_1 f_c bh_0^2\xi_b(1-0.5\xi_b) \tag{4.36}$$

(4) 将M_u与M比较，如果$M\leqslant M_u$，则承载力满足要求，截面安全；否则截面不安全。

【例4.1】 已知矩形截面梁$b\times h=250\text{mm}\times500\text{mm}$，由设计荷载产生的弯矩$M=160\text{kN}\cdot\text{m}$，混凝土强度等级为C25，HRB400级钢筋，二类a使用环境。试求所需的受拉钢筋截面面积。

解 ① 确定材料强度设计值。由附表查得$f_c=11.9\text{N/mm}^2$，$f_t=1.27\text{N/mm}^2$，$f_y=360\text{N/mm}^2$，$\alpha_1=1.0$。

② 计算截面有效高度。假定布置一排钢筋，取$a_s=40\text{mm}$，则梁有效高度$h_0=h-40\text{mm}=500-40=460\text{mm}$。

③ 计算配筋。

$$\alpha_s=\frac{M}{\alpha_1 f_c bh_0^2}=\frac{160\times10^6}{1\times11.9\times250\times460^2}=0.254<\alpha_{s,\max}=0.384(\text{不超筋})$$

$$\xi=1-\sqrt{1-2\alpha_s}=1-\sqrt{1-2\times0.254}=0.299$$

$$A_s=\frac{\alpha_1 f_c b\xi h_0}{f_y}=\frac{1.0\times11.9\times250\times0.299\times460}{360}=1136.61(\text{mm}^2)$$

也可由α_s查附表20，得$\gamma_s=0.851$，则

$$A_s=\frac{M}{f_y\gamma_s h_0}=\frac{160\times10^6}{360\times0.851\times460}=1135.35(\text{mm}^2)$$

④ 选配钢筋。查附表16，选用3⌀22($A_s=1140\text{mm}^2$)，一排布置(符合间距要求)。

⑤ 验算最小配筋率。

$$\rho_{\min}=0.45\,\frac{f_t}{f_y}=0.45\times\frac{1.27}{360}=0.159\%<0.2\%\text{，取}\rho_{\min}=0.2\%$$

$$A_{s\min}=\rho_{\min}bh=0.2\%\times250\times500=250\text{mm}^2<A_s=1140\text{mm}^2$$

满足要求(图4.11)。

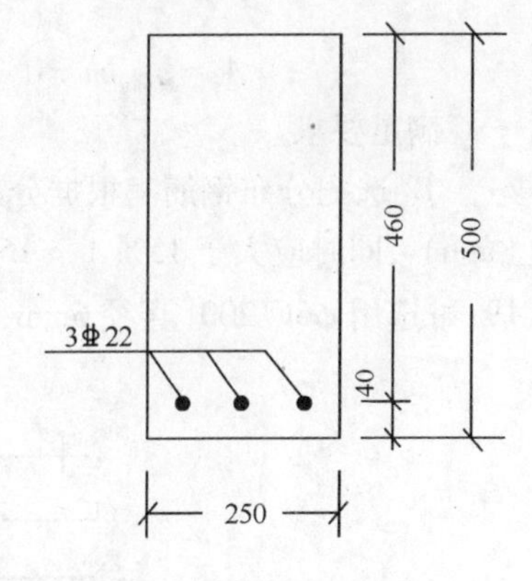

图4.11 例4.1的配筋图

【例4.2】 一单跨简支板，计算跨度为2.4m，承受均布荷载设计值9kN/m(包括板的自重)，混凝土强度等级C20，采用HPB300级钢筋，一类使用环境。试设计该简支板。

此题属于板的截面设计题，一般取$b=1000\text{mm}$，板的经济配筋率为0.4%~0.8%，则板的厚度h确定方法有两种；一种方法是根据经验并符合构造要求；另一种方法是按公式估算，即

$$M=f_y A_s\left(h_0-\frac{x}{2}\right)=\rho f_y bh_0^2(1-0.5\xi)$$

$$h_0=\frac{1}{\sqrt{1-0.5\xi}}\sqrt{\frac{M}{\rho f_y b}}=(1.05\sim1.1)\sqrt{\frac{M}{\rho f_y b}}$$

截面尺寸确定后，可以根据公式法或表格法求解 A_s。

解 ① 确定材料强度设计值。$f_c=9.6\text{N/mm}^2$，$f_t=1.1\text{N/mm}^2$，$f_y=270\text{N/mm}^2$，$\alpha_1=1.0$。

② 计算弯矩。板跨中最大弯矩为

$$M=\frac{1}{8}ql^2=\frac{1}{8}\times9\times2.4^2=6.48(\text{kN}\cdot\text{m})$$

③ 确定截面尺寸。取宽度 $b=1000\text{mm}$ 的板带为计算单元，初选 $\rho=0.6\%$。

$$h_0=1.05\sqrt{\frac{M}{\rho f_y b}}=1.05\times\sqrt{\frac{6.48\times10^6}{0.006\times270\times1000}}=66.41(\text{mm})$$

$h=h_0+20=86.41\text{mm}$，取 $h=90\text{mm}$。

④ 计算截面有效高度。

$$h_0=90-20=70(\text{mm})$$

⑤ 计算配筋。

$$\alpha_s=\frac{M}{\alpha_1 f_c b h_0^2}=\frac{6.48\times10^6}{1\times9.6\times1000\times70^2}=0.138<\alpha_{s,\max}=0.412$$

查附表 20 可得 $\gamma_s=0.925$，则

$$A_s=\frac{M}{f_y\gamma_s h_0}=\frac{6.48\times10^6}{270\times0.925\times70}=370.66(\text{mm}^2)$$

⑥ 选配受力钢筋。查附表 19，选用 $\phi8@120$（直径 8mm，间距 120mm，$A_s=419\text{mm}^2$）

⑦ 验算最小配筋率。

$$\rho_{\min}=0.45\frac{f_t}{f_y}=0.45\times\frac{1.1}{270}=0.183\%<0.2\%，取\rho_{\min}=0.2\%$$

$$A_s=\rho_{\min}bh=0.2\%\times1000\times90=180\text{mm}^2<A_s=419\text{mm}^2$$

满足要求。

⑧ 选配分布钢筋。根据分布钢筋构造要求：应大于 $0.15\%bh=0.15\%\times1000\times90=135$ $(\text{mm})^2$，同时应大于 $15\%A_s=15\%\times419=62.9(\text{mm})^2$，且间距不宜大于 200mm，因此查附表 19，可选用 $\phi6@200$（直径 6mm，间距 200mm，$A_s=141\text{mm}^2$）（图 4.12）。

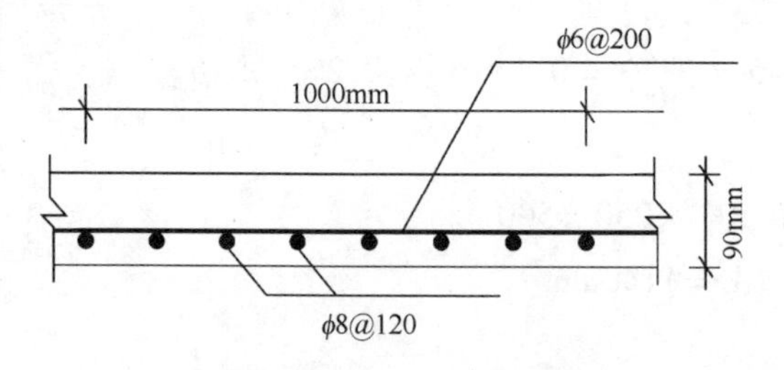

图 4.12 例 4.2 的配筋图

【**例 4.3**】 如图 4.13 所示，已知矩形截面梁 $b\times h=200\text{mm}\times450\text{mm}$，承受弯矩设计值 $M=110\text{kN}\cdot\text{m}$，混凝土强度等级为 C30，配有 3 Φ 22 钢筋，二类 a 使用环境。试验算该截面是否安全。

解 ① 确定已知条件。$f_c=14.3\text{N/mm}^2$，$f_t=1.43\text{N/mm}^2$，$f_y=300\text{N/mm}^2$，$A_s=1140\text{mm}^2$。

② 计算截面有效高度。$h_0 = h - 40\text{mm} = 450 - 40 = 410(\text{mm})$。

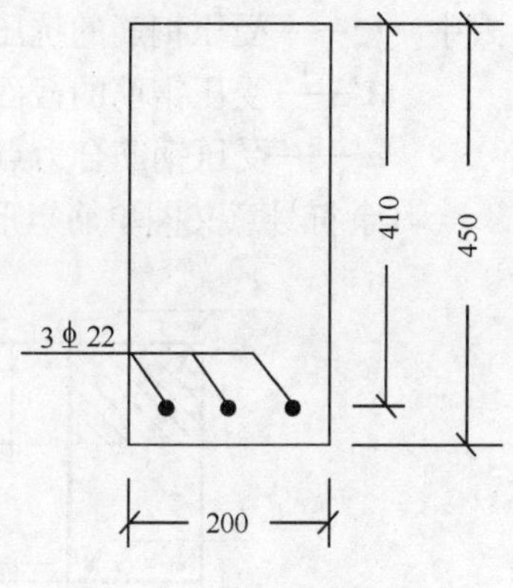

图 4.13 例 4.3 的配筋图

③ 验算适用条件。

最小配筋率验算：

$$\rho_{\min} = 0.45\frac{f_t}{f_y} = 0.45 \times \frac{1.43}{300} = 0.215\% > 0.2\%,$$

取 $\rho_{\min} = 0.215\%$

$$\rho = \frac{A_s}{bh_0} = \frac{1140}{200 \times 410} = 1.39\% > 0.215\%$$

相对受压区高度：

$$\xi = \rho\frac{f_y}{\alpha_1 f_c} = 1.39\% \times \frac{300}{1 \times 14.3} = 0.292 < \xi_b = 0.55$$

满足适用条件。

④ 计算受弯承载力。

$$\begin{aligned} M_u &= f_y A_s h_0 (1 - 0.5\xi) = 300 \times 1140 \times 410 \times (1 - 0.5 \times 0.292) \\ &= 119.75(\text{kN} \cdot \text{m}) > M = 110\text{kN} \cdot \text{m} \end{aligned}$$

截面安全。

4.6 双筋矩形截面受弯承载力计算

同时在截面的受拉区和受压区都配置纵向受力钢筋的矩形截面受弯构件，称为双筋矩形截面(doubly reinforced section)受弯构件。

由于在受弯构件中采用受压钢筋帮助混凝土承受压力一般不经济，所以双筋截面主要应用于以下几种情况：

(1) 当弯矩设计值很大，超过了单筋矩形截面所能承担的最大弯矩值，即出现 $M > M_{u,\max} = \alpha_{s,\max} f_c b h_0^2$ 时，而受弯构件的截面尺寸及混凝土强度等级受到限制而不能增大时，则可设计成双筋截面。

(2) 当受弯构件在同一截面内，时而作用正弯矩，时而作用负弯矩时，在这种情况下，需要在截面的受拉区和受压区同时配置纵向受力钢筋，形成双筋截面受弯构件。

(3) 当截面受压区已配置一定数量的受力钢筋时，为经济起见，宜考虑其受压作用而按双筋截面计算。

此外，受压区设置受压钢筋会改善截面延性，有利于结构抗震；受压钢筋的存在还会减少混凝土的徐变，从而减小受弯构件在荷载长期作用下的挠度。因此，这些情况也会采用双筋截面。

4.6.1 基本公式

双筋矩形截面受弯承载力的计算公式可以根据图 4.14 所示的计算简图由力和力矩平衡条件得出。

$$\begin{cases} \sum X = 0, \quad \alpha_1 f_c bx + f'_y A'_s = f_y A_s & (4.37) \\ \sum M = 0, \quad M = \alpha_1 f_c bx(h_0 - x/2) + f'_y A'_s (h_0 - a'_s) & (4.38) \end{cases}$$

式中 f'_y——受压钢筋的抗压强度设计值；

A'_s——受压钢筋的截面面积；

a'_s——受压钢筋合力点至截面受压区边缘的距离。

其余符号意义同单筋矩形截面。

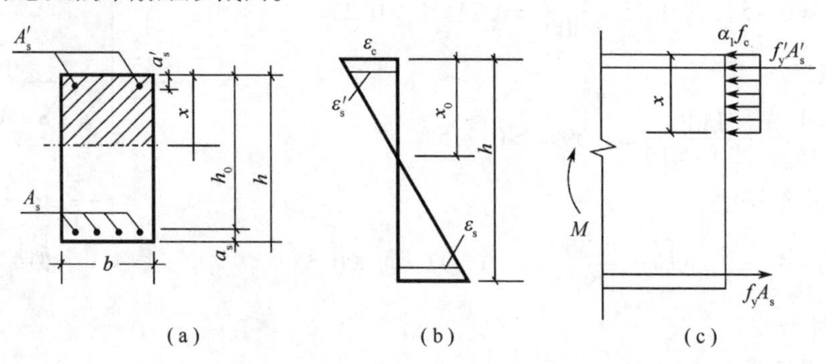

图 4.14　双筋矩形截面正截面受弯承载力计算简图

双筋截面的受弯承载力可分解为两部分之和，如图 4.15 所示，即 $M = M_1 + M_2$，$A_s = A_{s1} + A_{s2}$。上式可改写成

$$\begin{cases} \alpha_1 f_c bx = f_y A_{s1} \\ M_1 = \alpha_1 f_c bx\left(h_0 - \dfrac{x}{2}\right) \end{cases} + \begin{cases} f'_y A'_s = f_y A_{s2} \\ M_2 = f'_y A'_s (h_0 - a'_s) \end{cases} \tag{4.39}$$

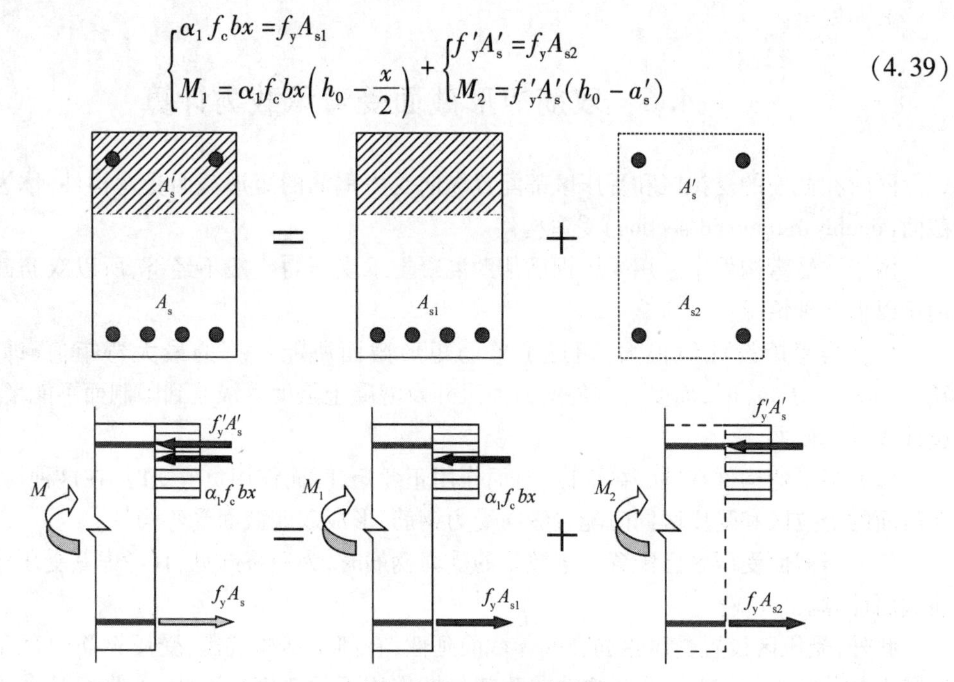

图 4.15　双筋矩形截面分解计算图

4.6.2　适用条件

基本公式(4.37)、式(4.38)或式(4.39)的适用条件如下：

1. $\xi \leqslant \xi_b$

该条件 1 是为了避免出现超筋破坏，保证受拉区钢筋先屈服，然后受压区混凝土压碎。

2. $x \geqslant 2a'_s$

适用条件 2 是保证受压钢筋达到抗压屈服强度设计值。由于钢筋与混凝土粘结在一起共

同工作，所以受压钢筋处混凝土与钢筋的应变相等。根据图 4.14(b)可得

$$\varepsilon_s' = \frac{x_0 - a_s'}{x_0}\varepsilon_{cu} = \left(1 - \frac{\beta_1 a_s'}{x}\right)\varepsilon_{cu} \tag{4.40}$$

当受弯构件受压混凝土边缘压碎时，其极限压应变 $\varepsilon_{cu} = 0.0033$，若取 $x \geqslant 2a_s'$，$\beta_1 = 0.8$，代入式(4.40)可以得出受压钢筋处的压应变 $\varepsilon_s' \geqslant 0.002$。考虑到截面受压区配有受压纵筋和箍筋，一定程度上约束了受压区混凝土，实际的极限压应变 ε_{cu} 有所增大，从而使得受压钢筋处的压应变 ε_s' 也大于计算值。试验表明，当 $x \geqslant 2a_s'$ 时，热轧钢筋的抗压强度均能得到充分利用。《规范》规定：热轧钢筋的抗压强度设计值取为 $f_y = f_y'$，其中 HRB500 及 HRBF500 级钢筋的抗压强度设计值为 $f_y = f_y' = 435\text{N/mm}^2$。

在实际设计中，如遇到 $x < 2a_s'$ 的情况，《规范》建议取 $x = 2a_s'$，近似取受弯承载力为

$$M = f_y A_s (h_0 - a_s') \tag{4.41}$$

双筋截面，配筋量较大，一般可不必验算最小配筋率。

4.6.3　设计计算方法

1. 截面设计

在双筋截面的配筋计算中，可能遇到下面两种情况：

(1) 已知截面尺寸 $b \times h$，弯矩设计值 M，材料强度 f_c、f_y、f_y'。求受压钢筋截面面积 A_s' 和受拉钢筋截面面积 A_s。

计算步骤如下：

① 先验算是否需要配置受压钢筋。若 $a_s \leqslant a_{s,\max}$，可按单筋截面设计；若 $a_s > a_{s,\max}$，则按双筋截面设计。

② 由于式(4.37)、式(4.38)中有 3 个未知量 A_s、A_s' 和 x，需要补充一个条件。在截面尺寸及材料强度一定的情况下，充分发挥混凝土的作用，使总用钢量 $(A_s + A_s')$ 最小为最优解。为此，可令 $x = \xi_b h_0$。

③ 利用式(4.38)求解 A_s'，得

$$A_s' = \frac{M - \xi_b(1 - 0.5\xi_b)\alpha_1 f_c b h_0^2}{f_y'(h_0 - a_s')} \tag{4.42}$$

④ 将解得的 A_s' 代入式(4.37)，得

$$A_s = \frac{\xi_b \alpha_1 f_c b h_0 + f_y' A_s'}{f_y} \tag{4.43}$$

(2) 已知截面尺寸 $b \times h$，弯矩设计值 M，材料强度 f_c、f_y、f_y'，受压钢筋截面面积 A_s'。求受拉钢筋截面面积 A_s。

计算步骤如下：

① 先充分利用受压钢筋的强度，以达到节约钢筋的目的。将 A_s' 代到式(4.39)确定 M_2，则 $M_1 = M - M_2$。

② 由 M_1 求 a_s，得

$$a_s = \frac{M_1}{\alpha_1 f_c b h_0^2}$$

若 $a_s \leqslant a_{s,\max}$，满足双筋受弯构件的适用条件，可得内力臂系数 γ_s，此时验算适用条件2，若 $\gamma_s h_0 \leqslant h_0 - a'_s$（即 $x \geqslant 2a'_s$），则

$$A_s = \frac{M_1}{f_y \gamma_s h_0} + \frac{f'_y A'_s}{f_y} \tag{4.44}$$

若 $\gamma_s h_0 > h_0 - a'_s$（即 $x < 2a'_s$），此时由式(4.41)，得

$$A_s = \frac{M}{f_y(h_0 - a'_s)} \tag{4.45}$$

若 $a_s > a_{s,\max}$，表明给定的 A'_s 尚不足，会形成超筋破坏截面，故需按情况(1)中 A'_s 未知的情况重新计算 A'_s 和 A_s。

2. 截面复核

已知截面尺寸 $b \times h$，弯矩设计值 M，材料强度 f_c、f_y、f'_y，截面配筋 A'_s 和 A_s。复核截面是否安全。

计算步骤如下：

(1) 先由式(4.37)求受压区高度 x，即

$$x = \frac{f_y A_s - f'_y A'_s}{\alpha_1 f_c b} \tag{4.46}$$

(2) 验算适用条件。

若 $x < 2a'_s$ 时，有

$$M_u = f_y A_s (h_0 - a'_s)$$

若 $2a'_s \leqslant x \leqslant \xi_b h_0$ 时，有

$$M_u = \alpha_1 f_c bx\left(h_0 - \frac{x}{2}\right) + f'_y A'_s (h_0 - a'_s)$$

若 $x > \xi_b h_0$ 时，有

$$M_u = \alpha_{s,\max} \alpha_1 f_c b h_0^2 + f'_y A'_s (h_0 - a'_s)$$

M_u 即为截面所能承受的最大弯矩。

③ 将 M_u 与 M 比较，如果 $M \leqslant M_u$，则承载力满足要求，截面安全；否则截面不安全。

【例4.4】 已知矩形截面梁 $b \times h = 200\text{mm} \times 500\text{mm}$，由设计荷载产生的弯矩 $M = 215\text{kN} \cdot \text{m}$，混凝土强度等级为C25，钢筋为HRB335级钢筋，一类使用环境。试求所需的受拉钢筋截面面积。

解 ① 确定材料强度设计值。由附表查得 $f_c = 11.9\text{N/mm}^2$，$f_y = f_y' = 300\text{N/mm}^2$。

② 计算截面有效高度。因弯矩较大，假定布置两排钢筋，则有效高度为

$$h_0 = h - 60\text{mm} = 500 - 60 = 440(\text{mm})$$

③ 判断单筋还是双筋。

$$\begin{aligned} M_{u,\max} &= a_{s,\max} \alpha_1 f_c b h_0^2 = 0.399 \times 11.9 \times 200 \times 440^2 \\ &= 183.85(\text{kN} \cdot \text{m}) < M = 215\text{kN} \cdot \text{m} \end{aligned}$$

需采用双筋矩形截面。

④ 计算配筋。由于 A_s 和 A'_s 均未知，为使用钢量最小，取 $x = \xi_b h_0$，受压钢筋按一排布置 $a'_s = 35\text{mm}$

$$A_s' = \frac{M - M_{u,\max}}{f_y'(h_0 - a_s')} = \frac{(215 - 183.85) \times 10^6}{300 \times (440 - 35)} = 256.38(\text{mm}^2)$$

$$A_s = \frac{\xi_b \alpha_1 f_c b h_0 + f_y' A_s'}{f_y} = \frac{0.55 \times 11.9 \times 200 \times 440}{300} + 256.38$$

$$= 2176.25(\text{mm}^2)$$

⑤ 选配钢筋。查附表16,受拉钢筋选用6 Φ 22($A_s = 2281\text{mm}^2$,两排配置);受压钢筋选用2 Φ 14($A_s' = 308\text{mm}^2$,一排配置)(图4.16)。

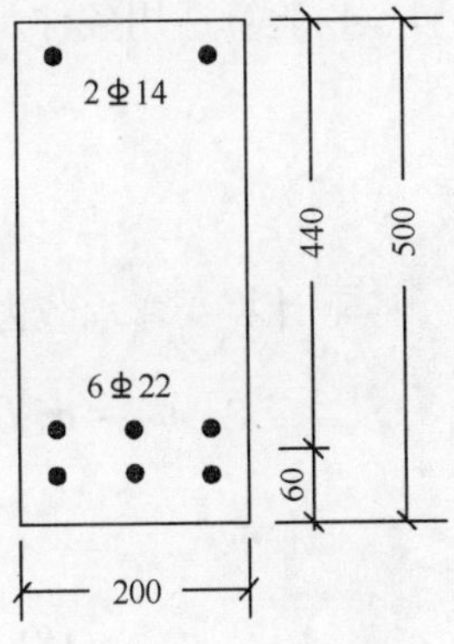

图4.16　例4.4的配筋图

【例4.5】　已知某矩形截面梁尺寸为200mm×500mm,混凝土强度等级为C25,钢筋为HRB335级钢筋,弯矩设计值$M = 250\text{kN} \cdot \text{m}$,受压区已配有2 Φ 18钢筋($A_s' = 509\text{mm}^2$),一类使用环境。试求所需的受拉钢筋截面面积。

解　① 确定材料强度设计值:由附表查得$f_c = 11.9\text{N/mm}^2$,$f_y = f_y' = 300\text{N/mm}^2$。

② 计算截面有效高度。假定布置两排受拉钢筋,则有效高度为

$$h_0 = h - 60\text{mm} = 500 - 60 = 440\text{mm}$$

③ 求A_{s2}和M_2。

$$A_{s2} = A_s' = 509\text{mm}^2$$

$$M_2 = f_y' A_s'(h_0 - a_s') = 300 \times 509 \times (440 - 35) = 61.84(\text{kN} \cdot \text{m})$$

④ 求M_1和A_{s1}。

$$M_1 = M - M_2 = 250 - 61.84 = 188.16(\text{kN} \cdot \text{m})$$

$$a_s = \frac{M_1}{\alpha_1 f_c b h_0^2} = \frac{188.16 \times 10^6}{1 \times 11.9 \times 200 \times 440^2} = 0.408 > a_{s\max} = 0.399$$

说明配置的受压钢筋A_s'太少,应按A_s'和A_s均未知的情况重新设计此题(过程参考例4.4)。

【例4.6】　已知某矩形截面梁尺寸为200mm×450mm,混凝土强度等级为C25,配有2 Φ 18受压钢筋($A_s' = 509\text{mm}^2$)和3 Φ 25受拉钢筋($A_s = 1473\text{mm}^2$),箍筋直径为8mm,混凝土保护层厚度$c = 25\text{mm}$(图4.17)。若承受弯矩设计值$M = 158\text{kN} \cdot \text{m}$。试验算该梁正截面承载力是否安全。

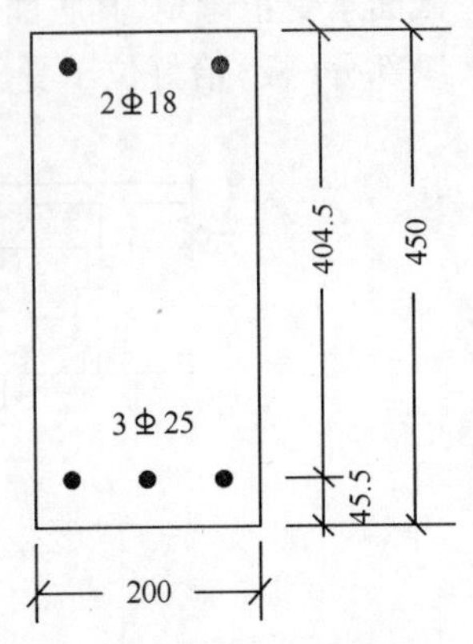

图4.17　例4.6的配筋图

解　① 确定材料强度设计值。由附表查得$f_c = 11.9\text{N/mm}^2$,$f_y = f_y' = 360\text{N/mm}^2$。

② 计算截面有效高度。

$$a_s = c + d_v + d/2 = 25 + 8 + 25/2 = 45.5(\text{mm})$$

$$a_s' = 25 + 8 + \frac{18}{2} = 42(\text{mm})$$

$$h_0 = h - a_s = 450 - 45.5 = 404.5(\text{mm})$$

③ 求解受压区高度。

$$x = \frac{(A_s - A_s')f_y}{\alpha_1 f_c b} = \frac{(1473 - 509) \times 360}{1 \times 11.9 \times 200} = 145.82(\text{mm})$$

④ 验算适用条件。

$$\xi_b h_0 = 0.518 \times 404.5 = 209.53(\text{mm})$$

$$2a_s' = 2 \times 42 = 84(\text{mm})$$

$$2a_s' < x < \xi_b h_0$$

⑤ 计算受弯承载力。

$$M_u = \alpha_1 f_c bx\left(h_0 - \frac{x}{2}\right) + f_y' A_s'(h_0 - a_s')$$

$$= 1 \times 11.9 \times 200 \times 145.82 \times \left(404.5 - \frac{145.82}{2}\right) + 360 \times 509 \times (404.5 - 42)$$

$$= 181.50\text{kN} \cdot \text{m} > M = 158\text{kN} \cdot \text{m}$$

截面安全。

4.7 T形截面受弯承载力计算

矩形截面受弯构件在破坏时,受拉区大部分混凝土早已开裂,因此在裂缝截面处,受拉区混凝土承担的拉力很小,对截面受弯承载力的贡献也很小,故在进行矩形截面受弯承载力计算时,可不考虑受拉区混凝上的作用。因此,将受拉区的一部分混凝土去掉,再将受拉钢筋较为集中地布置于宽度 b 内(需满足构造要求),并保持钢筋截面重心高度不变,就可形成图4.18所示的T形截面。这种T形截面(T - shaped cross section)和原来的矩形截面所能承受的极限弯矩大致相同,同时可以节省混凝土,减轻构件自重。

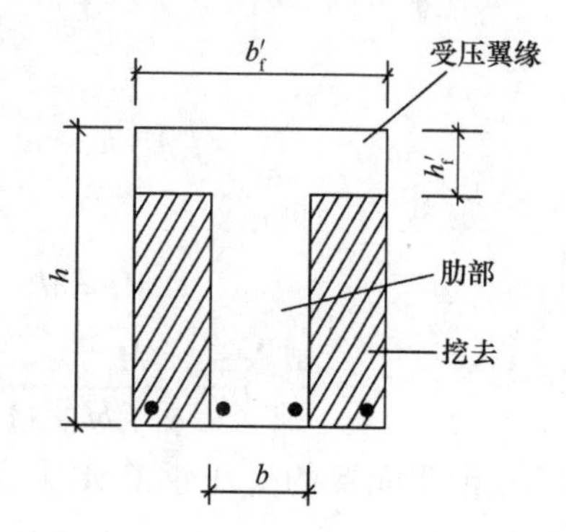

图4.18 T形截面的形成

T形截面梁在实际工程中应用极为广泛。例如,建筑结构中的现浇整体式肋梁楼盖,下面的梁与上面的板现浇在一起,如图4.19(a)所示。这种楼盖在竖向荷载作用下梁跨中截面承受正弯矩,其底面受拉而顶面(板)受压,即伸出的翼缘部分(板)恰好位于受压区且与梁肋受压区混凝土共同受

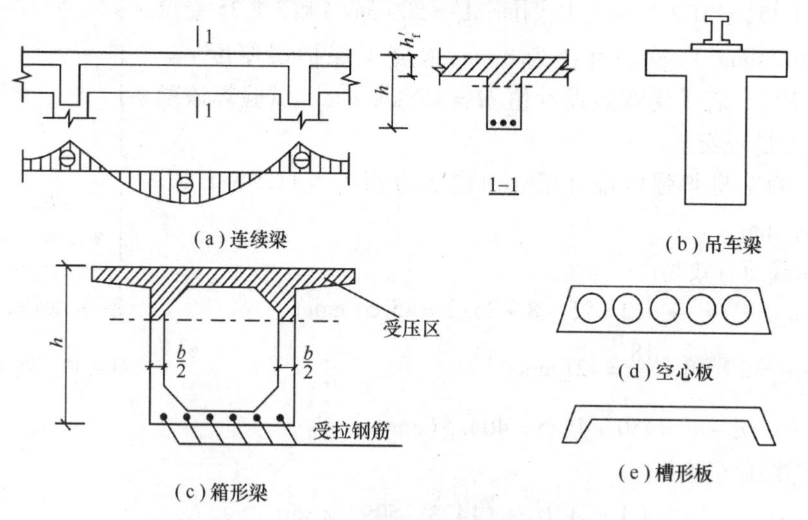

图4.19 各类T形截面梁

力,从而使受压区的形状为T形或矩形,是典型的T形截面梁,故在其受弯承载力的计算中可按T形截面梁考虑。另外,吊车梁、箱形梁、空心板、槽形板等都可按T形截面设计。

4.7.1 T形截面翼缘计算宽度

T形截面受弯构件受压翼缘压应力是分布不均的,离开肋部越远压应力越小,如图4.20所示。为简化计算,假定翼缘只在一定宽度内有压应力,并呈均匀分布,认为在这个范围以外的翼缘不参加工作,如图4.21所示。参加工作的翼缘宽度叫做翼缘计算宽度。翼缘计算宽度与梁的宽度、翼缘厚度及梁肋净距等因素有关。《规范》规定,翼缘计算宽度按表4.10中规定的最小值取用。

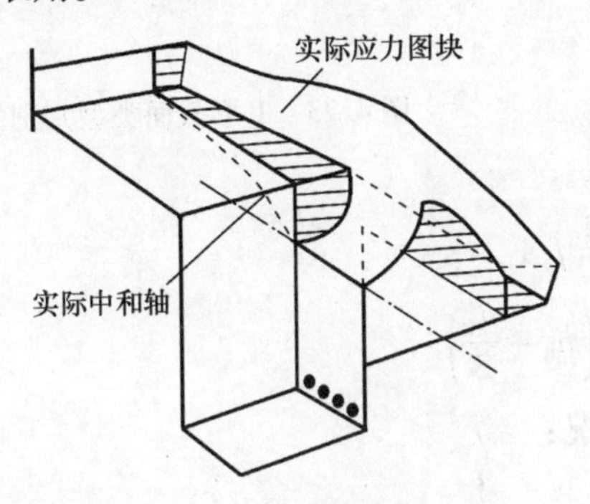

图4.20 T形截面压应力分布

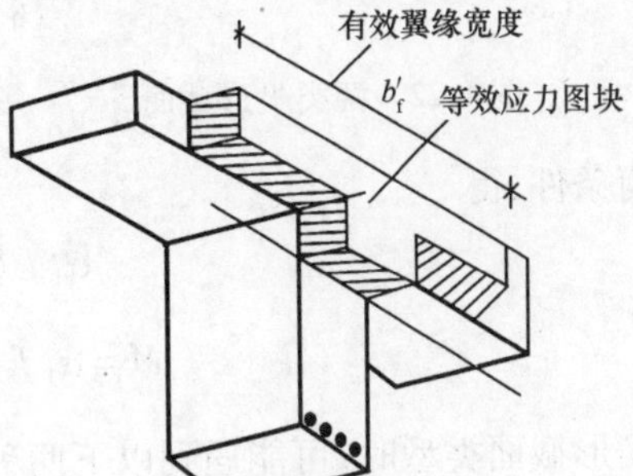

图4.21 简化计算图形

表4.10 翼缘计算宽度 b_f'

考虑情况		T形截面		倒L形截面
		肋形梁(板)	独立梁	肋形梁(板)
按计算跨度 l_0 考虑		$\frac{1}{3}l_0$	$\frac{1}{3}l_0$	$\frac{1}{6}l_0$
按梁(肋)净距 S_n 考虑		$b+S_n$	—	$b+\frac{1}{2}S_n$
按翼缘高度 h_f' 考虑	当 $h_f'/h_0 \geqslant 0.1$	—	$b+12h_f'$	—
	当 $0.1>h_f'/h_0 \geqslant 0.05$	$b+12h_f'$	$b+6h_f'$	$b+5h_f'$
	当 $h_f'/h_0<0.05$	$b+12h_f'$	b	$b+5h_f'$

注:1. 表中 b 为梁的腹板宽度;

2. 如肋形梁在梁跨内设有间距小于纵肋间距的横肋时,则可不考虑表中第三种情况的规定;

3. 对有加腋的T形、I形和倒L形截面,当受压区加腋的高度 $h_h>h_f'$ 且加腋的宽度 $b_h<3h_h$ 时,则其翼缘计算宽度可按表中第三种情况的规定分别增加 $2b_h$(T形截面)和 b_h(倒L形截面);

4. 独立梁受压区的翼缘板在荷载作用下经验算沿纵肋方向可能产生裂缝时,则计算宽度应取腹板宽度 b

4.7.2 两类T形截面及其判别

根据中和轴位置的不同,T形截面可分为两类:第一类T形截面,中和轴在翼缘高度范围内,如图4.22(a)所示,因其受压区实际是矩形,所以可以把截面视为宽度为 b_f' 的矩形来计算;第二类T形截面,中和轴通过翼缘下面的肋部,如图4.22(b)所示,这一类T形截面的受压区则为T形,不能按矩形截面计算。

为了判别两种不同类型的T形截面，需要确定中和轴恰好通过翼缘与肋部分界线，即 $x = h_f'$时的基本公式，如图4.23所示。

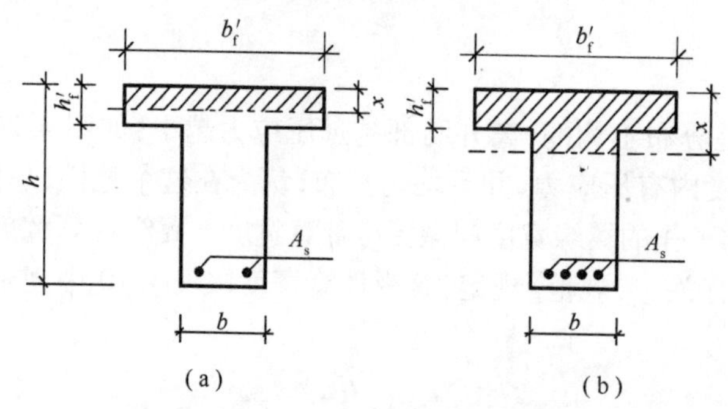

图4.22　两类T形截面

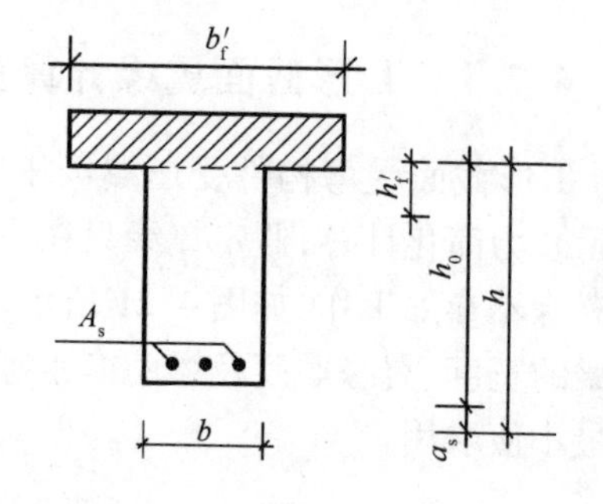

图4.23　T形截面类型判别的界限

由平衡条件，得

$$\alpha_1 f_c b_f' h_f' = f_y A_s \tag{4.47}$$

$$M = \alpha_1 f_c b_f' h_f' \left(h_0 - \frac{h_f'}{2} \right) \tag{4.48}$$

判断T形截面类型时，可能遇到以下两种情况：

1）截面设计时

此时弯矩设计值 M 和截面尺寸为已知，由式(4.48)判断类型：

若 $M \leqslant \alpha_1 f_c b_f' h_f' \left(h_0 - \frac{h_f'}{2} \right)$，即 $x \leqslant h_f'$，则截面属于第一类T形截面。

若 $M > \alpha_1 f_c b_f' h_f' \left(h_0 - \frac{h_f'}{2} \right)$ ，即 $x > h_f'$，则截面属于第二类T形截面。

2）截面复核时

此时截面尺寸和 A_s 为已知，由式(4.47)判断类型：

若 $\alpha_1 f_c b_f' h_f' \geqslant f_y A_s$，则截面属于第一类T形截面。

若 $\alpha_1 f_c b_f' h_f' < f_y A_s$，则截面属于第二类T形截面。

4.7.3　基本公式及适用条件

1. 第一类T形截面

由图4.24可得基本公式，即

$$\alpha_1 f_c b_f' x = f_y A_s \tag{4.49}$$

$$M = \alpha_1 f_c b_f' x (h_0 - x/2) \tag{4.50}$$

公式适用条件为

1） $x \leqslant \xi_b h_0$

此条件一般均能满足，可不必验算。

2） $\rho \geqslant \rho_{\min} \frac{h}{h_0}$

T形截面配筋率应按下式计算，即

$$\rho = \frac{A_s}{bh_0}$$

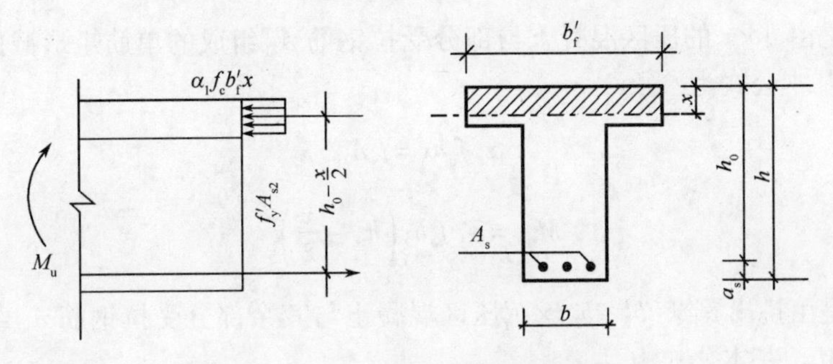

图 4.24　第一类 T 形截面计算图形

值得注意的是，上式中的 b 为 T 形截面的肋宽，这是因为最小配筋率由开裂弯矩确定。而素混凝土梁的开裂弯矩，主要取决于受拉区混凝土所能承担的弯矩。对于肋宽为 b、高度为 h 的素混凝土 T 形梁的开裂弯矩，与 $b\times h$ 矩形截面素混凝土梁的开裂弯矩相比，增加不多，故此处仍按矩形截面计算。

2. 第二类 T 形截面

由图 4.25 可得基本公式，即

$$\alpha_1 f_c(b_f'-b)h_f'+\alpha_1 f_c bx=f_y A_s \tag{4.51}$$

$$M=\alpha_1 f_c bx(h_0-x/2)+\alpha_1 f_c(b_f'-b)h_f'\left(h_0-\frac{h_f'}{2}\right) \tag{4.52}$$

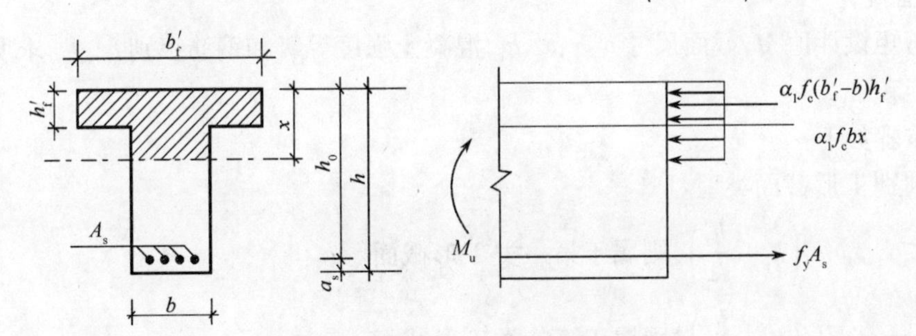

图 4.25　第二类 T 形截面计算图形

适用条件为

1）$x\leqslant\xi_b h_0$

2）$\rho\geqslant\rho_{\min}\dfrac{h}{h_0}$

对于第二类 T 形截面，条件 2）一般均能满足，可不必验算。

为了计算方便，如图 4.26 所示，可将截面的受弯承载力分成两部分。

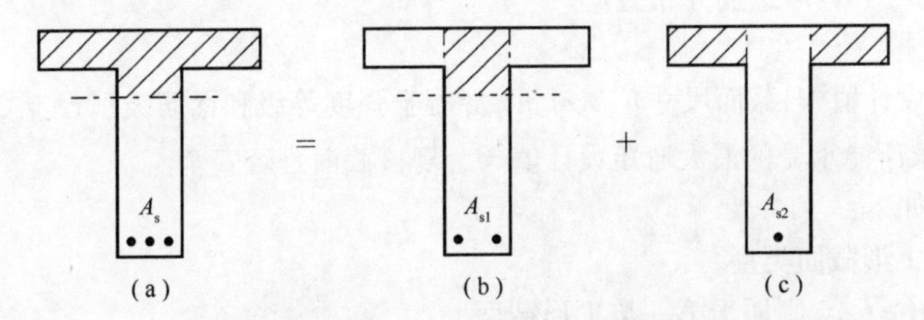

图 4.26　第二类 T 形截面分解计算图形

第一部分是由 $b\times x$ 的压区混凝土与部分受拉钢筋 A_{s1} 组成的单筋矩形截面部分，其受弯承载力为 M_{u1}，基本公式为

$$\alpha_1 f_c bx = f_y A_{s1} \tag{4.53}$$

$$M_{u1} = \alpha_1 f_c bx\left(h_0 - \frac{x}{2}\right) \tag{4.54}$$

第二部分是由挑出翼缘 $(b_f'-b)\times h_f'$ 压区混凝土与其余部分受拉钢筋 A_{s2} 组成的截面，其受弯承载力为 M_{u2}，基本公式为

$$\alpha_1 f_c(b_f'-b)h_f' = f_y A_{s2} \tag{4.55}$$

$$M_{u2} = \alpha_1 f_c(b_f'-b)h_f'\left(h_0 - \frac{h_f'}{2}\right) \tag{4.56}$$

总的受弯承载力 $M_u = M_{u1} + M_{u2}$。

4.7.4 设计计算方法

T 形截面受弯构件通常采用单筋，但如果所承受的弯矩设计值较大，而截面高度受限时，则也可设计成双筋 T 形截面。

1. 截面设计

已知弯矩设计值 M，截面尺寸 b、h、b_f'、h_f'，混凝土强度等级和钢筋级别 f_c、f_y，求所需的受拉钢筋截面面积 A_s。

计算步骤如下：

(1) 判别 T 形截面类型。

若 $M \leqslant \alpha_1 f_c b_f' h_f'\left(h_0 - \frac{h_f'}{2}\right)$，则属于第一类 T 形截面。

若 $M > \alpha_1 f_c b_f' h_f'\left(h_0 - \frac{h_f'}{2}\right)$，则属于第二类 T 形截面。

(2) 若为第一类 T 形截面，可以将式(4.49)、式(4.50)和式(4.20)、式(4.21)比较，可知第一类 T 形截面的计算实际上就是按截面为 $b_f'\times h$ 的单筋矩形截面进行计算，因此其计算方法与步骤均与单筋矩形截面相同。

(3) 若为第二类 T 形截面，可以按照双筋梁已知受压钢筋 A_s' 求受拉钢筋 A_s 的情形，先求出挑出翼缘(图 4.26)相对应的 A_{s2}、M_{u2}，然后求出 $M_{u1} = M - M_{u2}$，计算在 M_{u1} 作用下所需的部分受拉钢筋 A_{s1}。在求 A_{s1} 的过程中，若 $\xi_1 > \xi_b$，则应增加梁的截面尺寸，或改成双筋 T 形截面。最后求出 $A_s = A_{s1} + A_{s2}$ 后选筋并布置。

2. 截面复核

已知弯矩设计值 M，截面尺寸 b、h、b_f'、h_f'，混凝土强度等级和钢筋级别 f_c、f_y，纵向受拉钢筋截面面积 A_s，求所能承受的最大弯矩设计值 M_u，复核截面是否安全。

计算步骤如下：

(1) 判别 T 形截面类型。

若 $\alpha_1 f_c b_f' h_f' \geqslant f_y A_s$，则属于第一类 T 形截面。

若 $\alpha_1 f_c b_f' h_f' < f_y A_s$，则属于第二类 T 形截面。

(2) 若为第一类T形截面,其计算方法与步骤均与单筋矩形截面相同,只不过用b_f'替换b。

(3) 若为第二类T形截面,可由式(4.51)得

$$x=\frac{f_yA_s-\alpha_1 f_c(b_f'-b)h_f'}{\alpha_1 f_c b} \tag{4.57}$$

当$x\leqslant\xi_b h_0$时,有

$$M_u=\alpha_1 f_c bx\left(h_0-\frac{x}{2}\right)+\alpha_1 f_c(b_f'-b)h_f'\left(h_0-\frac{h_f'}{2}\right) \tag{4.58}$$

当$x>\xi_b h_0$时,取$x=\xi_b h_0$,有

$$M_u=\alpha_{s,max}\alpha_1 f_c bh_0^2+\alpha_1 f_c(b_f'-b)h_f'\left(h_0-\frac{h_f'}{2}\right) \tag{4.59}$$

(4) 将M_u与M比较,如果$M\leqslant M_u$,则承载力满足要求,截面安全;否则截面不安全。

【例4.7】 T形截面梁尺寸为$b=250$mm,$h=650$mm,$b_f'=1000$mm, $h_f'=80$mm,承受弯矩设计值$M=252$kN·m,混凝土强度等级为C30,采用HRB335级钢筋,环境类别为一类。试求所需钢筋截面面积。

解 ① 确定材料强度设计值。由附表查得$f_c=14.3\text{N/mm}^2$,$f_y=300\text{N/mm}^2$。

② 计算截面有效高度。假定布置一排,则有效高度为

$$h_0=h-35=650-35=615(\text{mm})$$

③ 判断T形截面类别。

$$\alpha_1 f_c b_f'h_f'\left(h_0-\frac{h_f'}{2}\right)=1\times14.3\times1000\times80\times\left(615-\frac{80}{2}\right)=657.8(\text{kN}\cdot\text{m})>252\text{kN}\cdot\text{m}$$

属于第一类T形截面。

④ 计算配筋。

$$\alpha_s=\frac{M}{\alpha_1 f_c b_f'h_0^2}=\frac{252\times10^6}{1\times14.3\times1000\times615^2}=0.047<\alpha_{s,max}=0.399$$

$$\gamma_s=0.5\times(1+\sqrt{1-2\alpha_s})=0.5\times(1+\sqrt{1-2\times0.047})=0.976$$

$$A_s=\frac{M}{f_y\gamma_s h_0}=\frac{252\times10^6}{300\times0.976\times615}=1399.44(\text{mm}^2)$$

⑤ 选配钢筋。选用3⌀25($A_s=1473\text{mm}^2$,一排配置)。

⑥ 验算最小配筋率。

$$\rho_{min}=0.45\frac{f_t}{f_y}=0.45\times\frac{1.43}{300}=0.215\%>0.2\%,$$

取$\rho_{min}=0.215\%$

$$A_{smin}=\rho_{min}bh=0.215\%\times250\times650=349.37\text{mm}^2<A_s=1473\text{mm}^2$$

满足要求(图4.27)。

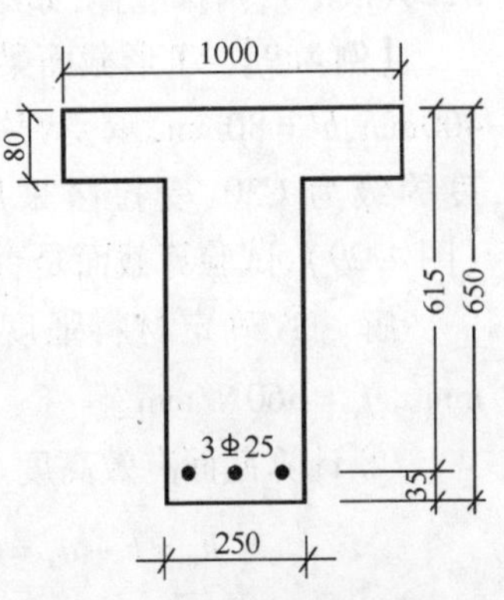

图4.27 例4.7的配筋图

【例 4.8】 T 形截面梁尺寸为 $b=300\text{mm}$，$h=800\text{mm}$，$b_f'=650\text{mm}$，$h_f'=90\text{mm}$，承受弯矩设计值 $M=650\text{kN}\cdot\text{m}$，混凝土强度等级为 C30，采用 HRB335 级钢筋，环境类别为一类，试求所需钢筋截面面积。

解 ① 确定材料强度设计值。由附表查得 $f_c=14.3\text{N/mm}^2$，$f_y=300\text{N/mm}^2$。

② 计算截面有效高度。假定布置两排，则有效高度为

$$h_0=h-60=800-60=740(\text{mm})$$

③ 判断 T 形截面类别。

$$\alpha_1 f_c b_f' h_f'\left(h_0-\frac{h_f'}{2}\right)=1\times14.3\times650\times90\times\left(740-\frac{90}{2}\right)=581.4(\text{kN}\cdot\text{m})<650\text{kN}\cdot\text{m}$$

属于第二类 T 形截面。

④ 求 A_{s2} 和 M_2。

$$A_{s2}=\frac{\alpha_1 f_c(b_f'-b)h_f'}{f_y}=\frac{1\times14.3\times(650-300)\times90}{300}=1501.5(\text{mm}^2)$$

$$M_{u2}=\alpha_1 f_c(b_f'-b)h_f'\left(h_0-\frac{h_f'}{2}\right)=1\times14.3\times(650-300)\times90\times\left(740-\frac{90}{2}\right)$$
$$=313.06(\text{kN}\cdot\text{m})$$

⑤ 求 A_{s1} 和 M_1。

$$M_{u1}=M-M_{u2}=650-313.06=336.94(\text{kN}\cdot\text{m})$$

$$\alpha_s=\frac{M_{u1}}{\alpha_1 f_c b h_0^2}=\frac{336.94\times10^6}{1\times14.3\times300\times740^2}=0.143<\alpha_{s,\max}$$
$$=0.399$$

$$\gamma_s=0.5\times(1+\sqrt{1-2\alpha_s})=0.5\times(1+\sqrt{1-2\times0.143})$$
$$=0.857$$

则
$$A_{s1}=\frac{M_{u1}}{f_y\gamma_s h_0}=\frac{336.94\times10^6}{300\times0.857\times740}=1771(\text{mm}^2)$$

$$A_s=A_{s1}+A_{s2}=1501.5+1771=3272.5(\text{mm}^2)$$

⑥ 选配钢筋。选用 4 ⌀ 25 + 4 ⌀ 20（$A_s=1256+1964=3220(\text{mm}^2)$，两排配置，如图 4.28 所示）。

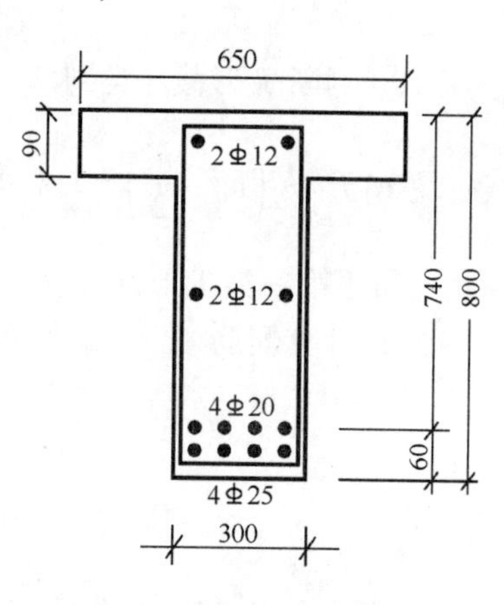

图 4.28 例 4.8 的配筋图

【例 4.9】 T 形截面梁尺寸为 $b=200\text{mm}$，$h=600\text{mm}$，$b_f'=400\text{mm}$，$h_f'=80\text{mm}$，承受弯矩设计值 $M=250\text{kN}\cdot\text{m}$，混凝土强度等级为 C30，受拉区采用 3 ⌀ 25 钢筋，环境类别为一类（图 4.29），试验算截面是否安全。

解 ① 确定材料强度设计值。由附表查得 $f_c=14.3\text{N/mm}^2$，$f_y=360\text{N/mm}^2$。

② 计算截面有效高度。

$$h_0=h-a_s=600-35=565(\text{mm})$$

③ 判断 T 形截面类别。

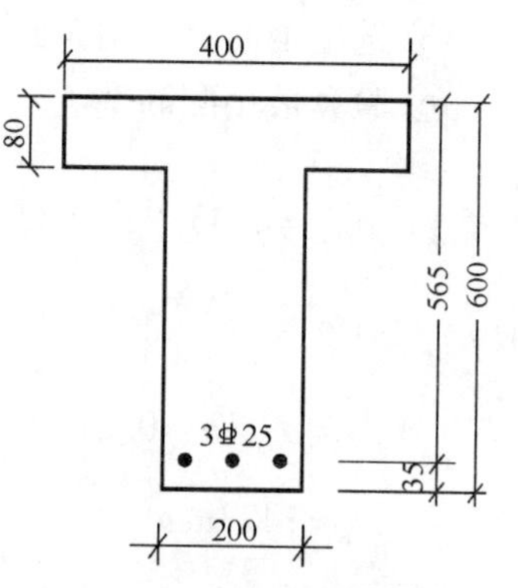

图 4.29 例 4.9 的配筋图

$$\alpha_1 f_c b_f' h_f' = 1 \times 14.3 \times 400 \times 80 = 457.6(\text{kN}) < f_y A_s$$

$$= 360 \times 1473 = 530.28(\text{kN})$$

属于第二类 T 形截面。

④ 求 M_2 和 A_{s2}。

$$M_{u2} = \alpha_1 f_c (b_f' - b) h_f' \left(h_0 - \frac{h_f'}{2} \right) = 1 \times 14.3 \times (400 - 200) \times 80 \times \left(565 - \frac{80}{2} \right)$$

$$= 120.12(\text{kN} \cdot \text{m})$$

$$A_{s2} = \frac{\alpha_1 f_c (b_f' - b) h_f'}{f_y} = \frac{1 \times 14.3 \times (400 - 200) \times 80}{360} = 635.56(\text{mm})^2$$

⑤ 求 A_{s1} 和 M_1。

$$A_{s1} = A_s - A_{s2} = 1473 - 635.56 = 837.44(\text{mm})^2$$

$$x = \frac{f_y A_{s1}}{\alpha_1 f_c b} = \frac{360 \times 837.44}{1 \times 14.3 \times 200} = 105.65(\text{mm}) < \xi_b h_0 = 0.518 \times 565 = 292.67(\text{mm})$$

$$M_u = f_y A_{s1} \left(h_0 - \frac{x}{2} \right) = 360 \times 837.44 \times \left(565 - \frac{105.65}{2} \right) = 154.41(\text{kN} \cdot \text{m})$$

$$M_u = M_{u1} + M_{u2} = 154.41 + 120.12 = 274.53(\text{kN} \cdot \text{m}) > 250\text{kN} \cdot \text{m}$$

截面安全。

4.8 深受弯构件的受弯承载力计算

4.8.1 深受弯构件的定义及应用

根据分析及试验结果,国内外均将跨高度比 $l_0/h \leqslant 2$ 的简支梁及跨高比 $l_0/h \leqslant 2.5$ 的连续梁称为深梁(deep beam),将跨高比 $l_0/h = 2(2.5) \sim 5$ 的受弯构件称为短梁,并将它们统称为深受弯构件。常见的混凝土梁的跨高比 $l_0/h \geqslant 5$,称为浅梁(一般梁)。

随着土木工程的快速发展,深受弯构件在工程中的应用也日渐广泛,如高层建筑转换层大梁、双肢柱肩梁、箱形基础箱梁等,如图 4.30 所示。

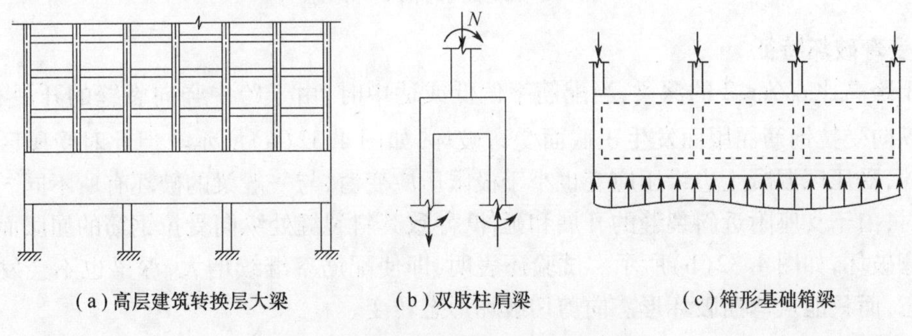

(a)高层建筑转换层大梁　　(b)双肢柱肩梁　　(c)箱形基础箱梁

图 4.30　深受弯构件工程应用实例

4.8.2 深受弯构件的受力特点及受弯破坏特征

1. 受力特点

从加载至破坏,深受弯构件的工作状态亦可分为3个阶段:弹性工作阶段、带裂缝工作阶段和破坏阶段。

从加载至裂缝出现前,深受弯构件处于弹性工作阶段。深梁因其高度与跨度接近,受力性能与一般梁有较大差异,在荷载作用下同时兼有受弯、受压和受剪状态,其正截面应变不再符合平截面假定。当跨高比 $l_0/h \leqslant 2$ 时,截面应力呈曲线分布,甚至在支座截面还会出现两个中和轴的现象;当跨高比 $2 < l_0/h \leqslant 5$ 时,截面应力逐渐由曲线分布接近平截面假定的状况,如图4.31所示。

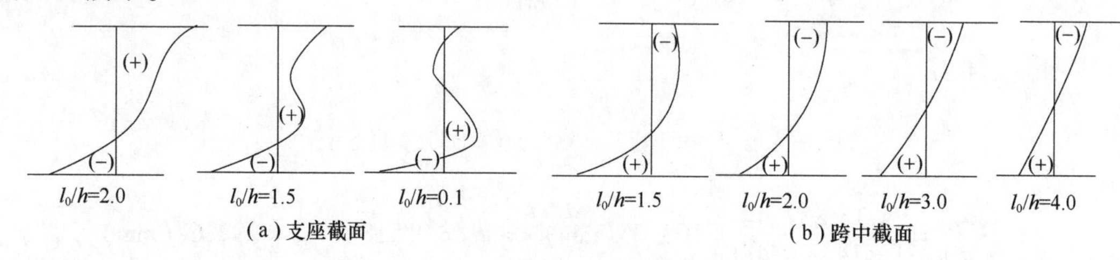

图4.31 深受弯构件的截面应力分布

当荷载加至破坏荷载的20%~30%时,深受弯构件一般在跨中先出现垂直裂缝,随后在剪弯段迅速出现斜裂缝,这将使深受弯构件的受力性能发生重大变化,拱作用不断增强,梁作用随之减弱,同时产生明显的内力重分布现象。随着受拉钢筋的逐渐屈服,深受弯构件在达到屈服状态时,形成了"拉杆拱"受力模型,如图4.32所示。图中两虚线中间部分的斜向受压混凝土短柱即形成拱肋,纵向受拉钢筋即为拱的拉杆,因此,在荷载作用下深受弯构件中不仅有弯剪作用效应,而且还会通过斜向混凝土短柱将部分荷载直接传至支座。

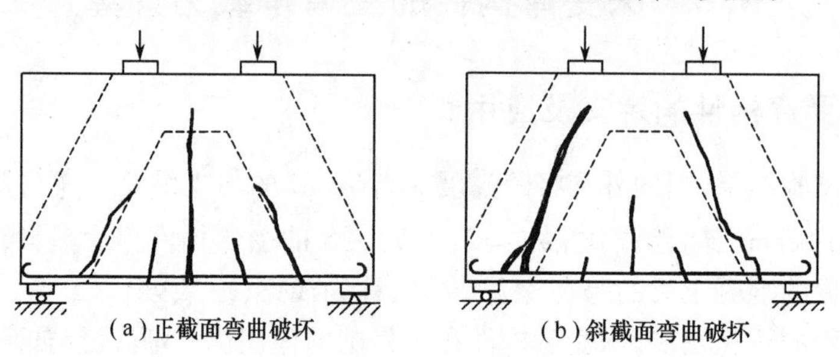

图4.32 深梁的弯曲破坏形态

2. 受弯破坏特征

对于跨高比 $l_0/h \leqslant 2$ 的深梁,当配筋率偏低或适中时,由于跨中竖向裂缝的开展和上升,导致其纵向受拉钢筋屈服而发生正截面受弯破坏,如图4.32(a)所示。但此时受压区混凝土未被压碎,受压区混凝土边缘压应变也小于极限压应变值,与一般梁的破坏有所不同。当配筋率偏大时,由于支座附近斜裂缝的开展和延伸,导致其斜裂缝处纵向受拉钢筋的屈服而产生斜截面受弯破坏,如图4.32(b)所示。试验还表明,即使配筋率继续增大,深梁也不会发生超筋破坏形态,而只能从弯曲破坏形态向剪切破坏形态转变。

对于跨高比 $2 < l_0/h \leqslant 3$ 的短梁,破坏特征类似于深梁,受拉钢筋屈服之后,受压区混凝土

未被压碎,斜截面也同时破坏。

对于跨高比 $l_0/h>3$ 的短梁,破坏形态与一般梁类似。

4.8.3 深受弯构件的受弯承载力计算

简支深梁的内力计算与浅梁相同。但连续深梁的弯矩及剪力与一般连续梁不同,其跨中正弯矩比一般连续梁偏大,支座负弯矩则偏小,且随跨高比及跨数的不同而变化。影响深受弯构件受弯承载力的主要因素为相对受压区高度 ξ 和跨高比 l_0/h,我国《规范》给出了深受弯构件的受弯承载力计算公式,即

$$\alpha_1 f_c bx = f_y A_s \tag{4.60}$$

$$M \leqslant M_u = f_y A_s z \tag{4.61}$$

$$z = \alpha_d (h_0 - 0.5x) \tag{4.62}$$

$$\alpha_d = 0.8 + 0.04 l_0/h \tag{4.63}$$

式中 x——截面受压区高度,当 $x<0.2h_0$ 时,取 $x=0.2h_0$;

z——截面内力臂,当 $l_0<h$ 时,取 $z=0.6l_0$;

h_0——截面有效高度,$h_0=h-a_s$,当 $l_0/h\leqslant 2$ 时,跨中截面取 $a_s=0.1h$,支座截面取 $a_s=0.2h$,当 $l_0/h>2$ 时,a_s 按实际距离取用;

α_d——深受弯构件内力臂修正系数。

对于有水平分布钢筋的深梁,水平分布钢筋对受弯承载力的贡献占 10% ~30%,为简化计算,不考虑水平分布钢筋对受弯承载力的作用,作为安全储备。

深受弯构件的构造要求详见我国《规范》和有关结构设计手册。

4.9 受弯构件的抗弯动力性能

4.9.1 构件的抗力曲线

在动载作用下,钢筋混凝土受弯构件的抗力曲线形状与静载作用下并无根本区别,只不过最大抗力有所提高,这是由于材料强度在快速变形下增强引起的。

在防护结构的应力分析中,经常将构件简化为单自由度体系,并取构件的总变形(如跨中挠度 f)作为运动微分方程的参变数,构件的抗力变形关系则表示为 $M-f$ 的关系。适筋简支梁的抗力曲线如图 4.33 所示,由图可见,适筋梁既有较高的抗力,又有良好的延性,是防护结构正截面承载力设计的依据。

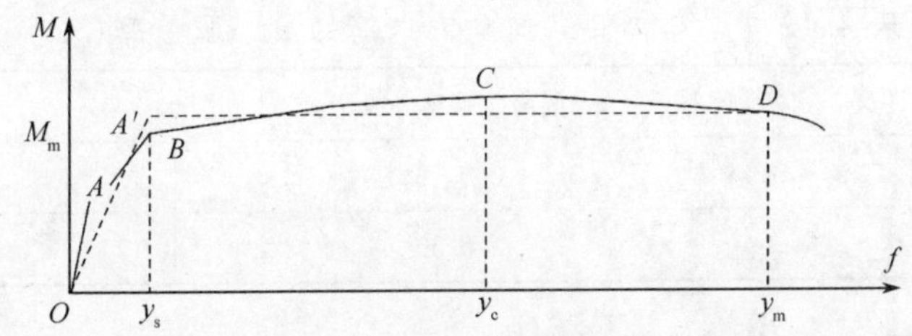

图 4.33 受弯构件的抗力曲线(简支梁)

A——拉区混凝土开裂;B——钢筋开始屈服;C——压区混凝土开始破损;

D——抗力明显下降;M_m——根据截面抗弯能力计算得出的最大抗力。

钢筋开始屈服时的抗力约为最大抗力的95%,构件的最大抗力主要取决于最大弯矩截面的抗弯能力,后者可以按照现行《规范》所采用的计算简图算出。

4.9.2 纵向受拉钢筋配筋范围

提高混凝土强度和选用较低配筋率,可以增加受弯构件的延性。配筋率增大会降低受弯构件的延性。现行《规范》为防止受弯构件发生超筋破坏,矩形截面最大配筋率为 $\rho_{max}=\xi_b\frac{\alpha_1 f_c}{f_y}$。对于高强钢筋或高强混凝土受弯构件,取值为$(0.3\sim0.4)f_c/f_y$。配筋率较高时又容易发生剪切破坏,所以防护结构中的受弯构件最大配筋率宜取较低值。为保证其延性比(构件最大变形与弹性极限变形之比)$\beta>1.5$,最大配筋率取为 $\rho_{max}\approx0.3f_c/f_y$。

配筋率过低时,截面的抗裂强度大于屈服强度,受拉区混凝土一旦开裂,抗力会突然下降。最小配筋率可根据下列原则确定:①截面的抗裂强度不大于截面的抗弯极限强度;②在压区混凝土应变到达破坏之前,拉区钢筋不应发生颈缩现象。根据大量的试验结果,可以确定出不同钢筋种类在不同强度等级混凝土构件中的最小配筋率 ρ_{min}。由于我国民用混凝土结构设计规范中所给出的钢筋最小配筋率相对偏小,考虑到钢筋混凝土结构在动荷载作用下的受力特性,以及防护结构的混凝土强度等级高于一般民用建筑结构。因此,防护结构的纵向钢筋最小配筋率应比民用结构设计规范中所规定的数值要大些。

综上所述,防护结构受弯构件纵向受拉钢筋的最大配筋率应符合表4.11的规定,最小配筋率应符合表4.12的规定。

表4.11 受弯构件纵向受拉钢筋的最大配筋率(%)

钢筋种类	混凝土强度等级	
	C30 ~ C55	C60 ~ C80
HRB335 钢筋 HRBF335 钢筋	1.9	2.5
HRB400 钢筋 HRBF400 钢筋 RRB400 钢筋	1.7	2.1
HRB500 钢筋 HRBF500 钢筋	1.6	1.9

表4.12 受弯构件纵向受力钢筋的最小配筋率(%)

混凝土强度等级		
C25 ~ C35	C40 ~ C55	C60 ~ C80
0.25	0.30	0.35

4.9.3 纵向受压钢筋配筋范围

承受动荷载作用的钢筋混凝土受弯构件宜采用双筋截面。计算不需配筋的受压区除按构造要求配筋外,不应小于纵向受拉钢筋的最小配筋率。整体现浇钢筋混凝土板、墙、拱每面的非受力钢筋的配筋率不宜小于0.15%，间距不应大于250mm。

防护结构构件的抗弯截面，应配置适当的构造压筋和封闭式箍筋。虽然它们对截面抗弯强度的影响不大，但是可以提高构件振动反弹的抗力，尤其可以延长最大抗力明显下降时的塑性变形，并使抗力缓慢地丧失，对结构的防塌甚为重要。

4.9.4 构件的延性

在工程设计中，不仅要考虑结构的承载力，也要考虑结构的延性，两者同样重要。在相同的承载力情况下，延性大的结构在破坏前具有明显的预兆，可减少人员伤亡和财产损失。从结构吸收应变能的角度，延性大的结构在最终倒塌前可以吸收更多的应变能。对于抗震结构来说，结构进入塑性变形阶段，可减缓结构地震动力响应。

承受动载作用并允许进入塑性阶段工作的防护结构构件的延性，是保证受弯构件不出现脆性破坏的重要力学特征。若结构构件按弹塑性工作阶段设计，钢筋混凝土受弯构件的允许延性比$[\beta]$一般可取3~5。过高的配筋率会降低构件的延性，一般工程受拉钢筋的配筋率不宜超过1.5%。当必须超过1.5%时，受弯构件的允许延性比应符合式(4.64)的要求，即

$$[\beta] \leqslant \frac{0.5}{\xi} \tag{4.64}$$

式中　ξ——相对受压区高度，其值可按防护结构的有关设计规范计算。

本章小结

(1) 纵向受拉钢筋的配筋率对受弯构件正截面破坏形态影响很大。根据配筋率不同，可分为3种破坏形态：适筋破坏、超筋破坏和少筋破坏。适筋梁破坏有明显预兆，属于塑性破坏。超筋梁和少筋梁破坏没有明显预兆，属于脆性破坏，而且材料强度没有得到充分利用，设计时应避免。

(2) 钢筋混凝土适筋梁从开始加载至破坏经历了3个阶段，即弹性工作阶段、带裂缝工作阶段和破坏阶段。其中I_a状态为计算构件开裂弯矩M_{cr}的依据，第Ⅱ阶段的应力状态将作为正常使用阶段变形和裂缝宽度计算的依据，III_a状态为正截面承载力"极限状态"计算的依据。

(3) 为简化计算，可将受压区混凝土实际应力分布图等效为矩形应力分布图。等效的原则是受压区混凝土应力图的合力大小相等，合力作用点重合。

(4) 受弯构件正截面承载力计算主要包括单筋矩形截面、双筋矩形截面和T形截面计算，分为截面设计和截面复核两大类，并同时掌握基本公式及其适用条件。

(5) 深受弯构件包括深梁和浅梁，其计算公式主要以试验结果为依据。

(6) 在动载作用下，钢筋混凝土受弯构件的最大抗力有所提高，这是由于材料强度在快速变形下增长引起的。

思考题

4.1　什么是截面配筋率？它对梁正截面的破坏特征有什么影响？

4.2　适筋梁从开始加载到破坏经历了哪几个阶段？各阶段的应力、应变、中和轴、裂缝开

展等是如何变化的？

4.3　进行正截面承载力计算时引入了哪些基本假定？

4.4　如何将受压区混凝土的应力图换算成等效的矩形应力图？

4.5　如何确定最小配筋率？如何确定 ξ_b？

4.6　单筋矩形截面梁正截面受弯承载力的基本计算公式是如何建立的？基本公式的适用条件是什么？

4.7　什么是双筋矩形截面受弯构件？何时采用双筋截面？

4.8　双筋矩形截面受弯构件正截面承载力计算的基本公式是如何建立的？公式的适用条件是什么？

4.9　如何进行双筋矩形截面受弯构件截面设计和截面复核？

4.10　T 形截面如何分类？怎样判别第一类 T 形截面和第二类 T 形截面？

4.11　如何计算第一类 T 形截面的正截面承载力？

4.12　如何计算第二类 T 形截面的正截面承载力？

4.13　深受弯构件开裂前及开裂后与一般受弯构件有何不同？

习　题

4.1　已知矩形截面梁 $b \times h = 200\text{mm} \times 450\text{mm}$，由设计荷载产生的弯矩 $M = 130\text{kN} \cdot \text{m}$，混凝土强度等级为 C30，HRB335 级钢筋，一类使用环境。试求所需的受拉钢筋截面面积。

4.2　某教学楼矩形截面梁承受均布线荷载，永久荷载标准值 9kN/m（不包括梁的自重），可变荷载标准值 7kN/m，混凝土强度等级 C30，采用 HRB335 级钢筋，梁的计算跨度为 $l = 6\text{m}$，一类使用环境，安全等级为二级。求所需受拉钢筋截面面积。

4.3　已知矩形截面梁 $b \times h = 200\text{mm} \times 500\text{mm}$，承受弯矩设计值 $M = 115\text{kN} \cdot \text{m}$，混凝土强度等级为 C30，配有 2 Φ22 + 1 Φ20 钢筋，二类 b 使用环境。试验算该截面是否安全。

4.4　一单跨简支板，计算跨度为 2.7m，承受均布荷载设计值 8.4kN/m（包括板的自重），混凝土强度等级 C25，采用 HPB300 级钢筋，一类使用环境。试设计该简支板。

4.5　已知矩形截面梁 $b \times h = 200\text{mm} \times 500\text{mm}$，由设计荷载产生的弯矩 $M = 225\text{kN} \cdot \text{m}$，混凝土强度等级为 C25，HRB400 级钢筋，一类使用环境。试求所需的受拉钢筋截面面积。

4.6　已知矩形截面梁 $b \times h = 250\text{mm} \times 600\text{mm}$，此梁受变形弯矩作用，负弯矩 $M = -100\text{kN} \cdot \text{m}$，正弯矩设计值 $M = 257\text{kN} \cdot \text{m}$，混凝土强度等级为 C30，钢筋为 HRB335 级钢筋，一类使用环境。试设计此梁。

4.7　已知某矩形截面梁尺寸为 200mm × 500mm，混凝土强度等级为 C25，HRB335 级钢筋，弯矩设计值 $M = 270\text{kN} \cdot \text{m}$，受压区已配有 2 Φ18 钢筋。试求所需的受拉钢筋截面面积。

4.8　已知某矩形截面梁尺寸为 250mm × 550mm，混凝土强度等级为 C30，配有 3 Φ18 受压钢筋和 3 Φ25 受拉钢筋，混凝土保护层厚度 $c = 30\text{mm}$。若承受弯矩设计值 $M = 245\text{kN} \cdot \text{m}$。试验算该梁正截面承载力是否安全。

4.9　T 形截面梁尺寸为 $b = 200\text{mm}$，$h = 600\text{mm}$，$b_f' = 900\text{mm}$，$h_f' = 90\text{mm}$，承受弯矩设计值 $M = 290\text{kN} \cdot \text{m}$，混凝土强度等级为 C25，采用 HRB335 级钢筋，环境类别为一类。试求所需钢筋截面面积。

4.10　T 形截面梁尺寸为 $b = 300\text{mm}$，$h = 700\text{mm}$，$b_f' = 600\text{mm}$，$h_f' = 110\text{mm}$，承受弯矩设计

值 $M=610\text{kN}\cdot\text{m}$，混凝土强度等级为C30，采用HRB400级钢筋，环境类别为一类。试求所需钢筋截面面积。

4.11 T形截面梁尺寸为 $b=250\text{mm}$，$h=700\text{mm}$，$b_f'=450\text{mm}$，$h_f'=90\text{mm}$，承受弯矩设计值 $M=315\text{kN}\cdot\text{m}$，混凝土强度等级为C30，采用4⏀22受拉钢筋，环境类别为一类。试验算截面是否安全。

第5章

受弯构件斜截面承载力计算

本章提要:本章重点介绍混凝土梁在剪力作用下的破坏类型和承载能力。梁在受剪情况下的受力状况比其在受弯矩作用情况下的正截面受力状况复杂,通过本章的学习,要求了解斜截面破坏的主要形态,影响斜截面抗剪承载能力的主要因素;掌握无腹筋梁和有腹筋梁斜截面抗剪承载能力的计算公式和适用条件以及防止斜压破坏和斜拉破坏的构造措施;了解抵抗弯矩图(材料图)的作法、弯起钢筋的弯起位置和纵向受力钢筋的截断位置;掌握纵向受力钢筋伸入支座的锚固要求和箍筋构造要求;熟悉伸臂梁配筋图的绘制方法;了解深受弯构件斜截面承载力计算方法及构造要求。

5.1 概　　述

工程中常见的梁、板为典型的受弯构件,在荷载作用下,构件中会同时产生弯矩(flexural)和剪力(shear),如图5.1所示。在弯矩和剪力的共同作用下,钢筋混凝土梁可能发生以弯矩为主要控制作用的正截面破坏(flexural failure),也可能发生以剪力为主要控制作用的斜截面破坏(shear failure),如图5.2所示。当构件所配置的纵向受力钢筋较多,不致引起正截面弯曲破坏时,在剪力和弯矩共同作用的弯剪区段将可能产生斜截面的剪切破坏或斜截面的弯曲破坏。当发生剪切破坏时,剪力 V 将成为控制构件承载力的主要因素。为保证构件有足够的延性,斜截面抗剪设计的目标是使其斜截面破坏迟于其正截面破坏。

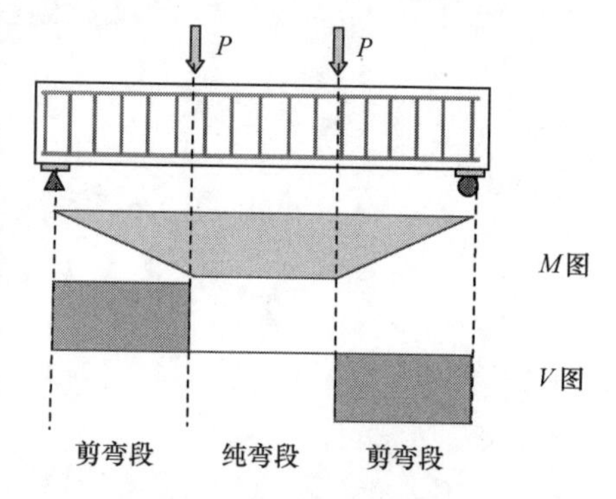

图5.1　受弯构件受力示意图

取一对称集中荷载作用下的钢筋混凝土简支梁,其应力的分布状况如图5.3所示。当作用荷载较小时,构件未出现斜裂缝,此时的梁处于弹性工作阶段,可将梁视为均质弹性体,可按一般材料力学公式进行应力分析。在计算时可将纵向钢筋按其重心处钢筋的拉应变取与同一高度处混凝土纤维拉应变相等的原则,根据胡克定律换算成等效的混凝土。这样,钢筋混凝土截面就成了混凝土单一材料的换算截面,此截面上的任一点正应力 σ 和剪应力 τ 的计算可分别按式(5.1)和式(5.2)进行。

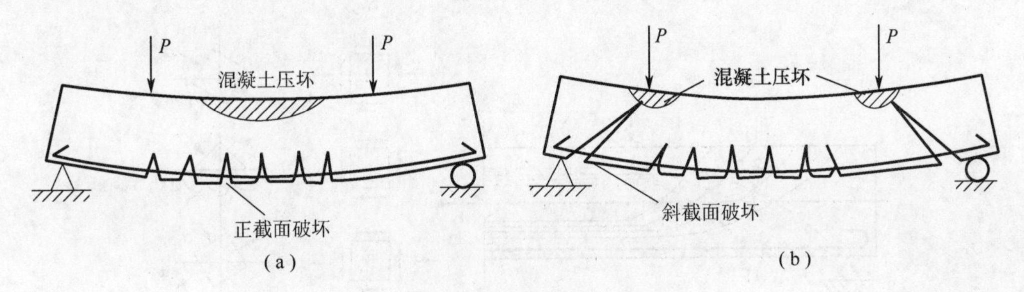

图 5.2　受弯构件的破坏形式

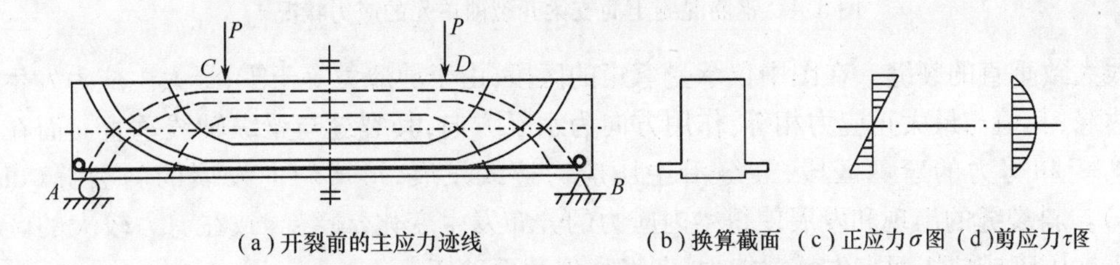

图 5.3　钢筋混凝土简支梁开裂前的应力状况

正应力

$$\sigma=\frac{My}{I_0} \tag{5.1}$$

剪应力

$$\tau=\frac{VS}{bI_0} \tag{5.2}$$

式中　I_0——换算截面的惯性矩；

S——换算截面上剪应力计算点以外面积对中性轴的静矩；

y——所计算点至换算截面中和轴的距离；

b——截面宽度。

根据材料力学原理，剪弯区段上任一点的主拉应力和主压应力可按式(5.3)和式(5.4)计算。

主拉应力

$$\sigma_{tp}=\frac{\sigma}{2}+\sqrt{\frac{\sigma^2}{4}+\tau^2} \tag{5.3}$$

主压应力

$$\sigma_{cp}=\frac{\sigma}{2}-\sqrt{\frac{\sigma^2}{4}+\tau^2} \tag{5.4}$$

由此可得图 5.3(a)中实线所示梁内的主拉应力迹线(principal tensile stress trail)和虚线所示的主压应力迹线(principal compressive stress trail)。取图 5.4 所示梁的弯矩和剪力共同作用的区段，在中和轴处(图中 1 点)，正应力 $\sigma=0$，主拉应力与梁轴线夹角成 45°；在受压区(图中 2 点)，正应力 σ 为压应力，主拉应力与梁轴线夹角大于 45°；在受拉区(图中 3 点)，正应力 σ 为拉应力，主拉应力与梁轴线夹角小于 45°。主拉应力迹线与主压应力迹线为正交。

由于混凝土抗拉强度很低，当主拉应力值达到混凝土抗拉强度时，梁上就会出现与主拉应

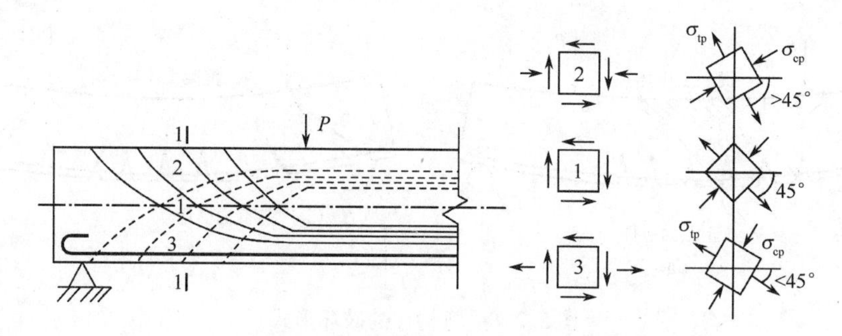

图 5.4 钢筋混凝土简支梁开裂前单元的应力状况

力迹线大致垂直的裂缝。在图中仅承受弯矩的区段,由于剪应力等于零,最大主应力发生在截面下边缘,其值与最大正应力相等,作用方向为水平方向,其裂缝与梁纵轴线垂直。而在同时承受弯矩和剪力的弯剪区段,裂缝沿主压应力迹线发展,形成斜向发展的斜裂缝(diagnal cracks)。斜裂缝的出现和发展使得梁内应力的分布发生变化,最终导致在剪力较大的区段内混凝土被压碎或拉坏而丧失承载能力,即发生斜截面破坏。

梁的斜裂缝开展主要有两种方式:一种为弯剪型斜裂缝(flexural - shear cracks),如图 5.5(b)所示,当受弯的正应力较大时,在梁底先出现垂直裂缝,然后裂缝向上沿主压应力迹线的方向发展形成斜裂缝;另一种为腹剪型斜裂缝(web - shear cracks),如图 5.5(a)所示,当梁的腹板很薄(如"工"字形截面梁)或集中荷载至支座距离很小时,斜裂缝会首先出现在梁腹部。

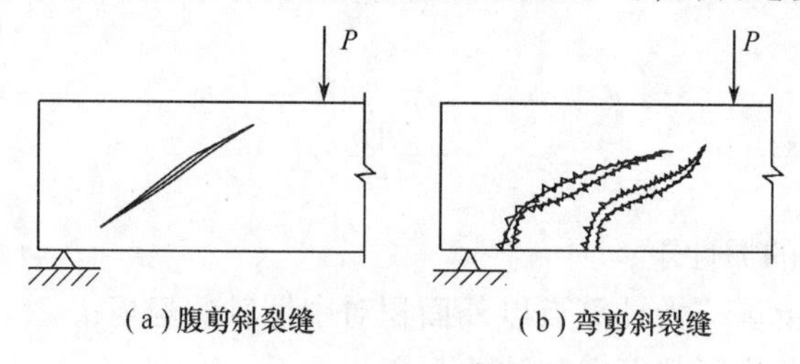

(a)腹剪斜裂缝　　(b)弯剪斜裂缝

图 5.5 斜裂缝的形式

为了防止斜裂缝的发生,需要在梁内设置与可能出现的斜裂缝相交的钢筋以承担裂缝处的拉应力,如图 5.6 所示,以此来提高斜截面的受剪承载力,通常设置的钢筋为箍筋(stirrup),或利用现有的纵筋弯起而形成弯起钢筋(bent - up bars)。箍筋和弯起筋统称为腹筋(web reinforcement)。有箍筋、弯起筋、纵向钢筋的梁称为有腹筋梁(beam with shear reinforcement),无箍筋及弯起筋,只有纵向钢筋的梁,称为无腹筋梁(beam without shear reinforcement)。由于无腹筋梁的受剪承载力很低,且一旦出现斜裂缝将很快发生破坏,因此工程中除截面尺寸很小的梁和板外,均采用有腹筋梁。

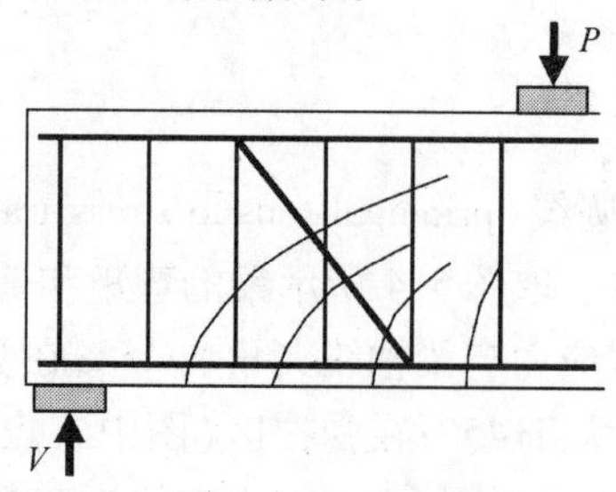

图 5.6 钢筋布置与斜裂缝的关系

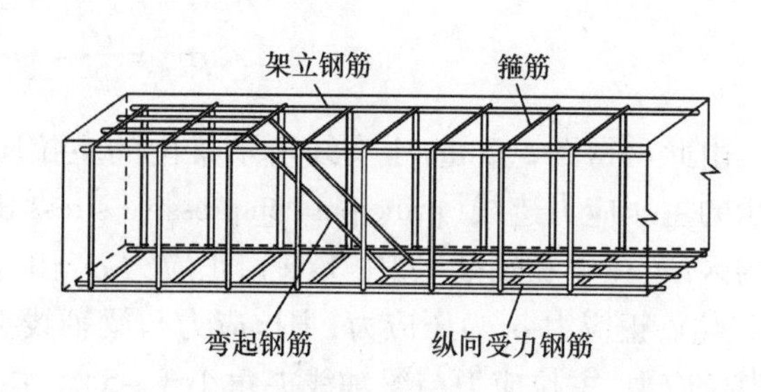

图 5.7 钢筋混凝土梁的钢筋配置

腹筋、架立筋、纵向受力筋共同构成钢筋骨架，如图5.7所示。理论上讲，斜向的箍筋与主拉应力方向平行布置最为合理，但由于施工时斜向箍筋不易固定，且不能承受反向横向荷载的剪力，所以通常采用垂直箍筋。弯起筋的布置方向与主拉应力方向一致，从理论上来讲较为合理，但弯起筋受力较为集中，如图5.8所示，在其周边出现裂缝时容易形成应力集中，从而扩大裂缝，引起劈裂裂缝，同时施工难度也较大，所以近年来工程中较少采用，一般在箍筋配筋略有不足时采用。当选用弯起钢筋时，选用的钢筋位置不宜在梁侧边缘，且直径不宜过粗。

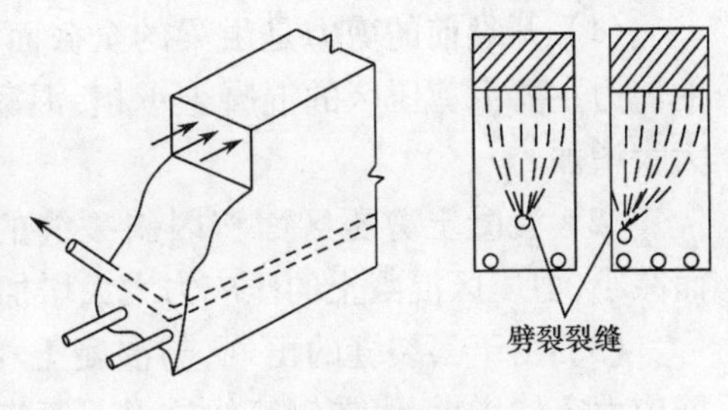

图5.8　弯起钢筋的受力集中

由于梁中剪力产生的主拉应力是斜向的，对于高度较大的梁（梁高大于500mm），虽然在计算中仅考虑箍筋的受剪承载力，但为控制使用阶段的斜裂缝开展，应按构造配置梁腹纵筋，如图4.2所示，一般称为腰筋。

5.2　梁的受剪性能分析

实际工程中的钢筋混凝土梁，总是或多或少地配有腹筋。但无腹筋梁的受力状态，尤其是斜裂缝发生前后梁应力状态的变化及斜截面的破坏形态，可以更好地说明有腹筋梁的抗剪性能及腹筋的作用。

5.2.1　无腹筋简支梁的受剪性能

试验表明，当荷载较小，裂缝尚未出现时，钢筋混凝土梁内的受力状况可视为均质弹性材料，采用材料力学方法进行分析，截面上的应力可近似按换算截面方法确定。随着荷载的增大，梁在支座附近出现斜裂缝，如图5.9所示，无腹筋梁此时如同拱结构，纵向钢筋成为拱的拉杆，形成拉杆拱传力机构。

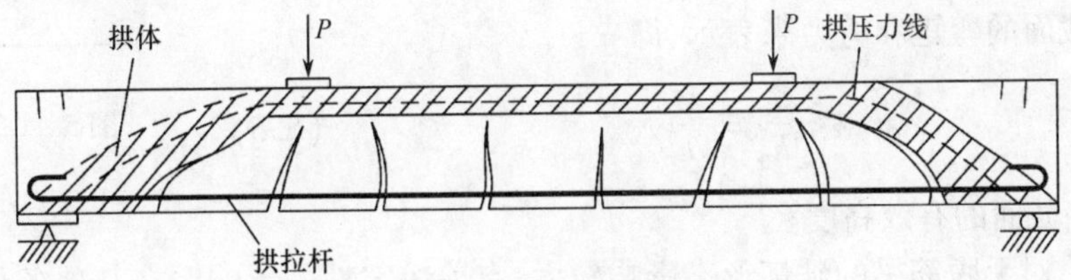

图5.9　腹筋梁的拱体受力机制

把出现斜裂缝的梁端部取出作为隔离体，如图5.10所示，CB为斜裂缝，C为斜裂缝的起点，B为该斜裂缝的终点，斜裂缝上端截面AB为剪压区。

在此隔离体中，与剪力V平衡的力有：AB面上的混凝土的剪应力合力V_c；开裂面BC两侧凸凹产生的骨料咬合力V_a的竖向分力；穿越斜裂缝的纵向钢筋在斜裂缝处的销栓力V_d。即

$$V = V_c + V_{ay} + V_d$$

与弯矩平衡的力矩主要有纵向钢筋拉力T_b与AB面上混凝土压应力合力D_c组成的内力距，即

$$Va = T_b z$$

斜裂缝出现后,梁在剪弯段内的应力状态发生很大变化,主要表现在以下几个方面:

(1) 开裂前的剪力是由梁的全截面承担,开裂后的剪力主要由剪压区的混凝土承担,混凝土的剪应力大大增加。

(2) 混凝土剪压区面积因斜裂缝的出现和发展而减小,剪压区混凝土的压应力大大增加。

(3) 由于斜裂缝的出现,与混凝土相交的纵向钢筋应力突然增大,纵向钢筋的拉力 T 逐渐由 M_c 决定,增大多少由 M_B 决定,而 M_B 比 M_c 要增大很多,如图 5.10所示。

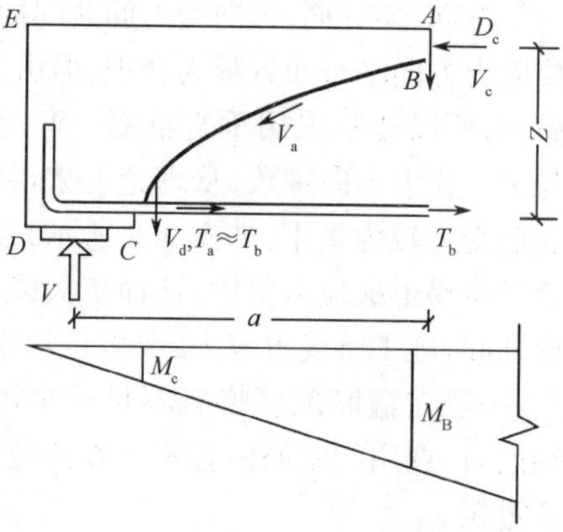

图 5.10　隔离体的受力图

随着荷载继续增加,斜裂缝的数量增多,宽度增大,骨料的咬合作用下降,钢筋的销栓作用也逐渐减弱,斜裂缝中的一条裂缝形成为主要斜裂缝,称为临界斜裂缝。荷载继续增加,临界斜裂缝发展导致混凝土剪压区高度不断减小,最后,剪压区混凝土在压应力和剪应力共同作用下被压碎,梁发生破坏。

5.2.2　无腹筋梁斜截面破坏的主要形态

无腹筋梁在弯矩和剪力共同作用下的剪弯段,其斜裂缝的出现和最终的斜截面受剪破坏,与截面上的正应力 σ 和剪应力 τ 比值有很大关系。正应力 σ 与 M/bh_0^2 成比例,剪应力 τ 与 V/bh_0 成比例。因此,σ/τ 与 M/Vh_0 也是成比例的。

对于一般情况的梁,将某一截面的弯矩与剪力的相对比值 M/Vh_0 定义为该截面的广义剪跨比。对于受集中荷载的简支梁,如图 5.11所示,集中荷载作用点至支座的距离 a 称为剪跨(Shear span),剪跨 a 与梁的有效高度 h_0 的比值称为剪跨比 λ(shear span ratio)。通常情况下,剪跨比可以用剪跨和有效高度的比值表示,也可用破坏截面的弯矩和剪力来表示,即

$$\lambda = \frac{a}{h_0} = \frac{M}{Vh_0} \tag{5.5}$$

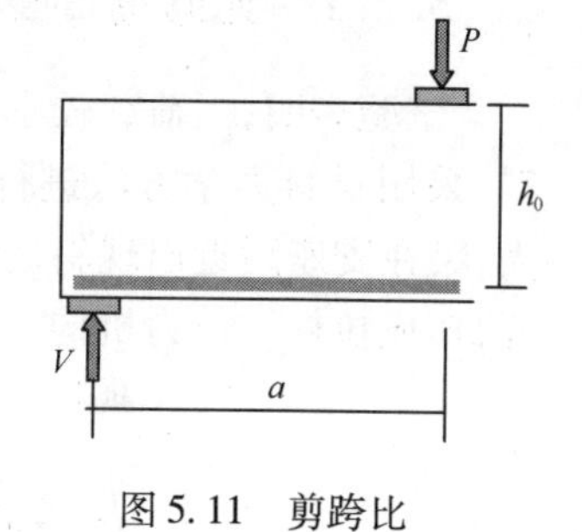

图 5.11　剪跨比

式中　h_0——截面的有效高度。

剪跨比 λ 对无腹筋梁的破坏形态影响较大,有着决定性的影响。在其他条件不变的情况下,根据 λ 值的变化,无腹筋梁斜截面破坏的主要破坏类型有 3 种:斜压破坏、剪压破坏和斜拉破坏。

1. 斜拉破坏(diagonal - tension failure)

如图 5.12(a)所示,当剪跨比较大($\lambda > 3$)时,梁在剪弯区段内 σ/τ 较大,主压应力迹线角度平缓,因此拱作用较小。斜裂缝一旦出现,便迅速向集中荷载作用点延伸,受压区高度减小,梁被斜向折断,将梁撕裂成两半,同时沿纵向受拉的钢筋产生劈裂裂缝。这样的破坏是由于混凝土斜向拉坏引起的,故称为斜拉破坏。斜拉破坏的整个破坏过程急速而突然,破坏荷载与斜裂缝出现时的荷载比较接近,并且破坏时的变形很小,往往只有一条斜裂缝,如图 5.13(a)所示,破坏具有明显的脆性特征。与正截面的少筋破坏相似。这种破坏取决于混凝土的抗拉强度,故承载力低。

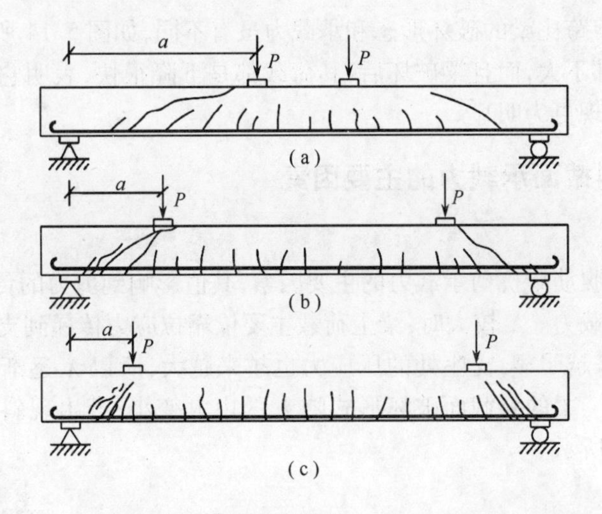

图 5.12　无腹筋梁在弯矩和剪力共同作用下斜截面的剪切破坏

2. 剪压破坏(shear - bond failure)

如图 5.12(b)所示,当剪跨比适中($1 < \lambda < 3$)时,斜裂缝出现后,部分荷载通过拱作用传到支座,随着荷载的增大,多条斜裂缝陆续出现,其中的一条斜裂缝发展成临界斜裂缝(critical diagnal creak),随着剪压区高度的减小,临界斜裂缝顶端处的混凝土在剪应力和正应力共同作用下发生破坏,破坏区域有明显混凝土的压碎现象,如图 5.13(b)所示。

梁最终破坏是由于临界斜裂缝迅速发展引起的,因此剪压破坏的承载力很大程度上取决于斜裂缝顶端剪压区混凝土的复合受力强度,其承载力介于斜拉破坏和斜压破坏之间。这种破坏与正截面的适筋破坏有相似之处,破坏前有一定的预兆,但梁的变形能力仍较差,属于脆性破坏。

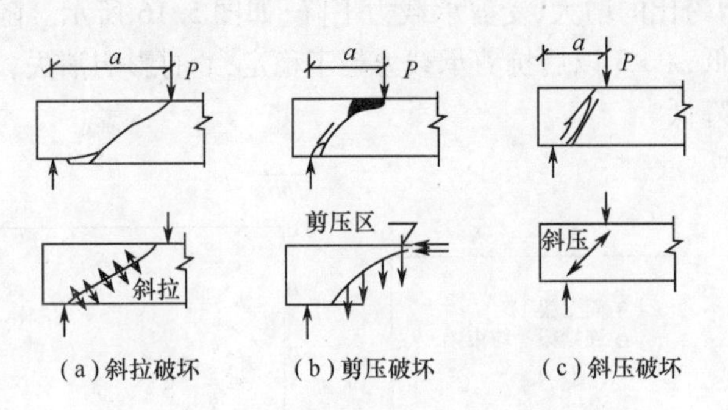

图 5.13　斜截面破坏的三种形式

3. 斜压破坏(shear - compression failure)

如图 5.12(c)所示,当剪跨比较小($\lambda < 1$)时,梁上的荷载主要通过拱机制作用传递到支座,主压应力迹线与支座和荷载作用点连线基本一致,拱体如同斜向受压的小柱。荷载增加到一定程度,若干条平行的细小斜裂缝会出现在剪弯区段的梁腹部,随着荷载进一步增加,这些斜裂缝将梁腹部的混凝土分割成若干“斜向短柱”,最后这些短柱被压碎而使梁失去承载力,所以斜向短柱区域都有明显的混凝土压碎现象,如图 5.13(c)所示。这类破坏是由梁腹部混凝土的抗压性能控制,故破坏荷载较高,但梁的变形能力很小,与正截面超筋梁的破坏相似,属脆性破坏。

总地看来,不同剪跨比梁的破坏形态和承载力虽有不同,如图 5.14 所示,但达到峰值荷载时,各梁跨中的挠度都不大,而且梁破坏后,其荷载都是下降很快,表明它们均属脆性破坏,其中斜拉破坏的脆性表现更为明显。

5.2.3 影响斜截面承载力的主要因素

1. 剪跨比

剪跨比是影响无腹筋梁抗剪承载力的主要因素,其值影响到剪力的传递机构,从而影响梁的应力状态和受剪承载力。λ 较大时,梁上荷载主要依靠拉应力传递到支座,随着剪跨比 λ 的减小,梁中拱效应越来越明显,支座处的压应力也越来越大,所以 λ 逐渐减小时,荷载主要依靠压应力传递到支座。梁的斜截面破坏形式随 λ 的由大变小,会出现斜拉破坏、剪压破坏和斜压破坏,如图 5.15 所示。

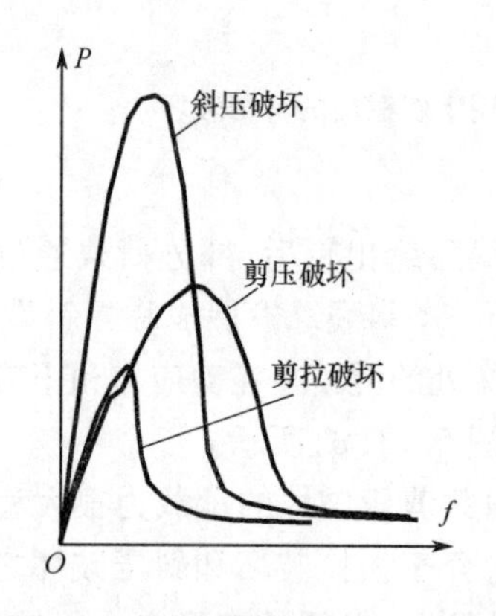

图 5.14　3 种剪切破坏的 $P-f$ 曲线

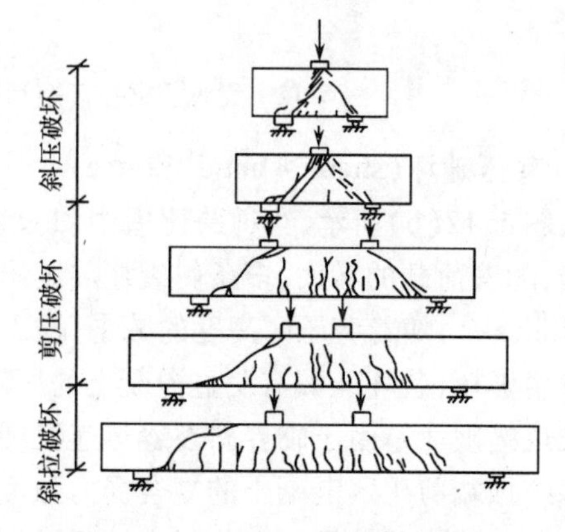

图 5.15　剪跨比变化对梁破坏的影响

试验表明,随着剪跨比的增大,受剪承载力下降,如图 5.16 所示。随着剪跨比的增大,梁的相对抗剪承载力降低,$\lambda>3$ 以后抗剪承载力趋于稳定,λ 的影响消失,表明拱机构传递机制随剪跨比增大而很快降低。

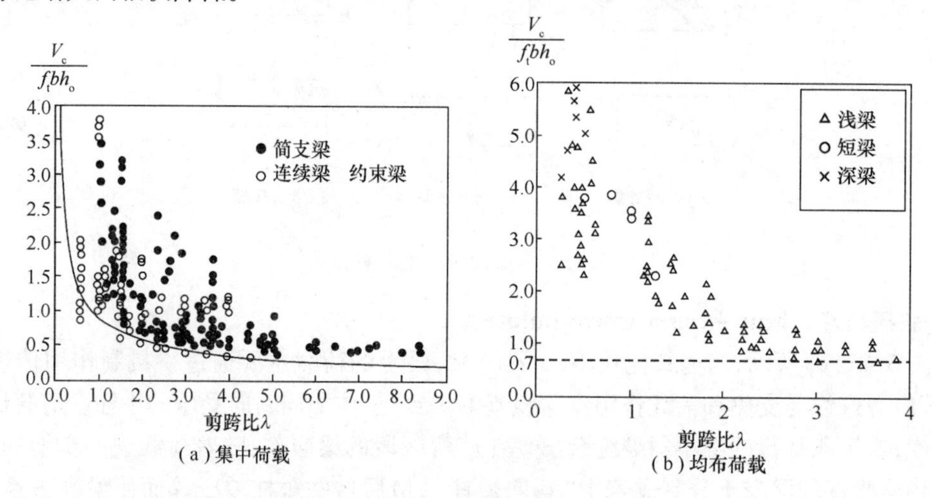

图 5.16　剪跨比对受剪承载力的影响

2. 混凝土强度等级

试验表明,随着混凝土强度等级(strength of concrete)的提高,无腹筋梁的斜截面抗剪能力

V_u 也会相应提高，如图 5.17 所示。斜拉破坏主要取决于混凝土的抗拉强度 f_t，剪压破坏和斜压破坏主要取决于混凝土的抗压强度 f_c，所以，混凝土强度对不同破坏类型梁的斜截面抗剪能力提高幅度有所不同，斜拉破坏（$\lambda > 3$）的抗剪强度增长较缓慢，斜压破坏（$\lambda < 1$）的斜率最大，剪压破坏（$1 < \lambda < 3$）则介于其间。

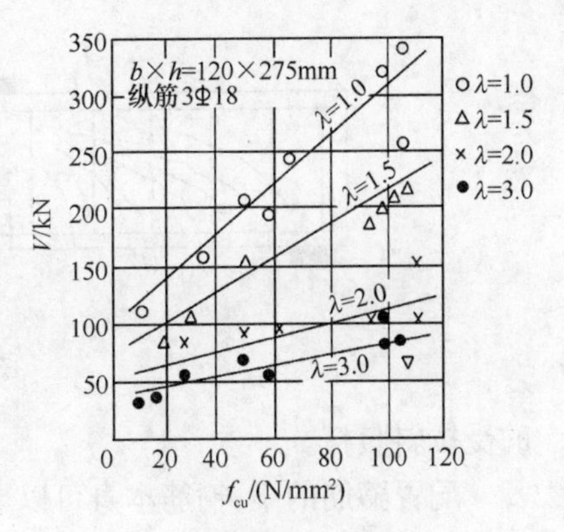

图 5.17　梁抗剪能力随混凝土强度变化关系

3. 纵筋配筋率

纵筋的多少与销栓作用的大小有相关关系，所以纵筋配筋率（reinforcement ratio）也与抗剪能力有一定的关系。纵筋的配筋率增大，会使纵筋的销栓作用增加，使得混凝土受压区面积增大。同时，纵筋可限制斜裂缝的开展，增加斜裂缝间骨料的咬合力作用。

4. 其他因素

（1）截面形状。T 形截面与矩形截面相比，增加了受压翼缘，也就增加了剪压区的面积，对斜拉破坏和剪压破坏来说，受剪承载力能够提高约 20%，但斜压破坏梁的受剪承载力并没有提高。

（2）尺寸效应。当梁的截面高度很大时，撕裂裂缝将比较明显，底部纵筋的销栓作用大大降低，斜裂缝宽度也较大，从而也削弱了骨料间的咬合作用。对于高度较大的梁，配置的梁腹纵筋，可控制斜裂缝的开展。配置了腹筋后，将减小尺寸效应的影响。

（3）预应力。预应力钢筋的受拉作用，能有效阻滞斜裂缝的出现和开展，从而增加混凝土剪压区高度，提高混凝土的抗剪能力。

（4）梁的连续性。试验表明，在相同条件下，连续梁与简支梁相比，受集中荷载作用时的受剪承载力低于简支梁，均布荷载时相当。受集中荷载作用下，中间支座附近的梁段异号弯矩会出现在支座两边较短范围内，因而降低了梁的抗剪能力；边支座附近的梁段，其抗剪能力与简支梁相同。

5.2.4　有腹筋简支梁的受剪性能

由于无腹筋梁的抗剪强度较低，并且其剪切破坏是脆性的，具有很大的危险性，所以《规范》规定，除截面高度小于 150mm 的梁可不设置腹筋外，一般都需设置腹筋。

在斜裂缝出现以前，腹筋应力很小，因而腹筋对阻止斜裂缝出现的作用也很小。在斜裂缝出现以后，腹筋的作用大大提高，限制了斜裂缝的进一步增大，并提供了斜截面的抗剪承载力与斜裂缝相交的腹筋可直接承担剪力；可限制斜裂缝的开展，加大破坏前斜裂缝顶端混凝土的残余截面，从而提高混凝土的抗剪能力 V_c；腹筋可以减少斜裂缝的宽度，从而提高了斜截面的骨料咬合力 V_a；腹筋还限制纵筋的竖向位移，阻止混凝土沿纵筋的撕裂，提高纵筋的销栓作用 V_d。

由于箍筋的作用，有腹筋梁的抗剪模型与无腹筋梁也有所不同，对于配置了箍筋的梁，在临界斜裂缝出现后，与斜裂缝相交的箍筋应力增大，其传力体系可比拟成一个拱形桁架，如图 5.18所示。临界斜裂缝出现后，其下方的小拱体所能传递的剪力很小，主要由其上方的基本拱体承担。混凝土基本拱体成为上弦杆，裂缝之间的小拱体成为受压斜腹杆，纵筋为受拉弦杆，箍筋为受拉腹杆。

通过箍筋可将小拱传来的内力悬吊在基本拱体靠支座的部位，从而减轻了基本拱体拱顶的负担，缓和了不配置腹筋时形成的应力集中情况。对于弯起钢筋，其作用可看作相当于桁架

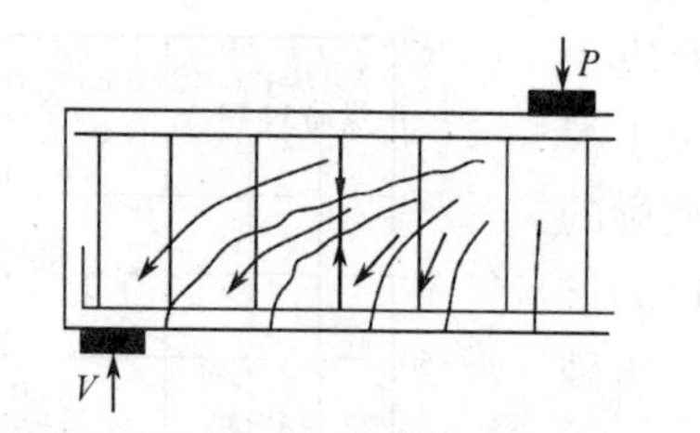

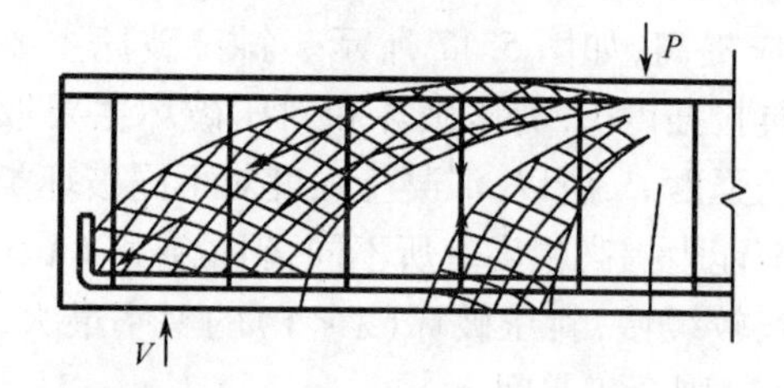

图 5.18　有腹筋梁的剪力传递

的受拉斜腹杆。

配置箍筋的梁,箍筋本身可以承担部分剪应力,提高了斜截面综合抗剪承载力。与拱形桁架相似,箍筋不能把剪力直接传递到支座,最后全部荷载仍由端部的受压弦杆传至支座,因此,近支座处梁腹的斜向压力并不能因箍筋的配置而减少。

5.2.5　有腹筋梁斜截面破坏的主要形态

有腹筋梁的斜截面破坏形态不仅与剪跨比 λ 有关,还与箍筋的用量有关。用配箍率(stirrup ratio)ρ_{sv} 来反映梁内箍筋用量的大小,有

$$\rho_{sv}=\frac{A_{sv}}{bs}=\frac{nA_{sv1}}{bs} \tag{5.6}$$

式中　A_{sv}——配置在同一截面内全部箍筋的截面面积;

n——同一截面内箍筋的肢数(图 5.19);

A_{sv1}——单肢箍筋的截面面积;

b——矩形截面的宽度;

s——沿构件长度方向的箍筋间距,如图 5.20 所示。

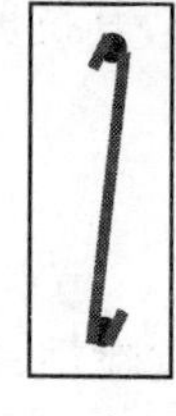

(a)单肢箍

(b)双肢箍

(c)四肢箍

图 5.19　箍筋的肢数

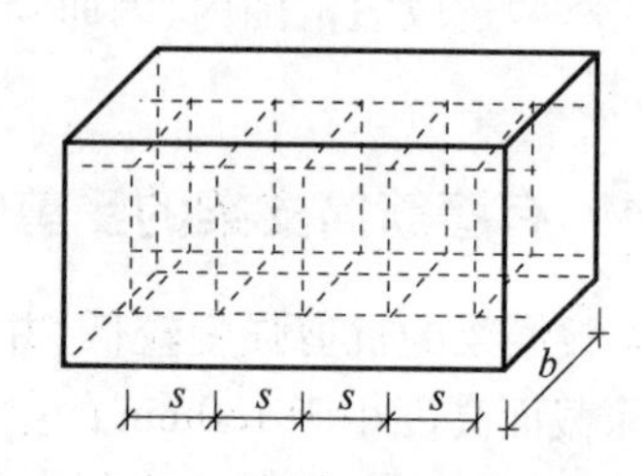

图 5.20　梁中箍筋的间距

钢筋混凝土梁根据剪跨比 λ 和配箍率 ρ_{sv} 的变化,破坏类型的变化如表 5.1 所示。梁的抗剪能力随二者的变化关系如图 5.21 所示。

表 5.1　破坏形式与剪跨比 λ 和配箍率 ρ_{sv} 的关系

配箍率＼剪跨比	$\lambda<1$	$1<\lambda<3$	$\lambda>3$
无腹筋	斜压破坏	剪压破坏	斜拉破坏
ρ_{sv} 很小	斜压破坏	剪压破坏	斜拉破坏
ρ_{sv} 适量	斜压破坏	剪压破坏	剪压破坏
ρ_{sv} 很大	斜压破坏	斜压破坏	斜压破坏

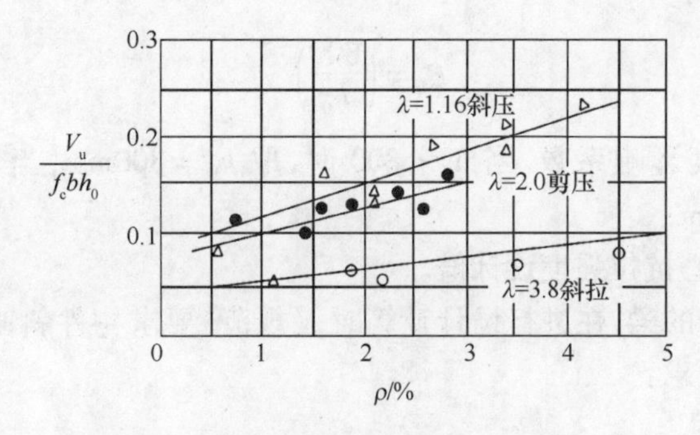

图 5.21　梁抗剪能力随配箍率变化关系

1. 配箍率 ρ_{sv} 太少

当配箍率较低时，箍筋不足以承担沿斜裂缝截面混凝土承担的拉应力，斜裂缝一旦出现，与裂缝相交的箍筋就达到屈服，其受力性能与无腹筋梁类似。

2. 配箍率 ρ_{sv} 适量

当配箍率适量时，斜裂缝出现后，箍筋承担了原本由沿斜裂缝截面混凝土承担的拉应力，荷载可以继续增加。随着荷载增大，多条斜裂缝陆续出现，其中一条裂缝的宽度明显加大，发展成为临界斜裂缝，剪压区高度减少，与临界斜裂缝相交的箍筋应力达到屈服，剪压区的混凝土在剪应力和正应力共同作用下而发生破坏。梁的承载力很大程度上取决于斜裂缝顶端剪压区混凝土的复合受力强度和配箍率。

3. 配箍率 ρ_{sv} 太多

当配箍率很高时，箍筋屈服前，斜裂缝间的混凝土已经因压力过大而压碎。梁的承载力取决于混凝土的抗压强度和截面尺寸，继续增加配箍率对提高梁的斜截面抗剪能力不起作用。

5.3　梁斜截面抗剪承载力计算

由上节内容可知，有诸多因素影响钢筋混凝土梁斜截面承载力，《规范》采用了简化的公式计算梁的斜截面承载力。

对于图 5.22 所示的配置箍筋的梁，做出以下简化：

(1) 仅对集中荷载作用下的矩形截面独立梁考虑剪跨比的影响，一般情况下计算公式中不包含剪跨比这一因素。

(2) 计算公式以剪压破坏的受力特性为基础，采用混凝土承担的剪力 V_c 和箍筋承担的剪力 V_s 两项相加的形式表示梁的抗剪承载力，即 $V_{cs}=V_c+V_s$。

(3) 计算公式中不包含纵筋配筋率这一因素。

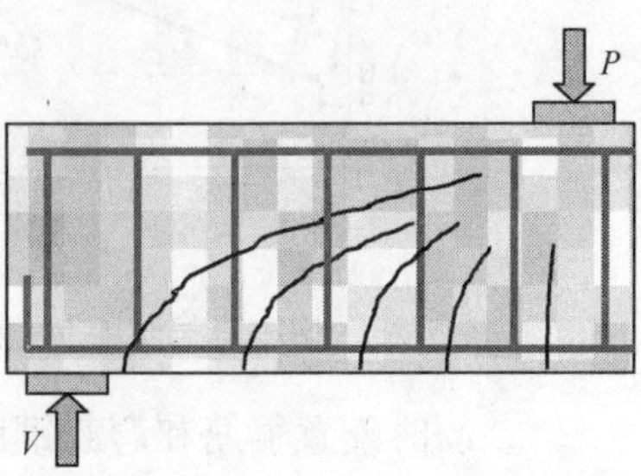

图 5.22　箍筋的抗剪能力

5.3.1　计算公式及适用范围

1. 计算公式

(1)《规范》对于不配置箍筋和弯起钢筋的板类受弯构件，要求其斜截面受剪承载力应符合下列规定，即

$$V \leqslant 0.7\beta_h f_t b h_0 \tag{5.7}$$

$$\beta_h = \left(\frac{800}{h_0}\right)^{1/4} \tag{5.8}$$

式中　β_h——截面高度影响系数，当 $h_0 < 800$ 时，取 $h_0 = 800\text{mm}$，当 $h_0 > 2000\text{mm}$ 时，取 $h_0 = 2000\text{mm}$；

f_t——混凝土轴心抗拉强度设计值。

（2）对于配置腹筋的梁，在进行设计计算时，《规范》要求构件斜截面上的最大剪力设计值 V 应满足下列公式要求：

① 当仅配置箍筋时。

a. 一般受弯构件。如图 5.23 所示，取试验点的偏下限作为梁的斜截面承载能力，即

$$V \leqslant V_{cs} = 0.7 f_t b h_0 + f_{yv} \frac{A_{sv}}{s} h_0 \tag{5.9}$$

式中　V_{cs}——构件斜截面上混凝土和箍筋的受剪承载力设计值；

f_{yv}——箍筋抗拉强度设计值；

A_{sv}——配置在同一截面内箍筋各肢的截面面积和，$A_{sv} = nA_{sv1}$，其中 n 为同一截面内箍筋的肢数，A_{sv1} 为单肢箍筋的截面面积；

s——沿构件长度方向的箍筋间距。

b. 对集中荷载作用下的独立梁（包括作用有多种荷载，其中集中荷载对支座边缘截面产生的剪力值大于总剪力值的 75% 的情况（图 5.24），有

$$V \leqslant V_{cs} = \frac{1.75}{\lambda + 1.0} f_t b h_0 + f_{yv} \frac{A_{sv}}{s} h_0 \tag{5.10}$$

式中　λ——剪跨比，要控制在剪压破坏范围之内，即 $\lambda = 1.5 \sim 3$，如果 $\lambda < 1.5$ 则取 $\lambda = 1.5$，如果 $\lambda > 3$ 则取 $\lambda = 3$。

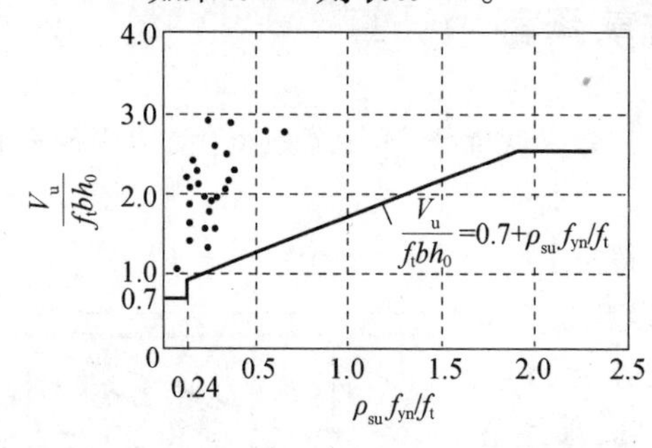

图 5.23　均布荷载作用下梁的受剪承载力

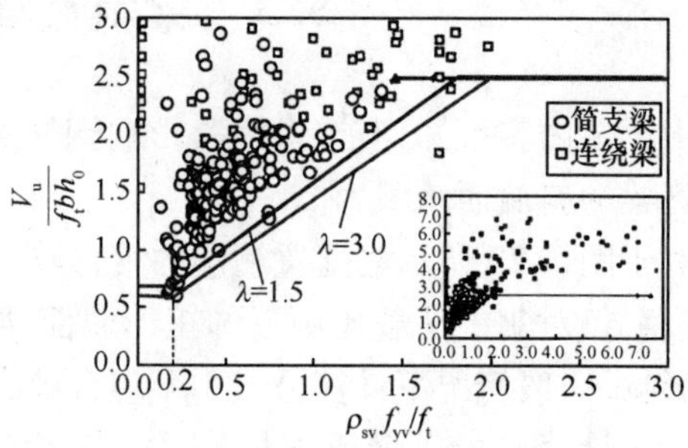

图 5.24　集中荷载作用下梁的受剪承载力

② 同时配置箍筋和弯起钢筋的斜截面受剪承载力计算。

a. 一般受弯构件，有

$$V \leqslant V_{cs} + V_{sb} = 0.7 f_t b h_0 + f_{yv} \frac{A_{sv}}{s} h_0 + 0.8 f_y A_{sb} \sin\alpha_s \tag{5.11}$$

式中　V_{sb}——弯起钢筋的受剪承载力；

f_y——弯起钢筋抗拉强度设计值；

α_s——弯起钢筋与构件纵向轴线的夹角，一般取 45°或 60°。

如图 5.25 所示，取弯起钢筋的竖向力分量作为其抗剪能力，但是考虑到弯起钢筋与梁的

斜裂缝相交时,有可能已经接近受压区,使得弯起钢筋的强度在斜截面受剪破坏时不可能全部发挥作用,所以在公式中出现了系数0.8,是弯起钢筋受剪承载力的折减系数。

设置抗剪弯起钢筋的目的是为了使得弯起钢筋能够与斜裂缝相交,在斜裂缝处弯起钢筋受力,从而起到限制斜裂缝发展并直接抗剪,如图5.26所示。但如果弯起钢筋的间距过大,则会出现不与弯起钢筋相交的斜裂缝,这一区域就没有弯起钢筋的作用,《规范》规定,当按计算要求配置弯起钢筋时,前一排弯起点至后一排弯终点之间的距离不应大于表5.3中 $V > 0.7f_t bh_0$ 栏中的最大箍筋间距 S_{max},且第一排弯起钢筋距支座边的间距也同样要满足此要求。

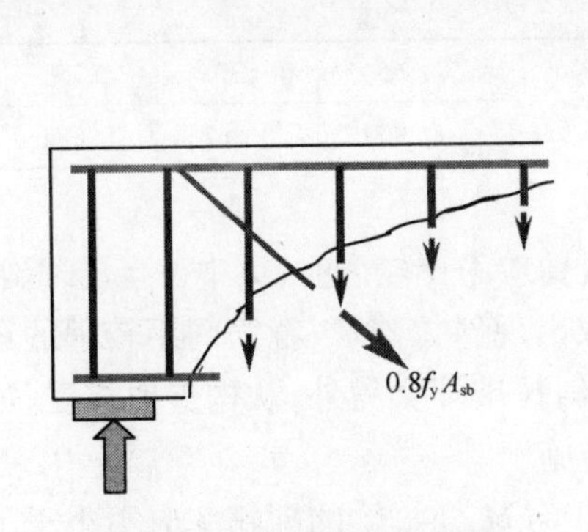

图5.25　弯起钢筋的作用

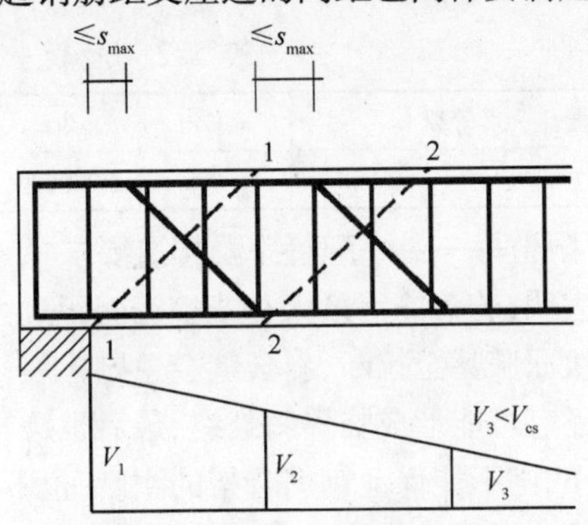

图5.26　弯起钢筋的抗剪范围

b. 对集中荷载作用下的独立梁(包括作用有多种荷载,其中集中荷载对支座边缘截面产生的剪力值大于总剪力值的75%的情况),有

$$V \leqslant V_{cs} + V_{sb} = \frac{1.75}{\lambda + 1.0} f_t bh_0 + f_{yv}\frac{A_{sv}}{s}h_0 + 0.8f_y A_{sb}\sin\alpha_s \tag{5.12}$$

2. 计算公式的适用范围

配有腹筋梁的斜截面抗剪承载力计算公式,是在梁发生剪压破坏的条件下的偏下限试验统计公式,为了防止斜压破坏和斜拉破坏,《规范》规定梁的抗剪承载力必须满足以下条件。

1) 上限值——最小截面尺寸

为了防止梁中配置箍筋的配箍率过高,而发生梁腹部的斜压破坏,《规范》规定受剪截面需符合下列截面限制条件。

当$\frac{h_w}{b} \leqslant 4$时,有

$$V \leqslant 0.25\beta_c f_c bh_0 \tag{5.13a}$$

当$\frac{h_w}{b} \geqslant 6$时,有

$$V \leqslant 0.2\beta_c f_c bh_0 \tag{5.13b}$$

当$4 < \frac{h_w}{b} < 6$时,按线性内插法确定。

式(5.13)中　h_w——截面腹板高度,矩形截面取有效高度 h_0,T形截面取有效高度减去翼缘高度,"工"字形截面取腹板净高,如图5.27所示;

β_c——混凝土强度影响系数,见表5.2;

b——矩形截面的宽度,T形截面或"工"字形截面的腹板宽度。

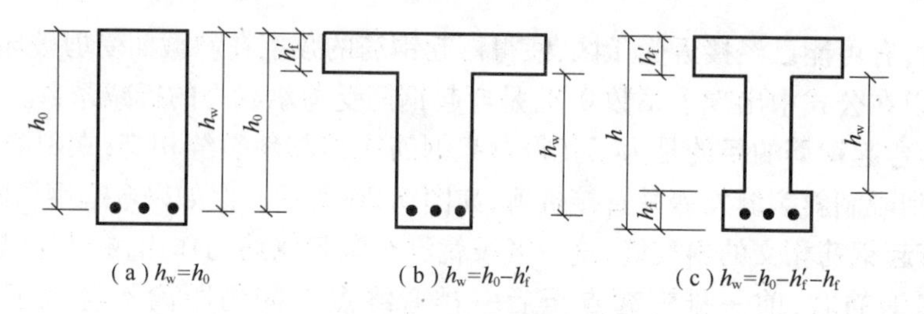

(a) $h_w=h_0$　　(b) $h_w=h_0-h_f'$　　(c) $h_w=h_0-h_f'-h_f$

图 5.27　梁的腹板高度

表 5.2　混凝土强度影响系数 β_c

混凝土强度等级	≤C50	C55	C60	C65	C70	C75	C80
β_c	1.000	0.967	0.933	0.900	0.867	0.833	0.800

2）下限值——最小配箍率及构造要求

试验表明，若箍筋用量太少或箍筋间距过大，且剪应力比较大时，梁中一旦出现斜裂缝，箍筋可能很快屈服甚至拉断，斜裂缝会急剧扩展，导致出现斜拉破坏；箍筋间距较远的梁在两个箍筋之间还有可能形成临界斜裂缝，最后也会导致斜拉破坏。另外，从构造要求看，如果箍筋的直径过小，则不能保证钢筋骨架的刚度，也不便于施工。

为了防止梁发生斜拉破坏，《规范》规定当 $V>0.7f_tbh_0$ 时，梁的配箍率应不小于下列最小配箍率，即

$$\rho_{sv}=\frac{A_{sv}}{bs}\geqslant\rho_{sv,\min}=0.24\frac{f_t}{f_{yv}} \tag{5.14}$$

为了防止箍筋间距过大，使穿越斜裂缝的箍筋数量过少，并控制使用荷载下的斜裂缝宽度。《规范》规定了构造要求的箍筋最大间距 $S_{\max}$（表 5.3）及箍筋的最小直径（表 5.4）。

表 5.3　梁中箍筋最大间距 $S_{\max}$　(mm)

梁高 h	$V>0.7f_tbh_0$	$V\leqslant0.7f_tbh_0$
$150<h\leqslant300$	150	200
$300<h\leqslant500$	200	300
$500<h\leqslant800$	250	350
$h>800$	300	400

表 5.4　梁中箍筋最小直径　(mm)

梁高 h	箍筋直径
$h\leqslant800$	6
$h>800$	8

当梁中配置有计算需要的纵向受压钢筋时，箍筋的直径尚不应小于 $0.25d$（d 为受压钢筋的最大直径）。

对于按承载力计算不需要箍筋的梁，当截面高度 $h>300$mm 时，应沿梁全长设置构造箍筋；当截面高度 h 为 150～300mm 时，可仅在构件端部 $l_0/4$ 范围内设置构造箍筋（l_0 为跨度）。但当在构件中部 $l_0/2$ 范围内有集中荷载作用时，则应沿梁全长设置箍筋。当截面高度 $h<150$mm 时，可以不设置箍筋。

对于梁中配有按计算需要的纵向受压钢筋时，箍筋应符合以下规定：

（1）箍筋应做成封闭式，且弯钩直线段长度不应小于$5d$（d为箍筋直径）。

（2）箍筋的间距不应大于$15d$，并不应大于400mm。当一层内的纵向受压钢筋多于5根且直径大于18mm时，箍筋间距不应大于$10d$（d为纵向受压钢筋的最小直径）。

（3）当梁的宽度大于400mm且一层内的纵向受压钢筋多于3根时，或当梁的宽度不大于400mm且一层内的纵向受压钢筋多于4根时，应设置复合箍筋，如图5.28所示。

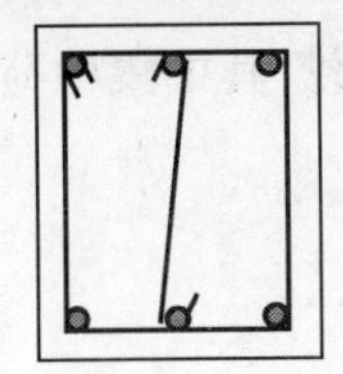
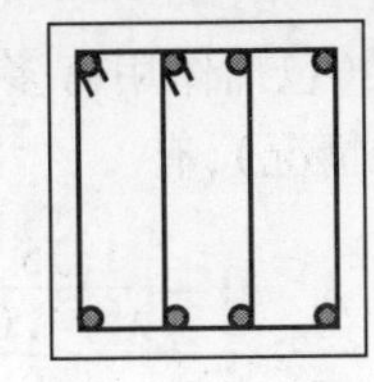
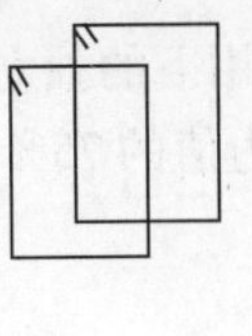

图5.28　复合箍筋的形式

5.3.2　梁斜截面抗剪承载力计算步骤

1. 斜截面抗剪承载力的计算位置

在计算斜截面抗剪承载力时，其计算位置应按图5.29所示。

（1）支座边缘截面。通常此处剪力最大，如图5.29中V_1。

（2）腹板宽度改变处。当腹板宽度减小时，其抗剪承载力会降低，如图5.29中V_2。

（3）箍筋直径或间距改变处。箍筋直径减少或间距增大，梁的抗剪能力都会降低，如图5.29中V_3。

（4）弯起钢筋弯起点处。图5.29中弯起钢筋的抗弯范围为弯起点至支座之间。弯起点之外部分的剪力V_4由箍筋承担，所以要验算4—4截面处的抗剪能力是否足够。

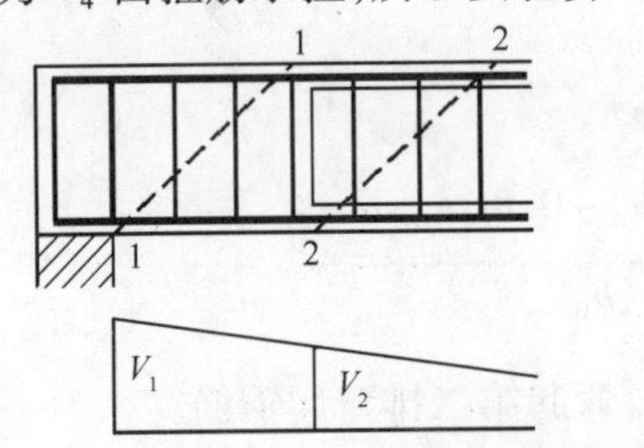

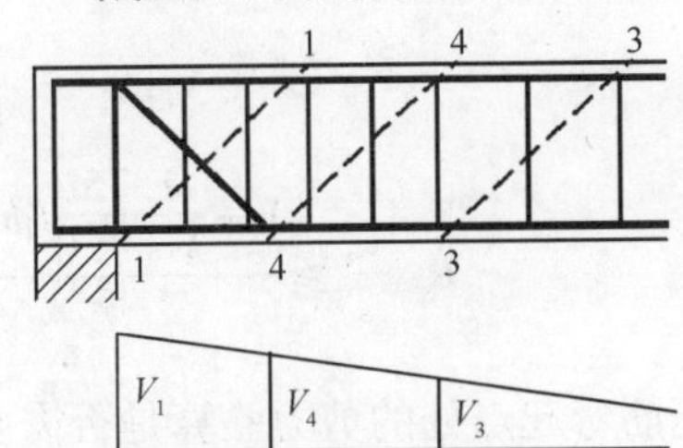

图5.29　斜截面受剪承载力计算位置

1—1—支座边缘处的斜截面；2—2—腹板宽度改变处的截面；

3—3—箍筋截面面积或间距改变处的斜截面；4—4—受拉区弯起钢筋弯起点的斜截面。

2. 计算步骤

钢筋混凝土梁一般先由高跨比、高宽比等构造要求及正截面受弯承载力计算确定截面尺寸、混凝土强度等级及纵向钢筋用量，然后进行斜截面受剪承载力设计计算。其步骤如下：

（1）根据5.3.2的1中内容确定计算截面，并根据受力状态确定该截面的剪力设计值。

（2）由式(5.13)验算梁的截面尺寸是否满足截面限制条件，如不满足应加大截面尺寸或提高混凝土强度等级。

（3）验算是否可以按构造配置箍筋，若$V \leqslant 0.7f_t bh_0$或$\dfrac{1.75}{\lambda+1.0}f_t bh_0$，则可按表5.3和表5.4的要求配置箍筋；若$V > 0.7f_t bh_0$或$\dfrac{1.75}{\lambda+1.0}f_t bh_0$，则按计算确定腹筋数量。

(4) 计算腹筋。

① 仅配箍筋的梁。

a. 对于一般受弯构件,有

$$\frac{A_{sv}}{s} \geqslant \frac{V - 0.7 f_t b h_0}{f_{yv} h_0} \tag{5.15}$$

b. 对集中荷载作用下的独立梁(包括作用有多种荷载,其中集中荷载对支座边缘截面产生的剪力值大于总剪力值的75% 的情况),有

$$\frac{A_{sv}}{s} \geqslant \frac{V - \frac{1.75}{\lambda + 1.0} f_t b h_0}{f_{yv} h_0} \tag{5.16}$$

根据$\frac{A_{sv}}{s}$可由构造要求确定箍筋肢数和箍筋直径,然后计算箍筋间距 s。选择箍筋直径和间距时,应符合表5.3 和表5.4 的要求。

② 同时配置箍筋和弯起钢筋的梁。一般先根据经验和构造要求配置箍筋,确定 V_{cs},对剪力 $V > V_{cs}$的区段,按式(5.17)计算弯起钢筋的面积,即

$$A_{sb} = \frac{V - V_{cs}}{0.8 f_y \sin\alpha_s} \tag{5.17}$$

也可以根据受弯承载力的要求,先选定弯起钢筋,再按式(5.18)计算所需箍筋,即

$$\frac{A_{sv}}{s} \geqslant \frac{V - 0.7 f_t b h_0 - 0.8 f_y A_{sb} \sin\alpha_s}{f_{yv} h_0} \tag{5.18}$$

或

$$\frac{A_{sv}}{s} \geqslant \frac{V - \frac{1.75}{\lambda + 1.0} f_t b h_0 - 0.8 f_y A_{sb} \sin\alpha_s}{f_{yv} h_0} \tag{5.19}$$

根据弯起钢筋弯起点处的剪力验算是否需要弯起第二排弯起钢筋。

【例5.1】 如图5.30 所示简支梁,截面尺寸 $b \times h = 250\text{mm} \times 650\text{mm}$,跨度为6.9m,净跨 $l_n = 6.66\text{m}$,承受均布荷载设计值 $q = 70\text{kN/m}$(包括自重),混凝土为C25,箍筋为HPB300,环境类别为一类,试求:

(1) 不设弯起钢筋时的受剪箍筋。

(2) 当箍筋为 ϕ6@200 时,弯起钢筋应为多少?

(3) 利用现有纵筋为弯起钢筋,求所需箍筋为多少?

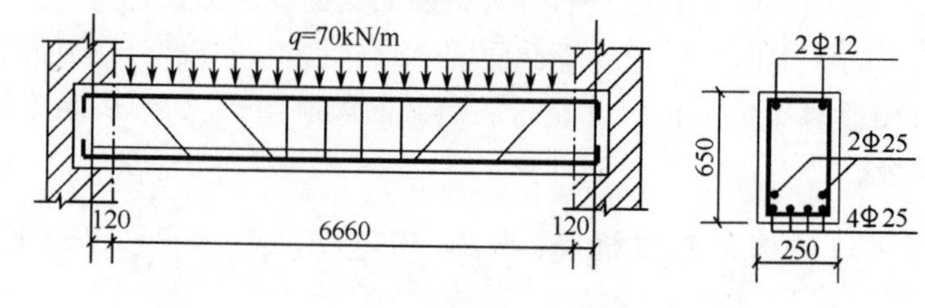

图5.30 例题5.1 用图

解 问题(1)。

① 确定材料强度设计值。由附表查得 $f_c = 11.9\text{N/mm}^2$，$f_t = 1.27\text{N/mm}^2$，$f_y = 300\text{N/mm}^2$，$f_{yv} = 270\text{N/mm}^2$，$\beta_c = 1.0$。

② 计算支座边最大剪力设计值。净跨 $l_n = 6.66\text{m}$，则

$$V = \frac{1}{2}ql_0 = \frac{1}{2} \times 70 \times 6.66 = 233.1(\text{kN})$$

③ 验算截面尺寸。

$$h_w = h_0 = h - a_s = 650 - 60 = 590(\text{mm})$$

$$\frac{h_w}{b} = \frac{590}{250} = 2.36 < 4$$

属于厚腹梁，有

$$0.25\beta_c f_c bh_0 = 0.25 \times 1 \times 11.9 \times 250 \times 590 = 438.8(\text{kN}) > V = 233.1(\text{kN})$$

截面符合要求。

④ 验算是否可按构造配筋。

$$0.7f_t bh_0 = 0.7 \times 1.27 \times 250 \times 590 = 131.1(\text{kN}) < V = 233.1(\text{kN})$$

故需进行配箍计算。

⑤ 计算所需箍筋。

$$\frac{A_{sv}}{s} \geqslant \frac{V - 0.7f_t bh_0}{f_{yv}h_0} = \frac{233.1 \times 10^3 - 131.1 \times 10^3}{270 \times 590} = 0.64(\text{mm})$$

选用 $\phi 8$ 双肢箍，取 $n = 2$，则

$$A_{sv} = nA_{sv1} = 2 \times 50.3 = 100.6(\text{mm}^2)$$

$$s \leqslant \frac{A_{sv}}{0.64} = \frac{100.6}{0.64} = 157.2(\text{mm})$$

取 $s = 150\text{mm}$，则

$$\rho_{sv} = \frac{A_{sv}}{bs} = \frac{100.6}{250 \times 150} = 0.268\% > \rho_{sv,\min} = 0.24\frac{f_t}{f_{yv}} = 0.24 \times \frac{1.27}{270} = 0.113\%$$

沿梁长实配双肢 $\phi 8$@150(图5.31)。

问题(2)。

① 验算所配箍筋是否满足最小配箍要求。

$$\rho_{sv} = \frac{A_{sv}}{bs} = \frac{56.6}{250 \times 200} = 0.113\% \geqslant \rho_{sv,\min}$$

且满足表5.3、表5.4中关于箍筋间距和直径的要求，所以满足最小配箍要求。

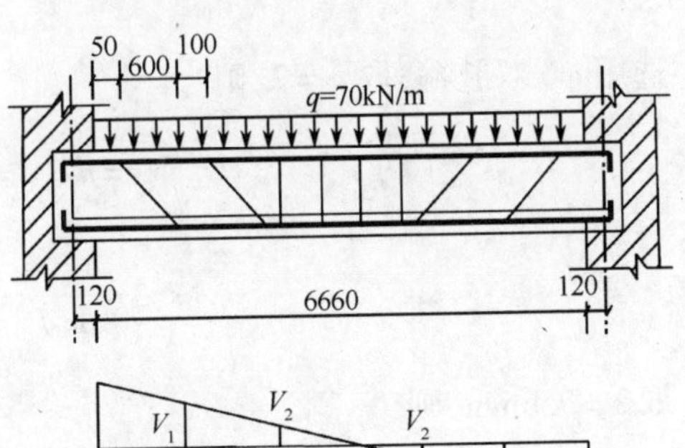

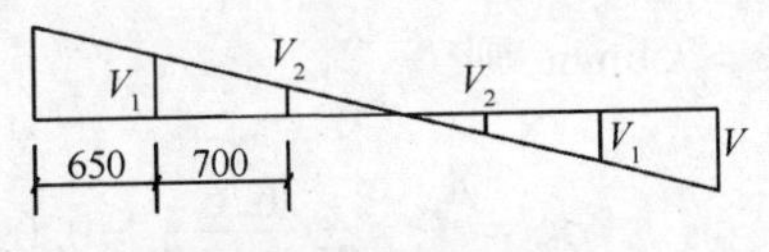

图5.31 例5.1内力图

② 计算 V_{cs}。已知 $n = 2$，则

$$A_{sv1} = 28.3\text{mm}^2 \text{ 及 } s = 200\text{mm}$$

$$V_{cs} = 0.7f_t bh_0 + f_{yv}\frac{nA_{sv1}}{s}h_0$$

$$= 0.7 \times 1.27 \times 250 \times 590 + 270 \times \frac{2 \times 28.3}{200} \times 590 = 176.2(\text{kN})$$

③ 计算第一排弯起钢筋的截面面积。取 $\alpha_s = 45°$，则

$$A_{sb}=\frac{V-V_{cs}}{0.8f_y\sin\alpha_s}=\frac{(233.1-176.2)\times10^3}{0.8\times300\times\sin45°}=335.3(\mathrm{mm}^2)$$

弯起一根 Φ25 的纵筋 $A_s=490.9\mathrm{mm}^2$，可以满足抗剪要求。

④ 验算是否需要设置第二排弯起钢筋。

如图 5.33 所示，设第一排弯起钢筋的弯起终点至支座边缘距离为 50mm，弯起钢筋是从梁底部的下层钢筋弯起梁的上部，保护层取为 20mm，则底部的底层钢筋的中心线的位置距离梁的外表面的距离为 $20+6+25/2=38.5(\mathrm{mm})$，所以，上部钢筋至下部的下层钢筋的距离为 $650-38.5-38.5=573(\mathrm{mm})$，如果弯起钢筋的弯起角度为 45°，则弯起钢筋弯终点至弯起点的水平距离为 573mm，则弯起钢筋弯起点至支座边缘的距离为 $573+50=623(\mathrm{mm})$。弯起钢筋的弯起角度可在一定范围内调整，为了便于施工，取弯起钢筋弯起点至支座边缘的距离为 650mm。弯起一根 Φ25 后，还需验算钢筋弯起点处截面的受剪承载力，即

$$V_1=\frac{6.66/2-0.65}{6.66/2}\times233.1=187.6(\mathrm{kN})>176.21(\mathrm{kN})$$

即弯起第一排的弯起点处的剪力值大于配置箍筋后梁的抗剪能力，不满足抗剪要求，故需要弯起第二排弯起钢筋。

$$A_{sb}=\frac{V_1-V_{cs}}{0.8f_y\sin\alpha_s}=\frac{(187.6-176.2)\times10^3}{0.8\times300\times\sin45°}=67.2(\mathrm{mm}^2)$$

仍需弯起一根 Φ25 的纵筋 $A_s=490.9\mathrm{mm}^2>A_{sb}$，满足要求。

第二排弯起钢筋的弯起终点距离第一排弯起钢筋的弯起起点不能超过 250mm（按表 5.3），取为 200mm。

用同样的方法验算是否需要第三排弯起钢筋。经验算，不需弯起第三排弯起钢筋。

问题(3)。

① 弯起一根 Φ25 的纵筋，计算所需箍筋。

$$V_{sb}=0.8f_{sb}A_{sb}\sin\alpha_s=0.8\times300\times490.9\times\sin45°=83.3(\mathrm{kN})$$

$$\frac{A_{sv}}{s}\geqslant\frac{V-0.7f_tbh_0-V_{sb}}{f_{yv}h_0}=\frac{(233.1-131.1-83.3)\times10^3}{270\times590}=0.117(\mathrm{mm})$$

选用 $\phi6$ 双肢箍，取 $n=2$，则

$$A_{sv}=nA_{sv1}=2\times28.3=56.6(\mathrm{mm}^2)$$

$$s\leqslant\frac{A_{sv}}{0.117}=\frac{56.6}{0.117}=483.8(\mathrm{mm})$$

取 $s=250\mathrm{mm}$，则

$$\rho_{sv}=\frac{A_{sv}}{bs}=\frac{56.6}{250\times250}=0.090\%<\rho_{sv,\min}=0.24\frac{f_t}{f_{yv}}=0.24\times\frac{1.27}{270}=0.113\%$$

重新选取 $s=150\mathrm{mm}$，有

$$\rho_{sv}=\frac{A_{sv}}{bs}=\frac{56.6}{250\times150}=0.151\%>\rho_{sv,\min}$$

实配双肢 $\phi6@150$。

② 弯起钢筋弯起起点以后的梁所需箍筋，由问题(2)可知，$V_1=187.6\text{kN}$，则

$$\frac{A_{sv}}{s}\geqslant\frac{V-0.7f_tbh_0}{f_{yv}h_0}=\frac{187.6\times10^3-131.1\times10^3}{270\times590}=0.355$$

选用 $\phi6$ 双肢箍，取 $n=2$，则

$$A_{sv}=n\times A_{sv1}=2\times28.3=56.6(\text{mm}^2)$$

$$s\leqslant\frac{A_{sv}}{0.355}=\frac{56.6}{0.355}=159(\text{mm})$$

取 $s=150\text{mm}$，则

$$\rho_{sv}=\frac{A_{sv}}{bs}=\frac{56.6}{250\times150}=0.151\%>\rho_{sv,\min}=0.24\frac{f_t}{f_{yv}}=0.24\times\frac{1.1}{210}=0.126\%$$

实配双肢 $\phi6@150$。

或者采用第二种方案，即箍筋采用 $\phi6@200$，此时

$$\rho_{sv}=\frac{A_{sv}}{bs}=\frac{56.6}{250\times200}=0.113\%\geqslant\rho_{sv,\min}$$

需要弯起第二排弯起钢筋，弯起一根⌀25 钢筋。

$$V_{cs}+V_{sb}=0.7\times1.27\times250\times590+270\times\frac{2\times28.3}{150}\times590+83.3>V_1=187.6\text{kN}$$

满足要求。

【例 5.2】 简支梁的截面尺寸 $b\times h=250\text{mm}\times600\text{mm}$，净跨 $l_n=5\text{m}$，承受荷载设计值情况如图 5.30 所示，其中均布荷载包括自重，混凝土为 C30，箍筋为 HPB300，环境类别为一类。试确定所需配置的箍筋。

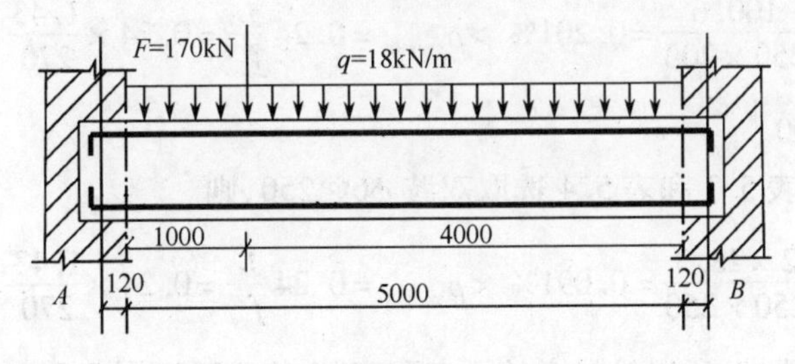

图 5.32 例 5.2 图

解 ① 确定材料强度设计值。由附表查得 $f_c=14.3\text{N/mm}^2$，$f_t=1.43\text{N/mm}^2$，$f_y=360\text{N/mm}^2$，$f_{yv}=270\text{N/mm}^2$，$\beta_c=1.0$。

② 计算支座边最大剪力设计值。净跨 $l_n=5\text{m}$，则

$$V_A=\frac{1}{2}\times18\times5+\frac{4}{5}\times170=181\text{kN}$$

$$V_B=\frac{1}{2}\times18\times5+\frac{1}{5}\times170=79\text{kN}$$

③ 验算截面尺寸。

$$h_w = h_0 = h - a_s = 600 - 60 = 540\text{mm}$$

$$\frac{h_w}{b} = \frac{540}{250} = 2.16 < 4$$

属于厚腹梁，有

$$0.25\beta_c f_c bh_0 = 0.25 \times 1 \times 14.3 \times 250 \times 540 = 482.6\text{kN} > V_A = 181\text{kN}$$

截面符合要求。

④ 验算是否可按构造配筋。

$$V_B = 74.92\text{kN} < 0.7f_t bh_0 = 0.7 \times 1.43 \times 250 \times 540 = 135.1\text{kN} < V_A = 181\text{kN}$$

故 A 支座处需进行配箍计算，B 支座处可根据构造确定箍筋。

⑤ 计算所需箍筋。因 A 支座边集中荷载产生的剪力与支座总剪力的比值 $\frac{136}{181} = 75.1\% > 75\%$，故应按式(5.10)或式(5.12)进行计算。

$$\lambda = \frac{a}{h_0} = \frac{1000}{540} = 1.85$$

$$\frac{A_{sv}}{s} \geqslant \frac{V - \frac{1.75}{\lambda + 1.0} f_t bh_0}{f_{yv} h_0} = \frac{181 \times 10^3 - \frac{1.75}{1.85 + 1.0} \times 1.43 \times 250 \times 540}{270 \times 540} = 0.43(\text{mm})$$

选用 ϕ8mm 双肢箍，取 $n = 2$，则

$$A_{sv} = nA_{sv1} = 2 \times 50.3 = 100.6(\text{mm}^2)$$

$$s \leqslant \frac{A_{sv}}{0.43} = \frac{100.6}{0.43} = 234(\text{mm})$$

根据表(5.3)，$s \leqslant 250$mm，取 $s = 200$mm，则

$$\rho_{sv} = \frac{A_{sv}}{bs} = \frac{100.6}{250 \times 200} = 0.201\% > \rho_{sv,\min} = 0.24\frac{f_t}{f_{yv}} = 0.24 \times \frac{1.43}{270} = 0.127\%$$

实配双肢 ϕ8@200。

若 B 支座处根据表 5.3 和表 5.4 选取双肢 ϕ6@250，则

$$\rho_{sv} = \frac{A_{sv}}{bs} = \frac{2 \times 28.3}{250 \times 250} = 0.091\% < \rho_{sv,\min} = 0.24\frac{f_t}{f_{yv}} = 0.24 \times \frac{1.43}{270} = 0.127\%$$

不能满足最小配箍率要求，所以沿梁全长可实配双肢 ϕ8@200(图 5.33)。

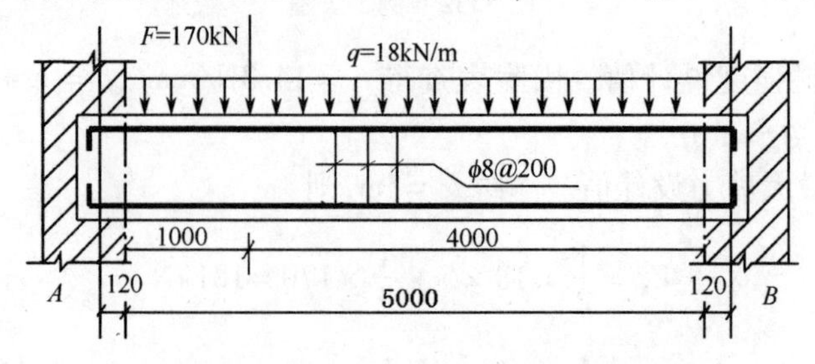

图 5.33 箍筋配筋图

【例 5.3】 图 5.34 所示为一钢筋混凝土简支梁，采用 C30 混凝土，纵筋为热轧 HRB335 级钢筋，箍筋为 HPB300 级钢筋，如果忽略梁的自重及架立钢筋的作用，环境类别为一类。试求此梁所能承受的最大荷载设计值 P，此时该梁为正截面破坏还是斜截面破坏？

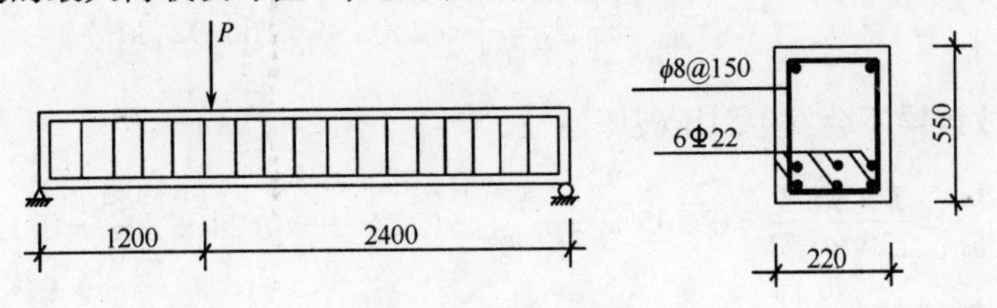

图 5.34 例 5.3 用图

解 ① 确定材料强度设计值。由附表查得 $f_c=14.3\text{N/mm}^2$，$f_t=1.43\text{N/mm}^2$，$f_y=300\text{N/mm}^2$，$f_{yv}=270\text{N/mm}^2$，$\alpha_1=1.0$，$\beta_c=1.0$。

② 荷载计算。

$$M_{\max}=\frac{2}{3}P\times1.2=0.8P_1(\text{kN}\cdot\text{m})$$

$$V_{\max}=\frac{2}{3}P_2(\text{kN})$$

③ 按正截面受弯承载力公式求 P_1。

$$h_0=h-60=550-60=490(\text{mm})$$

由单筋公式

$$\alpha_1 f_c bx=f_y A_s \tag{5.20}$$

$$M=\alpha_1 f_c bx(h_0-x/2) \tag{5.21}$$

由式(5.20)得

$$x=\frac{f_yA_s}{\alpha_1 f_c b}=\frac{2281\times300}{1\times14.3\times220}=217.51\text{mm}<\xi_b h_0=0.55\times482=269.5\text{mm}$$

$$M=\alpha_1 f_c bx(h_0-x/2)=1\times14.3\times220\times217.51\times(490-217.51/2)=0.8P_1$$

得 $P_1=326.1\text{kN}$

④ 按斜截面受剪承载力公式求 P_2。

剪跨比 $\lambda=\dfrac{a}{h_0}=\dfrac{1200}{490}=2.45$，$1<\lambda<3$；箍筋为双肢 $\phi8@150$。

而

$$V=\frac{1.75}{\lambda+1.0}f_tbh_0+f_{yv}\frac{A_{sv}}{s}h_0=\frac{1.75}{2.45+1}\times1.43\times220\times490+270\times\frac{2\times50.3}{150}\times490=\frac{2}{3}P_2$$

得

$$P_2=250.38\text{kN}$$

⑤ 比较 P_1、P_2 值，显然 $P_2<P_1$。故此梁按计算为斜截面破坏控制。

$$\frac{h_w}{b}=\frac{490}{220}=2.23<4$$

属于厚腹梁，有

$$0.25\beta_c f_c bh_0 = 0.25\times1\times14.3\times220\times490 = 385.39(\text{kN})$$

$$> V_{max} = \frac{2}{3}P_2 = \frac{2}{3}\times250.38 = 166.92(\text{kN})$$

截面符合要求，故该梁不会发生斜压破坏。

又 $$\rho_{sv} = \frac{A_{sv}}{bs} = \frac{2\times50.3}{220\times150} = 0.305\% > \rho_{sv,min} = 0.24\frac{f_t}{f_{yv}} = 0.24\times\frac{1.43}{270} = 0.127\%$$

故该梁不会发生斜拉破坏。

上述讨论说明，此梁为剪压破坏控制的受剪破坏。

5.4 梁斜截面构造要求

在剪力和弯矩共同作用下，梁不仅会出现斜裂缝，还会导致与其相交的纵向钢筋拉力的增大，引起沿斜截面受弯承载能力的不足及锚固不足的破坏。因此，在设计中，除了要保证梁的正截面受弯承载力和斜截面受剪承载力外，还要考虑斜截面受弯承载力的问题。所以结构设计中应综合考虑受弯、受剪及粘结锚固的要求进行钢筋布置，最后确定配筋构造细节。为节约钢材，可根据设计弯矩图的变化将钢筋截断或弯起。

5.4.1 抵抗弯矩图

抵抗弯矩图（M_u 图）是按照实际纵向钢筋布置图所画出的受弯构件正截面所能抵抗的弯矩图。它反映了沿梁长的正截面受弯承载力设计值 M_u 的变化，也反映了沿梁长正截面上材料的抗力，也可简称为材料图。

如图 5.35 所示，钢筋混凝土梁在均布荷载作用下按跨中最大设计弯矩 M_{max} 计算，需配置 2 Φ 25 + 1 Φ 22 的纵向受拉钢筋，跨中截面的抵抗弯矩为 M_u（$M_u > M$）。如全部纵向钢筋沿梁长既不截断也不弯起，全部伸入支座且有足够的锚固长度时，则在梁全长范围内都能保证 $M_u > M$。

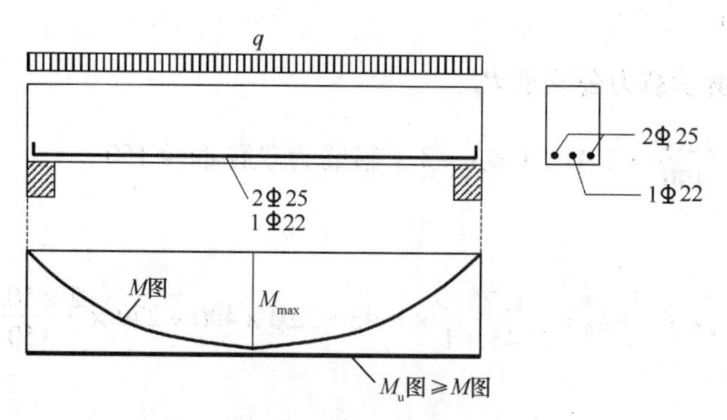

图 5.35 纵筋全部伸入支座的抵抗弯矩图

纵筋沿梁的全长通长布置，构造虽然简单，但钢筋强度没有得到充分利用，除跨中截面外，其余截面处纵筋应力均未达到抗拉强度设计值。这种配筋方式对于小跨度构件比较适合。对于跨度较大的构件，从节约钢筋方面考虑，可将一部分纵筋在受弯承载力不需要处截断或弯起。此时需要考虑以下几点：

① 如何保证梁正截面受弯承载力的要求（截断和弯起纵筋的数量和位置）？

② 如何保证梁斜截面受弯承载力要求？

③ 如何保证梁内钢筋的粘结锚固要求？

这些问题可通过画抵抗弯矩图来解决。

5.4.2 钢筋的弯起

弯起钢筋抵抗弯矩图的画法如图5.36所示。首先算出各根（或各组）钢筋所提供的受弯承载力，若截面的总配筋面积 $A_s = \sum A_{si}$，则其抵抗弯矩 $M_u = f_y A_s h_0 \left(1 - \frac{\rho f_y}{2\alpha_1 f_c}\right)$，因此，该截面各根（或各组）钢筋的抵抗弯矩可近似写为

$$M_{ui} = \frac{A_{si}}{A_s} M_u$$

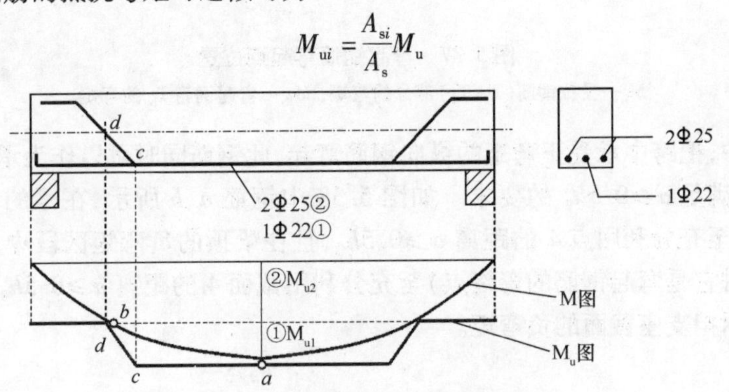

图5.36 有弯起钢筋的抵抗弯矩图

如图5.36所示，将 M_u 根据钢筋的正截面抗弯能力进行分配，1 Φ22 和 2 Φ25 的正截面抗弯范围为①和②所标示的范围。如果3根钢筋全部通长布置至支座，则抵抗弯矩的能力沿梁全长不变，如图5.35所示。如果在靠近支座处将 1 Φ22 弯起，则沿梁全长的正截面抗弯能力会在弯起钢筋处出现变化。此钢筋从 c 点开始弯起，正截面抗弯能力也从 c 点开始变化。弯起钢筋在 d 点与中和轴相交，此钢筋在中和轴以下的抗弯能力也结束，其在图上的表示为 1 Φ22 的抗弯作用从 c 点开始减少，至 d 点结束，M_u 图上表现为 cd 斜直线。d 点以后只剩下 2 Φ25 的正截面抗弯作用。

在剪力和弯矩共同作用下，与斜裂缝相交的纵向钢筋拉力增加，所以在钢筋弯起时还要满足斜截面受弯承载力。图5.36表示弯起钢筋弯起与 M_u 图的关系。

如图5.37所示，截面Ⅰ—Ⅰ为受力钢筋未弯起前充分利用的截面，按正截面受弯承载力计算该截面承担的弯矩为 $M_{\text{I}} = f_y A_s z$。弯起后，在跨越弯起钢筋的斜截面处的抗弯能力为 $M_{\text{Ib}} = f_y(A_s - A_{sb}) \cdot z + f_y A_{sb} z_b$。为保证斜截面的受弯承载力，要求斜截面受弯承载力应大于正截面受弯承载力，即 $M_{\text{Ib}} \geqslant M_{\text{I}}$、$z_b \geqslant z$。

设弯起钢筋弯起点离该钢筋充分利用的截面Ⅰ—Ⅰ的距离为 a，由图不难得出 $z_b = a\sin\alpha + z\cos\alpha$，通常 $\alpha = 45°$ 或 $60°$，近似取 $z = 0.9h_0$，则

$$a \geqslant \frac{z(1-\cos\alpha)}{\sin\alpha} \approx (0.373 \sim 0.52)h_0 \tag{5.22}$$

为方便起见，《规范》规定，弯起点与按计算充分利用该钢筋截面之间的距离不应小于 $0.5h_0$，即 $a \geqslant 0.5h_0$。这样可近似满足 $M_{\text{Ib}} \geqslant M_{\text{I}}$ 的要求，即满足弯起钢筋的斜截面抗弯要求。

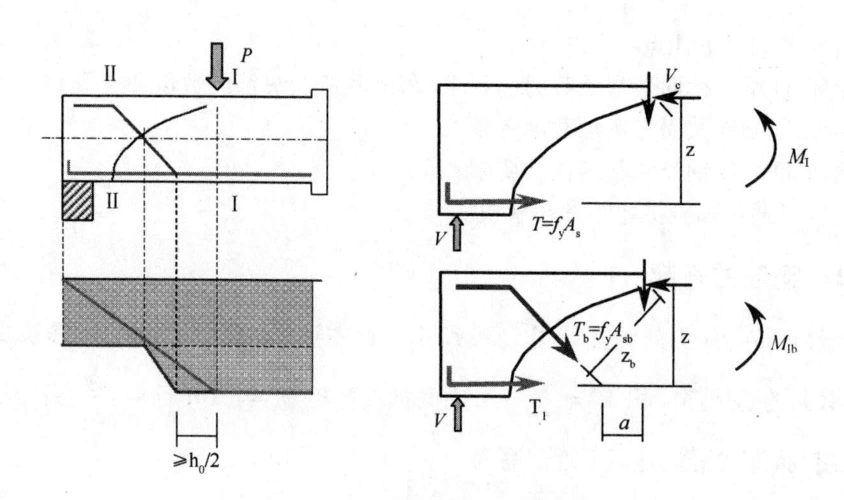

图 5.37　弯起钢筋弯起点位置

M_I—受拉钢筋($T-T_1$)部分的弯矩；M_{Ib}—弯起钢筋 T_b 的弯矩。

在连续梁中，把跨中承受正弯矩的纵向钢筋弯起，此钢筋同时可以作为承担支座负弯矩的钢筋，但也必须满足 $a \geqslant 0.5h_0$ 的要求。如图 5.38 中钢筋 a、b 所示，在梁的正弯矩区段弯起时，满足弯起点至充分利用点 4 的距离 $a \geqslant 0.5h_0$，且在梁顶的负弯矩区段中，其弯起点（相对于承担正弯矩时它是弯起钢筋的弯终点）至充分利用截面 4 的距离 $a \geqslant 0.5h_0$；否则，此弯起钢筋将不能用于承担支座截面的负弯矩。

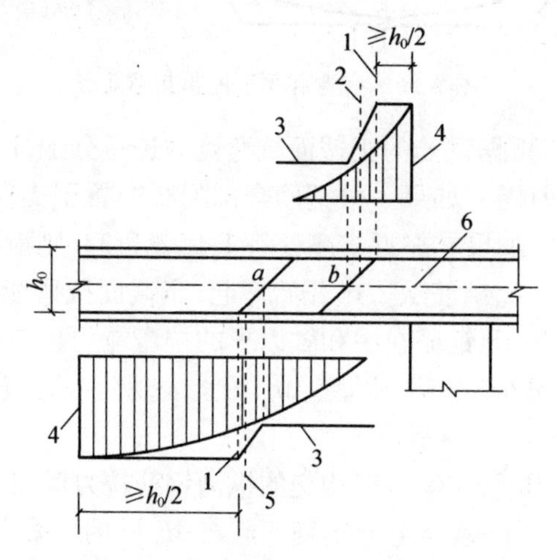

图 5.38　弯起钢筋弯起点与弯矩图的关系

1—在受拉区域中的弯起截面；2—按计算不需要钢筋"b"的截面；3—正截面受弯承载力图；4—按计算充分利用钢筋"a"和"b"的截面；5—按计算不需要钢筋"a"的截面；6—梁中心线。

当弯起钢筋不能同时满足正截面和斜截面的承载力要求时，可单独设置仅作为受剪的弯起钢筋，即如图 5.39(b)所示的吊筋和鸭筋。由于弯筋的作用是将斜裂缝之间的混凝土斜压力传递到受压区混凝土中去，以加强混凝土块体之间的共同工作，形成一拱形桁架，因而不允许设置图 5.39(a)所示的浮筋。

5.4.3　钢筋的截断

梁的正、负纵向钢筋都是根据跨中或支座的最大弯矩值，按正截面受弯承载力的计算来配

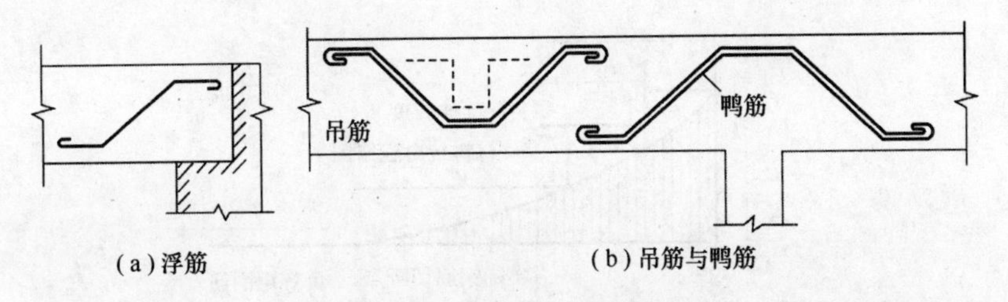

图 5.39　吊筋、鸭筋与浮筋

置的。通常,正弯矩区段内的纵向钢筋采用弯起钢筋的形式弯向支座(用来抗剪或抵抗负弯矩)来减少其多余的数量,因为梁正弯矩作用的范围比较大,受拉区几乎覆盖整个跨度,纵筋不宜截断。对于在支座附近的负弯矩区段内的纵筋,因为负弯矩区段的范围不大,故往往采用截断的方式来减少纵筋的数量,但不宜在受拉区段截断。

在图 5.40 中,假定 $A—A$ 截面处所有钢筋的强度都充分利用,则截面 $A—A$ 所对应的 e 点为纵筋①的充分利用点,f 点为纵筋②的充分利用点。$B—B$ 和 $C—C$ 截面为按计算不需要①钢筋的截面,也可称为①钢筋的理论截断点。

从理论上讲,某一纵筋在其不需要点(也可称为理论截断点)处截断似乎无可非议,但事实上,当在理论断点处截断钢筋后,有可能在切断处产生斜裂缝,此时,斜裂缝末端的弯矩就是斜截面承担的弯矩,而它的弯矩值比理论切断点处正截面的弯矩值要大,虽然斜截面上的箍筋也能承担一些弯矩,但为了可靠地保证斜截面的受弯承载力,必须在理论截断点以外延长一段距离后再截断。

另外,对于处在有斜裂缝的弯剪区段内的纵向钢筋,还有一个粘结锚固的问题。试验表明,当在支座负弯矩区段出现斜裂缝后,如图 5.41 所示,在斜截面上的纵筋应力必然增大,随着钢筋应力的继续增大,钢筋的销栓剪切作用会将混凝土保护层撕裂,在梁上引起一系列针脚状斜向粘结裂缝。若纵筋的粘结锚固长度不够,则这些粘结裂缝将会连通,形成纵向水平劈裂裂缝,最终造成构件的粘结破坏。所以必须从钢筋强度充分利用截面以外,延伸后再截断钢筋。

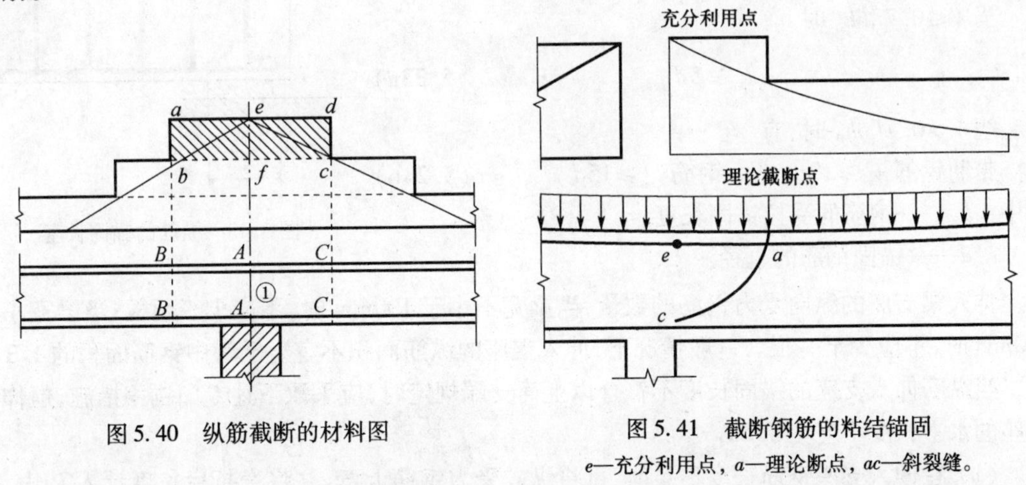

图 5.40　纵筋截断的材料图

图 5.41　截断钢筋的粘结锚固

e—充分利用点,a—理论断点,ac—斜裂缝。

钢筋混凝土连续梁、框架梁支座截面的负弯矩纵向钢筋不宜在受拉区截断。如必须截断时,在结构设计中,从上述两个条件中确定的较长外伸长度作为纵向受力钢筋的实际延伸长度,如图 5.42 所示,具体应符合表 5.5 的规定,取两者中较大者作为纵筋的截断处。

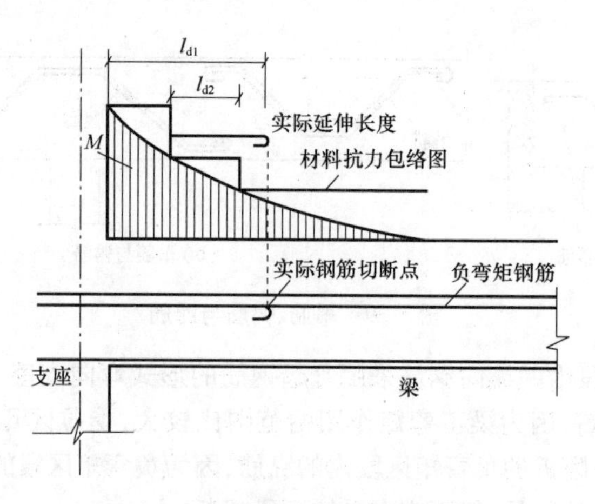

图 5.42　钢筋的延伸长度和切断点

表 5.5　负弯矩钢筋的延伸长度 l_d

截面条件	充分利用截面伸出 l_{d1}	理论截断截面伸出 l_{d2}
$V \leqslant 0.7f_tbh_0$	$1.2l_a$	$20d$
$V > 0.7f_tbh_0$	$1.2l_a + h_0$	$20d$ 且 h_0
$V > 0.7f_tbh_0$ 且断点在负弯矩受拉区	$1.2l_a + 1.7h_0$	$20d$ 且 $1.3h_0$

5.4.4　纵筋的锚固

1. 纵向钢筋在支座处的锚固

简支梁和连续梁简支端的下部纵向受力钢筋，应伸入支座一定的锚固长度，如图 5.43 所示。考虑到支座处同时存在有横向压应力的有利作用，支座处的锚固长度可比基本锚固长度略小。《规范》规定，钢筋混凝土梁简支端的下部纵向受拉钢筋伸入支座范围内的锚固长度，应符合以下条件，即

当 $V \leqslant 0.7f_tbh_0$ 时，有

$$l_{as} \geqslant 5d \tag{5.23a}$$

当 $V > 0.7f_tbh_0$ 时，有

带肋钢筋 $l_{as} \geqslant 12d$，光面钢筋 $l_{as} \geqslant 15d$　　(5.23b)

式中　l_{as}——钢筋的受拉锚固长度；

d——锚固钢筋的直径。

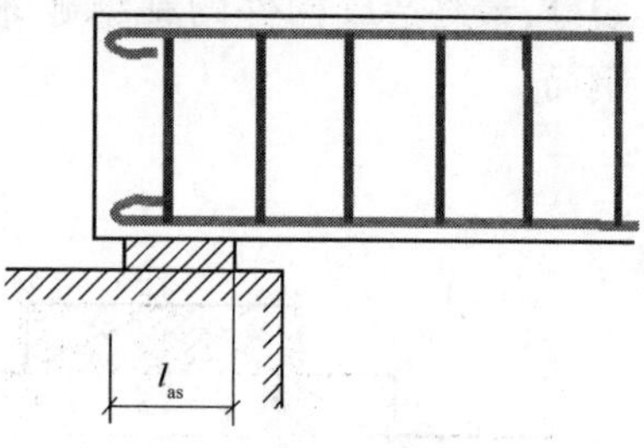

l_{as}

图 5.43　纵筋的锚固长度

伸入梁支座的纵向受力钢筋的数量，当梁宽不小于 100mm 时，不应少于两根；当梁宽小于 100mm 时，不应少于一根。一般情况下，伸入支座的纵筋面积不宜小于跨中钢筋面积的 1/3。

当纵筋伸入支座的锚固长度不符合以上简支端规定时，应采取下述专门锚固措施，但伸入支座的水平长度不应小于 $5d$。

(1) 在伸入支座钢筋长度不足时，可将纵向受力钢筋上弯，并将弯折后长度计入 l_{as} 内，如图 5.44 所示。

(2) 在纵筋端部加焊横向锚固钢筋或锚固钢板（图 5.45），此时可将正常锚固长度减少 $5d$，如在焊接骨架中采用光面钢筋作为纵向受力钢筋时，钢筋末端可不做弯钩，但钢筋的锚固

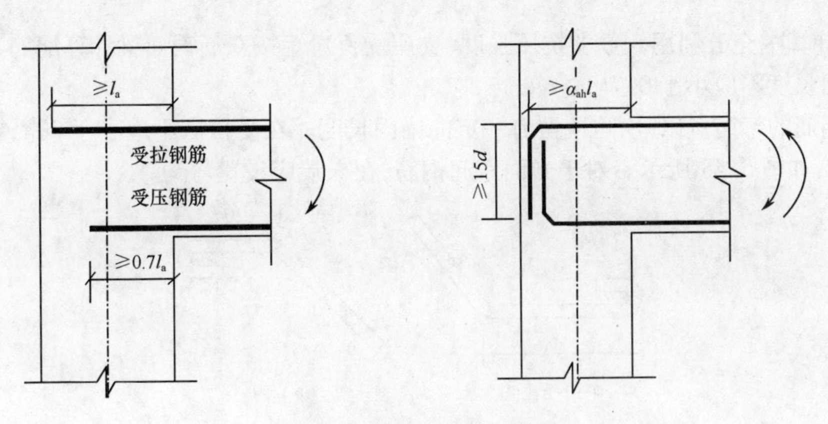

图 5.44　端支座钢筋的锚固

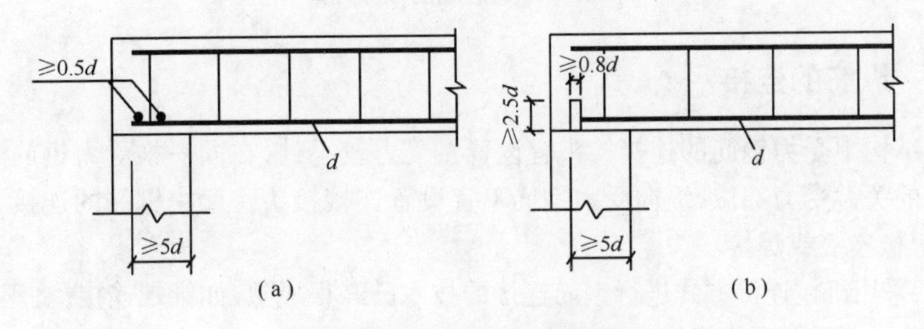

图 5.45　端部加焊钢筋或钢板

当 $V \leqslant 0.7f_tbh_0$ 时，至少一根，当 $V > 0.7f_tbh_0$ 时，至少两根；横向钢筋的直径不应小于纵向受力钢筋直径的 1/2；同时，加焊在最外边的横向钢筋，应靠近纵向钢筋的末端。

(3) 将钢筋端部焊接在梁端的预埋件上(图 5.46)。

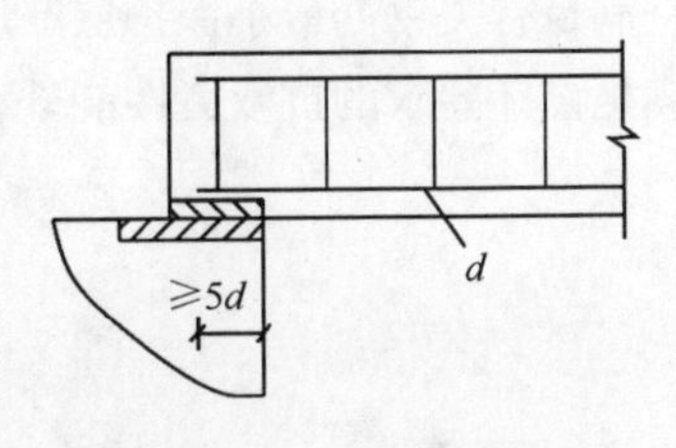

图 5.46　纵筋与预埋件焊接

在连续梁、框架梁的中间支座或中间节点处，纵筋伸入支座的长度如图 5.47 所示，应满足下列要求：

① 上部纵向钢筋应贯穿中间支座或中间节点范围。

② 下部纵向钢筋根据其受力情况，分别采用不同锚固长度：

a. 当计算中不利用其强度时，对光面钢筋取 $l_{as} \geqslant 15d$，对月牙纹钢筋取 $l_{as} \geqslant 12d$，并在满足上述条件的前提下，一般均伸至支座中心线。

b. 当计算中充分利用钢筋的抗拉强度时(支座受正弯矩作用)，其伸入支座的锚固长度不应小于 l_a。

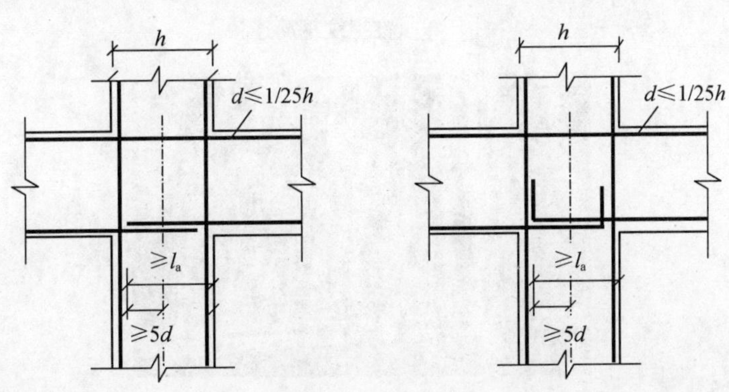

图 5.47　梁纵筋在中间支座的锚固

c. 当计算中充分利用钢筋的抗压强度(支座受负弯矩按双筋截面梁计算配筋)时,其伸入支座的锚固长度不应小于 $0.7l_a$。

弯起钢筋的弯终点以外,也应留有一定的锚固长度。在受拉区不应小于 $20d$,在受压区不应小于 $10d$,如图5.48所示。对于光面弯起钢筋,在末端应设置弯钩。

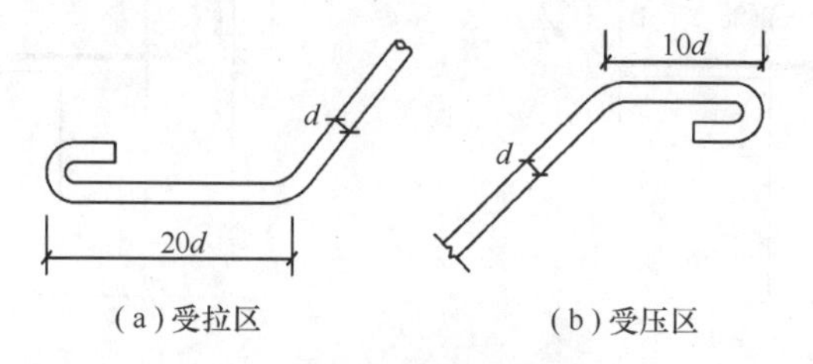

图5.48 弯起钢筋端部锚固

5.4.5 纵筋的连接

混凝土结构中受力钢筋的连接接头宜设置在受力较小处,在同一根受力钢筋上宜少设接头。在结构的关键受力部位,纵向受力钢筋不宜设置连接接头。梁中钢筋的连接方式可采用绑扎搭接、机械连接或焊接。

近年来,采用机械连接方式进行钢筋连接的技术已经很成熟,如锥螺连接、挤压连接等,如图5.49、图5.50所示。采用机械连接时,应符合专门的技术规定。机械连接套筒的保护层厚度宜满足有关钢筋最小保护层厚度的规定。直接承受动力荷载结构构件中的机械连接接头,除应满足设计要求的抗疲劳性能外,位于同一连接区段内的纵向钢筋接头面积百分率不应大于50%。

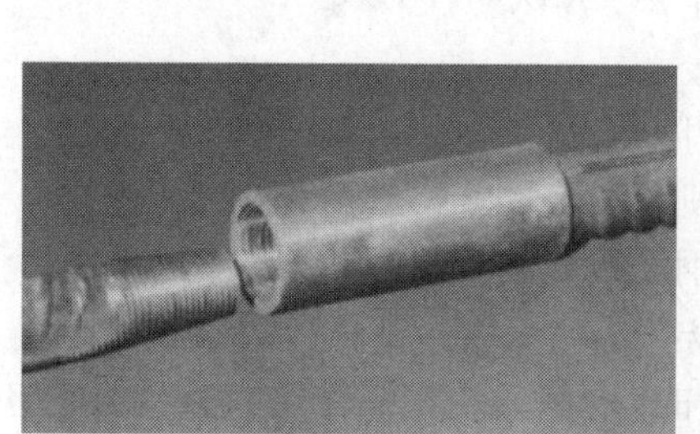

图5.49 锥螺纹钢筋连接

图5.50 挤压钢筋连接

细晶粒热轧带肋钢筋以及直径大于28mm的带肋钢筋，其焊接应经试验确定，余热处理钢筋不宜焊接。

当采用绑扎搭接形式时，其搭接长度规定如下：

1. 受拉钢筋

受拉钢筋的搭接长度应根据位于同一连接范围内的搭接钢筋面积百分率，按式(5.22)计算，且不得小于300mm。搭接接头面积百分率是指在同一连接范围内，有搭接接头的受力钢筋与全部受力钢筋面积之比，即

$$l_l = \zeta_l l_a \tag{5.24}$$

式中 l_l——受拉钢筋的搭接长度；

l_a——受拉钢筋的锚固长度；

ζ_l——受拉钢筋搭接长度修正系数，按表5.6取用。

表5.6 受拉钢筋搭接接头面积百分率系数

纵向搭接钢筋接头面积百分比/%	≤25	50	100
ζ_l	1.2	1.4	1.6

当受拉钢筋直径大于28mm时，不宜采用搭接接头。同一构件中相邻纵向受力钢筋的绑扎搭接接头宜相互错开。

钢筋绑扎搭接接头连接区段的长度为1.3倍搭接长度，凡搭接接头中点位于该连接区段长度内的搭接接头均属于同一连接区段。同一连接区段内纵向钢筋搭接接头面积百分率为该区段内有搭接接头的纵向受力钢筋截面面积与全部纵向受力钢筋截面面积的比值，如图5.51所示。

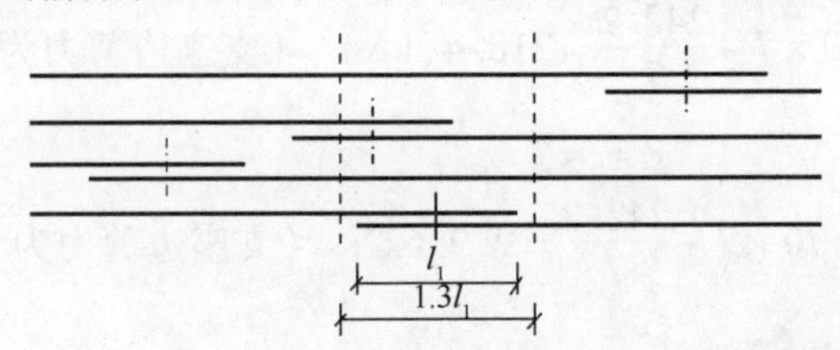

图5.51 同一连接区段内的纵向受拉钢筋绑扎搭接接头

（图中同一连接区段内的搭接接头钢筋为两根，当钢筋直径相同时，钢筋搭接接头面积百分率为50%。）

位于同一连接区段内的受拉钢筋搭接接头面积百分率：对梁类、板类及墙类构件，不宜大于25%；对柱类构件，不宜大于50%。当工程中确有必要增大受拉钢筋搭接接头面积百分率时，对梁类构件，不应大于50%；对板类、墙类及柱类构件，可根据实际情况放宽。

在任何情况下，纵向受拉钢筋绑扎搭接接头的搭接长度均不应小于300mm。

2. 受压钢筋

搭接长度取受拉搭接长度的0.7。当受压钢筋直径大于25mm时，还应在搭接接头两个端面外100mm的范围内各设两道箍筋。

在任何情况下，受压钢筋的搭接长度都不应小于200mm。

5.5 设计例题

【**例5.4**】 受均布荷载作用的伸臂梁如图5.52所示。简支跨跨度为7m，承受均布荷载设计值 $q_1 = 70\text{kN/m}$，伸臂跨跨度为1.86m，承受均布荷载设计值 $q_2 = 140\text{kN/m}$，梁截面尺寸 b

$\times h = 250\text{mm} \times 650\text{mm}$，采用 C30 混凝土，纵筋为热轧 HRB335 级钢筋，箍筋为 HPB300 级钢筋，环境类别为一类。试设计此梁并进行钢筋布置。

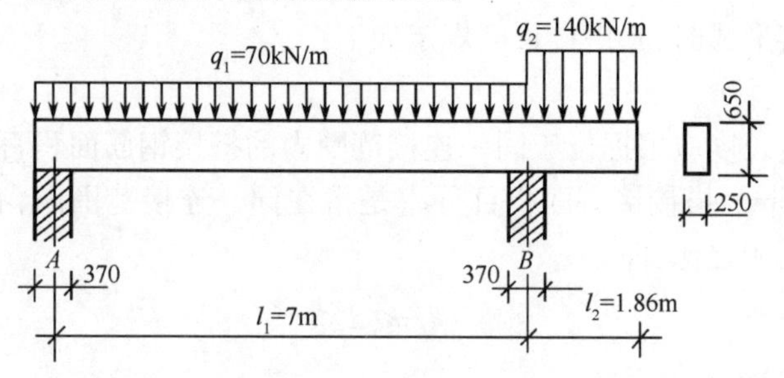

图 5.52　例 5.4 图

解　(1) 弯矩和剪力设计值计算。根据伸臂梁受荷情况，得弯矩和剪力。

B 支座弯矩为 $M_B = \frac{1}{2}q_2 l_2^2 = \frac{1}{2} \times 140 \times 1.86^2 = 242.2(\text{kN}\cdot\text{m})$

简支跨跨中最大弯矩 M_C 距 A 支座距离为

$$\left(\frac{1}{2} \times 70 \times 7 - \frac{242.2}{7}\right) \div 70 = 3(\text{m})$$

$$M_c = \left(\frac{1}{2} \times 70 \times 7 - \frac{242.2}{7}\right) \times 3 - \frac{1}{2} \times 70 \times 3^2 = 316.3(\text{kN}\cdot\text{m})$$

A 支座剪力为

$$V_A = \frac{1}{2} \times 70 \times 7 - \frac{242.2}{7} = 210.4(\text{kN})\quad（支座边剪力为 197.5\text{kN}）$$

B 支座左侧剪力为

$$V_{B左} = \frac{1}{2} \times 70 \times 7 + \frac{242.2}{7} = 279.6\text{kN}\quad（支座边剪力为 266.7\text{kN}）$$

B 支座右侧剪力为

$$V_{B右} = 140 \times 1.86 = 260.4\text{kN}\quad（支座边剪力为 234.5\text{kN}）$$

(2) 正截面配筋计算。C30 级混凝土 $f_c = 14.3\text{MPa}$，$f_t = 1.43\text{MPa}$，HRB335 级钢筋 $f_y = 300\text{MPa}$，HPB300 级钢筋 $f_{yv} = 270\text{MPa}$，$h_0 = 590\text{mm}$。

$$\alpha_s = \frac{M}{f_c b h_0^2} \leqslant \alpha_{s,\max}$$

跨中和 B 支座截面配筋计算见表 5.7。

表 5.7　各截面受弯计算配筋表

截　面	跨中截面 C	支座截面 B
弯矩设计值 $M(\text{kN}\cdot\text{m})$	316.3	242.2
$\alpha_s = \frac{M}{f_c b h_0^2}$	0.238	0.182
$\gamma_s = 0.5(1 + \sqrt{1 - 2\alpha_s})$	0.862	0.899
$A_s = \frac{M}{f_y \gamma_s h_0}/\text{mm}^2$	2005	1472
实配/mm^2	6Φ22(2281)	4Φ22(1520)

(3) 受剪配筋计算。验算截面尺寸为

$$0.25f_c bh_0 = 545.19\text{kN} > V_{max} = 266.7\text{kN} \quad (截面可用)$$

各支座处受剪配筋计算见表 5.8。

表 5.8　各截面受剪计算配筋表

截面	A 支座	B 支座左侧	B 支座右侧
V/kN	197.5	266.7	234.5
$\phi 6@180, V_{cs}$	197.7	197.7	197.7
第一排 $A_{sb1} = \dfrac{V - V_{cs}}{0.8f_y \sin 45°}$	不需要弯起钢筋 按构造配置	306mm^2 1 Φ22(380mm^2)	116.1mm^2 1 Φ22(380mm^2)
第一排 弯起钢筋处的剪力	325 575 A 900	325 575 B 900 $206.7 > V_{cs}$ 按构造弯起第二排	325 575 B 900 $121.0 < V_{cs}$ 不需弯起第二排

$$\rho_{sv} = \frac{A_{sv}}{bs} = \frac{nA_{sv1}}{bs} = 0.151\% > \rho_{sv,min} = 0.24\frac{f_t}{f_{yv}} = 0.24 \times \frac{1.43}{270} = 0.127\%$$

(4) 抵抗弯矩图及钢筋布置。配筋方案:在选择纵筋时,需考虑跨中、支座和弯起钢筋的协调。AB 跨中 6 Φ22 钢筋中,弯起两根 Φ22 钢筋伸入 B 支座作负弯矩钢筋,同时在 B 支座左侧作抗剪弯起钢筋,其余 4 Φ22 均伸入两边支座;在 B 支座右侧,弯起 1 根 Φ22 钢筋作抗剪弯起钢筋,这根钢筋可利用 AB 跨弯入 B 支座的②号钢筋。此外,在 B 支座另配置 2 Φ22 负弯矩钢筋。弯起钢筋的弯起角度为 45°,弯起段的水平投影长度为 650 − 25 − 25 = 575(mm)。具体钢筋配置情况如图 5.53 所示。

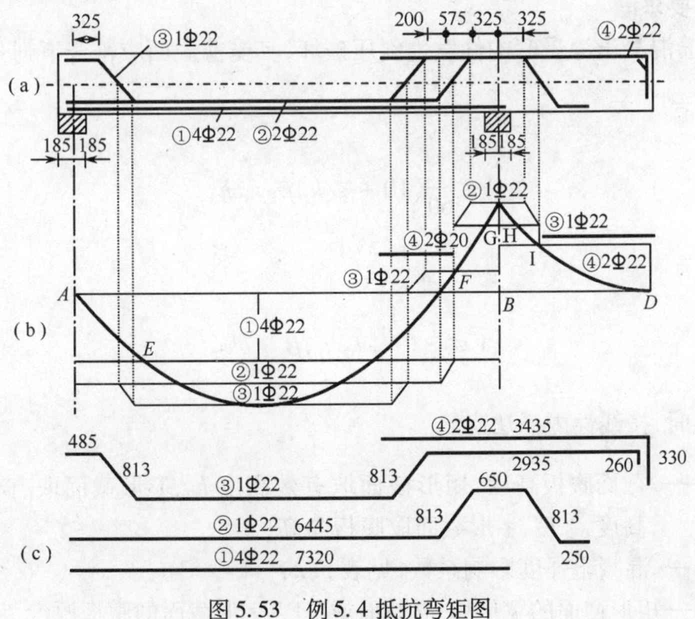

图 5.53　例 5.4 抵抗弯矩图

5.6 深受弯构件的受剪承载力计算

5.6.1 深受弯构件斜截面承载力计算

1. 计算公式

矩形、T形和“工”字形截面的深受弯构件(deep flexural member),在均布荷载作用下,当配有竖向分布钢筋和水平分布钢筋时,其斜截面的受剪承载力应按式(5.25)计算,即

$$V \leqslant 0.7\frac{(8-l_0/h)}{3}f_t bh_0+\frac{(l_0/h-2)}{3}f_{yv}\frac{A_{sv}}{s_h}h_0+\frac{(5-l_0/h)}{6}f_{yh}\frac{A_{sh}}{s_v}h_0 \tag{5.25}$$

对集中荷载作用下的深受弯构件(包括作用有多种荷载,且其中集中荷载对支座截面或节点边缘截面所产生的剪力值占总剪力值的75%以上的情况),其斜截面的受剪承载力应按式(5.26)计算,即

$$V \leqslant \frac{1.75}{\lambda+1}f_t bh_0+\frac{(l_0/h-2)}{3}f_{yv}\frac{A_{sv}}{s_h}h_0+\frac{(5-l_0/h)}{6}f_{yh}\frac{A_{sh}}{s_v}h_0 \tag{5.26}$$

式中 A_{sv},A_{sh}——同一截面内各肢竖向、水平分布钢筋的全部截面面积;

s_v,s_h——竖向、水平分布钢筋的间距;

f_{yv},f_{yh}——竖向、水平分布钢筋的抗拉强度的计值;

λ——计算剪跨比,当 $l_0/h \leqslant 2.0$ 时取 $\lambda=0.25$,当 $2.0<l_0/h<5.0$ 时取 $\lambda=a/h_0$,其中 a 为集中荷载到深受弯构件支座的水平距离,λ 的上限值为$(0.92l_0/h-1.58)$,下限值为$(0.42l_0/h-0.58)$;

l_0/h——跨高比,当 $l_0/h<2.0$ 时取 $l_0/h=2.0$。

如果将 $l_0/h=5$ 分别代入式(5.25)和式(5.26)中不难看出,它们将与式(5.9)和式(5.10)完全相同,说明深受弯构件斜截面受剪承载力计算公式与一般受弯构件受剪承载力计算公式是相互衔接的。

2. 截面尺寸要求

为了防止钢筋混凝土深受弯构件发生斜压破坏,其受剪截面应符合下列条件。

当$\frac{h_w}{b}\leqslant 4$时,有

$$V \leqslant \frac{1}{60}(10+l_0/h)\beta_c f_c bh_0 \tag{5.27a}$$

当$\frac{h_w}{b}\geqslant 6$时,有

$$V \leqslant \frac{1}{60}(7+l_0/h)\beta_c f_c bh_0 \tag{5.27b}$$

当$4<\frac{h_w}{b}<6$时,按线性内插法确定。

式(5.27)中 h_w——截面腹板高度,矩形截面取有效高度 h_0,T 形截面取有效高度减去翼缘高度,“工”字形截面取腹板净高;

β_c——混凝土强度影响系数,见表 5.2;

b——矩形截面的宽度,T 形截面或“工”字形截面的腹板厚度。

V——构件斜截面上的最大剪力设计值；

l_0——计算跨度，当 $l_0<2h$ 时，取 $l_0=2h$。

此截面尺寸要求的式(5.27)与一般梁的截面尺寸要求的式(5.13)也是相应衔接的。

一般要求不出现斜裂缝的钢筋混凝土深梁，应符合

$$V_k \leqslant 0.5 f_{tk} b h_0 \tag{5.28}$$

式中 V_k——按荷载的标准组合计算的剪力值。

此时可不进行斜截面受剪承载力计算，但应配置分布钢筋。

钢筋混凝土深受弯构件除应进行正截面和斜截面承载力的计算外，集中荷载的部位，还应进行局部受压承载力验算。

5.6.2 深受弯构件的构造要求

(1) 深梁(deep beam)的截面宽度不应小于140mm。当 $l_0/h \geqslant l$ 时，h/b 不宜大于25；当 $l_0/h<1$ 时，l_0/b 不宜大于25。深梁的混凝土强度等级不应低于C20。当深梁支承在钢筋混凝土柱上时，宜将柱伸至深梁顶。深梁顶部应与楼板等水平构件可靠连接。

(2) 钢筋混凝土深梁的纵向受拉钢筋宜采用较小的直径，且宜按下列规定布置：

① 单跨深梁和连续深梁的下部纵向钢筋宜均匀布置在梁下边缘以上 $0.2h$ 的范围内(图5.54及图5.55)。

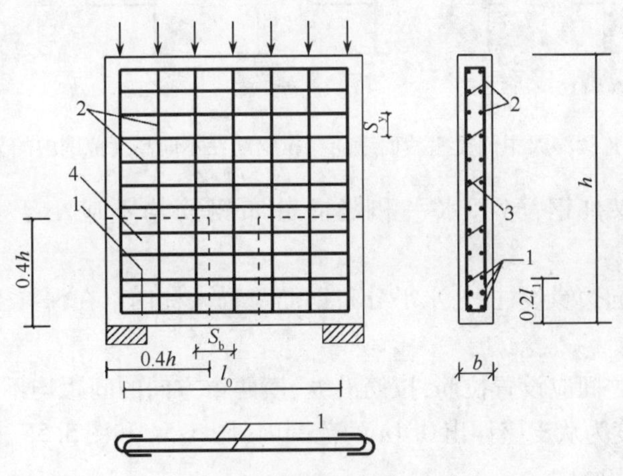

图5.54 单跨深梁的钢筋配置

1—下部纵向受拉钢筋弯折锚固；2—水平及竖向分布钢筋；3—拉筋；4—拉筋加密区。

② 连续深梁中间支座截面的纵向受拉钢筋宜按图5.56规定的高度范围和配筋比例均匀布置在相应高度范围内。对于 $l_0/h \leqslant 1.0$ 的连续深梁，在中间支座底面以上 $(0.2\sim0.6)l_0$ 高度范围内的纵向受拉钢筋配筋率尚不宜小于0.5%。水平分布钢筋可用作支座部位的上部纵向受拉钢筋，不足部分可由附加水平钢筋补足，附加水平钢筋自支座向跨中延伸的长度不宜小于 $0.4l_0$(图5.55)。

③ 深梁的下部纵向受拉钢筋应全部伸入支座，不应在跨中弯起或截断。在简支单跨深梁支座及连续深梁梁端的简支支座处，纵向受拉钢筋应沿水平方向弯折锚固(图5.54)，其锚固长度应按《规范》规定的受拉钢筋锚固长度 l_a 乘以系数1.1采用；当不能满足上述锚固长度要求时，应采取在钢筋上加焊锚固钢板或将钢筋末端焊成封闭式等有效的锚固措施。连续深梁的下部纵向受拉钢筋应全部伸过中间支座的中心线，其自支座边缘算起的锚固长度不应小于 l_a。

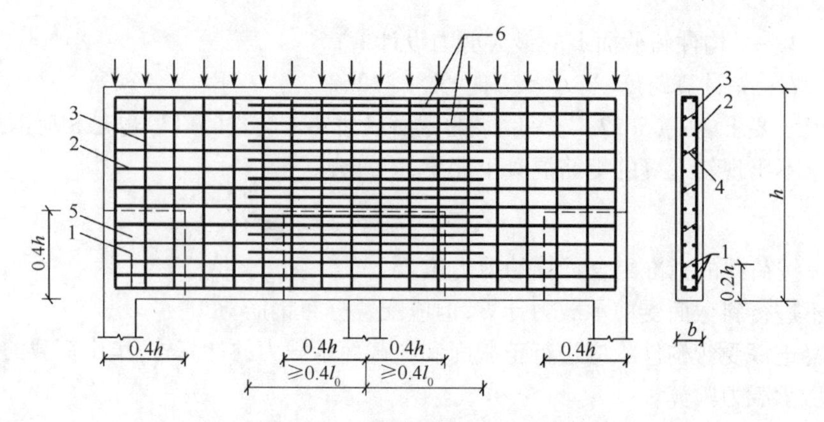

图 5.55　连续深梁的钢筋配置

1—下部纵向受拉钢筋；2—水平分布钢筋；3—竖向分布钢筋；4—拉筋；

5—拉筋加密区；6—支座截面上部的附加水平钢筋。

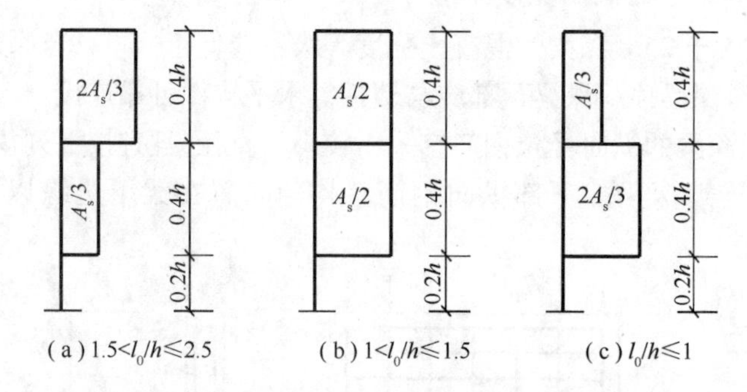

图 5.56　连续深梁中间支座截面纵向受拉钢筋在不同高度范围内的分配比例

④ 深梁应配置双排钢筋网，水平和竖向分布钢筋均不应小于 ϕ8mm，间距不应大于 200mm。

当沿深梁端部竖向边缘设柱时，水平分布钢筋应锚入柱内。在深梁上、下边缘处，竖向分布钢筋宜做成封闭式。

在深梁双排钢筋之间应设置拉筋，拉筋沿纵、横两个方向的间距均不宜大于 600mm，在支座区高度为 $0.4h$，宽度为从支座伸出 $0.4h$ 的范围内（图 5.54 和图 5.55 中的虚线部分），尚应适当增加拉筋的数量。

⑤ 当深梁全跨沿下边缘作用有均布荷载时，应沿梁全跨均匀布置附加竖向吊筋，吊筋间距不宜大于 200mm。

当有集中荷载作用于深梁下部 3/4 高度范围内时，该集中荷载应全部由附加吊筋承受，吊筋应采用竖向吊筋或斜向吊筋。竖向吊筋的水平分布长度 s 应按式(5－27)确定(图 5.57)，即

当 $h_1 \leqslant h_b/2$ 时，有

$$s = b_b + h_b \tag{5.29a}$$

当 $h_1 > h_b/2$ 时，有

$$s = b_b + 2h_1 \tag{5.29b}$$

式(5.29)中　b_b——传递集中荷载构件的截面宽度；

h_b——传递集中荷载构件的截面高度；

h_1——从深梁下边缘到传递集中荷载构件底边的高度。

竖向吊筋应沿梁两侧布置，并从梁底伸到梁顶，在梁顶和梁底应做成封闭式。

附加吊筋总截面面积 A_{sv} 应按第 11 章的内容进行计算，但吊筋的设计强度 f_{yv} 应乘以承载力计算附加系数 0.8。

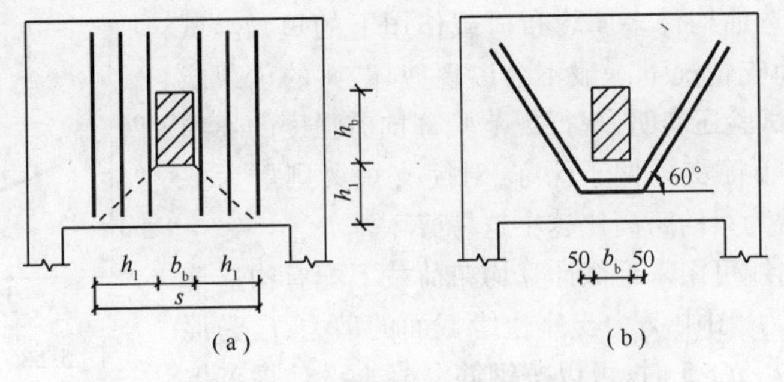

图 5.57　深梁承受集中荷载作用时的附加吊筋

⑥ 深梁的纵向受拉钢筋配筋率 $\rho\left(\dfrac{A_s}{bh}\right)$、水平分布钢筋配筋率 $\rho_{sh}\left(\dfrac{A_{sh}}{bs_v}, s_v\right.$ 为水平分布钢筋的间距$\left.\right)$和竖向分布钢筋配筋率 $\rho_{sv}\left(\dfrac{A_{sv}}{bs_h}, s_h\right.$ 为竖向分布钢筋的间距$\left.\right)$不宜小于表 5.9 规定的数值。

表 5.9　深梁中钢筋的最小配筋百分率　(%)

钢筋种类	纵向受拉钢筋	水平分布钢筋	竖向分布钢筋
HPB300	0.25	0.25	0.20
HRB400、HRBF400、RRB400、HRB335、HRBF335	0.20	0.20	0.15
HRB500、HRBF500	0.15	0.15	0.10
注：当集中荷载作用于连续深梁上部 1/4 高度范围内且 $l_0/h > 0.5$ 时，竖向分布钢筋最小配筋百分率应增加 0.05			

除深梁以外的深受弯构件，其纵向受力钢筋、箍筋及纵向构造钢筋的构造规定与一般梁相同，但其截面下部 1/2 高度范围内和中间支座上部 1/2 高度范围内布置的纵向构造钢筋宜较一般梁适当加强。

5.7　受弯构件的抗剪动力性能

钢筋混凝土梁在剪力作用下的典型破坏类型有斜拉、剪压、斜压等，在快速变形下，梁的抗剪破坏类型一般不会转化，其最大抗剪能力有所提高，提高的数值与抗剪破坏的类型有关。例如，斜拉破坏，最大抗剪能力的提高数值大体上与混凝土抗拉强度在快速变形下的提高值一致；如斜压破坏，最大抗剪能力的增长数值则与混凝土抗压强度的提高数值基本一致。

钢筋混凝土梁的抗剪破坏呈脆性，尤以斜拉破坏为甚。由于抗爆结构构件常简化成单自由度体系作动力分析，忽略了高次振型的影响，这会给剪力的计算值带来较大的误差。另外，由于梁纵向钢筋应力的强化，使得梁截面的实际抗弯能力可能比计算值高，也会使得梁受剪破坏的可能性增加，所以处理构件的抗剪问题时宁可偏于安全考虑。

当梁最大弯距截面同时有较大剪力时，有时会在纵向拉筋抗弯屈服以后，因压区混凝土高度不断减少而出现梁的受剪破坏。这种剪坏是截面拉筋屈服引起的“二次破坏”，与真正的剪坏有区别。这种类型的破坏不影响抗弯强度但能使屈服截面的抗弯延性降低。为不使抗力突然丧失,应加密箍筋布置。另外,斜裂缝能使梁中塑性铰区段增大,所以塑性转动能力有可能增加,但总的来说,剪力的存在对塑性铰区段十分不利。

抗爆结构中的弯曲构件多属均布荷载作用下的短梁。试验表明,这类梁在简支情况下一般不会出现剪坏,梁的承载能力多为抗弯控制。试验还表明,现行规范验算抗剪强度的通用公式对于均布荷裁下简支梁偏于保守,对简支短梁则更为保守。另外,也不能认为梁的跨高比越小越易剪坏。

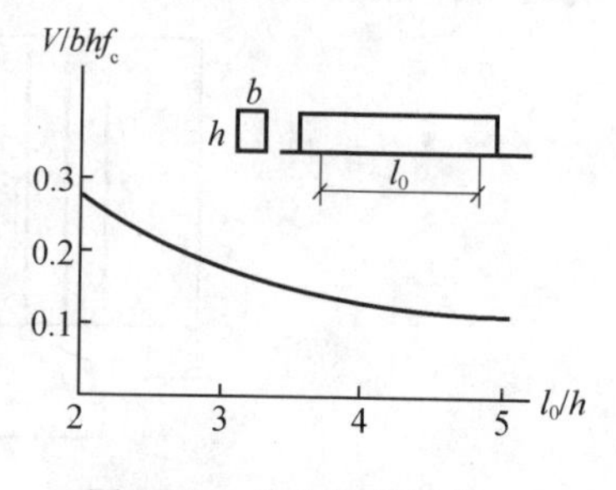

图 5.58 均布荷裁下的短梁抗剪能力

图 5.58 中的曲线可用来近似计算均布荷载下配有构造箍筋的短梁的抗剪能力,图中 V 为支座边缘截面的剪力,f_c 为混凝土强度等级。当 $l_0/h>5$ 时,可以按钢筋混凝土设计规范抗剪公式计算。但是,《规范》有关无腹筋构件的抗剪验算标准,对于抗爆结构中那样较厚的板看来是不够安全的。

本章小结

本章主要讲述了梁在剪力作用下出现的破坏形式,因破坏过程的急剧性,使得它们均属于脆性破坏,所以梁的斜截面破坏的设计原则是使其破坏出现于正截面破坏之后,能够使得梁的破坏不出现脆性破坏。这种因剪力的存在而出现的斜截面脆性破坏有它独特的表现形式和特性,在本章中主要有以下几个方面。

(1) 在斜裂缝出现前,钢筋混凝土梁可视为匀质弹性材料梁,剪弯段的应力可用材料力学方法进行分析;斜裂缝的出现将引起截面应力重新分布,材料力学方法则不再适用。

(2) 随着梁的剪跨比和配箍率的变化,梁沿斜截面发生斜拉破坏、斜压破坏和剪压破坏等主要破坏形态,斜拉破坏和斜压破坏都是脆性破坏,剪压破坏有一定的破坏预兆,但也属于脆性破坏。

(3) 影响斜截面受剪承载力的主要因素有剪跨比、跨高比、混凝土强度等级、配箍率及箍筋强度、纵筋配筋率等;计算公式以主要影响参数为变量,以试验统计为基础,以满足可靠指标的试验偏下限为根据建立起来的。

(4) 斜截面受剪承载力的计算公式是以剪压破坏的受力特征为依据建立的,因此应采取相应构造措施防止斜压破坏和斜拉破坏的发生,即截面尺寸应有保证,箍筋的最大间距、最小直径及配箍率应满足构造要求。

(5) 斜截面承载力包括斜截面受剪承载力和斜截面受弯承载力两方面。设计时不仅要满足计算要求,而且应采取必要的构造措施来保证。弯起钢筋的弯起位置、纵筋的截断位置以及有关纵筋的锚固要求、箍筋的构造要求等,在设计中均应予以考虑和重视。

(6) 建筑工程受弯构件有可能出现尺寸较大现象,尤其是人防工程和国防工程,深受弯构件与一般受弯构件在计算和构造上都有所不同,但也存在一定的联系。

思考题

5.1 试述剪跨比的概念及其对斜截面破坏的影响。

5.2　梁上斜裂缝是怎样形成的？它一般发生在梁的什么区段内？

5.3　斜裂缝有几种类型？有何特点？

5.4　试述梁斜截面受剪破坏的3种形态及其破坏特征。

5.5　试述配箍率的概念及其对斜截面破坏的影响。

5.6　影响斜截面受剪性能的主要因素有哪些？

5.7　在设计中采用什么措施来防止梁的斜压和斜拉破坏？如何防止梁的剪压破坏？

5.8　写出矩形、T形、I形梁在不同荷载情况下斜截面受剪承载力计算公式。

5.9　连续梁的受剪性能与简支梁相比有何不同？为什么它们可以采用同一受剪承载力计算公式？

5.10　计算梁斜截面受剪承载力时应取哪些计算截面？

5.11　什么是正截面受弯承载力图？如何绘制？为什么要绘制？

5.12　为了保证梁斜截面受弯承载力，对纵筋的弯起、锚固、截断有什么构造要求？

习　题

5.1　有一两端支承在240mm厚砖墙上的矩形截面简支梁，截面尺寸 $b \times h = 200\text{mm} \times 500\text{mm}$，混凝土保护层厚度 $c = 25\text{mm}$，混凝土强度等级为C25，纵筋采用HRB400，箍筋采用HPB300承受均布荷载设计值（包括自重在内）$q = 85\text{kN/m}$，梁的净跨 $l_n = 4\text{m}$，计算跨度 $l_0 = 4.24\text{m}$，求纵向受力筋和箍筋的用量。

5.2　有一T形梁，截面尺寸 $b \times h = 200 \times 550\text{mm}^2$，$b'_f = 400\text{mm}$，$h'_f = 120\text{mm}$。支座截面承受剪力设计值 $V = 290\text{kN}$，其中集中荷载产生剪力250kN，剪跨比为2.5，混凝土强度等级为C30，纵筋采用HRB400，箍筋采用HPB300，环境类别为一类，求所需箍筋数量。

5.3　钢筋混凝土简支梁，截面尺寸为 $b \times h = 20 \times 500\text{mm}^2$，$a_s = 35\text{mm}$，混凝土强度等级为C30，承受剪力设计值 $V = 1.4 \times 10^5\text{N}$，环境类别为一类，箍筋采用HPB300级钢筋。求所需受剪箍筋。若 $V = 6.2 \times 10^4\text{N}$ 及 $V = 3.8 \times 10^5\text{N}$ 应如何处理？

5.4　如图5.59所示的钢筋混凝土梁，截面尺寸为 $b \times h = 250\text{mm} \times 600\text{mm}$，$a_s = 60\text{mm}$，集中荷载设计值 $Q = 100\text{kN}$，梁上永久荷载设计值 $G = 8\text{kN/m}$（包括自重），混凝土等级为C30，环境类别为一类，箍筋采用HPB300级钢筋。求所需箍筋数量。

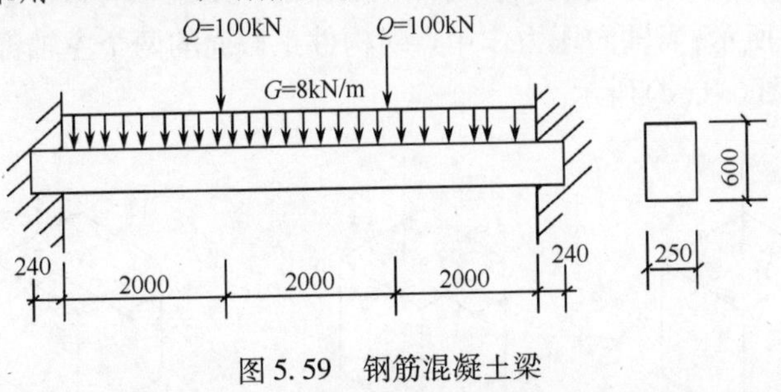

图5.59　钢筋混凝土梁

第6章

受压构件承载力计算

本章提要：本章也是教材的重点内容，需要熟悉受压构件的构造要求，掌握配有普通箍筋和螺旋箍筋轴心受压柱的破坏特征和设计方法，理解大、小偏心受压构件的破坏特征及其判别方法，熟练掌握矩形截面对称配筋、非对称配筋的截面设计方法，了解I形截面对称配筋截面设计，掌握N_u—M_u相关曲线的概念及其应用。

6.1 概　　述

以承受轴向压力为主的构件称为受压构件(compression members)，它是工程结构中最常见的基本构件之一，如工业厂房柱、桁架中的受压腹杆、多层或高层建筑中的框架柱、剪力墙、人防地下室中的柱、地下指挥所中的柱或墙等。受压构件在结构中起着重要作用，一旦发生破坏，后果非常严重。

受压构件按其受力情况可分为轴心受压构件(axially compression members)和偏心受压构件(eccentricity compression members)。当轴向压力作用点位于构件正截面形心时，称为轴心受压构件，如图6.1(a)所示；当轴向压力作用点不位于构件正截面形心或构件正截面上同时有弯矩和轴向压力作用时，称为偏心受压构件。偏心受压构件又分为单向偏心受压构件和双向偏心受压构件，当轴向压力作用点只对构件正截面的一个主轴有偏心距时，称为单向偏心受压构件，如图6.1(b)所示；当轴向压力作用点对构件正截面的两个主轴都有偏心距时，称为双向偏心受压构件，如图6.1(c)所示。

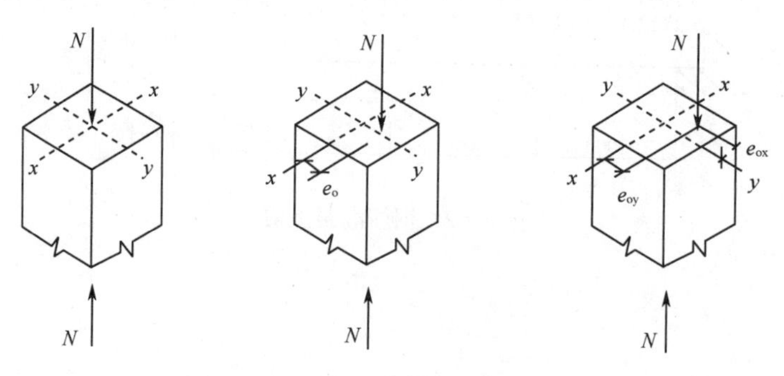

图6.1　受压构件的几种类型

6.2 受压构件的构造要求

6.2.1 截面形式及尺寸

为便于制作模板，受压构件截面通常采用方形或矩形截面，有时为了建筑上的需要也采用圆形或多边形，如桥墩、桩或公共建筑大堂柱等。在工业厂房结构中，特别是装配式柱，为了节约混凝土和减轻柱的自重，截面尺寸较大的柱常常采用“工”字形截面。

受压构件的短边截面尺寸不宜小于250mm，为了避免构件长细比过大，承载力降低过多，长细比宜控制在 $l_0/b \leq 30$、$l_0/h \leq 25$、$l_0/d \leq 25$，其中 l_0 为柱的计算长度，b、h 为矩形截面柱的短边和长边尺寸，d 为圆形截面柱的直径。此外，为方便施工，受压构件的截面尺寸应满足建筑模数的要求，柱截面边长在800mm以下时取50mm为模数，在800mm以上时以100mm为模数。

6.2.2 材料强度

混凝土强度等级直接影响受压构件的承载能力，因此，为了减小构件的截面尺寸，节省钢材，受压构件一般应采用强度等级较高的混凝土。目前，我国一般结构中柱的混凝土强度等级常用C30～C50，在高层建筑结构中混凝土强度等级也常用C50～C60，当截面尺寸受到限制时，也可采用C60以上的高强混凝土。

柱中纵向受力钢筋宜采用HRB400、HRBF400、HRB500、HRBF500，不宜采用高强度钢筋，原因在于钢筋的抗压强度受到混凝土极限压应变的限制。箍筋宜采用HRB400、HRBF400、HPB300、HRB500、HRBF500钢筋，也可采用HRB335钢筋。

6.2.3 纵向钢筋

纵向受力钢筋的作用是与混凝土共同承担由外荷载引起的内力（压力和弯矩），提高构件的承载力，改善构件的延性等。柱中纵向受力钢筋的直径不宜小于12mm，通常在16～32mm之间选用。

轴心受压构件的纵向受力钢筋应沿截面的四周均匀布置，钢筋根数不得少于4根。偏心受压构件中纵向受力钢筋应按计算要求布置在偏心方向的两侧。圆形截面柱中纵向受力钢筋的根数不宜少于8根，不应少于6根，且沿周边均匀布置。

柱中纵向钢筋的净距不应小于50mm，且不宜大于300mm；在偏心受压柱中，垂直于弯矩作用平面的侧面上的纵向受力钢筋以及轴心受压柱中各边的纵向受力钢筋，其中距不宜大于300mm。水平浇筑的预制柱，纵筋的最小净距可按梁的相关规定取用。

偏心受压柱的截面高度不小于600mm时，在柱的侧面上应设置直径不小于10mm的纵向构造钢筋，以防止构件因温度变化和混凝土收缩应力产生裂缝，并相应设置复合箍筋或拉筋，如图6.2所示。

柱中纵筋的用量应满足最小配筋率的要求，如附表15所示。纵筋配筋率过小时，构件接近于素混凝土柱，破坏时呈脆性；同时，在荷载长期作用下，混凝土收缩和徐变容易引起钢筋过早的屈服。从造价、施工方便和受力性能等方面考虑，柱中全部纵筋配筋率不宜大于5%，原因在于配筋率过大容易产生粘结裂缝，特别是突然卸载时混凝土容易拉裂。

纵向受力钢筋的连接接头宜设置在受力较小处，同一根受力钢筋上宜少设接头。钢筋连接可采用绑扎搭接、机械连接或焊接。当采用绑扎搭接时，受拉钢筋直径不宜大于25mm，受压钢筋直径不宜大于28mm。

6.2.4 箍筋

箍筋的作用是限制纵筋位置并与纵筋形成骨架，防止纵筋压屈，承担剪力和扭矩。为保证箍筋对柱中核心区混凝土的约束作用，柱的周边箍筋应做成封闭式，其直径不应小于$d/4$，且不应小于6mm，d为纵向钢筋的最大直径。

箍筋间距不应大于400mm及构件截面的短边尺寸，且不应大于$15d$（d为纵向钢筋的最小直径）。当柱截面短边大于400mm且各边纵筋多于3根时，或当柱截面短边尺寸不大于400mm，但各边纵筋多于4根时，应设置复合箍筋，如图6.2(b)所示。

当柱中全部纵向受力钢筋的配筋率大于3%时，箍筋直径不应小于8mm，其间距不应大于$10d$，且不应大于200mm。箍筋末端应做成135°弯钩，且弯钩末端平直段长度不应小于$10d$（d为纵向受力钢筋的最小直径）。

在配有螺旋式或焊接环式箍筋的柱中，如在正截面受压承载力计算中考虑间接钢筋的作用时，箍筋间距不应大于80mm及$d_{cor}/5$，且不宜小于40mm，d_{cor}为按箍筋内表面确定的核心截面直径。

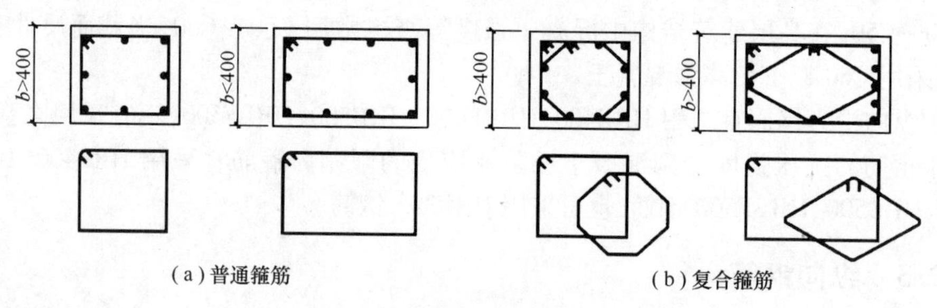

图6.2 方形、矩形截面箍筋形式

对于复杂截面形状的构件，不可采用具有内折角的箍筋，避免产生向外的拉力，致使折角处的混凝土破损，如图6.3所示。

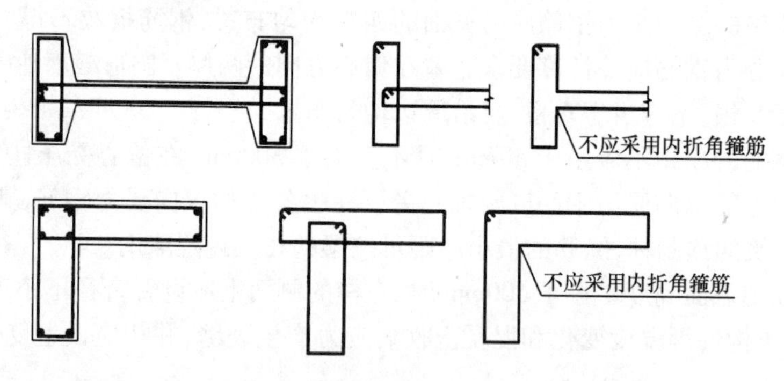

图6.3 I形、L形截面箍筋形式

6.2.5 保护层厚度

受压构件的混凝土保护层厚度与结构所处的环境类别和设计使用年限有关。混凝土结构的环境类别如附表10所示；柱的混凝土保护层最小厚度如附表14所示。

6.3 轴心受压构件承载力计算

由于混凝土的不均匀性、施工制造的误差和荷载作用位置的偏差等原因,往往存在或多或少的偏心,致使实际工程中理想的轴心受压构件几乎不存在。但是,以恒荷载作用为主的等跨多层房屋的内柱以及桁架的受压腹杆等构件,常因实际存在的弯矩较小而忽略不计,可近似地按轴心受压构件计算。

按照柱中箍筋的作用及配置方式的不同可分为两种情况:配有纵筋和普通箍筋的普通箍筋柱(tied column),如图 6.4 所示;配有纵筋和螺旋式或焊接环式箍筋的螺旋箍筋柱(spiral column),如图 6.5 所示。

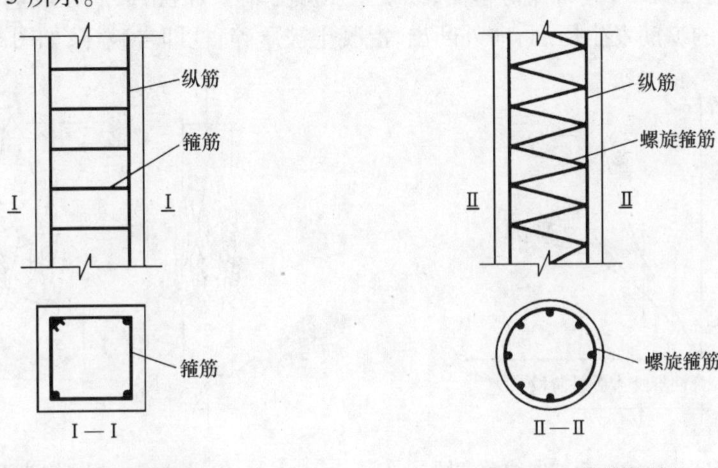

图 6.4 普通箍筋柱　　图 6.5 螺旋箍筋柱

柱中纵筋的作用是与混凝土共同承担由外荷载引起的内力,提高柱的承载力,以减小构件的截面尺寸;防止因偶然偏心产生的破坏,改善破坏时构件的延性,防止构件突然脆性破坏;减小混凝土的徐变变形。柱中箍筋的作用主要是与纵筋形成骨架,防止纵筋移位,防止纵筋受力后外凸而过早地压屈;采用密排箍筋时约束核心区混凝土,可提高混凝土的极限变形值。

6.3.1 普通箍筋柱的承载力计算

根据柱的长细比不同,轴心受压柱可分为短柱和长柱。显然,两者的承载力及其破坏形态也不同。当柱的长细比满足以下要求时属短柱;否则为长柱。

对任意截面柱,有

$$l_0/i \leqslant 28$$

对矩形截面柱,有

$$l_0/b \leqslant 8$$

对圆形截面柱,有

$$l_0/d \leqslant 7$$

式中 l_0——柱的计算长度;

i——任意截面的最小回转半径;

b——矩形截面的短边长度;

d——圆形截面直径。

1. 短柱受力分析和破坏形态

由于钢筋与混凝土之间存在着粘结力，因此在轴心压力作用下，短柱从加载到破坏，钢筋和混凝土共同受压、共同变形，整个截面的压应变基本上呈均匀分布。

当荷载较小时，混凝土和钢筋都处于弹性阶段，短柱的压缩变形与荷载呈正比增加，钢筋和混凝土压应力也与荷载呈正比增加。当荷载较大时，由于混凝土塑性变形的发展，纵向压缩变形的增加速度快于荷载增加速度，在相同荷载增量下，钢筋的压应力明显比混凝土的压应力增加得快，如图 6.6 所示。纵筋配筋率越小，这种现象越为明显。在临近破坏荷载时，柱外层混凝土剥落，核心混凝土向外膨胀并推挤纵筋，使纵筋在箍筋之间呈灯笼状向外受压屈服(当钢筋强度较高时，可能不会屈服)，应力保持不变，混凝土压应力增长加快，最后柱四周出现明显的纵向裂缝，箍筋之间的纵筋发生压屈，向外凸出，混凝土被压碎，柱即告破坏，如图 6.7 所示。

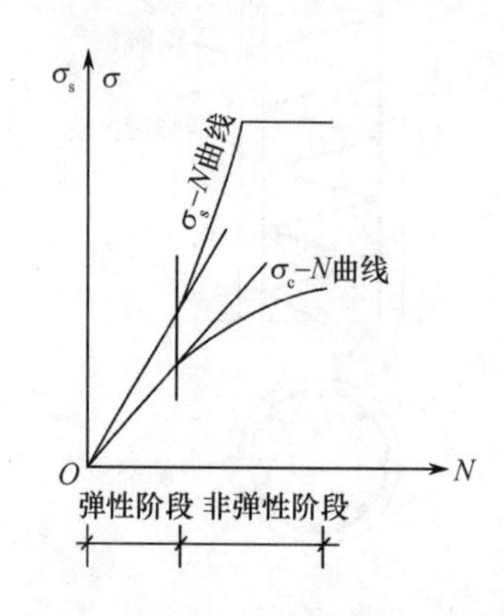

图 6.6 应力—荷载曲线示意图

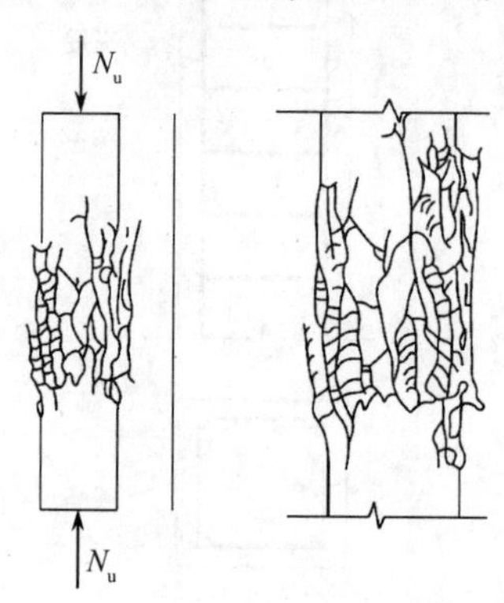

图 6.7 短柱的破坏

轴心受压短柱的承载力计算公式可写成

$$N_u = f_c A + f_y' A_s' \tag{6.1}$$

式中 N_u——轴向压力承载力设计值；

f_c——混凝土轴心抗压强度设计值；

A——构件截面面积；

f_y'——纵筋抗压强度设计值；

A_s'——全部纵筋的截面面积。

试验表明，当构件临界破坏时，钢筋混凝土构件的极限应变比素混凝土构件的极限应变 $\varepsilon = 0.002$ 有所提高，可达到 $\varepsilon = 0.0025$，此时相应的钢筋应力为

$$\sigma_s' = E_s \varepsilon_s' = 200 \times 10^3 \times 0.0025 = 500\text{N/mm}^2$$

因此，对于受压屈服强度或条件屈服强度 $f_y' \leqslant 500\text{N/mm}^2$ 的钢筋，在钢筋混凝土短柱中是能够充分发挥作用的。

2. 长柱受力分析和破坏形态

试验表明，由各种偶然因素造成的初始偏心距对长柱的承载能力和破坏形态具有明显的影响。加载时，初始偏心距会使长柱产生附加弯矩和相应的侧向挠度，而侧向挠度又增大了荷载的偏心距，这种相互影响使长柱最终在弯矩和轴力的共同作用下发生破坏。破坏时，首先在凹侧出现纵向裂缝，随后混凝土被压碎，纵筋被压屈向外凸出，凸侧混凝土出现垂直于纵轴方向的横向裂缝，侧向挠度急剧增大，柱破坏，如图 6.8 所示。

在截面尺寸、混凝土强度等级及配筋相同的情况下，长柱的破坏荷载低于短柱的破坏荷载，且长细比越大承载力降低得越多，这说明长细比对柱的承载力影响很大。其原因在于长细比越大，各种偶然因素造成的初始偏心距将越大，从而产生的附加弯矩和相应的侧向挠度也越大。对于长细比很大的细长柱，还可能先于受压破坏之前发生失稳破坏的现象。此外，在长期荷载作用下，由于混凝土的徐变，侧向挠度将增大更多，从而使长柱的承载力降低得更多，长期荷载在全部荷载中所占的比例越多，其承载力则降低得越多。《规范》采用稳定系数 φ 来表示长柱承载力的降低程度，即

$$\varphi = \frac{N_u^l}{N_u^s} \tag{6.2}$$

式中 N_u^l, N_u^s——长柱和短柱的承载力。

根据中国建筑科学研究院试验资料及国外的一些试验数据，稳定系数 φ 值主要与构件的长细比有关。由图 6.9 可见，φ 是个小于 1 的数值，l_0/b 越大，φ 越小。当 $l_0/b<8$ 时，柱的承载力没有降低，φ 值可近似取 1，这说明短柱可不考虑纵向弯曲的影响。对于具有相同 l_0/b 值的柱，由于混凝土强度等级和钢筋种类以及配筋率的不同，φ 值的大小略有变化。《规范》给出了 φ 的取值，如表 6.1 所示，可供设计时直接查用。

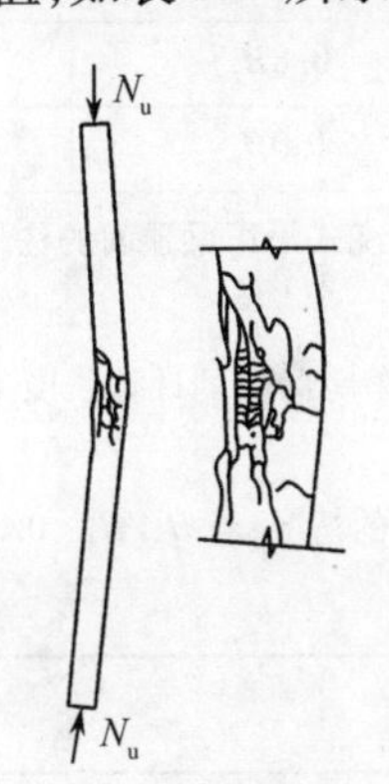

图 6.8 长柱的破坏

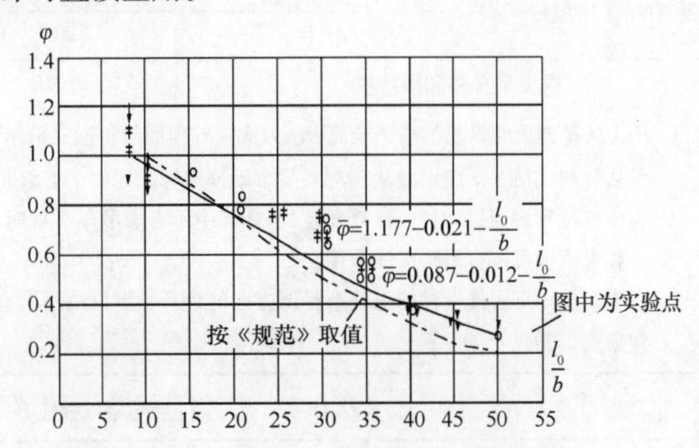

图 6.9 φ 值试验结果及按《规范》取值

表 6.1 钢筋混凝土构件的稳定系数

l_0/b	l_0/d	l_0/i	φ	l_0/b	l_0/d	l_0/i	φ
≤8	≤7	≤28	≤1.00	30	26	104	0.52
10	8.5	35	0.98	32	28	111	0.48
12	10.5	42	0.95	34	29.5	118	0.44
14	12	48	0.92	36	31	125	0.40
16	14	55	0.87	38	33	132	0.36
18	15.5	62	0.81	40	34.5	139	0.32
20	17	69	0.75	42	36.5	146	0.29
22	19	76	0.70	44	38	153	0.26
24	21	83	0.65	46	40	160	0.23
26	22.5	90	0.60	48	41.5	167	0.21
28	24	97	0.56	50	43	174	0.19

注：l_0 为构件的计算长度；b 为矩形截面的短边边长；d 为圆形截面的直径；i 为截面最小回转半径

长细比是指构件的计算长度 l_0 与其截面的回转半径 i 之比。构件的计算长度与构件两端支承情况有关。

当两端铰支时,取 $l_0 = l$(l 是构件的实际长度)。

当两端固定时,取 $l_0 = 0.5l$。

当一端固定,一端铰支时,取 $l_0 = 0.7l$。

当一端固定,一端自由时,取 $l_0 = 2l$。

在实际结构中,构件两端的连接并非像上述 4 种情况那样理想、简单,为便于设计计算,《规范》规定:排架柱、框架柱的计算长度按表 6.2、表 6.3 确定。

表 6.2　刚性楼盖单层房屋排架柱、露天吊车柱和栈桥柱的计算长度

柱的类别		l_0		
		排架方向	垂直排架方向	
			有柱间支撑	无柱间支撑
无吊车房屋柱	单跨	$1.5H$	$1.0H$	$1.2H$
	两跨及多跨	$1.25H$	$1.0H$	$1.2H$
有吊车房屋柱	上柱	$2.0H_u$	$1.25H_u$	$1.5H_u$
	下柱	$1.0H_l$	$0.8H_l$	$1.0H_l$
露天吊车柱和栈桥柱		$2.0H_l$	$1.0H_l$	

注:1. H 为从基础顶面算起的柱子全高;H_l 为从基础顶面至装配式吊车梁底面或现浇式吊车梁顶面的柱子下部高度;H_u 为从装配式吊车梁底面或从现浇式吊车梁顶面算起的柱子上部高度。

2. 表中有吊车房屋排架柱的计算长度,当计算中不考虑吊车荷载时,可按无吊车房屋柱的计算长度采用,但上柱的计算长度仍可按有吊车房屋采用。

3. 表中有吊车房屋排架柱的上柱在排架方向的计算长度仅适用于 $H_u/H_l \geqslant 0.3$ 的情况;当 $H_u/H_l < 0.3$ 时,计算长度宜采用 $2.5H_u$

表 6.3　框架结构各层柱的计算长度

楼盖类型	柱的类别	l_0
现浇楼盖	底层柱	$1.0H$
	其余各层柱	$1.25H$
装配式楼盖	底层柱	$1.25H$
	其余各层柱	$1.5H$

注:H 为底层柱从基础顶面到一层楼盖顶面的高度,对其余各层柱为上、下两层楼盖顶面之间的高度

3. 承载力计算公式

根据上述分析,配有纵筋和普通箍筋的轴心受压短柱在破坏时的截面计算应力图形,如图 6.10所示。在考虑长柱承载力的降低和可靠度的调整因素后,《规范》给出的轴心受压构件正截面承载力计算公式为

$$N \leqslant N_u = 0.9\varphi(f_c A + f_y' A_s') \tag{6.3}$$

式中　N——轴心压力设计值;

0.9——可靠度调整系数;

φ——钢筋混凝土构件的稳定系数,见表 6.1;

A_s'——全部纵筋的截面面积,当纵筋配筋率大于 3% 时,A 应改用 $A - A_s'$。

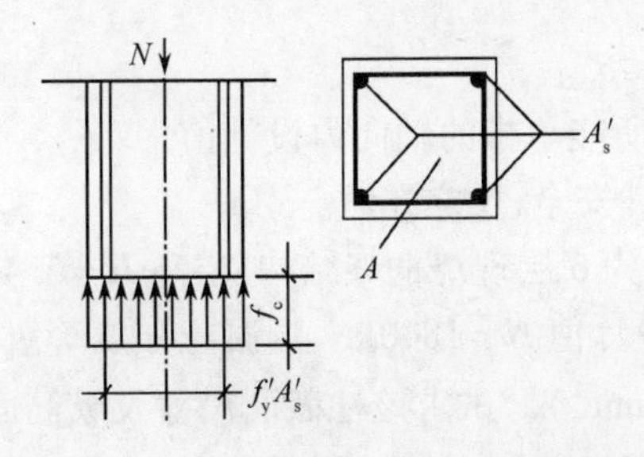

图 6.10　普通箍筋柱受压承载力计算简图

轴心受压构件在加载后荷载维持不变的条件下，随着荷载作用时间的增加，混凝土徐变会使混凝土的压应力逐渐变小，钢筋的压应力逐渐变大，这种现象称为徐变引起的应力重分布。这种变化一开始较快，经过一定时间后趋于稳定，当荷载突然卸载时，构件回弹，由于混凝土的徐变大部分不可恢复，故当荷载为零时，会使柱中钢筋受压而混凝土受拉，如图 6.11 所示。若柱的配筋率过大，还可能将混凝土拉裂，若柱中纵筋和混凝土之间有很强的粘结力时，则会同时产生纵向裂缝，这种裂缝更为危险。为了防止出现这种情况，故要控制柱中纵筋的配筋率，要求所有纵筋配筋率不宜超过 5%。

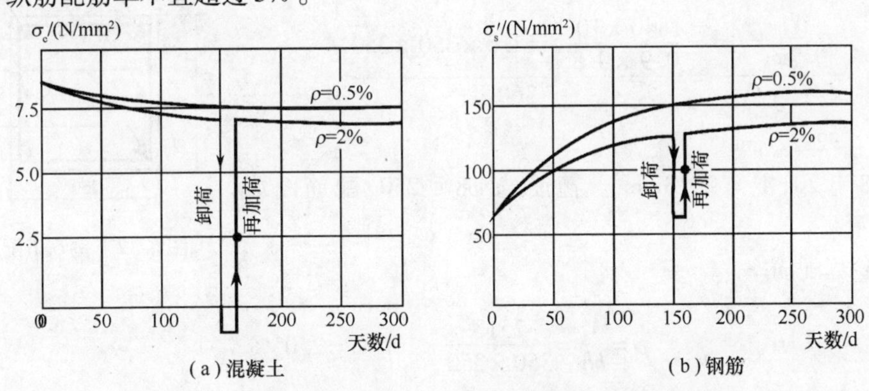

图 6.11　长期荷载作用下截面混凝土和钢筋的应力重分布

4. 设计计算方法

1）截面设计

（1）依据构造要求初选材料强度等级，初选纵筋配筋率 ρ'（$\rho' = A_s'/A$），并取稳定系数 $\varphi = 1$，由式(6.3)求出所需的受压柱截面面积 A。

（2）确定截面尺寸，正方形截面边长为 $b = h = \sqrt{A}$，也可采用矩形截面（$b \times h = A$）。

（3）确定构件的计算长度 l_0 和长细比 l_0/b。

（4）由表 6.1 确定实际的稳定系数 φ。

（5）再由式(6.3)求出所需的实际纵筋面积，选配钢筋。

（6）验算配筋率 $\rho'_{min} \leqslant \rho' \leqslant \rho'_{max}$。

（7）按构造要求选配箍筋，并给出配筋图。

上述(1)、(2)亦可合并，直接按构造要求和已建工程，选择截面尺寸、材料强度等级。

2）截面复核

（1）按已知条件确定构件的计算长度 l_0 和长细比 l_0/b。

（2）由表 6.1 确定实际的稳定系数 φ。

(3) 验算配筋率 $\rho'_{min} \leqslant \rho' \leqslant \rho'_{max}$。

(4) 由式(6.3)计算构件所能承担的轴向力设计值 N。

(5) 若满足 $N \leqslant N_u$,则构件安全;反之亦然。

【例 6.1】 某部队办公楼为 6 层现浇框架结构,层高 $H=5.4\text{m}$,现已知第二层的一根中柱(按无侧移考虑)承受轴心力设计值 $N=1840\text{kN}$,混凝土强度等级为 C30($f_c=14.3\text{N/mm}^2$),钢筋采用 HRB400 级($f_y'=360\text{N/mm}^2$)。试求该柱截面尺寸及纵筋面积。

解 (1) 假定 $\rho'=A_s'/A=0.8\%$,$\varphi=1.0$,则由式(6.3)可求得

$$A=\frac{N}{0.9\varphi(f_c+\rho' f_y')}=\frac{1840\times10^3}{0.9\times1.0\times(14.3+0.008\times360)}=119\times10^3(\text{mm}^2)$$

采用正方形截面,则 $b=h=\sqrt{119000}=345(\text{mm})$,取 $b=h=350\text{mm}$。

(2) 计算 l_0 及 φ。由表 6.2,得 $l_0=1.25H=1.25\times5.4\text{m}=6.75\text{m}$,则 $\frac{l_0}{b}=\frac{6750}{350}=19.28$,由表 6.1 查得 $\varphi=0.8$。

(3) 求 A_s'。

$$A_s'=\frac{\frac{N}{0.9\varphi}-f_cA}{f_y'}=\frac{\frac{1840\times10^3}{0.9\times0.8}-14.3\times350\times350}{360}=2232(\text{mm}^2)$$

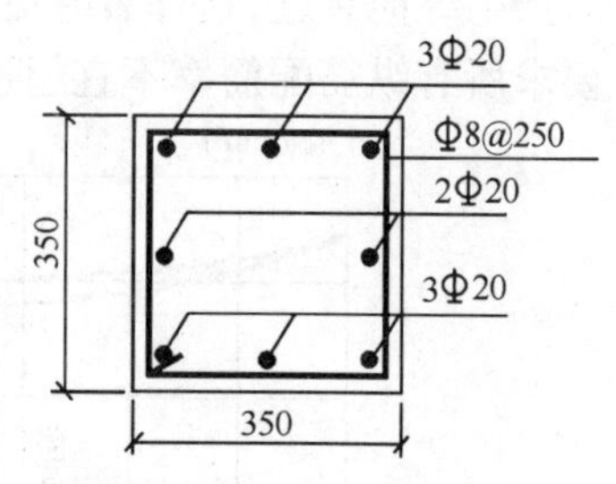

图 6.12 例 6.1 配筋图

选用 8 Φ 20,$A_s'=2513\text{mm}^2$。箍筋选 $\phi8@250$,配筋图如图 6.12所示。

(4) 验算配筋率。

$$\rho=\frac{A_s'}{bh}=\frac{2513}{350\times350}\times100\%=2.05\%$$

$$\rho'_{min}<\rho'<\rho'_{max}\quad \rho'_{min}=0.55\%\quad \rho'_{max}=5\%$$

【例 6.2】 某学生活动中心采用 4 层现浇框架结构,已知底层中柱(按无侧移考虑)的柱高 $H=5\text{m}$,截面尺寸 $b\times h=250\text{mm}\times250\text{mm}$,柱内配有 4 Φ 16 纵筋($A_s'=804\text{mm}^2$),混凝土强度等级为 C30。柱承受轴心力设计值 $N=810\text{kN}$。试核算该柱是否安全。

解 (1) 求 l_0 及 φ。$l_0=1.0H=1.0\times5=5\text{m}$,则 $\frac{l_0}{b}=\frac{5000}{250}=20.0$,由表 6.1 查得 $\varphi=0.75$。

(2) 验算配筋率。

$$\rho=\frac{A_s'}{A}=\frac{804}{250\times250}=1.28\%<3\%$$

(3) 求 N_u。

$$N_u=0.9\varphi(f_cA+f_y'A_s')=0.9\times0.75\times(14.3\times250\times250+360\times804)$$
$$=798653(\text{N})=798.7(\text{kN})<810\text{kN}$$

所以该柱不安全。

6.3.2 螺旋箍筋柱的承载力计算

当柱承受很大轴心压力时,若设计成普通箍筋柱,由于建筑上及使用上的要求,截面尺寸

受到限制，即使提高混凝土强度等级和增加纵筋配筋量也不足以承受该轴心压力，这时可考虑采用螺旋箍筋柱或焊接环筋柱。螺旋箍筋柱和焊接环筋柱的受力性能相同，统称为螺旋箍筋柱，其截面形状一般为圆形或多边形。

1. 受力分析和破坏形态

试验表明，螺旋箍筋柱的配箍率高，在轴心压力作用下不会像普通箍筋那样容易"崩出"，因而能有效地约束核心混凝土所产生的横向变形，使核心混凝土处于三向受压状态，从而显著提高了混凝土的抗压强度和变形能力，这种受到约束的混凝土也称为"约束混凝土"。而核心混凝土产生横向变形的同时，在螺旋箍筋或焊接环筋中产生了拉应力，随着荷载的逐渐加大，当螺旋箍筋或焊接环筋的应力达到抗拉屈服强度时，就不再能有效地约束核心混凝土的横向变形，混凝土的抗压强度也就不能再提高，这时构件即宣告破坏。可见，采用螺旋箍筋或焊接环筋也能像直接配置纵筋那样，起到提高柱承载力和变形能力的作用，故配置螺旋箍筋或焊接环筋又称为"间接钢筋"(transverser einforcement)。螺旋箍筋或焊接环筋外的混凝土保护层在螺旋箍筋或焊接环筋受到较大拉应力时就开裂，故在计算时不考虑这部分混凝土的作用。

图6.13分别表示普通箍筋柱和螺旋箍筋柱的荷载—应变曲线。在临界荷载(大致相当于$\sigma_c'=0.8f_c$)以前，螺旋箍筋应力很小，螺旋箍筋柱的荷载—应变曲线与普通箍筋柱基本相同。当荷载继续增加，混凝土和纵筋的纵向压应变为0.003～0.0035时，纵筋屈服，螺旋箍筋外的混凝土保护层开始崩溃剥落，混凝土的截面减小，荷载略有下降。由于核心混凝土受到螺旋箍筋的约束，仍能继续承受荷载，其抗压强度超过了轴心抗压强度f_c，从而补偿了剥落的外围混凝土所承担的压力，曲线逐渐回升。随着荷载不断增大，螺旋箍筋中环向拉应力也不断增大，当螺旋箍筋达到屈服时，则不能再约束核心混凝土的横向变形，核心混凝土的抗压强度不再提高，混凝土被压碎，构件即告破坏。此时，荷载达到第二次峰值，柱子的纵向压应变可达到0.01以上。第二次荷载峰值及相应的压应变值与螺旋箍筋的配箍率有关，螺旋箍筋的配箍率越大，其值就越大。由图6.13可见，螺旋箍筋柱的极限荷载一般要大于同样截面尺寸的普通箍筋柱，其变形能力也提高很多，说明螺旋箍筋柱具有很好的延性。

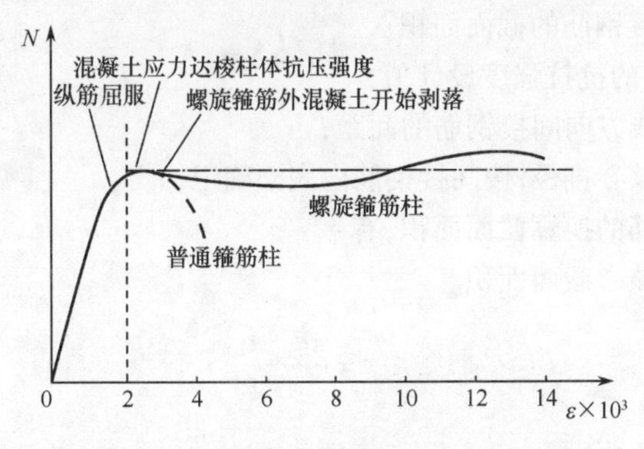

图6.13　轴心受压柱的荷载—应变曲线

2. 承载力计算公式

根据上述分析可知，螺旋箍筋或焊接环筋使核心混凝土处于三向受压状态，故抗压强度高于单轴时的轴心抗压强度，可采用圆柱体混凝土在三向受压状态下强度近似计算公式，即

$$f=f_c+\beta\sigma_r \tag{6.4}$$

式中 f——被约束后的混凝土轴心抗压强度；

σ_r——间接钢筋屈服时，柱的核心混凝土受到的径向压应力；

β——侧压效应系数，根据大量试验资料其值可取 4 ~7。

在间接钢筋间距 s 范围内，根据径向压应力 σ_r 的合力与箍筋拉力的平衡条件(图 6.14)，则可得

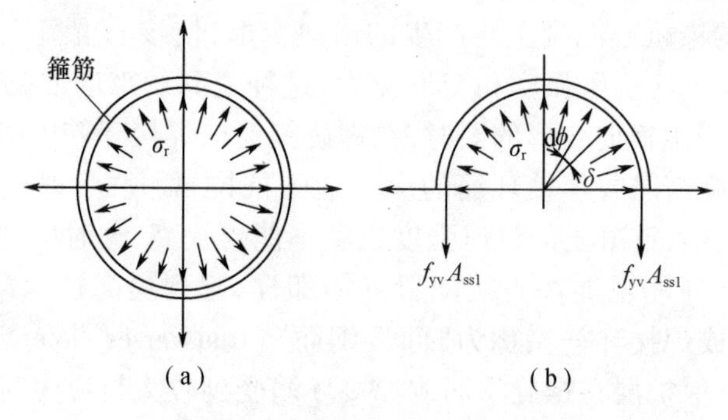

图 6.14 混凝土径向压力示意图

由

$$s\int_0^{\pi}\sigma_r\frac{d_{cor}}{2}d\varphi\sin\varphi = 2f_{yv}A_{ss1}$$

得

$$\sigma_r s d_{cor} = 2f_{yv}A_{ss1}$$

由此

$$\sigma_r = \frac{2f_{yv}A_{ss1}}{sd_{cor}} = \frac{2f_{yv}A_{ss1}d_{cor}\pi}{4\frac{\pi d_{cor}^2}{4}s} = \frac{f_{yv}A_{sso}}{2A_{cor}} \tag{6.5}$$

式中 A_{ss1}——单根间接钢筋的截面面积；

f_{yv}——间接钢筋的抗拉强度设计值；

s——沿构件轴线方向间接钢筋的间距；

d_{cor}——构件的核心直径，按间接钢筋内表面确定；

A_{ss0}——间接钢筋的换算截面面积；有

A_{cor}——构件的核心截面面积。

$$A_{ss0} = \frac{\pi d_{cor}A_{ss1}}{s} \tag{6.6}$$

根据力的平衡条件，得

$$N_u = (f_c + \beta\sigma_r)A_{cor} + f_y'A_s'$$

故

$$N_u = f_cA_{cor} + \frac{\beta}{2}f_{yv}A_{ss0} + f_y'A_s' \tag{6.7}$$

令 $2\alpha = \beta/2$ 代入式(6.7)，同时考虑可靠度调整系数 0.9 后，《规范》规定螺旋箍筋柱或焊

接环筋柱的承载力计算公式为

$$N \leqslant N_u = 0.9(f_c A_{cor} + 2\alpha f_{yv} A_{ss0} + f_y' A_s') \tag{6.8}$$

式中 α——间接钢筋对混凝土约束的折减系数，当混凝土强度等级不大于 C50 时，取 $\alpha = 1.0$；当混凝土强度等级等于 C80 时，取 $\alpha = 0.85$；当混凝土强度等级在 C50 与 C80 之间时，按线性内插确定。

3. 适用条件

(1) 为了防止配置的间接钢筋过多，使柱的混凝土保护层过早剥落，从而影响柱的正常使用。因此，《规范》规定，按式(6.8)算得的构件受压承载力不应大于按式(6.3)计算所得普通箍筋柱受压承载力的 1.5 倍。

(2)《规范》规定，凡属下列情况之一者，不考虑间接钢筋的影响，而按式(6.3)计算构件的承载力：

① 当 $l_0/d > 12$ 时，此时因长细比较大，柱的纵向弯曲对承载力的影响较大，破坏时混凝土横向变形不显著，间接钢筋不能充分发挥作用。

② 当按式(6.8)算得的受压构件承载力小于按式(6.3)算得的承载力时。

③ 当间接钢筋换算截面面积 A_{ss0} 小于全部纵筋截面面积的 25% 时，可以认为间接钢筋配置得太少，间接钢筋对核心混凝土的约束作用不明显。

【例 6.3】 某部队招待所底层门厅大堂采用现浇钢筋混凝土柱，考虑美观要求，柱截面采用圆形，直径 $d_c = 400\text{mm}$，从基础顶面至二层楼面高度为 4.5m，承受轴心压力设计值 $N = 2749\text{kN}$，混凝土强度等级为 C30 ($f_c = 14.3\text{N/mm}^2$)，纵筋采用 HRB400 级钢筋 ($f_y' = 360\text{N/mm}^2$)，箍筋采用 HRB335 级钢筋 ($f_{yv} = 300\text{N/mm}^2$)。试确定柱的配筋。

解 (1) 判断是否可采用螺旋箍筋柱。

$$l_0 = 1.0H = 1.0 \times 4.5 = 4.5(\text{m})$$

$$\frac{l_0}{d_c} = \frac{4500}{400} = 11.25 < 12 (\text{可设计成螺旋箍筋柱})$$

(2) 计算纵筋截面面积 A_s'。

$$A = \frac{\pi d_c^2}{4} = \frac{3.142 \times 400^2}{4} = 125680(\text{mm}^2)$$

假定 $\rho' = 0.025$，则

$$A_s' = 0.025 \times 125680 = 3142(\text{mm}^2)$$

选用 10 ⌀20，$A_s' = 3142\text{mm}^2$。

(3) 求 A_{ss0}。查表可知，室内正常环境（一类环境）时，柱的保护层最小厚度为 20mm。初选螺旋箍筋直径为 10mm，则有

$$A_{ss1} = 78.5\text{mm}^2$$

$$d_{cor} = 400 - 2 \times 20 - 2 \times 10 = 340(\text{mm})$$

$$A_{cor} = \frac{\pi d_{cor}^2}{4} = \frac{3.142 \times 340^2}{4} = 90804(\text{mm}^2)$$

由式(6.8)可得

$$A_{ss0}=\frac{\frac{N}{0.9}-(f_cA_{cor}+f_y'A_s')}{2\alpha f_{yv}}$$

$$=\frac{\frac{2749\times10^3}{0.9}-(14.3\times90804+360\times3142)}{2\times1.0\times300}=1041(\text{mm}^2)$$

$$A_{ss0}>0.25A_s'=0.25\times3142=786(\text{mm}^2)\quad(\text{满足要求})$$

(4) 确定螺旋箍筋直径和间距。由式(6.6)可得

$$s=\frac{\pi d_{cor}A_{ss1}}{A_{ss0}}=\frac{3.142\times340\times78.5}{1041}=80.56(\text{mm})$$

$$s<0.2d_{cor}=0.2\times340=68\text{mm}\ \text{及}\ 40\text{mm}\leqslant s\leqslant80\text{mm}$$

取 $s=60\text{mm}$。

(5) 复核混凝土保护层是否过早脱落。

计算螺旋箍筋柱的轴向承载力设计值:

$$A_{ss0}=\frac{\pi d_{cor}A_{ss1}}{s}=\frac{3.142\times340\times78.5}{60}=1398(\text{mm})$$

$$N_u=0.9(f_cA_{cor}+2\alpha f_{yv}A_{ss0}+f_y'A_s')$$
$$=0.9\times(14.3\times90804+2\times1\times300\times1398+360\times3142)$$
$$=2942(\text{kN})$$

计算普通箍筋柱的轴向承载力设计值:

按 $\frac{l_0}{d_c}==11.25$ 查表 6.1,得 $\varphi=0.935$,因此有

$$N_u=0.9\varphi(f_cA+f_y'A_s')$$
$$=0.9\times0.935\times(14.3\times125680+360\times3142)$$
$$=2464(\text{kN})$$

因为 $1.5\times2464=3696(\text{kN})>2942\text{kN}$,说明该间接箍筋柱能承受的轴向压力设计值为 $N_u=2942\text{kN}$,大于给定的轴向压力设计值 $N=2749\text{kN}$,满足要求。

6.4 偏心受压构件正截面受力性能分析

在实际工程结构中,偏心受压构件应用极为广泛,这类构件截面中一般在作用有轴力、弯矩的同时还作用有横向剪力,如水塔的筒壁、单层厂房的排架柱、多层框架柱和拱等。设计时,多数情况下因构件截面较大而剪力小,在承载力计算时不考虑剪力而仅考虑纵向偏心力;但当横向剪力值较大时,偏心受压构件也和受弯构件一样,应计算其斜截面承载力。

6.4.1 偏心受压短柱的受力特点和破坏形态

如图 6.15 所示,受轴向压力 N 和弯矩 M 共同作用的压弯构件,可等同于偏心距为 $e_0=M/N$ 的偏心受压构件。钢筋混凝土偏心受压构件的受力性能、破坏形态介于受弯构件与轴心受压构件之间,当 $N=0$ 时为受弯构件;当 $M=0$ 时为轴心受压构件。

为抵抗构件截面上作用的压力 N 和弯矩 M,纵筋通常配置在截面偏心方向的两侧,离偏心压力较近一侧的纵筋为受压钢筋,其截面面积用 A'_s表示;离轴心压力较远一侧的纵筋无论受拉还是受压,其截面面积都用 A_s 表示。同时,构件中应配置适量的箍筋,防止受压纵筋压屈,以保证纵向受压钢筋的抗压强度得到充分利用。

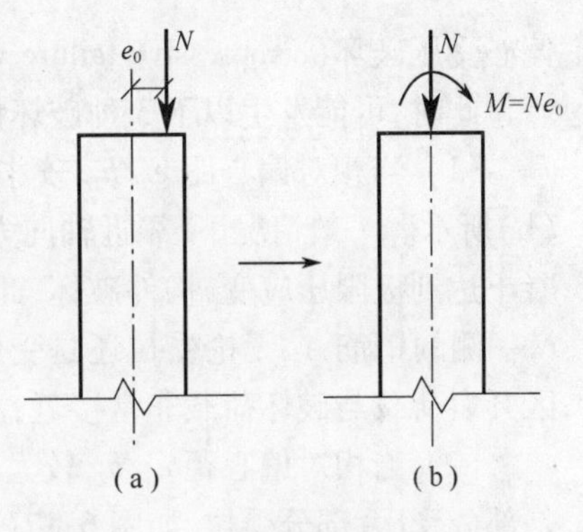

图 6.15　偏心受压构件与压弯构件

偏心受压构件的破坏特征与相对偏心距 e_0/h_0 的大小和纵筋的配筋率有关。试验表明,偏心受压短柱的破坏形态可分为下列两种情况:

1. 受拉破坏

当轴向力 N 的相对偏心距 e_0/h_0 较大,且受拉钢筋配置得适量时,构件会出现受拉破坏(tensile failure)。受拉破坏又称为大偏心受压破坏(compressive failure with large eccentricity)。

在荷载作用下,靠近轴向力作用的一侧截面受压,另一侧截面受拉。随着荷载的增加,首先在受拉区产生垂直于构件轴线的横向裂缝,轴向力的偏心距 e_0 越大,横向裂缝出现越早,开展和延伸也越快,受拉区钢筋的应力及应变也在增长;荷载进一步增加,受拉区的横向裂缝随之不断开展,在破坏前主裂缝逐渐明显,受拉钢筋的应力达到屈服强度,进入流幅阶段,受拉变形的发展增速明显大于受压变形增速,中和轴迅速上升,使混凝土受压区高度迅速减小,最后受压区边缘混凝土达到其极限压应变值,出现纵向裂缝而混凝土被压碎,构件即告破坏。破坏时,受压区的纵筋一般也达到受压屈服强度。

上述破坏特征是受拉区混凝土先开裂,受拉钢筋达到屈服强度,然后受压钢筋也达到屈服,最后受压区混凝土压碎而宣告构件破坏。这种破坏形态与双筋截面适筋梁的破坏形态相类似,具有明显的破坏预兆,故属于延性破坏。构件破坏时,正截面上的应变及应力分布如图 6.16(a)所示;构件破坏情况如图 6.16(b)所示。

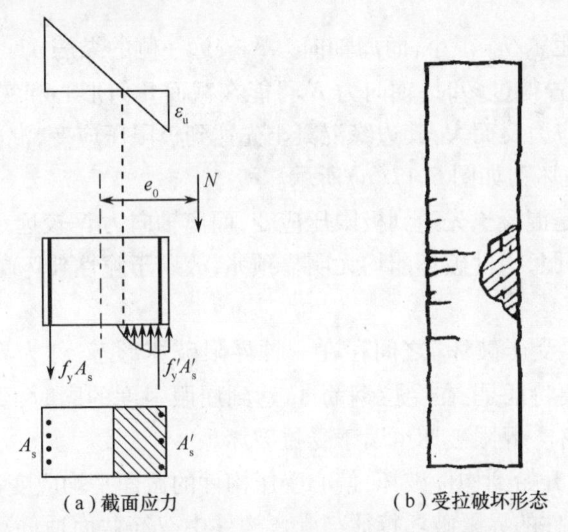

图 6.16　大偏心受拉破坏时的截面应力和受拉破坏形态

2. 受压破坏

当相对偏心距 e_0/h_0 较小或很小时,或相对偏心距 e_0/h_0 虽较大,但受拉钢筋 A_s 配置得太多时,在荷载作用下,截面大部分受压或全部受压,最终构件发生受压破坏。受压破坏又称小偏心受压破坏(compressive failure with small eccentricity)。

此时,可能发生以下3种破坏情况:

(1)当相对偏心距 e_0/h_0 较小或很小时,截面大部分受压或全部受压,如图6.17(a)或(b)所示。一般情况下,靠近轴向力 N 一侧的压应力较大,随着荷载的逐渐增加,这一侧的混凝土达到极限压应变,构件破坏,此时这一侧的受压钢筋 A_s' 达到抗压屈服强度,而远离轴向力 N 一侧的钢筋 A_s 无论受拉还是受压,均未达到屈服,混凝土也未达到极限压应变。由于受压区开裂荷载与破坏荷载非常接近,所以破坏前无明显的预兆。

(2)当相对偏心距 e_0/h_0 较大,离轴向力 N 较远一侧的纵筋 A_s 配置得过多时,截面同样是部分受压、部分受拉,如图6.17(a)所示。这种情况类似于双筋截面超筋梁,破坏时,受压区边缘混凝土达到极限压应变,受压钢筋 A_s' 达到抗压屈服强度,而远侧受拉钢筋 A_s 始终不屈服,破坏无明显预兆,破坏具有突然性。

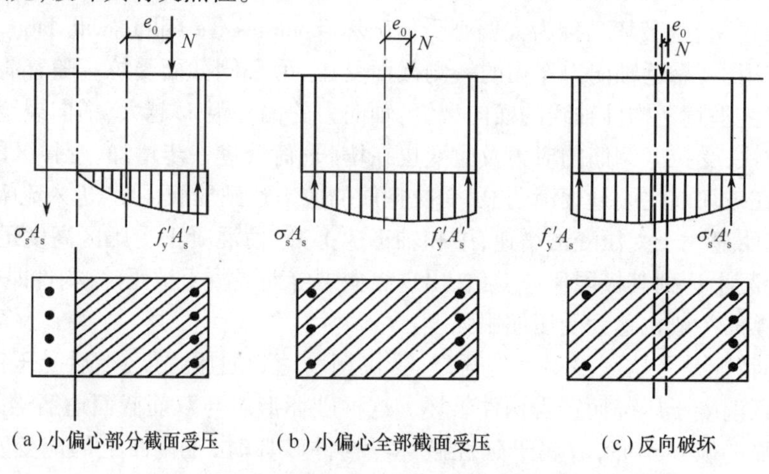

图6.17　小偏心受压破坏截面受力的几种情况

(3)当相对偏心距 e_0/h_0 很小,而离轴向力 N 较远一侧的纵筋 A_s 配置得过少,离轴向力 N 较近一侧的纵筋 A_s' 配置得过多时,轴向力 N 可能在截面几何形心和实际重心之间,离轴向力 N 较远一侧的受到压应力反而大,其边缘混凝土先达到极限压应变,混凝土被压碎,构件破坏,这种破坏称为"反向破坏",如图6.17(c)所示。

上述破坏特征都是混凝土先达到极限压应变,而离轴向力 N 较远一侧的纵筋 A_s 可能受拉也可能受压,但都不屈服,构件破坏前均无明显预兆,故属于脆性破坏。

3. 界限破坏

在"受拉破坏"与"受压破坏"之间存在一种界限破坏形态,称为界限破坏(balanced failure)。界限破坏的主要特征是:在受拉钢筋 A_s 达到屈服强度的同时,受压区边缘的混凝土也达到极限压应变而破坏。界限破坏也属于受拉破坏。

试验表明,从加载开始到构件破坏,偏心受压构件的截面平均应变都较好地符合平截面假定。因此,偏心受压构件的界限破坏特征与受弯构件中双筋截面适筋梁和超筋梁的界限破坏特征完全相同,其相对界限受压区高度的表达式与式(4.12)和式(4.13)相同,同样也可以得到大、小偏心受压构件的界限判别条件,即

当 $\xi \leq \xi_b$ 时,为大偏心受压。

当 $\xi > \xi_b$ 时,为小偏心受压。

4. 附加偏心距

当构件截面上作用的弯矩设计值为 M、轴向压力设计值为 N 时,其计算偏心距为 $e_0=M/N$。由于工程中实际存在着荷载作用位置的不定性、混凝土质量的不均匀性及施工的偏差等因素,都可能产生附加偏心距(accidental eccentricity)e_a。当 e_0 较小时,e_a 的影响较为显著,但随着偏心距的增大,e_a 对构件承载力的影响逐渐减小。参考国外规范和以往工程经验,我国《规范》取 $e_a=20\text{mm}$ 与 $e_a=h/30$ 两者中的较大值,h 是指偏心方向的截面最大尺寸。

在偏心受压构件正截面承载力计算中,考虑附加偏心距 e_a 后的轴向压力偏心距用初始偏心距(initial eccentricity)e_i 表示,即

$$e_i=e_0+e_a \tag{6.9}$$

6.4.2 偏心受压长柱的受力特点和破坏形态

试验表明,钢筋混凝土柱在承受偏心受压荷载后,会产生侧向变形和纵向弯曲。短柱由于纵向弯曲引起的侧向挠度小,在设计时一般可忽略其影响。而长柱由于纵向弯曲的影响使柱中产生二阶弯矩,降低了柱的承载能力,因此设计时必须予以考虑。

图 6.18 所示为一根长柱的荷载—侧向变形($N-f$)试验曲线。

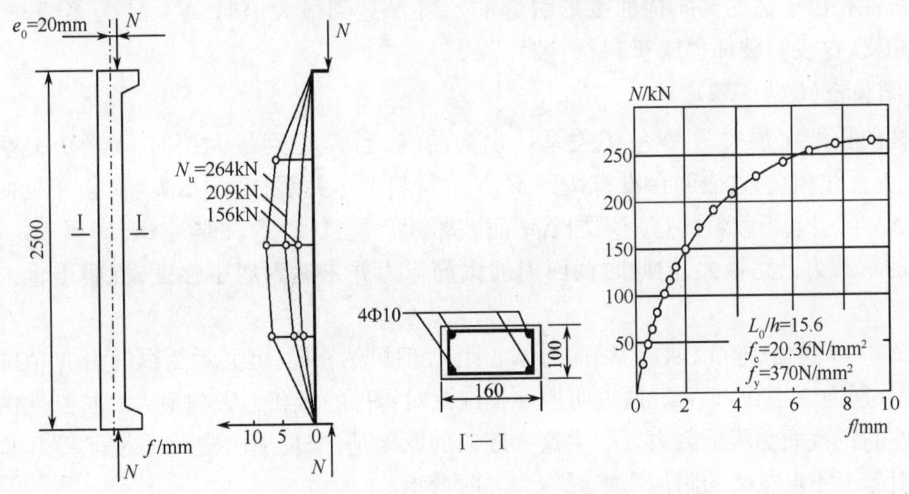

图 6.18 长柱实测 $N-f$ 曲线

偏心受压长柱在纵向弯曲影响下,可能发生两种形式的破坏:一是材料破坏,即当长细比在一定范围内时,构件临界截面最终由于材料强度耗尽而产生的破坏;二是失稳破坏,即当长细比很大时,构件纵向弯曲失去平衡引起的破坏。对于截面尺寸、截面配筋、材料强度、支承情况和轴向力偏心距等完全相同而长细比不同的 3 根柱,从加载到破坏的 $N-M$ 关系图,如图 6.19所示。图中 $ABCD$ 曲线是偏心受压构件正截面破坏时的承载力 N_u-M_u 关系曲线,其中 N_u 和 M_u 为截面破坏时所能承担的轴向压力和相应的弯矩。

1. 短柱($l_0/h\leqslant5$)

图 6.19 中直线 OB 表示短柱从加载到破坏点 B 时 N 和 M 的关系曲线。由于短柱的纵向弯曲很小,可假定偏心距 e_0 自始至终是不变的,即 $M/N=e_0$ 为常数,所以其变化轨迹是直线,当 N 达到最大值时,$N-M$ 关系线与 N_u-M_u 关系线相交。这表明,当轴向力达到最大值时截面发生破坏,破坏是临界截面上的材料达到其极限强度而引起的“材料破坏”。

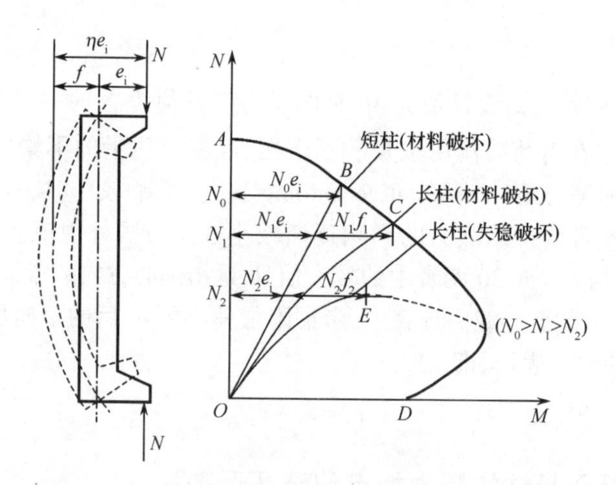

图 6.19　不同长细比柱从加载到破坏的 $N-M$ 关系

2. 中长柱($l_0/h=5\sim30$)

图 6.19 中曲线 OC 是中长柱从加载到破坏点 C 时 N 和 M 的关系曲线。对于中长柱，偏心距 e_0 随着轴向力 N 的增加而呈非线性增加的，即 M/N 是变量，故其变化轨迹呈曲线形状，这种非线性是由于柱的侧向挠曲变形引起的。当 N 达到最大值时，$N-M$ 关系线与 N_u-M_u 关系线相交，这表明破坏也属于"材料破坏"。

3. 细长柱($l_0/h>30$)

若柱的长细比很大时，$N-M$ 关系线也为曲线，当 N 达到最大值时，$N-M$ 关系线不与 N_u-M_u 关系线相交，这表明在没有达到 M、N 的材料破坏关系曲线 $ABCD$ 前，由于轴向力的微小增量 ΔN 可引起不收敛的弯矩增加 ΔM 而破坏，即"失稳破坏"。曲线 OE 即属于这种类型；在 E 点的承载力已达最大，但此时截面内的钢筋应力并未达到屈服强度，混凝土也未达到极限压应变值。

由图 6.19 可见，这 3 根柱的轴向力偏心距 e_0 值虽然相同，但其承受纵向力 N 值的能力是不同的，分别为 $N_0>N_1>N_2$。这表明构件长细比对构件的承载力影响很大。长细比的加大会降低构件的正截面受压承载力。产生这一现象的原因是，当长细比较大时，偏心受压构件的纵向弯曲引起了不可忽略的附加弯矩或称为二阶弯矩。

在建筑工程中，钢筋混凝土偏心受压构件的破坏类型一般都属于材料破坏，但对长柱而言，必须考虑二阶效应的影响。

6.4.3　偏心受压构件的附加弯矩或二阶弯矩

对于长细比较大的长柱，由于侧向挠度的影响，各个截面所受的弯矩不再是 Ne_0，而变为 $N(e_0+y)$，其中 y 为构件任意点的水平侧向挠度。对于柱跨中截面，侧向挠度最大的截面弯矩为 $N(e_0+f)$，如图 6.19 所示。在偏心受压构件计算中，将截面弯矩中的 Ne_0 称为初始弯矩或一阶弯矩，而将截面弯矩中的 Ny 或 Nf 称为附加弯矩或二阶弯矩。

《规范》规定，弯矩作用平面内截面对称的偏心受压构件，当同一主轴方向的杆端弯矩比 $M_1/M_2\leq0.9$ 且设计轴压比不大于 0.9 时，若构件的长细比满足式(6.10)的要求，可不考虑该方向构件自身挠曲产生的附加弯矩影响；否则，应考虑附加弯矩的影响，需按截面的两个主轴方向分别考虑构件自身挠曲产生的附加弯矩影响。

$$l_0/i \leqslant 34-12\left(\frac{M_1}{M_2}\right) \tag{6.10}$$

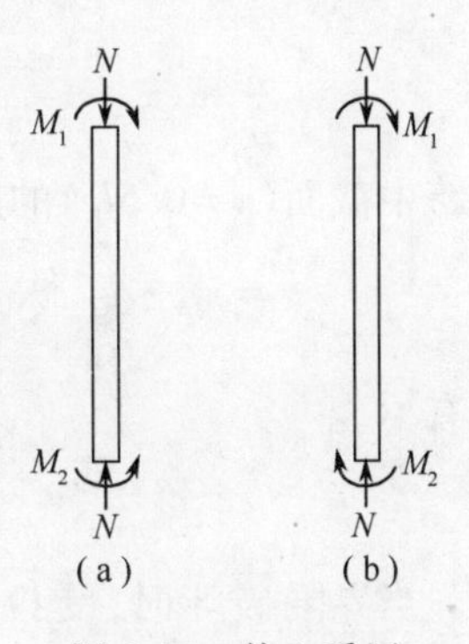

图 6.20　偏心受压构件的弯曲

式中　M_1, M_2——偏心受压构件两端截面按结构弹性分析确定的对同一主轴的组合弯矩设计值,绝对值较大端为 M_2,绝对值较小端为 M_1,当构件按单曲率弯曲时,M_1/M_2 为正,见图 6.20(a),否则为负,见图 6.20(b);

l_0——构件的计算长度,可近似取偏心受压构件相应主轴方向上下支撑点之间的距离;

i——偏心方向的截面回转半径。

6.4.4　偏心受压长柱的设计弯矩

对于不满足式(6.10)的长柱,在确定偏心受压构件的内力设计值时,需考虑构件侧向挠度引起的附加弯矩(二阶弯矩)影响。工程设计中,通常采用增大系数法来考虑该影响。《规范》规定,除排架结构柱外,其他偏心受压构件考虑轴向压力在挠曲杆件中产生的二阶效应(附加弯矩或二阶弯矩)后,控制截面的弯矩设计值可按式(6.11)计算,即

$$M = C_m \eta_{ns} M_2 \tag{6.11}$$

式中　C_m——柱端截面偏心距调节系数,当计算值小于 0.7 时,取 0.7;

η_{ns}——弯矩增大系数;

M_2——柱端最大弯矩。

注意:当 $C_m \eta_{ns} < 1.0$ 时,取 1.0。

1. 偏心距调节系数 C_m

对于弯矩作用平面内截面对称的偏心受压构件,同一主轴方向两端的杆端弯矩大多不相同,但也存在单曲率弯曲(M_1/M_2 为正)时二者大小接近的情况,即 M_1/M_2 比值大于 0.9。此时,在柱两端方向相同、大小几乎相同的弯矩作用下,该柱将产生最大的偏心距,使该柱处于最不利的受力状态。因此,在这种情况下,需考虑偏心距调节系数,《规范》规定偏心距调节系数采用式(6.12)进行计算,即

$$C_m = 0.7 + 0.3\frac{M_1}{M_2} \geqslant 0.7 \tag{6.12}$$

2. 弯矩增大系数 η_{ns}

弯矩增大系数是考虑侧向挠度对其承载力降低的影响。如图 6.19 所示,考虑柱侧向挠度 f 后,柱中截面弯矩可表示为

$$M = N(e_0 + f) = N\frac{e_0 + f}{e_0}e_0 = N\eta_{ns}e_0 \tag{6.13}$$

$$\eta_{ns} = 1 + \frac{f}{e_0} \tag{6.14}$$

对于图 6.19 所示的两端铰接柱,大量的试验表明,其挠曲方程基本符合正弦曲线,即

$$y = f\sin\frac{\pi x}{l_0} \tag{6.15}$$

截面的曲率为

$$\varphi=\frac{1}{r}=\frac{M}{EI}\approx-\frac{\mathrm{d}^2y}{\mathrm{d}x^2}=f\frac{\pi^2}{l_0^2}\sin\frac{\pi x}{l_0}$$

柱跨中截面($x=0.5l_0$)的曲率为

$$\varphi=f\frac{\pi^2}{l_0^2}\approx10\frac{f}{l_0^2}$$

则有

$$f=\frac{l_0^2}{10}\varphi \tag{6.16}$$

当界限破坏时,受拉钢筋屈服时混凝土也达到极限压应变 $\varepsilon_{cu}=0.0033$,对于常用的 HRB400、HRB500 级钢筋,$f_y/E_s=0.002$,并考虑荷载长期作用下混凝土徐变的影响,取徐变系数 $\phi=1.25$,此时的截面曲率为

$$\varphi_b=\frac{\phi\varepsilon_{cu}+f_y/E_s}{h_0}=\frac{1.25\times0.0033+0.002}{h_0}=\frac{1}{163.3h_0} \tag{6.17}$$

由于偏心受压构件的实际破坏形态与界限破坏存在一定的差别,参考国外规范和试验结果,引入一个修正系数 ζ_c 对界限破坏时的曲率 φ 进行修正,得

$$\varphi=\varphi_b\zeta_c=\frac{1}{163.3h_0}\zeta_c \tag{6.18}$$

式中 ζ_c——偏心受压构件截面曲率修正系数。

试验表明,大偏心受压破坏时,实测截面曲率 φ 与界限破坏时的曲率 φ_b 相差不大;小偏心受压破坏,截面曲率 φ 随着偏心距的减小而降低。为了简化计算,《规范》采用式(6.19)考虑偏心受压构件截面曲率的影响,即

$$\zeta_c=\frac{0.5f_cA}{N} \tag{6.19}$$

当 $\zeta_c>1.0$ 时,取 $\zeta_c=1.0$。

将式(6.18)代入式(6.16),得

$$f=\frac{l_0^2}{10}\varphi=\frac{l_0^2}{1633h_0}\zeta_c \tag{6.20}$$

考虑附加偏心距后以 $M_2/N+e_a$ 代替 e_0,并取 $h=1.1h_0$,将上述结果和式(6.20)代入式(6.14),可得《规范》中弯矩增大系数 η_{ns} 的计算公式为

$$\eta_{ns}=1+\frac{1}{1300(M_2/N+e_a)/h_0}\left(\frac{l_0}{h}\right)^2\zeta_c \tag{6.21}$$

式中 M_2——柱两端按结构分析确定的弯矩设计值中绝对值较大值;

N——与弯矩设计值 M_2 相应的轴向压力设计值;

h——柱的截面高度,对环形截面取外直径,对圆形截面取直径。

6.5 偏心受压构件正截面承载力计算

6.5.1 矩形截面承载力计算的基本公式

1. 大偏心受压构件

1) 计算简图

大偏心受压构件的破坏特征与双筋截面受弯构件的破坏特征相类似。因此,受弯构件正

截面承载力计算的基本假定同样适用于偏心受压构件正截面承载力计算，混凝土受压区的曲线应力图形用等效的矩形应力图形来代替，受压区高度取 $x=\beta_1 x_c$，等效混凝土抗压强度设计值取 $\alpha_1 f_c$，β_1 和 α_1 的取值同受弯构件。大偏心受压破坏的截面计算图形如图 6.21 所示。

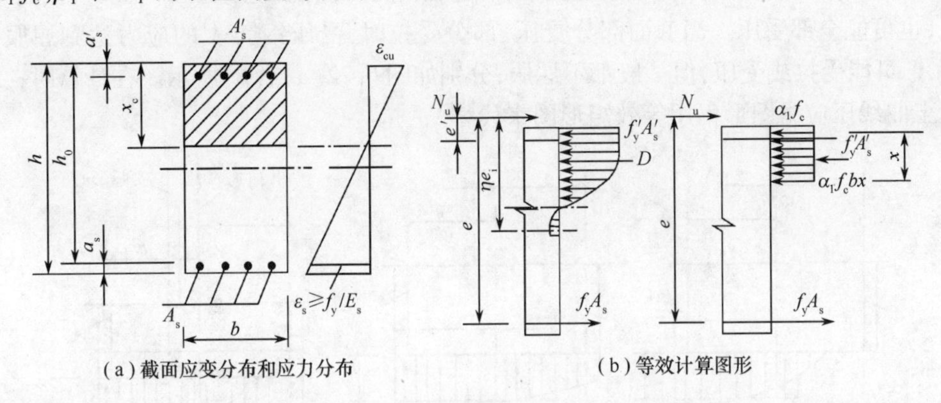

图 6.21　大偏心受压破坏的截面计算图形

2）计算公式

由轴力及对受拉钢筋合力点取矩的力矩平衡条件，可以得到基本计算公式，即

$$N \leqslant N_u = \alpha_1 f_c bx + f_y' A_s' - f_y A_s \tag{6.22}$$

$$Ne \leqslant N_u e = \alpha_1 f_c bx\left(h_0 - \frac{x}{2}\right) + f_y' A_s'(h_0 - a_s') \tag{6.23}$$

$$e = e_i + \frac{h}{2} - a_s \tag{6.24}$$

式中　N——轴向压力设计值；

N_u——受压构件受压承载力；

α_1——系数，按表 4.7 取值；

e——轴向力作用点至受拉钢筋 A_s 合力点的距离；

e_i——初始偏心距，按式(6.9)计算。

3）适用条件

(1) 为了保证构件破坏时受拉钢筋的应力先达到屈服强度，要求

$$x \leqslant \xi_b h_0 \tag{6.25}$$

(2) 为了保证构件破坏时受压钢筋的应力能达到抗压强度设计值，要求

$$x \geqslant 2a_s' \tag{6.26}$$

式中　a_s'——纵向受压钢筋合力点至受压区边缘的距离。

设计计算时，若 $x<2a_s'$，说明受压钢筋应力可能没有达到抗压强度设计值，与双筋受弯构件类似，可偏安全地取 $x=2a_s'$，并对受压钢筋合力点取矩，则得

$$Ne' \leqslant N_u e' = f_y A_s(h_0 - a_s') \tag{6.27}$$

$$e' = e_i - \frac{h}{2} + a_s' \tag{6.28}$$

式中　e'——轴向力作用点至受压钢筋 A_s' 合力点的距离。

2. 小偏心受压构件

1）计算简图

小偏心受压构件在破坏时，一般情况下，靠近轴向力一侧混凝土被压碎，此时，截面可能部分受压，也可能全部受压。当截面部分受压、部分受拉时，受压钢筋 A'_s 的应力达到屈服，而远侧钢筋 A_s 可能受拉或受压，但一般都不屈服，分别如图 6.22(a)、(b)所示。在计算时，受压区的混凝土曲线压应力图形仍用等效矩形图来代替。

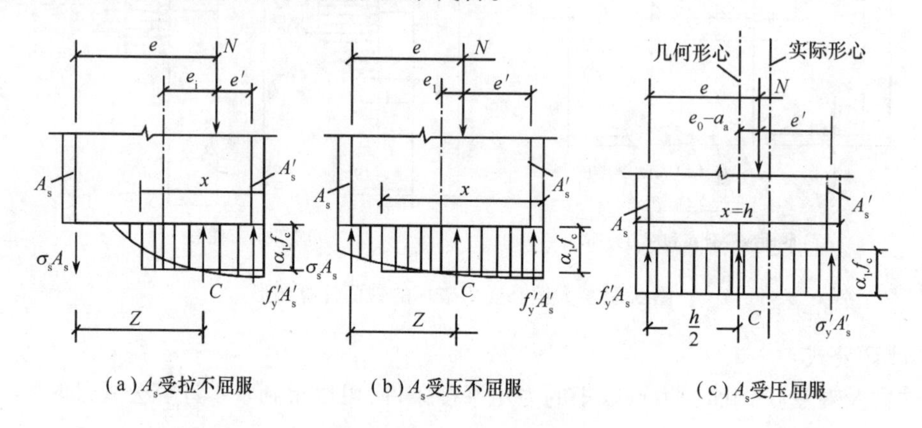

图 6.22 矩形截面小偏心受压承载力计算应力图形

2）计算公式

根据力的平衡条件和力矩平衡条件，得

$$N \leqslant N_u = \alpha_1 f_c bx + f'_y A'_s - \sigma_s A_s \tag{6.29}$$

$$Ne \leqslant N_u e = \alpha_1 f_c bx\left(h_0 - \frac{x}{2}\right) + f'_y A'_s(h_0 - a'_s) \tag{6.30}$$

式中 x——受压区计算高度，当 $x > h$ 时，取 $x = h$；

σ_s——远侧钢筋 A_s 的应力值；

其他符号意义同前。

由计算公式可知，进行小偏心受压构件承载力计算时的关键是确定远侧钢筋 A_s 的应力值 σ_s。根据平截面假定，由图 4.9 所示截面应变分布的几何关系，得

$$\frac{\varepsilon_{cu}}{\varepsilon_s} = \frac{x_0}{h_0 - x_0} \tag{6.31}$$

由 $x = \beta_1 x_0$ 和 $\sigma_s = E_s \varepsilon_s$，可导出

$$\sigma_s = \varepsilon_{cu} E_s\left(\frac{\beta_1 h_0}{x} - 1\right) = \varepsilon_{cu} E_s\left(\frac{\beta_1}{\xi} - 1\right) \tag{6.32}$$

将式(6.29)代入式(6.27)、式(6.28)中进行求解时，将会出现 ξ 或 x 的 3 次方程。为简化计算，根据试验资料和计算分析，当 $\xi = \xi_b$ 时，$\sigma_s = f_y$；当 $\xi = \beta_1$ 时，$\sigma_s = 0$；考虑这两个边界条件，可采用以下近似线性关系表达，即

$$\sigma_s = \frac{\xi - \beta_1}{\xi_b - \beta_1} f_y \tag{6.33}$$

式(6.33)计算的 σ_s 必须符合条件 $-f'_y \leqslant \sigma_s \leqslant f_y$，正号代表拉应力，负号代表压应力。

3）适用条件

$$\xi_b h_0 < x \leqslant h$$

当相对偏心距很小，A_s'比 A_s 大得多，且轴向力很大时，截面的实际形心轴偏向 A_s'，导致偏心方向改变，有可能会出现离轴向力较远的一侧混凝土先压碎的反向破坏。此时，截面应力的分布图形如图 6.17(c)所示。考虑到偏心方向与破坏方向相反，计算时不考虑偏心距增大系数，并取初始偏心距 $e_i = e_0 - e_a$，以确保安全。

为了避免这种反向破坏的发生，《规范》规定，当 $N > f_c A$（A 为截面面积）时，小偏心受压构件除按式(6.29)和式(6.30)计算外，还应满足下列条件，即

$$Ne' \leqslant \alpha_1 f_c bh\left(h_0' - \frac{h}{2}\right) + f_y' A_s (h_0' - a_s) \tag{6.34}$$

$$e' = \frac{h}{2} - a_s' - (e_0 - e_a) \tag{6.35}$$

则

$$A_s = \frac{Ne' - \alpha_1 f_c bh\left(h_0' - \dfrac{h}{2}\right)}{f_y'(h_0' - a_s)} \tag{6.36}$$

式中　h_0'——钢筋 A_s'合力点至离偏心压力较远一侧边缘的距离，$h_0' = h - a_s$。

为了避免远离轴向压力一侧的混凝土先压坏，当 $N > f_c bh$ 时，应先按式(6.36)计算 A_s，然后与取最小配筋率 $A_s = \rho_{min} bh$ 或 $A_s = \rho'_{min} bh$ 计算的 A_s 相比较，设计中可取两者的较大值作为 A_s 配筋。

注意：对于小偏心受压构件，尚应按轴心受压构件验算垂直于弯矩作用平面的受压承载力。

6.5.2　矩形截面不对称配筋时的承载力计算方法

1. 大、小偏心受压破坏的判别

偏心受压构件正截面承载力计算方法同样分为截面设计与截面复核两类问题。无论是截面设计还是截面复核，都需要首先判别截面是属于大偏心受压破坏还是属于小偏心受压破坏。判别大、小偏心受压破坏的常用方法有以下两种：

1）直接计算以 ξ 判别大、小偏心受压破坏

在截面复核时，可根据已知条件采用基本公式直接求出 ξ，将求得的 ξ 与界限相对受压区高度 ξ_b 相比来判断大、小偏心。若 $\xi \leqslant \xi_b$，则为大偏心受压破坏；若 $\xi > \xi_b$，则为小偏心受压破坏。

2）用界限偏心距判别大、小偏心受压破坏

在截面设计时，采用基本公式无法直接求出 ξ，可借助界限偏心距来进行判别。图 6.23 所示为处于大、小偏心受压界限状态下的矩形截面应力分布情况。

此时混凝土在界限状态下受压区相对高度为 ξ_b，受拉钢筋达到屈服强度 $\sigma_s = f_y$，则由平衡条件可得

$$N_b = \alpha_1 f_c bh_0 \xi_b + f_y' A_s' - f_y A_s \tag{6.37}$$

$$M_b = \alpha_1 f_c bh_0 \xi_b \left(\frac{h}{2} - \frac{\xi_b h_0}{2}\right) + f_y' A_s' \left(\frac{h}{2} - a_s'\right) + f_y A_s \left(\frac{h}{2} - a_s\right) \tag{6.38}$$

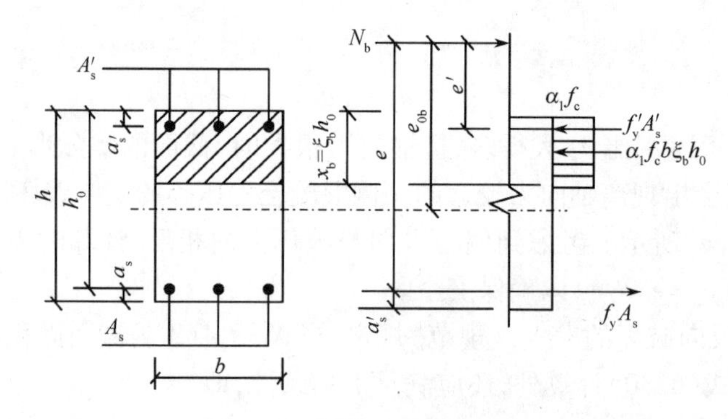

图 6.23　界限破坏的应力图

将 $A_s=\rho b h_0$、$A_s'=\rho' b h_0$、$a_s'=a_s$ 代入式(6.34)和式(6.35)，得相对界限偏心距为

$$\frac{e_{0b}}{h_0}=\frac{\alpha_1 f_c \xi_b (h-\xi_b h_0)+(\rho' f_y'+\rho f_y)(h_0-2a_s)}{2\alpha_1 f_c \xi_b h_0+2(\rho' f_y'-\rho f_y)h_0} \tag{6.39}$$

式中　e_{0b}——界限偏心距。

由式(6.39)可知，影响界限偏心距的因素很多，在给定截面尺寸、材料强度及截面配筋时，则相对界限偏心距为定值。实际工程中，通常取 $h=1.05h_0$、$a_s=a_s'=0.05h_0$、$f_y=f_y'$、混凝土强度等级 C25 ~ C50、钢筋级别 HRB335 ~ HRB500，并取配筋率 ρ 和 ρ' 的下限等代入式(6.36)，可求得 $e_{0b}\approx 0.3h_0$。因此，可用此来判别截面设计时的大、小偏心。

当初始偏心距 $e_i\leqslant 0.3h_0$ 时，截面属于小偏心受压破坏；当初始偏心距 $e_i>0.3h_0$ 时，截面可先按大偏心受压破坏进行计算，计算过程中求得 ξ 后，再根据 ξ 值确定截面属于哪一种破坏形态。

2. 截面设计

1）计算步骤

已知截面尺寸 $b\times h$，构件计算长度 l_0，混凝土抗压强度设计值 f_c，钢筋抗压强度设计值 f_y' 和抗拉强度设计值 f_y，柱端弯矩设计值 M_1、M_2 和相应的轴向压力设计值 N，计算钢筋截面面积 A_s、A_s' 和配置钢筋，其计算步骤如下：

(1) 计算偏心距。计算偏心距 e_0、附加偏心距 e_a 和初始偏心距 e_i。

(2) 计算柱控制截面的弯矩设计值 M。由式(6.10)确定是否需要考虑附加弯矩的影响，若需要考虑附加弯矩的影响，则由式(6.12)计算偏心距调节系数 C_m，由式(6.21)计算弯矩增大系数 η_{ns}，再由式(6.11)计算柱控制截面的弯矩设计值 M。

(3) 判别大、小偏心受压破坏情况。当 $e_i>0.3h_0$ 时，可先按大偏心受压情况计算；当 $e_i\leqslant 0.3h_0$ 时，则先按小偏心受压情况计算。

(4) 计算钢筋截面面积 A_s 和 A_s'。应用有关计算公式求得钢筋截面面积 A_s 和 A_s'。求出 A_s、A_s' 后再计算 x，用 $x\leqslant x_b$，$x>x_b$ 检查原先假定的是否正确，如果不正确则需要重新计算。

(5) 验算最小配筋率。在所有情况下，A_s 及 A_s' 必须满足最小配筋率的规定，同时(A_s+A_s')不宜大于 5% bh。

(6) 对于小偏心受压构件还要验算垂直于弯矩作用平面的受压承载力。

2）大偏心受压构件

(1) 当 A_s 和 A_s' 均为未知时。从式(6.22)、式(6.23)中可知，此时共有 x、A_s、A_s' 这 3 个未知数，不能通过公式直接求解方程得 A_s 和 A_s'；与双筋受弯构件类似，为了使钢筋总用量(A_s +

A_s')最小,可取 $x=x_b=\xi_b h_0$ 代入式(6.23),得钢筋 A_s'的计算公式,即

$$A_s'=\frac{Ne-\alpha_1 f_c b x_b(h_0-0.5x_b)}{f_y'(h_0-a_s')}=\frac{Ne-\alpha_1 f_c b h_0^2\xi_b(1-0.5\xi_b)}{f_y'(h_0-a_s')} \tag{6.40}$$

若求得 $A_s'<\rho_{\min}'bh$ 或为负值,则取 $A_s'=\rho_{\min}'bh$,按 A_s'为已知情况计算 A_s。

若 $A_s'\geqslant\rho_{\min}'bh$,则将计算的 A_s'及 $x=\xi_b h_0$ 代入式(6.22),则得

$$A_s=\frac{\alpha_1 f_c b h_0\xi_b-N}{f_y}+\frac{f_y'}{f_y}A_s' \tag{6.41}$$

若求得的 $A_s\geqslant\rho_{\min}bh$,则按计算的 A_s 进行配筋;若求得的 $A_s<\rho_{\min}bh$ 或为负值,则取 $A_s=\rho_{\min}bh$ 进行配筋。

(2) 当 A_s'已知,A_s 未知时。从式(6.22)、式(6.23)中可知,仅有 x、A_s 两个未知数,联立式(6.22)、式(6.23)可直接求解出 x、A_s。先由式(6.23)求解 x,由下式解出 x,即

$$Ne=\alpha_1 f_c bx\left(h_0-\frac{x}{2}\right)+f_y'A_s'(h_0-a_s')$$

若求得的 $2a_s'\leqslant x\leqslant\xi_b h_0$,则将 x 代入式(6.22),可求得 A_s,即

$$A_s=\frac{\alpha_1 f_c bx+f_y'A_s'-N}{f_y}\geqslant\rho_{\min}bh \tag{6.42}$$

若求得的 $x>\xi_b h_0$,说明给定的 A_s'偏少,应按 A_s'和 A_s 均未知的情况重新计算。

若求得的 $x<2a_s'$,说明受压钢筋的应力达不到屈服强度,此时与双筋受弯构件一样,近似取 $x=2a_s'$,对受压钢筋 A_s'的合力点取矩,可得

$$A_s=\frac{N\left(e_i-\frac{h}{2}+a_s'\right)}{f_y(h_0-a_s)}\geqslant\rho_{\min}bh \tag{6.43}$$

若以上求得的 $A_s<\rho_{\min}bh$,应按 $A_s=\rho_{\min}bh$ 进行配筋。

3) 小偏心受压构件

小偏心受压构件截面设计时,将式(6.33)代入式(6.29),并将 $x=\xi h_0$ 代入式(6.29)和式(6.30),则小偏心受压构件承载力计算的基本公式为

$$N\leqslant N_u=\alpha_1 f_c b\xi h_0+f_y'A_s'-\frac{\xi-\beta_1}{\xi_b-\beta_1}f_yA_s \tag{6.44}$$

$$Ne\leqslant\alpha_1 f_c bh_0^2\xi(1-0.5\xi)+f_y'A_s'(h_0-a_s') \tag{6.45}$$

式(6.44)和式(6.45)中共有 ξ、A_s、A_s'这 3 个未知数,无法直接联立方程求解,必须补充一个条件才能求解。

由式(6.33)可知,当 $\xi=\xi_b$ 时,$\sigma_s=f_y$;当 $\xi=\beta_1$ 时,$\sigma_s=0$;当 $\xi=2\beta_1-\xi_b$ 时,$\sigma_s=f_y'$;这说明距轴向压力较远一侧的钢筋 A_s 的应力 σ_s,随着 ξ 的变化会出现下列 3 种情形,如图 6.24所示。

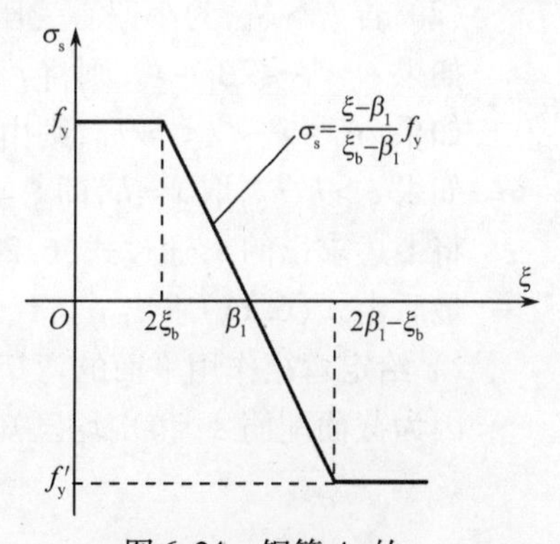

图 6.24 钢筋 A_s 的应力 σ_s 随 ξ 的变化关系

当 $\xi_b<\xi\leqslant\beta_1$ 时,则 $0\leqslant\sigma_s<f_y$,表明 A_s 受拉且不屈服。

当 $\beta_1<\xi<2\beta_1-\xi_b$ 时,则 $-f_y'<\sigma_s<0$,表明钢筋 A_s 受压且不屈服。

当 $\xi\geqslant2\beta_1-\xi_b$ 时,则 $\sigma_s=-f_y'$,表明钢筋 A_s 受压且

屈服。

小偏心受压构件破坏时，除反向破坏外，远离轴向压力一侧的钢筋 A_s 无论是受压还是受拉，其应力一般都达不到屈服强度。因此，为节约钢材，可按最小配筋率及构造要求假定 A_s，即取 $A_s=\rho_{\min}bh$；当 $N>f_cA$ 时，为避免反向破坏，A_s 必须按式(6.36)取值，即

$$A_s=\frac{Ne'-\alpha_1 f_c bh\left(h_0'-\frac{h}{2}\right)}{f_y'(h_0'-a_s)}$$

在截面设计时，可取两者较大值作为 A_s 配筋。

确定 A_s 后，式(6.44)和式(6.45)仅有 ξ 和 A_s' 两个未知数，故可得唯一解。根据求得的 ξ 可分为下列3种情况：

(1) 若 $\xi_b<\xi\leqslant 2\beta_1-\xi_b$，则将 ξ 直接代入式(6.45)计算 A_s'。

(2) 若 $2\beta_1-\xi_b<\xi\leqslant h/h_0$，此时 $\sigma_s=-f_y'$，式(6.44)转化为

$$N\leqslant N_u=\alpha_1 f_c b\xi h_0+f_y'A_s'+f_y'A_s \tag{6.46}$$

将 A_s 代入式(6.45)和(6.46)，可求得 ξ 和 A_s'。

(3) 若 $\xi>h/h_0$，此时为全截面受压，取 $x=h$，即 $\xi=h/h_0$ 代入式(6.45)计算 A_s'。

以上求得的 $A_s'\geqslant\rho_{\min}'bh$，否则取 $A_s'=\rho_{\min}'bh=0.002bh$。

最后，当长细比 l_0/b 较大时，还应按轴心受压情况验算垂直于弯矩作用平面的受压承载力，其步骤是：由长细比 l_0/b 确定稳定系数 φ，然后按式(6.1)计算承载力，并应大于偏心受压构件的轴向压力；计算时，截面高度取短边尺寸 b，纵筋截面面积取偏心受压计算的全部纵筋截面面积 A_s+A_s'。

3. 截面复核

已知截面尺寸 $b\times h$，纵筋截面积 A_s 和 A_s'，构件计算长度 l_0，混凝土抗压强度设计值 f_c，钢筋抗压强度设计值 f_y' 和抗拉强度设计值 f_y，此时可按下列两种情况进行复核：

1) 给定轴向力设计值 N，求截面两端的弯矩最大设计值 M_2

将已知条件代入式(6.37)，求出界限破坏时的界限轴向力 N_b。

(1) 若 $N\leqslant N_b$，则为大偏心受压，可按式(6.22)计算截面受压区高度 x。

如果 $2a_s'\leqslant x\leqslant\xi h_0$，将 x 代入式(6.23)求出 e，再由式(6.24)及式(6.9)求得 e_0。

如果 $x<2a_s'$，则取 $x=2a_s'$，由式(6.27)求出 e'，再由式(6.28)及式(6.9)求得 e_0。进而，弯矩设计值 $M=Ne_0$。最后由式(6.11)求出 η_{ns}，代入式(6.21)可求出 M_2。

(2) 若 $N>N_b$，为小偏心受压，可按式(6.44)求出截面相对受压区高度 ξ。

如果 $\xi_b<\xi\leqslant 2\beta_1-\xi_b$，则将 ξ 代入式(6.45)求出 e。

如果 $2\beta_1-\xi_b<\xi\leqslant h/h_0$，则由式(6.46)重新计算 ξ，再将 ξ 由式(6.45)求出 e。

如果 $\xi>h/h_0$，取 $x=h$，即 $\xi=h/h_0$ 代入式(6.45)求出 e。

将上述求出的 e，通过式(6.24)及式(6.9)求得 e_0；进而，弯矩设计值 $M=Ne_0$。

最后由式(6.11)求出 η_{ns}，代入式(6.21)，即可求出 M_2。

2) 给定弯矩作用平面的弯矩设计值 M 或偏心距 e_0，求轴向力设计值 N

因为截面配筋 A_s 和 A_s' 均已知，故可按图6.20对 N 作用点取矩，根据力矩平衡条件，得

$$f_yA_se=f_y'A_s'e'+\alpha_1 f_c bx\left(e'-a_s'+\frac{x}{2}\right) \tag{6.47}$$

式中

$$e = e_i + \frac{h}{2} - a_s,\quad e' = e_i - \frac{h}{2} + a_s'$$

由式(6.47)可求得 x,但应根据轴力 N 作用位置确定 e'的正负号,当 N 作用在 A_s 和 A_s'之间时取正号,当 N 作用在 A_s 和 A_s'之外时取负号,e'取绝对值。

(1) 当 $x \leqslant \xi_b h_0$ 时,则为大偏心受压,若同时 $x \geqslant 2a_s'$,即将 x 代入式(6.22)可求出轴向力设计值 N。若 $x < 2a_s'$,则由式(6.27)可求出轴向力设计值 N。

(2) 当 $x > \xi_b h_0$ 时,则为小偏心受压,将已知数据代入式(6.44)、式(6.45)重新求解 ξ 及轴向力设计值 N。

如果 $\xi \leqslant 2\beta_1 - \xi_b$,则将 ξ 代入式(6.44)计算轴向力设计值 N。

如果 $2\beta_1 - \xi_b < \xi \leqslant h/h_0$,则由式(6.46)、式(6.45)重新计算 ξ 及轴向力设计值 N。

如果 $\xi > h/h_0$,取 $x = h$,即 $\xi = h/h_0$,代入式(6.44)计算轴向力设计值 N。

同时还应考虑反向破坏情况,按式(6.34)、式(6.35)求出轴向力设计值 N,并取两者的较小值作为轴向力设计值 N。

对于小偏心受压构件,还应按轴心受压构件验算垂直于弯矩作用平面的受压承载力。

【例 6.4】 矩形截面偏心受压柱的截面尺寸 $b \times h = 300\text{mm} \times 400\text{mm}$,柱的计算长度 $l_0 = 2.8\text{m}$,$a_s = a_s' = 40\text{mm}$,混凝土强度等级为 C30($f_c = 14.3\text{N/mm}^2$,$\alpha_1 = 1.0$),用 HRB400 级钢筋配筋($f_y = f_y' = 360\text{N/mm}^2$),承受轴向压力设计值 $N = 340\text{kN}$,弯矩设计值 $M = 200\text{kN} \cdot \text{m}$。试计算所需的钢筋截面面积 A_s 和 A_s'(按两端弯矩相等 $M_1/M_2 = 1$ 的框架柱考虑)。

解 (1) 求框架柱设计弯矩 M。

由于

$$M_1/M_2 = 1,\ i = \sqrt{\frac{I}{A}} = \sqrt{\frac{\frac{bh^3}{12}}{bh}} = \sqrt{\frac{1}{12}}h = 115.5\text{mm}$$

则由式(6.10),有

$$\frac{l_0}{i} = \frac{2800}{115.5} = 24.24 > 34 - 12\left(\frac{M_1}{M_2}\right) = 22$$

因此,需要考虑附加弯矩影响。

$$\zeta_c = \frac{0.5 f_c A}{N} = \frac{0.5 \times 14.3 \times 300 \times 400}{340 \times 10^3} = 2.52 > 1,\text{取 } \zeta_c = 1$$

$$C_m = 0.7 + 0.3\frac{M_1}{M_2} = 1$$

$$e_a = \frac{h}{30} = \frac{400}{30} = 13.33(\text{mm}) < 20\text{mm}$$

取 $e_a = 20\text{mm}$,则

$$\eta_{ns} = 1 + \frac{1}{1300(M_2/N + e_a)/h_0}\left(\frac{l_0}{h}\right)^2 \zeta_c = 1 + \frac{1}{1300(200 \times 10^6/340 \times 10^3 + 20)/360}\left(\frac{2800}{400}\right)^2 \times 1$$

$$= 1.022$$

代入式(6.11),得

$$M = C_m \eta_{ns} M_2 = 1 \times 1.022 \times 200 = 204.4(\text{kN} \cdot \text{m})$$

(2) 求 e_i，判别大、小偏心受压。

$$e_0 = \frac{M}{N} = \frac{204.4 \times 10^6}{340 \times 10^3} = 601(\text{mm})$$

$$e_i = e_0 + e_a = 601 + 20 = 621(\text{mm})$$

由于 $e_i = 621\text{mm} > 0.3 \times h_0 = 0.3 \times 360 = 108(\text{mm})$，按大偏心受压计算。

(3) 计算 A'_s。

$$e = \frac{h}{2} + e_i - a_s = \frac{400}{2} + 621 - 40 = 781(\text{mm})$$

$$A'_s = \frac{Ne - \xi_b(1 - 0.5\xi_b)\alpha_1 f_c b h_0^2}{f'_y(h_0 - a'_s)}$$

$$= \frac{340 \times 10^3 \times 781 - 0.518 \times (1 - 0.5 \times 0.518) \times 1.0 \times 14.3 \times 300 \times 360^2}{360 \times (360 - 40)}$$

$$= 543\text{mm}^2 > \rho'_{1\min} bh = 0.002 \times 300 \times 400 = 240(\text{mm}^2)$$

(4) 计算 A_s。

$$A_s = \frac{\xi_b \alpha_1 f_c b h_0 + f'_y A'_s - N}{f_y} = \frac{0.518 \times 1.0 \times 14.3 \times 300 \times 360 + 360 \times 543 - 340 \times 10^3}{360}$$

$$= 1820(\text{mm}^2)$$

(5) 选择钢筋。

受拉钢筋选用 4 ⌀ 25，$A_s = 1964\text{mm}^2$。

受压钢筋选用 2 ⌀ 20，$A'_s = 628\text{mm}^2$。

(6) 验算配筋率。全部纵向钢筋配筋率：

$$\rho = \frac{A_s + A'_s}{A} = \frac{1964 + 628}{300 \times 400} = 2.16\% > 0.55\%$$

符合要求（图 6.25）。

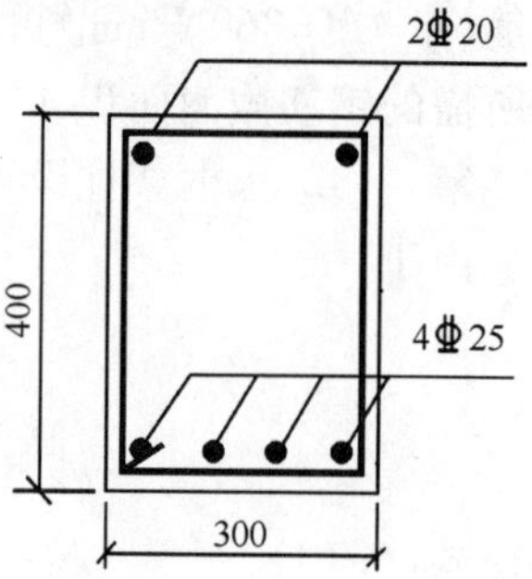

图 6.25　柱截面配筋图

【例 6.5】 由于构造要求，在例 6.4 中的截面上已配置受压钢筋 $A'_s = 941\text{mm}^2$（3 ⌀ 20）。试计算所需的受拉钢筋截面面积 A_s。

解　η_{ns}、e_i 等的计算与例 6.4 相同。A_s 按下述计算。

(1) 计算 A_{s2}。

$$M_{u1} = f'_y A'_s(h_0 - a'_s) = 360 \times 941 \times (360 - 40) = 108.4 \times 10^6(\text{N} \cdot \text{mm})$$

$$M_{u2} = Ne - M_{u1} = 340 \times 10^3 \times 781 - 108.4 \times 10^6 = 157.1 \times 10^6(\text{N} \cdot \text{mm})$$

$$\alpha_s = \frac{M_{u2}}{\alpha_1 f_c b h_0^2} = \frac{157.1 \times 10^6}{1.0 \times 14.3 \times 300 \times 360^2} = 0.283$$

$$\xi = 1 - \sqrt{1 - 2\alpha_s} = 1 - \sqrt{1 - 2 \times 0.283} = 0.341 < \xi_b = 0.518$$

是大偏心受压

$$x = \xi h_0 = 0.341 \times 360 = 122.76\text{mm} > 2\alpha'_s = 2 \times 40 = 80\text{mm}$$

$$\gamma_s = \frac{1 + \sqrt{1 - 2\alpha_s}}{2} = 0.83$$

则

$$A_{s2}=\frac{M_{u2}}{f_y\gamma_s h_0}=\frac{157.1\times10^6}{360\times0.83\times360}=1460(\text{mm}^2)$$

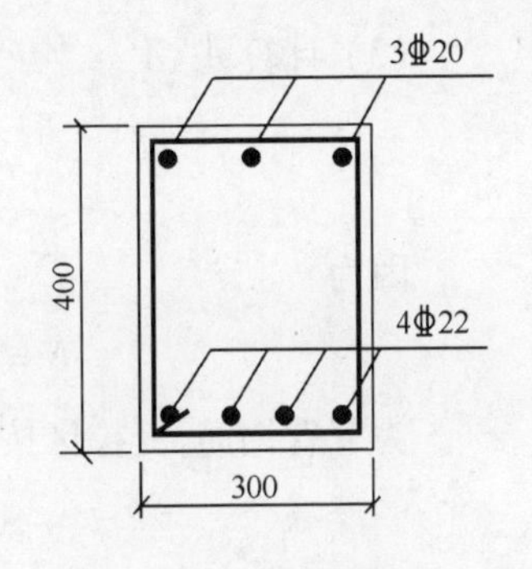

（2）计算 A_s。

$$A_s=A_{s1}+A_{s2}-\frac{N}{f_y}=941+1460-\frac{340\times10^3}{360}=1457(\text{mm}^2)$$

选用 4 ⏀22，$A_s=1520\text{mm}^2$（图 6.26）。

图 6.26 柱截面配筋图

【例 6.6】 矩形截面偏心受压柱的截面尺寸 $b\times h=350\text{mm}\times500\text{mm}$，柱的计算长度 $l_0=6\text{m}$，$a_s=a'_s=40\text{mm}$，混凝土强度等级为 C30（$f_c=14.3\text{N/mm}^2$，$\alpha_1=1.0$），用 HRB400 级钢筋配筋，承受轴向压力设计值 $N=1359\text{kN}$，弯矩设计值 $M_1=M_2=90\text{kN}\cdot\text{m}$。试计算所需的钢筋截面面积 A_s 和 A'_s。

解 （1）计算 η_{ns} 和 e_i

由于

$$M_1/M_2=1,\ i=\sqrt{\frac{I}{A}}=\sqrt{\frac{\frac{bh^3}{12}}{bh}}=\sqrt{\frac{1}{12}}h=144.3\text{mm}$$

则由式(6.10)，有

$$\frac{l_0}{i}=\frac{6000}{144.3}=41.58>34-12\left(\frac{M_1}{M_2}\right)=22$$

因此，需要考虑附加弯矩影响。

$$\zeta_c=\frac{0.5f_cA}{N}=\frac{0.5\times14.3\times350\times500}{1359\times10^3}=0.92<1$$

$$C_m=0.7+0.3\frac{M_1}{M_2}=1$$

$$e_a=\frac{h}{30}=\frac{500}{30}=16.7\text{mm}<20\text{mm}$$

取 $e_a=20\text{mm}$，则

$$\eta_{ns}=1+\frac{1}{1300(M_2/N+e_a)/h_0}\left(\frac{l_0}{h}\right)^2\zeta_c$$

$$=1+\frac{1}{1300(90\times10^6/1359\times10^3+20)/460}\left(\frac{6000}{500}\right)^2\times0.92=1.54$$

代入式(6.11)，得

$$M=C_m\eta_{ns}M_2=1\times1.54\times90=138.6\text{kN}\cdot\text{m}$$

（2）求 e_i，判别大、小偏心受压。

$$e_0=\frac{M}{N}=\frac{138.6\times10^6}{1359\times10^3}=102(\text{mm})$$

$$e_i=e_0+e_a=102+20=122(\text{mm})$$

$$e_i=122\text{mm}<0.3\times h_0=0.3\times460=138\text{mm}$$

可按小偏心受压计算。

(3) 计算 A_s、A'_s。

$$e=\frac{h}{2}+e_i-a_s=\frac{500}{2}+122-40=332(\text{mm})$$

因为

$$N=1359\text{kN}<f_c bh=14.3\times350\times500=2502.5\text{kN}$$

为节省钢筋,受拉区按最小配筋率配置钢筋,即

$$A_s=\rho_{\min}bh=0.002\times350\times500=350(\text{mm}^2)$$

选 3 ⏀ 14($A_s=461\text{mm}^2$)。

$$\sigma_s=\frac{\xi-\beta_1}{\xi_b-\beta_1}f_y=\frac{\frac{x}{460}-0.8}{0.518-0.8}360=1021.43-2.78x$$

代入式(6.44)、式(6.45)联立求解,有

$$\begin{cases}1359\times10^3=1\times14.3\times350\times x+360\times A'_s-(1021.43-2.78x)\times461\\1359\times10^3\times332=1\times14.3\times350\times x\times\left(460-\dfrac{x}{2}\right)+360\times A'_s(460-40)\end{cases}$$

求得

$$x=294.7\text{mm}$$

$$\xi_b h_0=0.518\times460=238.3\text{mm}<x=294.7\text{mm}<(2\beta_1-\xi_b)h_0=497.7\text{mm}$$

$$A'_s=-62.47\text{mm}^2<\rho'_{\min}bh=0.002\times350\times500=350\text{mm}^2$$

故应按最小配筋率配置钢筋。

因采用 HRB400 钢筋,全部纵向钢筋的最小配筋率为 0.55%,即

$$A_s+A'_s\geqslant0.0055bh=0.0055\times350\times500=962.5(\text{mm}^2)$$

受拉钢筋已配 3 ⏀ 14($A_s=461\text{mm}^2$),故受压钢筋选 2 ⏀ 18($A_s=509\text{mm}^2$)。

(4) 验算垂直于弯矩作用平面承载力。由 $\frac{l_0}{b}=\frac{6000}{350}=17.14$,查表得 $\varphi=0.836$,则

$$\begin{aligned}&0.9\varphi[f_cA+f'_y(A_s+A'_s)]\\&=0.9\times0.836\times[14.3\times350\times500+360\times(461+509)]\\&=2145.6(\text{kN})>1359\text{kN}\end{aligned}$$

满足要求(图 6.27)。

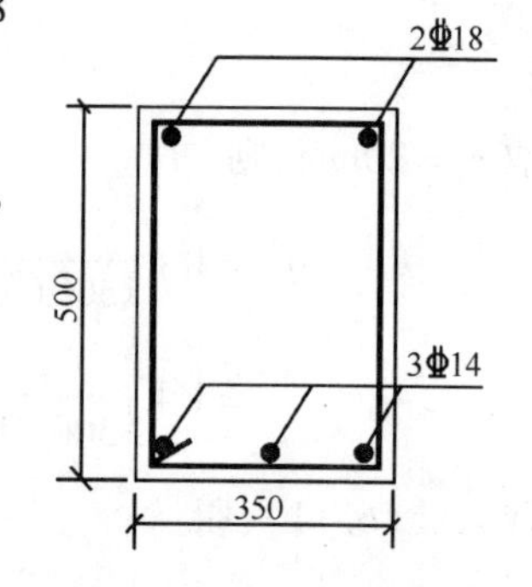

图 6.27 柱截面配筋图

【例 6.7】 矩形截面偏心受压柱的截面尺寸 $b\times h=400\text{mm}\times500\text{mm}$,$a_s=a'_s=40\text{mm}$,混凝土强度等级为 C35($f_c=16.7\text{N/mm}^2$,$\alpha_1=1.0$),用 HRB400 级钢筋配筋,$A_s=1256\text{mm}^2$(4 ⏀ 20),$A'_s=1520\text{mm}^2$(4 ⏀ 22),柱的计算长度 $l_0=7.2\text{m}$。承受轴向压力设计值 $N=1200\text{kN}$,弯矩设计值 $M=396\text{kN}\cdot\text{m}$。试复核该截面。

解 (1) 判断大、小偏心。

$$h_0=h-a_s=500-40=460(\text{mm})$$

$$N_b = \alpha_1 f_c b h_0 \xi_b + f_y' A_s' - f_y A_s$$
$$= 1.0 \times 16.7 \times 400 \times 460 \times 0.518 + 360 \times 1520 - 360 \times 1256$$
$$= 1686.75(\text{kN}) > N = 1200(\text{kN})$$

故为大偏心受压柱。

（2）求 x。

$$x = \frac{N - f_y' A_s' + f_y A_s}{\alpha_1 f_c b} = \frac{1200 \times 10^3 - 360 \times 1520 + 360 \times 1256}{1.0 \times 16.7 \times 400} = 165.4(\text{mm})$$

$$2a_s' = 2 \times 40 = 80\text{mm} < x < \xi_b h_0 = 0.518 \times 460 = 238\text{mm}$$

（3）求 e_0。

$$e = \frac{\alpha_1 f_c b x(h_0 - 0.5x) + f_y' A_s'(h_0 - a_s')}{N}$$
$$= \frac{1.0 \times 16.7 \times 400 \times 165.4(460 - 0.5 \times 165.4) + 360 \times 1520(460 - 40)}{1200 \times 10^3}$$
$$= 538.9(\text{mm})$$

$$\frac{h}{30} = \frac{500}{30} = 16.6(\text{mm}),\text{取 } e_a = 20(\text{mm})$$

因
$$e = e_i + \frac{h}{2} - a_s$$
$$e_i = e - \frac{h}{2} + a_s = 538.9 - \frac{500}{2} + 40 = 328.9(\text{mm})$$

又因
$$e_i = e_0 + e_a$$
$$e_0 = e_i - e_a = 328.9 - 20 = 308.9(\text{mm})$$

则截面弯矩设计值为

$$M = Ne_0 = 1200 \times 308.9 = 370.68(\text{kN} \cdot \text{m})$$
$$\frac{l_0}{h} = \frac{7200}{500} = 14.4$$
$$C_m = 0.7 + 0.3\frac{M_1}{M_2} = 1.0$$
$$\zeta_c = \frac{0.5 f_c b h}{N} = \frac{0.5 \times 16.7 \times 400 \times 500}{1200 \times 10^3} = 1.39 > 1.0,\text{取 } \zeta_c = 1.0$$
$$M = C_m \eta_{ns} M_2 = C_m\left[1 + \frac{1}{1300(M_2/N + e_a)/h_0}\left(\frac{l_0}{h}\right)^2 \zeta_c\right] M_2$$

将 M、C_m、N、e_a、h_0、$\frac{l_0}{h}$、ζ_c 代入上式，得

$$M_2 = 289.4\text{kN} \cdot \text{m} < 396\text{kN} \cdot \text{m}$$

可见该截面不满足要求。

6.5.3 矩形截面对称配筋时的承载力计算方法

在实际工程中，在不同荷载组合下，偏心受压构件通常会承受变号弯矩作用，当弯矩数值

相差不大时，可采用对称配筋。对称配筋便于施工且不易出错，是受压构件尤其是装配式受压构件常用的一种配筋方式。

1. 大、小偏心受压的判别

对称配筋时，$A_s = A'_s$，$f_y = f_y'$，$a_s = a'_s$，由式（6.22）可知

$$x = \frac{N}{\alpha_1 f_c b} \text{或} \ \xi = \frac{N}{\alpha_1 f_c b h_0} \tag{6.48}$$

$$N_b = \alpha_1 f_c b \xi_b h_0 \tag{6.49}$$

因此，当 $x \leqslant \xi_b h_0$ 或 $N \leqslant N_b$，按大偏心受压计算；当 $x > \xi_b h_0$ 或 $N > N_b$，按小偏心受压计算。

2. 截面设计

1）大偏心受压构件

先由式（6.48）计算 x，若 $2a'_s \leqslant x \leqslant \xi_b h_0$，则将 x 代入式（6.23），得

$$A_s = A'_s = \frac{Ne - \alpha_1 f_c bx\left(h_0 - \dfrac{x}{2}\right)}{f_y'(h_0 - a'_s)} \tag{6.50}$$

式中，$e = e_i + \dfrac{h}{2} - a_s$

若 $x < 2a'_s$时，取 $x = 2a'_s$，由式（6.27），得

$$A_s = A'_s = \frac{Ne'}{f_y(h_0 - a'_s)} \tag{6.51}$$

式中

$$e' = e_i - \frac{h}{2} + a'_s$$

注意：求得的 A_s、A'_s必须满足最小配筋率的要求；否则应按最小配筋率的要求及有关构造要求配置钢筋。

2）小偏心受压构件

由式（6.44）、式（6.45）和对称配筋时 $A_s = A'_s$，$f_y = f_y'$，$a_s = a'_s$，可知

$$N = \alpha_1 f_c b h_0 \xi + f_y' A'_s - \frac{\xi - \beta_1}{\xi_b - \beta_1} f_y' A'_s \tag{6.52}$$

$$Ne = \alpha_1 f_c b h_0^2 \xi(1 - 0.5\xi) + f_y' A'_s (h_0 - a'_s) \tag{6.53}$$

由式（6.52），得

$$f_y' A'_s = \frac{N - \alpha_1 f_c b h_0 \xi}{\dfrac{\xi_b - \xi}{\xi_b - \beta_1}} \tag{6.54}$$

代入式（6.53），整理得

$$Ne\left(\frac{\xi_b - \xi}{\xi_b - \beta_1}\right) = \alpha_1 f_c b h_0^2 \xi(1 - 0.5\xi)\left(\frac{\xi_b - \xi}{\xi_b - \beta_1}\right) + (N - \alpha_1 f_c b h_0 \xi)(h_0 - a'_s) \tag{6.55}$$

式（6.55）是一个关于 ξ 的 3 次方程，计算很麻烦，为简化计算，令

$$y = \xi(1 - 0.5\xi)\frac{\xi - \xi_b}{\beta_1 - \xi_b} \tag{6.56}$$

代入式(6.55),得

$$\frac{Ne}{\alpha_1 f_c bh_0^2}\left(\frac{\xi_b-\xi}{\xi_b-\beta_1}\right)-\left(\frac{N}{\alpha_1 f_c bh_0^2}-\frac{\xi}{h_0}\right)(h_0-a_s')=y \tag{6.57}$$

对于给定的钢筋级别和混凝土强度等级,ξ_b 和 β_1 已知,则由式(6.56)可画出 y 与 ξ 的关系曲线,如图6.28所示。

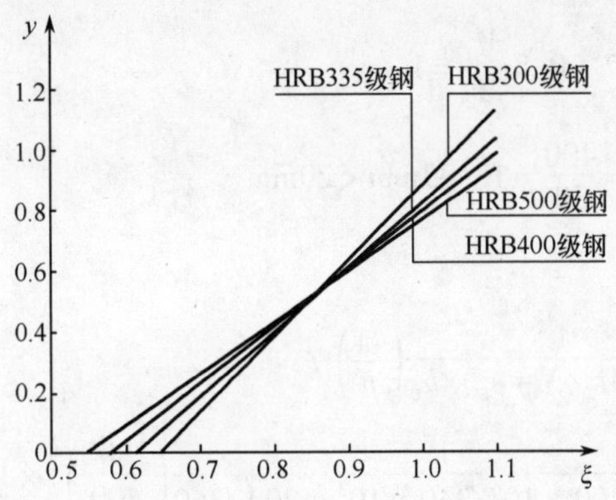

图6.28 参数 y 与 ξ 的关系曲线

由图6.28可知,在小偏心受压($\xi_b \leqslant \xi \leqslant 2\beta_1-\xi_b$)的区段内,$y$ 与 ξ 的关系曲线逼近于直线关系,对于HRB400、HRB500、HRBF400、HRBF500级钢筋,y 与 ξ 的线性方程可近似取为

$$y=0.43\frac{\xi-\xi_b}{\beta_1-\xi_b} \tag{6.58}$$

将式(6.58)代入式(6.57),经整理后可得到求解 ξ 的近似公式,即

$$\xi=\frac{N-\xi_b\alpha_1 f_c bh_0}{\dfrac{Ne-0.43\alpha_1 f_c bh_0^2}{(\beta_1-\xi_b)(h_0-a_s')}+\alpha_1 f_c bh_0}+\xi_b \tag{6.59}$$

代入式(6.53)即可求得钢筋面积为

$$A_s=A_s'=\frac{Ne-\alpha_1 f_c bh_0^2\xi(1-0.5\xi)}{f_y'(h_0-a_s')} \tag{6.60}$$

当求得的 $A_s=A_s'<0$ 时,说明柱的截面尺寸较大,应按 $A_s=A_s'=0.002bh$ 配筋;当求得的 $A_s=A_s'>0.05bh$ 时,说明柱的截面尺寸过小,宜加大柱的截面尺寸。

3. 截面复核

对称配筋时的截面校核与非对称配筋时基本相同,可按非对称配筋时的方法和步骤进行计算,这里不再重复。由于 $A_s=A_s'$,因此可不必进行反向破坏的验算。

【例6.8】 已知条件同例6.4,但要求设计成对称配筋。

解 (1)求框架柱设计弯矩 M。

由于

$$M_1/M_2=1,\ i=\sqrt{\frac{I}{A}}=\sqrt{\frac{\frac{bh^3}{12}}{bh}}=\sqrt{\frac{1}{12}}h=115.5\text{mm}$$

则由式(6.10)有

$$\frac{l_0}{i}=\frac{2800}{115.5}=24.24>34-12\left(\frac{M_1}{M_2}\right)=22$$

因此,需要考虑附加弯矩影响。

$$\xi_c=\frac{0.5f_cA}{N}=\frac{0.5\times14.3\times300\times400}{340\times10^3}=2.52>1,取\ \xi_c=1$$

$$C_m=0.7+0.3\frac{M_1}{M_2}=1$$

$$e_a=\frac{h}{30}=\frac{400}{30}=13.33\text{mm}<20\text{mm}$$

取 $e_a=20\text{mm}$,则

$$\eta_{ns}=1+\frac{1}{1300(M_2/N+e_a)/h_0}\left(\frac{l_0}{h}\right)^2\xi_c$$

$$=1+\frac{1}{1300(200\times10^6/340\times10^3+20)/360}\left(\frac{2800}{400}\right)^2\times1=1.022$$

代入式(6.11),得

$$M=C_m\eta_{ns}M_2=1\times1.022\times200=204.4(\text{kN}\cdot\text{m})$$

(2)判别大、小偏心受压。

$$x=\frac{N}{\alpha_1f_cb}=\frac{340\times10^3}{1.0\times14.3\times300}=79.3(\text{mm})$$

$$x<\xi_bh_0=0.518\times360=186\text{mm},且\ x<2a_s'=2\times40=80\text{mm}$$

故为大偏心受压破坏。

(3)求 A_s 和 A_s'。

$$e_0=\frac{M}{N}=\frac{204.4\times10^6}{340\times10^3}=601.2(\text{mm})$$

$$e_i=e_0+e_a=601.2+20=621.2(\text{mm})$$

$$e'=e_i-\frac{h}{2}+a_s'=621.2-\frac{400}{2}+40=461.2(\text{mm})$$

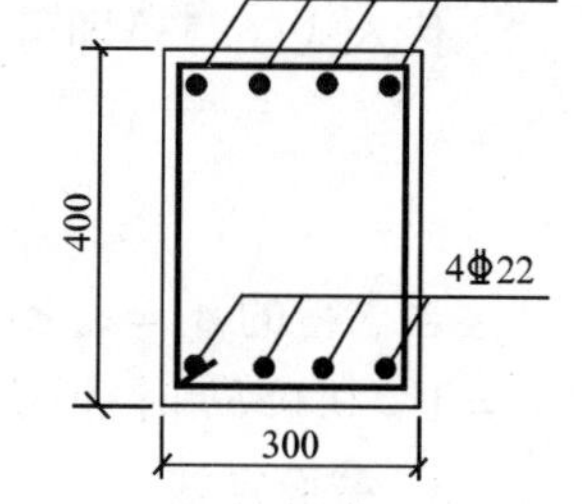

图 6.29　例 6.8 配筋图

则

$$A_s=A_s'=\frac{Ne'}{f_y(h_0-a_s')}=\frac{340\times10^3\times461.2}{360\times(360-40)}=1361.2(\text{mm}^2)$$

A_s 和 A_s' 各选用 4 Φ 22(图 6.29),$A_s=A_s'=1520\text{mm}^2$。

例 6.9　已知条件同例 6.6,但采用对称配筋。

解　(1)计算 η_{ns} 和 e_i。

由于

$$M_1/M_2=1,i=\sqrt{\frac{I}{A}}=\sqrt{\frac{\frac{bh^3}{12}}{bh}}=\sqrt{\frac{1}{12}}h=144.3\text{mm}。$$

则由式(6.10)有

$$\frac{l_0}{i}=\frac{6000}{144.3}=41.58>34-12\left(\frac{M_1}{M_2}\right)=22$$

因此,需要考虑附加弯矩影响。

$$\xi_c=\frac{0.5f_cA}{N}=\frac{0.5\times14.3\times350\times500}{1359\times10^3}=0.92<1$$

$$C_m=0.7+0.3\frac{M_1}{M_2}=1$$

$$e_a=\frac{h}{30}=\frac{500}{30}=16.7\text{mm}<20\text{mm}$$

取 $e_a=20\text{mm}$,则

$$\eta_{ns}=1+\frac{1}{1300(M_2/N+e_a)/h_0}\left(\frac{l_0}{h}\right)^2\xi_c$$

$$=1+\frac{1}{1300(90\times10^6/1359\times10^3+20)/460}\left(\frac{6000}{500}\right)^2\times0.92=1.54$$

代入式(6.11),得

$$M=C_m\eta_{ns}M_2=1\times1.54\times90=138.6\text{kN}\cdot\text{m}$$

(2) 判别大、小偏心受压。

$$x=\frac{N}{\alpha_1f_cb}=\frac{1359\times10^3}{1.0\times14.3\times300}=316.8(\text{mm})$$

$$x>\xi_bh_0=0.518\times460=238.3(\text{mm})$$

故为小偏心受压破坏。

(3) 求 A_s 和 A_s'。

方法一:x 的第一次近似值可取

$$x_1=\frac{x_0+\xi_bh_0}{2}=\frac{316.8+238.3}{2}=277.6(\text{mm})$$

$$A_s=A_s'=\frac{Ne-\alpha_1f_cbx\left(h_0-\frac{x}{2}\right)}{f_y'(h_0-a_s')}$$

$$=\frac{1359\times10^3\times332-1.0\times14.3\times300\times277.6\times\left(460-\frac{277.6}{2}\right)}{360\times(460-40)}$$

$$=454.2(\text{mm}^2)$$

x 的第二次近似值为

$$x_2=\frac{N-f_y'A_s'+\sigma_sA_s}{\alpha_1f_cb}=\frac{1359\times10^3-360\times454.2+250.9\times454.2}{1.0\times14.3\times300}=305.2(\text{mm})$$

$$A_s=A_s'=\frac{1359\times10^3\times332-1.0\times14.3\times300\times305.2\times\left(460-\frac{305.2}{2}\right)}{360\times(460-40)}=322.1(\text{mm}^2)$$

x 的第三次近似值为

$$x_3=\frac{N-f_y'A_s'+\sigma_sA_s}{\alpha_1f_cb}=\frac{1359\times10^3-360\times322.1+250.9\times322.1}{1.0\times14.3\times300}=305.2(\text{mm})$$

$$A_s = A'_s = \frac{1359 \times 10^3 \times 332 - 1.0 \times 14.3 \times 300 \times 305.2 \times \left(460 - \frac{305.2}{2}\right)}{360 \times (460 - 40)}$$

$$= 322.13(\text{mm}^2)$$

可见第三次近似值与第二次近似值基本相等。

A_s 和 A'_s各选用2 ⌀ 16,$A_s = A'_s = 402\text{mm}^2$。

方法二:若按公式(6.59)计算 ξ,则

$$\xi = \frac{N - \xi_b \alpha_1 f_c b h_0}{\frac{Ne - 0.43\alpha_1 f_c b h_0^2}{(0.8 - \xi_b)(h_0 - a'_s)} + \alpha_1 f_c b h_0} + \xi_b$$

$$= \frac{1359 \times 10^3 - 0.518 \times 1.0 \times 14.3 \times 300 \times 460}{\frac{1359 \times 10^3 \times 332 - 0.43 \times 1.0 \times 14.3 \times 300 \times 460^2}{(0.8 - 0.518)(460 - 40)} + 1.0 \times 14.3 \times 300 \times 460} + 0.518$$

$$= 0.6534$$

$$x = \xi \times h_0 = 0.6534 \times 460 = 300.6(\text{mm})$$

代入式(6.60),得

$$A_s = A'_s = \frac{1359 \times 10^3 \times 332 - 14.3 \times 300 \times 300.6 \times \left(460 - \frac{300.6}{2}\right)}{360 \times (460 - 40)} = 342.6(\text{mm}^2)$$

A_s 和 A'_s各选用2 ⌀ 16,$A_s = A'_s = 402\text{mm}^2$,如图6.30所示。

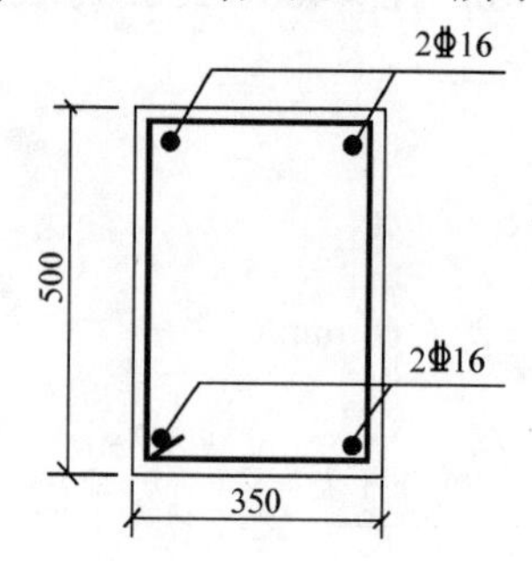

图6.30 例6.9配筋图

6.5.4 工字形截面承载力计算的基本公式

为了节省混凝土和减轻柱的自重,对于较大尺寸的装配式柱往往采用工字形截面。工字形截面柱的破坏特征与矩形截面相似,也分为大偏心受压破坏和小偏心受压破坏,因此,工字形截面柱的正截面承载力计算方法也与矩形截面相似。

1. 大偏心受压构件

根据受压区高度 x 的不同,中和轴可能在受压翼缘上,即 $x \leqslant h'_f$,也可能在腹板上,即 $x > h'_f$。

1)中和轴位于腹板时($x > h'_f$)

(1)计算公式。此时,混凝土受压区为T形截面,如图6.31(a)所示,基本公式为

$$N = \alpha_1 f_c [bx + (b'_f - b)h'_f] + f'_y A'_s - f_y A_s \tag{6.61}$$

$$Ne = \alpha_1 f_c \left[bx\left(h_0 - \frac{x}{2}\right) + (b_f' - b)h_f'\left(h_0 - \frac{h_f'}{2}\right)\right] + f_y'A_s'(h_0 - a_s') \tag{6.62}$$

式中　b_f'——工字形截面受压翼缘宽度；

h_f'——工字形截面受压翼缘高度。

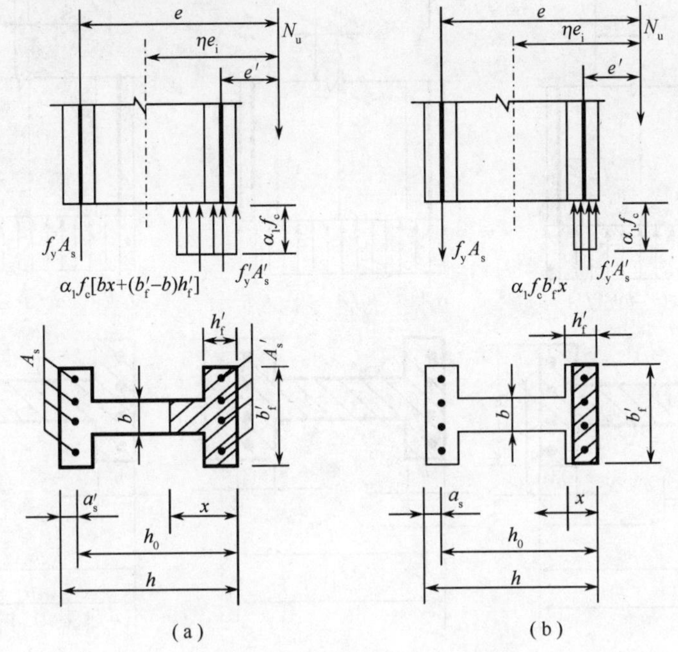

图 6.31　I 形截面大偏压计算图形

（2）适用条件。

$$h_f' < x \leqslant \xi_b h_0 \tag{6.63}$$

2）中和轴位于受压翼缘时（$x \leqslant h_f'$）

（1）计算公式。此时，按宽度为 b_f'的矩形截面计算，见图 6.31（b）。

$$N = \alpha_1 f_c b_f' x + f_y' A_s' - f_y A_s \tag{6.64}$$

$$Ne = \alpha_1 f_c b_f' x\left(h_0 - \frac{x}{2}\right) + f_y' A_s'(h_0 - a_s') \tag{6.65}$$

（2）适用条件。

$$2a_s' \leqslant x \leqslant h_f' \tag{6.66}$$

2. 小偏心受压构件

对于小偏心受压工字形截面，一般是靠近轴向力一侧的混凝土先被压碎，此时按照受压区高度 x 不同，可分为两种情况。

1）中和轴位于腹板时（$h_f' < x \leqslant h - h_f$）

（1）计算公式。计算应力图形如图 6.32（a）所示，由力的平衡条件可得

$$N = \alpha_1 f_c [bx + (b_f' - b)h_f'] + f_y' A_s' - \sigma_s A_s \tag{6.67}$$

$$Ne = \alpha_1 f_c \left[bx\left(h_0 - \frac{x}{2}\right) + (b_f' - b)h_f'\left(h_0 - \frac{h_f'}{2}\right)\right] + f_y'A_s'(h_0 - a_s') \tag{6.68}$$

式中

$$\sigma_s = \frac{\xi - \beta_1}{\xi_b - \beta_1} f_y \text{ 且 } -f_y' \leqslant \sigma_s \leqslant f_y$$

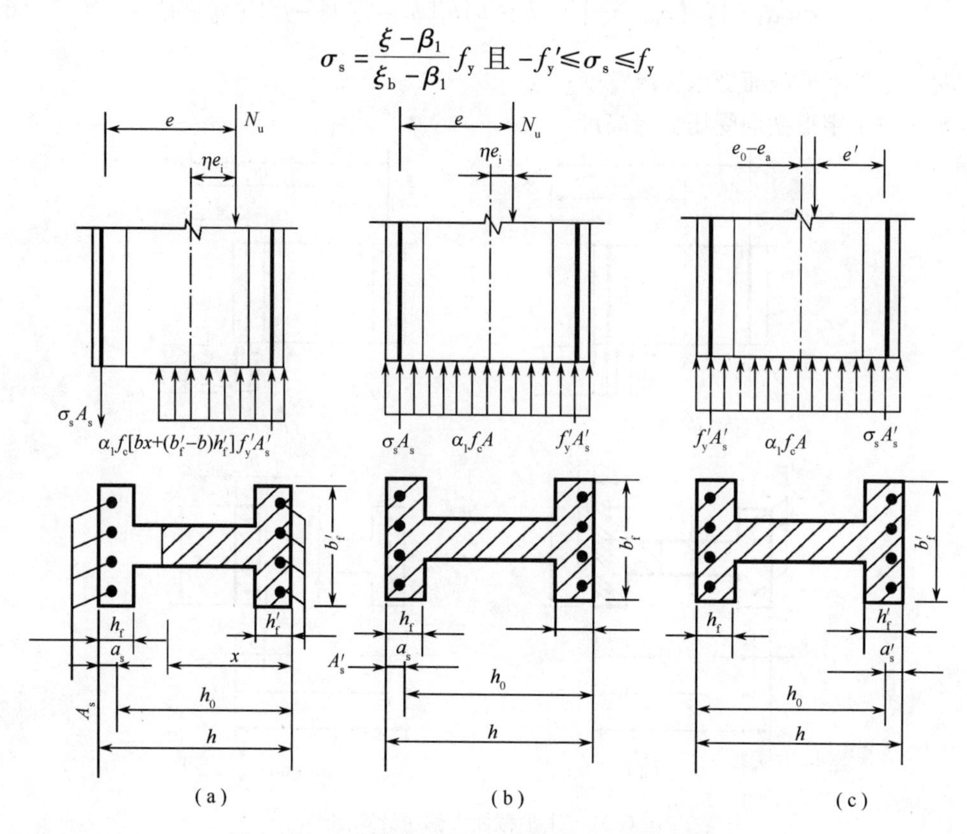

图 6.32 I 形截面小偏心受压承载力计算应力图形

（2）适用条件。

$$\xi_b h_0 < x < h - h_f$$

2）中和轴位于受压应力较小一侧的翼缘时（$h - h_f < x \leqslant h$）

（1）计算公式。应力计算图形如图 6.32(b) 所示，此时，计算时应考虑翼缘 h_f 的作用，可根据平衡条件得

$$N = \alpha_1 f_c [bx + (b_f' - b)h_f' + (b_f - b)(h_f + x - h)] + f_y'A_s' - \sigma_s A_s \tag{6.69}$$

$$Ne = \alpha_1 f_c \left[bx\left(h_0 - \frac{x}{2}\right) + (b_f' - b)h_f'\left(h_0 - \frac{h_f'}{2}\right) + (b_f - b)(h_f + x - h)\left(h_f - \frac{h_f + x - h}{2} - a_s\right)\right] + f_y'A_s'(h_0 - a_s') \tag{6.70}$$

式中

$$\sigma_s = \frac{\xi - \beta_1}{\xi_b - \beta_1} f_y \text{ 且 } -f_y' \leqslant \sigma_s \leqslant f_y$$

（2）适用条件。

$$h - h_f < x \leqslant h$$

式中，当 x 值大于 h 时，取 $x = h$ 计算。

3）反向破坏

如同矩形截面一样，当轴向力的偏心距很小，若靠近轴向力一侧的钢筋 A_s' 较多，而离轴向

力较远一侧的钢筋 A_s 相对较少时，该侧的混凝土也可能先被压碎。此时应力计算图形如图 6.32(c)所示，其计算公式与矩形截面相似，尚应满足下列条件，即

$$N_u\left[\frac{h}{2}-a_s'-(e_0-e_a)\right]\leqslant\alpha_1 f_c\left[bh\left(h_0'-\frac{h}{2}\right)+(b_f-b)h_f\left(h_0'-\frac{h_f}{2}\right)+(b_f'-b)h_f'\left(\frac{h_f'}{2}-a_s'\right)\right]+f_y'A_s(h_0'-a_s) \tag{6.71}$$

式中　h_0'——钢筋 A_s'合力点至轴向压力 N 较远一侧边缘的距离，即 $h_0'=h-a_s$。

6.5.5　工字形截面对称配筋时的承载力计算方法

在实际工程中，工字形截面一般采用对称配筋，此时 $A_s=A_s'$，$f_y=f_y'$，$a_s=a_s'$。

1. 大偏心受压构件

假定中和轴位于翼缘，则由公式(6.64)可得

$$x=\frac{N}{\alpha_1 f_c b_f'}$$

当 $x\leqslant h_f'$时，表明中和轴位于翼缘，可按宽度为 b_f'的矩形截面计算。

当 $2a_s'\leqslant x\leqslant h_f'$时，有

$$A_s=A_s'=\frac{Ne-\alpha_1 f_c b_f' x\left(h_0-\frac{x}{2}\right)}{f_y(h_0-a_s')} \tag{6.72}$$

当 $x<2a_s'$时，有

$$A_s=A_s'=\frac{Ne'}{f_y(h_0-a_s')} \tag{6.73}$$

式中

$$e'=e_i-\frac{h}{2}+a_s'$$

当 $x>h_f'$，表明中和轴位于腹板，混凝土受压区高度 x 应按式(6.74)重新计算，即

$$x=\frac{N-\alpha_1 f_c(b_f'-b)h_f'}{\alpha_1 f_c b} \tag{6.74}$$

当按式(6.74)求得的 $x\leqslant\xi_b h_0$，表明截面为大偏心受压破坏，则

$$A_s=A_s'=\frac{Ne-\alpha_1 f_c(b_f'-b)h_f'\left(h_0-\frac{h_f'}{2}\right)-\alpha_1 f_c bx\left(h_0-\frac{x}{2}\right)}{f_y'(h_0-a_s')} \tag{6.75}$$

2. 小偏心受压构件

当按式(6.75)或式(6.78)求得的 $x>\xi_b h_0$，则表明截面为小偏心受压破坏。此时，应按式(6.70)和式(6.71)或按式(6.72)和式(6.73)联立求解，消去 A_s'，也可得到 ξ 的 3 次方程。与对称配筋矩形截面类似，为简化计算，可用下列公式近似计算 ξ，即

$$\xi=\frac{N-\alpha_1 f_c bh_0\xi_b-\alpha_1 f_c(b_f'-b)h_f'}{\dfrac{Ne-0.43\alpha_1 f_c bh_0^2-\alpha_1 f_c(b_f'-b)h_f'(h_0-0.5h_f')}{(\beta_1-\xi_b)(h_0-a_s')}+\alpha_1 f_c bh_0}+\xi_b \tag{6.76}$$

由 ξ 值可得 $x=\xi h_0$，当 $x \leqslant h-h_f$ 时，将 x 代入式(6.68)计算 $A_s=A'_s$；当 $x>h-h_f$ 时，将 x 代入式(6.70)计算 $A_s=A'_s$。

【例 6.10】 对称配筋工字形截面柱，$b_f=b'_f=400\text{mm}$，$b=100\text{mm}$，$h_f=h'_f=120\text{mm}$，$h=800\text{mm}$，$a_s=a'_s=40\text{mm}$，柱的计算长度 $l_0=4.5\text{m}$。混凝土强度等级为 C30($f_c=14.3\text{N/mm}^2$，$\alpha_1=1.0$)，采用 HRB400 级钢筋配筋，承受轴向压力设计值 $N=750\text{kN}$，弯矩设计值 $M_1=M_2=550\text{kN}\cdot\text{m}$。试计算所需的钢筋截面面积 A_s 和 A'_s。

解 (1) 计算 η_{ns} 和 e_i。

由于 $M_1/M_2=1$，有

$$I=\frac{b_f h^3}{12}-\frac{(b_f-b)(h-h_f-h'_f)^3}{12}$$

$$=\frac{400\times800^3}{12}-\frac{(400-100)(800-120-120)^3}{12}=12676266670(\text{mm}^4)$$

$$i=\sqrt{\frac{I}{A}}=\sqrt{\frac{12676266670}{400\times800-300\times560}}=288.8(\text{mm})$$

则由式(6.10)得

$$\frac{l_0}{i}=\frac{4500}{288.8}=15.58<34-12\left(\frac{M_1}{M_2}\right)=22$$

因此，不需要考虑附加弯矩影响，即 $\eta_{ns}=1$。

$$C_m=0.7+0.3\frac{M_1}{M_2}=1$$

$$e_a=\frac{h}{30}=\frac{800}{30}=26.7(\text{mm})>20(\text{mm})\text{，取 } e_a=26.7\text{mm}$$

$$M=C_m\eta_{ns}M_2=1\times1.0\times550=550\text{kN}\cdot\text{m}$$

(2) 判别大、小偏心受压。

$$x=\frac{N-\alpha_1 f_c(b'_f-b)h'_f}{\alpha_1 f_c b}$$

$$=\frac{750\times10^3-1.0\times14.3\times(400-120)\times120}{1.0\times14.3\times120}=157(\text{mm})$$

$$h'_f=120\text{mm}<x<\xi_b h_0=0.518\times760=393.7\text{mm}$$

故为大偏心受压破坏。

(3) 计算 $A_s=A'_s$。

$$e_0=\frac{M}{N}=\frac{550\times10^6}{750\times10^3}=733.3(\text{mm})$$

$$e_i=e_0+e_a=733.3+26.7=760(\text{mm})$$

$$e=e_i+\frac{h}{2}-a_s=760+\frac{800}{2}-40=1120(\text{mm})$$

$$A_s = A'_s = \frac{Ne - \alpha_1 f_c (b'_f - b) h'_f \left(h_0 - \frac{h'_f}{2} \right) - \alpha_1 f_c bx \left(h_0 - \frac{x}{2} \right)}{f'_y (h_0 - a'_s)}$$

$$= \frac{750 \times 10^3 \times 1120 - 1.0 \times 14.3 \times (400 - 100) \times 120 \times \left(760 - \frac{120}{2} \right) - 1.0 \times 14.3 \times 100 \times 157 \times \left(760 - \frac{157}{2} \right)}{360 \times (760 - 40)}$$

$= 1260(\text{mm}^2)$

A_s 和 A'_s各选用 4 ⌀ 20,$A_s = A'_s = 1256\text{mm}^2$。

$A = bh + (b_f - b)h_f + (b'_f - b)h'_f = 100 \times 800 +$

$(400 - 100) \times 120 + (400 - 100) \times 120 = 152000(\text{mm}^2)$

全部钢筋配筋率为

$$\rho = \frac{A_s + A'_s}{A} = \frac{1256 \times 2}{152000} = 1.65\% > 0.55\%$$

满足要求(图 6.33)。

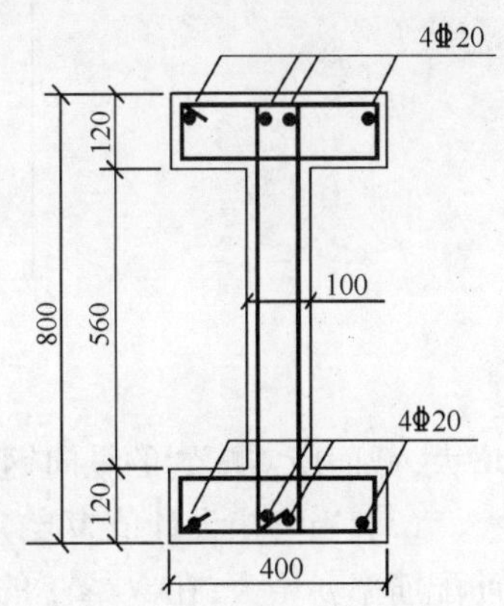

图 6.33 例 6.10 配筋图

6.5.6 截面承载力 $N_u - M_u$ 相关曲线

对于给定截面尺寸、配筋及材料强度的偏心受压构件,当达到承载力极限状态时,截面承受的内力设计值并不是独立的,而是相关的。轴力与弯矩对于构件的作用效应存在着叠加与制约的关系,也就是说,当给定轴力 N 时,有其唯一对应的弯矩 M,或者说构件可在不同的 N 和 M 的组合下达到其承载力极限状态。

如图 6.34 所示,$N_u - M_u$ 相关曲线反映了在压力和弯矩共同作用下正截面承载力的规律,具有以下一些特点:

(1) 相关曲线上的任一点代表截面处于正截面承载力极限状态时的一种内力组合:如一组内力(N,M)在曲线内侧说明截面未达到极限状态,是安全的;如(N,M)在曲线外侧,则表明截面承载力不足。

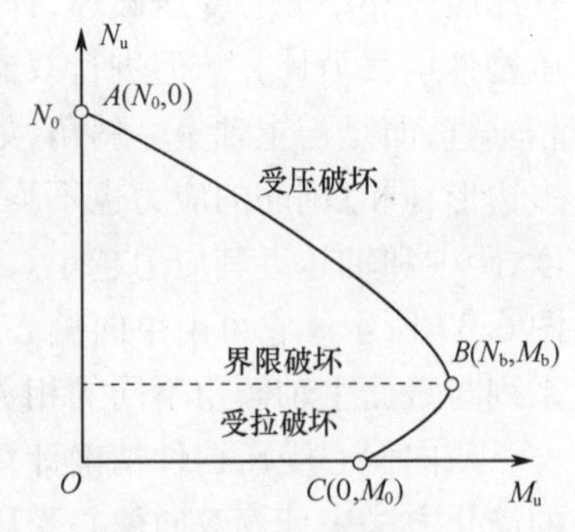

图 6.34 $N_u - M_u$ 关系曲线

(2) 当弯矩为零时,轴向承载力达到最大,即为轴心受压承载力 N_0(A 点);当轴力为零时,为受纯弯承载力 M_0(C 点)。

(3) 截面受弯承载力 M_u 与作用的轴压力 N 大小有关:当轴压力较小时,M_u 随 N 的增加而增加(CB 段);当轴压力较大时,M_u 随 N 的增加而减小(AB 段)。

(4) 截面受弯承载力在 B 点达到最大,该点近似为界限破坏;CB 段($N \leqslant N_b$)为受拉破坏;AB 段($N > N_b$)为受压破坏。

在进行构件截面设计时,往往要考虑多种内力组合,因此必须判断哪些内力组合对截面起控制作用。当对称配筋偏心受压构件的截面尺寸和材料强度的设计值均已给定时。对不同的纵向钢筋配筋率 ρ,可算得一簇 N—M 相关曲线,如图 6.35 所示。

利用这簇曲线可以说明以下问题:

(1) 对于对称配筋截面,界限轴向压力 N_b 与配筋率 ρ 的大小无关,亦即不同配筋率的 N—M 曲线的最大弯矩 M_b 均位于与横轴平行的 $N = N_b$ 直线上,随 ρ 的增大,曲线外推移增大。

(2) 当轴向压力设计值 N 给定时,无论大偏心还是小偏心受压情况。随弯矩设计值 M 的

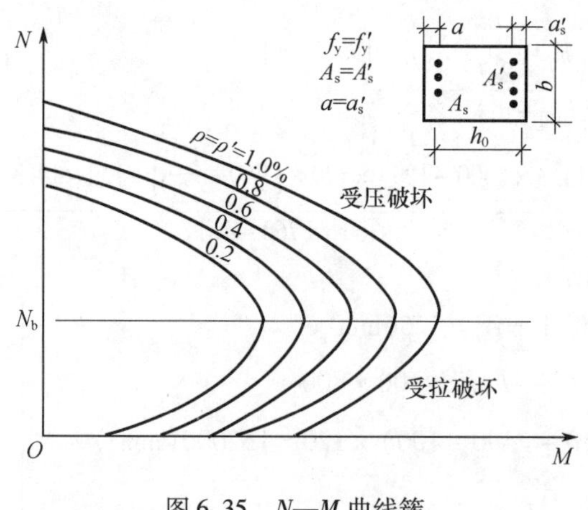

图 6.35　N—M 曲线簇

增大,截面所需配置的纵向钢筋配筋率 ρ 增大。

(3) 当弯矩设计值 M 给定时,在 $N>N_b$ 的小偏心受压情况下,随 N 的增大,截面的纵向钢筋配筋率 ρ 增大;在 $N\leqslant N_b$ 的大偏心受压情况下,随 N 的减小,配筋率 ρ 增大。

6.5.7　双向偏心受压构件承载力计算

1. 双向偏心受压构件受力特点

在实际工程中,有一部分构件是双向偏心受压构件,如多层框架房屋的角柱。试验表明,双向偏心受压构件的破坏形态与单向偏心受压构件正截面的破坏形态相似,也可分为大偏心受压破坏和小偏心受压破坏,计算单向偏心受压承载力的基本假定也同样适用于双向偏心受压构件承载力计算。但进行双向偏心受压构件正截面承载力计算时,其中和轴一般不与主轴相垂直,而是与主轴呈一斜角,如图 6.36 所示。受压区形状比较复杂,可能是三角形、梯形或多边形,同时钢筋的应力也不均匀,有的应力可能达到屈服强度,有的应力可能未达到屈服强度,距中和轴越近其应力越小。双向偏心受压构件的承载力可由其 $N-M$ 相关曲面来表示,如图 6.37 所示。它可由单向偏心受压构件的 $N-M$ 相关曲线,通过改变中和轴的角度来得到一系列与截面主轴倾角不同的相关曲线簇,从而形成 $N-M$ 承载力曲面。

双向偏心受压构件精确计算比较繁琐,必须借助计算机求解。目前,各国规范都采用近似的简化方法来计算双向偏心受压构件的正截面承载力。

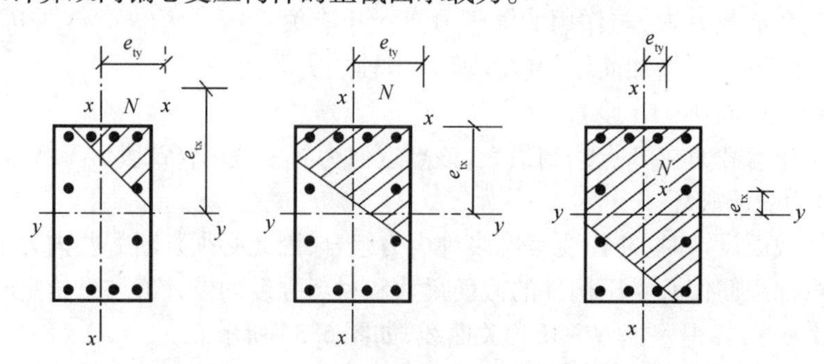

图 6.36　双向偏心受压构件受压截面应力图

2. 双向偏心受压构件简化计算

近似简化方法(倪克勤公式)是应用弹性阶段应力叠加的原理推导求得的。设计时,首先

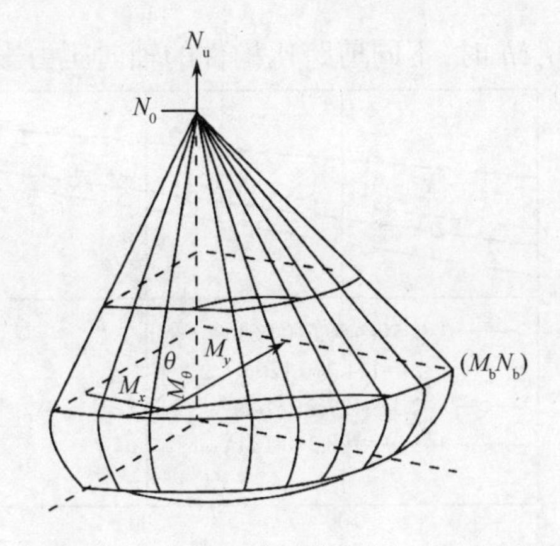

图 6.37　双向偏心受压构件 N—M 相关曲面

拟定构件的截面尺寸和钢筋布置方案，并且假定材料处于弹性阶段。根据材料力学的原理，倪克勤推导出双向偏心受压构件正截面承载力计算公式，即

$$N \leqslant \frac{1}{\frac{1}{N_{ux}}+\frac{1}{N_{uy}}-\frac{1}{N_{u0}}} \tag{6.77}$$

式中　N_{ux}、N_{uy}——轴向压力作用于 x 轴和 y 轴，并考虑相应的计算偏心距 e_{ix} 后，按全部纵筋计算的构件偏心受压承载力设计值；

N_{u0}——构件截面轴心受压承载力设计值，按式(6.2)计算，但不考虑稳定系数 φ 及系数 0.9。

6.6　偏心受压构件斜截面承载力计算

6.6.1　轴向压力对构件斜截面承载力的影响

试验表明，轴向压力的存在，在一定程度上对构件的抗剪有利，主要表现在能推迟斜裂缝的出现，并使裂缝宽度减小；产生受压区高度增大，斜裂缝倾角变小而水平投影长度基本不变，纵筋拉力降低的现象，使得构件斜截面受剪承载力要高一些。但是，轴心压力对构件的抗剪有利作用是有一定限度的，当轴压比 $N/f_c bh = 0.3 \sim 0.5$ 时，抗剪承载力达到最大值，再增加轴向压力，构件的抗剪承载力反而会随轴压力增大而降低，并转为带有斜裂缝的小偏心受压的破坏情况，见图 6.38。

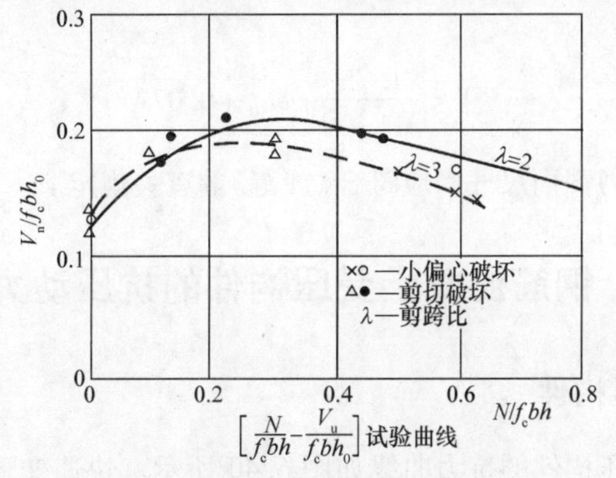

图 6.38　相对轴压力和剪力关系

试验还表明，当 $N<0.3f_c bh$ 时，不同剪跨比构件的轴向压力影响相差不多，见图 6.39。

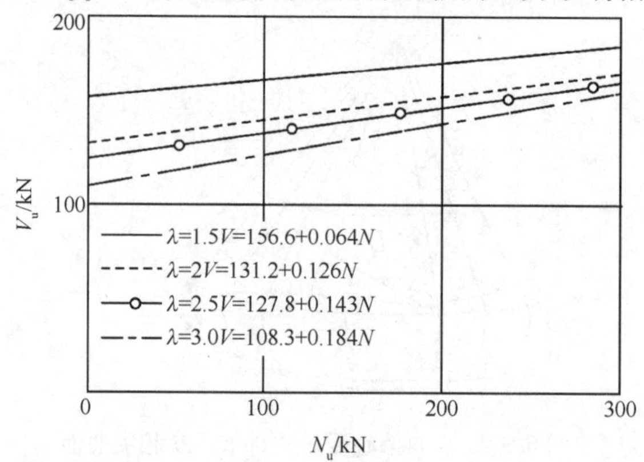

图 6.39 不同剪跨比时 V_u 和 N 的回归公式对比图

6.6.2 偏心受压构件斜截面承载力计算公式

通过试验资料分析和可靠度计算，《规范》规定，对承受轴压力和横向力作用的矩形、T 形和 I 形截面偏心受压构件，其斜截面受剪承载力应按下列公式计算，即

$$V_u = \frac{1.75}{\lambda + 1.0} f_t b h_0 + f_{yv} \frac{A_{sv}}{s} h_0 + 0.07N \tag{6.78}$$

式中 λ——偏心受压构件计算截面的剪跨比；对各类结构的框架柱，取 $\lambda = M/Vh_0$；当框架结构中柱的反弯点在层高范围内时，可取 $\lambda = H_n/2h_0$；当 $\lambda<1$ 时，取 $\lambda=1$；当 $\lambda>3$ 时，取 $\lambda=3$；此处，M 为计算截面上与剪力设计值 V 相应的弯矩设计值，H_n 为柱净高，h_0 为截面相对受压区高度。对其他偏心受压构件，当承受均布荷载时，取 $\lambda=1.5$；承受集中荷载时（包括作用有多种荷载、且集中荷载对支座截面或节点边缘所产生的剪力值占总剪力的 75% 以上的情况），取 $\lambda = a/h_0$；当 $\lambda<1.5$ 时，取 $\lambda=1.5$；当 $\lambda>3$ 时，取 $\lambda=3$；此处，a 为集中荷载至支座或节点边缘的距离。

N——与剪力设计值 V 相应的轴向压力设计值，当 $N>0.3f_cA$ 时，取 $N=0.3f_cA$；A 为构件的截面面积。

若符合式(6.79)要求时，通常可不进行斜截面受剪承载力计算，仅需根据构造要求配置箍筋，即

$$V < \frac{1.75}{\lambda + 1.0} f_t b h_0 + 0.07N \tag{6.79}$$

偏心受压构件的受剪截面尺寸尚应符合《规范》的有关规定。

6.7 钢筋混凝土受压构件的抗压动力性能

6.7.1 轴心受压构件

钢筋混凝土轴心受压构件的抗力曲线如图 6.40 所示。快速变形下的最大抗力随钢筋及混凝土材料在动力作用下强度的提高而增大，极限变形值则没有明显增大，约为 2×10^{-3}。

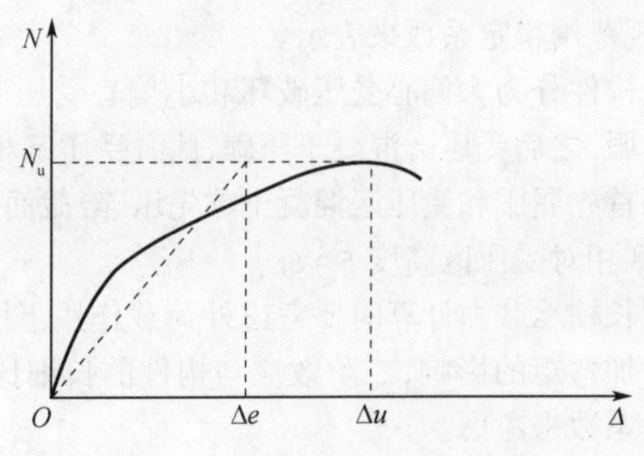

图 6.40　轴心受压柱的抗力曲线

轴心受压柱的破坏往往是脆性的，抗力曲线只反映出少量的塑形变形，简化成理想的弹塑性体系后，能提供的延性比较小，可取为 1.2 左右，而高强度混凝土的延性比则接近于 1。

根据动载试验结果，钢筋混凝土柱的纵向配筋率超过 2.5%，仍具有一定的延性。国外有关资料规定，钢筋混凝土柱在动载作用下的纵向钢筋配筋率可达到 8%。在地下防护结构设计中，规定在动载作用下，柱中全部纵向钢筋的配筋率不得超过 5%，当柱中的纵向受力钢筋配筋率超过 3% 时，应对柱的箍筋直径、间距及配箍方式作严格的限制。

箍筋有利于提高构件的延性，密集配置的箍筋可以约束混凝土的侧向崩裂，提高混凝土的极限强度和防止纵筋过早压屈，从而大幅度提高构件的极限抗力。密排箍筋能使轴心受压构件抗力达到最大值后的抗力曲线段缓慢下降，所以地下防护结构中的柱子配置箍筋比静载作用时更为重要，应予以足够重视。

混凝土在纵向受力下会横向膨胀，箍筋能给核心混凝土以侧向的约束力，当箍筋配置较密且强度较强时，混凝土呈三向受力状态，这种“约束混凝土”具有很好的塑性变形性能。防护结构的重要节点和受力截面宜采用约束混凝土的构造方式。

6.7.2　偏心受压构件

偏心受压构件承受弯矩 M 和轴力 N 的联合作用，同时呈现出梁和柱的性能，其中哪一种性能占优势取决于两种荷载效应 M 和 N 的相对量。

试验表明，在动载作用下偏心受压构件抗力有所提高，其最大抗力可以用静力作用时的公式计算，只需将其中的材料强度值取为动力设计强度即可。

偏心受压构件的抗力曲线形态介于梁式受弯构件与轴心受压构件之间。大偏心受压构件的抗力曲线与配筋较多的梁式构件相似，增加轴力能够提高截面的抗弯能力，但塑性变形性能降低，通常大偏压构件的延性比可取为 2 ~ 3。小偏心受压构件的抗力曲线与轴心受压构件相似，增加轴力可使小偏压构件的抗弯能力迅速降低，通常能提供的延性为 1.5 左右。

本 章 小 结

钢筋混凝土轴心受压柱根据箍筋的配置方式和作用不同，可分为普通箍筋轴心受压柱和螺旋箍筋轴心受压柱。配有螺旋式（或焊接环式）箍筋的轴心受压柱，通过螺旋式箍筋对核心混凝土的约束作用，可间接地提高混凝土及构件的承载力，同时要注意必须满足相应的适应条件，以保证正常使用要求。

长细比对轴心受压柱的承载力有很大的影响，所以，在设计中，要考虑长细比较大时引起的受压承载力降低问题,规范用稳定系数来表示。

钢筋混凝土偏心受压构件分为大偏心受压破坏和小偏心受压破坏两种形态,大偏心受压破坏是受拉区钢筋首先屈服,之后受压区混凝土压碎,此时受压区相对受压区高度$\xi \leqslant \xi_b$;小偏心受压破坏是受压区钢筋首先屈服和受压区混凝土首先压碎,截面全部受压或部分受拉,受拉区钢筋不屈服,此时受压区相对受压区高度$\xi > \xi_b$。

钢筋混凝土偏心受压长柱承载力计算时要考虑外荷载作用下因构件弹塑性变形、截面的初始偏心等因素引起的附加弯矩的影响,二阶效应与构件的长细比有关,《规范》规定通过偏心距调节系数和弯矩增大系数来考虑。

偏心受压构件,一般情况下剪力值相对较小,可不进行斜截面受剪承载力的计算;但对于有较大水平力作用下的框架柱,剪力影响相对较大,必须予以考虑。试验表明,轴压力的存在,对构件抗剪起一定的有利作用,主要表现在能推迟斜裂缝的出现,并使裂缝宽度减小;受压区高度增大,斜裂缝倾角变小而水平投影长度基本不变,纵筋拉力降低的现象,使得构件斜截面受剪承载力要高一些。轴心压力对构件的抗剪有利作用是有一定限度的,当轴压比$N/f_c bh = 0.3 \sim 0.5$时,再增加轴向压力将转变为带有斜裂缝的小偏心受压的破坏情况,斜截面受剪承载力达到最大值。

思考题

6.1　钢筋混凝土轴心受压普通箍筋短柱与长柱的破坏形态有何不同?轴心受压长柱的稳定系数φ如何确定?

6.2　钢筋混凝土轴心受压普通箍筋柱与螺旋箍筋柱的正截面受压承载力计算有何不同?

6.3　简述钢筋混凝土偏心受压短柱的破坏形态。偏心受压构件如何分类?

6.4　钢筋混凝土长柱的正截面受压破坏与短柱的破坏有何异同?什么是偏心受压长柱的二阶弯矩?《规范》是如何考虑偏心受压长柱的二阶效应的?

6.5　怎样区分大、小偏心受压破坏的界限?

6.6　矩形截面大偏心受压构件正截面的受压承载力如何计算?基本假定如何?

6.7　矩形截面小偏心受压构件正截面的受压承载力如何计算?

6.8　怎样进行不对称配筋矩形截面偏心受压构件正截面受压承载力的设计与计算?

6.9　对称配筋矩形截面偏心受压构件大、小偏心受压破坏的界限如何区分?

6.10　怎样进行对称筋矩形截面偏心受压构件正载面承载力的设计与计算?

6.11　钢筋混凝土构件偏心受压正截面承载力$N_u - M_u$的相关曲线有何特点?

6.12　轴向力的存在对偏心受压构件斜截面承载力有何影响?怎样计算偏心受压构件的斜截面受剪承载力?

习　题

6.1　已知某多层三跨现浇框架结构的第二层内柱,轴心压力设计值$N = 1100\text{kN}$,混凝土强度等级为C30,采用HRB400级钢筋。柱截面尺寸为350mm×350mm,楼层高$H = 5\text{m}$。求所需纵筋面积。

6.2　某框架结构多层房屋,门厅柱由于建筑和使用要求,采用圆形截面现浇钢筋混凝土柱，直径不超过350mm，承受轴心压力设计值 $N=2200\text{kN}$，计算长度 $l_0=4\text{m}$，混凝土强度等级为C30，柱中纵筋采用HRB335级钢筋，箍筋用HPB300级钢筋。试设计该柱截面。

6.3　已知柱的轴向力设计值 $N=800\text{kN}$，柱端弯矩 $M_1=380\text{kN}\cdot\text{m}$，$M_2=420\text{kN}\cdot\text{m}$；截面尺寸 $b=400\text{mm}$，$h=550\text{mm}$，$a_s=a_s'=40\text{mm}$；混凝土强度等级为C30，采用HRB400级钢筋；计算长度 $l_0=6.3\text{m}$。求钢筋截面面积 A_s' 及 A_s。

6.4　已知柱的轴向力设计值 $N=550\text{kN}$，弯矩 $M_1=M_2=450\text{kN}\cdot\text{m}$；截面 $b=300\text{mm}$，$h=500\text{mm}$，$a_s=a_s'=40\text{mm}$；混凝土强度等级为C35，采用HRB400级钢筋；计算长度 $l_0=7.2\text{m}$。求钢筋截面面积 A_s' 及 A_s。

6.5　已知荷载作用下柱的轴向力设计值 $N=3170\text{kN}$，弯矩 $M_1=M_2=84\text{kN}\cdot\text{m}$；截面尺寸 $b=400\text{mm}$，$h=600\text{mm}$，$a_s=a_s'=40\text{mm}$；混凝土强度等级为C35，采用HRB400级钢筋；计算长度 $l_0=6\text{m}$。求钢筋截面面积 A_s' 及 A_s。

6.6　已知轴向力设计值 $N=7500\text{kN}$，弯矩 $M_1=M_2=1800\text{kN}\cdot\text{m}$；截面尺寸 $b=800\text{mm}$，$h=1000\text{mm}$。$a_s=a_s'=40\text{mm}$；混凝土强度等级为C30。采用HRB400级钢筋；计算长度 $l_0=6\text{m}$，采用对称配筋（$A_s'=A_s$）。求钢筋截面面积 A_s' 及 A_s。

6.7　某框架柱，截面尺寸 $b=450\text{mm}$，$h=500\text{mm}$，$a_s=a_s'=40\text{mm}$，柱计算高度为6m，混凝土强度等级为C30，采用HRB400级钢筋，已知柱承受轴向力设计值 $N=3600\text{kN}$，柱端弯矩 $M_1=400\text{kN}\cdot\text{m}$，$M_2=420\text{kN}\cdot\text{m}$。试求柱所需的纵向钢筋截面面积 A_s' 及 A_s。

6.8　条件同习题6.7，拟采用对称配筋。试计算柱所需的纵向钢筋截面面积 $A_s=A_s'$。

6.9　已知柱承受轴向力设计值 $N=3100\text{kN}$，弯矩 $M_1=M_2=85\text{kN}\cdot\text{m}$；截面尺寸 $b=400\text{mm}$，$h=600\text{mm}$，$a_s=a_s'=40\text{mm}$；混凝土强度等级为C20，采用HRB400级钢筋，配有 $A_s'=1964\text{mm}^2$（4⌀25），$A_s=603\text{mm}^2$（3⌀16），计算长度 $l_0=6\text{m}$。试复核截面是否安全。

6.10　已知某单层工业厂房的I形截面边柱，下柱高5.7m，柱截面控制内力 $N=870\text{kN}$，$M_1=M_2=420\text{kN}\cdot\text{m}$，截面尺寸 $b=80\text{mm}$，$h=700\text{mm}$，$b_f=b_f'=350\text{mm}$，$h_f=h_f'=112\text{mm}$，$a_s=a_s'=40\text{mm}$；混凝土强度等级为C35，采用HRB400级钢筋；对称配筋。求钢筋截面面积。

6.11　已知某工业厂房的I形截面柱，柱计算高度为8m，柱截面控制内力 $N=2500\text{kN}$，$M_1=M_2=800\text{kN}\cdot\text{m}$，截面尺寸 $b=100\text{mm}$，$h=800\text{mm}$，$b_f=b_f'=400\text{mm}$，$h_f=h_f'=100\text{mm}$，$a_s=a_s'=40\text{mm}$；混凝土强度等级为C40，采用HRB400级钢筋；对称配筋。求钢筋截面面积。

第7章

受拉构件承载力计算

本章提要：受拉也是钢筋混凝土构件的一种受力形式，本章介绍了钢筋混凝土轴心受拉构件、偏心受拉构件正截面承载力（carrying capacity）的计算，以及偏心受拉构件斜截面受剪承载力（shear capacity of ）的计算。

7.1 概 述

与受压构件相似，钢筋混凝土受拉构件（tension member）（构件上作用有轴向拉力或同时有轴向拉力与弯矩作用）根据轴向拉力作用的位置，分为轴心受拉构件和偏心受拉构件（图7.1）。

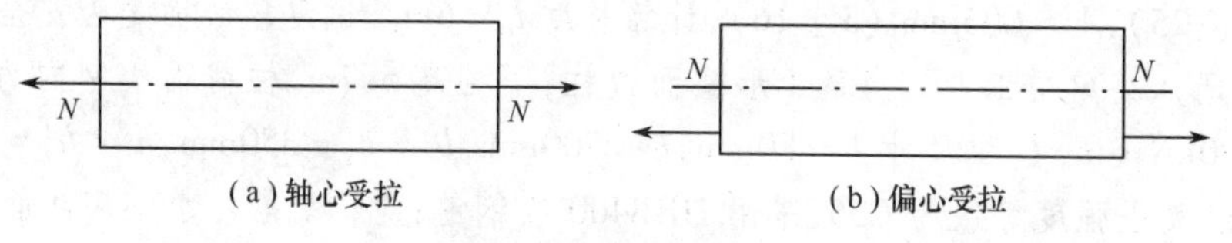

（a）轴心受拉　　（b）偏心受拉

图7.1 受拉构件

当拉力沿构件截面形心作用时，为轴心受拉构件，如钢筋混凝土桁架或拱中的拉杆、有内压力的环形截面管壁、圆形储液池的池壁等，通常按轴心受拉构件计算。当拉力偏离构件截面形心作用，或构件上有轴向拉力和弯矩同时作用时，则为偏心受拉构件，如矩形水池的池壁、双肢柱的受拉肢以及受地震作用的框架边柱等，均属于偏心受拉构件。受拉构件除轴向拉力作用外，还同时承受弯矩和剪力作用。

7.2 轴心受拉构件承载力计算

对钢筋混凝土轴心受拉构件（一般对称配筋），在混凝土开裂以前，钢筋与混凝土共同承受拉力 N 作用。混凝土开裂后，开裂截面混凝土退出工作，全部拉力由钢筋负担。当钢筋应力达到屈服时，构件即告破坏（图7.2）。

则轴心受拉构件正截面承载力计算公式为

$$N \leqslant N_u = f_y A_s \tag{7.1}$$

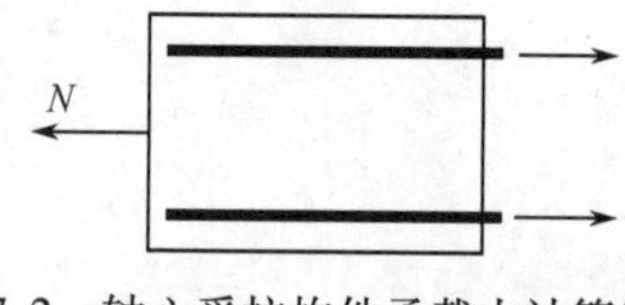

图7.2 轴心受拉构件承载力计算简图

式中 N——轴向拉力设计值；

N_u——轴心受拉构件极限承载力设计值；

f_y——钢筋抗拉强度设计值；

A_s——全部受拉钢筋截面面积。

为避免少筋破坏,全部受拉钢筋截面面积 A_s 应满足 $A_s \geqslant (0.9f_t/f_y)A$,其中 A 为构件截面面积。

7.3 偏心受拉构件正截面承载力

根据轴向拉力 N 在截面上作用位置的不同,偏心受拉构件有两种破坏形态。

(1) 轴向拉力 N 作用在 A_s 合力点与 A_s' 合力点之外为大偏心受拉破坏,如图 7.3(a)所示。

(2) 轴向拉力 N 作用在 A_s 合力点与 A_s' 合力点之间为小偏心受拉破坏,如图 7.3(b)所示。

对于矩形截面,靠近轴向拉力 N 一侧纵筋截面面积为 A_s,远离轴向拉力 N 一侧纵筋截面面积为 A_s'。

1. 大偏心受拉构件

大偏心受拉构件轴向拉力 N 的偏心距 e_0 较大,$e_0 > \frac{h}{2} - a_s$,受荷载作用时,截面为部分受拉部分受压,即离 N 近的一侧 A_s 受拉,离 N 远的一侧 A_s' 受压。受拉区混凝土开裂后,裂缝不会贯通整个截面。随荷载继续增加,受拉侧 A_s 达到受拉屈服,受压侧混凝土压碎破坏,A_s' 受压屈服,构件达到极限承载力而破坏。其破坏形态与大偏心受压破坏情况类似。

由图 7.3(a)所示截面平衡条件可得大偏心受拉构件承载力计算基本公式,即

$$N \leqslant N_u = f_y A_s - f_y' A_s' - \alpha_1 f_c bx \tag{7.2a}$$

$$Ne \leqslant \alpha_1 f_c b_x \left(h_0 - \frac{x}{2}\right) + f_y' A_s' (h_0 - a_s') \tag{7.2b}$$

式中 e——轴向力 N 至受拉钢筋 A_s 合力点的距离,$e = e_0 - \frac{h}{2} + a_s$。

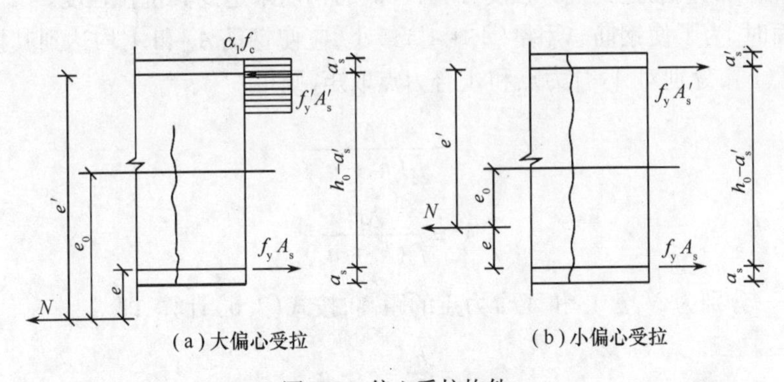

图 7.3 偏心受拉构件

式(7.2)的适用条件如下:

(1) 为保证受拉钢筋 A_s 达到屈服强度 f_y,应满足 $\xi \leqslant \xi_b$。

(2) 为保证受压钢筋 A_s' 达到屈服强度 f_y',应满足 $x \geqslant 2a_s'$。

(3) A_s 应不小于 $\rho_{min} bh$,其中 $\rho_{min} = \max(0.45f_t/f_y, 0.002)$。

当 $\xi > \xi_b$ 时,受拉钢筋达不到屈服强度设计值,这是由于受拉钢筋 A_s 的配筋率过大引起

的，类似于受弯构件超筋梁，应避免采用。

当 $x<2a_s'$时，可取 $x=2a_s'$，对受压钢筋形心取矩，有

$$Ne' \leqslant f_y A_s (h_0 - a_s') \tag{7.3a}$$

则

$$A_s = \frac{Ne'}{f_y (h_0 - a_s')} \tag{7.3b}$$

式中 $e' = e_0 + \frac{h}{2} - a_s'$。

当为对称配筋时，由于 $A_s = A_s'$及 $f_y = f_y'$，由式(7.2)可知，必然会求得 x 为负值，则按 $x < 2a_s'$的情况及式(7.3)计算配筋。

大偏心受拉构件的配筋计算方法与大偏心受压情况类似。在截面设计时，若 A_s 与 A_s'均未知，需补充条件求解。为使总钢筋用量$(A_s + A_s')$最小，可取 $\xi = \xi_b$ 为补充条件，然后由式(7.2a)和式(7.2b)即可求解，即

$$A_s' = \frac{Ne - \alpha_1 f_c b x_b (h_0 - x_b/2)}{f_y' (h_0 - a_s')} \tag{7.4a}$$

$$A_s = \frac{\alpha_1 f_c b x_b + N}{f_y} + \frac{f_y'}{f_y} A_s' \tag{7.4b}$$

式中 x_b——界限破坏时受压区高度，$x_b = h_0 \xi_b$，$h_0 = h - a_s$，ξ_b 的取值见受弯构件正截面受弯承载力计算一章。

2. 小偏心受拉构件

小偏心受拉构件轴向拉力 N 的偏心距 e_0 较小，即 $0 < e_0 < h/2 - a_s$，轴向拉力的位置在 A_s 合力点与 A_s'合力点之间。临近破坏时，一般情况是截面已全部裂通，拉力全部由钢筋承受。破坏时，钢筋 A_s 和 A_s'的应力与轴向力作用点的位置及钢筋 A_s 和 A_s'的比值有关，或者均达到抗拉强度，或者仅一侧钢筋达到抗拉强度，而另一侧的钢筋未达到其抗拉强度。

设计截面时，为了使钢筋总用量$(A_s + A_s')$最小，应使钢筋 A_s 和 A_s'均达到其抗拉强度设计值。由图 7.3(b)，分别对 A_s 合力点和 A_s'合力点取矩，则得

$$A_s' = \frac{Ne}{f_y (h_0 - a_s')} \tag{7.5a}$$

$$A_s = \frac{Ne'}{f_y (h_0 - a_s')} \tag{7.5b}$$

式中 e、e'——分别为 N 至 A_s 和 A_s'合力点的距离，按式(7.6)计算，即

$$e = \frac{h}{2} - e_0 - a_s \tag{7.6a}$$

$$e' = \frac{h}{2} + e_0 - a_s' \tag{7.6b}$$

将 e 和 e'代入式(7.6a)和式(7.6b)，取 $M = Ne_0$，且取 $a_s = a_s'$，则可得

$$A_s = \frac{N(h - 2a_s')}{2f_y (h_0 - a_s')} + \frac{M}{f_y (h_0 - a_s')} = \frac{N}{2f_y} + \frac{M}{f_y (h_0 - a_s')} \tag{7.7a}$$

$$A_s' = \frac{N(h - 2a_s)}{2f_y(h_0 - a_s')} - \frac{M}{f_y(h_0 - a_s')} = \frac{N}{2f_y} - \frac{M}{f_y(h_0 - a_s')} \tag{7.7b}$$

由式(7.7)可见,右边第一项代表轴心受拉所需要的配筋,第二项反映了弯距 M 对配筋的影响。显然,M 的存在使 A_s 增大,使 A_s'减小。因此,在设计中如果有不同的内力组合(N,M)时,应按(N_{max},M_{max})的内力组合计算 A_s,而按(N_{max},M_{min})的内力组合计算 A_s'。

当为对称配筋时,远离轴向力 N 一侧的钢筋 A_s'达不到屈服强度设计值,故设计时 A_s 和A_s'均按式(7.5b)计算配筋,即取

$$A_s' = A_s = \frac{Ne'}{f_y(h_0 - a_s')} \tag{7.8}$$

以上计算的配筋均应满足受拉钢筋最小配筋率的要求,即

$$\begin{cases} A_s \geqslant \rho_{min} bh \\ A_s' \geqslant \rho_{min}' bh \end{cases} \tag{7.9}$$

其中,$\rho_{min} = \rho_{min}' = \max(0.45f_t/f_y, 0.002)$。

【例 7.1】 某矩形水池,壁板厚为 300mm,每米板宽上承受轴向拉力设计值 $N = 200$kN,承受弯矩设计值 $M = 80$kN·m,混凝土采用 C25 级,钢筋 HRB400 级,设 $a_s = a_s' = 30$mm。试设计水池壁板配筋。

解 (1) 设计参数。

已知:$f_c = 11.9\text{N/mm}^2$,$f_t = 1.27\text{N/mm}^2$,$f_y = f_y' = 360\text{N/mm}^2$,$h_0 = 300 - 30 = 270$(mm),$\xi_b = 0.518$,$\alpha_{s,max} = 0.384$,$\alpha_1 = 1.0$,$b = 1000$mm。

(2) 判断偏心受拉构件。

$$e_0 = \frac{M}{N} = \frac{80 \times 10^6}{200 \times 10^3} = 400(\text{mm}) > \frac{h}{2} - a_s = 150 - 30 = 120(\text{mm})$$

为大偏心受拉构件。

$$e = e_0 - \frac{h}{2} + a_s = 400 - 150 + 30 = 280(\text{mm})$$

(3) 计算钢筋。

取 $x = \xi_b h_0$ 可使总配筋最小,即 $\alpha_{s,max} = 0.384$ 代入式(7.4)有

$$A_s' = \frac{Ne - \alpha_1 f_c bx\left(h_0 - \frac{x}{2}\right)}{f_y'(h_0 - a_s')} = \frac{Ne - \alpha_{s,max}\alpha_1 f_c bh_0^2}{f_y'(h_0 - a_s')}$$

$$= \frac{200 \times 10^3 \times 280 - 0.384 \times 1.0 \times 11.9 \times 1000 \times 270^2}{360 \times (270 - 30)} < 0$$

按最小配筋率配置受压钢筋,有

$$\rho_{min} = \max(0.45f_t/f_y, 0.002) = 0.002$$

则由式(7.9),有

$$A_s' = \rho_{min} bh = 0.002 \times 1000 \times 300 = 600(\text{mm}^2)$$

选配 12@180,$A_s' = 628\text{mm}^2$,满足要求。

再按 A_s'已知情况计算:

$$\alpha_s = \frac{Ne - f_y'A_s'(h_0 - a_s')}{\alpha_1 f_c bh_0^2} = \frac{200 \times 10^3 \times 280 - 360 \times 628 \times (270 - 30)}{1.0 \times 11.9 \times 1000 \times 270^2} = 0.002$$

$$\xi = 1 - \sqrt{1 - 2\alpha_s} = 0.002$$

$$x = \xi h_0 = 0.54\text{mm} < 2a_s' = 60\text{mm}$$

取 $x = 2a_s' = 60\text{mm}$，按式(7.3)计算受拉钢筋，有

$$e' = e_0 + \frac{h}{2} - a_s' = 400 + 150 - 30 = 520(\text{mm})$$

$$A_s = \frac{Ne'}{f_y(h_0 - a_s')} = \frac{200 \times 10^3 \times 520}{360 \times (270 - 30)} = 1204(\text{mm}^2)$$

选配 16@150，$A_s = 1340\text{mm}^2$（图 7.4）。

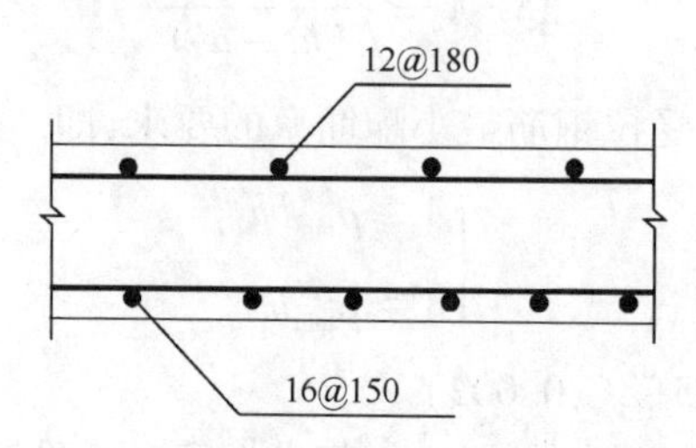

图 7.4　配筋图

【例 7.2】　矩形截面偏心受拉构件，截面尺寸为 $b \times h = 250\text{mm} \times 400\text{mm}$，承受轴向拉力设计值 $N = 500\text{kN}$，弯矩设计值 $M = 40\text{kN} \cdot \text{m}$，混凝土采用 C25 级，钢筋采用 HRB335 级，$a_s = a_s' = 45\text{mm}$。试设计构件的配筋。

解　(1) 设计参数。

$f_c = 11.9\text{N/mm}^2$，$f_t = 1.27\text{N/mm}^2$，$f_y = f_y' = 300\ \text{N/mm}^2$，$h_0 = 400 - 45 = 355(\text{mm})$。

(2) 判断偏心受拉构件。

$$e_0 = \frac{M}{N} = \frac{40 \times 10^6}{500 \times 10^3} = 80(\text{mm}) < \frac{h}{2} - a_s = 200 - 45 = 155(\text{mm})$$

为小偏心受拉构件。

(3) 计算钢筋。

$$e = \frac{h}{2} - e_0 - a_s = 200 - 80 - 45 = 75(\text{mm})$$

$$e' = \frac{h}{2} + e_0 - a_s' = 200 + 80 - 45 = 235(\text{mm})$$

代入式(7.8)有

$$A_s' = \frac{Ne}{f_y(h_0 - a_s')} = \frac{500 \times 10^3 \times 75}{300 \times (355 - 45)} = 403.2(\text{mm}^2)$$

$$A_s = \frac{Ne'}{f_y(h_0 - a_s')} = \frac{500 \times 10^3 \times 235}{300 \times (355 - 45)} = 1263.4(\text{mm}^2)$$

受拉侧选配 3 Φ 25 钢筋，$A_s = 1473\text{mm}^2$；受压侧选配 2 Φ 18 钢筋，$A_s' = 509\text{mm}^2$。

$$\rho_{\min} = \max(0.45 f_t / f_y, 0.002) = 0.002$$

$\begin{matrix} A_s \\ A_s' \end{matrix} > \rho_{\min} bh = 200\text{mm}^2$，满足最小配筋率要求（图 7.5）。

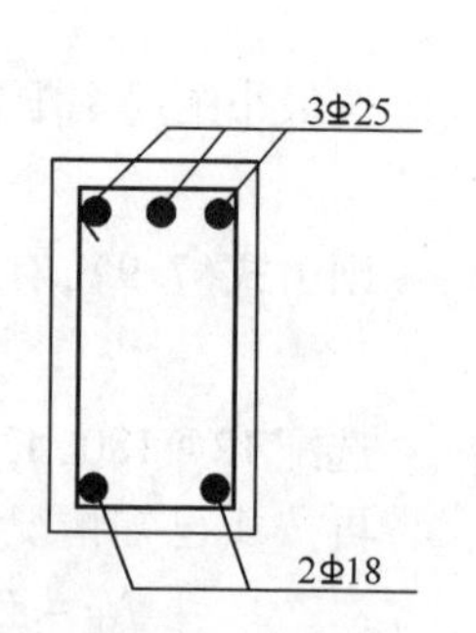

图 7.5　配筋图

7.4 偏心受拉构件斜截面受剪承载力

当偏心受拉构件同时作用剪力 V 和轴向拉力 N 时，由于轴向拉力的存在，增加了构件的主拉应力，使斜裂缝更易出现。小偏心受拉情况下甚至形成贯通全截面的斜裂缝，致使斜截面受剪承载力降低。

受剪承载力的降低与轴向拉力 N 的大小有关，矩形截面偏心受拉构件的受剪承载力可按式(7.10)计算，即

$$V \leqslant V_u = \frac{1.75}{\lambda + 1.0} f_t b h_0 + f_{yv} \frac{A_{sv}}{s} h_0 - 0.2N \tag{7.10}$$

式中 N——与剪力设计值 V 相对应的轴向拉力设计值；

λ——剪跨比，其取值与偏心受压构件相同。

当式(7.10)右边的计算值小于 $f_{yv} \frac{A_{sv}}{s} h_0$ 时，考虑剪压区完全消失，斜裂缝将贯通全截面，剪力全部由箍筋承担，此时受剪承载力应取

$$V_u \geqslant f_{yv} \frac{A_{sv}}{s} h_0 \tag{7.11}$$

为防止斜拉破坏，并提高箍筋的最小配筋率，取 $\rho_{sv,min} = 0.36 \frac{f_t}{f_{yv}}$，即

$$f_{yv} \frac{A_{sv}}{s} h_0 \geqslant 0.36 f_t b h_0 \tag{7.12}$$

本章小结

偏心受拉构件与偏心受压构件相反，靠近拉力 N 侧的钢筋为 A_s，远离拉力 N 侧的钢筋为 A'_s。当 $e_0 < h/2 - a_s$ 时为小偏心受拉，当 $e_0 > h/2 - a_s$ 时为大偏心受拉。

小偏心受拉构件全截面受拉，而大偏心受拉构件则存在受压区，为保证大偏心受拉构件的受拉钢筋 A_s 和受压钢筋 A'_s 均能达到相应的屈服强度，受压区高度应满足 $2a'_s \leqslant x \leqslant \xi_b h_0$，当不满足该条件时应加以处理。

偏心受拉构件同时作用剪力 V 和轴向拉力 N 时，由于轴向拉力使斜裂缝更易出现，导致斜截面受剪承载力降低。受剪承载力降低的程度与轴向拉力 N 的数值有关。

思考题

7.1 大小偏心受拉的破坏形态如何划分？

7.2 试从破坏形态、截面应力、计算公式及计算步骤来分析大偏心受拉构件与大偏心受压构件有何异同。

7.3 轴向拉力对受剪承载力有何影响？当斜裂缝贯穿全截面时，如何计算受剪承载力？

习　题

7.1　矩形截面偏心受拉构件,截面尺寸为 $b \times h = 300\text{mm} \times 400\text{mm}$,承受轴向拉力设计值 $N = 550\text{kN}$,弯矩设计值 $M = 50\text{kN} \cdot \text{m}$,采用 C20 级混凝土,HRB335 级钢筋。试计算截面配筋。

7.2　已知某矩形构件,截面尺寸 $b \times h = 300\text{mm} \times 400\text{mm}$,对称配筋($A_s = A'_s$),且上下各配置3 Φ20 的 HRB335 级钢筋,承受弯矩 $M = 80\text{kN} \cdot \text{m}$。试确定该截面所能承受的最大轴向拉力和最大轴向压力。

第8章 受扭构件承载力计算

本章提要：本章是教材的难点内容，需要了解受扭构件的分类和受扭构件的破坏机理；掌握钢筋混凝土纯扭构件、弯扭构件、剪扭构件及弯剪扭构件的设计计算方法；熟悉钢筋混凝土受扭构件的构造要求。

8.1 概 述

扭转是结构构件的一种基本受力形式。工程中，钢筋混凝土结构构件的扭转分为两类。一类是荷载直接作用引起的扭转，可由静力平衡条件求得，而与其抗扭刚度无关，称为平衡扭转(equilibrium torsion)，图8.1、图8.2所示为在竖向荷载作用下的雨篷梁和受竖向轮压及水平制动力作用的吊车梁，均为弯矩、剪力、扭矩共同作用下的复合受扭构件。

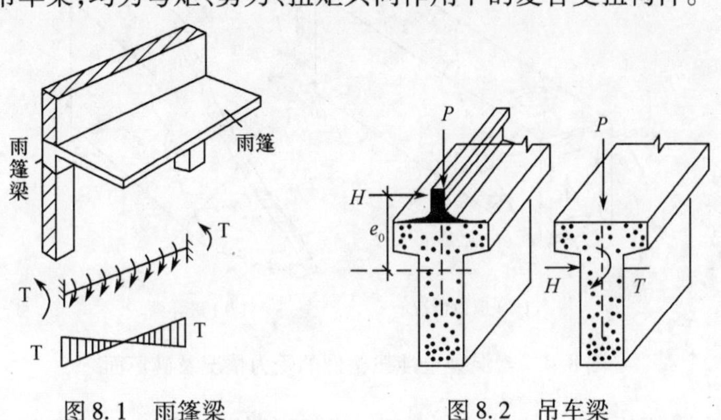

图8.1 雨篷梁　　图8.2 吊车梁

另一类是超静定结构中由于变形协调使截面产生的扭转，称为协调扭转(compatibility torsion)。图8.3所示的现浇框架的边梁，由于次梁在支座(边梁)处的转角，使边梁产生扭转，因而受扭。但是这种由变形协调关系所产生的扭矩，随构件本身的抗扭刚度的降低而减小。边梁一旦开裂后，其抗扭刚度明显降低，因此边梁对次梁转角的约束作用减小，边梁的扭矩也减小。

受扭构件包括纯扭、剪扭、弯扭和弯剪扭构件。实际工程中，构件受纯扭的情况很少，绝大多数为弯矩、剪力、扭矩同时作用。本章主要介绍平衡扭转中纯扭构件和弯剪扭构件的受力性能，以及受扭构件的承载力计算和配筋构造要求。

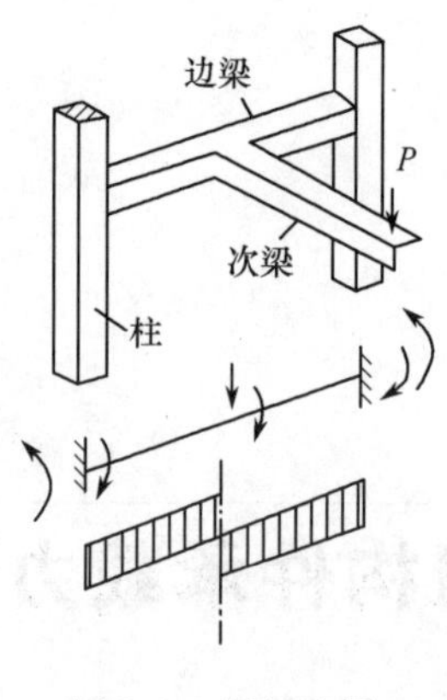

图 8.3　框架边梁

8.2　纯扭构件的受力性能和扭曲截面承载力计算

8.2.1　试验研究分析

1. 素混凝土纯扭构件的受力性能

由材料力学可知，构件受扭矩作用后，在构件截面上产生剪应力 τ，相应地，在与构件纵轴成45°方向产生主拉应力 σ_{tp} 和主压应力 σ_{cp}，它们在数值上等于 τ，即 $\sigma_{tp}=\sigma_{cp}=\tau$，如图 8.4(a)所示。

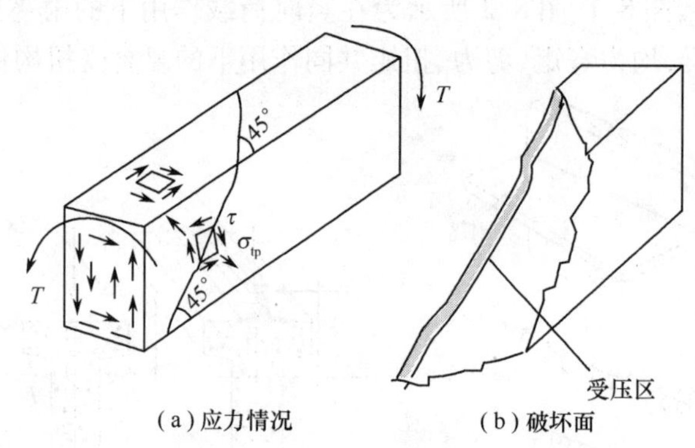

(a)应力情况　　(b)破坏面

图 8.4　素混凝土纯扭构件的受力情况及破坏面

对于素混凝土受扭构件，当主拉应力达到混凝土的抗拉强度时，构件将开裂。试验结果表明，在扭矩作用下，矩形截面素混凝土构件先在构件的一个长边中点附近沿着45°方向被拉裂，并迅速延伸至该长边的上下边缘，然后在两个短边裂缝又大致沿45°方向延伸，最后形成三面开裂、一面受压的空间扭曲破坏面，如图 8.4(b)所示。

由于素混凝土构件的抗扭承载力很低且表现出明显的脆性破坏特点，故通常在构件内配置一定数量的抗扭钢筋以改善其受力性能。最有效的配筋方式是沿垂直于斜裂缝方向配置螺旋形钢筋，当混凝土开裂后，主拉应力直接由钢筋承受。但这种配筋方式施工复杂，且当受有反向扭矩时会完全失去作用，因此工程中通常采用横向箍筋和对称布置的纵筋组成的空间骨架来共同承担扭矩。

2. 钢筋混凝土纯扭构件的受扭性能

在混凝土受扭构件中配置适当的抗扭钢筋，当混凝土开裂后，可由钢筋继续承受拉力，这对提高受扭构件的承载力有很大的作用。试验表明，对于钢筋混凝土矩形截面受扭构件，其破坏形态根据配置钢筋数量的多少可分为以下几类：

1）少筋破坏

当箍筋和纵筋或其中之一配置过少时，其破坏特征与素混凝土构件相似，构件一旦开裂，裂缝就迅速向相邻两侧呈螺旋形延伸，最后受压面上的混凝土被压碎，构件破坏。这种破坏急速而突然，属于脆性破坏，称为少筋受扭破坏，设计中应避免。

2）适筋破坏

当抗扭钢筋配置适当时，在扭矩作用下，第一条斜裂缝出现后构件并不立即破坏。随着扭矩的增加，将陆续出现多条大体平行的连续螺旋形裂缝。斜裂缝进一步开展，其中一条发展为临界斜裂缝，与斜裂缝相交的纵筋和箍筋先后达到屈服，最后受压面上的混凝土被压碎，构件随之破坏。这种破坏属于塑性破坏，受扭承载力的计算公式是以这种破坏为依据建立的。

3）部分超筋破坏

当箍筋和纵筋的一种配置数量过多而另一种配置适当时，则构件破坏前配置适当的钢筋应力达到了受拉屈服强度，而另一种钢筋应力直到受压边混凝土被压碎仍未达到屈服强度，这种情况称为部分超筋受扭破坏。由于已有一种钢筋应力能达到屈服强度，破坏具有一定的塑性特征。

4）超筋破坏

当箍筋和纵筋都配置过多时，在扭矩作用下，破坏前的螺旋形裂缝多而密，到构件破坏时，这些裂缝的宽度仍然不大。构件的受扭破坏是由于裂缝间的混凝土被压碎而引起的，破坏时箍筋和纵筋应力均未达到屈服强度，属于无预兆的脆性破坏。这种破坏称为完全超筋受扭，设计中也应避免。

为保证构件受扭时具有一定的塑性，设计时应使构件处于适筋和部分超筋范围内，即抗扭纵筋和箍筋应有合理的配置。

如图 8.5 所示，设抗扭箍筋单肢面积为 A_{st1}，间距为 s，矩形截面长边为 h，短边为 b。钢箍长肢内表面间的距离为 h_{cor}，钢箍短肢内表面间的距离为 b_{cor}，则钢箍一圈的周长 $u_{cor}=2(h_{cor}+b_{cor})$，即为截面核芯部分（截面核芯是指箍筋内皮以内截面）的周长。

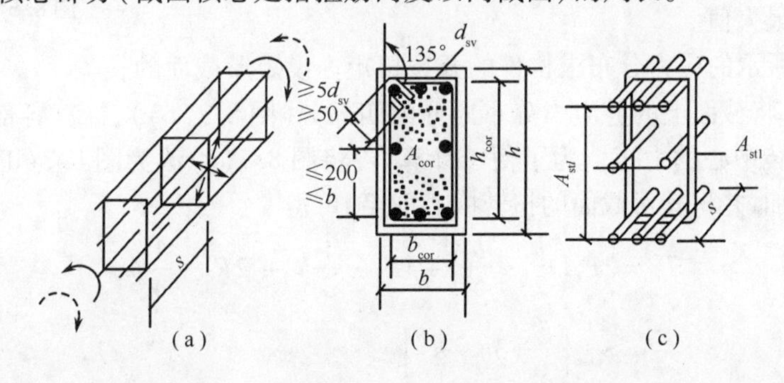

图 8.5 受扭构件的配筋形式及构造要求

若达界限状态时箍筋和抗扭纵筋都能充分利用，则单肢抗扭箍筋的抗拉力为 $N_{svl}=f_{yv}A_{stl}$，f_{yv}为箍筋的抗拉设计强度。设想将 A_{stl}沿构件长度均匀分布，则抗扭箍筋沿构件单位长度内的

抗拉能力为

$$\frac{N_{\mathrm{svt}}}{s}=\frac{f_{\mathrm{yv}}A_{\mathrm{st}l}}{s} \tag{8.1}$$

同时,若截面抗扭纵向钢筋的总截面 $A_{\mathrm{st}l}$,则其抗拉力为 $N_{\mathrm{st}}=f_{\mathrm{y}}A_{\mathrm{st}l}$,$f_{\mathrm{y}}$ 为抗扭纵筋的抗拉设计强度,设想将 $A_{\mathrm{st}l}$ 沿截面核芯周长 u_{cor} 均匀分布,则抗扭纵筋沿截面核芯周长单位长度内的抗拉能力为

$$\frac{N_{\mathrm{st}}}{u_{\mathrm{cor}}}=\frac{f_{\mathrm{y}}A_{\mathrm{st}l}}{u_{\mathrm{cor}}} \tag{8.2}$$

定义抗扭纵筋与箍筋的配筋强度比为 ζ,则其公式为

$$\zeta=\frac{f_{\mathrm{y}}A_{\mathrm{st}l}s}{f_{\mathrm{yv}}A_{\mathrm{st}l}u_{\mathrm{cor}}} \tag{8.3}$$

试验表明,当 $0.5\leqslant\zeta\leqslant2.0$ 时,受扭破坏时纵筋和箍筋基本上都能达到屈服强度,《规范》建议 ζ 取 $0.6\leqslant\zeta\leqslant1.7$,当 $\zeta<0.6$ 时,应改变配筋来提高 ζ 值,当 $\zeta<1.7$ 时,取 $\zeta=1.7$。工程设计中通常取 $\zeta=1.0\sim1.3$。

8.2.2 纯扭构件的开裂扭矩

试验结果表明,构件开裂前抗扭钢筋的应力很低,钢筋的存在对开裂扭矩影响很小。因此,在研究开裂扭矩时可以忽略钢筋的作用,与素混凝土构件一样考虑。

由材料力学可知,对于匀质弹性材料矩形截面构件,在扭矩作用下,截面上的剪应力分布如图 8.6 所示。最大剪应力 τ 以及最大主拉应力发生在截面长边的中点,当主拉应力超过混凝上的抗拉强度时,构件将开裂。

试验表明,如按弹性应力分布估算素混凝土构件的抗扭承载能力,则会低估其开裂扭矩。因此,通常按理想塑性材料估算素混凝土构件的开裂扭矩。对于理想塑性材料的矩形截面构件,当截面长边中点的应力达到 $\tau_{\max}$(相应的主拉应力达到混凝土的抗拉强度)时,只是意味着局部材料发生屈服,构件开始进入塑性状态,整个构件仍能承受继续增加的扭矩,直到截面上的应力全部达到材料的屈服强度后,构件才丧失承载能力而破坏。此时,截面上剪应力分布如图 8.7 所示,即假定各点剪应力均达到最大值。

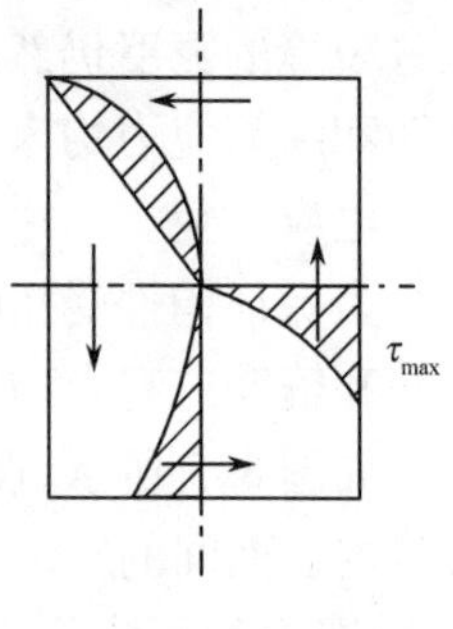

图 8.6 受扭截面弹性剪应力分布

现按图 8.7 所示的应力分布求构件的开裂扭矩。设矩形截面的长边为 h,短边为 b,将截面上的剪应力分布划分为四部分(图 8.7(c)),计算各部分剪应力的合力及其对截面扭转中心的力矩。为了便于计算,可将图 8.7(c)改为图 8.7(d),即将 F_2 转化为 F_3 和 F_4 的叠加,并将其对截面的扭转中心取矩,可得

$$\begin{aligned}T_{\mathrm{cr}}&=2F_1\left(\frac{h}{2}-\frac{b}{6}\right)+4F_3\cdot\frac{1}{3}b+2F_4\cdot\frac{1}{4}b\\&=\tau_{\max}\left[\frac{b^2}{6}(3h-b)\right]\end{aligned}$$

构件开裂时,$\sigma_{\mathrm{tp}}=\tau_{\max}=f_{\mathrm{t}}$,所以开裂扭矩为

$$T_{\mathrm{cr}}=f_{\mathrm{t}}\cdot\frac{b^2}{6}(3h-b)=f_{\mathrm{t}}W_{\mathrm{t}} \tag{8.4}$$

式中 W_{t}——受扭构件的截面受扭塑性抵抗矩,对矩形截面,W_{t} 按式(8-5)计算,即

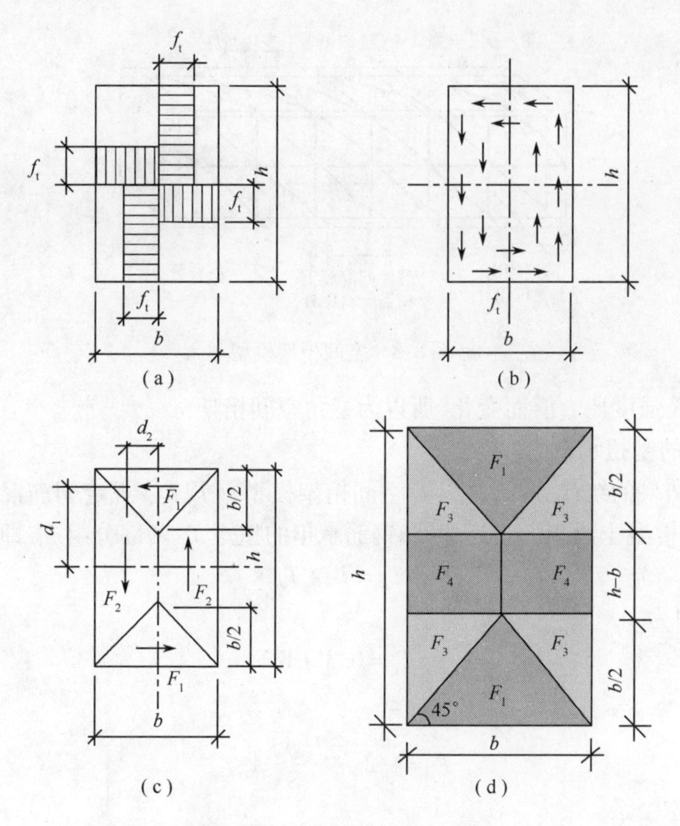

图 8.7　受扭截面塑性剪应力分布

$$W_{t}=\frac{b^{2}}{6}(3h-b) \tag{8.5}$$

由于混凝土并非理想塑性材料，所以在整个截面上剪应力完成重分布之前，构件就已开裂。此外，构件内除了作用有主拉应力外，还有与主拉应力成正交方向的主压应力作用，在拉压复合应力作用下，混凝土的抗拉强度低于单向受拉时的抗拉强度。因此，当按理想塑性材料的应力分布计算开裂扭矩时，应乘以小于 1 的系数予以修正。试验结果表明，对素混凝土纯扭构件，修正系数在 0.87～0.97 之间变化；对于钢筋混凝土纯扭构件，则在 0.86～0.97 之间变化；高强混凝土的塑性比普通混凝土要差，相应的系数要小些。《规范》偏于安全地取修正系数为 0.7，于是式(8.4)成为

$$T_{cr}=0.7f_{t}W_{t} \tag{8.6}$$

其中，系数 0.7 综合反映了混凝土塑性发挥的程度和双轴应力下混凝土强度降低的影响。

8.2.3　纯扭构件的受扭承载力

1. 纯扭构件的力学模型

试验研究表明，矩形截面纯扭构件在裂缝充分发展且钢筋应力接近屈服强度时，截面核芯混凝土部分将退出工作，从而使实心截面的钢筋混凝土受扭构件可以假想为一箱形截面构件。此时，具有螺旋形裂缝的混凝土箱壁与抗扭纵筋和箍筋共同组成空间桁架以抵抗外扭矩，如图 8.8所示，其中抗扭纵筋相当于受拉弦杆，箍筋相当于受拉竖向腹杆，而斜裂缝之间的受压混凝土相当于桁架的斜压腹杆。

试验同时表明，混凝土斜压杆与构件轴线的夹角 α 不一定等于 45°，而是随受扭构件抗扭

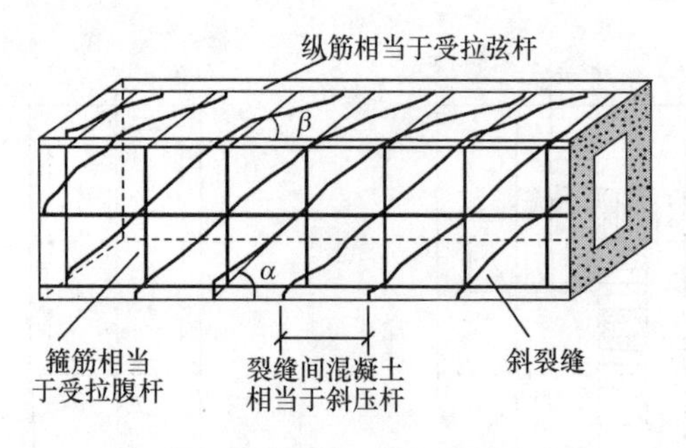

图 8.8　空间桁架模型

纵筋和箍筋的配筋强度比 ζ 值而变化，所以为变角空间桁架。

2. 纯扭构件的受扭承载力

根据对试验结果的统计分析，并参考空间桁架模型，《规范》规定钢筋混凝土纯扭构件的受扭承载力 T_u 由混凝土承担的扭矩 T_c 和钢筋承担的扭矩 T_s 两部分组成，即

$$T_u = T_c + T_s$$

其中：T_c 可写为

$$T_c = 0.35 f_t W_t$$

T_s 可写为

$$T_s = 1.2\sqrt{\zeta}\frac{f_{yv}A_{stl}}{S}A_{cor}$$

于是设计表达式为

$$T \leqslant T_u = 0.35 f_t W_t + 1.2\sqrt{\zeta}\frac{f_{yv}A_{stl}}{S}A_{cor} \tag{8.7}$$

式中　T——扭矩设计值；

f_t——混凝土抗拉强度设计值；

W_t——截面受扭塑性抵抗矩；

A_{cor}——截面核心部分的面积，$A_{cor} = b_{cor}h_{cor}$，参考图 8.5(b)。

8.3　剪扭构件承载力计算

8.3.1　剪扭承载力的相关关系

试验结果表明，当剪力与扭矩共同作用时，由于剪力的存在将使混凝土的抗扭承载力降低，而扭矩的存在也将使混凝土的抗剪承载力降低，两者的相关关系大致符合 1/4 圆的规律，如图 8.9 所示。

其表达式为

$$\left(\frac{V_c}{V_{c0}}\right)^2 + \left(\frac{T_c}{T_{c0}}\right)^2 = 1 \tag{8.8}$$

式中　V_c, T_c——剪扭共同作用下混凝土的受剪及受扭承载力；

V_{c0}——纯剪构件混凝土的受剪承载力，即 $V_{c0} = 0.7 f_t b h_0$（或 $V_{c0} = \frac{1.75}{\lambda+1} f_t b h_0$）；

T_{c0}——纯扭构件混凝土的受扭承载力，即 $T_{c0} = 0.35 f_t W_t$。

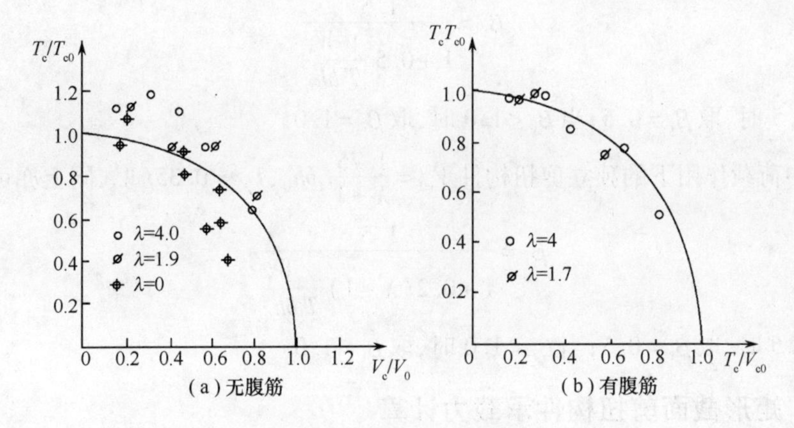

图 8.9　剪扭相关关系

《规范》建议采用折减系数来反映剪力和扭矩共同作用下混凝土抗力的贡献，在 1/4 圆曲线中，取 $\beta_t = T_c/T_{c0}$，$\beta_v = V_c/V_{c0}$，则式(8.7)可表示为

$$\beta_t^2 + \beta_v^2 = 1 \tag{8.9}$$

为简化计算，采用图 8.10 所示的 AB、BC、CD 三折线关系来近似表示剪扭相关性中 1/4 圆关系。

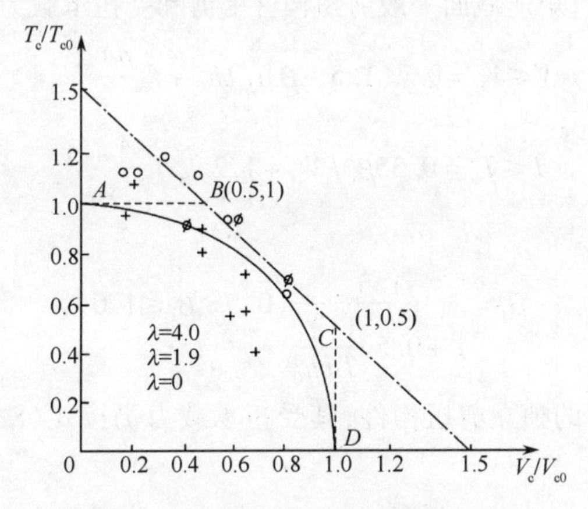

图 8.10　混凝土部分剪扭近似相关关系

直线 AB 段表示当混凝土承受的剪力 $V_c \leqslant 0.5V_{c0}$ 时，混凝土的受扭承载力不予降低。

直线 CD 段表示当混凝土承受的扭矩 $T_c \leqslant 0.5T_{c0}$ 时，混凝土的受剪承载力不予降低。

斜线 BC 段表示混凝土的受扭及受剪承载力均予以降低，且斜线上任一点均满足条件 $\beta_t + \beta_v = 1.5$。

又 $\beta_t = T_c/T_{c0}$，则 $V_c/V_{c0} = 1.5 - \beta_t$，得

$$\beta_t = \frac{1.5}{1 + \frac{V_c}{V_{c0}} \cdot \frac{T_{c0}}{T_c}} \tag{8.10}$$

近似用剪扭设计值 $\frac{V}{T}$ 代替 $\frac{V_c}{T_c}$，对于一般受扭构件 $T_{c0} = 0.35 f_t W_t$，$V_{c0} = 0.7 f_t b h_0$，代入式(8.9)，则得

$$\beta_t = \frac{1.5}{1 + 0.5\dfrac{V}{T}\dfrac{W_t}{bh_0}} \tag{8.11}$$

当 $\beta_t < 0.5$ 时，取 $\beta_t = 0.5$；当 $\beta_t < 1.0$ 时，取 $\beta_t = 1.0$。

对于集中荷载作用下的独立剪扭构件 $V_{c0} = \dfrac{1.75}{\lambda + 1} f_t b h_0$，$T_{c0} = 0.35 f_t W_t$，同上亦可得

$$\beta_t = \frac{1.5}{1 + 0.2(\lambda + 1)\dfrac{V}{T}\dfrac{W_t}{bh_0}} \tag{8.12}$$

当 $\beta_t < 0.5$ 时，取 $\beta_t = 0.5$；当 $\beta_t < 1.0$ 时，取 $\beta_t = 1.0$。

8.3.2 矩形截面剪扭构件承载力计算

矩形截面剪扭构件的受剪及受扭承载力分别由相应的混凝土抗力和钢筋抗力组成，即

$$V_u = V_c + V_s \tag{8.13}$$

$$T_u = T_c + T_s \tag{8.14}$$

式中 V_u，T_u——剪扭构件的受剪及受扭承载力；

V_c，T_c——剪扭构件中混凝土的受剪及受扭承载力；

V_s，T_s——剪扭构件中箍筋的受剪承载力及抗扭钢筋的受扭承载力。

考虑剪扭相关关系后，矩形截面一般剪扭构件受剪和受扭承载力的承载力计算公式为

$$V \leqslant V_u = 0.7(1.5 - \beta_t) f_t b h_0 + f_{yv} \frac{nA_{sv1}}{s} h_0 \tag{8.15}$$

$$T \leqslant T_u = 0.35 \beta_t f_t W_t + 1.2\sqrt{\zeta} f_{yv} \frac{A_{st1}}{s} A_{cor} \tag{8.16}$$

其中：

$$\beta_t = \frac{1.5}{1 + 0.5\dfrac{V}{T}\dfrac{W_t}{bh_0}} (0.5 \leqslant \beta_t \leqslant 1.0)$$

对于集中荷载作用下的独立剪扭构件，其受扭承载力仍按式(8.15)计算，受剪承载力应按式(8.1b)计算，即

$$V \leqslant V_u = \frac{1.75}{\lambda + 1}(1.5 - \beta_t) f_t b h_0 + f_{yv} \frac{nA_{sv1}}{s} h_0 \tag{8.17}$$

其中：

$$\beta_t = \frac{1.5}{1 + 0.2(\lambda + 1)\dfrac{V}{T}\dfrac{W_t}{bh_0}} (0.5 \leqslant \beta_t \leqslant 1.0)$$

强度比 ζ、剪跨比 λ 的取值范围同前。

8.4 弯扭构件承载力计算

与剪扭构件相似，弯扭构件的弯扭承载力也存在相关关系，且比较复杂。用相应的相关公式进行承载力验算是可行的，但设计将非常麻烦。为了简化设计，《规范》对弯扭构件的承载力计算采用简单的叠加法，即首先拟定截面尺寸，然后用受弯承载力公式计算所需要的抗弯纵

筋,按受弯构件相应的要求配置纵筋,再用纯扭构件承载力公式计算所需要的抗扭纵筋和箍筋,按受扭构件相应的要求配置;最后对截面同一位置处的抗弯纵筋和抗扭纵筋进行面积叠加,从而确定纵筋的直径和根数。

8.5 弯剪扭构件承载力计算

当构件截面上同时有弯矩、剪力和扭矩共同作用时,不难想象,三者之间存在相关性,情况较为复杂。扭矩使纵筋产生拉应力,与受弯拉应力产生叠加,使得钢筋拉应力增大,从而使受弯承载力降低,如图 8.11(a)所示;而扭矩和剪力产生的剪应力总会在构件的一个侧面上产生叠加,从而使得构件受剪承载力总小于剪力和扭矩单独作用时的承载力,如图 8.11(b)所示。

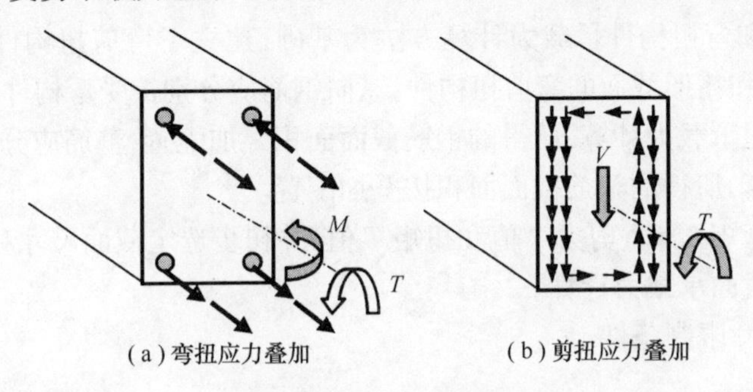

(a)弯扭应力叠加　　(b)剪扭应力叠加

图 8.11　复合应力状态构件

8.5.1　弯剪扭构件的破坏形态

弯剪扭构件的破坏形态与所受的弯矩、剪力和扭矩之间的比例及构件截面配筋情况有关,主要有以下 3 种破坏形态。

1. 弯型破坏

在配筋适当情况下,当 M/T 较大,且剪力不起控制作用时,发生弯型破坏。此时,弯矩起主导作用,构件底部受拉,顶部受压,发生如同受弯构件的弯曲破坏,即破坏时截面下部纵筋屈服,截面上边缘混凝土压碎,如图 8.12(a)所示。

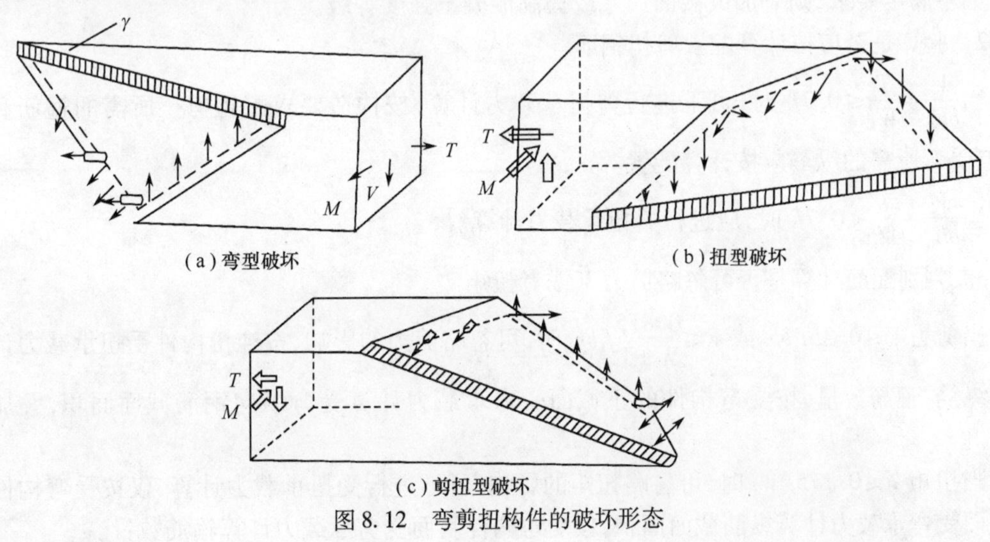

(a)弯型破坏　　(b)扭型破坏

(c)剪扭型破坏

图 8.12　弯剪扭构件的破坏形态

2. 扭型破坏

当 M/T 和 V/T 均较小时，且构件顶部纵筋少于底部纵筋，发生扭型破坏。此时，扭矩起主导作用，破坏始于截面上部纵筋受扭屈服，然后底部混凝土压碎，如图 8.12(b)所示。

3. 剪扭型破坏

当剪力 V 和扭矩 T 均较大，弯矩 M 较小时，发生剪扭型破坏。此时，在扭矩和剪力的共同作用下，总会在构件的一个侧面上产生剪应力的叠加，裂缝首先在剪应力较大一侧长边中点出现，然后向顶面和底面扩展，最后另一侧长边的混凝土压碎破坏，如图 8.12(c)所示。如果配筋适当，与螺旋裂缝相交的抗扭钢筋并未屈服。

8.5.2 弯剪扭构件承载力计算

《规范》以剪扭和弯扭构件承载力计算方法为基础，建立了弯剪扭构件承载力计算方法。即对矩形、T 形、I 形和箱形截面的弯剪扭构件，纵向钢筋应分别按受弯构件的正截面受弯承载力和剪扭构件的受扭承载力计算，所得的钢筋截面面积叠加配置；箍筋应分别按剪扭构件的受剪和受扭承载力计算，所得的箍筋截面面积按叠加配置。

当已知构件的弯矩 M 值、剪力 V 值和扭矩 T 值，并初步选定截面尺寸和材料强度等级后，可按下列步骤进行截面承载力计算。

1）验算截面尺寸限制条件

当$\frac{h_w}{b} \leqslant 4$ 时，有

$$\frac{V}{bh_0} + \frac{T}{0.8W_t} \leqslant 0.25\beta_c f_c \tag{8.18}$$

当$\frac{h_w}{b} \geqslant 6$ 时，有

$$\frac{V}{bh_0} + \frac{T}{0.8W_t} \leqslant 0.2\beta_c f_c \tag{8.19}$$

当$4 < \frac{h_w}{b} < 6$ 时，按线性内插法取用。

如不满足要求，则应加大截面尺寸或提高混凝土强度等级。

2）验算是否应按计算配置剪扭钢筋

当$\frac{V}{bh_0} + \frac{T}{W_t} \leqslant 0.7f_t$ 时，可不进行剪扭承载力计算，按构造要求配置剪扭所需的箍筋和纵筋，但受弯所需的纵筋应按计算配置。

当$\frac{V}{bh_0} + \frac{T}{W_t} < 0.7f_t$ 时，应进行剪扭承载力计算。

3）判别配筋计算是否可忽略剪力 V 或者扭矩 T

当剪力 $V \leqslant 0.35f_t bh_0$ 或 $V \leqslant \frac{0.875}{\lambda + 1} f_t bh_0$ 时，可忽略剪力的影响，按纯扭构件受扭承载力计算受扭纵筋、箍筋数量，按受弯构件的正截面受弯承载力计算受弯纵向钢筋截面面积，叠加后配置。

当扭矩 $T \leqslant 0.175f_t W_t$ 时，可忽略扭矩的影响，可不进行受扭承载力计算，仅按受弯构件的正截面受弯承载力计算纵筋截面面积，按受弯构件斜面受剪承载力计算箍筋数量。

4）确定箍筋数量

首先选定纵筋与箍筋的配筋强度比 ζ，一般取 ζ 为 1.2 左右。然后按式(8.10)或式(8.11)确定系数 β_t，将 ζ、β_t 及其他参数代入矩形截面剪扭构件的受剪承载力计算公式(8.14)或式(8.16)，以及矩形截面受扭承载力计算公式(8.15)，分别求得受剪和受扭所需的单肢箍筋用量，将两者叠加得单肢箍筋总用量，并按此选用箍筋的直径和间距。所选的箍筋直径和间距还必须符合相应构造要求。

5）计算纵筋数量

抗弯纵筋和抗扭纵筋应分别计算。抗弯纵筋按受弯构件正截面受弯承载力(单筋或双筋)公式计算，所配钢筋应布置在截面的弯曲受拉区、受压区。抗扭纵筋应根据上面已求得的抗扭单肢箍筋用量和选定的 ζ 值由式(8.3)确定，所配纵筋应沿截面四周对称布置。最后配置在截面弯曲受拉区和受压区的纵筋总量，应为布置在该区抗弯纵筋与抗扭纵筋的截面面积之和。所配纵筋应满足纵筋的各项构造要求。

8.6 受扭构件的构造要求

8.6.1 受扭箍筋的构造要求

在弯剪扭构件中，箍筋的配筋率 ρ_{sv} 应满足式(8-19)的要求，即

$$\rho_{sv}=\frac{A_{sv}}{bs}\geqslant\rho_{sv,\min}=0.28\frac{f_t}{f_{yv}} \tag{8.20}$$

箍筋的间距应符合表 5.3 的规定，应做成封闭式，设置在截面的周边；受扭箍筋的弯钩搭接长度按构造规定，如图 8.13 所示。

8.6.2 受扭纵筋的构造要求

弯剪扭构件受扭纵向钢筋的配筋率 ρ_{tl} 应满足

$$\rho=\frac{A_{stl}}{bh}\geqslant\rho_{tl,\min}=0.6\sqrt{\frac{T}{Vb}}\frac{f_t}{f_y} \tag{8.21}$$

对于箱形截面构件，式中的 b 应以 b_h 代替。当 $\frac{T}{Vb}<2$ 时，取 $\frac{T}{Vb}=2$。

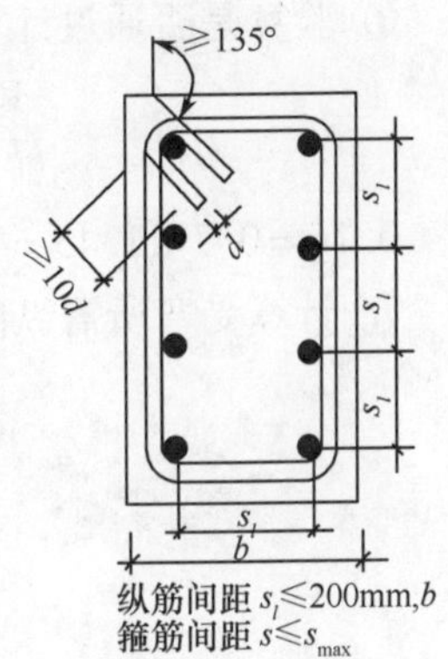

图 8.13 受扭构件的配筋要求

沿截面周边布置的受扭纵向钢筋的间距不应大于 200mm 和梁截面短边长度；除应在梁截面四角设置受扭纵向钢筋外，其余受扭纵向钢筋宜沿截面周边均匀对称布置，如图 8.13 所示。受扭纵向钢筋应按受拉钢筋的锚固要求，锚固在支座内。

在弯剪扭构件中，配置在截面弯曲受拉边的纵向受力钢筋，其截面面积不应小于按受弯构件受拉钢筋最小配筋率计算的钢筋截面面积与按受扭纵向钢筋最小配筋率计算并分配到弯曲受拉边的钢筋截面面积之和。

【例 8.1】 钢筋混凝土矩形截面弯剪扭构件，$b\times h=200\text{mm}\times400\text{mm}$，扭矩设计值 $T=12\text{kN}\cdot\text{m}$，剪力设计值 $V=54\text{kN}$，弯矩设计值为 $M=75\text{kN}\cdot\text{m}$，混凝土强度等级为 C30，箍筋和纵向钢筋为 HRB335 级，保护层厚度 25mm。试配置纵向钢筋及箍筋，并画出截面配筋图。

解 ① 确定材料强度设计值。

由附表查得$f_c=14.3\text{N/mm}^2$，$f_t=1.43\text{N/mm}^2$，$f_y=f_{yv}=300\text{N/mm}^2$。

② 计算截面几何特性。

$$h_0=h-a_s=400-40=360(\text{mm})$$

假设箍筋直径为8mm

$$b_{cor}=200-2\times25-2\times8=134(\text{mm})$$

$$h_{cor}=400-2\times25-2\times8=334(\text{mm})$$

$$u_{cor}=2(b_{cor}+h_{cor})=2(134+334)=936(\text{mm})$$

$$A_{cor}=b_{cor}\times h_{cor}=134\times334=44756(\text{mm}^2)$$

$$W_t=\frac{b^2}{6}(3h-b)=\frac{200^2}{6}(3\times400-200)=6.67\times10^6(\text{mm}^3)$$

③ 验算是否可不考虑剪力。

$V=54\text{kN}<0.35f_tbh_0=0.35\times1.43\times200\times360=36.04(\text{kN})$，不可忽略。

④ 验算是否可不考虑扭矩。

$T=12\text{kN}\cdot\text{m}<0.175f_tW_t=0.175\times1.43\times6.67\times10^6=1.66(\text{kN}\cdot\text{m})$，不可忽略。

⑤ 验算截面限制条件。

$$\frac{h_w}{b}=\frac{h_0}{b}=\frac{360}{200}=1.8<4$$

$$\frac{V}{bh_0}+\frac{T}{0.8W_t}=\frac{54\times10^3}{200\times360}+\frac{12\times10^6}{0.8\times6.67\times10^6}=3.0(\text{N/mm}^2)$$

$0.25\beta_cf_c=0.25\times1.0\times14.3=3.58(\text{N/mm})^2<3.0\text{N/mm}^2$，截面符合要求。

⑥ 验算是否通过计算配置箍筋。

$$\frac{V}{bh_0}+\frac{T}{W_t}=\frac{54\times10^3}{200\times360}+\frac{12\times10^6}{6.67\times10^6}=2.55(\text{N/mm}^2)$$

$0.7f_t=0.7\times1.43=1.0(\text{N/mm})^2<2.55\text{N/mm}^2$，必须通过计算配置箍筋。

⑦ 计算受弯所需纵向钢筋。

$$\alpha_s=\frac{M}{\alpha_1f_cbh_0^2}=\frac{75\times10^6}{1.0\times14.3\times200\times360^2}=0.202$$

$$\gamma_s=0.886$$

$$A_s=\frac{M}{f_y\gamma_sh_0}=\frac{75\times10^6}{300\times0.886\times360}=784(\text{mm}^2)$$

暂不配置钢筋，待抗扭纵筋确定后再统一配置。

⑧ 计算受剪和受扭所需箍筋。

$$\beta_t=\frac{1.5}{1.0+0.5\dfrac{VW_t}{Tbh_0}}=\frac{1.5}{1.0+0.5\times\dfrac{54\times10^3\times6.67\times10^6}{12\times10^6\times200\times360}}=1.24<1\text{，取}\beta_t=1$$

$$V=0.7(1.5-\beta_t)f_tbh_0+f_{yv}\frac{A_{sv}}{s}h_0$$

$$54\times10^3=0.7\times(1.5-1)\times1.43\times200\times360+300\times\frac{A_{sv}}{s}\times360$$

$$\frac{A_{sv}}{s}=0.166(\mathrm{mm^2/mm})$$

$$\frac{A_{sv1}}{s}=\frac{A_{sv}}{2s}=0.083(\mathrm{mm^2/mm})$$

选取 $\zeta=1.2$

$$T=0.35\beta_t f_t W_t+1.2\sqrt{\zeta}f_{yv}\frac{A_{st1}}{s}A_{cor}$$

$$12\times10^6=0.35\times1.0\times1.43\times6.67\times10^6+1.2\times\sqrt{1.2}\times300\times\frac{A_{st1}}{s}\times44756$$

$$\frac{A_{st1}}{s}=0.491(\mathrm{mm^2/mm})$$

$$\frac{A_{sv_1}}{s}+\frac{A_{st1}}{s}=0.083+0.491=0.574(\mathrm{mm^2/mm})$$

采用箍筋直径 ϕ10，单肢面积为 50.3($\mathrm{mm^2}$)。

$$s=\frac{78.5}{0.574}=136.7\mathrm{mm},取120(\mathrm{mm})<s_{max}=200(\mathrm{mm})$$

$$\rho_{sv}=\frac{nA_{sv1}}{bs}=\frac{2\times78.5}{200\times120}=0.654\%<\rho_{sv,min}=0.28\frac{f_t}{f_{yv}}=0.28\times\frac{1.43}{300}=0.133\%$$

满足要求。

⑨ 计算受扭所需纵向钢筋。

$$\frac{A_{st1}}{s}=0.491(\mathrm{mm^2/mm})$$

$$A_{stl}=\zeta\frac{f_{yv}A_{st1}u_{cor}}{f_y s}=1.2\times\frac{300\times0.491\times936}{300}=551.5(\mathrm{mm^2})$$

$$\rho_{tl,min}=0.6\sqrt{\frac{T f_t}{Vbf_y}}=0.6\times\sqrt{\frac{12\times10^6}{54\times10^3\times200}}\times\frac{1.43}{300}=0.302\%$$

$A_{stl,min}=\rho_{tl,min}bh=0.302\%\times200\times400=241.6$ ($\mathrm{mm^2}$) <551.5 ($\mathrm{mm^2}$)

⑩ 配筋(图 8.14)。

底边纵向钢筋总数量为

$A_s+\frac{A_{stl}}{3}=784+\frac{551.5}{3}=967.8(\mathrm{mm^2})$，选用 3Φ22，截面面积为 1140($\mathrm{mm^2}$)

受压区和腹部配筋为

$\frac{2A_{stl}}{3}=\frac{2\times551.5}{3}=367.7(\mathrm{mm^2})$，选用 4Φ12，截面面积为 $452\mathrm{mm^2}$

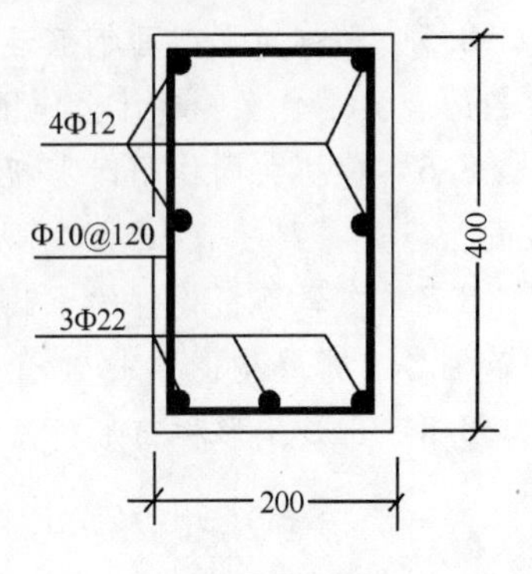

图 8.14　配筋图

本 章 小 结

(1) 矩形截面素混凝土纯扭构件的破坏面为三面开裂、一面受压的空间扭曲面。形成这种破坏面是因为构件在扭矩作用下,截面上各点均产生剪应力及相应的主应力,当主拉应力超过混凝土的抗拉强度时,构件开裂。这种破坏属于脆性破坏,构件的受扭承载力很低。

(2) 钢筋混凝土受扭构件的受扭承载力远远高于素混凝土构件,根据所配箍筋和纵筋数量的多少,构件的破坏有4种类型,即少筋破坏、适筋破坏、部分超筋破坏和完全超筋破坏。其中适筋破坏和部分超筋破坏时,钢筋强度能充分或基本充分利用,破坏具有较好的塑性性质。为了使抗扭纵筋和箍筋的应力在构件受扭破坏时均能达到屈服强度,纵筋与箍筋的配筋强度比值ζ应满足条件$0.6 \leq \zeta \leq 1.7$,最佳比为$\zeta = 1.2$。

(3) 变角空间桁架模型是钢筋混凝土纯扭构件受力机理的一种科学概括。但由于这种模型未考虑出现裂缝后混凝土截面部分的抗扭作用,因而与试验结果存在一定差异。据试验结果并参考变角空间桁架模型所得到的受扭承载力计算公式(8.15),较好地反映了影响构件受扭承载力的主要因素。

(4) 弯剪扭复合受力构件的承载力计算是一个非常复杂的问题。尽管国内外不少研究者对此作过大量的试验研究和理论分析,但这一课题至今仍未得到完善解决。《规范》根据剪扭和弯扭构件的试验研究结果,规定了部分相关、部分叠加的计算原则,即对混凝土的抗力考虑剪扭相关性,对抗弯、抗扭纵筋及抗剪、抗扭箍筋则采用分别计算而后叠加的方法。分析结果表明,抗弯及抗扭纵筋的叠加配置实际上也考虑了弯扭相关性。因此,《规范》规定的弯剪扭构件的计算方法,不仅简便可行,而且也有一定的理论根据。

思考题

8.1 什么是平衡扭矩?什么是协调扭矩?各有什么特点?

8.2 钢筋混凝土矩形截面纯扭构件有几种破坏形态?各有什么特征?

8.3 受扭构件的开裂扭矩如何计算?截面受扭塑性抵抗矩计算公式是依据什么假定推导的?这个假定与实际情况有何差异?

8.4 何为变角空间桁架模型?

8.5 影响矩形截面钢筋混凝土纯扭构件承载力的主要因素有哪些?抗扭钢筋配筋强度比ζ的含义是什么?起什么作用?有何限制?

8.6 剪扭共同作用时剪扭承载力之间存在怎样的相关性?《规范》是如何考虑这些相关性的?

8.7 在弯剪扭构件的承载力计算中,为什么要规定截面尺寸限制条件?受扭构件的纵筋和箍筋各有哪些构造要求?

8.8 T形、I形和箱形截面受扭构件的受扭承载力如何计算?

习题

8.1 已知钢筋混凝土矩形截面纯扭构件,截面尺寸$b \times h = 250\text{mm} \times 400\text{mm}$,设计扭矩$T = 13\text{kN} \cdot \text{m}$,混凝土强度等级为C25,箍筋采用HPB300级钢筋,纵筋均采用HRB335级钢筋,混凝土保护层厚度25mm。试计算其配筋。

8.2 若已知条件同上题,但还承受弯矩设计值$M = 48\text{kN} \cdot \text{m}$。求截面纵筋数量。

8.3 承受均布荷载的雨篷梁,截面尺寸$b \times h = 250\text{mm} \times 500\text{mm}$,作用于雨篷梁上的弯矩、

剪力和扭矩设计值分别为 $M=114\mathrm{kN\cdot m}$, $V=120\mathrm{kN}$, $T=15\mathrm{kN\cdot m}$。混凝土强度等级为 C30,纵向钢筋采用 HRB400 级,箍筋采用 HPB300 级。试计算所需的纵向钢筋和箍筋。

8.4　已知一 T 形截面梁,截面尺寸如图 8.15 所示,扭矩设计值 $T=12\mathrm{kN\cdot m}$,剪力设计值 $V=80\mathrm{kN\cdot m}$,弯矩设计值为 $M=120\mathrm{kN\cdot m}$,混凝土强度等级为 C30,箍筋采用 HPB300 级钢筋,纵向钢筋采用 HRB335 级钢筋,保护层厚度 25mm。试配置纵向钢筋及箍筋,并画出截面配筋图。

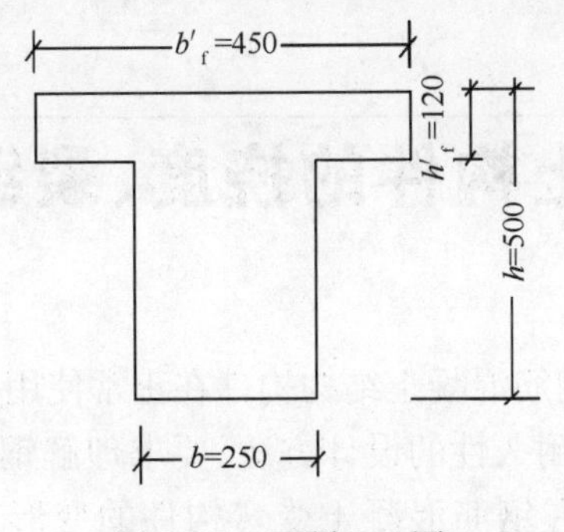

图 8.15　习题 8.4 图

8.5　雨篷剖面见图 8.16,雨篷板上承受均布荷栽设计值(已包括板的自身重力) $q=3.5\mathrm{kN/m^2}$,在雨篷自由端沿扳宽方向每米承受活荷栽设计值 $p=1.5\mathrm{kN/m}$。雨篷梁截面尺寸 240mm × 240mm,计算跨度 2.5m。采用混凝土强度等级为 C30,箍筋采用 HRB335 级钢筋,纵筋采用 HRB400 级钢筋,环境类别为二类 a。经计算知:雨篷梁弯矩设计值 $M=15\mathrm{kN\cdot m}$,剪力设计值 $V=16\mathrm{kN}$,试确定雨蓬梁端的扭矩设计值并进行配筋。

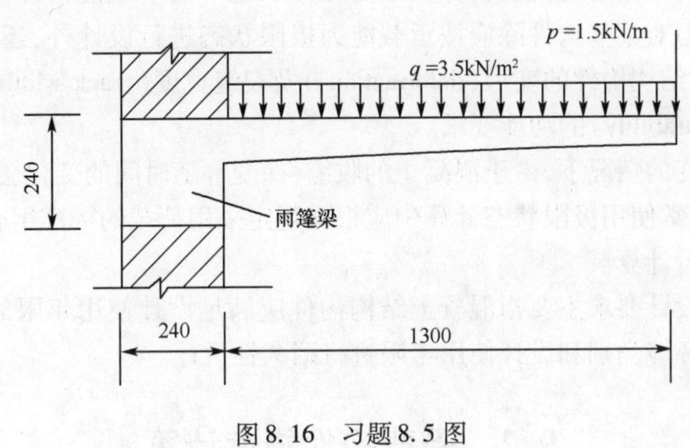

图 8.16　习题 8.5 图

第 9 章 钢筋混凝土构件的挠度、裂缝和耐久性

本章提要：本章主要介绍钢筋混凝土结构构件在正常使用条件下变形的验算、裂缝宽度的计算以及保证钢筋混凝土结构耐久性的设计方法，要求理解钢筋混凝土构件变形验算的目的和要求及"最小刚度原则"；掌握钢筋混凝土受弯构件的变形计算与匀质弹性体梁变形的异同；掌握钢筋混凝土结构构件挠度和裂缝宽度的计算方法，理解裂缝的出现、分布和发展机理，熟悉减小裂缝宽度和变形的措施以及影响耐久性的主要因素。

9.1 概　　述

前面几章讨论的是钢筋混凝土构件在不同受力状态下的承载能力计算，是为满足结构安全性的功能要求。但对某些构件除应按承载能力极限状态进行设计外，还需进行正常使用极限状态的验算，即对结构构件的变形(deformations)及裂缝宽度(crack width)加以控制，以满足适用性及耐久性(durability)的功能要求。

在荷载保持不变的情况下，由于混凝土的收缩、徐变等随时间的变化会对变形及裂缝宽度有很大影响，故在正常使用极限状态计算中应根据规定采用荷载的标准组合、准永久组合并考虑长期作用影响进行计算。

耐久性方面的设计要求主要指混凝土结构构件应满足设计使用年限的要求。因此，混凝土结构应根据使用环境类别和设计使用年限进行耐久性设计。

9.2 受弯构件挠度计算

9.2.1 变形控制的目的和要求

1. 变形控制的目的

对钢筋混凝土受弯构件进行变形控制的目的是基于以下 4 个方面的考虑：

1）功能要求

结构构件产生过大的变形将损害甚至使构件完全丧失其使用功能，如屋面板和挑檐板的过大挠度会造成积水和增加渗漏的风险；吊车梁的挠度过大会妨碍吊车的正常运行，并加剧了轨道扣件的磨损；桥梁上部结构过大的挠曲变形使桥面形成凹凸的波浪形，影响车辆高速、平稳行驶，严重时将导致桥面结构的破坏。

2）对结构构件产生的不良影响

这主要防止结构性能与设计中的假定不符。例如，支承于砖墙或柱上的梁，端部梁的转动会引起支承面积的减小，可能造成墙体沿梁顶部和底部出现内外水平裂缝，严重时将产生局部承压或墙体失稳破坏等。

3）非结构构件的损坏

这是构件过度变形引起的最普遍的一类问题。非结构构件主要是指自承重构件或建筑构造构件等，其支承构件的变形过大会导致这类构件的破坏。如果房间的分隔墙采用脆性材料，则当支承梁板的挠度过大时，将导致开裂、装修损坏。同时，挠度不应影响门窗的正常启闭。

4）外观要求

构件出现明显下垂的挠度会使房屋的使用者心理上不适，产生不安全感。因此，应该将构件的变形控制在人的眼睛所能感觉到的或能够容忍的限度以内。调查表明，从外观的要求来看，构件的挠度应控制在 1/250 的限值以内。

2. 变形控制的要求

我国《规范》根据工程经验，规定受弯构件的挠度验算应满足

$$f \leqslant f_{\lim} \tag{9.1}$$

式中 f——按荷载效应的准永久组合并考虑长期作用影响计算的最大挠度；

$f_{\lim}$——挠度限值，按附表 11 取用。

9.2.2 截面弯曲刚度的定义

由材料力学可知，弹性匀质梁的最大挠度的一般计算公式为

$$f = S\frac{Ml_0^2}{EI} \text{或} f = S\phi l_0^2 \tag{9.2}$$

式中 f——梁的跨中最大挠度；

S——与荷载形式、支承条件有关的系数，例如计算承受均布荷载简支梁的跨中挠度时，$S=5/48$，对于跨中有一集中荷载作用的简支梁，$S=1/12$；

M——跨中最大弯矩，对于均布线荷载 q 作用的简支梁，$M=\frac{1}{8}ql_0^2$；

l_0——梁的计算跨度；

EI——梁的截面弯曲刚度；

ϕ——截面曲率，即单位长度上的转角。

由 $EI=M/\phi$ 可知，截面弯曲刚度的物理意义是使截面产生单位转角所需施加的弯矩，它体现了截面抵抗弯曲变形的能力。当梁的截面形状、尺寸和材料已知时，梁的截面弯曲刚度 EI 为一个常数。因此，挠度 f 与弯矩 M 或截面曲率 ϕ 与弯矩 M 线性关系。

对钢筋混凝土受弯构件，上述力学概念仍然适用，但钢筋混凝土是由两种材料组成的非匀质的弹塑性材料，钢筋混凝土受弯构件的截面弯曲刚度在受弯过程中是变化的。

图 9.1 所示为钢筋混凝土适筋梁从加载到破坏实测的 $M-\phi$ 关系曲线，大致由 3 段组成。截面开裂以前，梁处于弹性阶段工作，钢筋和混凝土共同参加工作，M 与 ϕ 基本上符合直线关系，这表明截面弯曲刚度基本上为常数(图中Ⅰ阶段)。出现裂缝时，$M-\phi$ 曲线开始偏离直线 OA，逐渐弯曲，刚度开始降低；截面开裂以后，曲线发生第一次转折，曲率 ϕ 增大变快，截面刚度出现明显的下降(图中Ⅱ阶段)。待受拉钢筋屈服后，曲线出现第二次转折，弯矩增加很少

而曲率 ϕ 迅速增加,刚度急剧降低,曲线趋于水平(图中Ⅲ阶段)。

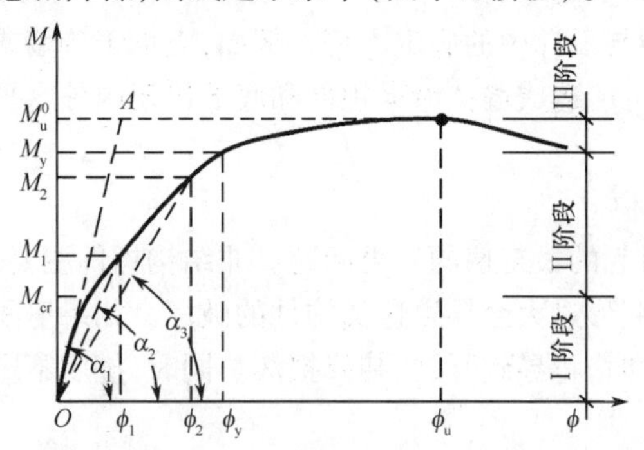

图 9.1　适筋梁 $M-\phi$ 关系曲线

从理论上讲,钢筋混凝土受弯构件的截面弯曲刚度应取为 $M-\phi$ 曲线上相应点处切线的斜率 $\mathrm{d}M/\mathrm{d}\phi$。但是根据上述分析,混凝土截面经历了复杂的裂缝开展的弹塑性变化过程,这样计算弯曲刚度既有困难也不实用。混凝土结构设计中,用到截面弯曲刚度的两种情况,可分别采用简化方法。

(1) 对要求不出现裂缝的构件,在裂缝出现之前 $M-\phi$ 曲线视为直线关系并与 OA 比较接近,它的斜率就是截面弯曲刚度,近似取为 $0.85E_cI_0$,I_0 是换算截面惯性矩(将钢筋面积乘以钢筋与混凝土的弹性模量比值换算成混凝土面积后,保持截面重心位置不变与混凝土面积一起计算的截面惯性矩)。

(2) 对要求允许出现的裂缝构件。钢筋混凝土受弯构件在正常使用阶段是带裂缝工作的,此时正截面承担的弯矩在 $0.5M_u^0 \sim 0.7M_u^0$ 区段内,任一点与坐标原点 O 连线的割线斜率 $\tan\alpha$ 为截面弯曲刚度,即 $B=\tan\alpha=M/\phi$。由图 9.1 知,α 随弯矩值的增大而减小,故截面弯曲刚度 B 是随弯矩值的增大而减小。

9.2.3　受弯构件短期刚度

1. 试验研究分析

钢筋混凝土受弯构件变形计算是以适筋梁第Ⅱ阶段应力状态为计算依据。在进行钢筋混凝土梁的试验时,通常采用承受两个对称集中荷载的简支梁进行,这样就在两个集中荷载间形成弯矩相等的纯弯段。现在,取梁的纯弯曲段来研究其应力、应变特点。

由试验可知,在第Ⅱ阶段,从裂缝出现到裂缝稳定,沿构件的长度方向应力和应变具有以下特点,如图 9.2 所示。

(1) 裂缝截面的钢筋应力 σ_{sq} 和应变 ε_{sq} 最大。而在裂缝之间,由于混凝土参与工作而使钢筋的应力与应变均有不同变化,它们将随距裂缝截面距离的增大而减小。在两裂缝间,钢筋平均应变为 $\varepsilon_{sm}=\psi\varepsilon_{sq}$,$\psi$ 为纵向钢筋应变不均匀系数。

(2) 裂缝截面受压区边缘混凝土的应力 σ_{cq} 及应变 ε_{cq} 最大。而在裂缝之间,受压区边缘混凝土的应力及应变也是变化的,受压混凝土应变值的波动幅度比钢筋应变小得多,其最大值与平均应变 ε_{cm} 值相差不大。引用 ψ_c 为受压边缘混凝土应变不均匀系数来反映,即在两条裂缝之间受压边缘混凝土平均应变为 $\varepsilon_{cm}=\psi_c\varepsilon_{cq}$。混凝土受压区已出现一定的塑性变形,其变形模量随压应力的增大而减小,混凝土的压应力的变化与应变并不成正比。

(3) 开裂后纯弯段中和轴高度沿构件纵轴呈波浪形。此时,尽管钢筋及混凝土的应变及中性轴沿纵轴而变化，但大量试验表明，钢筋屈服前，对平均中和轴沿高度量测的各水平纤维的平均应变仍符合平截面假定。相对于平均中和轴的曲率半径称为平均曲率半径，记为 r。

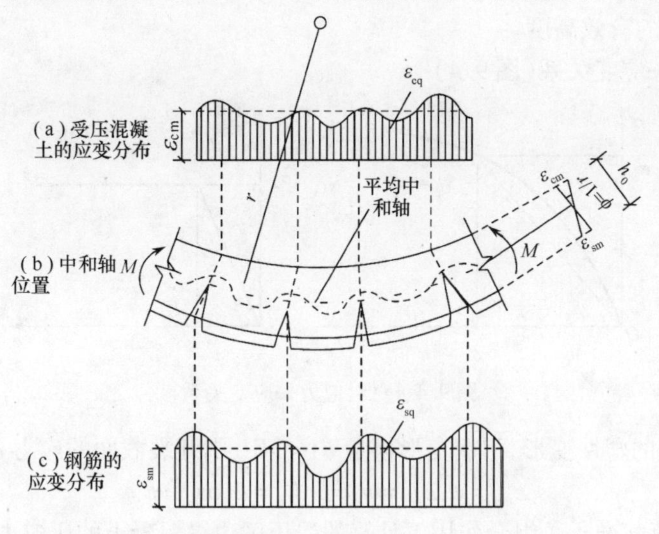

图 9.2　受弯构件裂缝出现后应变分布和中和轴位置

2. 受弯构件的短期刚度 B_s

短期刚度(instantaneous rigidity)表达式采用与材料力学建立 M 与曲率 ϕ 关系相同的途径。在材料力学中，截面刚度 EI 截面内力(M)与变形(ϕ)的关系为

$$EI = \frac{M}{\phi} \tag{9.3}$$

式(9.3)是通过以下 3 个环节建立起来的：

(1) 变形协调关系(几何关系)。平截面假定给出的应变与曲率关系为

$$\phi = \varepsilon / y$$

(2) 材料应力—应变关系(物理关系)。胡克定律给出的应力与应变关系为

$$\varepsilon = \sigma / E$$

(3) 静力平衡关系。应力与内力的关系为

$$\sigma = My / I$$

将以上 3 个环节贯穿起来得出

$$\phi = \frac{\varepsilon}{y} = \frac{\sigma}{Ey} = \frac{M}{EI}$$

显然，上述 3 个关系的具体内容对于钢筋混凝土构件已不再适用，需要在每个环节中赋予反映钢筋混凝土特点的内容。

1) 变形协调关系(图 9.3)

虽然混凝土及钢筋的应变由于裂缝的影响沿梁长是非均匀分布的，但试验研究分析结果，在纯弯段内，其平均应变 ε_{sm}、ε_{cm} 及中和轴高度是不变的，且符合平截面假定，即

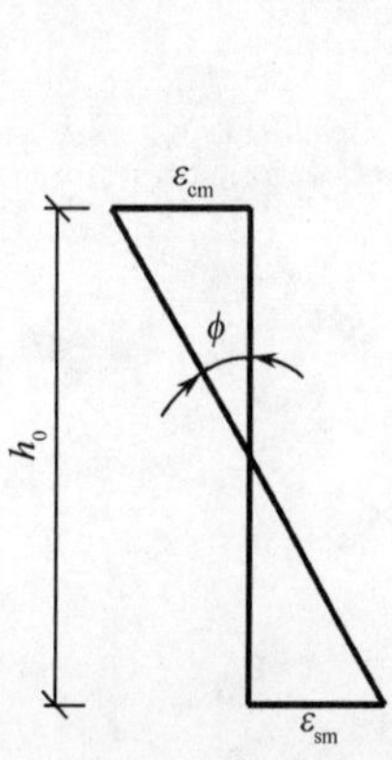

图 9.3　变形协调关系

$$\phi = \frac{\varepsilon_{sm} + \varepsilon_{cm}}{h_0} \tag{9.4}$$

式中　ϕ——平均中和轴的平均曲率；

$\varepsilon_{sm},\varepsilon_{cm}$——分别为纵向受拉钢筋重心处的平均拉应变和受压区边缘混凝土的平均压应变；

h_0——截面的有效高度。

2）材料应力—应变关系（图 9.4）

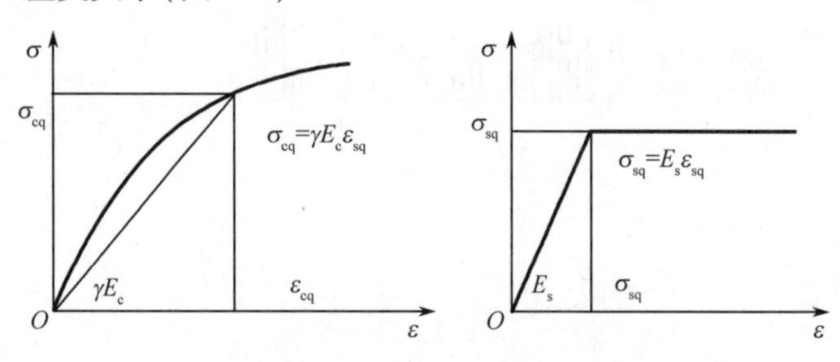

图 9.4　材料应力—应变关系

考虑到混凝土的塑性变形，引用变形模量 $E_c' = \nu E_c$，则开裂截面的应力 $\sigma_{cq} = \varepsilon_{cq}E_c'$。故

$$\varepsilon_{cm} = \psi_c\varepsilon_{cq} = \psi_c\sigma_{cq}/E_c' = \psi_c\sigma_{cq}/\nu E_c \tag{9.5}$$

式中　σ_{cq}——按荷载准永久组合作用下计算的受压区边缘混凝土的压应力；

E_c',E_c——分别为混凝土的变形模量和弹性模量，$E_c' = \nu E_c$；

ν——混凝土的弹性特征值。

钢筋在屈服以前服从胡克定律 $\varepsilon_{sq} = \sigma_{sq}/E_s$，引用钢筋应变不均匀系数 ψ，则可建立平均应变 ε_{sm}与开裂截面钢筋应力 σ_{sq}的关系，即

$$\varepsilon_{sm} = \psi\varepsilon_{sq} = \psi\sigma_{sq}/E_s \tag{9.6}$$

3）静力平衡关系

如图 9.5（a）所示，在裂缝截面上，受压区混凝土应力图形为曲线（边缘应力为 σ_{cq}），用等效矩形应力图来简化计算，其平均应力为 $\omega\sigma_{cq}$，折算高度为 ξ_0h_0，内力臂为 ηh_0，分别对受压区混凝土合力 C 和纵向受拉钢筋合力 T 处取矩得

$$M_q = C\eta h_0 = \omega\sigma_{cq}\xi_0h_0b\eta h_0$$

或

$$\sigma_{cq} = \frac{M_q}{\xi_0\omega\eta bh_0^2} \tag{9.7a}$$

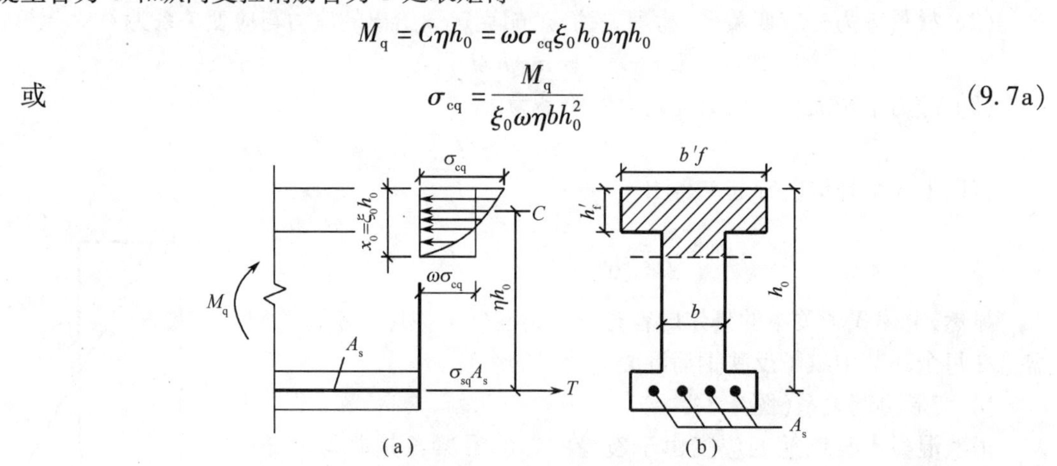

图 9.5　平衡关系

对 I 形或 T 形截面，如图 9.5（b）所示，混凝土的计算受压区的面积为 $(b_f'-b)h_f'+b\xi_0h_0$，而受压区合力 $\omega\sigma_{cq}(\gamma_f'+\xi_0)bh_0$，其中 γ_f'为受压区翼缘加强系数，$\gamma_f' = \frac{(b_f'-b)h_f'}{bh_0}$，则边缘应力为

$$\sigma_{cq}=\frac{M_q}{(\gamma_f'+\xi_0)\omega\eta bh_0^2} \tag{9.7b}$$

对受拉钢筋 A_s,有

$$\sigma_{sq}=\frac{M_q}{A_s\eta h_0} \tag{9.8}$$

4）短期刚度的表达式

将式(9.5)、式(9.6)代入式(9.4),即得

$$\phi=\frac{\varepsilon_{sm}+\varepsilon_{cm}}{h_0}=\frac{\psi\dfrac{\sigma_{sq}}{E_s}+\psi_c\dfrac{\sigma_{cq}}{\nu E_c}}{h_0} \tag{9.9}$$

再将式(9.7)、式(9.8)代入,令 $\zeta=\dfrac{\nu(\gamma_f'+\xi_0)\omega\eta}{\psi_c}$（矩形截面 $\gamma_f'=0$）得

$$\phi=M_q\left(\frac{\psi}{E_sA_s\eta h_0^2}+\frac{1}{\zeta E_cbh_0^3}\right) \tag{9.10}$$

式中 ζ——混凝土受压边缘平均应变综合系数,从材料力学观点,ζ 也可称为截面弹塑性抵抗矩系数。

引用 $\alpha_E=E_s/E_c$,$\rho=A_s/bh_0$,代入式(9.10),经移项后,得出短期荷载作用下的截面抗弯刚度 B_s 的表达式为

$$B_s=\frac{M_q}{\phi}=\frac{E_sA_sh_0^2}{\dfrac{\psi}{\eta}+\dfrac{E_sA_sh_0^2}{\zeta E_cbh_0^3}}=\frac{E_sA_sh_0^2}{\dfrac{\psi}{\eta}+\dfrac{\alpha_E\rho}{\zeta}} \tag{9.11}$$

式中 ρ——纵向受拉钢筋配筋率,$\rho=A_s/bh_0$;

η——内力臂系数,与配筋率及截面形状有关,可以通过试验确定,对常用的混凝土强度等级及配筋率,可近似取0.87;

ψ——纵向钢筋应变不均匀系数。

ζ 值主要与 ρ、α_E 和受压区截面形状,根据试验回归分析,系数 $\dfrac{\alpha_E\rho}{\zeta}$ 可按式(9.12)计算,即

$$\frac{\alpha_E\rho}{\zeta}=0.2+\frac{6\alpha_E\rho}{1+3.5\gamma_f'} \tag{9.12}$$

将式(9.12)代入式(9.11),可得《规范》中规定的在荷载准永久组合作用下受弯构件短期刚度的计算公式为

$$B_s=\frac{E_sA_sh_0^2}{1.15\psi+0.2+\dfrac{6\alpha_E\rho}{1+3.5\gamma_f'}} \tag{9.13}$$

3. 纵向受拉钢筋应变不均匀系数 ψ

系数 ψ 为裂缝间钢筋的平均应变（或平均应力）与裂缝截面钢筋应变（或应力）之比,即

$$\psi=\varepsilon_{sm}/\varepsilon_{sq}=\sigma_{sm}/\sigma_{sq}$$

由图9.6可见,受弯构件即使在纯弯 A—A 区段内,钢筋应变也是不均匀的,离开裂缝截面逐渐减小,而在裂缝截面处最大,这主要是由于裂缝间受拉混凝土参与工作的缘故。因此,系数 ψ 的物理意义是,反映裂缝之间受拉混凝土对纵向受拉钢筋的应变影响程度。

系数 ψ 越小,裂缝间的混凝土协助钢筋抗拉作用越强;当系数 $\psi=1$,表明此时裂缝间受拉

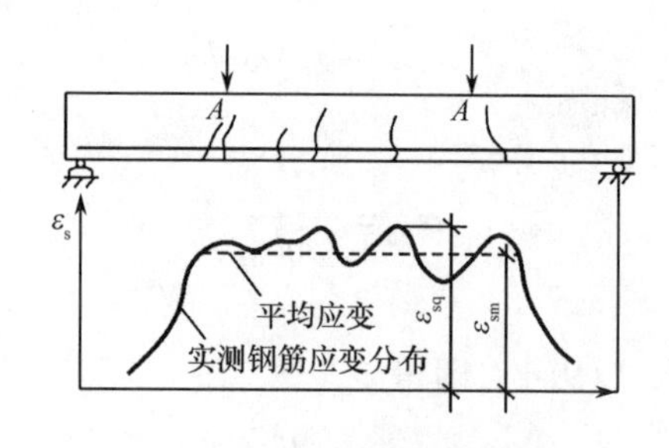

图 9.6　纯弯段内受拉钢筋的应变分布

混凝土全部退出工作，不再协助钢筋受拉。试验分析表明，ψ 值与混凝土强度、配筋率、钢筋与混凝土的粘结强度及裂缝截面钢筋应力诸因素有关。《规范》规定，对矩形、T 形、倒 T 形和工字形截面受弯构件裂缝间钢筋应变不均匀系数可按下列经验公式计算，即

$$\psi = 1.1 - \frac{0.65 f_{tk}}{\rho_{te}\sigma_{sq}} \tag{9.14}$$

式中　σ_{sq}——按荷载准永久组合计算的钢筋混凝土构件纵向受拉普通钢筋应力；

f_{tk}——混凝土轴心抗拉强度标准值；

ρ_{te}——按有效受拉混凝土截面面积计算的纵向受拉钢筋的配筋率，$\rho_{te} = A_s/A_{te}$，当 $\rho_{te} < 0.01$，取 $\rho_{te} = 0.01$；

A_{te}——有效受拉混凝土截面面积。对于矩形、T 形（图 9.7(a)、(b)），$A_{te} = 0.5bh$；对于受拉区有翼缘的截面，如倒 T 形、工字形（图 9.7(c)、(d)），$A_{te} = 0.5bh + (b_f - b)h_f$。

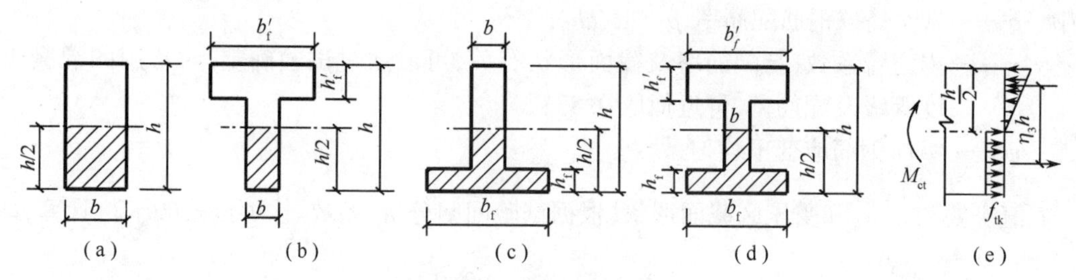

图 9.7　有效受拉混凝土截面面积

当 ψ 计算值较小时会过高地估计混凝土协助钢筋的抗拉作用，因而规定 $\psi < 0.2$ 时，取 $\psi = 0.2$；当 $\psi > 1.0$ 时是没有物理意义的，取 $\psi = 1.0$；对直接承受重复荷载的构件取 $\psi = 1.0$。

4. 按荷载准永久组合计算的钢筋混凝土构件纵向受拉普通钢筋应力 σ_{sq}

1）对受弯构件（图 9.8）

$$\sigma_{sq} = \frac{M_q}{0.87 h_0 A_s} \tag{9.15}$$

式中　M_q——按荷载准永久组合计算的弯矩值。

2）对轴心受拉构件（图 9.9）

$$\sigma_{sq} = \frac{N_q}{A_s} \tag{9.16}$$

式中　N_q——轴心受拉构件按荷载准永久组合计算的轴向拉力值。

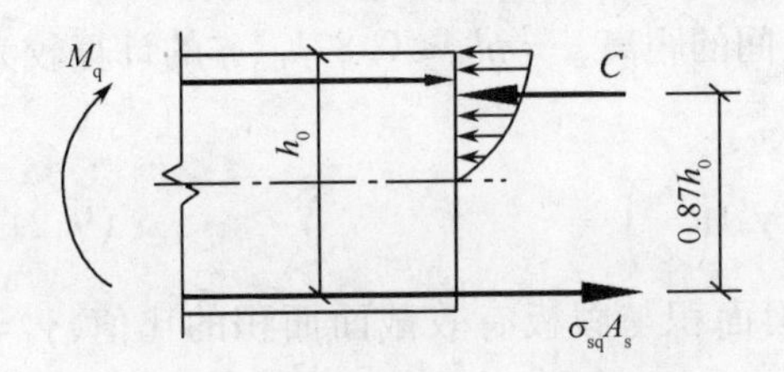

图 9.8　受弯构件钢筋应力计算图式

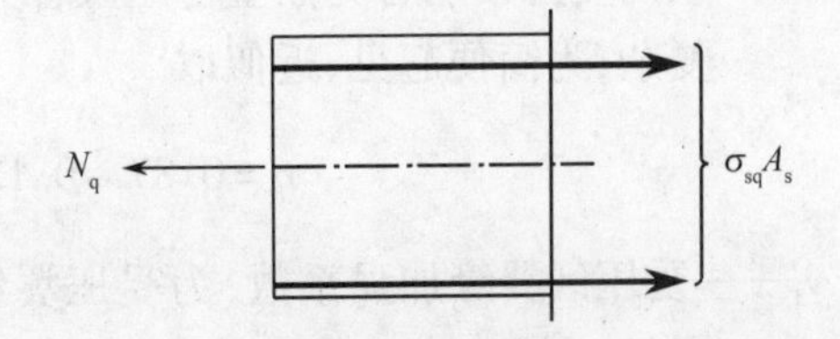

图 9.9　轴心受拉构件钢筋应力计算图式

3）对偏心受拉构件

大小偏心受拉构件裂缝截面应力图形分别见图 9.10（a）、（b）。

若近似采用大偏心受拉构件（图 9.10（a））的截面内力臂长度 $\eta h_0 = h_0 - a'_s$，则大小偏心受拉构件的 σ_{sq} 计算可统一表达为

$$\sigma_{sq} = \frac{N_q e'}{A_s(h_0 - a'_s)} \tag{9.17}$$

式中　e'——轴向拉力作用点至受压区或受拉较小边纵向钢筋合力点的距离，$e' = (e_0 + y_c - a'_s)$；

e_0——荷载准永久组合下的计算偏心距，取为 M_q/N_q；

y_c——截面重心至受压或较小受拉边缘的距离。

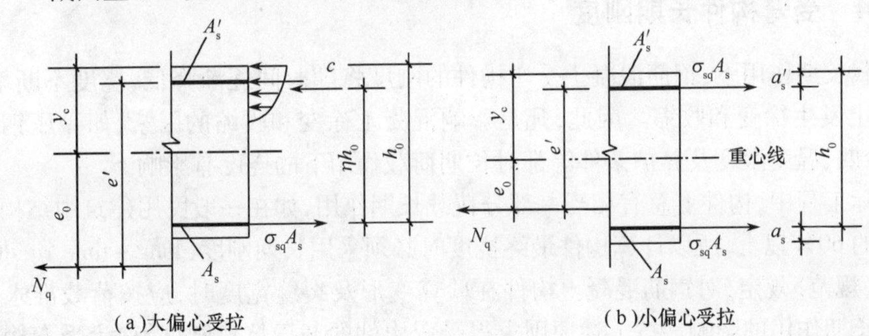

图 9.10　大、小偏心受拉构件钢筋应力计算图式

4）对偏心受压构件

截面应力如图 9.11 所示。对受压区合力作用点取矩可得

$$\sigma_{sq} = \frac{N_q(e - z)}{zA_s} \tag{9.18}$$

$$e = \eta_s e_0 + y_s \tag{9.19}$$

$$\eta_s = 1 + \frac{1}{4000e_0/h_0}\left(\frac{l_0}{h}\right)^2 \tag{9.20}$$

式中　N_q——按荷载准永久组合计算的轴向压力值；

e——轴向压力作用点至纵向受拉钢筋合力点的距离；

y_s——轴向压力 N_q 作用点至截面重心的距离；

η_s——使用阶段的轴向压力偏心距增大系数，当 $l_0/h \leqslant 14$ 时，取 $\eta_s = 1.0$；当 $l_0/h_0 > 14$ 时，应考虑挠曲对轴向力偏心距的影响，近似按承载力计算偏心距增大系数（不考虑附加偏心距 e_a）；

e_0——荷载准永久组合下的计算偏心距，取为 M_q/N_q；

z——纵向受拉钢筋合力点至受压区合力点之间的距离，$z=\eta h_0\leqslant 0.87h_0$，$\eta$ 的计算较为复杂，为简便起见，近似取

$$\eta=0.87-0.12(1-\gamma_f')\left(\frac{h_0}{e}\right)^2 \tag{9.21}$$

γ_f'——受压区翼缘加强系数，为受压翼缘截面面积与腹板有效截面面积的比值，$\gamma_f'=\dfrac{(b_f'-b)h_f'}{bh_0}$，其中 b_f'、h_f'为受压翼缘宽度和高度，当 $h_f'>0.2h_0$时，取 $h_f'=0.2h_0$；对矩形截面 $\gamma_f'=0$。

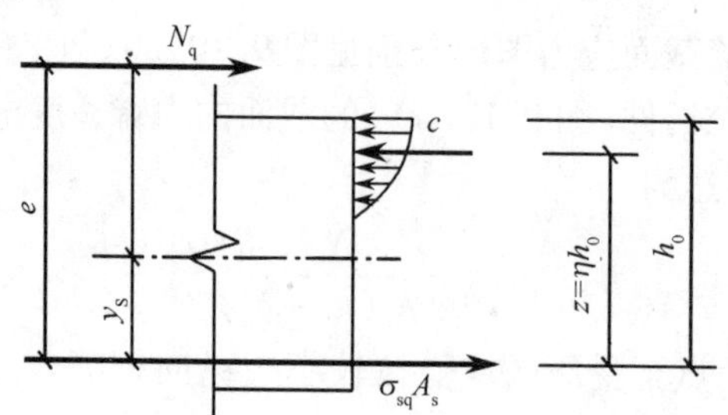

图 9.11　偏心受压构件钢筋应力计算图式

9.2.4　受弯构件长期刚度

在荷载长期作用下，钢筋混凝土受弯构件的刚度将随时间逐渐降低，挠度不断增大，主要由于混凝土发生徐变和收缩。因此，凡是影响混凝土徐变和收缩的因素，如受压钢筋的配筋率、加载龄期、温度湿度及养护条件等都对长期荷载作用下的挠度有影响。

在实际工程中，构件上总有相当一部分荷载长期作用，如在一般民用建筑中结构自重几乎占总荷重的60%以上，所以计算构件最终挠度时必须采用长期刚度(long - time rigidty)。

我国《规范》规定，对钢筋混凝土构件在验算变形及裂缝宽度时，应按荷载准永久组合并考虑荷载长期作用的影响。按上述原则求得受弯构件的截面抗弯刚度，称为受弯构件的长期刚度，记为 B，受弯构件长期刚度 B 小于短期刚度 B_s。《规范》采用荷载准永久组合对挠度的增大系数 θ 来考虑荷载效应的准永久组合作用的影响，即荷载长期作用部分的影响。因此，按荷载效应的准永久组合并考虑荷载长期作用，则长期刚度 B 可表示为

$$B=\frac{B_s}{\theta} \tag{9.22}$$

关于 θ 的取值，根据长期试验观测结果，可根据纵向受压钢筋配筋率 $\rho'(\rho'=A_s'/bh_0)$ 与纵向受拉钢筋配筋率 $\rho(\rho=A_s/bh_0)$ 值，对钢筋混凝土受弯构件，《规范》提出按下列规定取用：当 $\rho'=0$ 时，$\theta=2.0$；当 $\rho'=\rho$ 时，$\theta=1.6$；当 ρ' 为中间数值时，θ 按直线内插法取用，$\theta=1.6+0.4(1-\rho'/\rho)$。

上述 θ 值适用于一般情况下的矩形、T 形和 I 形截面梁。

对翼缘位于受拉区的倒 T 形梁，由于在荷载标准组合作用下受拉混凝土参加工作较多，而在荷载准永久组合作用下退出工作的影响较大，《规范》建议 θ 应增加 20%。但应注意，这时 θ 算得的长期挠度如大于相应矩形截面(即不考虑受拉翼缘作用时)的长期挠度时，应按矩形截面的结果取值。

由于 θ 值与温、湿度有关，对于干燥地区，收缩影响大，因此建议 θ 值应酌情增加

15% ~25% 。

此外,对于因水泥用量较多等导致混凝土的徐变和收缩较大的构件,亦因考虑使用经验,将 θ 值酌情增加。

9.2.5 受弯构件挠度计算

计算受弯构件刚度的目的是为了计算构件的变形。挠度值可按一般材料力学公式计算,仅需将上述算得的刚度值代替材料力学公式中的弹性刚度即可。

由于沿构件长度方向的配筋量及弯矩均为变值,因此,沿构件长度方向的刚度也是变化的,内力越小刚度越大。如图 9.12 所示,在对称集中荷载作用的简支梁内,除两集中荷载间的纯弯区段外,剪跨区各截面的弯矩是不相等的。越靠近支座,弯矩越小,其刚度越大。在支座附近的截面将不出现裂缝,其刚度较已出现裂缝的区段大很多。由此可见,沿梁长各截面的平均刚度是变值,这给挠度计算带来不便。为简化计算,在实用上,对图 9.12 所示的梁,可近似都按纯弯区段平均的截面弯曲刚度采用,即取跨中截面最大弯矩 M_{max} 处的最小刚度 B_{min} 计算,这就是"最小刚度原则"(principle of minimum rigidity)。

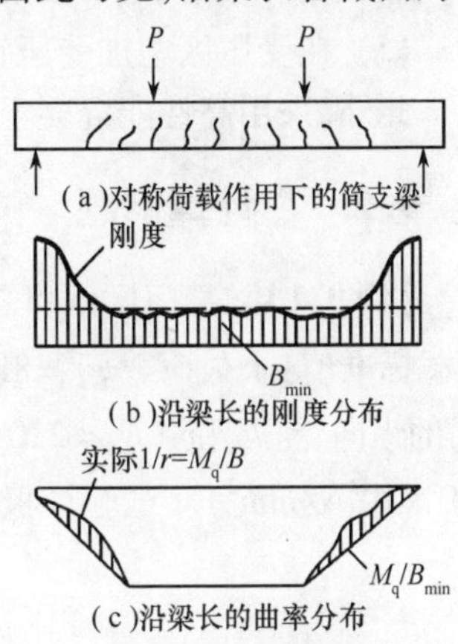

图 9.12 沿梁长的刚度和曲率分布

"最小刚度原则"具体的定义是在简支梁全跨长范围内,可都按弯矩最大处的截面弯曲刚度,亦即按最小的截面弯曲刚度(图 9.12(b)中虚线所示),采用材料力学方法中不考虑剪切变形影响的公式来计算挠度。

在斜裂缝出现较早、较多,且延伸较长的薄腹梁(如受荷较大的工字形、T 形截面)中,斜裂缝的不利影响较大,按上述方法计算的挠度值可能偏低较多。目前由于试验数据不足,尚不能提出具体的修正方法,计算时应考虑剪切变形的影响酌情增大。

在等截面构件中,可假定各同号弯矩区段内的刚度相等,并取该区段内最大弯矩处的刚度,即该区段内最小刚度。当计算跨度内的支座截面弯曲刚度不大于跨中截面弯曲刚度的两倍或不小于跨中截面弯曲刚度的 1/2 时,该跨也可按等刚度构件进行计算,其构件刚度可取跨中最大弯矩截面的刚度。

当用 B_{min} 代替均质弹性材料梁截面弯曲刚度 EI 后,梁的挠度计算就十分简便。对照式(9.2),钢筋混凝土受弯构件的挠度可按下式(9.23)计算,即

$$f=S\frac{M_q l_0^2}{B} \tag{9.23}$$

式中 S——与荷载形式、支承条件有关的系数;

M_q——按荷载准永久组合计算的弯矩值;

B——按荷载准永久组合并考虑荷载长期作用影响后的刚度,在同号弯矩区段内取最小值。

由式(9.23)计算的挠度应不超过附表 11 规定的挠度限值。

9.2.6 提高受弯构件刚度的措施

由短期刚度公式(9.13)及长期刚度公式(9.22)可知,影响受弯构件刚度的主要因素有以

下几个：

（1）在其他条件相同时，截面有效高度 h_0 对短期刚度 B_s 的影响最大。所以在工程实践中，一般都是根据受弯构件高跨比的合适取值范围预先进行变形控制，这一高跨比范围是总结工程实践经验得到的。

（2）在正常配筋情况下，提高混凝土的强度等级对增大 B_s 影响不大，而增大受拉钢筋的配筋率，B_s 略有增大。

（3）提高混凝土强度等级，即提高混凝土轴心抗拉强度标准值 f_{tk} 和混凝土的弹性模量 E_c，使 ψ 和 α_E 减小，可以增大弯曲刚度 B_s。

（4）当截面高度及其他条件不变的情况下，截面形状对刚度也有影响。当仅有受拉翼缘时，有效配筋率 ρ_{te} 较小，则由式（9.14）知 ψ 也小些，B_s 增大；当仅有受压翼缘时（如 T 形截面），系数 γ_f' 不为零，所以 B_s 增大。

（5）在受压区增加受压钢筋，即增大 ρ'，可以使 θ 减小，可以增大弯曲刚度 B。

此外，采用高性能混凝土、对构件施加预应力也是提高混凝土受弯构件刚度的有效方法。

9.2.7 计算例题

【例 9.1】 某门厅入口悬挑板如图 9.13 所示。其中，$l_0=3\text{m}$，板厚 $h=200\text{mm}$，板上均布荷载标准值：永久荷载 $g_k=8\text{kN/mm}^2$，可变荷载 $p_k=0.5\text{kN/mm}^2$（准永久值系数为 1.0），配置Φ16 的纵向受拉钢筋（$E_s=2.0\times10^5\text{N/mm}^2$，间距 200mm，混凝土为 C30（$f_{tk}=2.01\text{N/mm}^2$，$E_c=3.0\times10^4\text{N/mm}^2$）。试验算板的最大挠度是否满足《规范》允许挠度值 $l_0/100$ 的要求。

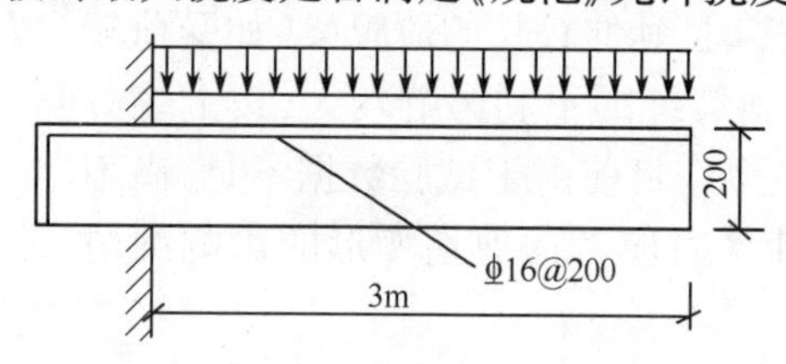

图 9.13 悬挑板受力图

解 取 1m 板宽作为计算单元。

（1）求荷载准永久组合弯矩。

$$M_q=\frac{1}{2}(g_k+\psi_q p_k)l_0^2=\frac{1}{2}(8+1.0\times0.5)\times3^2=38.25(\text{kN}\cdot\text{m})$$

（2）计算 ψ。

Φ16@200（$A_s=1005\text{mm}^2$），$b=1000\text{mm}$，$h_0=200-15-8=177(\text{mm})$

$$\rho_{te}=\frac{A_s}{0.5bh}=\frac{1005}{0.5\times1000\times200}=0.01005$$

$$\sigma_{sq}=\frac{M_q}{0.87h_0A_s}=\frac{38.25\times10^6}{0.87\times117\times1005}=247.16(\text{N/mm}^2)$$

$$\psi=1.1-\frac{0.65f_{tk}}{\rho_{te}\sigma_{sq}}=1.1-\frac{0.65\times2.0}{0.01005\times247.16}=0.5740$$

（3）计算 B_s。

$$\alpha_E=\frac{E_s}{E_c}=\frac{2\times10^5}{3\times10^4}=6.67$$

$$\rho = \frac{A_s}{bh_0} = \frac{1005}{1000 \times 177} = 0.00568$$

$$B_s = \frac{E_s A_s h_0^2}{1.15\psi + 0.2 + \dfrac{6\alpha_E \rho}{1 + 3.5\gamma_f'}}$$

$$= \frac{2.0 \times 10^5 \times 1005 \times 177^2}{1.15 \times 0.5740 + 0.2 + \dfrac{6 \times 6.67 \times 0.00568}{1 + 3.5 \times 0}} = 5.79 \times 10^{12} (\text{N} \cdot \text{mm}^2)$$

（4）计算 B。

当 $\rho' = 0$ 时，$\theta = 2.0$

$$B = \frac{B_s}{\theta} = \frac{5.79 \times 10^{12}}{2} = 2.90 \times 10^{12} (\text{N} \cdot \text{mm}^2)$$

（5）变形验算。

$$f = \frac{M_q l_0^2}{4B} = \frac{38.25 \times 10^6 \times 3000^2}{4 \times 2.90 \times 10^{12}} = 29.68\text{mm} < \frac{l_0}{100} = \frac{3000}{100} = 30\text{mm}$$

故满足要求。

【例 9.2】 受均布荷载作用的 T 形截面简支梁如图 9.14 所示，计算跨度 $l_0 = 6\text{m}$。荷载标准值：永久荷载 $g_k = 59\text{kN/m}$，可变荷载 $p_k = 20\text{kN/m}$（准永久值系数为 0.5）。混凝土为 C30（$f_{tk} = 2.01\text{N/mm}^2$，$E_c = 3.0 \times 10^4 \text{N/mm}^2$），纵向钢筋为 HRB335 钢。试验算此梁的最大挠度是否满足挠度值 $l_0/200$ 的要求。

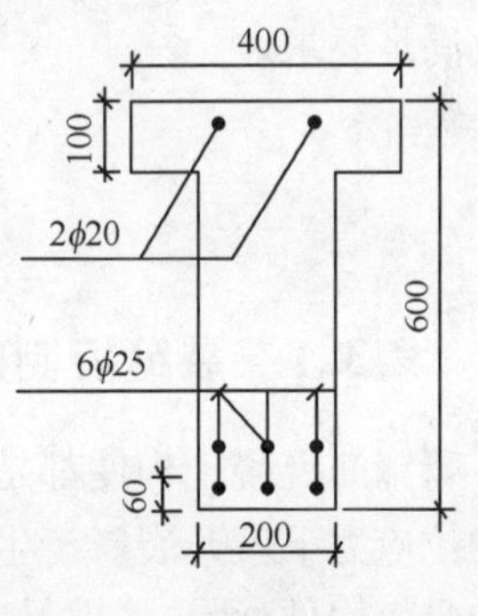

图 9-14 T 形截面简支梁

解 (1)求荷载准永久组合弯矩。

$$M_q = \frac{1}{8}(g_k + \psi_q p_k) l_0^2 = \frac{1}{8}(59 + 0.5 \times 20) \times 6^2 = 310.5 (\text{kN} \cdot \text{m})$$

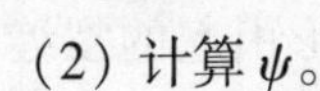
（2）计算 ψ。

$$A_s = 2945.4\text{mm}^2, A_s' = 628.2\text{mm}^2, b = 200\text{mm}, h = 600\text{mm}, h_0 = 540\text{mm}$$

$$\rho_{te} = \frac{A_s}{0.5bh} = \frac{2945.4}{0.5 \times 200 \times 600} = 0.0491$$

$$\sigma_{sq} = \frac{M_q}{0.87 h_0 A_s} = \frac{301.5 \times 10^6}{0.87 \times 540 \times 2945.4} = 217.9 (\text{N/mm}^2)$$

$$\psi = 1.1 - \frac{0.65 f_{tk}}{\rho_{te} \sigma_{sq}} = 1.1 - \frac{0.65 \times 2.01}{0.0491 \times 217.9} = 0.978$$

（3）计算 B_s。

$$\alpha_E = \frac{E_s}{E_c} = \frac{2 \times 10^5}{3 \times 10^4} = 6.67$$

$$\rho = \frac{A_s}{bh_0} = \frac{2945.4}{200 \times 540} = 0.0273$$

$$\gamma_f' = \frac{(b_f' - b) h_f'}{bh_0} = \frac{(400 - 200) \times 100}{200 \times 540} = 0.185$$

$$B_s = \frac{E_s A_s h_0^2}{1.15\psi + 0.2 + \dfrac{6\alpha_E \rho}{1 + 3.5\gamma_f'}}$$

$$= \frac{2 \times 10^5 \times 2945.4 \times 540^2}{1.15 \times 0.978 + 0.2 + \frac{6 \times 6.67 \times 0.0273}{1 + 3.5 \times 0.185}} = 8.64 \times 10^{13}(\mathrm{N/mm^2})$$

（4）计算 B。

$$\rho' = \frac{A'_s}{bh_0} = \frac{628.2}{200 \times 540} = 0.00582$$

$$\rho = 0.0273$$

内插法得，$\theta = 1.6 + 0.4\left(1 - \frac{\rho'}{\rho}\right) = 1.6 + 0.4 \times \left(-\frac{0.00582}{0.0273}\right) = 1.95$

$$B = \frac{B_s}{\theta} = \frac{8.64 \times 10^{12}}{1.95} = 4.43 \times 10^{12}(\mathrm{N \cdot mm^2})$$

（5）变形验算。

$$f = \frac{5}{48}\frac{M_q l_0^2}{B} = \frac{5}{48}\frac{310.5 \times 10^6 \times 6000^2}{4.43 \times 10^{13}} = 26.28(\mathrm{mm})$$

$$< \frac{l_0}{200} = \frac{6000}{200} = 30(\mathrm{mm})$$

故满足要求。

9.3 裂缝宽度的验算

9.3.1 裂缝控制的目的和要求

钢筋混凝土构件都是带裂缝工作的，因为混凝土的抗拉强度远低于抗压强度，构件在不大的拉应力下就开裂。产生裂缝的原因很多，按其成因可分为两类：一类是由荷载引起的裂缝，如受弯构件、受拉构件等在荷载作用下的混凝土受拉区开裂；另一类是由变形引起的裂缝，如基础不均匀沉降、温度变化、混凝土材料的收缩、钢筋锈蚀膨胀、碱骨料反应以及冻融循环等。很多裂缝是多种因素共同作用形成的。

1. 裂缝控制的目的

1）防止钢筋锈蚀，保证结构的耐久性

钢筋在混凝土碱性介质中表面形成保护膜（亦称钝化膜），以保护钢筋不致生锈。当裂缝过宽时气体和水分、腐蚀介质侵入裂缝，会引起钢筋锈蚀，不仅削弱了钢筋的面积，还会因钢筋体积的膨胀，引起保护层剥落，造成长期危害，影响结构的使用寿命。所以，各种工程结构设计规范规定，对钢筋混凝土结构的正截面裂缝需进行宽度验算。

2）结构外观的要求

控制裂缝宽度的重要理由和依据，是考虑到对建筑物观瞻、对人的心理感受影响，同时也影响对结构质量的评价。调查研究发现，大多数人对宽度超过 0.3mm 的裂缝明显感到有心理压力，故应将裂缝宽度控制在大多数人能接受的水平。

3）使用功能的要求

裂缝的出现和扩展，会降低结构的刚度，从而使变形增大，甚至影响正常使用。有些要求不发生渗漏的储液（气）罐或压力管道，裂缝出现会直接影响使用功能，这时就要控制不出现裂缝。控制不出现裂缝的最有效办法是使用预应力混凝土结构。

2. 裂缝控制等级和要求

针对上述要求,裂缝控制是必要的,但要根据不同情况制定出不同的标准。对于裂缝控制,各国混凝土结构设计规范按不同的标准,或控制不出现裂缝(抗裂),或限制裂缝宽度,使之不超过允许极限值。

我国《规范》根据使用要求,以过去的工程使用经验和耐久性专题研究组的科研成果为基础,将钢筋混凝土和预应力混凝土构件的裂缝控制等级,按照结构工作的环境条件,钢材对锈蚀的敏感性以及荷载的持续性,统一划分为三级:

一级——严格要求不出现裂缝的构件。

在荷载标准组合下,受拉边缘应力应符合下列规定,即

$$\sigma_{ck} - \sigma_{pc} \leqslant 0 \tag{9.24}$$

二级——一般要求不出现裂缝的构件。

在荷载标准组合下,受拉边缘应力应符合下列规定,即

$$\sigma_{ck} - \sigma_{pc} \leqslant f_{tk} \tag{9.25}$$

三级——允许出现裂缝的构件。

钢筋混凝土构件的最大裂缝宽度可按荷载准永久组合并考虑长期作用影响的效应计算,预应力混凝土构件的最大裂缝宽度可按荷载标准组合并考虑长期作用影响的效应计算。最大裂缝宽度应符合下列规定,即

$$w_{max} \leqslant w_{lim} \tag{9.26}$$

对环境类别为二 a 类的三级预应力混凝土构件,在荷载准永久组合下受拉边缘应力尚应符合下列规定,即

$$\sigma_{cq} - \sigma_{pc} \leqslant f_{tk} \tag{9.27}$$

式中 σ_{ck},σ_{cq}——荷载标准组合、准永久组合下抗裂验算边缘的混凝土法向应力;

σ_{pc}——扣除全部预应力损失后在抗裂验算边缘混凝土的预压应力;

f_{tk}——混凝土轴心抗拉强度标准值;

w_{max}——按荷载标准组合或准永久组合并考虑长期作用影响计算的最大裂缝宽度;

w_{lim}——最大裂缝宽度限值,按附表 12 采用。

9.3.2 裂缝出现、分布和开展过程

取钢筋混凝土轴心受拉构件来分析裂缝开展过程中钢筋与混凝土应力、应变的变化情况。

在混凝土未开裂之前,钢筋混凝土轴心受拉构件钢筋与混凝土共同受力。沿构件长度方向,钢筋与混凝土的应力分布大致是均匀的(图 9.15(a))。

随着荷载的增加,当混凝土的拉应力达到其抗拉强度时,由于混凝土的塑性发展,并没有立刻出现裂缝;当荷载加到某一数值,这时在构件最薄弱处首先出现第一条(批)裂缝。裂缝出现以后,裂缝截面的受拉混凝土退出工作,原来由混凝土承担的拉力转由钢筋承担,因此,裂缝截面处钢筋的应变与应力突然增大(图 9.15(b))。配筋率低,钢筋的应力增量相对较大。此时,靠近裂缝区段钢筋与混凝土产生相对滑移,裂缝两侧原来受拉而张紧的混凝土立即回缩,使裂缝一出现就有一定的宽度。

由于裂缝出现,裂缝两侧钢筋与混凝土之间产生粘结应力,钢筋将阻止混凝土的回缩,使混凝土不能回缩到完全放松的无应力状态,故离开裂缝截面越远,混凝土的回缩越小;这种粘结应力将钢筋的应力向混凝土传递,使混凝土参与工作,距离裂缝截面越远,钢筋拉应力越小,

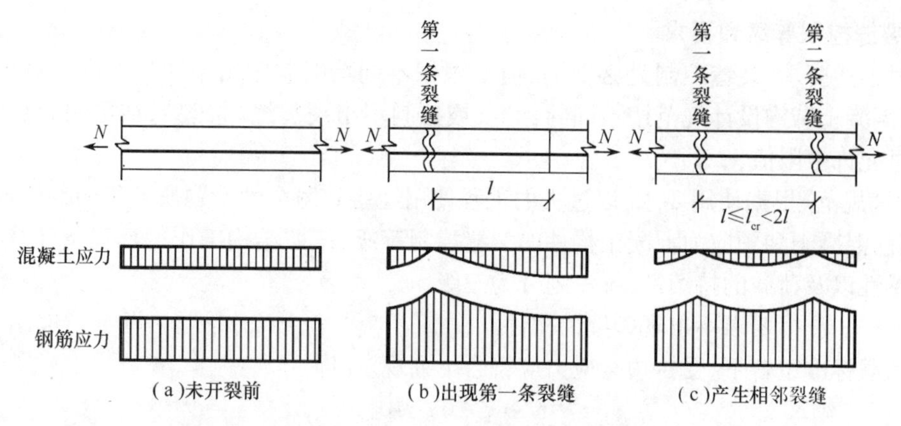

图 9.15　轴心受拉构件裂缝开展、分布及应力变化情况

混凝土拉应力由裂缝处的零逐渐增大。当达到一定距离 l 后，粘结应力消失，钢筋与混凝土各自的应力又趋于均匀分布(图 9.15(b))。在此，l 即为粘结应力作用长度，也可称传递长度或最小裂缝间距。

荷载稍微增加，在第一条(批)裂缝两侧，某一薄弱截面处又将出现第二条(批)裂缝(图 9.15(c))。显然，若两条相邻裂缝之间的距离不大于 $2l$，其间不可能再出现新的裂缝，因此时通过累计粘结力传递的混凝土拉应力小于混凝土的抗拉强度不足以使混凝土开裂。随着荷载的增加，在两相邻裂缝间距大于 $2l$ 的梁段内，还将出现新的裂缝，一般大约在开裂后超过开裂荷载的50% 以上，裂缝间距趋于稳定。从理论上讲，裂缝的最小间距为 l，最大间距为 $2l$，平均间距为 $l\sim 2l$ 之间的某个数值。

9.3.3　平均裂缝间距

从裂缝的形成和开展可知，裂缝分布规律主要与钢筋和混凝土之间的粘结力有关。粘结力越高，则裂缝截面处钢筋突然增加的拉力将通过较短长度由粘结应力传递给混凝土，裂缝间距较小。在钢筋面积不变时，选用根数越多、直径越细的钢筋和带肋钢筋可以减少裂缝间距。同时，裂缝间距也与混凝土受拉面积的大小有关，混凝土受拉面积大，未开裂前混凝土承受的拉力大，一旦开裂，裂缝截面处钢筋突然增加的拉力也大，就需要较长的距离才能将此拉力传递给混凝土，使裂缝间距变大；反之，混凝土受拉面积小则使裂缝间距变小。

由于混凝土材料的非匀质性以及截面尺寸的偏差等因素的影响，裂缝间距存在较大的离散性。在同一区段内，最大裂缝间距可达平均裂缝间距(mean crack spacing)的 1.3 ~2.0 倍。实际上，为计算需要，必须采用一个标准的裂缝间距——平均裂缝间距 l_{cr}。以轴心受拉构件为例，设裂缝间距为 l，如图 9.16 所示。隔离体一端已出现第一条(批)裂缝位置(图 9.16(a)中 1—1 截面)，另一端为即将出现第二条(批)裂缝位置(图 9.16(a)中 2—2 截面)。已出现裂缝的 1—1 截面仅钢筋受拉，其拉应力为 σ_{s1}，即将出现裂缝的 2—2 截面，混凝土达到抗拉强度标准值 f_{tk}，钢筋的拉应力为 σ_{s2}。由隔离体的平衡条件得

$$\sigma_{s1}A_s=\sigma_{s2}A_s+f_{tk}A_c \tag{9.28}$$

再取钢筋隔离体(图 9.16(b))，设在长度 l 范围的平均粘结应力为 τ_m，受拉钢筋截面周长为 $u=\pi d$(d 为钢筋直径)，则钢筋的表面积为 ul。1—1 截面与 2—2 截面钢筋两端的拉力差由钢筋表面的粘结力 $\tau_m ul$ 来平衡，即有

$$\sigma_{s1}A_s-\sigma_{s2}A_s=\tau_m ul \tag{9.29}$$

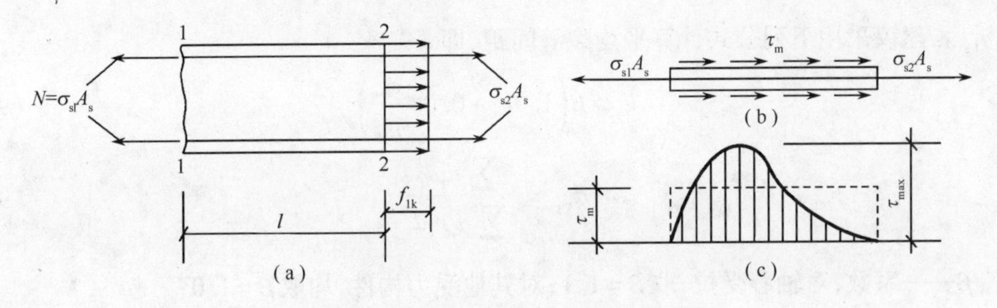

图9.16　轴心受拉构件粘结应力传递长度

由以上式(9.28)和式(9.29)可得

$$\tau_m ul = f_{tk}A_c \tag{9.30}$$

设$\rho = A_s/A_c$，并引用$A_s = \pi d^2/4$，得

$$l = \frac{f_{tk}A_c}{\tau_m u} = \frac{f_{tk}A_c}{\tau_m \cdot \pi d} = \frac{1}{4} \cdot \frac{f_{tk}}{\tau_m} \cdot \frac{d}{\rho} \tag{9.31}$$

由于粘结应力τ_m与混凝土抗拉强度f_{tk}近乎成正比关系，即式(9.13)中的比值f_{tk}/τ_m近乎为常数，并近似取平均裂缝间距$l_{cr} = 1.5l$，故平均裂缝间距的表达式为

$$l_{cr} = K \cdot \frac{d}{\rho} \tag{9.32}$$

式中　K——经验系数(常数)。

式(9.32)是按粘结滑移理论得出的平均裂缝间距计算公式，该式表明，平均裂缝间距l_{cr}与混凝土强度无关，而与d/ρ呈线性关系。当配筋率ρ相同时，钢筋直径越细，裂缝间距就越小。但式(9.32)中，当d/ρ趋于零时，裂缝间距趋于零，这并不符合实际情况，而是应具有一定数值。

此外，无滑移理论的研究表明，钢筋与混凝土之间具有充分的粘结作用，不发生相对滑移；裂缝间距还与混凝土的保护层厚度有关。由于钢筋与混凝土之间可靠的粘结作用，离钢筋越远，钢筋对受拉混凝土的回缩起到约束作用越小。当混凝土保护层较厚时，构件外表面的混凝土回缩将比较自由。这样就需要较长的距离以积累较多的粘结力来阻止混凝土的回缩。因此，保护层厚的构件裂缝间距比保护层薄的构件裂缝间距大。

综合粘结滑移理论和无滑移理论，平均裂缝间距修正式为

$$l_{cr} = K_2 c_s + K_1 \cdot \frac{d}{\rho} \tag{9.33}$$

式中　K_2，K_1——由试验结果确定的常数，$K_2 = 1.9$，$K_1 = 0.08$；

c_s——最外层纵向受拉钢筋外边缘至受拉区边缘距离，mm，当$c_s < 20$时，取$c_s = 20$；当$c_s > 65$时，取$c_s = 65$。

以上分析是针对轴心受拉构件的，对于受弯构件的受拉区也可应用，因粘结力传递的应力影响有一定的范围，参加工作的受拉混凝土主要是指钢筋周围的那部分有效受拉混凝土，对此可采用有效受拉混凝土截面面积计算的纵向受拉钢筋配筋率ρ_{te}，其计算方法与前相同。

采用有效受拉面积配筋率ρ_{te}后，平均裂缝间距可统一表示为

$$l_{cr} = K_2 c_s + K_1 \cdot \frac{d_{eq}}{\rho_{te}} \tag{9.34}$$

根据以上分析，《规范》结合钢筋的外形特征对平均裂缝间距的影响，对试验资料进行统

计分析后，建议采用下列公式计算平均裂缝间距，即

$$l_{cr}=\beta\left(1.9c_s+0.08\frac{d_{eq}}{\rho_{te}}\right) \tag{9.35}$$

$$d_{eq}=\frac{\sum n_i d_i^2}{\sum n_i \nu_i d_i} \tag{9.36}$$

式中 β——系数，对轴心受拉，取$\beta=1.1$；对其他受力构件，均取$\beta=1.0$；

d_{eq}——纵向受拉钢筋的等效直径，mm；

n_i——受拉区第i种纵向钢筋的根数；

d_i——受拉区第i种纵向钢筋的公称直径，mm；

ν_i——受拉区第i种纵向钢筋的相对粘性特性系数（表面特征系数），按表9.1取用。

表9.1 钢筋的相对粘结特性系数

钢筋类别	钢筋		先张法预应力筋			后张法预应力筋		
	光圆钢筋	带肋钢筋	带肋钢筋	螺旋肋钢丝	钢绞线	带肋钢筋	钢绞线	光面钢丝
ν_i	0.7	1.0	1.0	0.8	0.6	0.8	0.5	0.4

9.3.4 平均裂缝宽度

裂缝宽度是指受拉钢筋截面重心水平处构件侧表面的裂缝宽度。试验表明，裂缝宽度的离散性比裂缝间距更大些。因此，平均裂缝宽度（mean crack width）的确定，必须以平均裂缝间距为基础。

平均裂缝宽度w_m等于两条相邻裂缝之间（计算取平均裂缝间距l_{cr}）钢筋的平均伸长量（$\varepsilon_{sm}l_{cr}$）与相同水平处构件侧表面受拉混凝土平均伸长量（$\varepsilon_{cm}l_{cr}$）的差值（图9.17），即

$$w_m=\varepsilon_{sm}l_{cr}-\varepsilon_{cm}l_{cr}=\varepsilon_{sm}\left(1-\frac{\varepsilon_{cm}}{\varepsilon_{sm}}\right)l_{cr} \tag{9.37}$$

式中 ε_{sm}——纵向受拉钢筋的平均拉应变；

ε_{cm}——与纵向受拉钢筋相同水平处侧表面混凝土的平均拉应变。

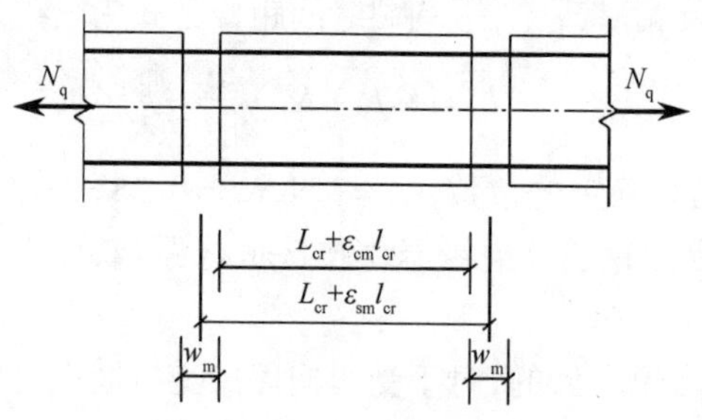

图9.17 平均裂缝宽度计算图式

由

$$\varepsilon_{sm}=\psi\varepsilon_{sq}=\psi\frac{\sigma_{sq}}{E_s} \tag{9.38}$$

将式（9.38）代入式（9.37），令$\alpha_c=1-\varepsilon_{cm}/\varepsilon_{sm}$，则得平均裂缝宽度计算公式为

$$w_m = \alpha_c \psi \frac{\sigma_{sq}}{E_s} l_{cr} \tag{9.39}$$

式中　α_c——反映裂缝间混凝土伸长对裂缝宽度影响的系数。对受弯、偏心受压构件统一取 $\alpha_c = 0.77$，其他构件取 $\alpha_c = 0.85$。

9.3.5　最大裂缝宽度

由于混凝土的非匀质性及其随机性，裂缝分布具有较大的离散性。因此，在荷载短期效应组合作用下，最大裂缝宽度（maximum crack width）w_{max}将大于平均裂缝宽度 w_m，最大裂缝宽度 w_{max}应等于平均裂缝宽度 w_m乘以短期裂缝宽度的扩大系数 τ_s。而且在荷载长期效应组合下，由于混凝土受拉区混凝土应力松弛以及混凝土收缩、徐变等影响，裂缝宽度还会随时间增长而加大。考虑荷载长期作用的影响，最大裂缝宽度还需在平均裂缝宽度 w_m的基础上乘以荷载长期作用的影响系数 τ_l求得，即

$$w_{max} = \tau_s \tau_l w_m \tag{9.40}$$

式中系数 τ_s 根据可靠率 95% 的要求，可按实测裂缝宽度的统计方法求出，对受弯构件和偏心受压构件 τ_s 的计算值为 1.66，对偏心受拉和轴心受拉构件 $\tau_s = 1.9$。考虑到在一般情况下，仅有部分荷载为长期作用，取荷载组合系数为 0.9，则 $\tau_l = 0.9 \times 1.66 = 1.49$，故取 $\tau_l = 1.5$。

将式(9.35)和式(9.39)代入式(9.40)可得

$$w_{max} = \tau_s \tau_l \alpha_c \psi \frac{\sigma_{sq}}{E_s} \beta \left(1.9 c_s + 0.08 \frac{d_{eq}}{\rho_{te}}\right) \tag{9.41}$$

令 $\alpha_{cr} = \tau_s \tau_l \alpha_c \beta$，则可得到《规范》按荷载准永久组合作用下各种钢筋混凝土受力构件最大裂缝宽度的统一计算公式，即

$$w_{max} = \alpha_{cr} \psi \frac{\sigma_{sq}}{E_s} \left(1.9 c_s + 0.08 \frac{d_{eq}}{\rho_{te}}\right) \tag{9.42}$$

式中　α_{cr}——构件受力特征系数，对受弯、偏心受压构件，取 $\alpha_{cr} = 1.9$；对偏心受拉构件，取 $\alpha_{cr} = 2.4$；对轴心受拉构件，取 $\alpha_{cr} = 2.7$。

ψ、σ_{sq}、c_s、d_{eq}、ρ_{te}的意义及取值均与前相同。

试验表明，对于偏心受压构件，当 $e_0/h_0 \leqslant 0.55$ 时，裂缝宽度较小，均能符合要求，故《规范》规定不必验算裂缝宽度。

9.3.6　影响裂缝宽度的主要因素

（1）钢筋应力是影响裂缝宽度的最主要因素，裂缝宽度与钢筋应力近似呈线性关系，因此为控制裂缝，在普通钢筋混凝土结构中，不宜采用高强钢筋。

（2）选用直径较细的钢筋，布置稍密，因其表面积大使粘结力增大，可使裂缝间距及裂缝宽度相应减小（即裂缝呈现细而密分布型），所以只要施工条件允许，应尽可能选用直径较细的钢筋，这种方法是行之有效的且最为方便的。

（3）带肋钢筋的粘结强度较光面钢筋大很多，故采用带肋钢筋是减小裂缝宽度的一种有力措施。但对带肋钢筋而言，因粘结强度很高，钢筋直径已不再是影响裂缝的主要因素。

（4）混凝土保护层越厚，裂缝宽度就越大。从维护建筑外观角度出发，保护层过厚是不适宜的。但保护层越厚，混凝土越密实，混凝土碳化区扩展到钢筋表面所需的时间就越长，氧气或氯离子等侵蚀性介质扩散到钢筋部位也较困难。所以，从防锈蚀的角度出发，保护层宜适当

加厚,而且当保护层适当加厚时,允许裂缝宽度值亦应随之加大。

(5) 适当增加钢筋面积。按有效受拉混凝土截面面积计算的纵向受拉钢筋的配筋率 ρ_{te} 增加,裂缝宽度减小。

解决荷载裂缝的最有效办法是采用预应力混凝土结构,它能使构件不发生荷载裂缝或减小裂缝宽度。

9.3.7 计算例题

【例 9.3】 某钢筋混凝土矩形截面简支梁,截面尺寸为 $b \times h = 200\text{mm} \times 500\text{mm}$,混凝土强度等级为 C25($f_{tk} = 1.78\text{N/mm}^2$),纵向钢筋采用 HRB335 级钢筋 $2\Phi16 + 2\Phi18$($A_s = 911\text{mm}^2$),$c_s = 25\text{mm}$,按荷载效应的准永久组合计算的跨中弯矩值 $M_q = 70\text{kN} \cdot \text{m}$,最大裂缝宽度限值 $w_{lim} = 0.30\text{mm}$,环境类别为一类。试验算其最大裂缝宽度是否符合要求。

解 $f_{tk} = 1.78\text{N/mm}^2$, $E_s = 2.0 \times 10^5\text{N/mm}^2$, $A_s = 911\text{mm}^2$

$$A_{te} = 0.5bh = 0.5 \times 200 \times 500 = 50000(\text{mm}^2)$$

$$\rho_{te} = \frac{A_s}{A_{te}} = \frac{911}{50000} = 0.0182 > 0.01$$

由式(9.15)得

$$\sigma_{sq} = \frac{M_q}{0.87h_0A_s} = \frac{70 \times 10^6}{0.87 \times 465 \times 911} = 189.9(\text{N/mm}^2)$$

由式(9.14)得

$$\psi = 1.1 - \frac{0.65f_{tk}}{\rho_{te}\sigma_{sq}} = 1.1 - \frac{0.65 \times 1.78}{0.0182 \times 189.9} = 0.765$$

由式(9.36)得钢筋的等效直径为

$$d_{eq} = \frac{\sum n_i d_i^2}{\sum n_i v_i d_i} = \frac{2 \times 18^2 + 2 \times 16^2}{2 \times 1 \times 18 + 2 \times 1 \times 16} = 17.1(\text{mm})$$

由式(9.42)得

$$w_{max} = 1.9\psi \frac{\sigma_{sq}}{E_s}\left(1.9c_s + 0.08\frac{d_{eq}}{\rho_{te}}\right)$$

$$= 1.9 \times 0.765 \times \frac{189.9}{200 \times 10^3} \times \left(1.9 \times 25 + 0.08 \times \frac{17.1}{0.0182}\right)$$

$$= 0.169(\text{mm}) < w_{lim} = 0.3(\text{mm})$$

故满足要求。

【例 9.4】 矩形截面偏心受压柱的截面尺寸 $b \times h = 400\text{mm} \times 700\text{mm}$,受压钢筋和受拉钢筋均为 $4\Phi22$($A_s = A_s' = 1520\text{mm}^2$),混凝土强度等级为 C30($f_{tk} = 2.01\text{N/mm}^2$),$c_s = 40\text{mm}$,按荷载效应的准永久组合计算的轴向压力值 $N_q = 370\text{kN}$,弯矩值 $M_q = 185\text{kN} \cdot \text{m}$。柱的计算长度 $l_0 = 4\text{m}$,最大裂缝宽度 $w_{lim} = 0.3\text{mm}$。试验算构件裂缝宽度是否满足要求。

解 $f_{tk} = 2.01\text{N/mm}^2$, $E_s = 2.0 \times 10^5\text{N/mm}^2$

$$\frac{l_0}{h} = \frac{4000}{600} = 6.67 < 14\text{,取 } \eta_s = 1.0$$

$$a_s = a_s' = c_s + 0.5d = 40 + 0.5 \times 22 = 51(\text{mm})$$

$$h_0 = h - a_s = 700 - 51 = 649(\text{mm})$$

$$e_0 = \frac{M_q}{N_q} = \frac{185 \times 10^6}{370 \times 10^3} = 0.50(\text{m}) = 500\text{mm}$$

由式(9.19)得

$$e = \eta_s e_0 + y_s = \eta_s e_0 + 0.5h - a_s = 1.0 \times 500 + 0.5 \times 700 - 51 = 799(\text{mm})$$

由式(9.21)得

$$\eta = 0.87 - 0.12(1 - \gamma_f')\left(\frac{h_0}{e}\right)^2 = 0.87 - 0.12 \times (1 - 0)\left(\frac{649}{799}\right)^2 = 0.791$$

$$z = \eta h_0 = 0.791 \times 649 = 513(\text{mm})$$

由式(9.18)得

$$\sigma_{sq} = \frac{N_q(e - z)}{zA_s} = \frac{370 \times 10^3(799 - 513)}{513 \times 1520} = 135.7(\text{N/mm}^2)$$

$$A_{te} = 0.5bh = 0.5 \times 400 \times 700 = 140000(\text{mm}^2)$$

$$\rho_{te} = \frac{A_s}{A_{te}} = \frac{1520}{140000} = 0.0109$$

由式(9.14)得

$$\psi = 1.1 - \frac{0.65 f_{tk}}{\rho_{te}\sigma_{sq}} = 1.1 - \frac{0.65 \times 2.01}{0.0109 \times 135.7} = 0.217$$

由式(9.42)得

$$w_{max} = 1.9\psi \frac{\sigma_{sq}}{E_s}\left(1.9c_s + 0.08\frac{d_{eq}}{\rho_{te}}\right)$$

$$= 1.9 \times 0.217 \times \frac{135.7}{2 \times 10^5} \times \left(1.9 \times 40 + 0.08 \times \frac{22}{0.0109}\right)$$

$$= 0.066(\text{mm}) < w_{lim} = 0.3\text{mm}$$

故满足要求。

9.4 钢筋混凝土结构的耐久性

9.4.1 耐久性的一般概念

钢筋混凝土材料是由多种材料组成的复合人工材料,在使用过程中要受到周围环境中水及侵蚀介质的作用,随着时间的推移,混凝土将出现裂缝、破碎、酥裂、磨损、溶蚀等现象,钢筋也会出现锈蚀、脆化、疲劳、应力腐蚀,钢筋与混凝土之间的粘结锚固作用将逐渐减弱,即出现耐久性问题。因此,耐久性越来越受到重视,钢筋混凝土结构应能在自然和人为环境的化学和物理作用下,满足在规定的设计使用年限内不出现无法接受的承载力减小、使用功能降低和不能接受的外观破损等耐久性要求。

钢筋混凝土结构的耐久性是指结构或构件在预定设计使用年限内,在正常维护条件下,在指定的工作环境中即可满足正常使用和可靠功能要求的能力，即抵抗各种使用环境下的物理、化学作用的能力。

9.4.2 影响耐久性的主要因素

影响混凝土结构耐久性的因素很多，主要有内部和外部两个方面。内部因素主要有混凝土的强度、渗透性、保护层厚度、水泥品种和强度等级及用量、外加剂、集料的活性等，外部因素则主要有环境温度、湿度、CO_2 含量、侵蚀性介质等。耐久性不好往往是内部的不完善性和外部的不利因素综合作用的结果，而结构缺陷往往是设计不周、施工不良引起的，也有因使用维修不当引起的。混凝土结构耐久性问题有混凝土冻融破坏、碱集料反应、侵蚀性介质腐蚀、混凝土碳化、钢筋锈蚀、机械磨损等。

1. 混凝土的冻融破坏

混凝土水化结硬后，内部有很多孔隙。在浇筑混凝土时为了获得必要的和易性，用水量往往会比水泥水化反应所需的水多一些，多余的水分以非结晶水的形式滞留在这些孔隙中。在寒冷地区，由于低温时混凝土孔隙中的水冻结成冰后产生体积膨胀，引起混凝土内部结构的损伤。在多次冻融作用下，混凝土结构内部损伤逐渐积累达到一定程度而引起宏观的破坏。

防止混凝土冻融破坏的主要措施有降低水胶比、减少混凝土中的的非结晶水、浇筑时加入引气剂使混凝土中形成微细气孔等；混凝土早期受冻可采用加强养护、保温、渗入防冻剂等措施预防。

2. 混凝土的碱—集料反应

混凝土碱—集料反应是指混凝土微孔中来自水泥、外加剂等可溶性的碱性溶液和集料中某些活性矿物之间的反应。发生碱—集料反应后，混凝土产生体积膨胀，严重时会发生混凝土开裂、剥落、强度降低，甚至导致破坏。

防止碱—集料反应的主要措施有采用低碱水泥，或掺有粉煤灰等掺合料来降低混凝土中的碱性，以及对含有活性成分的骨料含量加以控制。

3. 侵蚀性介质的腐蚀

在石化、化学、冶金及港湾等工程结构中，由于环境中化学侵蚀性介质的存在，对混凝土的腐蚀很普遍。常见的侵蚀性介质腐蚀有硫酸盐侵蚀、酸腐蚀、海水腐蚀和盐类结晶腐蚀等。化学介质的侵蚀造成混凝土中一些成分溶解或流失，引起裂缝、孔隙或松散破碎，有的化学介质与混凝土中一些成分发生反应，造成混凝土体积膨胀，引起结构的破坏。

防止侵蚀性介质的腐蚀主要应根据实际情况采取相应的防护措施，例如，从生产流程上防止有害物质的散溢，采用耐酸性混凝土或铸石贴面等。

4. 混凝土的碳化

混凝土的碳化是指大气中的二氧化碳与混凝土中碱性物质（氢氧化钙）在温度适宜时发生化学反应，使 pH 值下降。其他物质如二氧化硫、硫化氢也能与混凝土中的碱性物质发生类似反应，使混凝土 pH 值下降。

针对影响混凝土碳化的因素，减小其碳化的措施主要有合理设计混凝土配合比，规定水泥用量的低限值和水胶比的高限值，合理采用掺合料；尽量提高混凝土的密实性、抗渗性；钢筋要保证具有足够的保护层厚度，使碳化深度在建筑物使用年限内达不到钢筋表面；在混凝土构件表面涂刷保护层，防止水及二氧化碳的侵入。

5. 钢筋的锈蚀

钢筋锈蚀是影响钢筋混凝土结构耐久性的最关键问题,也是混凝土结构最常见和数量最大的耐久性问题。混凝土保护层的碳化和氯离子等腐蚀介质的影响是钢筋锈蚀的主要原因。

防止钢筋锈蚀的措施有严格控制集料中的含盐量,降低水胶比,保证混凝土的密实度;保证足够的混凝土保护层厚度;采用覆盖层、钢筋阻锈剂,防止二氧化碳、氧气、氯离子及有害液体的侵入,在海工结构或强腐蚀介质中的钢筋混凝土结构中,可采用防腐蚀钢筋、环氧涂层钢筋、镀锌钢筋、不锈钢钢筋等;此外,采用阴极保护法,但仅用于重大工程中。

9.4.3 混凝土结构的耐久性设计

目前,对混凝土结构耐久性的研究尚不够深入,关于耐久性的设计方法也不完善,因此,耐久性设计(design of durability)主要采取以下保证措施:

1. 确定结构所处的环境类别

混凝土结构耐久性与结构的工作环境条件有密切的关系。同一结构在强腐蚀环境中要比在一般大气环境中使用年限短。对结构所处的环境划分类别可使设计者针对不同的环境采用相应的对策,满足达到使用年限的要求。根据工程经验,参考国外有关研究成果,《规范》将混凝土结构的使用环境分为五类,见附表10。

2. 提出材料的耐久性质量要求

合理地选择混凝土原材料,改善混凝土的配合比,严格控制集料中的氯离子含量和碱含量,保证混凝土必要的强度,提高混凝土的抗渗性能和密实度是保证混凝土耐久性的主要措施。《规范》对处于一、二、三类环境中,设计使用年限为50年的混凝土结构材料耐久性的基本要求,如最大水胶比、最低强度等级、最大氯离子含量和最大碱含量等,均作了明确规定,见附表13。

3. 确定构件中钢筋的混凝土保护层厚度

混凝土保护层厚度的大小及保护层的密实性对提高混凝土结构的耐久性有重要作用。因此,《规范》根据混凝土结构所处的环境条件类别,规定了混凝土保护层的最小厚度:构件中受力钢筋的保护层厚度不应小于钢筋的直径;对设计使用年限为50年的混凝土结构,最外层钢筋(包括箍筋和构造钢筋)的保护层厚度应符合附表14的规定;对设计使用年限为100年的混凝土结构,保护层厚度按表中数值的规定增加40%。当采取有效的表面防护措施时,混凝土保护层厚度可适当减少。这些措施包括:构件表面有可靠的防护层;采用工厂化生产预制构件,并能保证预制构件混凝土的质量;在混凝土中掺加阻锈剂或采用阴极保护处理等防锈措施;另外,当对地下室墙体采取可靠的建筑防水做法时,与土壤接触侧钢筋的保护层厚度可适当减少,但不应小于25mm。

4. 提出满足耐久性要求的技术措施

对处在二类和三类环境中,设计使用年限100年的混凝土结构,应采取专门的有效防护措施。这些措施包括:

(1)预应力混凝土结构中的预应力筋应根据具体情况采取表面防护、管道灌浆、加大混凝土保护层厚度等措施,外漏的锚固端应采取封锚和混凝土表面处理等有效措施。

(2)有抗渗要求的混凝土结构,混凝土的抗渗等级应符合有关标准的要求。

(3)严寒及寒冷地区的潮湿环境中,结构混凝土应满足抗冻要求,混凝土抗冻等级应符合有关标准的要求。

(4) 处在三类环境中的混凝土结构,钢筋可采用环氧涂层钢筋或其他具有耐腐蚀性能的钢筋,也可采取阴极保护处理等防锈措施。

(5) 处于二、三类环境中的悬臂构件宜采用悬臂梁—板的结构形式,或在其上表面增设防护层。

(6) 处于二、三类环境中的结构,其表面的预埋件、吊钩、连接件等金属部位应采取可靠的防锈措施。

5. 提出结构使用阶段的维护与检测要求

要保证混凝土结构的耐久性,还需要在使用阶段对结构进行正常的检查维护,不得随意改变建筑物所处的环境类别,这些检查维护的措施包括:

(1) 结构应按设计规定的环境类别使用,并定期进行检查维护。

(2) 设计中的可更换混凝土构件应定期按规定更换。

(3) 构件表面的防护层应按规定进行维护或更换。

(4) 结构出现可见的耐久性缺陷时,应及时进行检测处理。我国《规范》主要针对处于一、二、三类环境中的混凝土结构的耐久性要求作了明确的规定,对处于四类和五类环境中的混凝土结构,其耐久性要求应符合有关标准的规定。

对临时性(设计使用年限为5年)混凝土结构,可不考虑混凝土的耐久性要求。

本章小结

(1) 设计钢筋混凝土构件时,首先应满足承载能力的要求,其次应进行正常使用极限状态的验算,以满足结构的正常使用功能和耐久性要求。正常使用极限状态验算主要包括裂缝宽度的验算、变形验算以及保证结构耐久性的措施等方面。

(2) 钢筋混凝土受弯构件的抗弯刚度是一个变量,随荷载的增大而降低,随荷载持续时间的增长而降低,并分短期刚度 B_s 和长期刚度 B。受弯构件的挠度验算采用了材料力学的公式,但应按荷载效应的准永久组合并考虑长期作用的长期刚度 B 计算,所求挠度的计算值不应超过《规范》规定的挠度限值。

(3) 混凝土的抗拉强度较低,构件通常是带裂缝工作的。

① 裂缝的出现与混凝土抗拉强度有关,裂缝的分布又与混凝土和钢筋间的粘结强度、混凝土保护层厚度等有关。

② 钢筋混凝土构件裂缝宽度应按荷载准永久组合并考虑长期作用影响所求得的最大裂缝宽度不应超过《规范》规定的限值。

③ 最大裂缝宽度的计算公式建立在平均裂缝间距和平均裂缝宽度基础上。根据试验资料统计求得的扩大系数加以确定的。平均裂缝宽度的计算公式综合了粘结滑移理论和无滑移理论的模式而推导的。平均裂缝宽度乘以扩大系数即为最大裂缝宽度,此系数是考虑裂缝宽度的随机性以及荷载长期作用效应组合的影响。

(4) 混凝土结构的耐久性是指结构或构件在预定设计使用年限内,在正常维护条件下,在指定的工作环境中即可满足正常使用和可靠功能要求的能力。影响钢筋混凝土结构耐久性的因素主要有内部和外部两个方面。钢筋混凝土结构的设计包括确定结构所处的环境类别,提出材料的耐久性质量要求,确定构件中钢筋的混凝土保护层厚度,提出满足耐久性要求的技术措施及结构使用阶段的维护与检测要求。

思 考 题

9.1 进行承载力极限状态计算和正常使用极限状态验算时,对荷载效应是如何考虑的?

9.2 为什么在进行变形及裂缝宽度验算时,采用荷载的标准值和材料强度的标准值而不是设计值?

9.3 钢筋混凝土受弯构件的截面抗弯刚度有什么特点?

9.4 何为最小刚度原则?与材料力学中的刚度相比有何区别和特点?怎样建立短期刚度公式和长期刚度公式?

9.5 提高受弯构件刚度的措施有哪些?

9.6 试简述裂缝出现、分布和展开的过程。

9.7 在钢筋混凝土构件的裂缝宽度计算公式中,ψ 的物理意义是什么?当 $\psi=1$ 时,意味着什么?在计算 ψ 时,为什么要用 ρ_{te}?

9.8 影响平均裂缝间距的主要因素有哪些?

9.9 当计算裂缝的宽度超过《规范》规定的数值,可采取哪些措施减小裂缝宽度?

9.10 什么是混凝土结构的耐久性?影响混凝土结构耐久性的主要因素有哪些?如何提高混凝土结构的耐久性?

9.11 混凝土结构的耐久性设计内容包括哪些?

习 题

9.1 已知某钢筋混凝土屋架下弦,$b\times h=200\text{mm}\times200\text{mm}$,轴向拉力 $N_q=130\text{kN}$,有4Φ14的受拉钢筋($A_s=615\text{mm}^2$),混凝土强度等级为C30,$c_s=20\text{mm}$,$w_{\lim}=0.2\text{mm}$。求:验算裂缝宽度是否满足?当不满足要求时可采取哪些措施?若改用2Φ14+2Φ18($A_s=817\text{mm}^2$),裂缝宽度能否满足?

9.2 某矩形截面简支梁,截面尺寸 $b\times h=200\text{mm}\times500\text{mm}$,梁的计算跨度 $l_0=6\text{m}$,承受荷载标准值 $g_k=13\text{kN/m}$(包括梁的自重),可变荷载标准值 $q_k=7\text{kN/m}$,准永久值系数 $\psi_q=0.4$,由正截面受弯承载力计算已配置4Φ18纵向受拉钢筋($A_s=1017\text{mm}^2$),混凝土强度等级C25,$c_s=25\text{mm}$,梁的最大裂缝宽度限值 $w_{\lim}=0.3\text{mm}$。试验算最大裂缝宽度是否满足要求。

9.3 条件同习题9.2,允许挠度 $[f]=l_0/200$。试验算该梁的挠度。

第10章 预应力混凝土构件

本章提要:本章介绍了预应力混凝土构件的基本概念,预应力的施加方法以及预应力混凝土构件的施工工艺和构造要求。要求熟悉预应力的各项损失及计算方法,掌握其轴心受拉及受弯构件各阶段的应力状态和设计方法。本章的重、难点是预应力混凝土构件各阶段的受力分析及其计算方法。

10.1 预应力混凝土的基本概念

10.1.1 一般概念

普通钢筋混凝土构件有效利用了钢筋和混凝土两种材料的不同性能,广泛应用于土木工程中,但由于混凝土的抗拉性能很差,普通钢筋混凝土结构或构件在使用中仍面临两个主要问题:

(1) 抗裂性差。混凝土的极限拉应变很小,使得混凝土受拉区会过早开裂。当裂缝出现时受拉钢筋只有20~40N/mm^{2}的应力,这个数值远远小于钢筋的屈服强度。当受拉钢筋的应力达到250N/mm^{2}时,裂缝宽度已达到0.2~0.3mm。所以,普通钢筋混凝土构件一般都带裂缝工作,不宜用于高湿度或侵蚀性环境中。另外,当钢筋混凝土用于大跨结构或承受动力荷载的结构时,为了满足挠度控制的要求,需要靠加大截面尺寸来增大构件的刚度,以至使构件的承载力中有较大一部分要用于负担结构的自重,因此,钢筋混凝土结构用于大跨、动力结构既不合理也不经济,甚至是无法实现的。

(2) 高强混凝土及高强钢筋不能充分发挥作用。在钢筋混凝土构件中采用高强度钢筋,将使使用荷载作用下钢筋工作应力提高很多,挠度和裂缝宽度会远远超过允许限值。通过增大配筋面积达到符合变形和裂缝控制的要求,但此时钢筋强度将无法被充分利用。同样,采用高强度混凝土也意义不大,因为提高混凝土强度对提高钢筋混凝土构件的抗裂性、刚度以及减小裂缝宽度的作用甚微。总之,钢筋混凝土构件过早开裂的问题得不到解决,就无法有效地利用高强材料。

为了充分利用高强混凝土和高强钢筋的力学性能,可以在混凝土构件正常受力前,在构件受拉区预先施加压力,使之产生的预压应力来减小或抵消荷载将要引起的混凝土拉应力,从而达到控制受拉区混凝土不会过早开裂的目的,满足正常使用要求。这种在混凝土结构承受外来荷载作用前,预先对混凝土的受拉区施加一定的压应力,以改善构件在外荷载作用下混凝土抗拉性能的结构称为“预应力混凝土结构”(prestressed concrete structure)。

现在以图 10.1 所示的受弯构件为例,进一步说明预应力混凝土的概念。在预应力混凝土构件使用之前预先在其受拉区施加偏心压力 P,构件截面的应力分布如图 10.1(a)所示。在使用荷载作用下,应力分布如图 10.1(b)所示。利用材料力学的叠加原理,可得预应力混凝土构件使用阶段的截面应力分布图(图 10.1(c))。显然,截面上的拉应力大大减小,这就是预应力混凝土的基本原理。

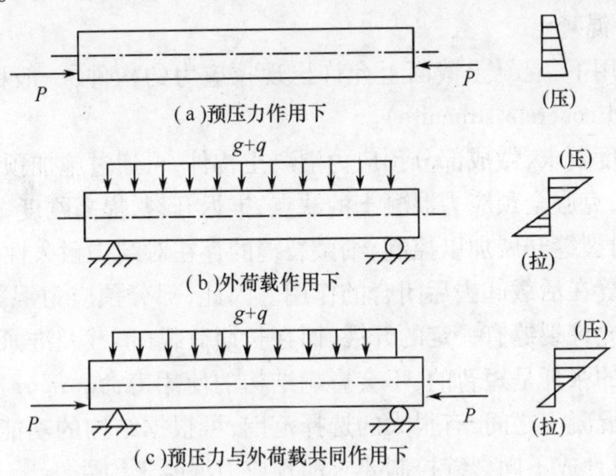

图 10.1　预应力混凝土受弯构件基本原理示意图

由此可见,预应力混凝土结构可以充分利用混凝土抗压强度和钢筋抗拉强度,使得两种材料相互补充,扬长避短。预应力混凝土构件可提高构件的抗裂度和刚度,延缓混凝土构件的开裂,增加结构的耐久性。高强度钢筋和高强度混凝土的应用,可产生节约材料、减轻构件自重的效果,同时提高构件的耐疲劳性能,克服钢筋混凝土的主要缺点,从而大大拓宽这种复合工程材料应用范围。因此,预应力混凝土主要用于以下一些结构中:

(1) 大跨度结构,如大跨度桥梁、体育馆和机库等,大跨度建筑的楼(屋)盖体系、高层建筑的转换层等。

(2) 要求裂缝控制等级较高的结构,如压力容器、压力管道、水工或海洋建筑以及冶金、化工厂的结构等。

(3) 某些高耸结构,如水塔、烟囱、电视塔等。

(4) 大量制造的预制构件,如常见的预应力空心楼板、预应力管桩等。

(5) 特殊要求的一些建筑,如建筑设计限定了层高、楼(屋)盖梁等的高度,或者限定了某些其他构件的尺寸,使普通混凝土构件难以满足要求,可使用预应力混凝土结构。在既有建筑结构的加固工程中,采用预应力技术往往会带来很好的效果。

预应力混凝土构件的缺点是构造、施工和计算较钢筋混凝土构件复杂,且延性差。

10.1.2　预应力混凝土的分类

预应力混凝土构件按照使用荷载作用下截面裂缝控制程度的不同,可分为全预应力和部分预应力。

1. 全预应力混凝土

在使用荷载作用下,混凝土截面上不允许出现拉应力的构件,一般称为全预应力混凝土

(fully prestressed concrete structure)。

全预应力混凝土是按无拉应力准则设计的,具有抗裂度高、刚度大等优点。但它也存在不少缺点:① 由于抗裂度要求过高,预应力筋的配筋量往往不取决于承载力的需要,而是由抗裂度所决定;② 预应力配筋量大,张拉应力高,施加预应力的工艺复杂,锚具、张拉设备费用高;③ 施加预应力后,构件产生过大的反拱,而反拱随时间的增长而加大,对于恒载较小、活载较大的构件,会出现地面、隔墙开裂以及桥面不平整等影响正常使用的状况。

2. 部分预应力混凝土

在使用荷载作用下,混凝土截面上允许出现拉应力的构件,一般称为部分预应力混凝土(partially prestressed concrete structure)。

适当降低抗裂度要求,做成部分预应力混凝土构件,可通过施加预应力改善预应力筋混凝土构件的受力性能,克服全预应力混凝土的缺点,推迟开裂、提高刚度,并减轻构件的自重。工程调查表明,只要对裂缝开展加以控制,细微裂缝的存在对结构耐久性并无影响。而且预应力具有使已开裂的裂缝在活载卸去后闭合的作用。因此,部分预应力混凝土构件的设计概念是在短期荷载作用下允许裂缝有一定的开展,而在长期荷载(恒载及准永久荷载)作用下裂缝是闭合的。因为裂缝的张开是短暂的,不会影响结构的使用寿命。部分预应力混凝土介于全预应力混凝土与钢筋混凝土之间,有很大的选择范围,可根据结构的功能要求、使用环境及所用钢材品种的不同,设计成不同裂缝控制要求的预应力混凝土构件。

10.1.3 预应力的施加方法

按照张拉预应力筋与浇捣混凝土的先后顺序,预应力的施加方法可分为先张法和后张法两种。

1. 先张法

在浇筑混凝土之前先张拉预应力筋的方法称为先张法(pretensioning method),其主要工序如下(图 10.2):

(1) 在台座(或钢模)上张拉预应力筋,并将其锚固在台座(或钢模)上如图 10.2(a)所示。

(2) 支模、绑扎预应力筋并浇捣混凝土如图 10.2(b)所示。

(3) 待混凝土达到一定强度后(按计算确定,且至少不低于强度设计值的 75%)剪断(或放松)预应力筋如图 10.2(c)所示。

预应力筋放松后将产生弹性回缩,但预应力筋和混凝土之间的粘结力阻止其回缩,因而混凝土获得预应力。先张法主要适用于大批量生产以钢丝为预应力筋的中、小型构件,如常见的预应力空心楼板、轨枕、水管及电杆等。

2. 后张法

在混凝土达到规定强度后的构件上直接张拉预应力筋的方法,称为后张法(post - tensioning method),其主要工序如下(图 10.3):

(1) 浇筑混凝土构件,并预留预应力筋孔道。

(2) 养护混凝土达到一定强度(一般为设计强度的 75% 或以上)后,在孔道中穿筋,用锚具将预应力筋在构件端部锚固,张拉预应力筋至控制应力,从而使构件保持预压状态。

(3) 孔道内压力灌浆,使构件结硬成整体。

后张法构件的预应力是通过预应力筋端部的锚具直接挤压混凝土而获得的,后张法主要

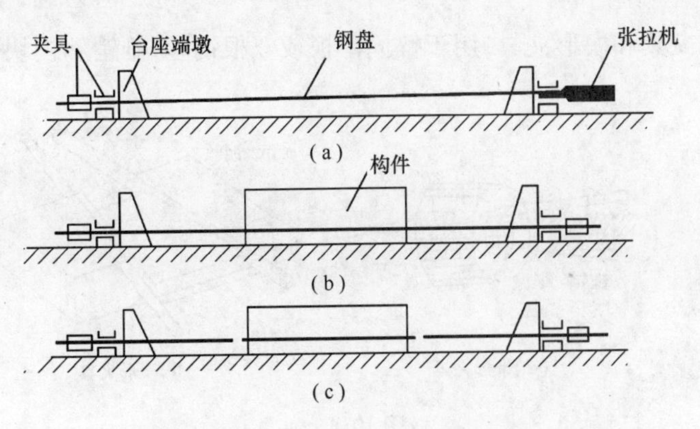

图 10.2　先张法主要工序示意图

用于钢绞线为配筋的大型预应力构件,如桥梁、屋架、屋面梁及吊车梁等。

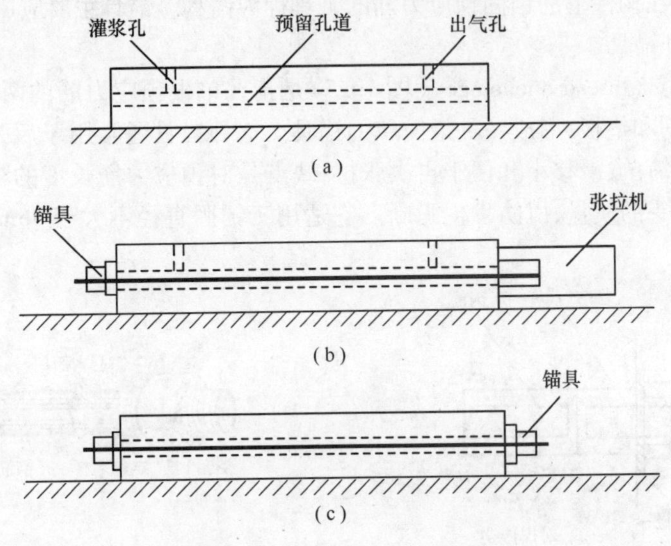

图 10.3　后张法主要工序示意图

3. 先张法和后张法的区别

先张法工艺比较简单,但是需要台座(或钢模)设施;后张法工艺比较复杂,需要对构件安装永久性的锚具,但不需要台座(或钢模)设施。先张法适用于在预制构件厂批量制造、方便运输的中小型构件;而后张法适用于分阶段张拉的大型构件、在现场成型的大型构件。先张法一般只适用于直线或折线形预应力筋;后张法既适用于直线形预应力筋,又适用于曲线预应力筋。

先张法与后张法的本质差别在于预应力施加的途径不同,先张法主要通过预应力筋与混凝土间的粘结力来施加预应力;后张法则是通过锚具直接施加预应力。

10.1.4　夹具和锚具

夹具(grip)和锚具(anchorage)是在制作预应力构件时锚固预应力筋的工具,对构件建立有效预应力起着至关重要的作用。

1. 夹具

可以取下而重复使用的锚固预应力筋的工具称为夹具。夹具主要应用于先张法中。图

10.4 所示为锥形夹具和楔形夹具,用于锚固单根或双根钢丝,锥销和楔块可用人工锤入(夹紧钢丝进行张拉)。

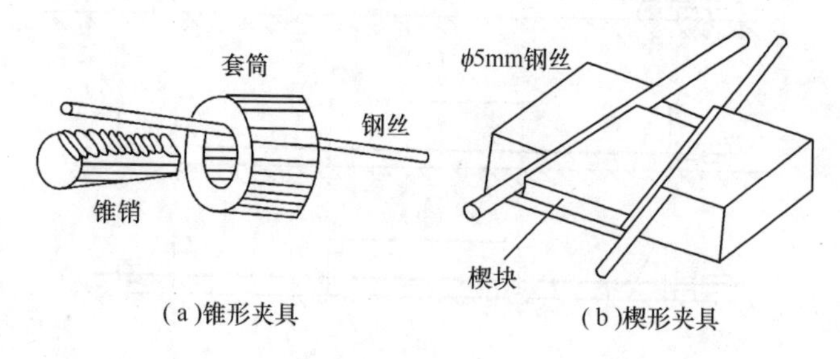

图 10.4　夹具

2. 锚具

需长期固定在构件上的锚固预应力筋的工具称为锚具。锚具主要应用于后张法中。

1) 螺丝端杆锚具

螺丝端杆锚具(thread anchorage)(图 10.5)是指在单根预应力筋的两端分别焊上一段螺丝端杆,套以螺帽和垫板,形成一种最简单的锚具。这种锚具通常用于后张法构件的张拉端,它的优点是比较简单、滑移小和便于再次张拉;缺点是对预应力筋长度的精度要求高,同时要特别注意焊接接头的质量,以防发生脆断。它适用于锚固直径不大于 36mm 的预应力筋及直线预应力束。

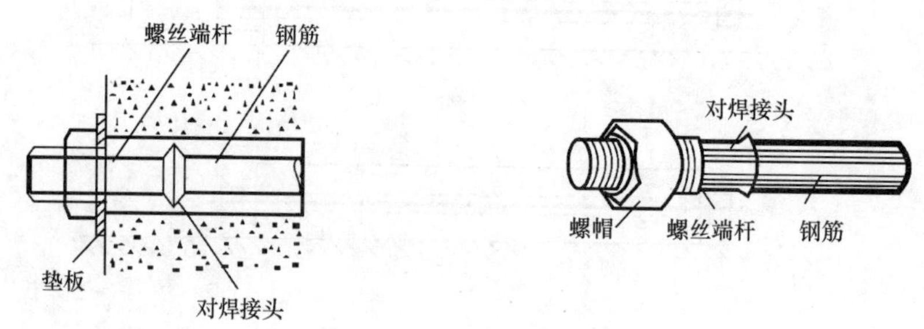

图 10.5　螺丝端杆锚具

2) 锥形锚具

锥形锚具(conical wedge anchorage)(图 10.6)是用于锚固多根直径为 5 ~ 12mm 的平行钢丝束,或者锚固多根直径为 13 ~ 15mm 的平行钢铰线束。依靠摩擦力,预应力筋将预应力传到锚环,由锚环通过粘结力和承压力再将力传到混凝土构件上。锥形锚具的缺点是滑移大,而且不易保证每根预应力筋中的应力均匀。

3) 镦头锚具

镦头锚具(anchorage for button - head bar)(图 10.7)适用于锚固多根直径 10 ~ 18mm 或 18 根以下直径 5mm 的平行预应力筋束。张拉端采用锚环,固定端采用锚板。将钢丝或预应力筋的端头镦粗,穿入锚环内,边张拉边拧紧内螺帽。采用这种锚具时,要求钢丝或预应力筋的下料长度精确度较高;否则会使预应力筋受力不均匀。

4) 夹片式锚具

夹片式锚具由锚环与夹片组成(图 10.8),常见的有 JM12 锚具(type JM anchorage)。使用过程中,依靠摩擦力,预应力筋将预应力传给夹片,依靠其斜面上的承压力,夹片将预拉力传给锚环,锚环再通过承压力将力传到混凝土构件上。JM12 锚具的主要缺点是预应力筋的内缩值较大。

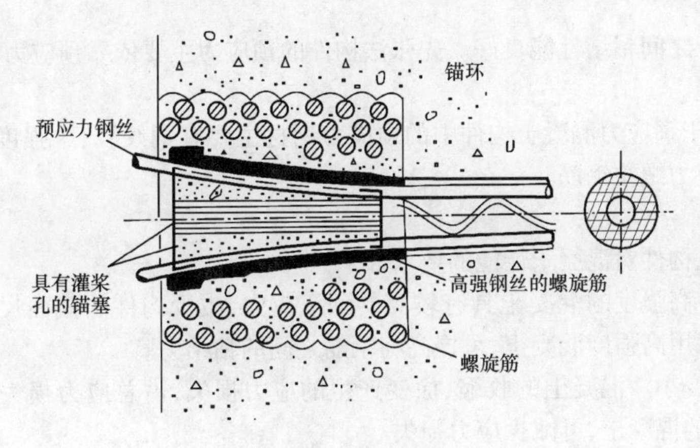

图 10.6　锥形锚具

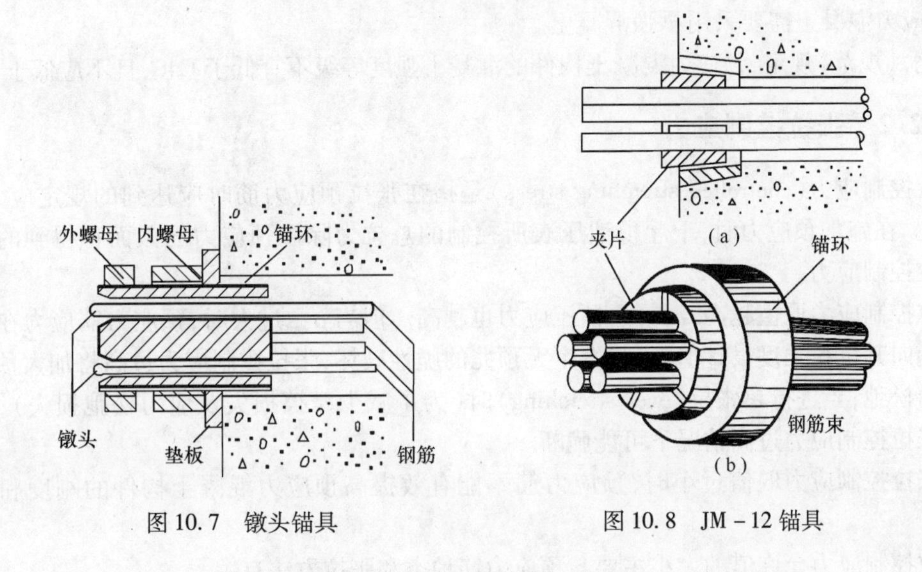

图 10.7　镦头锚具

图 10.8　JM－12 锚具

10.2　预应力混凝土构件设计的一般规定

10.2.1　预应力混凝土的材料

1. 预应力筋

预应力筋的受力特点就是从构件制作到使用阶段，始终处于高应力状态，其性能需满足下列要求：

(1) 强度高。高强钢筋保证能够有效地提高构件的抗裂性。混凝土预压应力的大小，由预应力筋张拉应力的大小决定。考虑到构件在制作过程中可能会出现各种应力损失，需要采用较高的张拉应力，这就进一步要求预应力筋需要具有较高的抗拉强度。

(2) 具有一定的塑性。高强度钢材其塑性性能一般较低，要求预应力筋在拉断前具有一定的伸长率，这样可以避免预应力混凝土构件发生脆性破坏。在低温或受冲击荷载作用下，对构件的塑性要求更高。

(3) 加工性能良好。要求钢筋可焊性良好，同时当预应力筋"镦粗"后，将不会影响其原来的物理力学性能。

（4）与混凝土之间粘结性能良好。先张法构件的预应力主要依靠预应力筋和混凝土之间的粘结强度来传递。

目前，我国用于预应力混凝土构件中的预应力钢材主要有钢绞线、中强度预应力钢丝、消除应力钢丝和预应力螺纹钢筋。

2. 混凝土

预应力混凝土构件对混凝土性能的要求如下：

（1）强度高。高强度的混凝土具有较高的预压应力，减少构件的截面尺寸，减轻结构自重。先张法构件采用高强度混凝土，可提高与钢筋之间的粘结力。

（2）收缩、徐变小。混凝土的收缩、徐变产生的应力损失，占总应力损失中的很大比例。采用收缩、徐变小的混凝土，可减少应力损失。

（3）快硬、早强。为了提高台座、模具、夹具等设备的周转率，尽早施加预应力，加快施工进度，预应力混凝土需要采用早强混凝土。

因此，《规范》规定，预应力混凝土构件的混凝土强度等级不宜低于C40，且不应低于C30。

10.2.2 张拉控制应力

张拉控制应力（controlled stretching stress）是指在张拉预应力筋时应达到的规定应力，用σ_{con}表示。在施加预应力时，千斤顶油压表所控制的总拉力除以预应力筋截面积得到的应力即为张拉控制应力。

张拉控制应力取值越高，混凝土预压应力也越高。但当σ_{con}过大时，预应力筋应力在裂缝出现时趋向其抗拉强度设计值，可能发生无预兆的脆性破坏；张拉控制应力过高将加大预应力筋的应力松弛；当进行超张拉（over stretching）时（为了减少摩擦损失及应力松弛损失），个别钢丝在张拉控制应力过高情况下可能脆断。

当张拉控制应力取值过小时，预应力筋不能有效提高预应力混凝土构件的刚度和抗裂性能。

张拉控制应力允许值的大小主要与预应力筋种类和张拉方法有关。

冷拉预应力筋属于软钢，以屈服强度作为强度标准值，所以张拉控制应力可以定得高一些。而钢丝和钢绞线属于硬钢，塑性差，且以极限抗拉强度作为强度标准值，故张拉控制应力应该定得低一些。

张拉控制应力限值还与施加预应力的方法有关。先张法构件，张拉预应力筋时的张拉力由台座承担，混凝土是在放松预应力筋时受到压缩；而后张法构件在张拉的同时混凝土的弹性压缩已经完成。另外，先张法的混凝土收缩、徐变引起的预应力损失比后张法要大。所以，在张拉控制应力相同时，后张法的实际预应力效果高于先张法。因此，对于相同种类的预应力筋，先张法的张拉控制应力可高于后张法。

《混凝土结构设计规范》GB 50010—2010中规定张拉控制应力σ_{con}应符合下列规定：

（1）消除应力钢丝、钢绞线，即

$$\sigma_{con} \leqslant 0.75 f_{ptk} \tag{10.1}$$

（2）中强度预应力钢丝，有

$$\sigma_{con} \leqslant 0.70 f_{ptk} \tag{10.2}$$

（3）预应力螺纹预应力筋，有

$$\sigma_{con} \leqslant 0.85 f_{pyk} \tag{10.3}$$

式中　f_{ptk}——预应力筋极限强度标准值；

f_{pyk}——预应力螺纹预应力筋屈服强度标准值。

消除应力钢丝、钢绞线、中强度预应力钢丝的张拉控制应力值不应小于 $0.4f_{ptk}$；预应力螺纹预应力筋的张拉应力控制值不宜小于 $0.5f_{pyk}$。

当符合下列情况之一时，上述张拉控制应力限值可相应提高 $0.05f_{ptk}$ 或 $0.05f_{pyk}$：

① 要求提高构件在施工阶段的抗裂性能而在使用阶段受压区内设置的预应力筋。

② 要求部分抵消由于应力松弛、摩擦、预应力筋分批张拉以及预应力筋与张拉台座之间的温差等因素产生的预应力损失。

10.2.3　预应力损失

由于材料特性、张拉工艺和锚固等原因，从张拉预应力筋开始直至构件使用的整个过程中，预应力筋的控制应力将慢慢降低，与此同时，混凝土的预压应力将逐渐下降，即产生预应力损失(loss of prestress)。引起预应力损失的因素很多，下面讲述6项预应力损失。

1. 锚具变形和预应力筋的内缩引起的预应力损失 σ_{l1}

当预应力直线筋张拉到 σ_{con} 后，由于锚具受力后产生的变形、垫板缝隙的挤紧和预应力筋在锚具中的内缩，产生的应力损失 σ_{l1} 按式(10.4)计算，即

$$\sigma_{l1} = \frac{a}{l}E_s \tag{10.4}$$

式中　a——锚具变形和预应力筋内缩值，mm，按表10.1取用；

l——锚固端至张拉端之间的距离，mm；

E_s——预应力筋的弹性模量，N/mm^2。

表10.1　锚具变形和预应力筋的内缩值 a(mm)

锚具类别		a
支承式锚具(钢丝束镦头锚具等)	螺帽缝隙	1
	每块后加垫板的缝隙	1
夹片式锚具	有顶压时	5
	无顶压时	6~8

减小 σ_{l1} 的措施有以下几个：

(1) 选用长线台座，因为 σ_{l1} 与台座长度 l 成反比。对先张法生产的构件，当台座长度大于100m时，σ_{l1} 可忽略；对后张法构件预应力筋为曲线配筋时，计算锚具损失时应考虑反摩擦力的影响。

(2) 选用锚具变形小、预应力筋内缩值小的锚具或夹具，尽量少用垫板块数，因为每增加一块底板，a 值就增大1mm。

2. 预应力筋与孔壁之间的摩擦引起的预应力损失 σ_{l2}

由于钢筋表面粗糙、孔道位置偏差、孔道内壁粗糙等原因，使得在预应力筋张拉时与孔道壁之间产生摩擦。预应力筋的应力在摩擦力的积累下，随距张拉端距离的增大而减小，称为摩擦损失 σ_{l2}。曲线预应力配筋时，曲线孔道的曲率使孔道壁与预应力筋之间产生摩擦力和法向力，摩擦损失比直线孔道要加大。如图10.9所示，摩擦损失 σ_{l2} 可按下式计算，即

$$\sigma_{l2} = \sigma_{con}\left(1 - \frac{1}{e^{kx+\mu\theta}}\right) \tag{10.5}$$

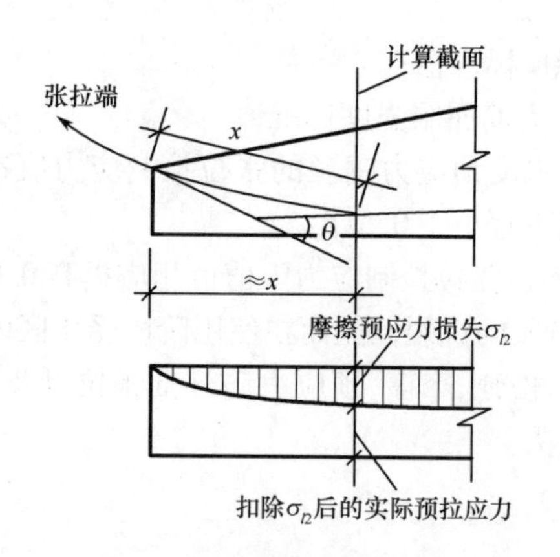

图 10.9　摩擦引起的预应力损失

当$(kx+\mu\theta)\leqslant 0.3$时，$\sigma_{l2}$可按下列近似公式计算，即

$$\sigma_{l2}=(kx+\mu\theta)\sigma_{\mathrm{con}} \tag{10.6}$$

式中　x——从张拉端至计算截面的孔道长度，可近似取该段孔道在纵轴上的投影长度，m；

θ——从张拉端至计算截面曲线孔道各部分切线的夹角之和，rad。

k——考虑孔道每米长度局部偏差的摩擦系数，可按表 10.2 采用；

μ——预应力筋与孔道壁之间的摩擦系数，可按表 10.2 采用。

表 10.2　摩擦系数

孔道成型方式	k	μ	
		钢绞线、钢丝束	预应力螺纹预应力筋
预埋金属波纹管	0.0015	0.25	0.50
预埋塑料波纹管	0.0015	0.15	—
预埋钢管	0.0010	0.30	—
抽芯成型	0.0014	0.55	0.60
无粘结预应力筋	0.0040	0.09	—
注：摩擦系数也可根据实测数据确定			

减小此项损失的措施有以下几个：

（1）两端张拉。由图 10.10(a)、(b)可知，两端张拉比一端张拉可减小 1/2 摩擦损失值（当构件长度超过 18m 或较长构件的曲线式配筋常采用两端张拉的施工方法），但增加了锚具变形引起的损失 σ_{l1}，所以这两者要综合平衡考虑。

（2）超张拉。如图 10.10(c)所示，其张拉顺序为：先使张拉端预应力筋应力由 $0\to 1.1\sigma_{\mathrm{con}}$（$A$ 点到 E 点），持荷 2min，再卸荷使张拉应力退到 $0.85\sigma_{\mathrm{con}}$（$E$ 点到 F 点），持荷 2min，再加荷使张拉应力达到 σ_{con}（F 点到 C 点），这样可使摩擦损失（特别在端部曲线处）减小，比一次张拉到 σ_{con} 的预应力分布更均匀，见 $CGHD$ 曲线。

3. 温差引起的预应力损失 σ_{l3}

先张法构件常需要蒸汽养护，加速混凝土硬结，养护棚内温度将高于台座的温度。温度升高，预应力筋伸长，但是台座横梁的间距不发生变化，产生预应力损失 σ_{l3}。降温时，预应力筋与混凝土之间已粘结，两者共同回缩（预应力筋和混凝土的温度膨胀系数相近），产生应力损失 σ_{l3}。

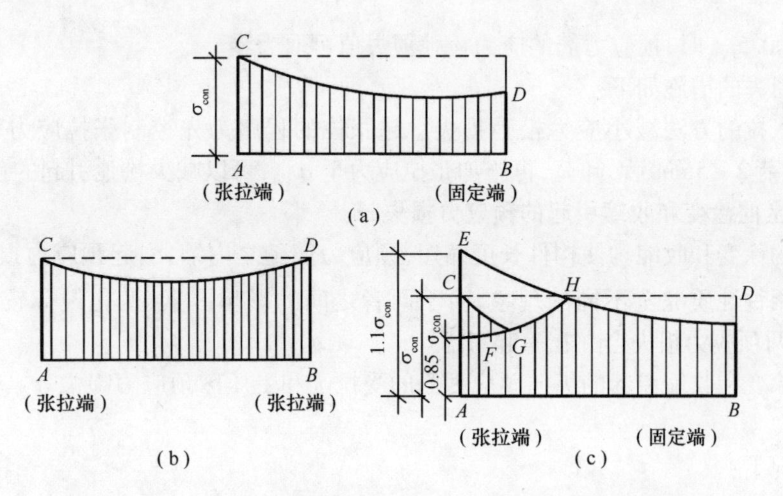

图 10.10　一端张拉、两端张拉及超张拉对减小摩擦损失的影响

温差引起的预应力损失 σ_{l3} 为

$$\sigma_{l3}=2\Delta t \tag{10.7}$$

式中　Δt——台座与预应力筋的温差。

减小 σ_{l3} 损失的措施如下：

(1) 采用两次升温养护。先在常温下养护，待混凝土强度达到一定强度等级，如当达 C7.5 ~ C10 时，第二次逐渐升温至规定的养护温度，这时可认为预应力筋与混凝土已结成整体，能够一起胀缩而不引起应力损失。

(2) 在钢模上张拉预应力筋。由于预应力筋是锚固在钢模上的，升温时两者温度相同，可以不考虑此项损失。

4. 预应力筋应力松弛引起的应力损失 σ_{l4}

在高应力长期作用下，预应力筋塑性变形随时间增长而增长，当钢筋长度不变时，应力随时间增长而降低，这种现象称为应力松弛(stress relaxation)。预应力筋的应力松弛将引起预应力筋中的应力损失，这种损失称为预应力筋应力松弛损失 σ_{l4}。

《规范》根据试验资料的统计分析，规定应力松弛损失 σ_{l4} 按下列公式计算。

(1) 消除应力钢丝、钢绞线

普通松弛，即

$$\sigma_{l4}=0.4\psi\left(\frac{\sigma_{con}}{f_{ptk}}-0.5\right)\sigma_{con} \tag{10.8}$$

ψ—起张拉系数，一次张拉时，取 $\psi=1$；起张拉时取 $\psi=0.9$。

低松弛，即

$$当\ \sigma_{con}\leqslant 0.7f_{ptk}时，\sigma_{l4}=0.125\left(\frac{\sigma_{con}}{f_{ptk}}-0.5\right)\sigma_{con} \tag{10.9}$$

$$当\ 0.7f_{ptk}<\sigma_{con}\leqslant 0.8f_{ptk}时，\sigma_{l4}=0.2\left(\frac{\sigma_{con}}{f_{ptk}}-0.575\right)\sigma_{con} \tag{10.10}$$

(2) 中强度预应力钢丝，即

$$\sigma_{l4}=0.08\sigma_{con} \tag{10.11}$$

(3) 预应力螺纹预应力筋，即

$$\sigma_{l4}=0.03\sigma_{con} \tag{10.12}$$

当 $\sigma_{con} \leqslant 0.5f_{ptk}$ 时，预应力筋的应力松弛损失值可取为零。

减小此损失的措施如下：

采用超张拉的方法减小应力松弛损失。超张拉的程序为先控制张拉应力为 $1.05\sigma_{con} \sim 1.1\sigma_{con}$，当持荷 2～5min 后，卸荷，再施加张拉应力至 σ_{con}，可以减少松弛引起的预应力损失。

5. 混凝土的徐变和收缩引起的预应力损失 σ_{l5}

混凝土的徐变和收缩均使构件长度缩短，预应力筋随之内缩，引起预应力损失 σ_{l5}。徐变和收缩虽是两种性质完全不同的现象，由于两者之间的影响因素、变化规律较为相似，一般《规范》将这两项应力损失合并在一起考虑。

混凝土徐变和收缩引起的纵向预应力筋的受拉区和受压区预应力损失 σ_{l5}、σ'_{l5}，按下列公式计算。

一般情况下：

先张法构件，有

$$\sigma_{l5} = \frac{60 + 340 \times \dfrac{\sigma_{pc}}{f'_{cu}}}{1 + 15\rho} \tag{10.13}$$

$$\sigma'_{l5} = \frac{60 + 340 \times \dfrac{\sigma'_{pc}}{f'_{cu}}}{1 + 15\rho'} \tag{10.14}$$

后张法构件，有

$$\sigma_{l5} = \frac{55 + 300 \times \dfrac{\sigma_{pc}}{f'_{cu}}}{1 + 15\rho} \tag{10.15}$$

$$\sigma'_{l5} = \frac{55 + 300 \times \dfrac{\sigma'_{pc}}{f'_{cu}}}{1 + 15\rho'} \tag{10.16}$$

式中 σ_{pc}，σ'_{pc}——受拉区、受压区预应力筋合力点处的混凝土法向压应力；

f'_{cu}——施加预应力时的混凝土立方体抗压强度；

ρ，ρ'——受拉区、受压区预应力筋和普通钢筋的配筋率。对于对称配置预应力筋和普通钢筋的构件，配筋率 ρ、ρ' 应按预应力筋总截面面积的一半计算。

对先张法构件，有

$$\rho = \frac{A_p + A_s}{A_0} \qquad \rho' = \frac{A'_p + A'_s}{A_0} \tag{10.17}$$

对后张法构件，有

$$\rho = \frac{A_p + A_s}{A_n} \qquad \rho' = \frac{A'_p + A'_s}{A_n} \tag{10.18}$$

式中 A_0——换算截面面积，包括净截面面积以及全部纵向预应力筋截面面积换算成混凝土的截面面积；

A_n——净截面面积，即除孔道、凹槽等削弱部分外，混凝土全部截面面积及纵向普通钢筋截面面积换算成的混凝土的截面面积之和；对由不同混凝土强度等级组成的截面，应根据混凝土弹性模量比值换算成同一混凝土强度等级的截面面积。

当结构处于年平均相对湿度低于 40% 的环境下，σ_{l5} 及 σ'_{l5} 值应增加 30%。

减小 σ_{l5} 损失的措施如下：

① 选用级配较好的骨料，提高混凝土密实性。

② 优先选用高强水泥，采用干硬混凝土，降低水灰比。

③ 加强养护，以减少混凝土收缩损失。

6. 环向预应力筋挤压混凝土引起的应力损失 σ_{l6}

当环形构件采用缠绕的螺旋式预应力筋时，混凝土在环向预应力的挤压下发生局部压陷，使环形构件的直径减小，产生应力损失 σ_{l6}，其大小与环形构件的直径成反比。

当环形构件直径不大于3m时，取 $\sigma_{l6}=30\text{N/mm}^2$；否则 σ_{l6} 可忽略。

7. 预应力损失的组合

上述6项应力损失是分批出现的，不同受力阶段应考虑不同的预应力损失组合。通常把预压前混凝土出现的预应力损失称为第一批损失，预压后出现的损失称为第二批损失。

构件在各阶段的预应力损失值宜按表10.3的规定进行组合。

表10.3　各阶段预应力损失值的组合

预应力损失值的组合	先张法构件	后张法构件
混凝土预压前的预应力损失（第一批 $\sigma_{l\text{I}}$）	$\sigma_{l1}+\sigma_{l2}+\sigma_{l3}+\sigma_{l4}$	$\sigma_{l1}+\sigma_{l2}$
混凝土预压后的预应力损失（第二批 $\sigma_{l\text{II}}$）	σ_{l5}	$\sigma_{l4}+\sigma_{l5}+\sigma_{l6}$
注：先张法构件由于预应力筋应力松弛引起的损失值在第一批和第二批损失中所占的比例，如需区分，可根据实际情况确定。		

《规范》规定，当计算求得的预应力总损失小于下列下限值时，则按下列数值取用：

先张法构件取100N/mm²；后张法构件取80N/mm²。

10.2.4　先张法构件预应力筋的传递长度

先张法构件的预压力靠预应力筋与混凝土之间的粘结力传递。当切断（或放松）预应力筋时，构件端部的预应力筋应力为零，并逐渐向中间增大，经过一定长度后到达预应力值 σ_{pe}，如图10.11所示。预应力值从零到有效预应力 σ_{pe} 区段的长度称为传递长度（transfer length of prestress）l_{tr}。在此长度内，应力差值由预应力筋与混凝土之间的粘结力来平衡。为简化计算，《规范》规定可近似按直线考虑。先张法构件预应力筋的预应力传递长度 l_{tr} 按下列公式计算，即

$$l_{tr}=\alpha\frac{\sigma_{pe}}{f'_{tk}}d \tag{10.19}$$

式中　σ_{pe}——放张时预应力筋的有效预应力值；

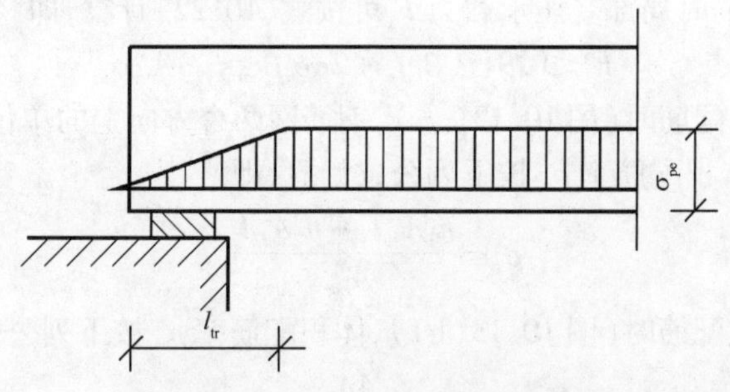

图10.11　预应力筋的传递长度

d——预应力筋的公称直径；

α——预应力筋的外形系数；

f'_{tk}——与放张时混凝土立方体抗压强度 f'_{cu} 相应的轴心抗拉强度标准值。

当采用骤然放松预应力的施工工艺时，l_{tr} 的起点应从距构件末端 $0.25l_{tr}$ 处开始计算。

10.2.5 后张法构件端部锚固区局部受压承载力计算

后张法构件的预压力通过锚具经垫板传递给混凝土，由于预压力很大，而锚具下垫板的面积很小，因此，构件端部承受很大的局部压应力，其压应力要经过一段距离才能扩散到整个截面上，如图 10.12 所示。从端部局部受压过渡到全截面均匀受压的这个区段就称为预应力混凝土构件的锚固区，由平面应力问题分析得知，锚固区的混凝土处于三向应力状态，距离端部较近处 σ_y 是压应力，距离端部较远处为拉应力。当横向拉应力大于混凝土的抗拉强度时，构件的端部将发生纵向裂缝，若承载力不足，则会导致局部受压破坏。因此，需要进行局部受压区的截面尺寸和局部受压承载能力的验算。

1. 局部受压区的截面尺寸验算

构件端部截面尺寸验算，需要配置间接预应力筋的混凝土构件，局部受压区的截面尺寸应符合下列要求，即

$$F_l \leqslant 1.35\beta_c\beta_l f_c A_{ln} \tag{10.20}$$

$$\beta_l = \sqrt{\frac{A_b}{A_l}} \tag{10.21}$$

式中 F_l——作用在局部受压截面上的轴向压力设计值；

f_c——混凝土轴心抗压强度设计值，在后张法预应力混凝土构件的张拉阶段验算中，可根据相应阶段的混凝土立方体抗压强度 f'_{cu} 值按《规范》规定以线性内插法确定；

β_c——混凝土强度影响系数，当混凝土强度等级不超过 C50 时，$\beta_c=1.0$；当混凝土强度等级为 C80 时，$\beta_c=0.8$；其间按线性内插法确定；

β_l——混凝土局部受压时的强度提高系数；

A_l——混凝土局部受压面积；

A_{ln}——混凝土局部受压净面积；

A_b——局部受压的计算底面积，可由局部受压面积与计算底面积按同心、对称的原则确定，常用情况的取值见图 10.12。

2. 局部受压承载力计算

在锚固区段配置间接钢筋（方格网式或螺旋式）可有效提高其局部受压强度，防止局部受压破坏，当配有间接钢筋时局部受压承载力 F_l 可按式（10.22）计算，即

$$F_l \leqslant 0.9(\beta_c\beta_l f_c + 2\alpha\rho_v\beta_{cor} f_{yv})A_{ln} \tag{10.22}$$

当配置为方格网式配筋时（图 10.13(a)），钢筋网两个方向上的单位长度内钢筋截面面积的比值不宜大于 1.5，体积配筋率 ρ_v 按下列公式计算，即

$$\rho_v = \frac{n_1A_{s1}l_1 + n_2A_{s2}l_2}{A_{cor}s} \tag{10.23}$$

当配置为螺旋筋式配筋时（图 10.13(b)），体积配筋率 ρ_v 按下列公式计算，即

$$\rho_v = \frac{4A_{ss1}}{d_{cor}s} \tag{10.24}$$

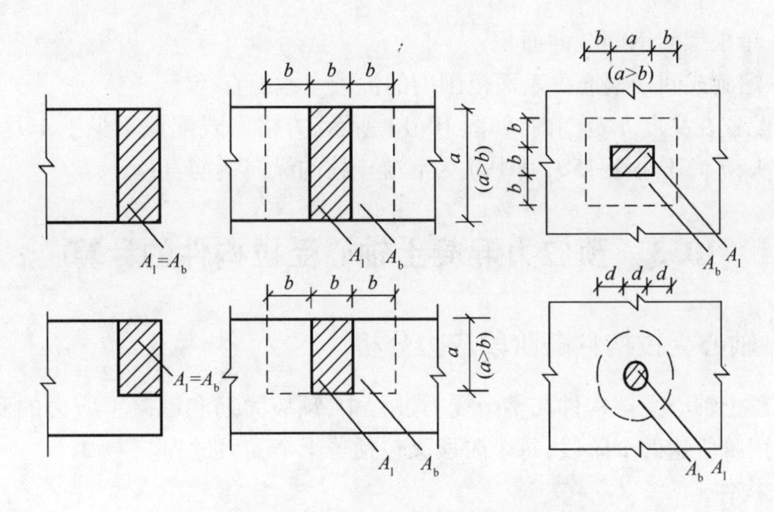

图 10.12　局部受压的计算底面积

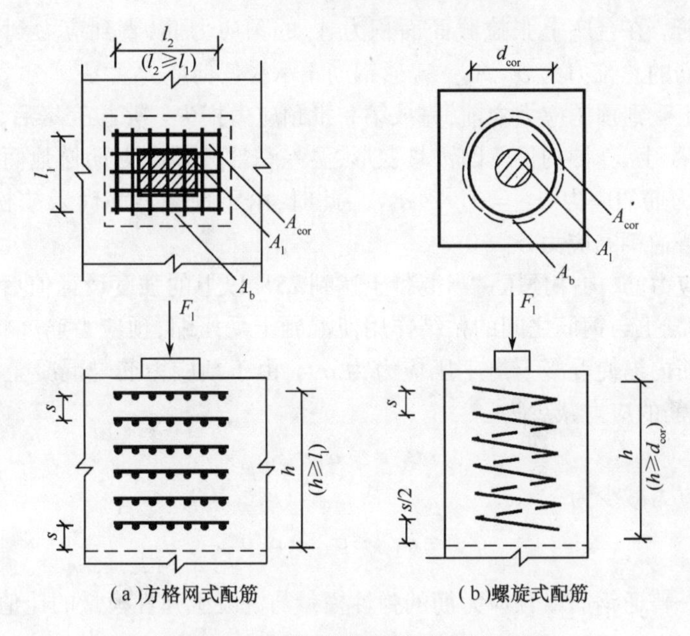

(a)方格网式配筋　　(b)螺旋式配筋

图 10.13　局部受压区的间接预应力筋

式中　β_{cor}——配置间接钢筋的局部受压承载力提高系数，$\beta_{cor}=\sqrt{\dfrac{A_{cor}}{A_l}}$；

α——间接钢筋对混凝土约束的折减系数；

A_{cor}——方格网式或螺旋式间接钢筋内表面范围内的混凝土核心截面面积，应大于混凝土局部受压面积 A_l，其重心应与 A_l 的重心重合，计算中按同心、对称的原则取值；

f_{yv}——间接钢筋的抗拉强度设计值；

ρ_v——间接钢筋的体积配筋率；

n_1, A_{s1}——分别为方格网沿 l_1 方向的根数、单根钢筋的截面面积；

n_2, A_{s2}——分别为方格网沿 l_2 方向的根数、单根钢筋的截面面积；

s——方格网式或螺旋式间接钢筋的间距，宜取 30～80mm；

A_{ss1}——单根螺旋钢筋截面面积；

d_{cor}——螺旋式间接钢筋内表面范围内的混凝土截面直径。

间接钢筋配置在高度 h 范围内，如图 10.13 所示，方格网式配置不少于 4 片；螺旋式不少于 4 圈。柱接头，h 尚不小于 $15d$，其中 d 为混凝土柱的纵向钢筋直径。

10.3 预应力混凝土轴心受拉构件的计算

10.3.1 轴心受拉构件各阶段应力分析

预应力混凝土轴心受拉构件在整个受力过程中，预应力筋和混凝土应力的变化一般分为施工阶段和使用阶段这两个阶段，每个阶段又包括若干个受力过程。

1. 先张法构件

1）施工阶段

（1）张拉钢筋。在台座上张拉截面面积为 A_p 的预应力筋，直到应力到达张拉控制应力 σ_{con}，此时预应力筋的总拉力为 $\sigma_{con}A_p$。普通钢筋不承受任何应力。

（2）在混凝土受到预压应力之前，完成第一批预应力损失。张拉完毕后，将预应力筋锚固在台座上，浇筑混凝土、养护构件。因锚具变形、温差和部分预应力筋松弛而产生第一批预应力损失 $\sigma_{l\text{I}}$，预应力筋的应力 $\sigma_{pe}=\sigma_{con}-\sigma_{l\text{I}}$。此时，由于预应力筋尚未放松，混凝土尚未受力，所以 $\sigma_{pc}=0$，普通钢筋应力 $\sigma_s=0$。

（3）放松预应力筋，构件预压。当混凝土达到 75% 以上的强度设计值后，放松预应力筋，钢筋回缩，依靠混凝土与钢筋之间的粘结作用使混凝土受压缩，预应力筋亦将随之缩短，拉应力减小。预应力筋内缩使混凝土产生压应力为 $\sigma_{pc\text{I}}$，由于预应力筋与混凝土之间的变形必须协调，所以普通钢筋的应力减少为

$$\sigma_{s\text{I}} = -\alpha_E\sigma_{pc\text{I}} \tag{10.25}$$

预应力筋的应力减少为

$$\sigma_{pe\text{I}}=\sigma_{con}-\sigma_{l\text{I}}-\alpha_E\sigma_{pc\text{I}} \tag{10.26}$$

式中　α_E——普通钢筋或预应力筋的弹性模量与混凝土弹性模量的比值，$\alpha_E=\dfrac{E_s}{E_c}$。

由力的平衡条件可得

$$\sigma_{p\text{I}}A_p-\sigma_{s\text{I}}A_s=\sigma_{pc\text{I}}A_c \tag{10.27}$$

将式(10.25)、式(10.26)代入式(10.27)，可得此时混凝土的有效应力为

$$\sigma_{pc\text{I}}=\frac{(\sigma_{con}-\sigma_{l\text{I}})A_p}{A_c+\alpha_E A_s+\alpha_E A_p}=\frac{(\sigma_{con}-\sigma_{l\text{I}})A_p}{A_0} \tag{10.28}$$

式中　A_0——换算截面面积（混凝土截面面积 A_c 以及普通钢筋和全部纵向预应力筋截面面积换算成混凝土的截面面积），$A_0=A_c+\alpha_E A_s+\alpha_E A_p$；

A_p，A_s——分别为预应力筋、普通钢筋的截面面积。

（4）混凝土受到预压应力，完成第二批预应力损失。随着混凝土徐变、收缩以及预应力筋的进一步松弛，将产生的第二批预应力损失 $\sigma_{l\text{II}}$。此时，预应力筋的总预应力损失为 $\sigma_l=\sigma_{l\text{I}}+\sigma_{l\text{II}}$，混凝土的压应力进一步降低至 σ_{pc}，预应力筋的应力也降低至 $\sigma_{pe}=\sigma_{con}-\sigma_l-\alpha_E\sigma_{pc}$，而普通钢筋的应力为 $\sigma_s=-(\alpha_E\sigma_{pc}+\sigma_{l5})$，因此，通过截面平衡条件有

$$(\sigma_{con}-\sigma_l-\alpha_E\sigma_{pc})A_p-(\alpha_E\sigma_{pc}+\sigma_{l5})A_s=\sigma_{pc}A_c \tag{10.29}$$

此时混凝土的有效预应力为

$$\sigma_{pc}=\frac{(\sigma_{con}-\sigma_l)A_p-\sigma_{l5}A_s}{A_c+\alpha_E A_s+\alpha_E A_p}=\frac{(\sigma_{con}-\sigma_l)A_p-\sigma_{l5}A_s}{A_0} \tag{10.30}$$

2）使用阶段

（1）消压状态。

在使用阶段，构件承受外荷载后，混凝土的有效预应力逐渐减少，预应力筋拉应力相应增大，当达到某一阶段时，构件中混凝土有效预应力恰好为零（$\sigma_{pc}=0$），构件处于消压状态，此时对应的外加荷载称为"消压轴力"N_{p0}。

此时，预应力筋的应力为 $\sigma_p=\sigma_{con}-\sigma_l$，普通钢筋的应力为 $-\sigma_{l5}$，因此通过截面平衡条件，可得消压轴力为

$$N_{p0}=(\sigma_{con}-\sigma_l)A_p-\sigma_{l5}A_s \tag{10.31}$$

比较式(10.30)与式(10.31)，则消压轴力 N_{p0} 可表达为

$$N_{p0}=\sigma_{pc}A_0 \tag{10.32}$$

（2）即将开裂状态。

当轴力超过消压轴力 N_{p0} 后，混凝土开始受拉，随着荷载的增加，当混凝土拉应力达到混凝土轴心抗拉强度标准值 f_{tk} 时，混凝土即将开裂。此时预应力筋的应力为 $\sigma_{con}-\sigma_l+\alpha_E f_{tk}$，普通钢筋的应力为 $\alpha_E f_{tk}-\sigma_{l5}$。因此，构件的开裂荷载 N_{cr} 也可通过截面平衡条件求得，即

$$\begin{aligned}N_{cr}&=(\sigma_{con}-\sigma_l+\alpha_E f_{tk})A_p+(\alpha_E f_{tk}-\sigma_{l5})A_s+f_{tk}A_c\\&=(\sigma_{con}-\sigma_l)A_p-\sigma_{l5}A_s+(A_c+\alpha_E A_s+\alpha_E A_p)f_{tk}\end{aligned} \tag{10.33}$$

由于 $A_0=A_c+\alpha_E A_s+\alpha_E A_p$，将式(10.30)代入式(10.33)有

$$N_{cr}=(\sigma_{pc}+f_{tk})A_0 \tag{10.34}$$

可见，由于有效预压应力的作用（σ_{pc} 一般比 f_{tk} 大很多），使得预应力混凝土轴心受拉构件要比普通钢筋混凝土构件的开裂荷载大很多，故预应力混凝土构件抗裂性能良好。

（3）构件破坏状态。

混凝土开裂后，裂缝截面上，混凝土无法继续承受拉力，拉力全部由预应力筋和普通钢筋承担，当预应力筋达到抗拉强度设计值时，构件破坏，此时有

$$N_u=f_{py}A_p+f_yA_s \tag{10.35}$$

式(10.35)表明，对于相同截面、材料以及配筋的预应力混凝土构件，其与非预应力混凝土构件的极限承载力相同，即预应力混凝土构件并不能提高极限承载力。

2. 后张法构件

1）施工阶段

（1）浇筑混凝土后，养护直至预应力筋张拉前，可以认为截面中不产生任何应力。

（2）混凝土受到预压应力之前，完成第一批损失。

当张拉预应力筋应力达到 σ_{con} 后，由于锚具变形、预应力筋内缩及孔道摩擦引起第一批预应力损失 $\sigma_{lI}=\sigma_{l1}+\sigma_{l2}$。预应力筋的应力 $\sigma_{peI}=\sigma_{con}-\sigma_{lI}$，普通钢筋应力 $\sigma_{sI}=-\alpha_E\sigma_{pcI}$，混凝土预压应力 σ_{pcI} 可通过截面平衡条件求出，即

$$(\sigma_{con}-\sigma_{lI})A_p-\alpha_E\sigma_{pcI}A_s=\sigma_{pcI}A_c \tag{10.36}$$

此时，混凝土的有效预压应力为

$$\sigma_{pcI}=\frac{(\sigma_{con}-\sigma_{lI})A_p}{A_c+\alpha_E A_s}=\frac{(\sigma_{con}-\sigma_{lI})A_p}{A_n} \tag{10.37}$$

式中 A_n——构件换算净截面面积，即普通钢筋换算成混凝土的面积和扣除孔道等削弱部分以外的混凝土截面面积，$A_n=\alpha_E A_s+A_c$；

A_p——预应力筋截面面积；

A_s——普通钢筋截面面积。

（3）混凝土受到预压力后，完成第二批损失。

产生预应力筋松弛、混凝土徐变和收缩损失后，完成第二批预应力损失，此时，预应力筋应力 $\sigma_{pe}=\sigma_{con}-\sigma_l$，普通钢筋应力 $\sigma_s=-(\alpha_E\sigma_{pc}+\sigma_{l5})$，通过截面平衡条件有

$$(\sigma_{con}-\sigma_l)A_p-(\alpha_E\sigma_{pc}+\sigma_{l5})A_s=\sigma_{pc}A_c \tag{10.38}$$

此时混凝土有效预压应力为

$$\sigma_{pc}=\frac{(\sigma_{con}-\sigma_l)A_p-\sigma_{l5}A_s}{A_s+\alpha_E A_s}=\frac{(\sigma_{con}-\sigma_l)A_p-\sigma_{l5}A_s}{A_n} \tag{10.39}$$

2）使用阶段

（1）消压状态。

加荷至消压轴力 N_{p0}，此时，混凝土应力为零，预应力筋应力为 $\sigma_{con}-\sigma_l+\alpha_E\sigma_{pc}$，普通钢筋应力为 $-\sigma_{l5}$，因此通过截面平衡条件可得消压轴力为

$$\begin{aligned}N_{p0}&=(\sigma_{con}-\sigma_l+\alpha_E\sigma_{pc})A_p-\sigma_{l5}A_s=(\sigma_{con}-\sigma_l)A_p-\sigma_{l5}A_s+\alpha_E\sigma_{pc}A_p\\&=\sigma_{pc}A_n+\sigma_{pc}\alpha_E A_p=\sigma_{pc}A_0\end{aligned} \tag{10.40}$$

（2）即将开裂状态。

混凝土拉应力达到 f_{tk}，预应力筋应力为 $\sigma_{con}-\sigma_l+\alpha_E\sigma_{pc}+\alpha_E f_{tk}$，普通钢筋应力为 $\alpha_E f_{tk}-\sigma_{l5}$，因此，通过截面平衡条件可得开裂轴力为

$$\begin{aligned}N_{cr}&=(\sigma_{con}-\sigma_l+\alpha_E\sigma_{pc}+\alpha_E f_{tk})A_p+(\alpha_E f_{tk}-\sigma_{l5})A_s+f_{tk}A_c\\&=(\sigma_{con}-\sigma_l)A_p-\sigma_{l5}A_s+\alpha_E A_p\sigma_{pc}+(A_c+\alpha_E A_s+\alpha_E A_p)f_{tk}\\&=(\sigma_{pc}+f_{tk})A_{.0}\end{aligned} \tag{10.41}$$

（3）构件破坏状态。

和先张法构件一样，破坏时预应力筋和普通钢筋的拉应力分别达到 f_{py} 和 f_y，由力的平衡条件，可得

$$N_u=f_{py}A_p+f_y A_s \tag{10.42}$$

3. 先张法与后张法计算公式的比较

分析先张法与后张法预应力混凝土轴心受拉构件计算公式（表 10.4、表 10.5），可知：

表 10.4　施工阶段的应力状态

施工阶段		预应力筋应力 σ_p	混凝土应力 σ_c	普通钢筋应力 σ_s
先张法	（1）张拉预应力筋	σ_{con}	—	—
	（2）完成第一批预应力损失	$\sigma_{con}-\sigma_{lI}$	0	0
	（3）放松预应力筋，构件预压	$\sigma_{con}-\sigma_{lI}-a_E\sigma_{pcI}$	$\frac{(\sigma_{con}-\sigma_{lI})A_p}{A_0}$	$-\alpha_E\sigma_{pcI}$
	（4）完成第二批预应力损失	$\sigma_{con}-\sigma_l-\alpha_E\sigma_{pc}$	$\frac{(\sigma_{con}-\sigma_l)A_p-\sigma_{l5}A_s}{A_0}$	$-(\alpha_E\sigma_{pc}+\sigma_{l5})$

（续）

施工阶段		预应力筋应力 σ_p	混凝土应力 σ_c	普通钢筋应力 σ_s
后张法	(1)完成第一批预应力损失	$\sigma_{con}-\sigma_{lI}$	$\dfrac{(\sigma_{con}-\sigma_{lI})A_p}{A_n}$	$-\alpha_E\sigma_{pcI}$
	(2)完成第二批预应力损失	$\sigma_{con}-\sigma_l$	$\dfrac{(\sigma_{con}-\sigma_l)A_p-\sigma_{l5}A_s}{A_n}$	$-(\alpha_E\sigma_{pc}+\sigma_{l5})$

表 10.5　使用阶段的应力状态

使用阶段		预应力筋应力 σ_p	混凝土应力 σ_c	普通钢筋应力 σ_s	轴向拉力
先张法	(1)消压状态	$\sigma_p=\sigma_{con}-\sigma_l$	0	$-\sigma_{l5}$	$N_{p0}=\sigma_{pc}A_0$
	(2)即将开裂状态	$\sigma_{con}-\sigma_l+\alpha_Ef_{tk}$	f_{tk}	$\alpha_Ef_{tk}-\sigma_{l5}$	$N_{cr}=(\sigma_{pc}+f_{tk})A_0$
	(3)破坏状态	f_{py}	0	f_y	$N_u=f_{py}A_p+f_yA_s$
后张法	(1)消压状态	$\sigma_{con}-\sigma_l+\alpha_E\sigma_{pc}$	0	$-\sigma_{l5}$	$N_{p0}=\sigma_{pc}A_0$
	(2)即将开裂状态	$\sigma_{con}-\sigma_l+\alpha_E\sigma_{pc}+\alpha_Ef_{tk}$	f_{tk}	$\alpha_Ef_{tk}-\sigma_{l5}$	$N_{cr}=(\sigma_{pc}+f_{tk})A_0$
	(3)破坏状态	f_{py}	0	f_y	$N_u=f_{py}A_p+f_yA_s$

1）预应力筋应力 σ_p

各阶段的计算公式后张法比先张法多一项 $\alpha_E\sigma_{pc}$，这是由于后张法构件在张拉预应力筋的过程中，混凝土也同时受压，所以，在这两种施工工艺中，预应力筋与混凝土协调变形的起点不同。

2）普通钢筋应力 σ_s

各阶段计算公式的形式均相同，这是由于两种方法中混凝土与普通钢筋协调变形的起点均为混凝土应力为零。

3）混凝土应力

在施工阶段，两种张拉力方法的 σ_{pcI} 与 σ_{pc} 计算公式形式基本相同，差别在于 σ_l 的具体计算值不同，同时先张法公式中用构件的换算截面面积 A_0，而后张法用构件的净截面面积 A_n。若采用相同的张拉控制应力 σ_{con}、相同的材料强度等级和相同的截面尺寸，由于 $A_0<A_n$，则后张法预应力构件中混凝土有效预压应力值要大于先张法构件。

4）轴向拉力

在使用阶段，先张法与后张法预应力混凝土构件的特征荷载 N_{p0}、N_{cr} 和 N_u 的 3 个计算公式的形式都相同，但计算 N_{p0} 和 N_{cr} 时两种方法的 σ_{pc} 是不相同的。由开裂轴力 $N_{cr}=(\sigma_{pc}+f_{tk})A_0$ 可知，预应力构件的开裂荷载要远大于普通混凝土构件。由极限荷载 $N_u=f_{py}A_p+f_yA_s$ 可知，预应力混凝土构件并不能提高构件的承载能力。

10.3.2　轴心受拉构件使用阶段的计算

1. 使用阶段承载力计算

当预应力混凝土轴心受拉构件达到承载力极限状态时，全部轴向拉力由预应力筋和普通钢筋共同承担。此时,预应力筋和普通钢筋均已屈服,设计计算时,取其应力等于钢筋抗拉强度设计值。轴心受拉构件的承载力应按下列公式计算,即

$$N \leqslant f_y A_s + f_{py} A_p \tag{10.43}$$

式中 N——轴向拉力设计值;

A_s,A_p——普通钢筋、预应力筋的截面面积;

f_y,f_{py}——普通钢筋、预应力筋的抗拉强度设计值。

2. 抗裂度验算及裂缝宽度验算

预应力构件根据所处环境类别和使用要求,应有不同的抗裂安全储备,《规范》将预应力混凝土构件的抗裂等级分成3个裂缝控制等级进行验算。

(1) 一级——严格要求不允许出现裂缝的构件。

在标准荷载效应组合作用下应符合下列规定,即

$$\sigma_{ck} - \sigma_{pc} \leqslant 0 \tag{10.44}$$

$$\sigma_{ck} = \frac{N_k}{A_0} \tag{10.45}$$

(2) 二级—— 一般要求不允许出现裂缝的构件,即

$$\sigma_{ck} - \sigma_{pc} \leqslant f_{tk} \tag{10.46}$$

在准永久荷载效应组合作用下,受拉边缘应力尚应应符合下列规定,即

$$\sigma_{cq} - \sigma_{pc} \leqslant f_{tk} \tag{10.47}$$

$$\sigma_{cq} = \frac{N_q}{A_0} \tag{10.48}$$

式中 σ_{ck},σ_{cq}——标准荷载效应组合、准永久荷载效应组合下抗裂验算边缘的混凝土法向应力;

σ_{pc}——扣除全部预应力损失后在抗裂验算边缘的混凝土预压应力;

N_k,N_q——按标准荷载效应组合、准永久荷载效应组合下计算的轴向拉力值;

f_{tk}——混凝土轴心抗拉强度标准值。

(3) 三级——允许出现裂缝的构件。

此时,按标准荷载效应组合作用,并考虑长期荷载作用影响计算出的裂缝最大宽度,应符合下列规定,即

$$w_{max} \leqslant w_{lim} \tag{10.49}$$

式中 w_{lim}——最大裂缝宽度限值;

w_{max}——按标准荷载效应组合并考虑长期荷载作用影响下,计算的裂缝最大宽度,按下列方法进行计算,即

$$w_{max} = \alpha_{cr} \psi \frac{\sigma_{sk}}{E_s}\left(1.9c + 0.08\frac{d_{eq}}{\rho_{te}}\right) \tag{10.50}$$

式中 α_{cr}——构件受力特征系数,对预应力混凝土轴心受拉构件,取 $\alpha_{cr} = 2.2$;

σ_{sk}——按标准荷载效应组合计算的预应力构件纵向受拉筋的等效应力,$\sigma_{sk} = \dfrac{N_k - N_{p0}}{A_p + A_s}$,

其中 $N_{p0} = (\sigma_{con} - \sigma_l)A_p - \sigma_{l5}A_s$;

ρ_{te}——按受拉混凝土有效截面面积计算的纵向受拉预应力筋的配筋率，$\rho_{te}=\dfrac{A_s+A_p}{A_{te}}$，

当 $\rho_{te}<0.01$，取 $\rho_{te}=0.01$。

其余符号含义与钢筋混凝土构件相同。

10.3.3 轴心受拉构件施工阶段的验算

为保证构件在施工阶段的安全性，混凝土将受到最大的预压应力时，其强度通常仅达到设计强度的75%，对轴心受拉构件，应符合

$$\sigma_{cc}\leqslant 0.8f'_{ck} \tag{10.51}$$

式中 f_{ck}'——与各施工阶段混凝土立方体抗压强度 f'_{cu} 相应的抗压强度标准值；

σ_{cc}——相应施工阶段计算截面预压区边缘纤维的混凝土压应力。先张法轴心受拉构件在放松（或切断）预应力筋时，仅按第一批损失出现后计算，即 $\sigma_{cc}=\dfrac{(\sigma_{con}-\sigma_{l\text{I}})A_p}{A_0}$；后张法轴心受拉构件张拉预应力筋完毕至 σ_{con}，而又未锚固时，可不考虑预应力损失值，即 $\sigma_{cc}=\dfrac{\sigma_{con}A_p}{A_n}$。

10.3.4 计算例题

【例10.1】 试对某18m预应力混凝土屋架的下弦进行使用阶段的承载力和抗裂度验算，以及施工阶段放松预应力筋时的承载力验算。设计条件如表10.6所示。

表10.6 设计条件

材料	混凝土	预应力筋	普通钢筋
等级	C50	消除应力钢丝	HRB335
截面	250mm×200mm 孔道2ϕ50	每束3Φ10 两束（$A_p=472\text{mm}^2$）	4Φ12 （$A_s=452\text{mm}^2$）
材料强度/（N/mm^2）	$f_{ck}=32.4$ $f_c=23.1$ $f_{tk}=2.65$ $f_t=1.89$	$f_{ptk}=1470$ $f_{py}=1040$	$f_{yk}=400$ $f_y=360$
弹性模量/（N/mm^2）	3.45×10^4	2×10^5	2×10^5
张拉工艺	后张法，一段张拉，采用JM12锚具 孔道为预埋钢管，超张拉 第一批预应力损失值 $\sigma_{l\text{I}}=74.08\text{N/mm}^2$ 第二批预应力损失值 $\sigma_{l\text{II}}=90.16\text{N/mm}^2$		
张拉控制应力	$\sigma_{con}=0.7f_{ptk}=0.7\times1470=1029$		
张拉时混凝土强度	$f'_{cu}=50\text{N/mm}^2$		
下弦杆内力	永久荷载标准值产生的轴向拉力 $N_k=300\text{kN}$ 可变荷载标准值产生的轴向拉力 $N_k=150\text{kN}$ 永久荷载准永久值系数0.5		
结构重要性系数	$\gamma_0=1.1$		

解 (1)截面几何特性。

$$A_p = 472\text{mm}^2$$

$$\alpha_{E1} = \alpha_{E2} = \frac{E_s}{E_c} = \frac{2.0 \times 10^5}{3.45 \times 10^4} = 5.80$$

净截面面积：$A_n = A_c + \alpha_{E2} A_s = 200 \times 500 - 2 \times \frac{\pi}{4} \times 50^2 - 452 + 5.8 \times 452$

$= 98243(\text{m}^2)$

换算截面面积：$A_0 = A_n + \alpha_{E2} A_p = 98243 + 5.8 \times 472 = 100981(\text{mm}^2)$

(2) 计算预应力损失。

① 锚具变形损失。

由表 10.1，夹片式锚具，$a = 5$

$$\sigma_{l1} = \frac{a}{l} E_s = \frac{5}{18000} \times 2 \times 10^5 = 55.56(\text{N/mm}^2)$$

② 孔道摩擦损失。

由表 10.2 可知：$k = 0.0010$，$\mu = 0.30$。

一段张拉 $\theta = 0$，$x = 18$，则

$$kx + \mu\theta = 0.018 < 0.3$$

$$\sigma_{l2} = \sigma_{con}(kx + \mu\theta) = 0.018 \times 1029 = 18.52(\text{N/mm}^2)$$

第一批损失值：$\sigma_{l\text{I}} = \sigma_{l1} + \sigma_{l3} = 74.08\text{N/mm}^2$

③ 预应力钢筋应力松弛引起的应力损失。

$$\sigma_{l4} = 0.4\psi\left(\frac{\sigma_{con}}{f_{ptk}} - 0.5\right)\sigma_{con} = 0.4 \times 0.9 \times \left(\frac{1029}{1470} - 0.5\right) \times 1029 = 74.09(\text{N/mm}^2)$$

④ 混凝土的收缩和徐变引起的应力损失。

$$f'_{cu} = 50\text{N/mm}^2$$

$$\sigma_{pc} = \frac{N_{p\text{I}}}{A_n} = \frac{(\sigma_{con} - \sigma_{l\text{I}})A_p}{A_n} = \frac{(1029 - 74.08) \times 472}{98243} = 4.59 < 0.5 \times 50 = 25(\text{N/mm}^2)$$

$$\rho = \frac{A_p + A_s}{A_n} = \frac{1}{2} \times \frac{472 + 452}{98243} = 0.0047$$

$$\sigma_{l5} = \frac{55 + 300 \times \frac{\sigma_{pc}}{f'_{cu}}}{1 + 15\rho} = \frac{55 + 300 \times \frac{4.59}{50}}{1 + 15 \times 0.0047} = 77.1(\text{N/mm}^2)$$

第二批损失值：$\sigma_{l\text{II}} = \sigma_{l4} + \sigma_{l5} = 151.2\text{N/mm}^2$

总预应力损失：$\sigma_l = \sigma_{l\text{I}} + \sigma_{l\text{II}} = 225.27\text{N/mm}^2 < 80\text{N/mm}^2$

(3) 承载力验算。

$$N_{cr} = f_y A_s + f_{py} A_p = 360 \times 452 + 1040 \times 472 = 653.6(\text{kN})$$

$$N = \gamma_0(\gamma_g \times 300 + \gamma_q \times 150) = 1.1(1.2 \times 300 + 1.4 \times 150) = 627(\text{kN})$$

$N < N_{cr}$，满足承载力要求。

(4) 抗裂度验算。

$$\sigma_{pc} = \frac{(\sigma_{con} - \sigma_l)A_p - \sigma_{l5} A_s}{A_n} = \frac{(1029 - 225.27) \times 472 - 56.71 \times 452}{98243} = 3.60(\text{N/mm}^2)$$

在荷载效应标准组合下：

$$N_k = 300 + 150 = 450(\text{kN})$$

$$\sigma_{ck} = \frac{N_k}{A_0} = \frac{450 \times 10^3}{100981} = 4.46(\text{N/mm}^2)$$

$$\sigma_{ck} - \sigma_{pc} = 4.46 - 3.60 < 0$$

不满足抗裂度要求。

(5) 施工阶段承载力验算。

$$\sigma_{cc} = \frac{\sigma_{con} A_p}{A_n} = \frac{1029 \times 472}{98243} = 4.94(\text{N/mm}^2) < 0.8 f'_{ck} = 0.8 \times 32.4 = 25.92\text{N/mm}^2$$

满足要求。

10.4 预应力混凝土受弯构件的计算

10.4.1 各阶段应力分析

预应力混凝土受弯构件中，预应力筋 A_p 放置在使用阶段的截面受拉区，为了防止在制作、运输及吊装过程中受弯破坏，有时也在这些过程中可能出现的受拉区配置预应力筋 A'_p。预应力混凝土受弯构件设计时也通常配置一些普通钢筋。

随着 A_p、A'_p 的布置数量和位置的不同，预应力混凝土受弯构件截面所受到的应力沿截面高度方向是变化的，如图 10.14 所示，截面类似于受一个偏心压力，而且这个压力的大小和偏心距也随着应力阶段的不同而变化。

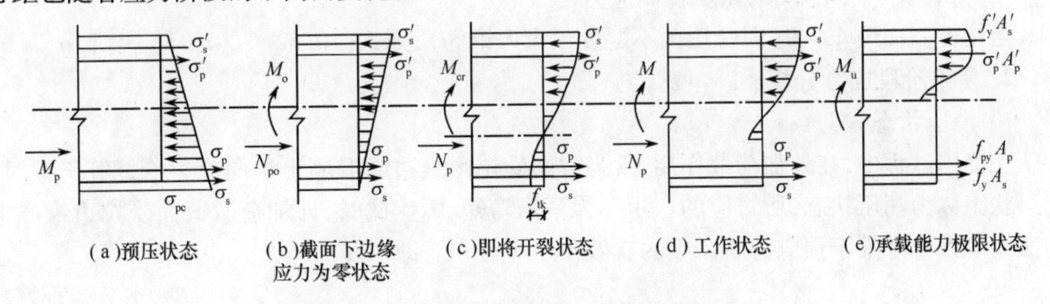

图 10.14 预应力混凝土受弯构件各阶段截面应力分布

工程实践中预应力混凝土受弯构件主要应用后张法，因此下面主要介绍后张法受弯构件。图 10.15 所示为配有预应力筋 A_p、A'_p 和普通钢筋 A_s、A'_s 的不对称截面后张法受弯构件。对照 10.3 节预应力混凝土轴心受拉构件相应各受力阶段的截面应力分析，同理可得出预应力混凝

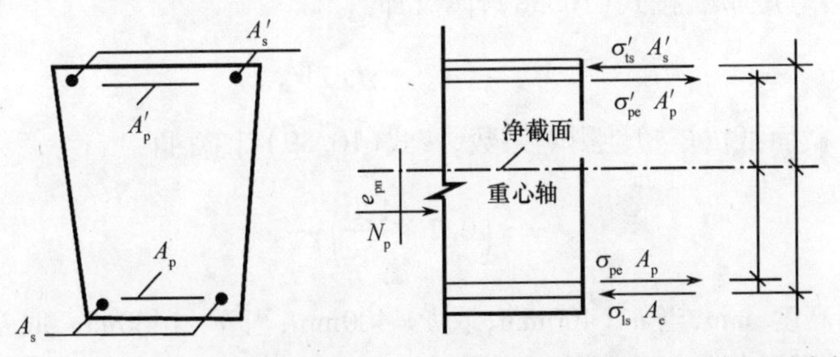

图 10.15 配有预应力钢筋和非预应力钢筋的后张法预应力混凝土受弯构件

土受弯构件截面上混凝土法向预应力 σ_{pc}、预应力筋的应力 σ_{pe}，预应力筋和普通钢筋的合力 N_p 及其偏心距 e_{pn} 等的计算公式如下：

1. 施工阶段应力分析

$$\sigma_{pc}=\frac{N_p}{A_n}\pm\frac{N_p e_{pn}}{I_n}y_n \tag{10.52}$$

$$N_p=\sigma_{pe}A_p+\sigma'_{pe}A'_p-\sigma_s A_s-\sigma'_s A'_s \tag{10.53}$$

$$\sigma_{pe}=\sigma_{con}-\sigma_l,\ \sigma'_{pe}=\sigma'_{con}-\sigma'_l \tag{10.54}$$

$$\sigma_s=\alpha_E\sigma_{pc}+\sigma_{l5},\ \sigma'_s=\alpha_E\sigma'_{pc}+\sigma'_{l5} \tag{10.55}$$

$$e_{pn}=\frac{(\sigma_{con}-\sigma_l)A_p y_{pn}-(\sigma'_{con}-\sigma'_l)A'_p y'_{pn}-\sigma_{l5}A_s y_{sn}+\sigma'_{l5}A'_s y'_{sn}}{(\sigma_{con}-\sigma_l)A_p+(\sigma'_{con}-\sigma'_l)A'_p-\sigma_{l5}A_s-\sigma'_{l5}A'_s} \tag{10.56}$$

按式(10.52)计算所得的 σ_{pc} 值，正号为压应力，负号为拉应力。

式中 A_n，I_n——净截面的面积和惯性矩；

A_p，A'_p——受拉区与受压区配置的预应力筋截面面积；

y_n——截面所计算应力纤维处到换算净截面重心的距离；

y_{sn}，y'_{sn}——受拉、受压区普通钢筋 A_s、A'_s 合力作用点到换算净截面重心的距离；

y_{pn}，y'_{pn}——受拉、受压区预应力筋 A_p、A'_p 合力作用点到换算净截面重心的距离；

σ_s，σ'_s——受拉、受压区普通钢筋的应力；

σ_{pe}，σ'_{pe}——受拉、受压区预应力筋的有效预应力；

σ_{con}，σ'_{con}——A_p、A'_p 的张拉控制应力。

当构件截面中 $A'_p=0$（即受压区不配置预应力钢筋），则式(10.52)～(10.56)中取 $\sigma'_{l5}=0$。

2. 使用阶段应力分析

1）消压状态

在使用过程中，在外加荷载作用下，当截面受拉区最边缘混凝土法向应力恰好等于零时，这一状态称为消压状态，所对应的弯矩称为消压弯矩 M_0。此时，外加荷载截面受拉边缘产生的法向应力恰好等于预应力所产生的有效预压应力 σ_{pc}，即

$$\sigma_{pc}-\frac{M_0}{W_0}=0 \tag{10.57}$$

式中 W_0——换算截面受拉边缘的弹性抵抗矩。

2）即将开裂状态

当混凝土受拉区的拉应力达到混凝土的抗拉强度标准值 f_{tk} 时，构件即将开裂，此时所对应的弯矩称为开裂弯矩 M_{cr}，按式(10.58)计算，即

$$M_{cr}=(\sigma_{pc}+\gamma f_{tk})W_0 \tag{10.58}$$

式中 γ——换算截面抵抗矩塑性影响系数，按式(10.59)计算，即

$$\gamma=\left(0.7+\frac{120}{h}\right)\gamma_m \tag{10.59}$$

式中 h——截面高度，mm，当 $h<400$mm，取 $h=400$mm；当 $h>1600$mm，取 $h=1600$mm；

γ_m——换算截面抵抗矩塑性影响系数基本值，可查表10.7确定。

表 10.7 截面抵抗矩塑性影响系数基本值 γ_m

项目	1	2	3		4		5
截面形状	矩形截面	翼缘位于受压区的 T 形截面	对称 I 形截面或箱形截面		翼缘位于受拉区的倒 T 形截面		圆形和环形截面
			$bf/b \leqslant 2$、h_f/h 为任意值	$b_f/b>2$、$h_f/h \leqslant 0.2$	$b_f/b \leqslant 2$、h_f/h 为任意值	$b_f/b>2$、$h_f/h<0.2$	
γ_m	1.55	1.50	1.45	1.35	1.50	1.40	$1.6 \sim 0.24 r_1/r$

注:1. 对 b_f'的 I 形截面,可按项次 2 与项次 3 之间的数值采用;对 $b_f'<b_f$ 的 I 形截面,可按项次 3 与项次 4 之间的数值采用。
2. 对于箱形截面,b 是指各肋宽度的总和。
3. r_1 为环形截面的内环半径,对圆形截面取 r_1 为零。

3)承载能力极限状态

当构件受拉区垂直裂缝出现时,受拉区混凝土将失效,拉力全部由预应力筋承担。当截面进入第Ⅲ阶段后,受拉预应力筋屈服直至破坏,正截面应力状态与第 4 章讲述的预应力筋混凝土受弯构件正截面承载力相似,计算方法基本相同。

10.4.2 使用阶段正截面承载力计算

1. 矩形截面预应力受弯构件

1)基本公式

如图 10.16 所示,根据平衡条件可得

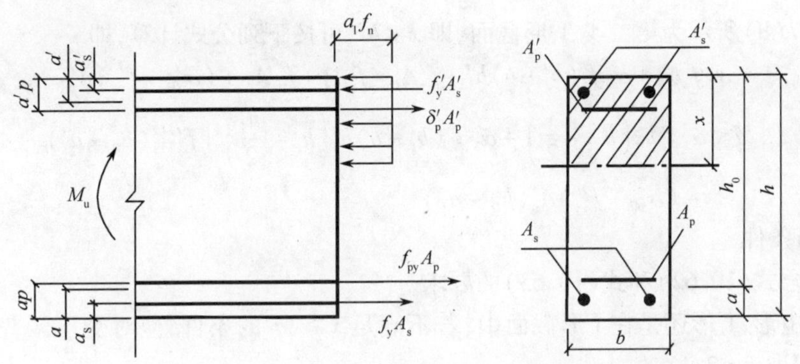

图 10.16 矩形截面预应力受弯构件正截面承载力计算简图

$$\alpha_1 f_c bx + f_y' A_s' = f_y A_s + f_{py} A_p + (\sigma_{p0}' - f_{py}') A_p' \tag{10.60}$$

$$M \leqslant \alpha_1 f_c bx\left(h_0 - \frac{x}{2}\right) + f_y' A_s'(h_0 - a_s') - (\sigma_{p0}' - f_{py}') A_p'(h_0 - a_p') \tag{10.61}$$

式中 A_p, A_p'——受拉、受压区纵向预应力筋的截面面积;

σ_{p0}'——当受压区纵向预应力筋合力点处无法向应力时的预应力筋应力;

a_s', a_p'——受压区普通钢筋合力点、预应力筋合力点至截面受压边缘的距离。

2)适用条件

预应力混凝土构件受压区高度应符合下列条件,即

$$x \leqslant \xi_b h_0 \tag{10.62}$$

$$x \geqslant 2a' \tag{10.63}$$

$$\xi_b = \frac{\beta_1}{1 + \frac{0.002}{\varepsilon_{cu}} + \frac{f_{py} - \sigma_{p0}}{E_s \varepsilon_{cu}}} \tag{10.64}$$

式中　a'——受压区所有纵向预应力筋合力点到截面受压边缘的距离，当构件受压区域没有配置纵向预应力筋，或者当受压区纵向预应力筋应力$(\sigma'_{p0} - f'_{py})$为拉应力时，式(10.63)中的a'用a'_s代替。

2. T形或I形截面预应力受弯构件

1）基本公式

图10.17(a)所示为第一类T形截面，即$x \leqslant h'_f$，可按宽度为b'_f的矩形截面计算。

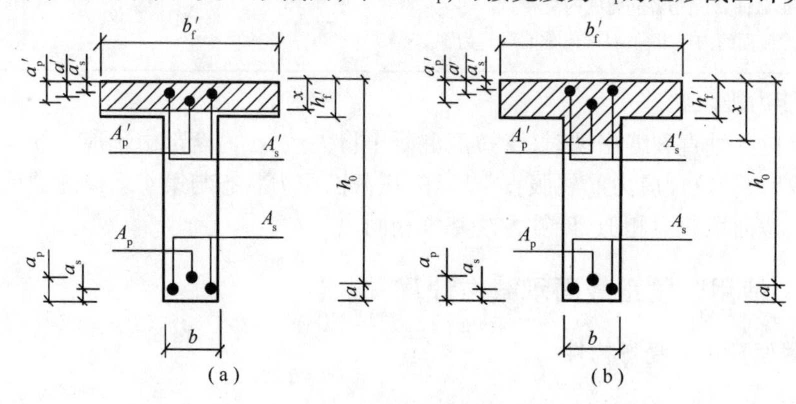

图10.17　T形或I形截面预应力受弯构件计算简图

图10.17(b)所示为第二类T形截面，即$x < h'_f$，可按下列公式计算，即

$$\alpha_1 f_c bx + \alpha_1 f_c (b'_f - b) h'_f + f'_y A'_s = f_y A_s + f_{py} A_p + (\sigma'_{p0} - f'_{py}) A'_p \tag{10.65}$$

$$M \leqslant \alpha_1 f_c bx\left(h_0 - \frac{x}{2}\right) + \alpha_1 f_c (b'_f - b) h'_f\left(h_0 - \frac{h'_f}{2}\right) + f'_y A'_s (h_0 - a'_s) - (\sigma'_{p0} - f'_{py}) A'_p (h_0 - a'_p) \tag{10.66}$$

2）适用条件

同样符合式(10.62)和式(10.63)的要求。

无论在矩形、T形还是在I形截面中，若不满足$x \geqslant 2a'$的条件，应对受压区普通钢筋形心取矩（即近似取$x = 2a'$）。

10.4.3　使用阶段斜截面承载力计算

预应力混凝土受弯构件斜截面在使用阶段时的承载力计算，是在普通钢筋混凝土受弯构件斜截面承载力的基础上，增加了一项预应力的提高值V_p，计算公式如下：

1. 仅配置箍筋

$$V \leqslant V_{cs} + V_p \tag{10.67}$$

$$V_p = 0.05 N_{p0} \tag{10.68}$$

式中　V——斜截面上的最大剪力设计值；

V_{cs}——斜截面上混凝土和箍筋的受剪承载力设计值；

V_p——由预加力提高的构件斜截面受剪承载力设计值；

N_{p0}——截面上混凝土法向预应力等于零时对应的纵向预应力筋及普通钢筋的合力，当 $N_{p0}<0.3f_cA_0$ 时，取 $N_{p0}=0.3f_cA_0$。

2. 同时配置箍筋和弯起预应力筋

$$V \leqslant V_{cs}+V_p+0.8f_yA_{sb}\sin\alpha_s+0.8f_{py}A_{pb}\sin\alpha_p \tag{10.69}$$

式中 A_{pb}，A_{sb}——同一弯起平面内预应力弯起预应力筋、非预应力弯起预应力筋的截面面积；

α_p，α_s——构件纵向轴线与斜截面上预应力弯起预应力筋、非预应力弯起预应力筋的切线的夹角。

上述截面受剪承载力的计算公式的适用范围与预应力筋混凝土受弯构件的相同。

10.4.4 使用阶段裂缝控制验算

1. 正截面裂缝控制验算

预应力混凝土受弯构件，按照其裂缝控制等级，应分别按系列规定进行截面抗裂验算。

（1）一级——构件严格要求不允许出现裂缝。

在标准荷载效应组合下应满足下列规定，即

$$\sigma_{ck}-\sigma_{pc}\leqslant 0 \tag{10.70}$$

$$\sigma_{ck}=\frac{M_k}{W_0} \tag{10.71}$$

（2）二级——构件一般要求不允许出现裂缝，即

$$\sigma_{ck}-\sigma_{pc}\leqslant f_{tk} \tag{10.72}$$

在准永久荷载效应组合下应满足下列规定，即

$$\sigma_{cq}-\sigma_{pc}\leqslant 0 \tag{10.73}$$

$$\sigma_{cq}=\frac{M_q}{W_0} \tag{10.74}$$

式中 σ_{ck}，σ_{cq}——标准荷载效应组合、准永久荷载效应组合下，抗裂验算边缘的混凝土构件法向应力。

2. 斜截面裂缝控制验算

对严格要求不允许出现裂缝的构件，在标准荷载效应组合下，斜截面上混凝土的主拉应力 σ_{tp} 应满足

$$\sigma_{tp}\leqslant 0.85f_{tk} \tag{10.75}$$

对一般要求不允许出现裂缝的构件，在标准荷载效应组合下，斜截面上混凝土的主拉应力 σ_{tp} 应满足

$$\sigma_{tp}\leqslant 0.95f_{tk} \tag{10.76}$$

验算主压应力时，对严格要求不允许出现裂缝的构件和一般要求不允许出现裂缝的构件，在标准荷载效应组合作用下，斜截面上混凝土的主压应力 σ_{cp} 应满足

$$\sigma_{cp}\leqslant 0.6f_{ck} \tag{10.77}$$

σ_{tp}、σ_{cp} 应按材料力学的公式进行计算。

使用阶段最大裂缝宽度验算，即

$$w_{max}=\alpha_{cr}\psi\frac{\sigma_{sk}}{E_s}\left(1.9c+0.08\frac{d_{eq}}{\rho_{te}}\right) \tag{10.78}$$

$$\psi = 1.1 - \frac{0.65f_{tk}}{\rho_{te}\sigma_{sk}} \tag{10.79}$$

$$\rho_{te} = \frac{A_s + A_p}{A_{te}} \tag{10.80}$$

$$\sigma_{sk} = \frac{M_k - N_{p0}(z - e_p)}{(\alpha_1 A_p + A_s)z} \tag{10.81}$$

式中 α_{cr}——构件受力特征系数,取 $\alpha_{cr} = 1.5$;

α_1——无粘结预应力钢筋的等效折减系数,一般取 $\alpha_1 = 0.30$;对于灌浆的后张预应筋,取 $\alpha_1 = 1.0$;

M_k——各力对受压区合力中心的力矩;

N_{p0}——消压状态下全部预应力筋与普通钢筋的合力;

e_p——N_{p0}至受拉区预应力与非预应力合力点的距离;

z——受拉区纵向普通钢筋和预应力筋合力点到受压区合力点的距离,可通过下列公式计算获得,即

$$z = \left[0.87h_0 - 0.12(1 - \gamma'_f)\left(\frac{h_0}{e}\right)^2\right]h_0 \tag{10.82}$$

式中
$$\gamma'_f = \frac{(b'_f - b)h'_f}{bh_0} \tag{10.83}$$

当 $h'_f < 0.2h_0$时,取 $h'_f = 0.2h_0$。

$$e = \frac{M_k}{N_{p0}} + e_p \tag{10.84}$$

10.4.5 使用阶段挠度验算

受弯构件的挠度验算可按标准荷载效应组合下,并考虑长期荷载作用影响的刚度(B)计算求得的挠度f_1,减去预应力长期作用影响求得的向上变形f_2,即可得到预应力混凝土受弯构件在使用阶段的挠度f,即

$$f = f_1 - f_2 \tag{10.85}$$

1. 荷载作用下构件的挠度f_1

(1) 要求不允许出现裂缝的构件(一、二级),即

$$B_s = 0.85E_cI_0 \tag{10.86}$$

(2) 允许出现裂缝的构件(三级),即

$$B_s = \frac{0.85E_cI_0}{k_{cr} + (1 - k_{cr})\omega} \tag{10.87}$$

$$k_{cr} = \frac{M_{cr}}{M_k} \tag{10.88}$$

$$\omega = \left(1.0 + \frac{0.21}{\alpha_E\rho}\right)(1 + 0.45\gamma_f) - 0.7 \tag{10.89}$$

$$M_{cr} = (\sigma_{pc} + \gamma f_{tk})W_0 \tag{10.90}$$

$$\gamma_f = \frac{(b_f - b)h_f}{bh_0} \tag{10.91}$$

式中 k_{cr}——预应力混凝土受弯构件正截面的开裂弯矩 M_{cr}与弯矩 M_k 的比值,当 $k_{cr} > 1.0$

时，取 $k_{cr}=1.0$；

γ——混凝土构件的截面抵抗矩塑性影响系数。

对预压时预拉区出现裂缝的构件，B_s 应降低 10%。

在长期荷载作用下构件长期刚度 B 是在短期刚度的基础上加以修正得到的，计算时和普通钢筋混凝土受弯构件长期刚度的计算采用同样原理和公式，但对于预应力构件，应取标准荷载效应组合，并且考虑长期的荷载作用对挠度增大的影响系数 $\theta=2.0$。

2. 考虑预加应力长期作用影响的向上变形 f_2

可按式(10.92)计算，即

$$f_2=\frac{N_p e_p l_0^2}{4B_s} \tag{10.92}$$

式中，N_p、e_p 应按扣除全部损失后的情况计算。对先张法构件为 N_{p0}、e_{p0}；后张法构件为 N_p、e_p。

10.4.6 施工阶段验算

对于在制作、运输、堆放和安装等施工过程中允许出现受拉区，但构件不允许出现裂缝，或预压时全截面受压，在预应力、自重及施工荷载作用下，截面边缘的混凝土法向力应符合

$$\sigma_{ct}\leqslant 1.0f'_{tk} \tag{10.93}$$

$$\sigma_{cc}\leqslant 0.8f'_{ck} \tag{10.94}$$

式中 σ_{ct}，σ_{cc}——相应各施工阶段计算截面边缘处的混凝土的拉应力、压应力。

可按下式计算

$$\sigma_{cc}\text{或}\sigma_{ct}=\sigma_{pc}+\frac{N_k}{A_0}\pm\frac{M_k}{W_0} \tag{10.95}$$

f'_{ck}，f'_{tk}——与各施工阶段的混凝土立方体抗压强度 f'_{cu} 相应的轴心抗压、抗拉强度标准值；

N_k，M_k——构件的自重及施工荷载作用的标准组合在计算截面产生的轴力、弯矩；

W_0——验算边缘的换算截面弹性抵抗矩。

在式(10.92)中，当 σ_{pc} 为压应力时，取正值，当 σ_{pc} 为拉应力时，取负值；当 N_k 为轴向压力时，取正值，当 N_k 为轴向拉力时，取负值；式(10.95)中，当 M_k 所产生的边缘应力为压应力时，取加号，拉应力时，取减号。

对于在制作、运输、堆放和安装等施工过程中，构件允许出现裂缝，但在预应力受拉区不配置纵向预应力筋时，在预应力、自重及施工荷载作用下，截面边缘的混凝土法向力应符合

$$\sigma_{ct}\leqslant 2.0f'_{tk} \tag{10.96}$$

$$\sigma_{cc}\leqslant 0.8f'_{ck} \tag{10.97}$$

局部压力验算参照预应力混凝土轴心受拉构件进行。

10.5 预应力混凝土构件的构造要求

预应力混凝土构件除满足以下基本构造要求外，尚应符合其他章节的有关规定。

10.5.1 先张法预应力混凝土构件的主要构造要求

1. 预应力筋的配筋方式

在先张法中，若预应力钢丝单根配筋困难时，可采用等效直径法，采用相同直径钢丝配筋。

对于双并筋一般取为单筋直径的 1.4 倍,对于三并筋一般取为单筋直径的 1.7 倍。

2. 预应力筋的净间距

预应力筋之间的净间距不宜小于混凝土骨料最大粒径的 1.25 倍和其公称直径的 2.5 倍,当混凝土振捣密实性具有可靠保证时,净间距可放宽为最大粗骨料粒径的 1.0 倍,且间距还应符合下列规定:3 股钢绞线,不应小于 20mm;7 股钢绞线,不应小于 25mm;预应力钢丝,不应小于 15mm。

3. 预应力筋的保护层

为了防止预应力筋放松时,构件端部在预应力钢筋周围出现纵向裂缝,保证预应力筋与周围混凝土的粘结锚固强度,必须保证一定的混凝土保护层厚度。当预应力筋纵向受力时,其混凝土保护层厚度应当同普通钢筋混凝土构件一样取值,且厚度不小于 15mm。

对有防火要求、海水环境、受人为或自然的侵蚀性物质影响的环境中的建筑物,混凝土保护层厚度还应当按照国家现行相关标准设计。

4. 构件端部的构造措施

(1) 单根配置的预应力筋,其端部宜设置螺旋筋,预应力筋长度不小于150mm 且不少于4 圈的螺旋筋(图 10.18(a));当有可靠经验时,也可以在支座垫板上插筋,且所插筋的数量不应少于 4 根,长度不宜小于 120mm(图 10.18(b))。

(2) 分散配置的多根预应力筋,宜设置 3 ~ 5 片与预应力筋相互垂直的钢筋网片(图 10.18(c)),设置在结构构件端部 $10d$(d 为预应力筋的公称直径)且不小于 100mm 长度范围内。

(3) 槽形板类构件,应在构件端部 100mm 长度范围内,设置数量不应少于两根沿构件板面的附加横向钢筋。

(4) 采用预应力钢丝配筋的薄板,宜在板端 100mm 长度范围内适当使得横向钢筋加密(图 10.18(d))。

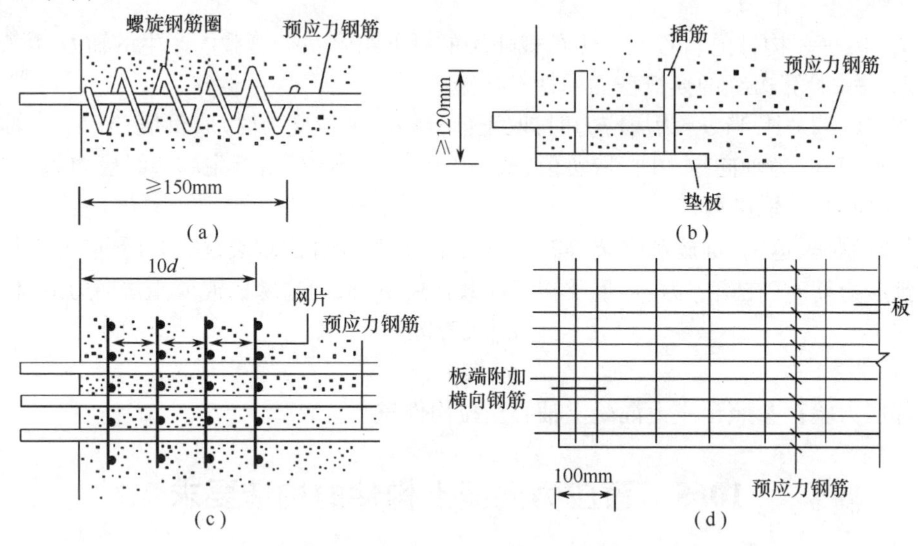

图 10.18　先张法构件端部构造

10.5.2　后张法预应力混凝土构件的主要构造要求

1. 预留孔道的构造要求

后张法预应力钢绞线束、钢丝束的预留孔道应符合下列规定:

(1) 孔道至构件边缘的净间距不宜小于30mm,且不宜小于1/2的孔道直径;预制构件中预留孔道之间的水平净间距不宜小于50mm,且不宜小于粗骨料粒径的1.25倍。

(2) 预留孔道的内径宜大6~15mm的预应力束外径及需穿过孔道的连接器外径,且孔道的截面积宜为3.0~4.0倍的穿入预应力束截面积。

(3) 当现浇楼板中采用扁形锚固体系时,预应力筋宜用为3~5根穿过每个预留孔道;常用荷载情况下,孔道在水平方向的净间距不应超过1.5m及8倍板厚中的较大值。

(4) 梁中集束布置的无粘结预应力筋,集束的水平净间距不宜小于50mm,束至构件边缘的净距不宜小于40mm。

(5) 板中单根无粘结预应力筋的间距不宜大于6倍的板厚,且不宜大于1m;带状束的无粘结预应力筋根数不宜多于5根,带状束间距不宜大于12倍的板厚,且不宜大于2.4m。

2. 锚具

后张法预应力筋所用锚具的形式和质量应符合国家现行有关标准的规定。

3. 构件端部的加强措施

(1) 应在预应力筋锚具下及张拉设备的支承处设置预埋钢垫板,且钢垫板厚度不宜小于10mm,并按上述规定设置间接钢筋和附加构造钢筋。

(2) 构件端部尺寸应考虑张拉设备的尺寸、锚具的布置和局部受压的要求,必要时还应适当加大构件端部尺寸。

(3) 当金属锚具暴露在空气中时,应采取可靠的防火及防腐措施。

(4) 当构件的端部出现局部凹进的情况时,应增设折线构造钢筋或其他有效的钢筋,见图10.19。

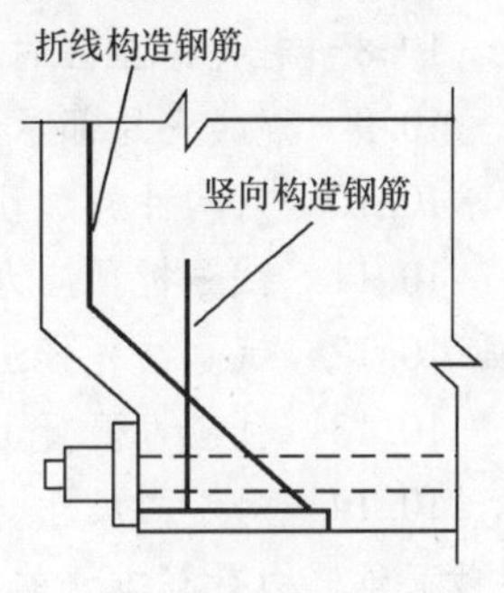

图10.19 端部凹进处的构造预应力筋

本章小结

(1) 预应力混凝土和非预应力混凝土相比,优点是充分利用了混凝土抗压强度高和钢筋抗拉强度高的特性,抗裂性能好、刚度高、耐久性好,可取得节约材料、减轻构件自重的效果,同时提高了构件的耐疲劳性能,缺点是对材料的要求高,费用较高,构造、施工和计算均较复杂。

(2) 根据预应力施加方法的不同,有先张法和后张法两种施工方法。两者本质差别在于预应力施加的途径不同,有各自的优、缺点和适用范围。

(3) 预应力筋的张拉控制应力值的大小与施加预应力的方法及预应力的钢种有关,也考虑了构件的延性、材料性质的离散性、施工误差等因素。

(4) 由于张拉工艺、材料特性和锚固等原因,从张拉预应力筋开始直至构件使用的整个过程中,预应力筋的控制应力将慢慢降低,与此同时,混凝土的预应力逐渐下降,使得预应力损失。预应力损失产生的因素很多,《规范》采用分项计算各项应力损失,再叠加的方法来计算总应力损失,本章详细介绍了具体计算方法以及减少各项预应力损失的措施。

(5) 预应力构件从张拉预应力筋到构件破坏一般分为施工阶段和使用阶段,对于每个阶段又可分为若干个受力过程。各个受力阶段中的应力分析是预应力构件计算的基础,其基本原理为:两种材料共同变形时,应力增量的比例等于弹性模量的比例;预应力混凝土截面可以用材料弹性模量的比例换算成等效截面。

(6) 预应力构件轴心受拉和受弯的计算主要内容包括使用阶段承载力计算、抗裂度验算及裂缝宽度验算、刚度验算、后张法构件端部局部承载力计算等内容。

思 考 题

10.1 预应力混凝土结构的优、缺点是什么?

10.2 什么是先张法和后张法? 两者有何异同?

10.3 在预应力混凝土构件中为什么必须使用高强混凝土和高强预应力筋?

10.4 什么是张拉控制应力? 为什么先张法的张拉控制应力比后张法的高?

10.5 张拉控制应力过高和过低将出现什么问题?

10.6 预应力损失有哪些? 先张法与后张法怎样组合? 怎样减少预应力损失值?

10.7 什么是预应力的传递长度? 传递长度与锚固长度有何不同?

10.8 有关锚固区的局部承压应验算哪些内容?

10.9 混凝土局部承压强度比全截面均匀受压强度高的原因为什么?

10.10 对构件施加预应力能否提高构件的极限承载能力? 为什么?

10.11 试分析预应力混凝土轴心受拉构件的混凝土和预应力筋的应力变化规律。

10.12 试总结先张法与后张法轴心受拉构件计算中的异同点。

10.13 预应力混凝土受弯构件的计算内容有哪些?

10.14 对于同尺寸、同材料的钢筋混凝土受弯构件与预应力混凝土受弯构件的正截面和斜截面承载力计算方法的相同之处和不同之处各在哪里? 为什么?

10.15 钢筋混凝土受弯构件挠度计算与预应力混凝土的挠度计算相比,其相同之处和不同之处各在哪里? 为什么?

10.16 预应力混凝土构件有哪些构造要求?

习 题

10.1 某预应力混凝土轴心受拉构件,长 24m,混凝土截面面积 $A = 40000\text{mm}^2$,选用混凝土强度等级 C60,螺旋肋钢丝 $10\phi^{H}9$,见图 10.20,先张法施工,在 100m 台座上张拉,端头采用镦头锚具固定预应力筋,超张拉,并考虑蒸养时台座与预应力筋之间的温差 $\Delta t = 20℃$,混凝土达到强度设计值的 80% 时放松预应力筋。试计算各项预应力损失值。

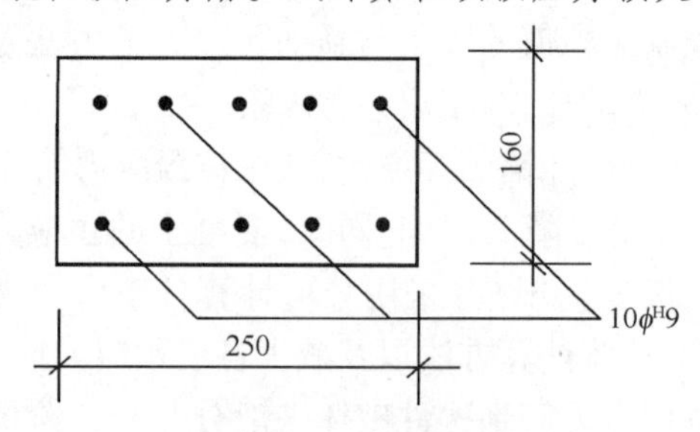

图 10.20 习题 10.1 图

10.2 试对图 10.21 所示后张法预应力混凝土屋架下弦杆锚具的局部受压验算,混凝土强度等级为 C60，预应力筋采用刻痕钢丝，$7\phi^{I}5$ 二束，张拉控制应力 $\sigma_{con}=0.75f_{ptk}$。用 OVM 锚具进行锚固，锚具直径为 100mm，锚具下垫板厚 20mm，端部横向预应力筋采用 $4\phi8$ 焊接网片，间距为 50mm。

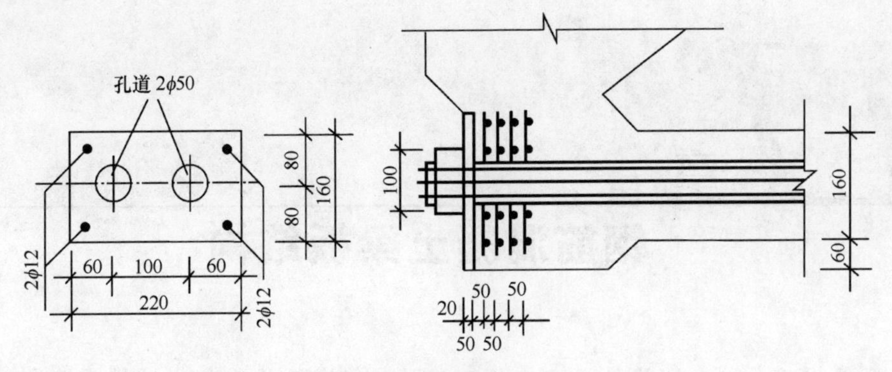

图 10.21　习题 10.2 图

第11章 钢筋混凝土梁板结构

本章提要：本章主要介绍单向板、双向板、无梁楼盖、装配式楼盖、井式楼盖等类型的楼盖结构布置；整体现浇肋梁楼盖按弹性理论和塑性理论的内力计算方法；无梁楼盖、井式楼盖的设计方法；装配式楼盖中预制构件的选择；并给出楼盖结构的构造要求。

11.1 概　　述

梁板结构是工程结构中最常用的水平结构体系，广泛应用于建筑中的楼盖结构、屋盖结构、基础底板结构、桥梁中的桥面结构等，如图11.1所示。在一般建筑结构中，混凝土楼盖的造价在土建工程总造价中占20%～30%，在钢筋混凝土高层建筑中，混凝土楼盖的自重占到整个结构自重的50%～60%。因此，降低混凝土楼盖的造价和自重成为整个建筑物实施过程中重点考虑的事情。在保障足够使用空间的条件下，通过减小混凝土楼盖的结构设计高度，达到降低建筑层高的目的，这样一定程度上符合了经济性。混凝土楼盖设计直接影响着建筑隔声、隔热和美观等建筑效果，同时对保证建筑物构件的承载力、刚度、耐久性以及提高整个结构的抗风、抗震性能等方面有重要的作用。对于结构设计人员来讲，混凝土楼盖设计是一项基本功。

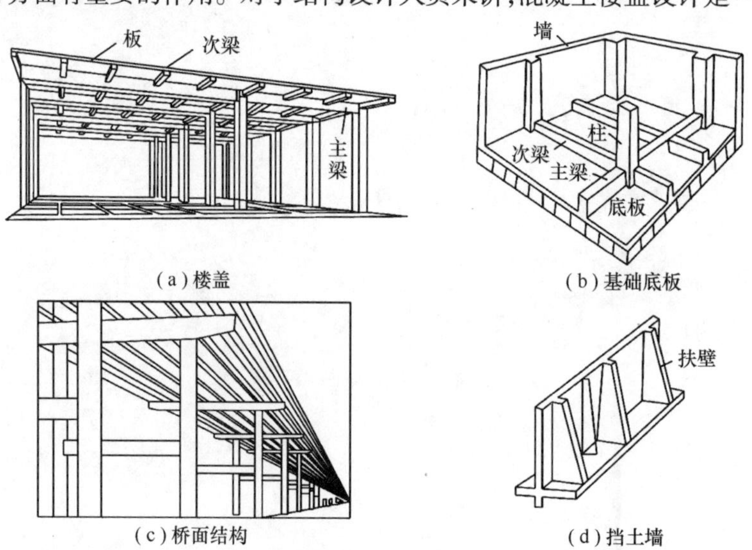

图11.1　梁板结构

楼盖的主要结构功能如下：

(1) 将楼盖上的竖向力传递给竖向结构构件。

(2) 将水平力传递或分配给竖向结构构件。

(3) 联系和支撑竖向结构构件。

对楼盖的结构设计要求如下：

(1) 满足在竖向荷载作用下的承载力和竖向刚度的要求。

(2) 在楼盖自身水平面内具有足够的水平刚度和整体性。

(3) 与竖向构件连接可靠,以保证竖向力和水平力的有效传递。

11.1.1 楼盖的类型

按楼盖结构形式可分为单向板肋梁楼盖、双向板肋梁楼盖、井式楼盖、密肋楼盖和无梁楼盖等。其中,应用最广泛的是单向和双向板肋梁楼盖结构。通常肋梁楼盖由梁和板组成,梁的网格将楼板划分为一个个板块,大多为矩形板块。每个板块周边由梁支承,即楼面荷载由板块传递到梁,再由梁传到柱或墙等竖向承重构件。按照梁格边长的长宽比,肋梁楼盖可分为单向板肋梁楼盖和双向板肋梁楼盖(图 11.2、图 11.3)。当板块长边长度与短边长度比不小于 3.0 时,宜考虑按沿短边方向受力的单向板肋梁楼盖,当长边长度与短边长度比值大于 2.0,且小于 3.0 时,宜按双向板肋梁楼盖进行计算,当长边长度与短边长度比不大于 2.0 板时,应按双向板肋梁楼盖进行计算。肋梁楼盖受力明确,设计计算简单,经济指标好,但支模比较复杂。

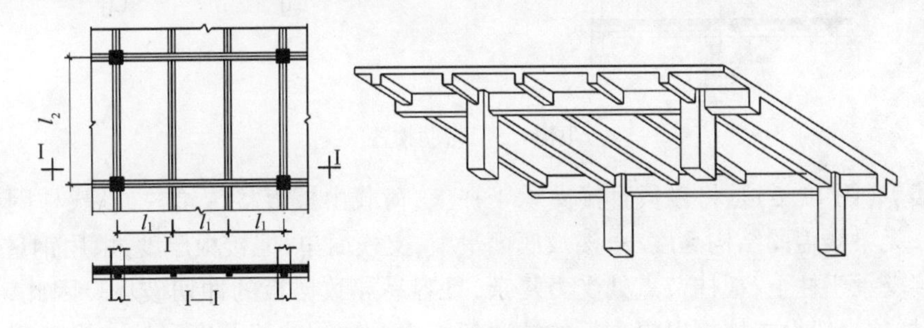

图 11.2 单向板肋梁楼盖

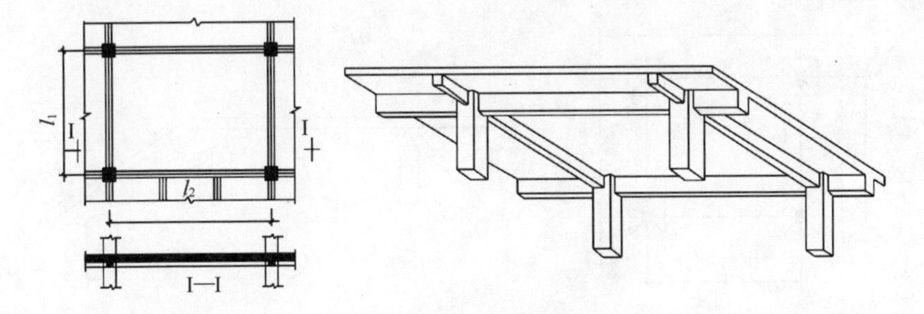

图 11.3 双向板肋梁楼盖

井式楼盖(图 11.4)中两个方向梁的截面相同,且梁的网格基本接近正方形,即板块均为双向板。通常两个方向的梁将板面荷载直接传递给结构周边的墙或柱,中部一般不设柱支承,当跨越的平面空间较大时中间也设柱。

密肋楼盖(图 11.5)实际可以看作是前面几种楼盖形式的一种特殊形式,有单向板密肋楼盖、双向板密肋楼盖、无梁密肋楼盖,其主要特点是采用密排布置的小梁(称为肋)。由于肋间

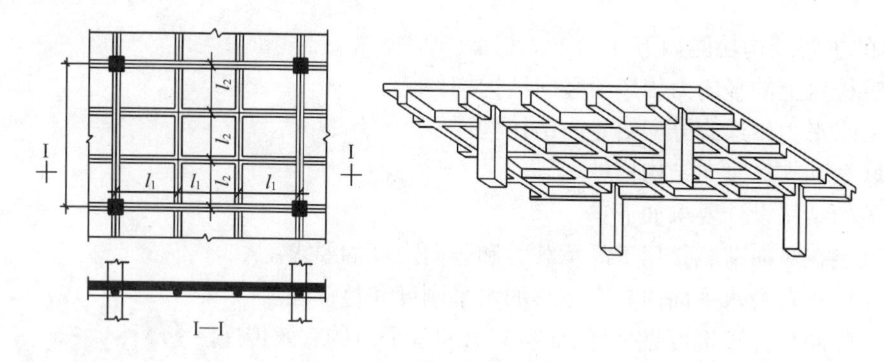

图 11.4 井式楼盖

距很小，楼板厚度可以做得很薄，一般仅 30～50mm 厚，因此楼板重量较轻，有较好的经济性。双向板密肋楼盖的一个单元板块中，正交密布的肋相当于一个小的井式楼盖。密肋楼盖可采用预制塑料模壳，克服了支模施工复杂的缺点，且建筑效果较好，故应用较多。

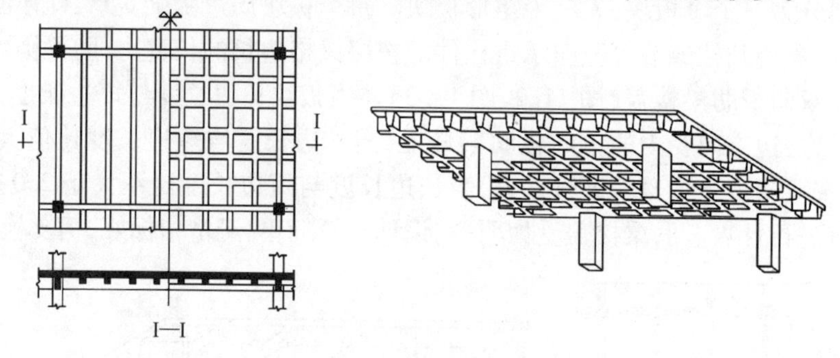

图 11.5 密肋楼盖

无梁楼盖（图 11.6）是将楼板直接支承于柱上，荷载由板直接传给柱或墙，柱网尺寸一般接近方形。无梁楼盖的结构高度小，楼板底面平整，支模简单，但楼板厚度大、用钢量较大。因为楼板直接支承于柱上，板柱节点处受力复杂，且容易导致楼板的冲切破坏。因此，当柱网尺寸较大时，柱顶一般设置柱帽以提高板的抗冲切能力。结构抗侧刚度和抗水平荷载的能力较差，不适用于抗震结构。

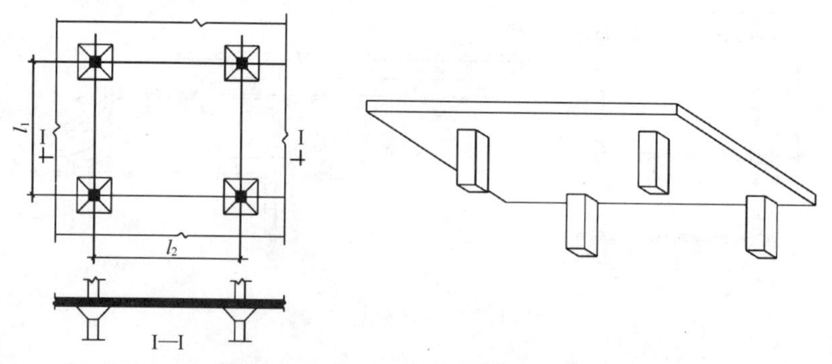

图 11.6 无梁楼盖

按楼盖的预加应力情况可分为钢筋混凝土楼盖和预应力混凝土楼盖。采用无粘结预应力的预应力混凝土楼盖具有以下特点：①利于降低建筑物层高，从而减轻结构自重；②在结构自重和准永久荷载作用下楼板挠度小，抑制或减少裂缝的发生和发展，能显著改善结构的使用功能;③增大楼板跨度,从而增加了使用面积,丰富了楼层的用途;④因为施加预应力后的模板就可以拆除,施工方便,速度快;⑤节省钢材和混凝土材料。

按楼盖施工方法可分为整体现浇式、装配式和装配整体式。整体现浇式楼盖(cast - in - situation floor)具有刚度大,整体性好,抗震抗冲切性能好,对不规则平面的适应性强,开洞方便等优点。但必须克服模板消耗量大,施工工期长等缺点。我国《钢筋混凝土高层建筑结构设计与施工规程》规定:在高层建筑中,楼盖楼板宜现浇;抗震设防的建筑,且高度大于 50m 时,楼盖应采用整体现浇式;当高度小于 50m 时,在顶层、刚性过渡层和平面复杂或开洞过多的楼盖,也应采用整体现浇式楼盖。

近年来,由于商品混凝土、泵送混凝土以及工具模板的普遍采用,国内外的钢筋混凝土楼盖大多采用现浇式,我国钢筋混凝土高层建筑中的楼盖基本上都是现浇的。

装配式楼盖(precast floor)主要用在多层房屋,特别是多层住宅中。装配整体式楼盖(assembled monolithic floor)是提高装配式楼盖的刚度和抗震性能的一种改进措施,它集中了现浇式和装配式楼盖两者的优点,克服了不足之处。

11.1.2 单向板与双向板的概念

主要在一个方向受力的板,称为单向板。单向板的计算方法与梁基本相同,故又称梁式板。相对应地,双向板是两个方向受力,且两个方向的受力都不能忽略的板。实际工程中三边约束或四边约束板上的力,沿两个方向都有传递,只是当一个方向上的传力较少时,忽略了这个方向上的传力,则可当作单向板来计算。

单向板一般包括以下 3 种形式:

(1) 悬臂板。如一边支承的板式雨篷和一边支承的板式阳台等。

(2) 对边支承板。如对边支承的装配式铺板和走廊中的现浇走道板等。

(3) 两相邻边支承板、三边支承板及四边支承板。

按照弹性理论,当四边支承板两个方向计算跨度之比 $l_2:l_1<3.0$ 时,则可按跨度为 l_1 的单向板进行设计。

为何板块的长边大于短边一定比例后可以按照单向传力来考虑呢?图 11.7 所示的承受竖向均布荷载 q 的四边简支矩形板中,l_1、l_2 分别是其短跨、长跨方向的计算跨度。取跨度中点两个相互垂直的宽度为 1m 的板带来分析,设沿短跨方向传递的荷载为 q_1,沿长跨方向传递的荷载为 q_2,则 $q=q_1+q_2$,当不计相邻板带对它们的影响时,这两条板带的受力如同简支梁,由跨度中心点 A 处在两条板带的挠度相等的条件:$\frac{5q_1l_1^4}{384EI}=\frac{5q_2l_2^4}{384EI}$,可求得两个方向传递的荷载比值与跨度的关系为 $\frac{q_1}{q_2}=\left(\frac{l_2}{l_1}\right)^4$,故 $q_1=\eta_1q$、$q_2=\eta_2q$,其中短跨、长跨方向的荷载分配系数分别为 $\eta_1=\frac{l_2^4}{l_1^4+l_2^4}$、$\eta_2=\frac{l_1^4}{l_1^4+l_2^4}$。当长

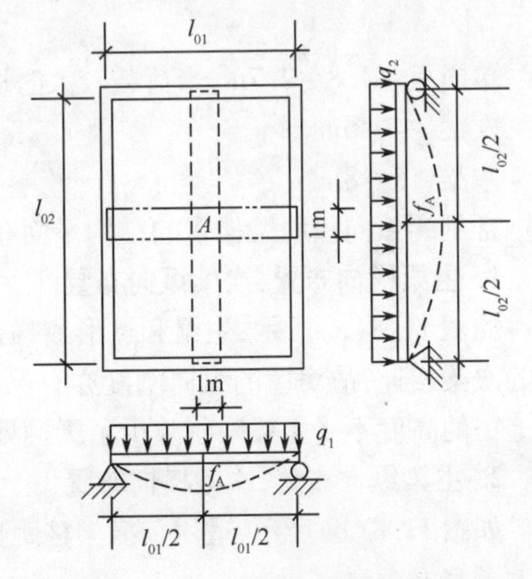

图 11.7 四边支承板的荷载传递

边与短边比分别为1、2、3时的两方向荷载分配系数如表11.1所示。由表不难发现，随着边长比的增大，短跨 l_1 方向荷载 q_1 增大，长跨 l_2 方向荷载 q_2 减小。当 n 超过一定数值时，认为 q_2 比 q_1 小得多，计算时可忽略长跨方向的弯矩，可近似认为全部荷载通过短跨方向受弯传至长边支座。《规范》规定：板块长边与短边比不小于3.0时，宜按沿短边方向受力的单向板计算，当长边与短边长度比大于2.0，小于3.0时，宜按双向板计算，长边与短边比不大于2.0板，应按双向板计算。

表11.1　不同长宽比时板两个方向荷载分配系数表

长宽比 / 分配系数	1	2	3
η_1	0.5	0.941	0.988
η_2	0.5	0.059	0.012

11.2　单向板肋梁楼盖

11.2.1　单向板肋梁楼盖的设计步骤

(1) 确定结构平面布置方式以及板厚和主、次梁的截面尺寸。

(2) 确定楼板和主、次梁的计算简图。

(3) 确定结构上的作用荷载以及内力计算。

(4) 计算结构截面承载力，确定配筋和构造措施，对跨度大、荷载大、情况特殊的梁、板需进行变形和裂缝的验算。

(5) 绘制施工图。

11.2.2　结构平面布置

单向板肋梁楼盖的组成构件有板、次梁和主梁。其中，板的跨度决定于次梁的间距，次梁的跨度决定于主梁的间距，主梁的跨度决定于柱网尺寸。单向板、次梁和主梁的常用跨度如下：

单向板　1.8～2.7m，当荷载较大时取较小值，一般不宜超过3m。

次梁　4～6m。

主梁　5～8m。

常见的单向板肋梁楼盖的结构平面布置方案有以下3种：

1. 主梁横向布置、次梁纵向布置

如图11.8(a)所示，主梁和柱形成横向框架，房屋的横向刚度大，且各榀横向框架间由纵向的次梁相连，故房屋的纵向刚度亦有保证，整体性较好。此外，由于主梁与外纵墙垂直，外纵墙上窗的高度不受主梁限制减少了天棚处梁的阴影，利于室内采光。

2. 主梁纵向布置、次梁横向布置

如图11.8(b)所示，适用于横向柱距比纵向柱距大得多的情况。减小了主梁的截面高度，增大了室内净高。

3. 只布置次梁、不布置主梁

如图11.8(c)所示，适用于有中间走道的楼盖。

楼盖结构平面布置时,应注意以下问题:

(1) 要考虑建筑效果。例如,应避免把梁,特别是把主梁搁置在门、窗过梁上;否则将增大过梁的负担,建筑效果也差。

(2) 要考虑其他专业的要求。例如,在旅馆建筑中,要设置管线检查井,若次梁不能贯通,就需在检查井两侧放置两根小梁。

(3) 楼、屋面上设有机器设备、冷却塔、悬吊装置和隔墙等的地方,宜设置梁进行承重。

(4) 在主梁跨内应放置次梁大于一根,以防止主梁跨内弯矩的不均匀。

(5) 楼板上开有较大尺寸的洞口时,洞边应设置小梁。

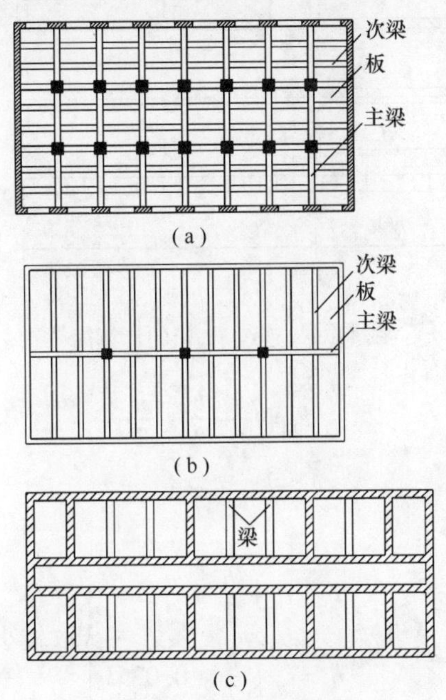

图 11.8　单向板结构布置形式

11.2.3　连续梁、板按弹性理论的内力计算

1. 计算简图

对于连续梁、板的某一跨来说,作用在其他跨上的荷载都会对该跨内力产生影响,但作用在与它相隔两跨以上的其余跨内的荷载对它的影响较小,可以忽略。这样,对于等截面且等跨度的连续梁、板,当实际跨数超过五跨时,可仅按五跨进行计算,所有中间跨的内力和配筋处理都与第三跨相同。计算时,常称边跨为第一跨,最边支座向内分别称为边支座、第一内支座和第二支座。

对于跨数超过五跨的等截面连续梁、板,当各跨的作用荷载相同,但跨度相差不超过 10% 时,可仅按五跨的等跨连续梁、板进行计算。

内力计算时所采用的跨间长度称为梁、板的计算跨度 l_0。从一般理论上来说,某一跨所采用的计算跨度应取该跨两端支座的反力合力作用点之间的距离。但在梁板设计中,当按弹性理论计算时,根据边支座的支承形式,板和次梁边跨的计算跨度取值与中间跨不同,如图 11.9 所示。

对连续板,有

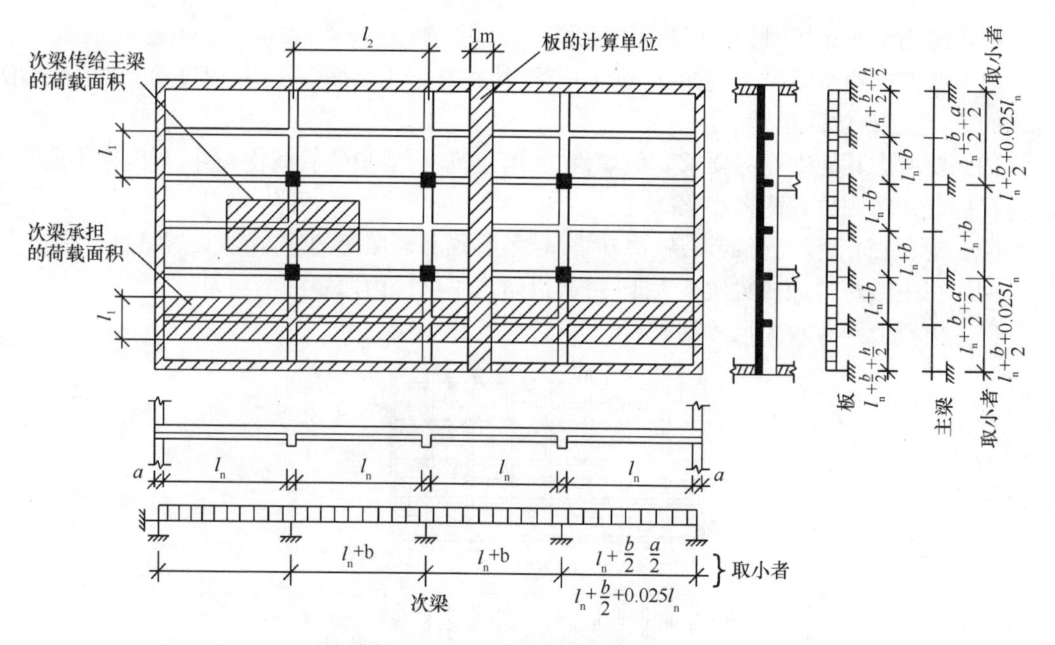

图 11.9　连续梁、板的计算简图

边跨
$$l_0 = l_n + \frac{b}{2} + \frac{h}{2} \tag{11.1a}$$

中间跨
$$l_0 = l_n + b \tag{11.1b}$$

对连续梁,有

边跨
$$\left.\begin{aligned} l_0 &= l_n + \frac{b}{2} + \frac{a}{2} &(11.2a)\\ l_0 &= l_n + \frac{b}{2} + 0.025 l_n &(11.2b)\end{aligned}\right\}\text{取较小值}$$

中间跨
$$l_0 = l_n + b \tag{11.2c}$$

式中　l_n——净跨度,即支座边至支座边的距离;

b——中间支座宽度;

a——梁端伸入砖墙内的支承长度;

h——板厚。

设计时也可近似取梁、板支承中心线间的距离作为计算跨度。

板可取宽度为1m的板带作为计算单元。一般主、次梁的截面形状都是两侧带翼缘或翼板的T形截面,楼盖周边处的主、次梁则仅有一侧是带翼缘的。每一侧翼板的计算宽度可取与相邻梁中心距的一半距离。一根次梁的负荷范围以及次梁传给主梁的集中荷载范围如图 11.9所示。

板、次梁主要考虑承受均布荷载,主梁主要考虑承受由次梁传递过来的集中荷载。由于主梁的自重所占比例不大,为了计算方便,可将其换算成集中荷载加到次梁传来的集中荷载内。所以从承受荷载的角度来看,主梁主要承受集中荷载,次梁主要承受均布线荷载,故主梁的弯矩图和剪力图的起伏比次梁的大。

2. 活荷载的最不利布置及内力包络图

活荷载的位置是可以变化的,活荷载的不利布置是指在这种活荷载布置情况下可以得到支座截面或跨内截面的最大内力值(绝对值)。图 11.10 给出了单跨承载时,五跨连续梁的弯矩 M 和剪力 V 图。根据图中各跨的影响效果,可得出活荷载的最不利布置规律。

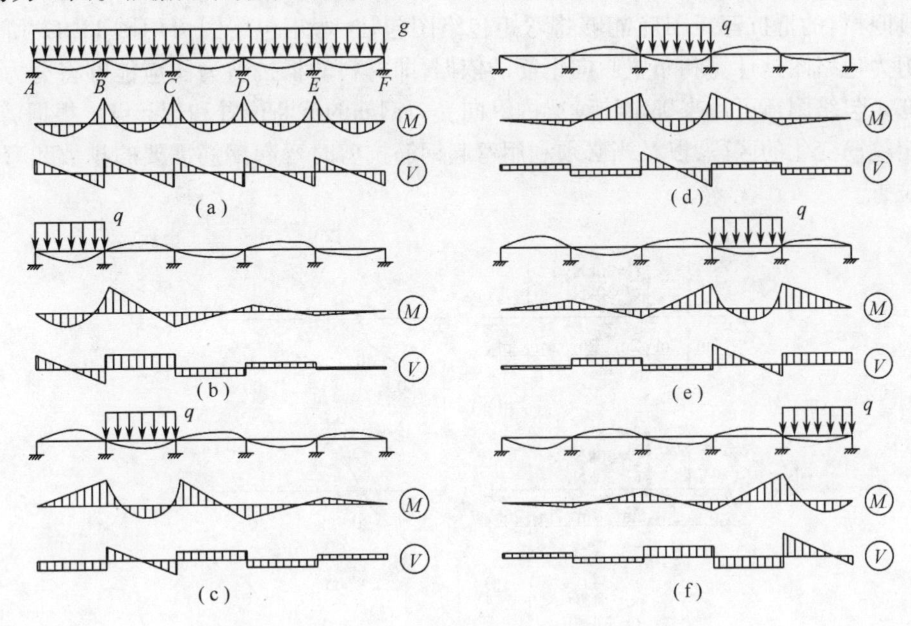

图 11.10　五跨连续梁在荷载作用下的内力图

(1) 若求某一支座截面的最大负弯矩(最小弯矩)时,应在该支座的左、右两跨布满活荷载,然后依次向左、向右隔跨布置。

(2) 若求某一跨跨内截面的最大正弯矩时,应在该跨布满活荷载,然后依次向左、向右隔跨布置。

(3) 若求某一跨跨内截面的最小正弯矩(或最大负弯矩)时,该跨不应布置活荷载,而应在该跨左右邻跨布满活荷载,然后依次向左、向右隔跨布置。

(4) 若求某一支座左、右边截面的最大剪力(绝对值)时,活荷载的布置方式与(1)相同。

若以五跨连续梁为例,则布置如图 11.11 所示。

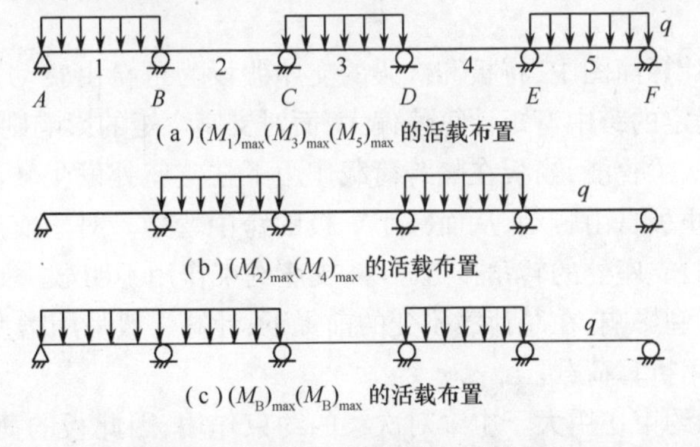

(a) $(M_1)_{max}(M_3)_{max}(M_5)_{max}$ 的活载布置

(b) $(M_2)_{max}(M_4)_{max}$ 的活载布置

(c) $(M_B)_{max}(M_B)_{max}$ 的活载布置

图 11.11　五跨连续梁的不利布置

3. 内力包络图

将所有活荷载不利布置情况的内力图与恒载的内力图叠加,并将这些内力图全部叠画在一起,其外包线就是内力包络图。

内力包络图明确了连续梁在各种最不利荷载的组合下各个截面内力值的上限和下限(反向),是连续梁进行截面承载力设计计算的基本依据。包络图也是计算和布置纵向受力筋的依据,即材料的抵抗弯矩图应能够将弯矩包络图包住,弯矩包络图可用图 11.12 所示方式绘出。剪力包络图是计算和布置腹向钢筋的依据,即材料的抵抗剪力图应能够将剪力包络图包住。弯矩包络图还可用来确定连续梁内纵向受力钢筋的截断位置和弯起点。根据剪力包络图可确定箍筋变化的区段,以及当必须利用弯起钢筋抗剪时弯起钢筋需要的排数和弯起钢筋的排列位置。

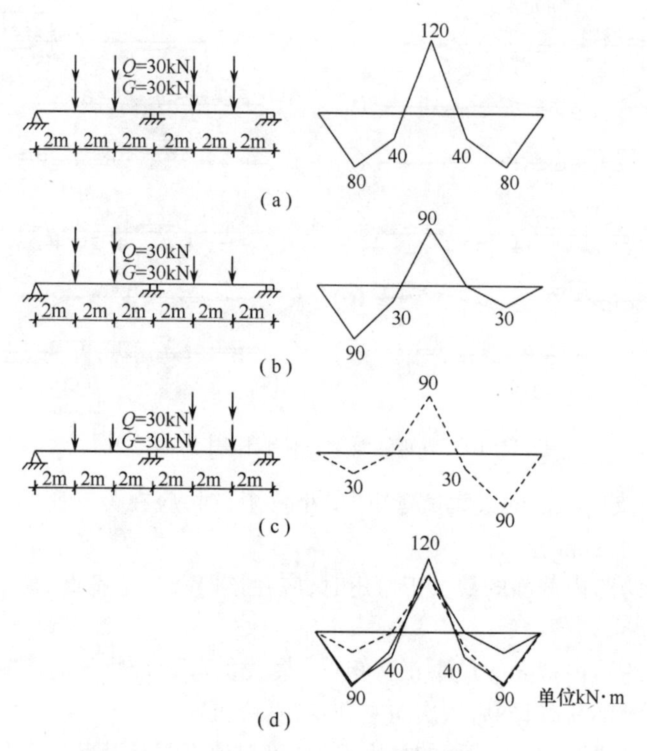

图 11.12　弯矩包络图

4. 折算荷载

在连续梁、板的计算简图中,将板和次梁的支座假设为可自由转动的铰支座,使得按最不利荷载布置原则所确定的跨中弯矩计算值偏大,而对支座弯矩的影响则较小。以连续板为例,其支座为次梁,板与次梁整浇,当板在隔跨荷载作用下在支座处发生转动时,由于次梁具有一定的抗扭刚度,将阻止板自由转动,从而减小了板的跨中弯矩。对于支座负弯矩,由于支座相邻的两跨均有活荷载,支座处的转角接近于零,支座约束作用不明显。如图 11.13 所示。

为了反映上述有利影响,在总荷载不变的前提下,计算一般采用增大恒荷载和减小活荷载的方法来考虑,即取用折算荷载。

鉴于次梁对板的约束作用大于主梁对次梁的约束作用,因此板的荷载调整幅度大于次梁的荷载调整幅度。板和次梁的折算荷载取值如下:

对于板,有

$$g' = g + \frac{q}{2},\ q' = \frac{q}{2} \tag{11.3}$$

对于次梁,有

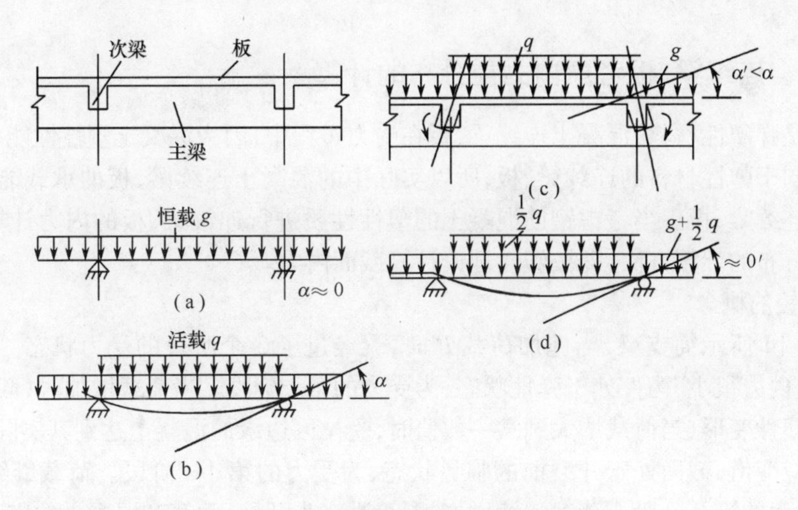

图 11.13 折算荷载的荷载考虑方式

$$g' = g + \frac{q}{4},\ q' = \frac{3q}{4} \tag{11.4}$$

式中 g',q'——折算后的恒荷载、活荷载；

g,q——折算前的恒荷载、活荷载。

5. 按弹性理论方法计算连续梁、板的内力

连续梁、板内力通常可采用两种方法计算：一种是假定钢筋混凝土梁、板为匀质弹性体，用一般结构力学的方法计算内力，即弹性理论计算方法；另一种是考虑到钢筋混凝土具有一定的塑性性质，按照塑性理论的方法计算构件内力，称为考虑塑性内力重分布的计算方法。

按弹性理论方法计算连续梁、板内力时，为了减少计算工作量，制成2~5跨等跨连续梁在常用荷载作用下的弯矩和剪力系数表供设计时直接查用，具体见附表22。

按弹性理论计算连续梁、板的内力时，中间跨的计算跨度取的是两相邻支座中心线间的距离，这样求得的支座弯矩及剪力都是支座中心线处的。而当梁、板与支座采用整体连接时，支座边缘处的截面高度却比支座中心处的小很多，为了使梁、板结构的设计与实际贴合得更加合理，应取支座边缘的内力作为设计计算的依据，并按以下公式计算：

支座边缘截面的弯矩设计值 M_b 为

$$M_b = M - V_0 \frac{b}{2} \tag{11.5}$$

式中 M——支座中心线处的弯矩设计值；

V_0——按简支梁计算的支座中心线处的剪力设计值，取绝对值；

b——支座宽度。

支座边缘截面的剪力设计值 V_b 为

均布荷载时，有

$$V_b = V - (g + q)\frac{b}{2} \tag{11.6}$$

集中荷载时，有

$$V_b = V \tag{11.7}$$

式中 V——支座中心线处的剪力设计值。

11.2.4 连续梁、板考虑内力重分布的计算

混凝土是弹塑性材料,混凝土连续梁、板在受力过程中,因为混凝土塑性性能发展,使得其受力状态不同于弹性材料的连续梁、板,所以实际中的混凝土连续梁、板的承载能力也不同于弹性材料的连续梁、板。当考虑钢筋混凝土的塑性性质进行连续梁、板的内力计算时,应采用塑性内力重分布的计算方法,即按塑性理论计算截面内力。

1. 塑性铰的概念

如图 11.14 所示简支梁,当施加荷载 P 时,梁经过了 3 个阶段的受力状态。当荷载很小时,截面上的内力很小,构件处于弹性状态,为受力的第 I 阶段。当荷载增加时,截面的受拉区混凝土出现塑性变形,当荷载增大到某一数值时,受拉区边缘的混凝土达到其实际的抗拉强度和抗拉极限应变值,截面处于开裂前的临界状态,为受力的第Ⅰa 阶段。荷载继续增加,截面开裂,进入受力的第Ⅱ阶段。荷载继续增加,裂缝进一步开展,钢筋和混凝土的应力不断增大,受压区混凝土塑性变形进一步发展,构件截面的压应力图呈曲线分布。当荷载增加到某一数值时,受拉区纵向受力钢筋开始出现屈服,对应的钢筋应力值也达到屈服强度,为受力的第Ⅱa 阶段。受拉区纵向受力钢筋屈服后,构件截面的承载力无明显增加,但塑性变形急速发展增大,随之裂缝迅速开展,并向上边缘延伸,致使受压区面积进一步减小,从而压应力值增大,构件的挠度也迅速增大,为受力的第Ⅲ阶段。在外荷载几乎保持不变的情况下,构件的变形和裂缝继续发展,受压区的混凝土开始出现纵向裂缝并被完全压碎,截面发生破坏,为受力的第Ⅲa 阶段。

截面应力偏离弹性分布(即直线分布)的现象,称为应力沿截面发生了重分布,或简称为应力重分布。由梁的破坏过程可见,钢筋混凝土构件在截面开裂之前便出现了应力重分布,截面开裂以后,应力沿截面发生重分布的现象则更加明显。

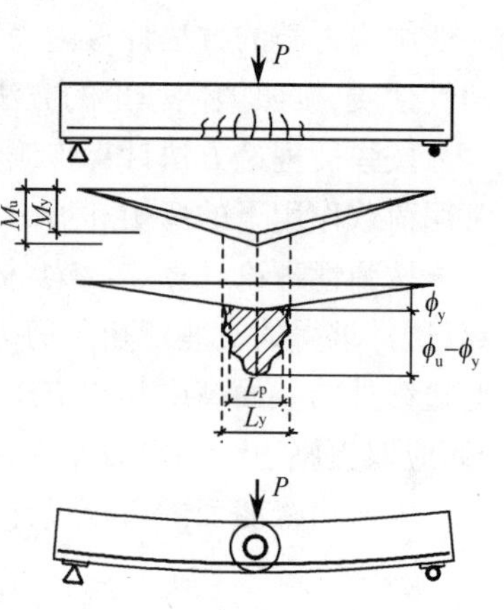

图 11.14 塑性铰的示意图

受拉钢筋屈服以后(即第Ⅲ阶段),截面的转动量迅速增大的现象,称为截面上出现了"塑性铰"(图 11.14)。塑性铰可以在截面弯矩几乎保持不变的情况下,沿着弯矩的作用方向转动,直至受压区混凝土被压碎(即Ⅲa 阶段)时结束。

钢筋混凝土塑性铰与理想铰的共同之处是都具备转动能力,不同之处是:

(1) 当纵向受力钢筋只配在受拉区时,塑性铰是单向铰,只能沿弯矩的作用方向转动,此时钢筋处于受拉而混凝土处于受压状态。理想铰可以沿任意方向转动。

(2) 塑性铰只具有有限的转动量,只能在受拉区钢筋开始屈服到受压区混凝土压碎前的荷载范围内进行转动,理想铰具有无限量转动的能力。

(3) 塑性铰在转动的同时能传递和承担一定量值的弯矩荷载,其值为 $M_y \leqslant M \leqslant M_u$。$M_u$ 为截面的极限弯矩,理想铰不能传递弯矩。

塑性铰的转动量越大,结构构件的变形能力也越大。构件受力后截面变形满足平面假定,则塑性铰的转动量大小与受拉钢筋的塑性、受压混凝土的极限压应变值以及受压区的高度大小有关。为了使塑性铰具有较大的转动能力:一是要尽量采用塑性较好的钢筋;二是要控制混凝土的强度等级,当混凝土的强度等级较高时,其脆性也较大,极限压应变值减小,对塑性铰转

动产生不利的影响；三是要控制构件受拉区的纵向受力钢筋配筋率。在其他条件都相同的情况下，受拉区的纵向受力钢筋配筋率越高，受压区的高度也就越大，由于混凝土的极限压应变相同，因此，截面的转动量小于受拉区纵向受力钢筋配筋率低的构件。试验表明，受压区配置纵向受力钢筋对提高截面塑性铰的转动能力是有利的。

在超筋受弯构件和小偏心受压构件中，截面破坏时，受拉钢筋不屈服，截面的破坏是由受压区混凝土压碎而引起，有人将这种由受压区混凝土非弹性变形而形成的铰称为混凝土铰，将前面所述受拉钢筋屈服后形成的铰称为钢筋铰。显然，混凝土铰的转动能力是很小的。

2. 内力重分布的概念

超静定结构的内力不仅与作用的荷载有关，还与结构各部分构件的刚度比有关。如果刚度比改变，内力分布的规律也会相应变化。如图 11.15 所示，由于支座截面 B 的弯矩比跨中截面 1 的弯矩大很多，因此，裂缝首先应出现在支座截面 B。由于支座截面 B 发生开裂，截面 B 的抗弯刚度减少，这样支座截面 B 与跨中截面 1 的刚度比就发生了一定的变化，导致支座截面 B 处的实测弯矩值小于按弹性方法计算出的弯矩，相应的跨中截面 1 处的实测弯矩大于按弹性方法计算出的弯矩。两截面间发生内力的重新分布。当截面 1 的弯矩达到一定值时，该截面也将开裂。也由于截面 1 的开裂，使支座截面 B 与跨中截面 1 的刚度比发生较大的新变化，支座弯矩 B 与跨中弯矩 1 随之而发生调整，两截面间的内力再次重新分布。

当荷载增加到一定的阶段时，支座截面 B 处的受拉钢筋发生屈服，支座截面 B 处出现塑性铰机构。通常将构件从出现第一批裂缝到第一个塑性铰形成的工作阶段，称为弹塑性阶段。在这一阶段，由于截面裂缝的出现与开展，使得截面间的刚度比不断变化，导致实际内力与按弹性方法计算的内力有所不同。

支座截面 B 出现塑性铰后，按照弹性分析方法的观点，此梁已经破坏。但是，这种观点与实际情况有出入。支座 B 出现塑性铰以后，连续梁变成了图 11.15(c)所示的两根简支梁，还可以继续加载，当每跨在截面 1 处各形成一个塑性铰，结构成为几何可变体系以后才破坏。在这一阶段，塑性铰转动量大，变形发展很快，特别是机构形成以后，变形发展更快，直到结构破坏。

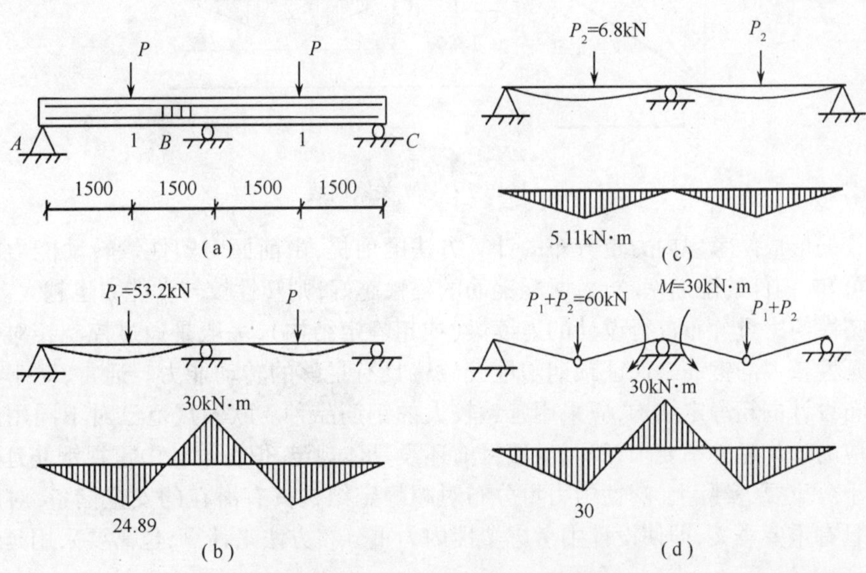

图 11.15 超静定结构的塑性内力重分布

钢筋混凝土连续梁在整个受力过程中,各个截面的抗弯刚度比随着荷载的增加而在不断发生变化,因而结构的实际内力与变形明显不同于采用不变刚度的弹性方法计算出的内力值,这种由于刚度随荷载变化而引起结构的内力变化,通常称为结构出现塑性内力重分布。

需要注意的是,内力重分布与应力重分布在概念上既有相同之处,也有区别。应力重分布是指由于材料非线性导致同一截面上应力分布与该截面弹性应力分布不一致的现象,无论是静定的还是超静定的混凝土结构都存在的应力重分布现象。内力重分布则是针对结构内力分布而言的,指在不同截面间的内力的重新分布现象。对静定结构来说,其内力分布与结构刚度无关,故不存在内力重分布现象,只有超静定结构才会有内力重分布现象。

由于钢筋混凝土结构材料具有非线性特征,其截面的受力全过程一般有 3 个工作阶段:开裂前的弹性阶段Ⅰ、开裂后的带裂缝阶段Ⅱ和钢筋屈服后的破坏阶段Ⅲ。如图 11.16 所示,在弹性工作阶段,抗弯刚度值不变,结构内力与荷载成正比。进入带裂缝工作阶段后,各截面间的刚度比值由裂缝的产生而发生变化,故各截面间内力的比值也将随之改变。其中个别截面受拉钢筋发生屈服后,结构进入破坏阶段,在钢筋屈服处形成塑性铰,引起结构计算简图改变,使内力的变化规律发生新变化。混凝土结构由于刚度比值改变或个别截面出现塑性铰引起整个结构的计算简图发生变化,则结构内力不再服从弹性理论计算出的内力规律的现象称为塑性内力重分布或内力重分布。图 11.15 中支座截面 B 和跨中截面 1 间就因为开裂导致的刚度比变化而出现内力重分布。

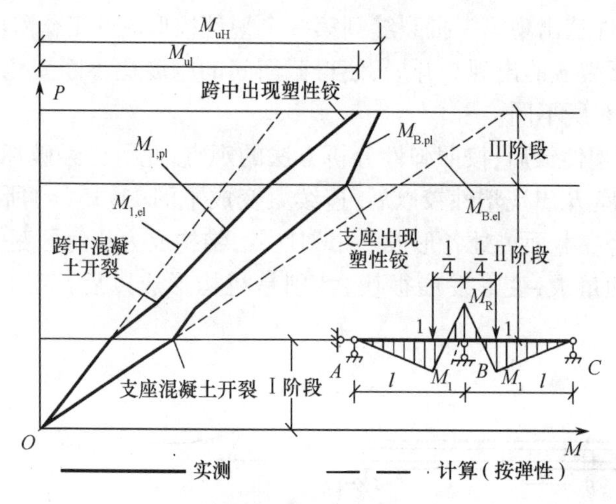

图 11.16　$P-M$ 关系曲线

塑性铰的形成是考虑内力重分布的计算方法的前提,由前面对塑性铰转动能力的影响因素的讨论可知,构件的配筋率越小,所配钢筋的延性越好,则塑性铰转动能力也越大。因此,工程中对按塑性内力重分布进行设计的连续梁(或超静定结构),一般是通过控制相对受压区高度和选择延性较大的钢筋来保证预期塑性铰位置具有足够的转动能力。通常,对于考虑塑性内力重分布设计的超静定结构,应采用延性较大的钢筋品种。欧洲规范已对不同用途的钢筋规定了相应的均匀延伸率要求,我国虽然目前还没具体规定,但在设计中重视钢筋延性的有关概念依然十分重要,实际上,塑性内力重分布对超静定结构具有潜在的安全储备,对防止结构突然倒塌具有重要意义,即使设计中考虑塑性内力重分布方法来计算,也需要采用延性较好的钢筋。

下列情况不宜考虑塑性内力重分布:

（1）在结构的使用阶段不允许出现裂缝或对裂缝有较严格限制，如水池、自防水屋面及处于侵蚀性环境中的结构。

（2）结构直接承受动力和重复荷载。

（3）要求结构有较高承载力储备。

考虑结构非弹性变形所引起的内力重分布。其主要原则如下：

（1）钢筋宜采用 HRB335 级和 HRB400 级热轧带肋钢筋，也可采用 RRB400 级热轧光圆钢筋，混凝土强度等级宜选用 C20 ~ C45。

（2）截面的弯矩调幅幅度不宜超过 25%，不等跨连续梁、板负弯矩调幅幅度不宜超过 20%。

（3）考虑塑性内力重分布的计算方法的截面相对受压区高度应满足 $0.1 \leqslant \xi \leqslant 0.35$。

（4）结构在正常使用阶段不应出现塑性铰，且变形和裂缝宽度应符合《规范》的规定。

3. 弯矩调幅法

连续梁考虑内力塑性重分布的计算方法很多，目前工程中常使用的是调幅法，这是一种实用计算方法。弯矩调幅法的基本概念是将结构按弹性理论计算得到的弯矩分布进行适当有利调整（降低），并作为考虑塑性内力重分布后的设计弯矩。

定义支座弯矩调幅系数为 A，即

$$A = \frac{M_m - M'_m}{M_m} \tag{11.8}$$

式中 M_m——按弹性理论计算得到的支座弯矩值；

M'_m——调整后支座的设计弯矩值。

由前述塑性内力重分布的概念可知，支座弯矩调幅系数越大，塑性弯矩比弹性计算值降低越多，塑性铰所需要的转动能力越大。为使得塑性内力重分布得以充分进行，同时考虑正常使用阶段裂缝和挠度变形的控制要求，弯矩调幅系数不宜过大。根据试验研究和分析，一般控制支座弯矩调幅系数不超过 25%，可以满足要求。

支座弯矩调整后，应根据各跨受力平衡条件，确定跨中设计弯矩，以保证各跨的受力平衡和安全。

如图 11.17(b)所示，设想在中间支座截面处形成塑性铰后，在该截面作用有正弯矩 $M = 7.52 - 5.64 = 1.88$（kN·m），调幅为 1.88/7.52 = 25%。将相应的直线弯矩图与图 11.17(a)所示的弯矩图叠加后得到图 11.17(c)所示的弯矩图，即为考虑内力塑性重分布后的结构弯矩图，其跨中截面弯矩就等于按弹性理论计算的最大弯矩 7.18kN·m。

上述调幅法，如果选择不同的截面、不同的调幅，可以得到不同的内力重分布。例如，将跨中截面弯矩 $M = 7.18$kN·m，调整为 $M = 7.18 \times 0.869 = 6.24$（kN·m），即调幅为 (7.18 − 6.24)/7.18 = 13.09% < 25%。这时，跨中截面将首先形成塑性铰（图 11.18），设想在塑性铰截面上作用有负弯矩 $M = -(7.18 - 6.24) = -0.94$（kN·m），将相应的直线弯矩图与图 11.17(a)所示的弯矩图叠加，即为考虑内力塑性重分布后的弯矩包络图（图 11.18(b)）。因此，也就存在一个按照什么目标、根据什么原则来进行内力重分布的问题。

应用调幅法的原则是：①节省钢材用量，使弯矩包络图的面积达到最小。如图 11.17(a)中的阴影面积，其目的是考虑内力塑性重分布后比弹性理论算得的包络图面积有所减少；②为了便于混凝土的浇筑，应适当减少支座截面顶部用来承受负弯矩的钢筋；③为了使钢筋的布置规则，便于配置，应力求使各跨的跨中最大正弯矩与支座处的最大负弯矩值接近，最好相等。

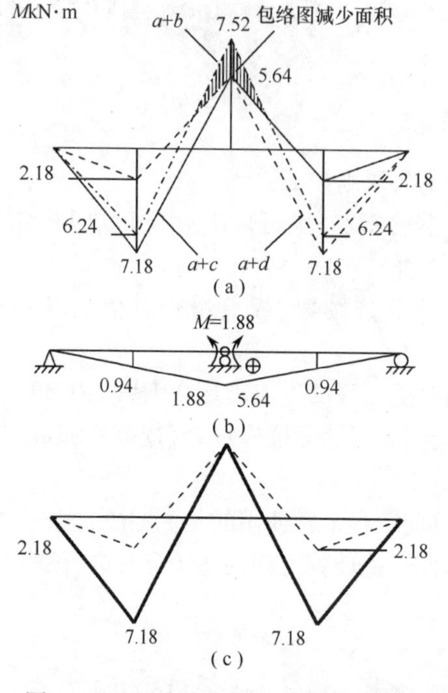

图 11.17 两跨梁根据支座弯矩的调幅

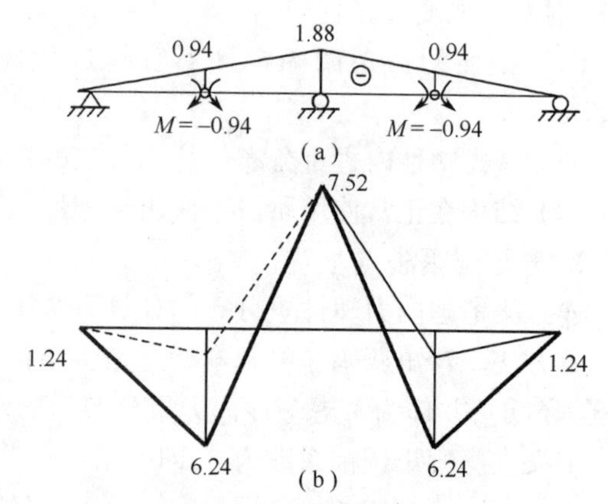

图 11.18 两跨梁根据跨中弯矩的调幅

考虑塑性内力重分布的弯矩调幅方法的具体步骤如下：

(1) 按弹性方法确定连续梁的内力，得到弯矩包络图。

(2) 确定调幅系数。要考虑结构满足刚度、裂缝要求，使支座截面不过早出现塑性铰，一般要求调幅系数不大于 25%。

(3) 验算每跨平衡条件 $\left|\frac{M_A + M_B}{2}\right| + M_C \geqslant 1.02M_0$，如不满足应增大跨中弯矩。其中 M_A 和 M_B 为该跨两端支座调幅后的设计弯矩值，M_C 为跨中设计弯矩值；M_0 为将该跨按简支梁计算得到的跨中设计弯矩值，如图 11.19 所示。

另外，考虑弯矩调幅后，在可能产生塑性铰的区段，一般应按《规范》算得的箍筋用量再增大 20%，增大的区段为：对于集中荷载，应取支座边至最近一个集中荷载的区段；对于均布荷载，应取距支座边 $1.05h_0$ 的区段。

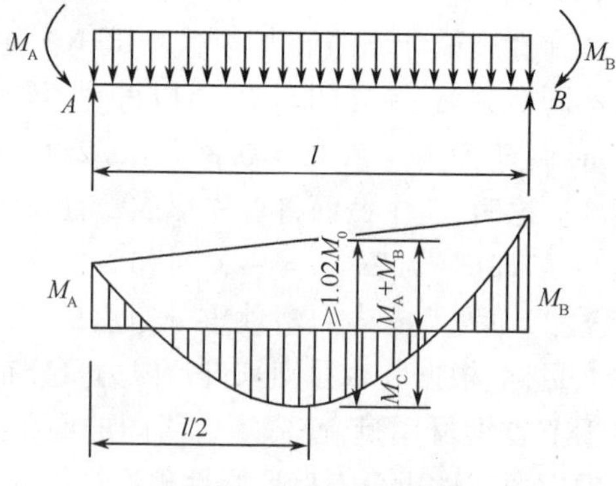

图 11.19 M_0示意图

4. 用调幅法计算连续梁、板的内力

根据上述考虑塑性变形内力重分布计算的一般原则，采用弯矩调幅法可导出等跨连续次梁及连续板在均布荷载作用下内力的计算公式。

跨中及支座弯矩计算公式为

$$M=\alpha(g+q)l_0^2 \tag{11.9a}$$

边跨 $$l_0=l_n+\frac{a}{2}且\ l_0\leqslant l_n+\frac{h}{2}(板),l_0\leqslant 1.025l_n(深) \tag{11.9b}$$

中间跨 $$l_0=l_n \tag{11.9c}$$

式中 α——弯矩系数,按表 11.2 采用;

g,q——分别为作用在梁、板上的均布恒荷载和活荷载设计值;

l_n——板梁的净跨;

h——板厚;

a—板梁支承胀度;

b—中间支座宽度。

表 11.2 梁、板弯矩系数

截面	边支座	边跨中	第一内支座	中跨中	中间支座
α	搁置在墙上:0 与梁整浇:-1/24(梁) -1/16(板)	搁置在墙上:1/11 与梁整浇:1/14	两跨连续:-1/10 三跨及三跨以上连续:-1/11	1/16	-1/14

次梁支座剪力计算公式为

$$V=\beta(g+q)l_n \tag{11.10}$$

式中 β——剪力系数,按表 11.3 采用;

l_n——净跨。

表 11.3 剪力系数

截面	端支座内侧	第一内支座左	第一内支座右	中间支座
β	搁置在墙上:0.45 与梁或柱整浇:0.5	搁置在墙上:0.6 与梁或柱整浇:0.55	0.55	0.55

板的剪力较小,一般都能满足斜截面抗剪承载力要求。对于主梁,一般按弹性理论方法计算内力。

11.2.5 单向板肋梁楼盖的截面设计与配筋构造

单向板肋梁楼盖的竖向荷载分布在板上,板上的荷载沿短边方向传给次梁,次梁上的荷载传给支承的主梁。根据单向板肋梁楼盖的传力途径,按板、次梁、主梁的次序进行截面设计和配筋构造。

1. 单向板的截面设计与配筋构造

1）截面设计

① 通常取 1m 宽板带作为板的计算单元,且按单筋矩形截面进行设计。板支座截面处的受压区位于板的下部,板跨中截面处的受压区位于板的上部,当结构发生破坏时,支座截面和跨中截面都会绕相应的中和轴发生微小转动,当板的支座不能发生水平移动时,板跨内会形成拱作用,如图 11.20 所示。这种拱作用会使板的实际承载力高于理论计算值。因此《规范》规定,周边与梁整体连接的板可适当减少弯矩设计值,单向板中间跨的跨中弯矩及支座弯矩可分

别减少 20% 左右。

② 板厚。对于简支板及连续板，一般取 $l_0/35 \sim l_0/40$；对于悬壁板一般取 $l_0/10 \sim l_0/21$（其中 l_0 为板的计算跨度）。

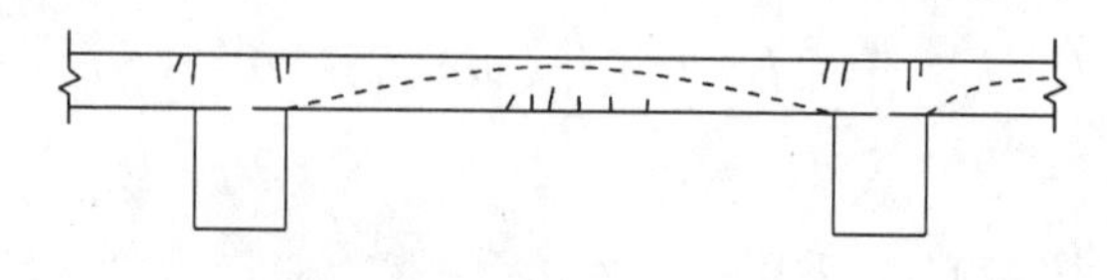

图 11.20　单向板的拱作用

2）配筋构造

（1）板中受力钢筋。

放置在板面承受负弯矩的受力筋称为负钢筋，放置在板底承受正弯矩的受力筋称为正钢筋。直径常取 6mm、8mm 和 10mm 等，且间距不宜小于 70mm。由于施工时踩踏负钢筋，负钢筋直径一般不宜太细。当板厚较大时，可相应设置马凳筋来防止踩踏。当板厚 $h \leqslant 150$mm 时，配筋间距不应大于 200mm；当 $h < 150$mm 时，其不应大于 $1.5h$，且每米宽度内不得少于 3 根受力筋。此外，从跨中伸入支座的受力钢筋间距不应大于 400mm，且截面面积不得少于跨中钢筋截面面积的 1/3。当边支座是简支时，下部正钢筋伸入支座的长度不应小于 $5d$。

为了便于施工，板内正、负钢筋在选择时宜使它们间距相同而直径不同，但直径也不宜多于两种。选用钢筋的实际面积和计算面积相差一般不超过 ±5%，以保证安全和节约钢材。

连续板内受力钢筋的配筋方式有弯起式和分离式两种，如图 11.21 所示。

弯起式配筋的构件受力钢筋有正、负钢筋和弯起钢筋 3 种。弯起钢筋的选择配置可按跨中正钢筋的直径和间距，并在支座附近 1/3 ~ 1/2 处弯起，若伸入支座内的钢筋不能满足需要的负钢筋，可再另加直的负钢筋解决。弯起式配筋具有锚固性能好、节约钢材等优点，但也有施工较复杂的缺点，实际工程中应用较少。

分离式配筋的钢筋锚固稍差，耗钢量也略高，但其方便了设计和施工，在工程中应用较广。但当板厚超过 120mm 且承受较大的动荷载时，不宜采用分离式配筋。

连续单向板内受力钢筋的弯起和截断，一般可按图 11.21 所示的确定。当连续板邻跨之间的跨度之差超过 20% 时，或虽然跨度相同但各跨荷载相差很大时，钢筋的弯起和截断应严格按照其弯矩包络图进行确定。

（2）板中构造钢筋（图 11.22）。

连续单向板的配筋包括按计算配置受力钢筋和按构造要求布置以下 4 种钢筋。

① 与受力钢筋垂直的分布钢筋。此钢筋平行于单向板的长跨，沿正、负受力钢筋的内侧放置。分布钢筋的截面面积不应少于受力钢筋截面面积的 10%，且每米宽度内应不少于 3 根，分布钢筋还应布置在受力钢筋弯折处。

分布钢筋的主要作用是：①固定受力钢筋的位置以防浇筑混凝土时受力筋发生变动；②承受横向混凝土收缩和温度变化所产生的不良内力；③承受板上局部荷载产生的内力和沿长跨方向实际存在而在计算时被忽略的较小弯矩值。

（2）与主梁垂直的附加负钢筋。由于主梁的抗弯刚度较大，靠近主梁的板面荷载会就近直接传给主梁，这样在主梁边界附近的长跨方向上会产生一定大小的负弯矩，则必须在主梁上部配置板面附加负钢筋，配置时每米（沿主梁）不少于 $5\phi8$，伸入板中的长度当从主梁边算起时，每边不小于 $l_0/4$，l_0 为单向板的计算跨度。

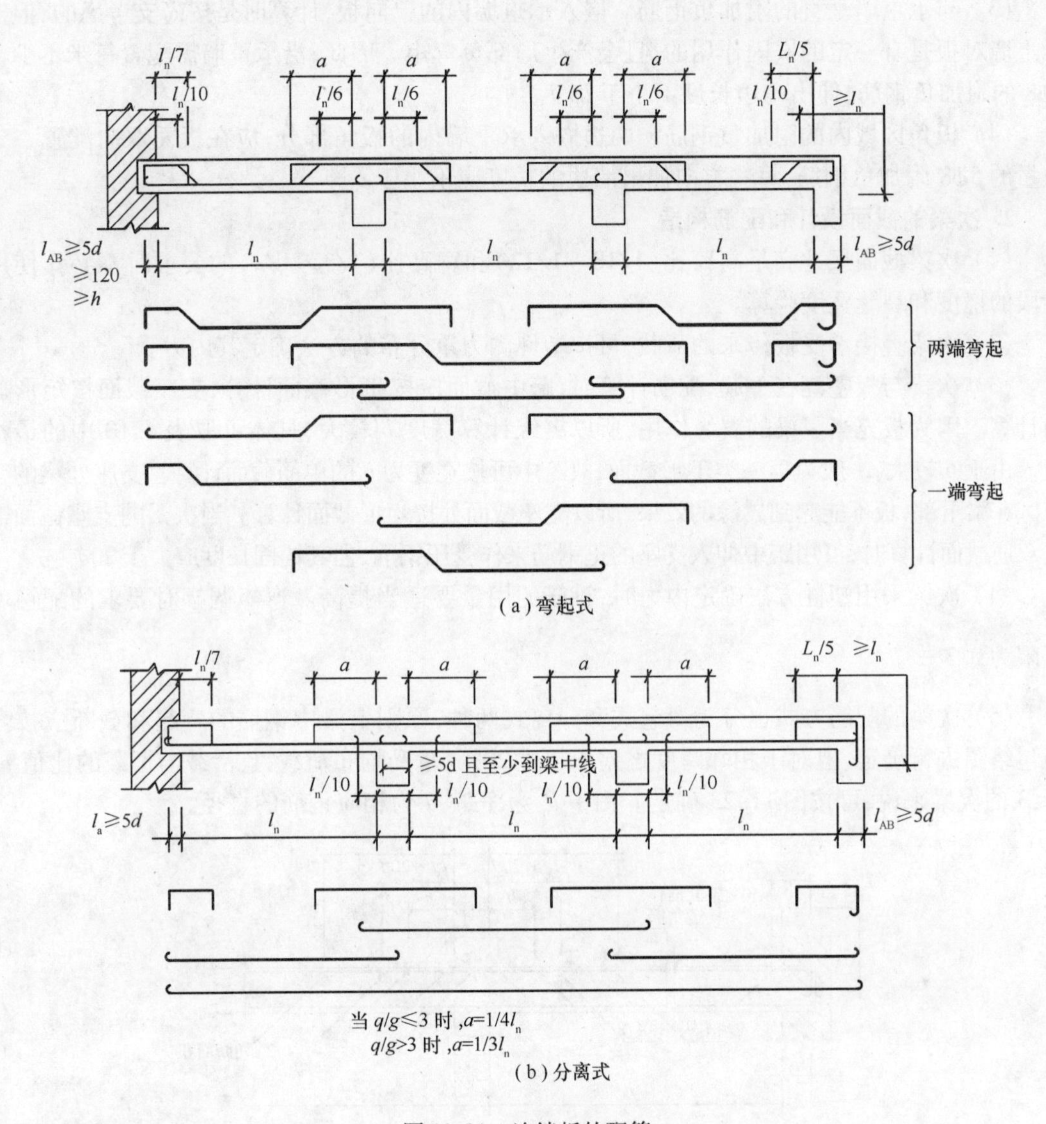

图 11.21 连续板的配筋

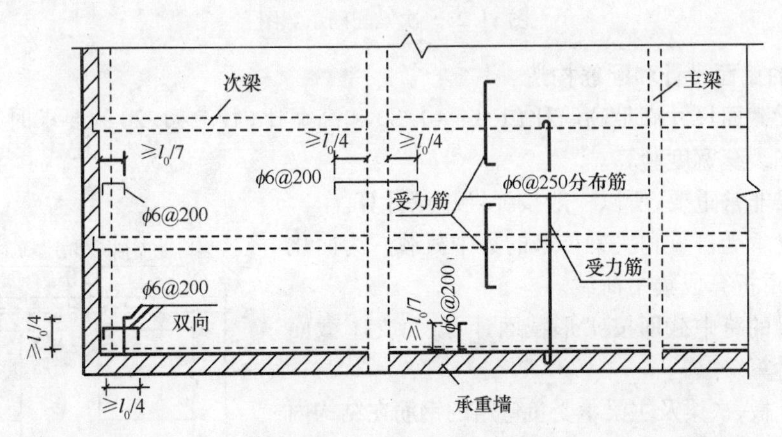

图 11.22 板中的构造钢筋

(3) 与承重墙垂直的附加负钢筋。嵌入承重墙内的单向板,计算时是按简支考虑的,但实际上墙对板是有一定的嵌固作用的,且会产生局部负弯矩。因此,沿承重墙需配置每米不少于 $5\phi8$ 的附加负钢筋,伸出墙边长度不小于 $l_0/7$。

(4) 板角区域内的附加负钢筋。两边嵌入承重墙内的板角部分,应在板面双向配置一定数量的 $5\phi8$ 附加负钢筋,每一方向伸出墙边的长度应不小于 $l_0/4$。

2. 次梁的截面设计和配筋构造

(1) 次梁截面尺寸满足高跨比(1/18 ~ 1/12)和宽高比(1/3 ~ 1/2)的要求时不必作使用阶段的挠度和裂缝宽度验算。

(2) 次梁直接承受板传来的荷载,可按塑性内力重分布的方法确定其内力。

(3) 次梁与板整浇在一起,配筋计算时,跨中截面应按T形截面计算,支座截面按矩形截面计算。因为板充当了梁的翼缘作用,所以翼缘计算宽度 b_f' 较大,具体可取表4.10中的最小值。由于 b_f' 较大,一般为第一类T形截面,故跨中可按宽度为 b_f' 的单筋截面计算。支座处梁的受压区在梁下部,板不能起到翼缘的效果,所以支座截面处按矩形截面计算。当次梁的支座截面需按双筋截面计算时,可用跨中伸入支座的正钢筋来作受压钢筋,但其锚固长度应大于 $20d$。

(4) 次梁采用塑性方法确定内力时,箍筋的用量要适当提高。弯矩调幅时要求的配箍率下限为 $0.3\dfrac{f_t}{f_{yv}}$。

(5) 次梁的配筋方式也分为弯起式和分离式两种,原则上梁中钢筋的弯起和截断应按弯矩包络图进行确定,但对于相邻跨度之差不超过20%,承受均布荷载,且活载与恒载的比值 $p/q\leqslant3$ 的次梁来说,可按图11.23确定。图中 l_n 为净跨,d 为相应钢筋的直径。

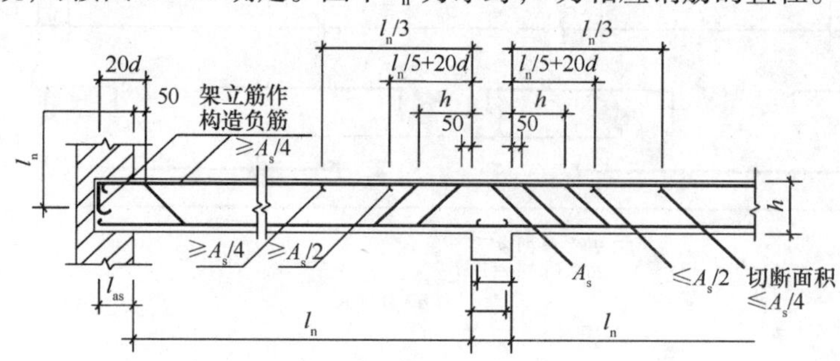

图11.23 次梁配筋示意图

3. 主梁的截面设计和配筋构造

(1) 主梁截面尺寸满足高跨比(1/14 ~ 1/8)和高宽比(1/3 ~ 1/2)的要求时,不必作使用阶段的挠度和裂缝宽度验算。

(2) 主梁非常重要,所以一般按弹性理论计算。

(3) 主梁承受自重和次梁传来的集中荷载。为简化计算,可将自重折算成集中荷载。

(4) 主梁的跨中截面按T形截面计算,而支座截面按矩形截面计算。

(5) 由于板、次梁及主梁承受负弯矩的钢筋在结构内会相互重叠(图11.24),因此计算主梁支座截面配筋时,主梁的截面有效高度将有所减小。截面有效高度 h_0:一排

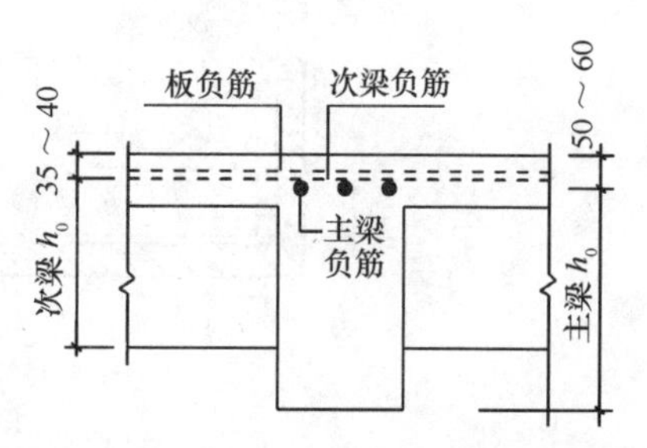

图11.24 主梁支座处的截面有效高度

钢筋时,取 $h_0 = h - (50 \sim 60)\text{mm}$;两排钢筋时,取 $h_0 = h - (70 \sim 80)\text{mm}$,$h$ 是截面高度。

(6) 主梁所有的受力钢筋的弯起和截断原则上都按弯矩包络图确定。

(7) 附加箍筋和吊筋。当有集中荷载作用在主梁高度范围内时,如次梁支座反力或悬挂荷载,主梁上可能会产生斜裂缝,当集中荷载作用在主梁的受拉区内时,更易产生斜裂缝。此时应在集中力两侧设置附加箍筋或吊筋来防止主梁在集中力作用下发生局部破坏。附加箍筋宜优先采用,但附加箍筋和吊筋都应设置在 s 范围内,s 与集中力的位置有关。如图 11.25 所示。如果集中力作用在主梁顶面,则不必设置附加箍筋或吊筋。

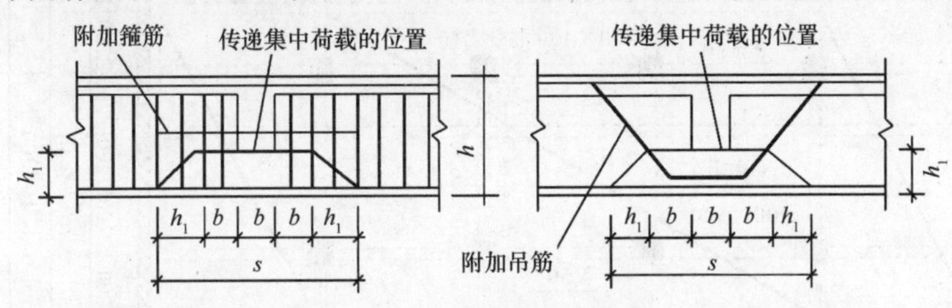

图 11.25　附加箍筋和吊筋

附加横向钢筋所需的总面积按下式计算:

$$A_{sv} = \frac{F}{2f_{yv}\sin\alpha} \tag{11.11}$$

式中　F—— 作用在梁的下部或梁截面高度范围内的集中荷载;

f_{yv}——箍筋或弯起钢筋的抗拉强度设计值;

A_{sv}——承受集中荷载所需附加横向钢筋的总面积,当采用附加吊筋时,A_{sv} 是指左、右弯起段截面面积之和;

α——附加横向钢筋与梁轴线间的夹角大小。

4. 单向板肋梁楼盖设计例题

某多层厂房的建筑平面如图 11.26 所示,楼梯设置在旁边的附属房屋内。环境类别为一类,楼面均布活荷载标准值取 6kN/m^2,楼面板做法:水磨石面层;钢筋混凝土现浇板;20mm 厚石灰砂浆抹底。材料:梁内受力纵筋采用 HRB400,其他为 HPB300;钢筋混凝土强度等级 C25。楼盖拟采用现浇钢筋混凝土单向板肋梁楼盖。据此进行设计,其中板、次梁设计时需考虑塑性内力重分布,主梁按弹性理论设计。

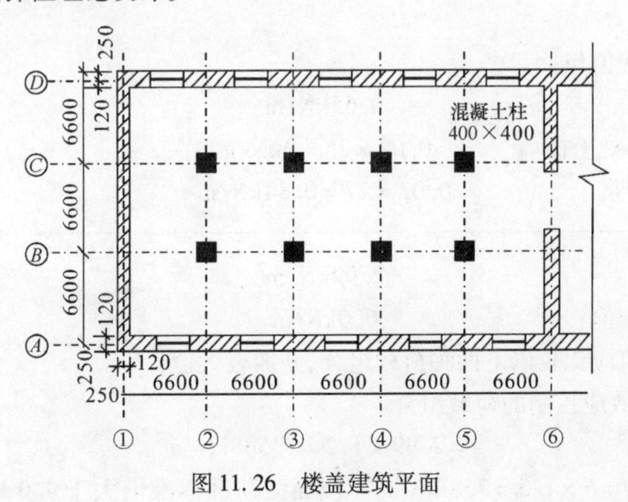

图 11.26　楼盖建筑平面

1）楼盖的结构平面布置

方案采用主梁沿横向布置，次梁沿纵向布置的方式。如图 11.27 所示，主梁之间的跨度为 6.6m、次梁之间的跨度为 6.6m，有两根次梁布置在主梁跨内，板的跨度为 2.2m，由于 $l_2/l_1=6.6/2.2=3$，因此可按单向板设计。

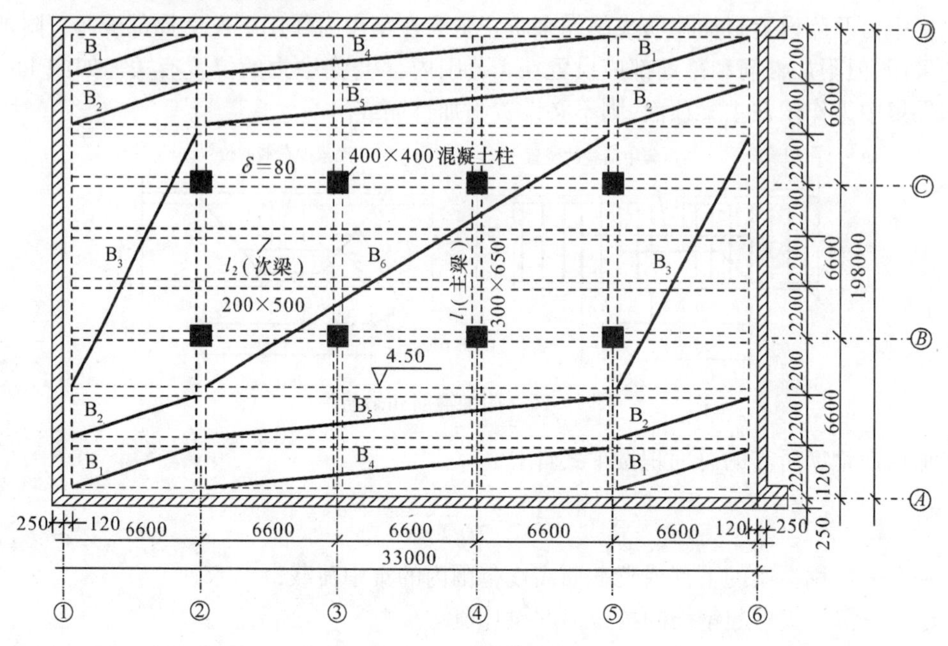

图 11.27　楼盖结构平面布置

根据板的跨高比条件，板厚 $h \geqslant 2200/40=55\text{mm}$，由表 4.1 知，工业建筑的楼盖板要求 $h \geqslant 70\text{mm}$，则取板厚 $h=80\text{mm}$。

次梁截面高度应满足 $h=l_0/18 \sim l_0/12=6600/16 \sim 6600/12=367 \sim 550\text{mm}$。因考虑到楼面活荷载比较大，取 $h=500\text{mm}$。又根据高宽比的要求，截面宽度取 $b=200\text{mm}$。

主梁的截面高度应满足 $h=l_0/14 \sim l_0/8=6600/14 \sim 6600/8=471 \sim 825\text{mm}$，取 $h=650\text{mm}$。截面宽度取为 $b=300\text{mm}$。

2）板的设计

（1）计算荷载。

板的恒荷载标准值包括：

水磨石面层	0.65kN/m^2
80mm 厚钢筋混凝土板	$0.08 \times 25=2\text{kN/m}^2$
20mm 厚石灰砂浆	$0.02 \times 17=0.34\text{kN/m}^2$
小计	2.99kN/m^2

板的活荷载标准值：　6.0kN/m^2

板的荷载设计值应比较以下两种荷载组合，并取较大值：

① 由可变荷载效应控制的荷载组合。

恒荷载设计值　$g=2.99 \times 1.2=3.588\text{kN/m}^2$

活荷载设计值 $q=6 \times 1.3=7.8\ \text{kN/m}^2$（楼面活荷载标准值大于 $4.0\ \text{kN/m}^2$，活荷载分项

系数取 1.3）

荷载总设计值 $g+q=11.388\text{kN/m}^2$

② 由永久荷载效应控制的荷载组合。

恒荷载设计值 $g=2.99\times1.35=4.0365(\text{kN/m}^2)$

活荷载设计值 $q=6\times1.3\times0.7=5.46\ (\text{kN/m}^2)$

荷载总设计值 $g+q=10.7565\text{kN/m}^2$

所以荷载总设计值：$g+q=11.388\text{kN/m}^2$，近似取为 $g+q=11.4\text{kN/m}^2$（$11.388>10.7565$）

（2）计算简图。

计算单元取 1m 板带。次梁截面为 200mm×500mm，现浇板在墙上的支承长度不应小于 100mm，取支承长度为 120mm。按内力重分布进行设计。

板的计算跨度取值：

① 边跨：

$l_0=l_n+h/2=2200-100-120+80/2=2020(\text{mm})<1.025l_n=2030\text{mm}<l_n+a/2=2040\text{mm}$，

取 $l_0=2020\text{mm}$

② 中间跨：$l_0=l_n=2200-200=2000(\text{mm})$

因跨度相差小于 10%，则可按等跨连续板进行计算。计算简图如图 11.28 所示。

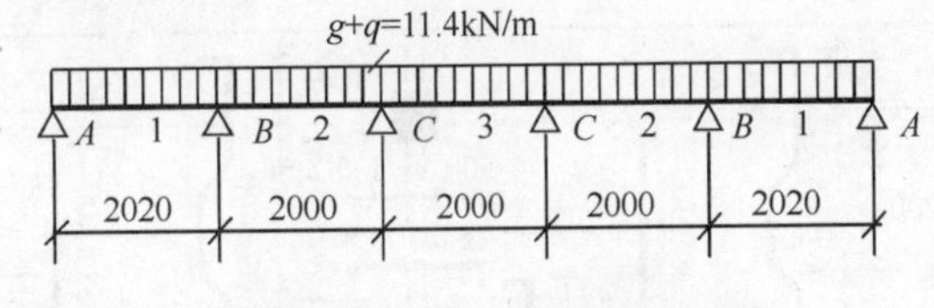

图 11.28 板的计算简图

（3）内力计算。

查表 11.1 得板的弯矩系数 α，各截面弯矩值为

$$M_1=(g+q)l_1^2/11=11.4\times2.02^2/11=4.23(\text{kN}\cdot\text{m})$$

$$M_B=-(g+q)l_1^2/11=-11.4\times2.0^2/11=-4.15(\text{kN}\cdot\text{m})$$

$$M_C=-(g+q)l_1^2/14=-11.4\times2.0^2/14=-3.26(\text{kN}\cdot\text{m})$$

$$M_2=M_3=(g+q)l_1^2/16=11.4\times2.0^2/16=2.85(\text{kN}\cdot\text{m})$$

（4）正截面受弯承载力计算。

C25 混凝土，$a_1=1.0$，$f_c=11.9\text{kN/mm}^2$；HPB300 钢筋，$f_y=270\text{kN/mm}^2$。

板厚 80mm，$h_0=80-25=55\text{mm}$；板宽 $b=1000\text{mm}$。

板的正截面配筋计算如表 11.4 所示。

表 11.4 板的配筋计算

截 面	1	B 支座	2	C 支座
弯矩设计值/kN·m	4.23	-4.15	2.85	-3.26
$\alpha_s=M/\alpha_1 f_c bh_0^2$	0.118	0.115	0.079	0.091
$\xi=1-\sqrt{1-2a_s}$	0.125	0.123	0.083	0.095

（续）

截面		1	B 支座	2	C 支座
轴线①~②、⑤~⑥	计算配筋/mm² $A_s=\xi bh_0f_c/f_y$	304	298	200	230
	实际配筋/mm²	ϕ8/10@200 $A_s=322$	ϕ8/10@200 $A_s=322$	ϕ8@200 $A_s=251$	ϕ8@200 $A_s=251$
轴线②~⑤	计算配筋 mm² $A_s=\xi bh_0f_c/f_y$	304	298	$0.8\times200=160$	$0.8\times230=184$
	实际配筋/mm²	ϕ8/10@200 $A_s=322$	ϕ8/10@200 $A_s=322$	ϕ6/8@200 $A_s=196$	ϕ6/8@200 $A_s=196$
注:1. 对轴线②~⑤间的板带,其中间跨中截面中间支座截面的弯矩设计值可折减 20%。为方便,近似对钢筋面积乘 0.8; 2. ξ 均小于 0.35,符合塑性内力重分布的原则					

经验算,配筋率 $\dfrac{A_s}{bh_0}=\dfrac{196}{1000\times55}=0.245\% >0.45\dfrac{f_t}{f_y}=0.45\times\dfrac{1.27}{270}=0.21\%$,同时此值也大于 0.2%,满足要求。

依据计算结果和板的构造要求,画出板的配筋图,如图 11.29 所示。

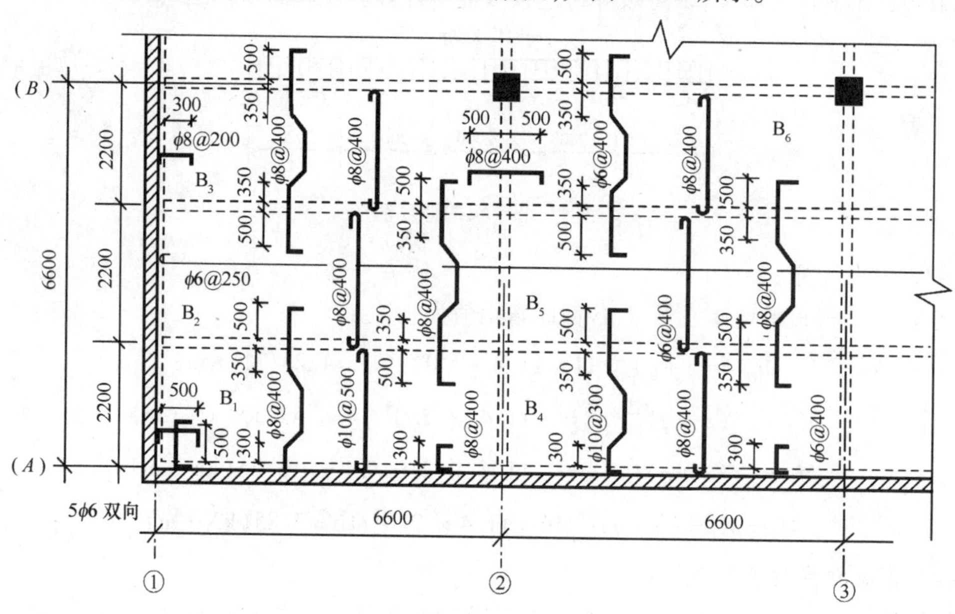

图 11.29　板的配筋图

3）次梁设计

设计时考虑内力重分布的有利作用。

（1）荷载设计值。

板传来的恒荷载　　$2.99\times2.2 = 6.578\text{kN/m}$

次梁自重　　$0.2\times(0.5-0.08)\times25 = 2.10\text{kN/m}$

次梁粉刷重　　$0.02\times(0.5-0.08)\times2\times17 = 0.286\text{kN/m}$

小计　　$g = 8.96\ \text{kN/m}$

板传来的活荷载　　　　　　　　　$q=13.2\ \text{kN/m}$

次梁的荷载设计值应考虑以下两种荷载组合,并取最大值。

① 由可变荷载效应控制的荷载组合。

恒荷载设计值　　　　　　$g=8.96\times1.2=10.75(\text{kN/m}^2)$

活荷载设计值　　　　　　$q=13.2\times1.3=17.16(\text{kN/m}^2)$

荷载总设计值　　　　　　$g+q=27.91(\text{kN/m}^2)$

② 由永久荷载效应控制的荷载组合。

恒荷载设计值　　　　　　$g=8.96\times1.35=12.096(\text{kN/m}^2)$

活荷载设计值　　　　　　$q=13.2\times1.3\times0.7=12.012(\text{kN/m}^2)$

荷载总设计值　　　　　　$g+q=24.108\text{kN/m}^2$

所以荷载总设计值:　　　　　$g+q=27.91\text{kN/m}^2$

(2) 计算简图。

次梁在砖墙上的支承长度取为240mm。主梁截面为300mm×650mm。

次梁计算跨度取值:

边跨 $l_0=l_n+a/2=6600-120-300/2+240/2=6450(\text{mm})<1.025l_n=1.025\times6330=6488\text{mm}$,

取 $l_{n1}=6450\text{mm}$

中间跨:$l_{n2}=l_n=6600-300=6300(\text{mm})$

因跨度相差小于10%,可按等跨连续梁计算。

次梁的计算简图如图11.30所示。

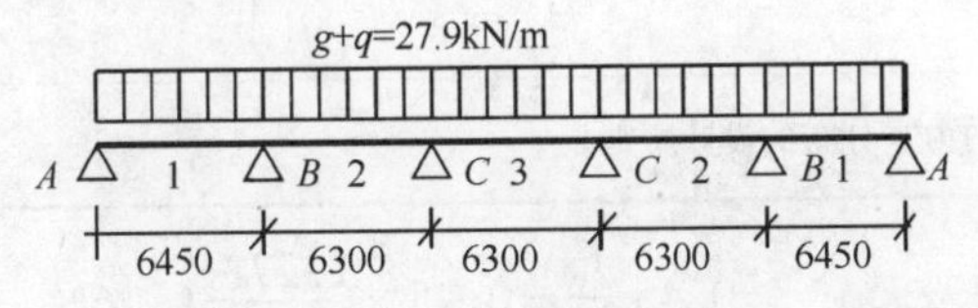

图11.30　次梁的计算简图

(3) 内力计算。

查表11.1、表11.2可分别得弯矩系数和剪力系数。

各截面弯矩设计值:

$$M_1=(g+q)l_0^2/11=27.91\times6.45^2/11=105.56\ (\text{kN}\cdot\text{m})$$

$$M_2=(g+q)l_0^2/16=27.91\times6.3^2/16=69.23\ (\text{kN}\cdot\text{m})$$

$$M_B=M_C=-(g+q)l_0^2/14=-27.91\times6.3^2/14=-79.12\ (\text{kN}\cdot\text{m})$$

各截面剪力设计值:

$$V_A=0.45(g+q)l_{n1}=0.45\times27.91\times6.45=81.01(\text{kN})$$

$$V_{Bl}=0.60(g+q)l_{n1}=0.60\times27.91\times6.45=108.01(\text{kN})$$

$$V_{Br}=0.55(g+q)l_{n2}=0.55\times27.91\times6.3=96.71(\text{kN})$$

$$V_C=0.55(g+q)l_{n2}=0.55\times27.91\times6.3=96.71(\text{kN})$$

(4) 次梁的正截面受弯承载力计算。

跨中按T形截面计算,支座按矩形截面计算。

C25 混凝土，$a_1 = l.0$，$f_c = 11.9\text{kN/mm}^2$，$f_t = 1.27\text{kN/mm}^2$；

纵向钢筋采用 HRB400，$f_y = 360\ \text{kN/mm}^2$，箍筋采用 HPB300，$f_{yv} = 270\ \text{kN/mm}^2$。

跨中截面翼缘宽度：$b'_f = l/3 = 6600/3 = 2200(\text{mm})$；又 $b'_f = b + s_n = 200 + 2000 = 2200\text{mm}$；取 $b'_f = 2200(\text{mm})$。

经判别次梁跨内截面均属于第一类 T 形截面。

正截面承载力计算过程列于表 11.5 中。

表 11.5　次梁正截面受弯承载力计算

截 面	1	B 支座	2	C 支座
弯矩设计值/kN·m	105.56	−79.12	69.23	−79.12
$\alpha_s = M/\alpha_1 f_c bh_0^2$ 或 $\alpha_s = M/\alpha_1 f_c b'_f h_0^2$	$\frac{105.56\times10^6}{1\times11.9\times2200\times455^2}=0.0195$	$\frac{79.12\times10^6}{1\times11.9\times200\times455^2}=0.161$	$\frac{69.23\times10^6}{1\times11.9\times2200\times455^2}=0.0127$	$\frac{79.12\times10^6}{1\times11.9\times200\times455^2}=0.161$
$\xi = 1-\sqrt{1-2\alpha_s}$	0.020	0.176 < 0.35	0.013	0.176 < 0.35
$A_s = \xi bh_0\alpha_1 f_c/f_y$ 或 $A_s = \xi b'_f h_0\alpha_1 f_c/f_y$	651	529	425	529
选配钢筋 /mm²	2Φ18 + 1Φ14（弯） $A_s = 663$	右侧 2Φ16 + 1Φ14（弯）， $A_s = 556$ 左侧 2Φ16 + 1Φ16（弯） $A_s = 603$	2Φ12 + 1Φ16（弯） $A_s = 427$	2Φ16 + 1Φ16（弯） $A_s = 603$
注：ξ 均小于 0.35，符合塑性内力重分布的设计原则。				

$\frac{A_s}{bh} = \frac{427}{200\times500} = 0.43\% < \rho_{min} = 0.45\frac{f_t}{f_y} = 0.45\times\frac{1.27}{360} = 0.16\%$，也大于 0.2%，满足要求。

（5）斜截面受剪承载力计算。

① 验算截面尺寸。

$$h_w = h_0 - h'_f = 455 - 80 = 375(\text{mm})$$

$h_w/b = 375/200 = 1.825 < 4$，截面尺寸可按下式验算，即

$$0.25\beta_c f_c bh_0 = 0.25\times1\times11.9\times200\times455 = 270.7\times10^3(\text{N}) < V_{max} = 108.01\text{kN}$$

截面尺寸符合要求。

$0.7f_t bh_0 = 0.7\times1.27\times200\times455 = 80.9\text{kN} < V_A = 81.01\text{kN}$，各截面应按计算结果进行腹筋配置。

② 计算所需腹筋。

采用 ϕ6mm 双肢箍筋，次梁斜截面配筋计算如表 11.6 所示。

表 11.6　次梁斜截面配筋计算

截 面	A 支座	B 支座左	B 支座右	C 支座
V/kN	81.01	108.01	96.71	96.71
A_{sv}/mm²	2×28.3 = 56.6	2×28.3 = 56.6	2×28.3 = 56.6	2×28.3 = 56.6
$s = \frac{f_{yv}A_{sv}h_0}{V-0.7f_t bh_0}$	62642	256.5	439.8	439.8

调幅后受剪承载力应加强,梁局部范围内应将计算的箍筋面积增加 20% 或箍筋间距减小 20%。现调整箍筋间距 $s = 0.8 \times 256.5 = 205.2$mm,最后取箍筋间距 $s = 200$mm。为便于施工,沿梁长均不变。

③ 验算配箍率。

弯矩调幅时要求的配箍率下限为:$0.3\dfrac{f_t}{f_{yv}} = 0.3 \times \dfrac{1.27}{270} = 0.14\%$

实际配箍率 $\rho_{sv} = \dfrac{A_{sv}}{bs} = \dfrac{56.6}{200 \times 200} = 0.141\% > 0.14\%$,符合要求。

根据计算结果和次梁的构造要求,画出次梁的配筋图,如图 11.31 所示。

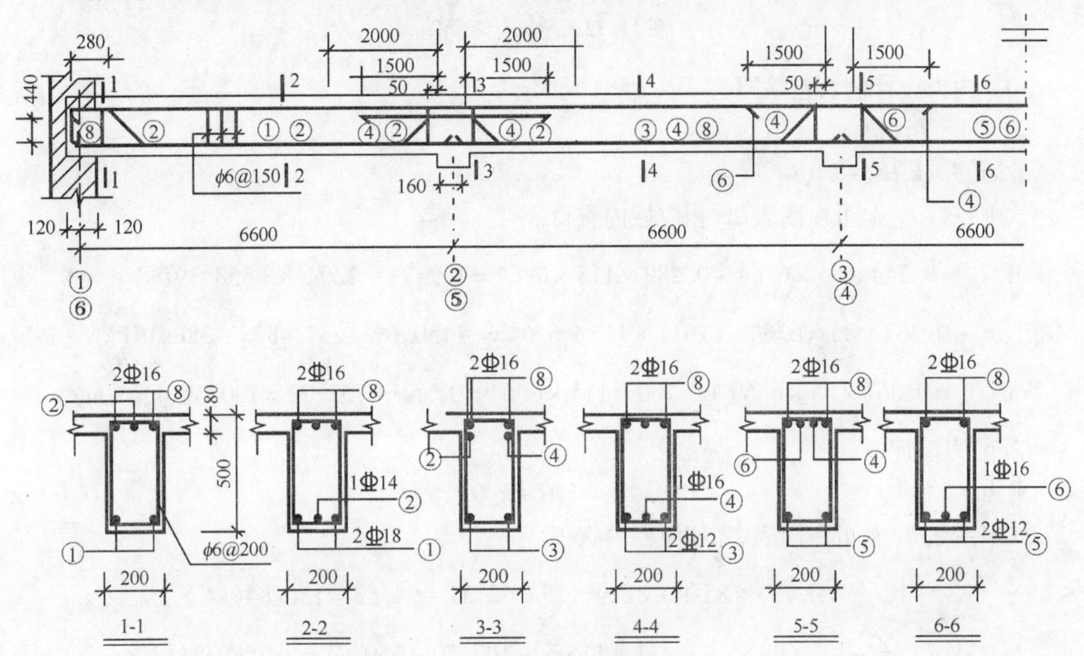

图 11.31　次梁的配筋图

4) 主梁设计

主梁设计按弹性方法。

(1) 荷载设计值。

为简化计算,将主梁自重等效为集中荷载。

恒荷载包括:

次梁传来恒荷载设计值　$10.75 \times 6.6 = 70.95$(kN)

主梁自重(含粉刷)$[(0.65 - 0.08) \times 0.3 \times 2.2 \times 25 + 2 \times (0.65 - 0.08) \times 0.02 \times 2.2 \times 17] \times 1.2 = 12.31$(kN)

恒荷载设计值 $G = 70.95 + 12.31 = 83.26$(kN),取 $G = 85$kN

活荷载设计值 $Q = 17.16 \times 6.6 = 113.26$(kN),取 $Q = 115$kN

(2) 计算简图。

主梁按连续梁计算,端部支承在砖墙上,支承长度取 370mm;中间支承在 400mm × 400mm 的混凝土柱上。

其计算跨度取值:

边跨：$l_n = 6600 - 200 - 120 = 6280(\text{mm})$，因 $0.025l_n = 157\text{mm} < a/2 = 185\text{mm}$，

取 $l_0 = 1.025l_n + b/2 = 1.025 \times 6280 + 400/2 = 6637(\text{mm})$，近似取 $l_0 = 6640\text{mm}$。

中跨：$l_0 = 6600\text{mm}$

主梁的计算简图见图 11.32。因跨度相差不超过 10%，可按等跨连续梁进行计算，故可利用附表 22 计算内力。

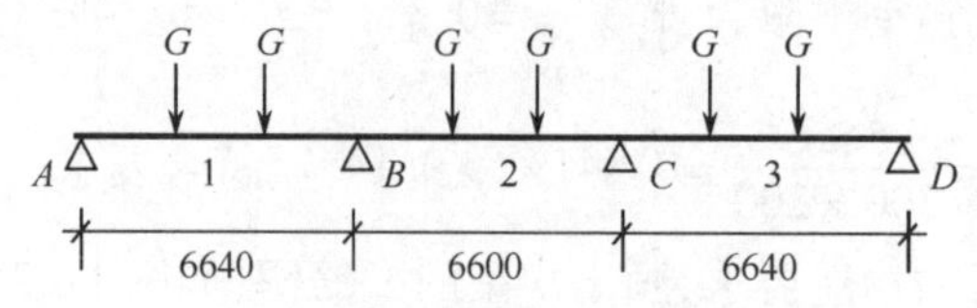

图 11.32　主梁计算简图

（3）内力设计值及包络图。

① 弯矩设计值。

弯矩 $M = k_1 G l_0 + k_2 Q l_2$

式中系数 k_1、k_2 可由附表 22 相应栏内查得。

$$M_{1,\max} = 0.244 \times 85 \times 6.64 + 0.289 \times 115 \times 6.64 = 137.71 + 220.68 = 358.39(\text{kN} \cdot \text{m})$$

$$M_{B,\max} = -0.267 \times 85 \times 6.64 - 0.311 \times 115 \times 6.64 = -150.69 - 237.48 = -388.17(\text{kN} \cdot \text{m})$$

$$M_{2,\max} = 0.067 \times 85 \times 6.60 + 0.200 \times 115 \times 6.64 = 37.59 + 152.72 = 190.31(\text{kN} \cdot \text{m})$$

② 剪力设计值。

剪力　　$V = k_3 G + k_4 Q$

式中系数 k_3、k_4 可由附表 22 相应栏内查得。

$$V_{A,\max} = 0.733 \times 85 + 0.822 \times 115 = 62.31 + 94.53 = 156.84(\text{kN})$$

$$V_{Bl,\max} = -1.267 \times 85 - 1.311 \times 115 = -107.70 - 150.77 = -258.47(\text{kN})$$

$$V_{Br,\max} = 1.0 \times 85 + 1.222 \times 115 = 85.00 + 140.53 = 225.53(\text{kN})$$

③ 弯矩、剪力包络图。

弯矩包络图：

a. 1、3 跨跨中最大弯矩的活荷载不利布置情况下的各截面弯矩。

此时第 1、3 跨布有活荷载，第 2 跨没有布活荷载。

由附表 22 知，支座 B 或 C 的弯矩值为

$$M_B = M_C = -0.267 \times 85 \times 6.64 - 0.133 \times 115 \times 6.64 = -252.25(\text{kN} \cdot \text{m})$$

在第 1 跨内以 $M_A = 0$，$M_B = -252.25\text{kN} \cdot \text{m}$ 的连线为基线，作 $G = 85\text{kN}$，$Q = 115\text{kN}$ 的简支梁弯矩图，得第 1 个集中荷载和第 2 个集中荷载作用点处弯矩值分别为

$$\frac{1}{3}(G+Q)l_0 + \frac{M_B}{3} = \frac{1}{3}(85+115) \times 6.64 - \frac{252.25}{3} = 358.58\ (\text{kN} \cdot \text{m})$$

$$\frac{1}{3}(G+Q)l_0 + \frac{2M_B}{3} = \frac{1}{3}(85+115) \times 6.64 - \frac{2 \times 252.25}{3} = 274.50\ (\text{kN} \cdot \text{m})$$

在第2跨内以 $M_B=-252.25\text{kN}\cdot\text{m}$, $M_C=-252.25\text{kN}\cdot\text{m}$ 的连线为基线,作 $G=85\text{kN}$, $Q=0$的简支弯矩图,得集中荷载作用点处的弯矩值:

$$\frac{1}{3}Gl_0+M_B=\frac{1}{3}\times85\times6.60-252.25=-64.12(\text{kN}\cdot\text{m})$$

b. B 支座最大负弯矩的活荷载不利布置情况下的各截面弯矩。

此时第1、2跨布有活荷载,第3跨没有布活荷载。

在第1跨内:在第1跨内以 $M_A=0$, $M_B=-388.17\ \text{kN}\cdot\text{m}$ 的连线为基线,作 $G=85\text{kN}$, $Q=115\text{kN}$ 的简支梁弯矩图,得两个集中荷载作用点处弯矩值分别为

$$\frac{1}{3}(85+115)\times6.64-\frac{388.17}{3}=313.28(\text{kN}\cdot\text{m})$$

$$\frac{1}{3}(85+115)\times6.64-\frac{2\times388.17}{3}=183.89(\text{kN}\cdot\text{m})$$

在第2跨内:$M_C=-0.267\times85\times6.64-0.089\times115\times6.64=-218.66(\text{kN}\cdot\text{m})$。

以 $M_B=-388.17\text{kN}\cdot\text{m}$, $M_C=-218.66\text{kN}\cdot\text{m}$ 的连线为基线,作 $G=85\text{kN}$, $Q=115\text{kN}$ 的简支梁弯矩图,得两个集中荷载作用点处的弯距设计值分别为

$$\frac{1}{3}(G+Q)l_0+M_C+\frac{2}{3}(M_B-M_C)$$

$$=\frac{1}{3}(85+115)\times6.64-218.66+\frac{2}{3}(-388.17+218.66)=111.01(\text{kN}\cdot\text{m})$$

$$\frac{1}{3}(G+Q)l_0+M_C+\frac{1}{3}(M_B-M_C)$$

$$=\frac{1}{3}(85+115)\times6.64-218.66+\frac{1}{3}(-388.17+218.66)=167.50(\text{kN}\cdot\text{m})$$

c. 2跨跨中最大弯矩的活荷载不利布置情况下的各截面弯矩。

此时第2跨布有活荷载,第1、3跨没有布活荷载。

$$M_B=M_C=-0.267\times85\times6.64-0.133\times115\times6.64=-252.25(\text{kN}\cdot\text{m})$$

第2跨两集中荷载作用点处的弯矩:

$$\frac{1}{3}(G+Q)l_0+M_B=\frac{1}{3}(85+115)\times6.64-252.25=190.42(\text{kN}\cdot\text{m})$$

第1、3跨两集中荷载作用点处的弯矩设计值分别为

$$\frac{1}{3}Gl_0+\frac{1}{3}M_B=\frac{1}{3}\times85\times6.64-\frac{1}{3}\times252.25=104.05(\text{kN}\cdot\text{m})$$

$$\frac{1}{3}Gl_0+\frac{2}{3}M_B=\frac{1}{3}\times85\times6.64-\frac{2}{3}\times252.25=19.97(\text{kN}\cdot\text{m})$$

弯矩包络图如图11.33(a)所示。

剪力包络图:

a. 第1跨。

$V_{A,\max}=156.84\text{kN}$;过第1个集中荷载后为 $156.84-85-115=-43.16(\text{kN})$;过第2个集中荷载后为 $-43.16-85-115=-243.16(\text{kN})$。

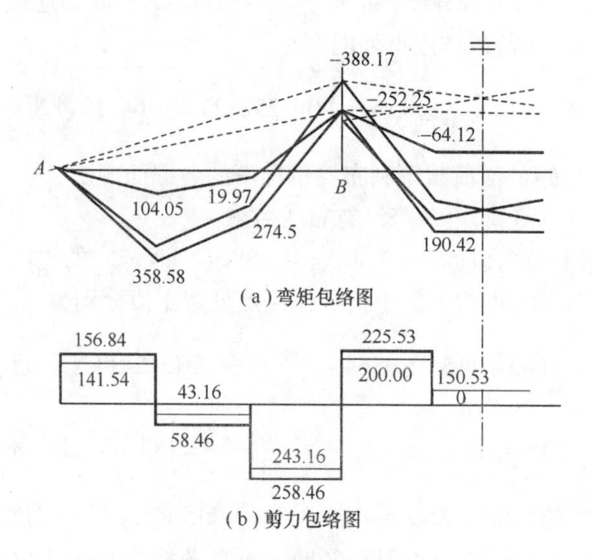

图 11.33　主梁的内力包络图

$V_{Bl,max}=-258.46$kN；过第 1 个集中荷载后为 $-258.46+85+115=-58.46$(kN)；过第 2 个集中荷载后为 $-58.46+85+115=141.54$(kN)。

b. 第 2 跨。

$V_{Br,max}=225.53$kN；过第 1 个集中荷载后为 $225.53-85=140.53$ (kN)。

当活荷载仅作用在第 2 跨时，有

$V_{Br}=1.0\times85+1.0\times115=200$(kN)；过第 1 个集中荷载后为 $200-85-115=0$。

剪力包络图如图 11.33(b)所示。

(4) 正截面受弯承载力计算。

跨内按 T 形截面计算，因 $h_f'/h_0=80/605=0.13>0.1$，翼缘计算宽度取 $l/3=6.6/3=2.2$(m)和 $b+s_n=6$m 中较小值，则取 $b_f'=2.2$m。跨内截面经判别都属于第一类 T 形截面。

B 支座按矩形截面设计。布置两排钢筋，有效高度如图 11.24 所示，取 $h_0=560$mm。

支座边的弯矩设计值：$M_B=M_{Bmax}-V_0\dfrac{b}{2}=-388.17+200\times0.40/2=-348.17$(kN·m)

跨中 2 的负弯矩按矩形截面设计，配置钢筋从支座 B 延续过来，按布置一排钢筋考虑，取 $h_0=580$mm。

正截面受弯承载力的计算过程列于表 11.7 中。

表 11.7　主梁正截面承载力计算

截 面	1	B	2	
弯矩设计值/kN·m	358.39	-348.17	190.31	-64.12
$a_s=M/a_1f_cbh_0^2$或 $a_s=M/a_1f_cb_f'h_0^2$	0.037	0.31	0.020	0.053
$\gamma_s=\dfrac{1+\sqrt{1-a_s}}{2}$	0.99	0.915	0.60	0.986

（续）

截 面	1	B	2	
$A_s=M/\gamma_s f_y h_0$	1677	2138	882	316
选配钢筋/mm²	2Φ22+3Φ20(弯3) $A_s=1702$	2Φ25+ 1Φ20+3Φ20(弯) $A_s=2238$	3Φ20(弯1) $A_s=942$	2Φ25 $A_s=982$
注：ξ 均小于 $\xi_b=0.518$，满足要求。				

验算最小配筋率：

$\frac{A_s}{bh_0}=\frac{982}{300\times605}=0.51\%<\rho_{min}=0.45\frac{f_t}{f_y}=0.45\times\frac{1.27}{360}=0.16\%$，同时大于0.2%，满足要求。

主梁纵向钢筋的弯起和切断均按弯矩包络图确定。

(5) 斜截面受剪承载力。

① 验算截面尺寸。

$h_w=h_0-h_f'=605-80=525(\text{mm})$，$h_w/b=525/300=1.75<4$，截面尺寸按下式验算：

$0.25\beta_c f_c bh_0=0.25\times1\times11.9\times300\times605=539.96(\text{kN})<V_{max}=258.47\text{kN}$，截面尺寸符合要求。

$0.7f_t bh_0=0.7\times1.27\times300\times605=154.7(\text{kN})<V_A=161.35\text{kN}$，各截面腹筋配置应按计算确定。

② 计算所需腹筋。

采用 $\phi6@150$ 双肢箍筋，主梁斜截面配筋计算如表11.8所示。

表11.8 主梁斜截面配筋计算

截 面	A 支座	B 支座左	B 支座右
V/kN	156.84	258.47	225.53
A_{sv}/mm²	$2\times28.3=56.6$	$2\times28.3=56.6$	$2\times28.3=56.6$
$V_{cs}=0.7f_t bh_0+f_{yv}\frac{A_{sv}}{s}h_0$/kN	216.34>156.84	216.34<258.47	216.34<225.53
$A_{sb}=(V-V_{cs})/0.8f_y\sin\alpha_s$/mm²	—	219.43	56.66
弯起钢筋	—	1Φ22(380mm²)	1Φ22(380mm²)

主梁剪力图呈矩形，需在B截面左边的2.2m范围内布置3排弯起筋才能完全覆盖。

③ 验算最小配箍率。

$\rho_{sv}=\frac{A_{sv}}{bs}=\frac{56.6}{300\times150}=0.125\%>0.24\frac{f_t}{f_{yv}}=0.113\%$，符合要求。

(6) 次梁两侧附加横向钢筋的计算。

次梁传来的集中力为：$F_l=70.95+113.26=184.2(\text{kN})$

设吊筋2Φ18，$A_{sb}=2\times254.5=509(\text{mm}^2)$

$2f_y A_{sb}\sin\alpha=2\times360\times509\times0.707=259.1\text{kN}<F_l$，符合要求。

主梁配筋图如图11.34所示。

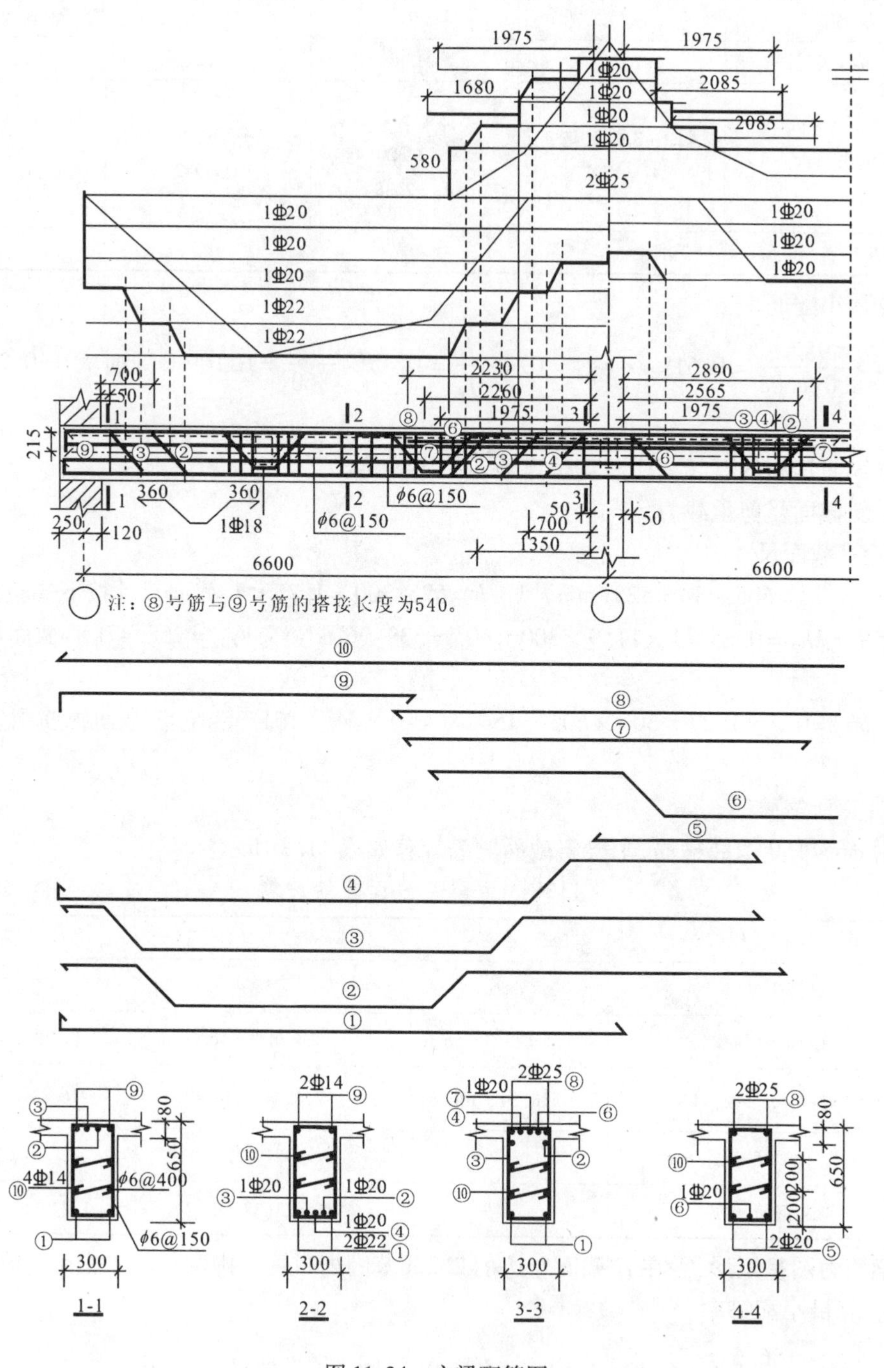

图 11.34　主梁配筋图

11.3　双向板肋梁楼盖

双向板的支承形式可以是四边支承、三边支承或两邻边支承，承受的荷载可以是均布荷载、局部荷载或三角形分布荷载；板的平面形状可以是矩形、圆形、三角形或其他形状。在楼盖设计中,常见的是均布荷载作用下的四边支承矩形板。在工程中,对于四边支承的矩形板,当其纵、横两个方向的跨度比 $l_2:l_1<2$(按弹性理论计算)或 $l_2:l_1<3$(按塑性理论分析)时,称为双向板。

双向板在受力性能上与单向板不同,作用在双向板上的荷载将沿两个跨度方向传递,并沿这两个方向产生弯曲变形和内力。双向板比单向板的受力性能好,刚度也较大,双向板的跨度可达5m以上,而单向板的跨度一般在2m左右。在相同跨度条件下,双向板比单向板可做得薄些,因此可减少混凝土用量,减轻结构自重。

11.3.1 按弹性理论计算双向板

按弹性理论方法计算是以弹性薄板理论为依据,因其内力分析复杂,在实际设计中通常直接应用已编制的内力系数表进行内力计算,较为简便。

1. 单区格双向板

如图11.35所示,附表23给出了6种边界条件下单跨双向板在均布荷载作用下的挠度系数、支座弯矩系数和当横向变形系数(泊松比)=0时的跨中弯矩系数。一般钢筋混凝土结构 $\mu=0.2$,所以板的跨中弯矩可按式(11.1)、式(11.12)计算,即

$$M_x^{\mu}=M_x+\mu M_y \tag{11.11}$$

$$M_y^{\mu}=M_y+\mu M_x \tag{11.12}$$

式中 $M_x M_y$——由附表23查得的板跨中弯矩系数计算得到的跨中弯矩值。

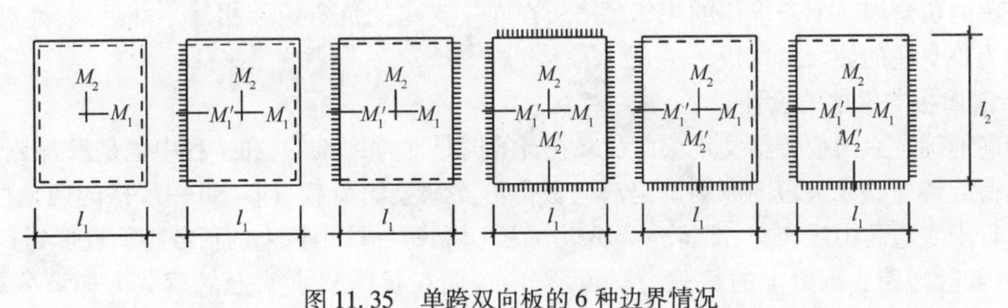

图11.35 单跨双向板的6种边界情况

为简支边; 为嵌固边。

2. 多跨连续双向板的实用计算法

多跨连续双向板的实用计算方法是以单个区格板计算为基础的,计算多区格连续双向板的最大弯矩和多跨连续单向板一样,应考虑活荷载的不利布置。

1) 跨中最大弯矩

跨中最大弯矩的活荷载不利布置为图11.36所示的棋格式,为了利用单区格板的内力系数,可将荷载分解为满布荷载 $g+q/2$ 及间隔布置 $\pm q/2$ 两种情况之和。这里 g 为均布恒荷载,q 为均布活荷载。对于其中满布荷载 $g+q/2$ 的情况,因板在支座处的转角较小,可以把各区格板中间支座都看作固定支座;而对于间隔布置 $\pm q/2$ 的情况,支座两侧的转角大小都相等、方向相同,无弯矩产生,可将各区格板的中间支座看作简支支座;楼盖周边支座则按实际支承条件进行选择。因此,通过求得上述两种荷载情况的跨中弯矩,而后叠加,即可求出各区格的跨中最大弯矩。

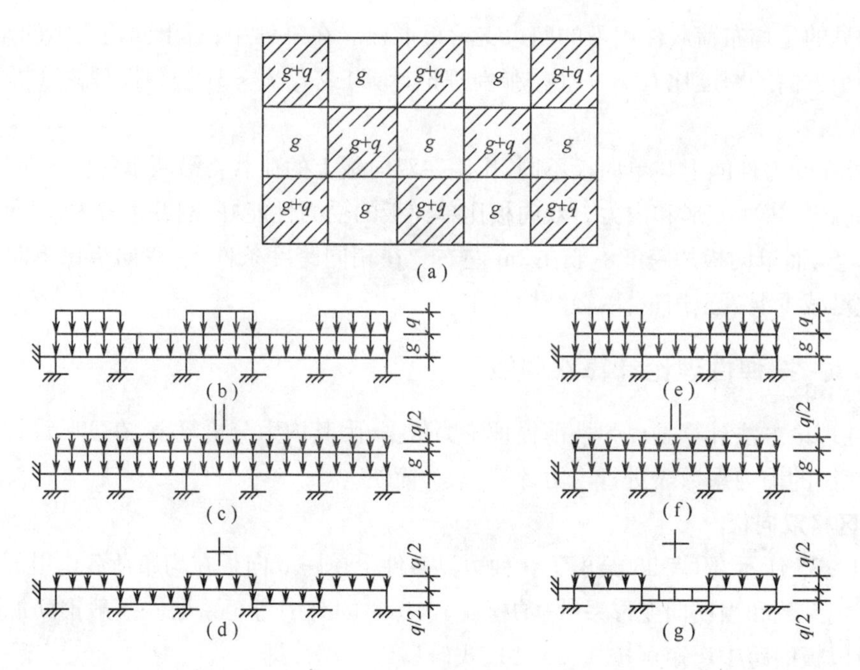

图 11.36　双向板活荷载的最不利布置

2）支座最大负弯矩

支座最大负弯矩可近似地按满布活荷载布置进行计算，即 $g+q$ 求得。这时将各区格板中间支座都看作固定支座，楼盖周边支座则仍按实际支承条件进行选择，然后按单跨双向板计算出各支座的负弯矩。如若求得的相邻区格板在同一支座的负弯矩不相等，一般可取绝对值较大者作为该支座的最大负弯矩。

3. 双向板支承梁的设计

精确地确定双向板传给支承梁的荷载在计算时是非常困难的，在工程中也是没有必要的。可根据荷载传递路线最短的原则确定双向板传给支承梁的荷载，即从每一区格的四角作 45°线与平行于底边的中线相交，即将整个块板分为 4 块，每一块小板上的荷载则就近传到其支承梁上。因此，短跨支承梁上的荷载为三角形分布，而在长跨支承梁上的荷载为梯形分布，如图 11.37所示。

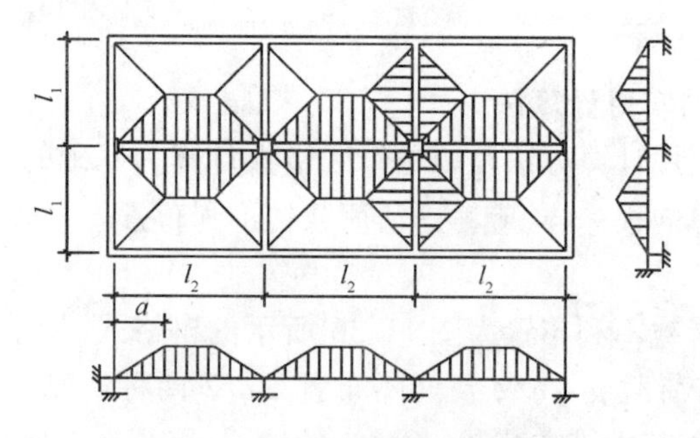

图 11.37　双向板支承梁所受荷载

支承梁的内力既可按弹性理论计算，也可按考虑塑性内力重分布的调幅法计算。按弹性理论计算时，可先将支承梁的三角形或梯形分布荷载等效转化为均布荷载，如图 11.38 所示，再利用均布荷载下等跨连续梁的计算表格来计算梁的内力（弯矩、剪力）。

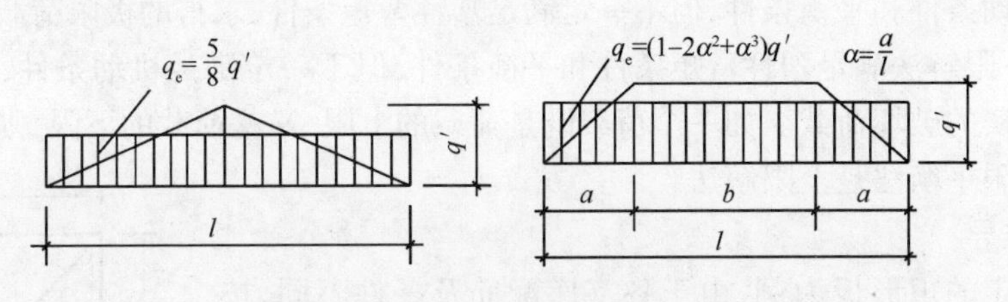

图 11.38　支承梁的等效均布荷载

对三角形荷载,有

$$q_e = \frac{5}{8}q' \tag{11.14}$$

对梯形荷载,有

$$q_e = (1 - 2\alpha^2 + \alpha^3)q' \tag{11.15}$$

式中:$\alpha = a/l$;中间梁 $q' = ql_1$;边梁 $q' = \frac{1}{2}ql_1$;q 为板上的均布荷载。

在按考虑内力塑性重分布进行计算时,需先按弹性理论求得的支座弯矩,然后在此基础上对支座弯矩进行调幅(可取调幅系数为 0.75),再按实际荷载分布计算梁的跨中弯矩。

11.3.2　按塑性理论计算双向板

1. 板的破坏特点

均布荷载作用下四边简支板的试验表明,板在裂缝出现前基本上处于弹性阶段工作,板中作用有两个方向的弯矩和扭矩,以短跨方向为大。随荷载增大,板底平行于长边方向首先出现裂缝,裂缝沿大致 45°方向延伸。随荷载进一步加大,与裂缝相交处的钢筋相继屈服,将板分成 4 个板块。破坏前,板顶四角也出现呈圆形的裂缝,促使板底裂缝开展迅速,最后板块绕屈服线转动,形成机构,达到极限承载力而破坏。板的裂缝分布如图 11.39 所示。

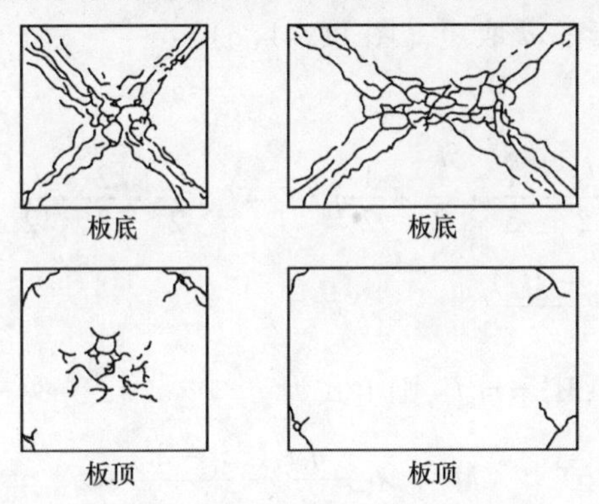

图 11.39　双向板的板底和板面裂缝

双向板的破坏过程表明,钢筋混凝土板具有一定的塑性性质,破坏主要发生在屈服线上,此屈服线称为塑性铰线。由正弯矩引起的称为正塑性铰线,由负弯矩引起的称为负塑性铰线。均布荷载下的塑性铰线一般都呈直线,塑性铰线都发生在弯矩最大的地方,将板划分为若干板块。

2. 按极限平衡法计算双向板

塑性理论的极限分析计算的解法有两类:一类是上限解法;另一类是下限解法。上限解法应满足板的机动条件和平衡条件,但不一定满足塑性弯矩条件,求得的极限荷载总不小于真实的破坏荷载;下限解法满足塑性弯矩条件和平衡条件,但不一定满足机动条件,求得的极限荷载总不大于真实的破坏荷载。如一个荷载既是荷载的上限,又是荷载的下限,则一定是真实的极限荷载。极限平衡法是上限解法。

1)公式推导

以四边固定的矩形板为例,由于各支座配筋及条件不同,按图11.40所示的塑性铰线位置推导公式。其中,m_x、m_y、m'_x、m'_y、m''_x、m''_y均为不同塑性铰线上单位板宽内的极限弯矩。

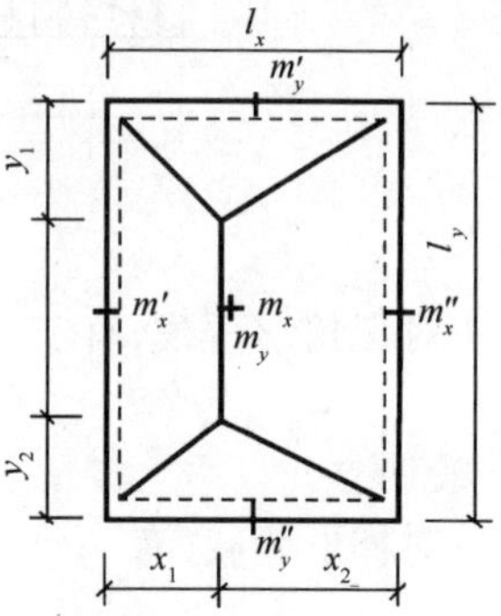

实际工程中,对于承受均布荷载的四边简支或四边固定的双向板,可假定其塑性铰线是对称分布的,一般误差在5%以内(个别情况达10%),能满足一般工程要求。简化后的塑性铰线分布如图11.41(a)所示。

图11.40 塑性铰线及极限弯矩示意图

取板块①为脱离体,对支座边缘 ab 取矩(图11.41(b)):

由$\sum M_{ab}=0$有

$$m'_y l_x + m_y l_x = \frac{1}{2} q_u l_x \frac{l_x}{2} \cdot \frac{1}{3} \cdot \frac{l_x}{2}$$

令 $M'_y = m'_y l_x, M_y = m_y l_x$,则上式为

$$M'_y + M_y = \frac{q_u l_x^3}{24} \tag{a}$$

同理,取脱离体②,对支座边缘 dc 取矩,可得

$$M''_y + M_y = \frac{q_u l_x^3}{24} \tag{b}$$

其中 $M''_y = m''_y l_x$

取脱离体③,对支座边缘 ad 取矩,(图11.41(c)):

由$\sum M_{ad}=0$,有

$$m'_x l_y + m_x l_y = \frac{1}{2} q_u l_y \frac{l_x}{2} \cdot \frac{1}{3} \cdot \frac{l_x}{2} + \frac{1}{2} q_u (l_y - l_x) \frac{l_x}{2} \cdot \frac{2}{3} \cdot \frac{l_x}{2} = \frac{q_u l_x^2 l_y}{24} + \frac{q_u l_x^2 l_y}{12} - \frac{q_u l_x^3}{12}$$
$$= \frac{q_u l_x^2 (3l_y - 2l_x)}{24}$$

令 $M_x = m_x l_y, M'_x = m'_x l_y, M'_x = m'_x l_y$,则上式为

$$M'_x + M_x = \frac{q_u l_x^2 (3l_y - 2l_x)}{24} \tag{c}$$

同理,取脱离体④,对边缘支座 bc 取矩,可得

$$M''_x + M_x = \frac{q_u l_x^2 (3l_y - 2l_x)}{24} \tag{d}$$

将式(a)、式(b)、式(c)、式(d)叠加,得

$$M''_y + M'_y + 2M_y + M''_x + M'_x + 2M_x$$
$$= \frac{q_u l_x^3}{24} + \frac{q_u l_x^3}{24} + \frac{q_u l_x^2 (3l_y - 2l_x)}{24} + \frac{q_u l_x^2 (3l_y - 2l_x)}{24}$$

$$=\frac{q_{\mathrm{u}}l_x^3}{12}+\frac{q_{\mathrm{u}}l_x^2(3l_y-2l_x)}{12}=\frac{q_{\mathrm{u}}l_x^2(3l_y-l_x)}{12} \tag{11.16}$$

式(11.16)是连续双向板按塑性铰线法计算的基本计算公式,此公式表示了双向板塑性铰线上正截面受弯承载力的综合与极限荷载之间的关系。

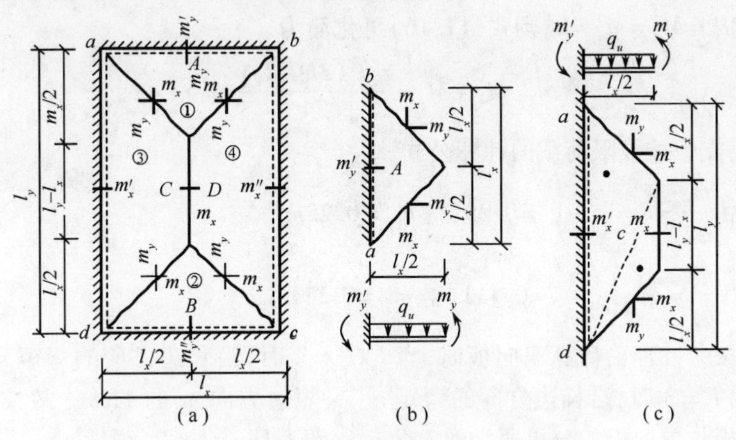

图 11.41　对称塑性铰线及极限弯矩示意图

2）公式应用

m_x、m_y、m'_x、m'_y、m''_x、m''_y的值取决于板厚及板配筋的状况,如果板的平面尺寸、板厚及配筋已知 m_y,由极限平衡法计算公式可得梁板所能承受的极限荷载 q_{u}。如果板的平面尺寸及荷载已知,利用式(11.15)求配筋,还需要以下条件:

$$\alpha=m_y/m_x;$$

$$\beta'_x=m'_x/m_x;\beta''_x=m''_x/m_x;$$

$$\beta'_y=m'_y/m_y;\beta''_y=m''_y/m_y。$$

即预先选好支座极限弯矩与跨中极限弯矩、x 与 y 方向极限弯矩的比例,再代入方程求解。

β'_x、β''_x、β'_y、β''_y通常在 1 ~2.5 之间变化,一般取 2;α 的数值应尽量使板两个方向的弯矩值比值与弹性跨中两方向弯矩的比值接近。

根据两个方向板带在跨中交点处挠度相等的条件,由四边简支板可求得

$$f_x=\frac{\alpha_x q_x l_x^4}{EI_x};\qquad f_y=\frac{\alpha_y q_y l_y^4}{EI_y}$$

式中　α_x,α_y——与支承条件有关的系数,如果忽略钢筋上下位置不同产生的差异,则 $\alpha_x=\alpha_y$,$I_x=I_y$。

由 $f_x=f_y$,得

$$q_x l_x^4=q_y l_y^4$$

即

$$\frac{q_x l_x^2}{8}l_x^2=\frac{q_y l_y^2}{8}l_y^2$$

令 $m_x=\dfrac{q_x l_x^2}{8}$,$m_y=\dfrac{q_y l_y^2}{8}$(简支梁跨中弯矩),有

$$m_x l_x^2=m_y l_y^2$$

或

$$\frac{m_y}{m_x}=\alpha=\left(\frac{l_x}{l_y}\right)^2 \tag{11.17}$$

式(11.17)可作为确定 α 的依据。

如令 $M''_y=M'_y=M''_x=M'_x=0$，则式(11.16)可化简为

$$M_y+M_x=\frac{q_u l_x^2(3l_y-l_x)}{24} \tag{11.18}$$

此为四边简支板按极限荷载的计算公式。

取 $l_y=2l_x$，由$\frac{m_y}{m_x}=\alpha=\left(\frac{l_x}{l_y}\right)^2=0.25$，得 $m_y=0.25m_x$。

取 $l=3l_x$，由$\frac{m_y}{m_x}=\alpha=\left(\frac{l_x}{l}\right)^2=0.111$，得 $m_y=0.111m_x$。

上式说明，按塑性理论计算双向板时，当 $l_y/l_x=2$ 时，沿长边方向的弯矩 m_y 是短边方向 m_x的 25%；当 $l_y/l_x=3$ 时，沿长边方向的弯矩 m_y 是短边方向 m_x的 11%。故按塑性理论计算板内力时，双向板与单向板的分界通常取 $l_y/l_x\leqslant3$，而不是 $l_y/l_x\leqslant2$(弹性)。

3）钢筋切断和弯起的影响

上述公式推导是建立在板内钢筋均匀布置，且在跨中不弯起、不截断，板中 m_x、m_y 在塑性铰线上的值不变的基础上。实用设计中，允许双向板跨中钢筋在离开支座边 $l_x/4$、$l_y/4$ 处隔一弯一或隔一断一。如果板中钢筋均匀布置，但跨中钢筋按构造弯起或截断，则弯起或截断的钢筋可能不通过塑性铰线，在 $l_x/4$、$l_y/4$ 的角隅部，相应的极限弯矩应减少一半。此情况可按图 11.42 所示推导公式，方法同前。

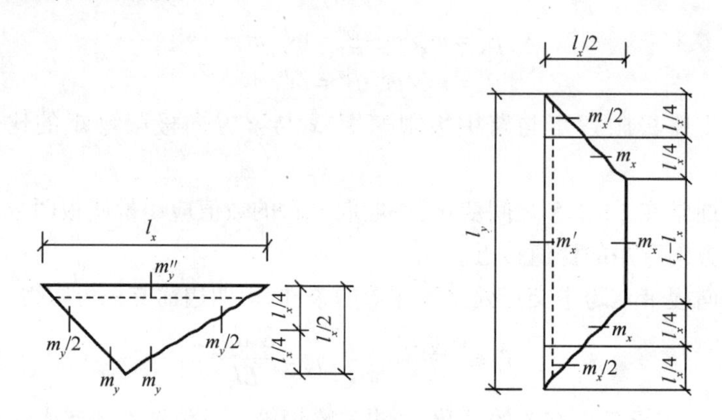

图 11.42　钢筋切断、弯起的影响

$$2m_x\left(l_y-\frac{l_x}{4}\right)+2m_y\frac{3l_x}{4}+(m'_x+m''_x)l_y、(m'_y+m''_y)l_x=\frac{q_u l_x^2(3l_y-l_x)}{12}$$

将 $\alpha=\beta'_x=\beta''_x=\beta'_y=\beta''_y=2$ 代入公式，则仅有 m_x未知，可解。

4）多跨连续板计算

与按弹性理论计算相同，仍假定支承梁的抗弯刚度无穷大，竖向位移忽略，支承梁抗扭刚度很小，板在支座处可转动，内区格板按相应支承情况(四边固定或简支)的单块板计算，边角板按实际支承情况的单块板计算。

计算时，可由中间区格开始，求出跨中支座的极限弯矩，将跨中支座极限弯矩值作为相邻

板的已知支座弯矩，依次向外，使得每一支座都满足平衡条件。

11.3.3 双向板楼盖的截面设计与构造

1. 截面设计

1）截面的弯矩设计值

当双向板的周边与梁整体连接时，除角区格外，可考虑利用周边支承梁对板的有利影响，即周边支承梁对板形成的拱作用，将截面的计算弯矩对应乘以折减系数。

（1）中间区格的跨中截面和中间支座截面，可减少20%。

（2）边区格的跨中截面和第一内支座截面：

当 $l_2/l_1<1.5$ 时，减少20%。

当 $1.5\leqslant l_2/l_1\leqslant 2$ 时，减少10%。

当 $l_2/l_1>2$ 时，不减少。

2）截面有效高度

板内上、下钢筋都是纵横叠置的，同一截面处通常有4层钢筋。计算时，两个方向应分别采用各自的截面有效高度 h_{01} 和 h_{02}，因考虑到短跨方向的弯矩通常都比长跨方向大，所以短跨方向的钢筋应置于长跨方向的钢筋外侧。通常，h_{01}、h_{02} 的取值如下：

对短跨，有

$$h_{01}=h-20\text{mm}$$

对长跨，有

$$h_{02}=h-30\text{mm}$$

式中 h——板厚，mm。

2. 双向板的构造

1）板厚

双向板的厚度通常在80～160mm范围内，且在任何情况下都不得小于80mm。

2）钢筋配置

双向板的配筋方式有分离式和弯起式两种，如图11.43所示。

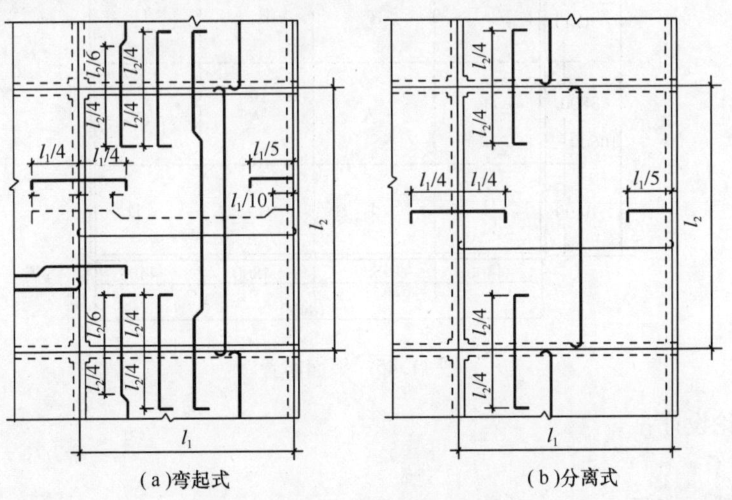

图11.43 多跨双向板的配筋

按弹性理论计算时，板的跨中弯矩沿板长发生变化，沿板宽方向也发生变化，且在板宽方向向两边逐渐减小；板底钢筋是按最大跨中正弯矩计算求得，其配筋量也是向两边逐渐减少。由于要考虑方便施工，其减少方法为：在板两方向都分为3个板带（图11.44），两板边的板带宽度取板短向跨度的1/4，剩余为中间板带。在中间板带均匀配筋都按最大正弯矩求得，边板带内侧相应减少为一半，但每米宽度内配筋数不得少于5根。支座边界板面负钢筋，由于考虑承受四角扭矩，需沿全支座均匀布置按最大支座负弯矩求得的钢筋，且不在边板带内减少。

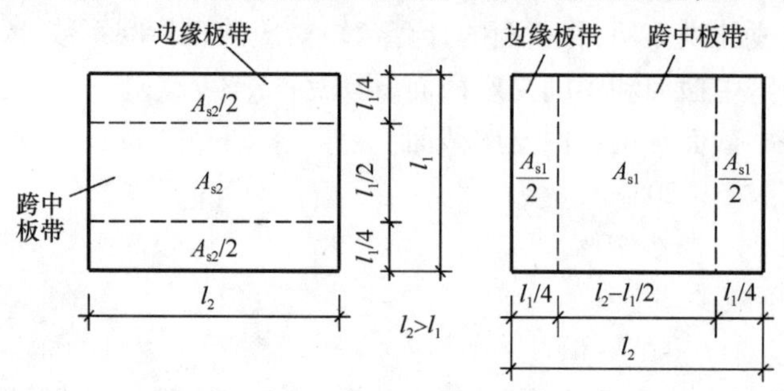

图11.44 双向板的板带分布

在简支的双向板中，考虑到支座对板的实际约束情况，每个方向的正钢筋都应弯起1/3；固定支座的双向板或连续的双向板的板底钢筋可弯起1/3～1/2以作为支座负钢筋，仍不足时再另加板面直钢筋。因为边板带内钢筋数量减少，则角上还应布置两个方向的附加钢筋。

受力筋的直径、间距和弯起点、切断点的位置以及沿墙边、墙角处的构造钢筋，均相同于单向板楼盖的有关规定。

3. 双向板肋梁楼盖设计例题

某厂房拟采用双向板肋梁楼盖，环境类别为一类。结构平面如图11.45所示，支承梁截面取200mm×500mm，板厚取100mm。楼面均布活荷载标准值为6kN/m^2，楼面做法：水磨石面层；钢筋混凝土现浇板；20mm厚石灰砂浆抹底。材料：混凝土强度等级C25；梁内受力纵筋为HRB400，其他为HPB300钢筋。试进行板的设计。

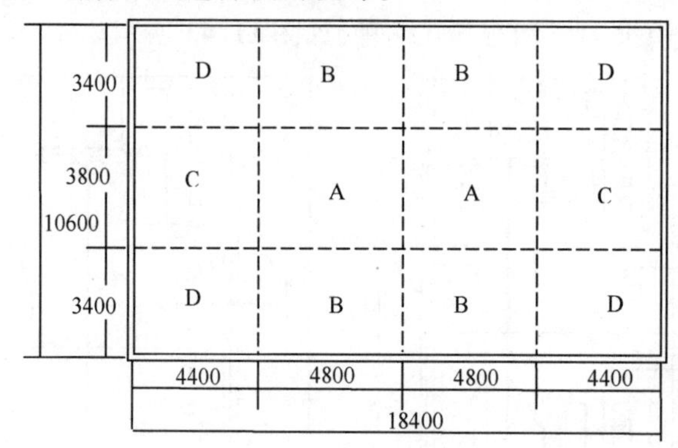

图11.45 平面布置

按弹性理论设计：

1）荷载计算

板的恒荷载标准值：

水磨石面层　　　　0.65kN/m^2

100mm 厚钢筋混凝土板　　　$0.10 \times 25 = 2.5\text{kN/m}^2$

20mm 厚石灰砂浆　　　$0.02 \times 17 = 0.34\text{kN/m}^2$

小计　　　3.49kN/m^2

板的活荷载标准值：　　　6.0kN/m^2

荷载设计值应比较以下两种组合，取较大值：

① 由可变荷载效应控制的组合。因楼面活荷载标准值大于 $4.0\ \text{kN/m}^2$，所以活荷载分项系数取 1.3。于是板的：

恒荷载设计值　　　$g = 3.49 \times 1.2 = 4.188(\text{kN/m}^2)$

活荷载设计值　　　$q = 6 \times 1.3 = 7.8(\text{kN/m}^2)$

荷载总设计值　　　$g + q = 11.988\text{kN/m}^2$

② 由永久荷载效应控制的组合。

恒荷载设计值　　　$g = 3.49 \times 1.35 = 4.7115(\text{kN/m}^2)$

活荷载设计值　　　$q = 6 \times 1.3 \times 0.7 = 6.72\ (\text{kN/m}^2)$

荷载总设计值　　　$g + q = 11.4315\text{kN/m}^2$

所以按由可变荷载效应控制的组合考虑的各项值为：

$$g + q/2 = 4.188 + 7.8/2 = 8.088(\text{kN/m}^2)$$

$$q/2 = 7.8/2 = 3.9(\text{kN/m}^2)$$

$$g + q = 11.988\text{kN/m}^2$$

按永久荷载效应控制的组合考虑的各项值为：

$$g + q/2 = 4.7115 + 6.72/2 = 8.0715(\text{kN/m}^2)$$

$$q/2 = 6.72/2 = 3.36(\text{kN/m}^2)$$

$$g + q = 11.4315\text{kN/m}^2$$

由以上可得，该项目由可变荷载效应控制的组合来考虑。

2）计算跨度

取 1m 板带为计算单元。梁截面为 200mm × 500mm，现浇板在墙上的支承长度不小于 100mm，取板在墙上的支承长度为 250mm。按弹性理论设计，板的计算跨度：

边跨　$l_0 = l_c - 250 + 100/2$

中间跨　$l_0 = l_c$（轴线间距离）

因跨度相差小于 10%，可按等跨连续板计算。

3）弯矩计算

根据棋格式荷载布置计算跨中最大弯矩，根据满布活荷载布置计算支座最大负弯矩。混凝土泊松比取 0.2，具体计算如下：

根据不同支承情况，可将整个楼盖分为 A、B、C、D 这 4 种区格板。各区格板的弯矩计算如表 11.9 所示。

4）截面设计

截面有效高度：

假定选用 ϕ8mm 钢筋，则短边方向跨中截面的有效高度 $h_{01} = 81\text{mm}$；长边方向的有效高度 $h_{02} = 73\text{mm}$；支座截面的有效高度 $h_0 = 81\text{mm}$。

截面设计用弯矩：因楼盖四周未设置圈梁，只有区格 A 的跨中弯矩及 A—A 支座弯矩可减少 20%，其余均不折减。

为便于计算，近似取 $\gamma=0.95$，$A_s=\dfrac{m}{0.95h_0 f_y}$，截面配筋计算结果及配筋如表 11.10 所示。

表 11.9　按弹性理论计算的弯矩值

项目＼区格	A	B	C	D
l_1	3.8	3.4	3.8	3.4
l_2	4.8	4.8	4.4	4.4
l_1/l_2	0.79	0.71	0.86	0.77
m_1	$(0.0276+0.2\times0.0141)\times 8.088\times3.8^2+(0.0573+0.2\times0.0331)\times3.9\times3.8^2=7.159$	$(0.0362+0.2\times0.0197)\times 8.088\times3.4^2+(0.0671+0.2\times0.03)\times3.9\times3.4^2=7.114$	$(0.0285+0.2\times0.0142)\times8.088\times3.8^2+(0.0496+0.2\times0.0349)\times3.9\times3.8^2=6.829$	$(0.0376+0.2\times0.0195)\times 8.088\times3.4^2+(0.0596+0.2\times0.0324)\times3.9\times3.4^2=6.862$
m_2	$(0.0141+0.2\times0.0276)\times 8.088\times3.8^2+(0.0331+0.2\times0.0573)\times3.9\times3.8^2=4.836$	$(0.197+0.2\times0.0362)\times 8.088\times3.4^2+(0.03+0.2\times0.0671)\times3.9\times3.4^2=4.489$	$(0.0142+0.2\times0.0285)\times 8.088\times3.8^2+(0.0349+0.2\times0.0496)\times3.9\times3.8^2=4.760$	$(0.0195+0.2\times0.0376)\times 8.088\times3.4^2+(0.0324+0.2\times0.0596)\times3.9\times3.4^2=4.538$
m_1'	$-0.0671\times11.988\times3.8^2=-10.681$	$-0.0893\times11.988\times3.4^2=-12.375$	$-0.0681\times11.988\times3.8^2=-11.789$	$-0.0916\times11.988\times3.4^2=-12.694$
m_1''	-10.681	0	-11.789	0
m_2'	$-0.056\times11.988\times3.8^2=-9.694$	$-0.0744\times11.988\times3.4^2=-10.310$	0	0
m_2''	-9.694	-10.310	$-0.0566\times11.988\times3.8^2=-9.798$	$-0.0755\times11.988\times3.4^2=-10.463$

表 11.10　按弹性理论设计的截面配筋

跨中截面	A 区格		B 区格		C 区格		D 区格	
	l_1方向	l_2方向	l_1方向	l_2方向	l_1方向	l_2方向	l_1方向	l_2方向
弯矩设计值 /kN·m	7.159×0.8 =5.727	4.836×0.8 =3.869	7.114	4.489	6.829	4.760	6.862	4.538
有效高度	81	73	81	73	81	73	81	73
计算配筋/mm² $A_s=\dfrac{m}{0.95h_0 f_y}$	275.6	258.3	342.4	239.7	328.7	254.2	330.3	242.4
实际配筋 /mm²	φ8@160 $A_s=314$	φ8/10@180 $A_s=358$	φ8/10@160 $A_s=403$	φ8@180 $A_s=279$	φ8/10@160 $A_s=403$	φ8@180 $A_s=279$	φ8/12@160 $A_s=500$	φ8@180 $A_s=279$

（续）

支座截面	A 区格		B 区格		C 区格		D 区格	
	l_1方向	l_2方向	l_1方向	l_2方向	l_1方向	l_2方向	l_1方向	l_2方向
弯矩设计值 /kN · m	10.681 ×0.8 =8.5448	9.694 ×0.8 =7.7552	12.375	10.310	11.789	9.798	12.694	10.463
有效高度	81	81	81	81	81	81	81	81
计算配筋/mm² $A_s=\frac{m}{0.95h_0f_y}$	411.3	373.3	595.6	496.2	567.4	471.6	611.0	503.6
实际配筋 mm²	ϕ8/10@160 $A_s=403$	ϕ10@180 $A_s=436$	ϕ10/12@160 $A_s=599$	ϕ10/12@180 $A_s=532$	ϕ10/12@160 $A_s=599$	ϕ10/12@180 $A_s=532$	ϕ12@160 $A_s=707$	ϕ10/12@180 $A_s=532$

11.4 楼　　梯

11.4.1 楼梯概述

楼梯是多层及高层房屋中的重要组成部分，是连通上下的通道，其基本构件如图 11.46 所示。楼梯的平面布置、踏步尺寸、栏杆等由建筑设计确定，楼梯的梁板配筋及梁板尺寸由结构设计确定。

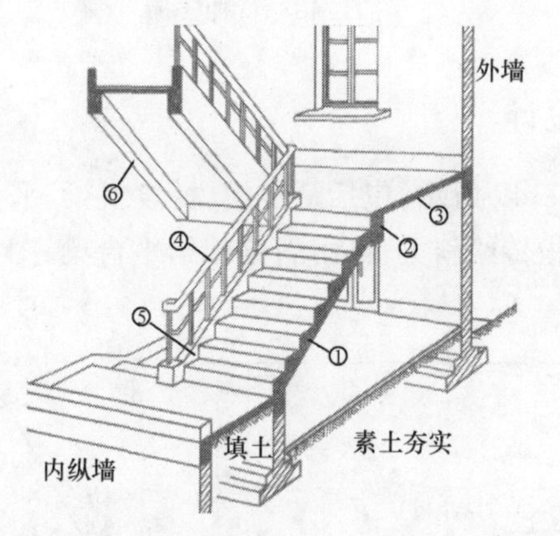

图 11.46　整体现浇楼梯各部分构件示意图(底层)

①—现浇楼梯；②—平台梁；③—休息平台板；④—楼梯扶手；⑤—踢脚板；⑥—斜梁。

如图 11.47 所示，板式楼梯和梁式楼梯是工程中最常见的楼梯形式，但有时在宾馆等公共建筑中也会采用一些特殊楼梯形式，如悬挑板式楼梯和螺旋板式楼梯等，如图 11.48 所示。

进行楼梯的结构设计时一般分为以下几个步骤：①依据建筑要求和施工条件，确定合适的结构形式和结构布置的楼梯；②依据建筑的类别，确定楼梯受到的荷载；③分析楼梯各部件的内力并进行截面设计；④绘制楼梯施工图，确定各部件连接处的配筋构造措施。

不同的楼梯结构形式的内力计算会有所不同，这里主要介绍梁式楼梯和板式楼梯的设计要点。梁式楼梯与板式楼梯的最大区别是斜梁，梁式楼梯的踏步板支撑在斜梁上，斜梁把荷载传递给上、下的平台梁上；而板式楼梯的踏步板与梯段斜板形成一个整体，直接支撑在上下平台梁上。

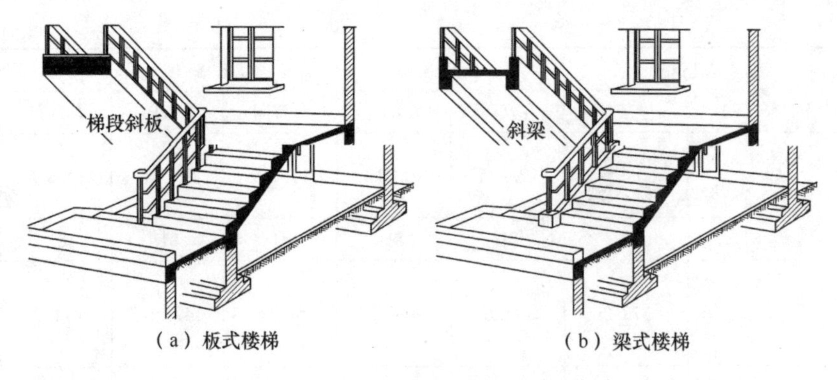

图 11.47　板式楼梯和梁式楼梯

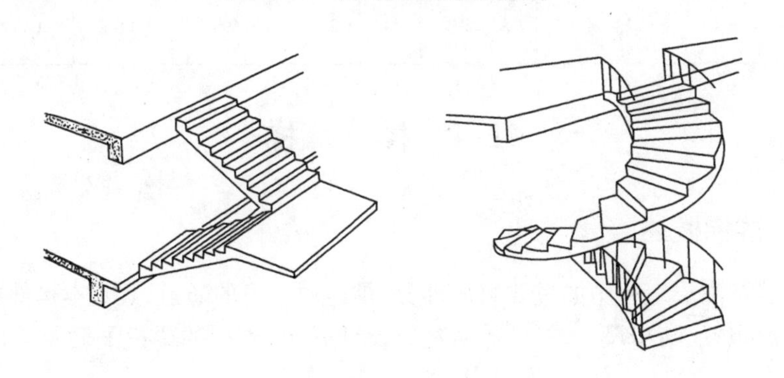

图 11.48　特种楼梯

11.4.2　梁式楼梯设计

梁式楼梯各构件如图 11.49 所示，包括踏步板、梯段斜梁、平台板、平台梁，梁式楼梯的传力途径：楼梯荷载先由踏步板传给斜梁，再由斜梁传给平台梁，图 11.50 所示为常见的双梁楼梯的传力途径。

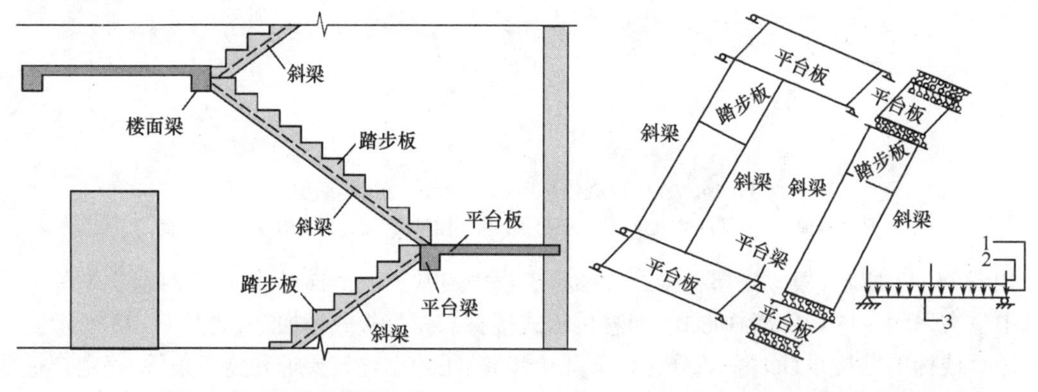

图 11.49　梁式楼梯的组成

图 11.50　梁式楼梯的计算简图
1—平台板传来；2—斜梁传来；3—平台梁。

1. 双梁楼梯的计算和构造

双梁楼梯的踏步斜板是一块斜向支承的单向板且支承在边梁上。通常计算单元取一个踏步，踏步板的截面为图 11.51(a)所示的阴影部分面积，为简化计算，可近似地按截面宽度为

a、截面高度为 h 的矩形截面计算，截面折算高度 $h=\frac{c}{2}+\frac{t}{\cos\alpha}$，$t$ 一般取 30～50mm。所承受荷载折算为均布荷载：踏步板自重及使用时的活荷载为图 11.51(b)所示的 $g+q$，跨步板两端与边梁整体连接时，考虑支座的嵌固作用，踏步板的跨中弯矩可近似取 $M_{\max}=\frac{1}{10}(g+q)l_0^2$，一边为梯段斜梁，另一边为砖墙时：$M_{\max}=\frac{1}{8}(g+q)l_0^2$。

双梁楼梯踏步板的配筋按单筋矩形截面进行计算，配筋如图 11.52 所示，要求每一踏步受力钢筋不少于 $2\phi8$，沿斜板的斜向布置的分布钢筋不少于 $\phi8@250$。

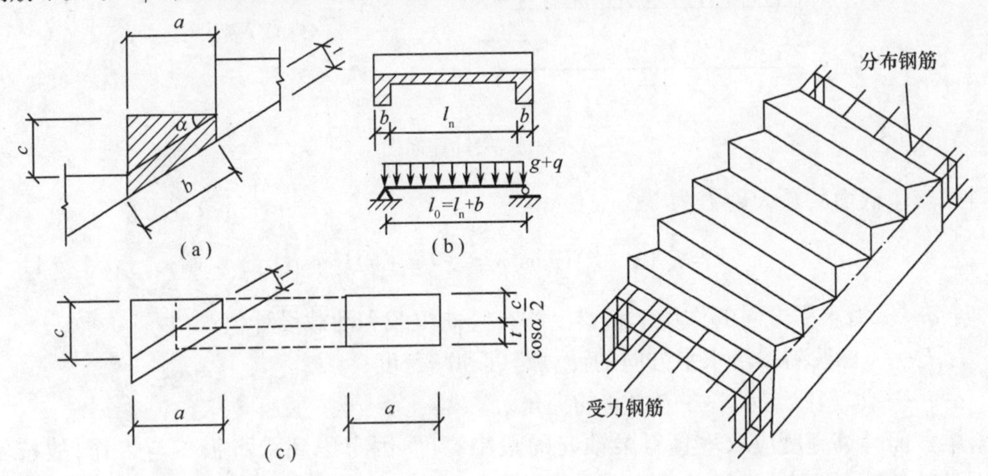

图 11.51　踏步板计算截面及简图　　　　图 11.52　梁式楼梯的钢筋布置示意图

2. 梯段斜梁的计算

梯段斜梁一般可简化为支承于两侧平台梁上的简支斜梁，既承受踏步板传来的荷载，也承受本身自重。梯段斜梁在不做刚度验算时，高度应取 $(1/14 \sim 1/10)l_0$（l_0 为梯段斜梁水平方向的计算长度）。

对斜梁进行内力分析时，因斜梁的受弯线刚度远大于平台梁的受扭线刚度，故可将斜梁简化为斜向简支梁，斜梁内力还可以简化为水平方向的简支梁进行计算，其计算跨度取斜梁斜向跨度的水平投影，计算简图如图 11.53 所示。

梯段斜梁承受的荷载包括踏步板传来的恒载与活载、斜梁自重和抹灰荷载。踏步板上的活载 q 是沿水平方向均匀分布，踏步板上的恒载 g_1 一般近似地认为沿水平方向均匀分布，斜梁的自重及抹灰自重 g_2' 是沿斜向均匀分布的，为计算方便，需将沿斜向均匀分布的恒载 g_2' 简化为沿水平方向均匀分布，取 $g_2=g_2'l_0'/l_0=g_2'/\cos\alpha$。

由结构力学可知，计算斜梁在均布竖向荷载作用下的正截面内力时，应将沿水平方向的均布竖向荷载 $q+g_1$ 和沿斜向均匀分布的荷载 g_2'，均简化为沿垂直于斜梁与平行于斜梁方向的均布荷载，一般情况下可忽略平行于斜梁方向的均布荷载，而垂直于斜梁方向的均布荷载为

$$\frac{(g_2'l_0'+g_1l_0+ql_0)\cos\alpha}{l_0'}=g_2'\cos\alpha+(g_1+q)\frac{l_0}{l_0'}\cos\alpha=(g_2+g_1+q)\cos^2\alpha=(g+q)\cos^2\alpha$$

所以斜梁跨中最大弯矩为

$$M_{\max}=\frac{1}{8}(g+q)l_0^2 \tag{11.19}$$

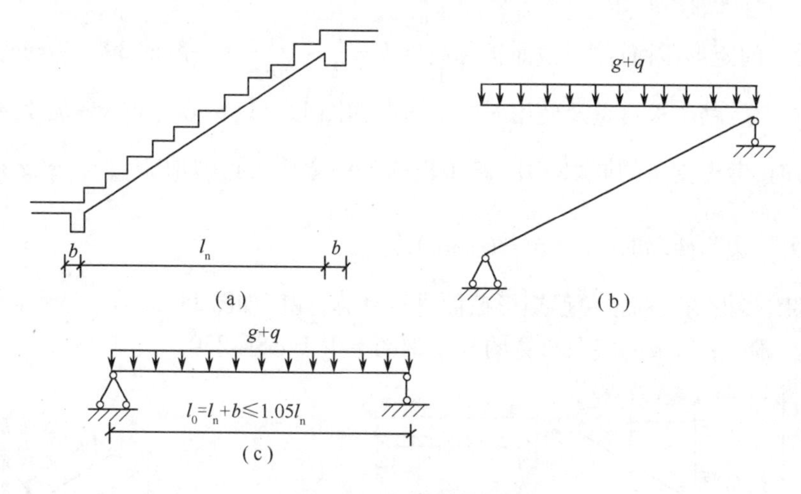

图 11.53　斜梁计算简图

斜梁支座截面的最大剪力为

$$V=\frac{1}{2}(g+q)l_n'\cos^2\alpha=\frac{1}{2}(g+q)l_n\cos\alpha \tag{11.20}$$

式中　g,q——沿水平方向的作用于斜梁上均布竖向恒载和活载设计值；

l_0,l_n——梯段斜梁沿水平方向的计算跨度和净跨度；

α——梯段斜梁与水平方向之间的夹角。

斜梁截面计算高度应取垂直斜梁轴向的最小高度，因考虑到踏步板参与工作，故按倒 L 形截面进行计算，截面翼缘仅考虑踏步下的斜板部分。

梯段斜梁中的纵向受力钢筋按跨中截面弯矩值确定，箍筋数量按支座截面剪力值确定。由于平台梁、板对斜梁两端具有约束作用，斜梁两端应按构造要求设置一定量承受负弯矩的钢筋，且构造钢筋的面积应不小于跨中截面纵向受力钢筋面积的 1/4。钢筋在支座处的锚固长度应满足受拉钢筋锚固长度的要求，如图 11.54 所示。

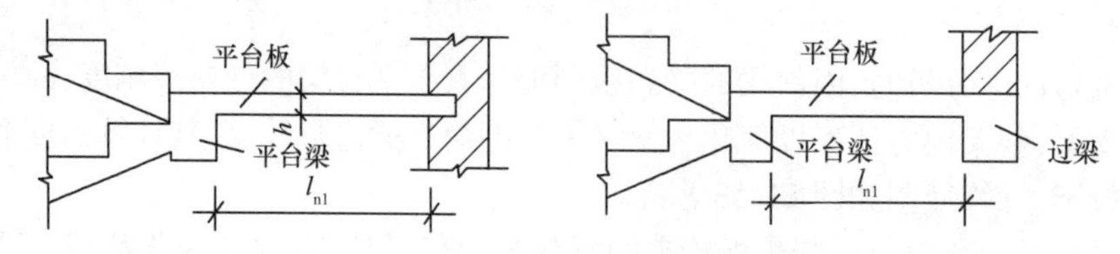

图 11.54　平台板的支承情况

3. 平台梁板的计算

梁式楼梯的平台板是一边支承于平台梁，其他一边或三边支承于墙体上。平台板既可按单向板也可按双向板计算内力与配筋，并使配筋满足相应构造要求。

平台梁两端一般支承于楼梯间两侧的承重墙上。平台梁承受的荷载包括梁本身的自重、抹灰荷载、平台板传来的均布荷载、上下梯段斜梁传来的集中荷载。一般可按简支梁计算其内力及配筋。

11.4.3　板式楼梯设计

板式楼梯各构件如图 11.55 所示，包括段板、平台板、平台梁，与梁式楼梯的最大区别是板式楼梯没有斜梁。板式楼梯的传力途径，如图 11.56 所示，受力简图如图 11.57 所示。

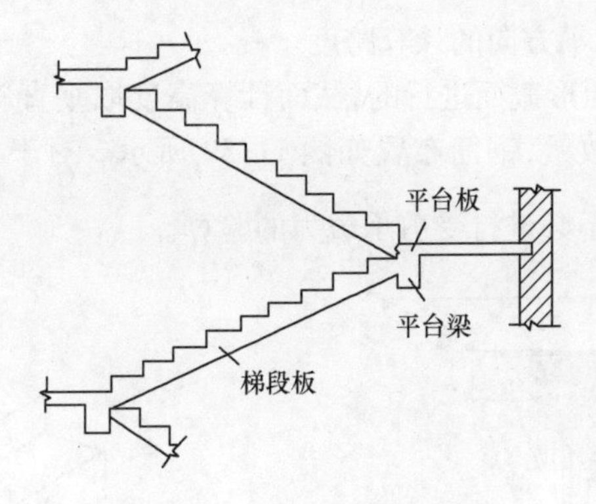

图 11.55　板式楼梯的组成

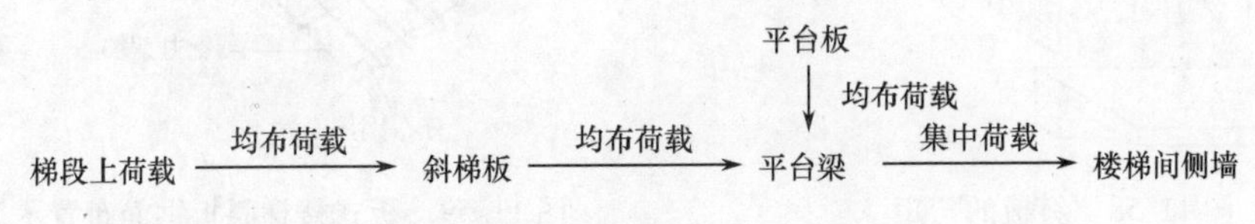

图 11.56　板式楼梯的传力途径

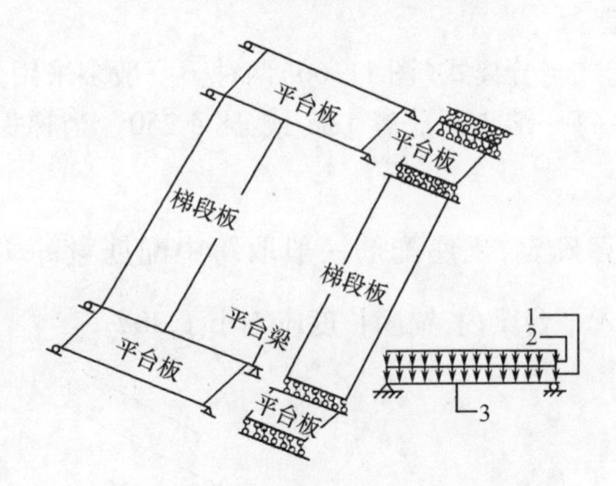

图 11.57　板式楼梯的计算简图
1—平台板传来；2—梯段板传来；3—平台梁。

1. 梯段板的计算

梯段板一般包括斜板和踏步，当不做刚度验算时，斜板的厚度通常取 $l_0'/30 \sim l_0'/25$，l_0'为斜向净跨。梯段斜板实际上是一个多跨连续板，为简化计算，一般不考虑梯段斜板和平台板的连接，对它们分别计算，但在构造上应考虑它们相互间的连接。

计算时，考虑斜板是两端支承在平台梁上的简支斜板，取 1m 宽为计算单元，计算跨度为两个平台梁的水平距离。梯段斜板承受的荷载包括梯段板自重（含踏步）、抹灰荷载及活荷载。斜板上的活荷载 q 是沿水平方向均匀布置，恒载 g 是近似认为沿水平方向均布。梯段板在 $g+q$ 荷载的作用下，内力计算按水平方向简支板进行，弯矩如图 11.58 所示。

斜板的受力情况类似梁式楼梯的斜梁，同样可得斜板跨中最大弯矩为 $M_{\max}=\frac{1}{8}(g+q)l_0^2$，考虑平台梁对斜板的约束，一般取

$$M_{\max}=\frac{1}{10}(g+q)l_0^2 \tag{11.21}$$

式中　g,q——沿水平方向作用于斜板上的均布竖向恒载和活载设计值；

l_0——梯段斜板沿水平方向的计算跨度。

梯段斜板的计算是按矩形截面进行的，截面计算高度取垂直斜板的最小高度。按跨中截面弯矩确定斜板受力钢筋数量，钢筋布置如图 11.59 所示。对于板式楼梯，由于斜板跨高比 l_0/h 较大，即 $\frac{M}{M_u}<\frac{V}{V_u}$，一般不必进行受剪承载力的验算。

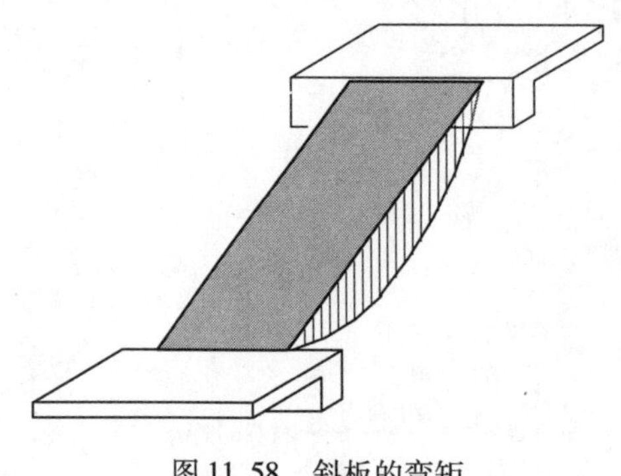

图 11.58　斜板的弯矩

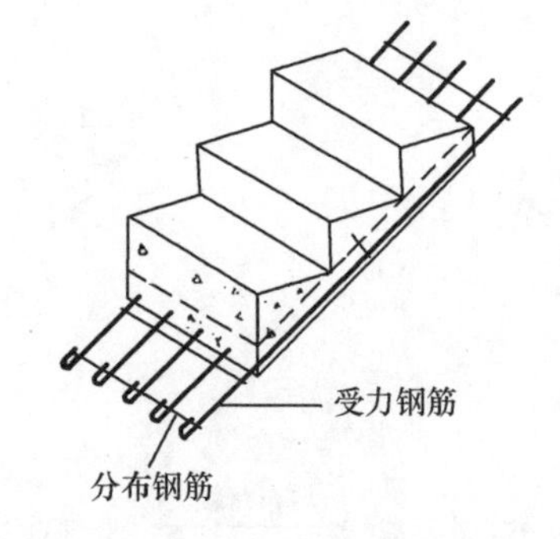

图 11.59　板式楼梯斜板钢筋布置示意图

2. 梯段板的配筋构造

板式楼梯配筋有弯起式与分离式（图 11.60）两种。一般多采用分离式布筋。

横向构造钢筋通常在每一踏步下放置 1ϕ8 或 ϕ8@250。当梯板厚 $t\geqslant$150mm 时，横向构造筋易采用 ϕ8@200。

板的跨中配筋按计算确定，支座配筋一般取跨中配筋量的 1/2，配筋范围为 $\frac{l_n}{4}$，见图 11.60。支座负筋可锚固入平台梁内，锚固长度应不小于 30d。

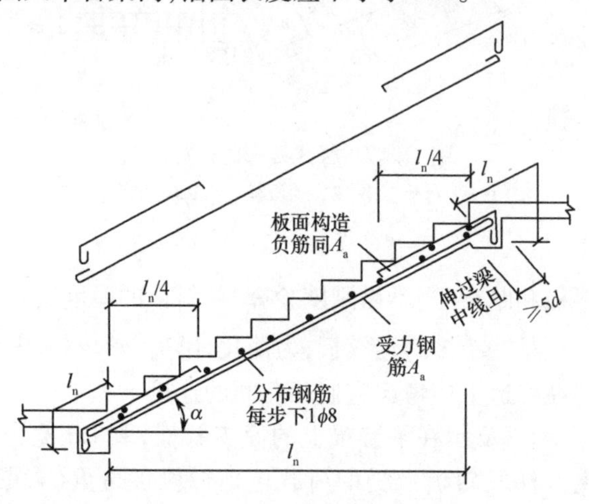

图 11.60　板式楼梯的配筋（分离式）

3. 平台梁、板的计算

板式楼梯平台板的计算与配筋基本上与梁式楼梯相同。

板式楼梯平台梁承受平台梁自重、平台板传来的均匀荷载及梯段板传来的均布荷载。平台梁按简支梁计算，配筋计算按到 L 形截面进行计算，截面翼缘仅考虑平台板，不考虑梯段斜板的作用。

【例 11.1】　某公共建筑现浇板式楼梯，楼梯平面布置如图 11.61 所示，已知：混凝土

C25,梁内钢筋 HRB335,其他钢筋均为 HPB300,踏步面层采用 30mm 厚水磨石($0.65/m^2$),底面为 20mm 厚混合砂浆($17kN/m^3$),栏杆重 0.1kN/m,楼梯活荷载 $3.5kN/m^2$。试按板式楼梯设计。

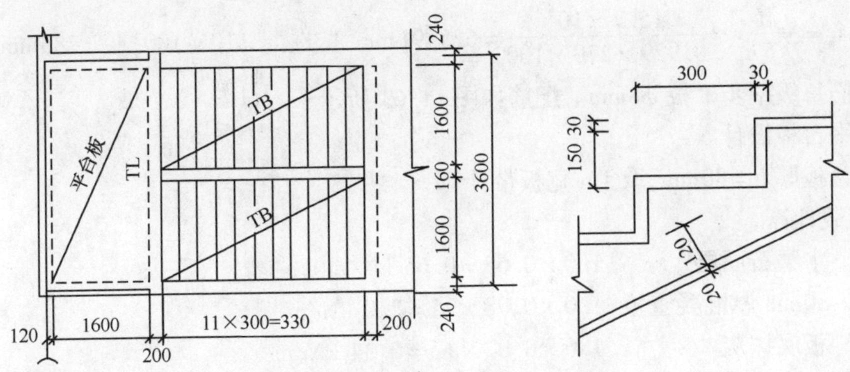

图 11.61　例 11.1 楼梯平面布置

解　(1)楼梯板设计。

板倾斜角 $\tan\alpha = 150/300 = 0.5$,$\cos\alpha = 0.894$;取 1m 宽板带计算,横截面如图 11.62 所示。

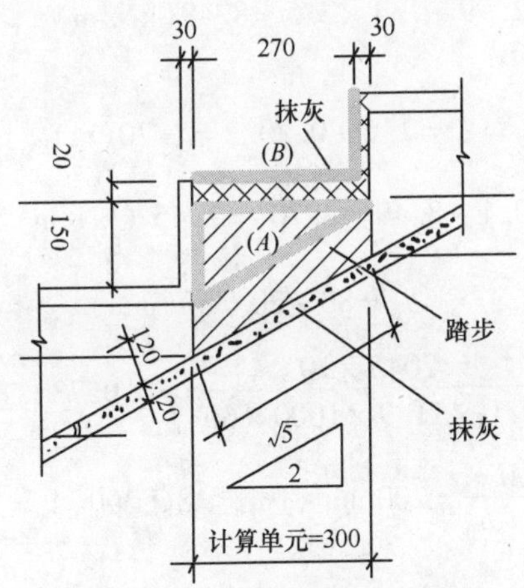

图 11.62　踏步横截面示意图

① 荷载计算。

静载:水磨石面层 $1.0\times(0.3+0.15)\times0.65/0.3=0.98(kN/m)$

三角形踏步 $1.0\times0.5\times0.3\times0.15\times25/0.3=1.88(kN/m)$

混凝土斜板 $1.0\times0.12\times25/0.894=3.36(kN/m)$

板底抹灰 $1.0\times0.02\times17/0.894=0.38(kN/m)$

$\sum g_k =$　　6.6kN/m

活载:　$q_k =$　　3.5kN/m

总荷载设计值 $p=1.2\times6.6+1.4\times3.5=12.82(kN/m)$

② 截面设计。

弯矩设计值 $M_{max}=\dfrac{1}{10}pl_0^2=0.1\times12.82\times3.5^2=15.7(kN/m)$

板的有效高度 $h_0=120-20=100(\mathrm{mm})$

$$a_s=\frac{M}{a_1 f_c b h_0^2}=\frac{15.7\times10^6}{1.0\times11.9\times1000\times100^2}=0.132，得 \gamma_s=0.929$$

$$A_s=\frac{M}{\gamma_s f_y h_0}=\frac{15.7\times10^6}{0.929\times270\times100}=625.9(\mathrm{mm}^2)，选配 \phi10@100，A_s=785\mathrm{mm}^2$$

分布筋每级踏步 1 根 ϕ8mm。配筋如图 11.63 所示。

(2) 平台板设计。

取平台板厚 $h=80$mm，取 1m 宽板带计算。

① 荷载计算。

静载	水磨石面层	1.0×0.65=0.65 kN/m
	80mm 厚混凝土板	1.0×0.08×25=2.0 kN/m
	板底抹灰	1.0×0.02×17=0.34 kN/m
	$\sum q_k$ =	2.99 kN/m
活载	q_k =	3.5 kN/m

总荷载设计值 $p=1.2\times2.99+1.4\times3.5=8.49(\mathrm{kN/m})$

② 截面设计

$$l_0=1.6+0.20/2=1.70(\mathrm{m})。$$

弯矩设计值 $M=\frac{1}{10}pl_0^2=0.1\times8.49\times1.70^2=2.45\ (\mathrm{kN/m})$

$$h_0=80-20=60(\mathrm{mm})$$

$$a_s=\frac{M}{a_1 f_c b h_0^2}=\frac{2045\times10^6}{1.0\times11.9\times1000\times60^2}=0.0573，查表得 \gamma_s=0.970$$

$$A_s=\frac{M}{\gamma_s f_y h_0}=200\mathrm{mm}^2，选配 \phi8@200，A_s=251\mathrm{mm}^2$$

(3) 楼梯梁设计(略)。

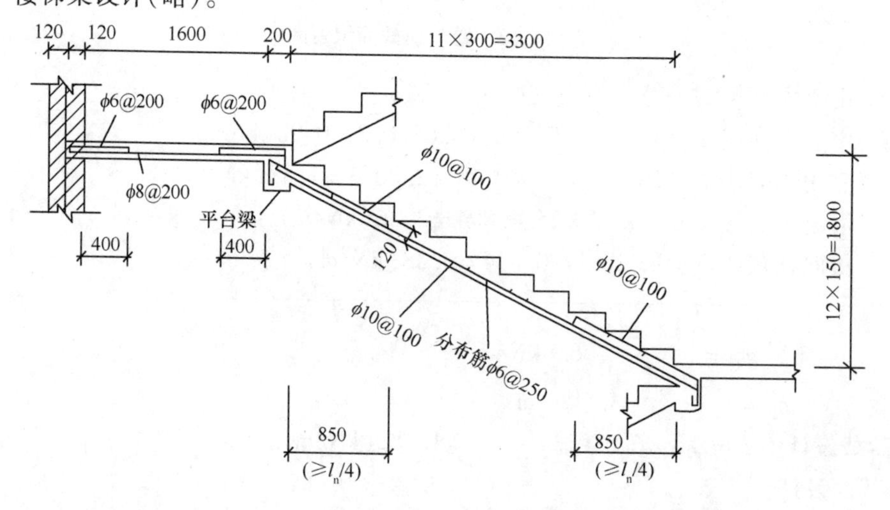

图 11.63 板式楼梯斜板和平台板配筋

11.5 雨　篷

雨篷是房屋结构中最常见的悬挑构件,根据悬挑长度,其结构布置有两种方案:悬挑长度较大时,采用悬挑梁板结构;悬挑长度较小时,采用悬挑板结构。对于悬挑结构,除了进行悬挑结构本身的计算外,还要进行整体结构的抗倾覆验算。

雨篷一般由雨篷板和雨篷梁组成,如图 11.64 所示。雨篷梁除了支承雨篷板外,还要兼做门窗洞口的过梁。下面分别介绍雨篷板和雨篷梁的计算和构造。

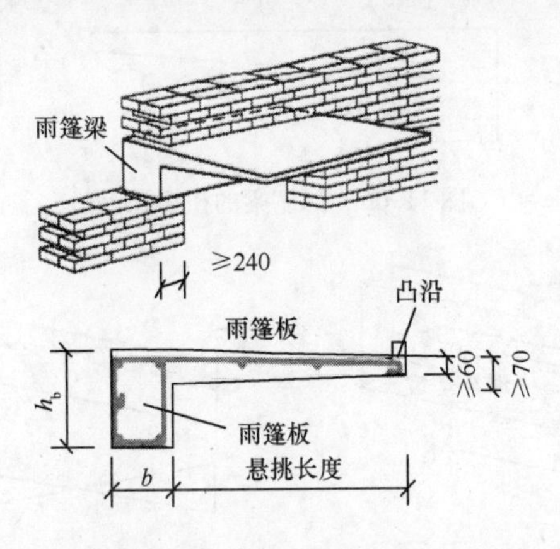

图 11.64　雨篷结构的组成及配筋构造

11.5.1　雨篷板的计算和构造

雨篷板为悬挑构件,支承于雨篷梁上,受弯矩和剪力作用。以雨篷梁的边缘作为固定端,按悬臂板进行内力计算。当其不做刚度验算时,板的根部截面高度一般取($1/8 \sim 1/12l_0$),l_0为板的计算跨度;板的端部截面高度一般不小于 60mm。

雨篷板一般取 1m 宽的板带作为板的计算单元。计算简图见图 11.65。作用于雨篷板上的荷载包括板的自重、抹灰荷载、均布活荷载、雪荷载和施工集中荷载。施工集中荷载可考虑作用于雨篷板的端部。《规范》规定:在进行雨篷板承载力计算时,施工集中荷载在每延米范围内布置 1.0kN;在进行雨篷抗倾覆验算时,施工集中荷载按每 2.5 ~ 3.0m 范围布置 1.0kN。荷载计算时,除恒载外,其他 3 种活荷载在计算中是不同时考虑的,但应按其最不利情况进行计算。

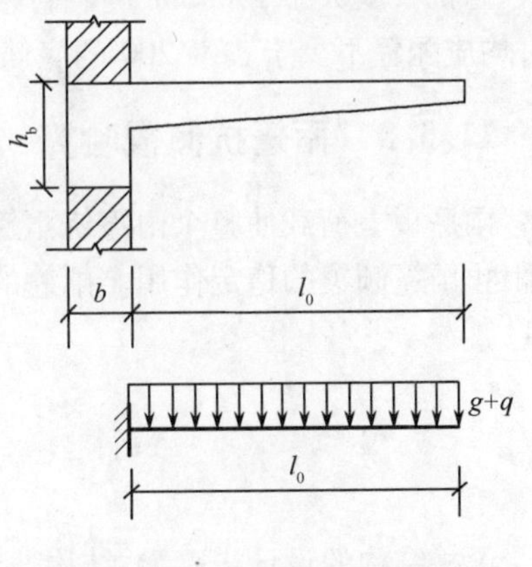

图 11.65　雨篷板的计算简图

雨篷板受力钢筋布置在板的上部,如图 11.64 所示。钢筋伸入雨篷梁的锚固长度应满足受拉钢筋达到抗拉强度时的锚固长度要求。

11.5.2　雨篷梁的计算和构造

雨篷梁在自重、梁上砌体重量等荷载作用下产生弯矩和剪力;在雨篷板传来的荷载作用下不仅产生弯矩和剪力，还将产生扭矩，如图 11.66 和图 11.67 所示。因此，雨篷梁是受弯、剪、扭的构件。详见第 8 章受弯、剪、扭梁的计算。

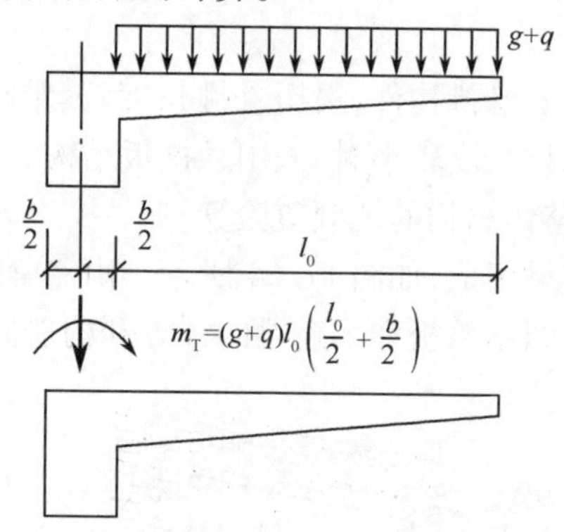

图 11.66　雨篷梁的扭矩荷载

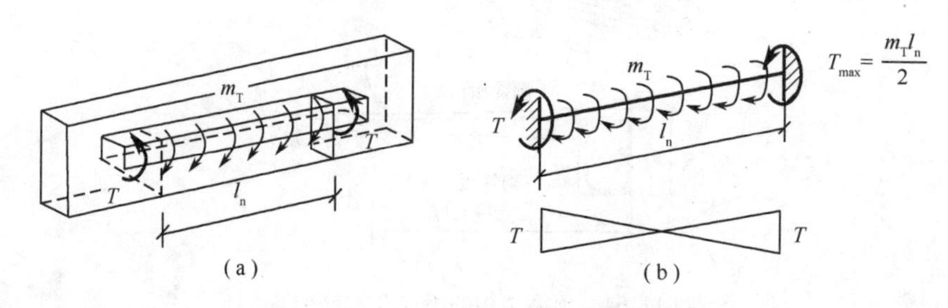

图 11.67　雨篷梁扭矩内力计算简图

雨篷梁支承于墙上的长度不宜小于 370mm，悬臂板嵌固在砌体墙内的深度应按现行《砌体结构设计规范》(GB 50003—2011)经计算确定。梁的受扭纵筋应布置在截面四周，其锚固长度应满足受拉钢筋达到抗拉强度时的锚固长度要求。雨篷梁应采用封闭式箍筋，末端弯钩应做成 135°，弯钩末端平直段长度应不小于 $5d$ 且不小于 50mm。

悬挑长度大于 1500mm 的悬臂板，以及离地面 30m 以上且悬挑长度大于 1200mm 的悬臂板，均应配置不少于 $\phi 8@200$ 的底筋。

11.5.3　雨篷抗倾覆验算

雨篷板上荷载使整个雨篷绕雨篷梁底的倾覆点转动倾倒，而梁上自重、梁上砌体重量等却有阻止雨篷倾覆的稳定作用。雨篷的抗倾覆验算参见现行《砌体结构设计规范》(GB 50003—2011)。

本章小结

梁板结构的设计步骤为：结构选型与布置；确定计算简图；荷载的计算及活载的不利位置布置；内力计算；绘制内力包络图；根据包络图进行截面设计；考虑构造要求绘制施工图。

单向板、双向板肋梁楼盖均有弹性理论计算方法和塑性理论计算方法来计算梁板结构的内力。采用弹性理论时，确定计算简图和荷载后，可采用结构力学和弹性力学的方法计算梁、板内力，对于等跨的梁、板，可采用附表相关表格简化计算过程。塑性理论计算方法中涉及塑性铰、塑性铰线、内力重分布、弯矩调幅法、板的极限荷载等概念，是本章的难点。单向板的塑性理论计算方法也可采用已有系数简化计算过程。采用塑性理论计算时,应注意满足构件使用阶段裂缝和刚度的要求。

楼梯和雨篷也是梁板结构,楼梯的斜板和斜梁可等效成水平荷载进行计算,同时考虑约束的影响,对内力进行调整。雨篷是悬挑构件,雨篷梁按弯剪扭构件进行设计,同时雨篷需要进行抗倾覆验算。

习　题

11.1　一双跨连续梁,各跨中作用集中荷载 P,若跨中及支座的极限弯矩均为 M_u,

(1) 按弹性方法计算连续梁的承载力。

(2) 按塑性方法计算连续梁的承载力 P,并计算支座弯矩的调幅系数。

11.2　均布荷载作用的两跨等跨连续梁,若跨中极限弯矩为 M_{1u},支座极限弯矩为 M_{Au}。试计算其极限荷载。

11.3　试用塑性绞线方法分析均布荷载作用下三边固定一边简支双向板的极限荷载,并将计算结果与式(11.9)、式(11.10)进行比较。

11.4　试用塑性绞线方法分析均布荷载作用下三边支承等边三角形板的极限荷载,并说明配筋形式。

11.5　四边固定方板,如图11.68所示,边长为 a,跨中单位宽度屈服弯矩 $M_f=2.0\text{kN}\cdot\text{m}$,支承边屈服弯矩均为 $1.5\text{kN}\cdot\text{m}$,若板中心受一集中荷载 P。试用塑性绞线法求其极限承载力 P_u。

11.6　用板带法计算图11.69中均布荷载作用下两边固定、两边简支矩形板的弯矩。

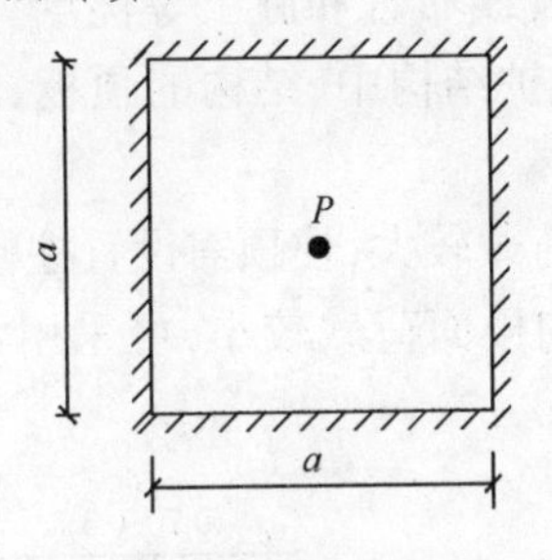

图11.68　四边固定方板

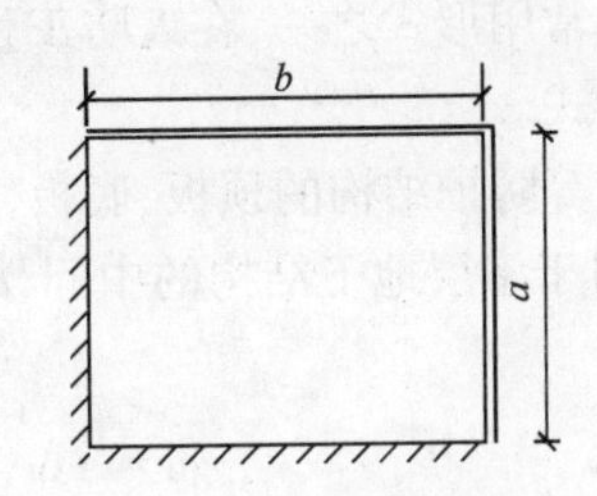

图11.69　习题11.6用图

第12章 钢筋混凝土板柱结构

本章提要:钢筋混凝土板柱结构(slab and column structure)是地面建筑楼盖结构常用形式之一,也是人防工程等防护工程结构中常采用的结构形式。本章主要介绍钢筋混凝土板柱结构形式、结构设计计算方法,重点讨论人防工程等防护工程结构钢筋混凝土板柱结构的设计计算方法。

12.1 概　　述

钢筋混凝土板柱结构(或称无梁板结构)指直接支承在柱上的钢筋混凝土板承重体系。

钢筋混凝土板柱结构不设置梁,板面荷载直接由板传至柱,具有结构体系简单、传力路径简捷、净空利用率高、造型美观、有利于通风、便于管线布置和施工等优点。因此,板柱结构是地面建筑楼盖结构常用形式之一,在人防工程等防护结构中,结构的顶板、底板及楼面结构也常采用板柱结构形式。

对于人防工程等防护结构的顶板、底板,由于荷载较大,柱顶需设置柱帽,顶板常见的柱帽形式见图12.1。对于多层地下结构的中间楼板,如楼面荷载较小,可采用无柱帽或柱顶加托板的板柱结构。

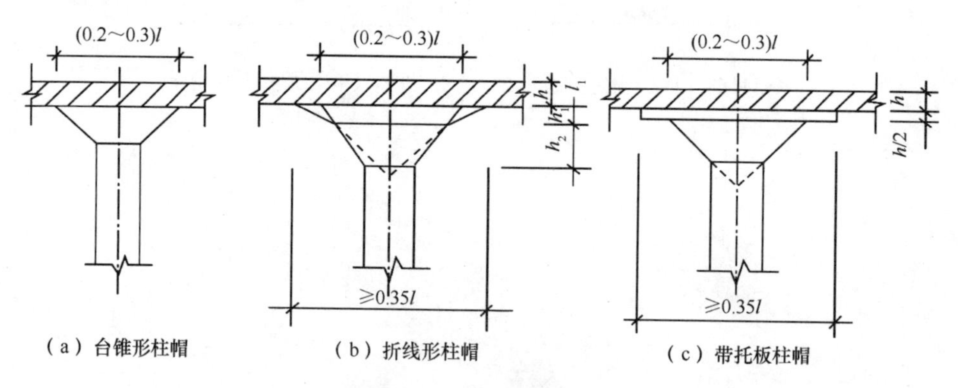

图12.1　常用柱帽形式

板柱结构是由柱支承的连续板结构,由柱网将板划分成各个矩形区格板。在设计中柱网宜为正方形或矩形,区格板长短跨之比一般不宜大于1.5。板柱结构试验表明,柱支承板的受力特点不同于四边支承双向板。四边支承板主要由平行于短边方向的板条传力并承受较大弯矩,而板柱结构主要由平行于长边的板条传力并承受较大弯矩。从结构性能方面看,板柱结构的延性较差,板在柱帽或柱顶处的破坏属于脆性冲切破坏。因此,在设计中,板支座的抗冲切破坏计算应予以重视。

12.2 板的内力计算

板柱结构的受力比四边支承板复杂,其内力计算方法主要有以下几种:

(1) 点支承连续板的弹性分析法。此法将板视为点支撑的薄板,利用三角级数法、差分法或有限元法等进行分析。这种方法在数字上虽然有一定精度,但其依据的假设与实际情况不尽相符,故在工程设计中用得不多。

(2) 工程实用计算法。此法是在国内外大量的试验研究和理论研究基础上提出的一种简化计算方法。其中包括等代框架法和经验系数法两种。Westergard 和 Slater 在 1921 年提出了划分柱上板带和跨中板带的概念,奠定了板柱实用计算法的基础。目前,各国的有关设计规范,如美国的 ACI 规范和英国、日本和前苏联的钢筋混凝土设计规范以及我国的有关设计规范,关于板柱结构的设计主要是采用上述的工程实用方法。国内工程兵工程学院在 1990 年进行了板柱结构的动、静载结构试验和理论研究,其成果已反映在有关的设计规范中。

(3) 考虑塑性内力重分布的计算方法。此法根据平衡原理(或虚功原理)对板的极限状态进行分析,常用于在动载作用下按弹、塑性工作阶段设计无密闭或防水要求的板柱结构计算。

下面简要介绍常用的板柱结构内力计算的等代框架法。

等代框架法将板柱结构简化为沿柱网纵、横两个方向的由板与柱连接成的平面框架,用这两个互相垂直的平面框架的内力分析代替板柱结构的内力分析(图 12.2)。

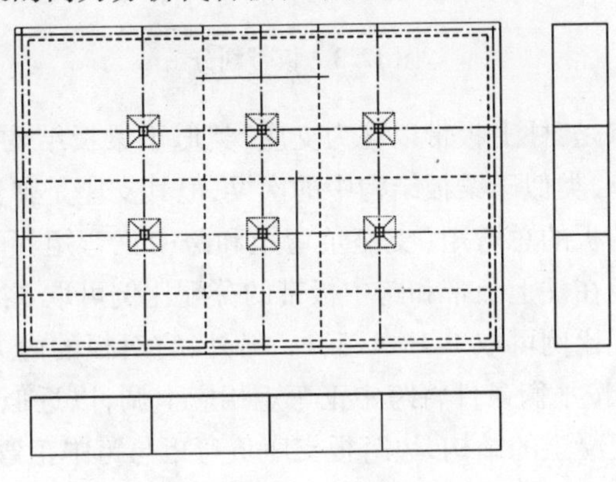

图 12.2 等代框架

等代框架梁的截面高度为板厚,计算宽度各取横、纵区格的宽度。

框架梁的计算跨度取决于支座反力沿柱帽的分布情况。在现行设计规范中,柱帽的支座反力均采用三角形分布,对于中间区格的梁跨,沿柱网纵、横两个方向的计算跨度 l_j 取

$$l_j = l - 4c/3 \tag{12.1}$$

式中 c——柱帽有效计算宽度的一半(图 12.4);

l——纵、横两个方向的柱网跨度。

对于边区格的梁跨,如板支承在圈梁上或与边墙整浇,其计算跨度取$(l-2c/3)$。

等代框架柱的截面取柱横截面,柱的计算高度取层高减去柱帽高度。

作用在等代框架梁上的线荷载按板、墙上的均布面荷载乘以等代框架的计算宽度计算。

确定计算简图后，可采用一般结构力学方法分析框架内力，也可采用杆系有限元法分析框架内力。

按上述方法计算的板弯矩是等代框架计算宽度内板带的总弯矩，由于板内的变形与弯矩是不均匀的，考虑到施工配置钢筋的方便，将平板划分为柱上板带和跨中板带，柱距中间宽度为 $l_x/2$（或 $l_y/2$）的板带称为跨中板带，柱中心线两侧各 $l_x/4$（或 $l_y/4$）、宽度为 $l_x/2$（或 $l_y/2$）的板带称为柱上板带（图12.3）。

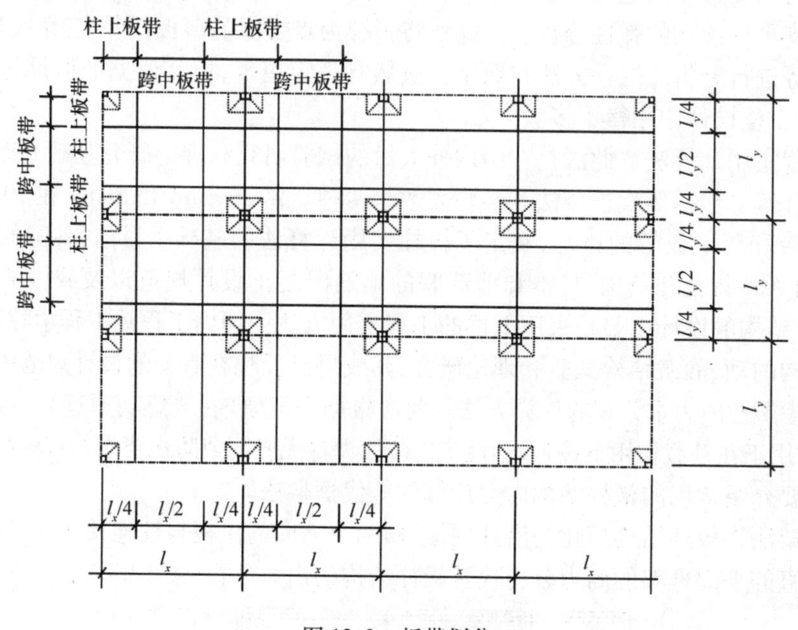

图12.3　板带划分

两种板带的受力特点是：柱上板带以柱为支座，类似于梁板结构中的主梁，跨中板带以另一方向的柱上板带为支座，类似于梁板结构中的次梁，但其支座是弹性支座。

按等代框架法计算的板的总弯矩（支座负弯矩和跨中正弯矩）可按比例分配给柱上板带和跨中板带。支座负弯矩在柱上板带和跨中板带的分配比例可取3:1～2:1，跨中正弯矩在柱上板带和跨中板带的分配比例可取1:1～1.5:1。另外，宜对板的内力进行修正。可将支座负弯矩下调10%～15%，并按平衡条件将跨中正弯矩相应上调，以近似考虑塑性内力重分布；对于板与边墙为整浇钢筋混凝土的结构，边跨板支座负弯矩与跨中正弯矩之比，可按中间区格板进行修正。

结构试验和理论分析表明，板在弯曲时，下缘受拉伸，如周围的约束对此拉伸起限制作用，则板中的弯矩会减小，这种作用称为板的“拱效应”。因此，对于板柱结构的计算，除边跨外，跨中截面的计算弯矩可以乘以折减系数0.9。当计算中已考虑板的轴力影响时，可不作此折减。

12.3　柱与柱帽的结构计算

12.3.1　柱的设计

柱的断面形状一般为正方形、矩形、多边形和圆形。结构跨度在5～7m，板面荷载在100

~150kN/m^2 时，柱径可取 400 ~ 500mm，当跨度较大、荷载较大时，也可采用钢管混凝土柱。

除均布荷载作用下等区格板的中间柱可按轴心受压构件设计外，其他情况的柱一般按偏心受压构件设计。采用等代框架法计算时，柱的轴力与弯矩按框架计算确定。

12.3.2 柱帽的设计

1. 柱帽尺寸

柱帽的作用为增加板与柱的连接面积，使支座处能承受较大的剪力，同时还可减少区格板的跨度，使板内弯矩减小。柱帽的设计尺寸有（图 12.4）抗冲切锥体高度 h_k、柱帽与板接触处底边尺寸 a、柱帽锥体与板接触处底边尺寸 c。

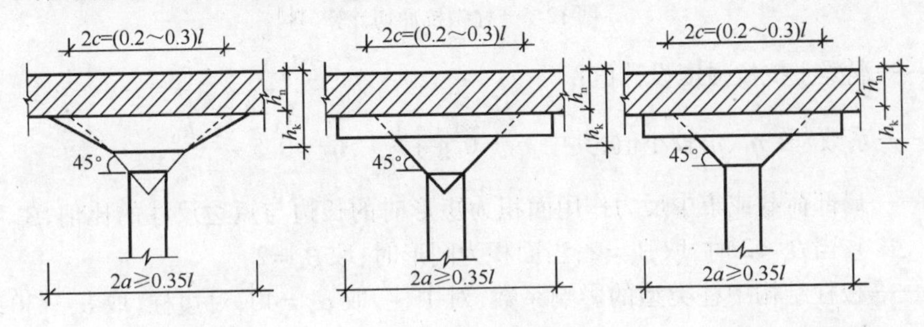

图 12.4 柱帽设计尺寸

对于折线形柱帽，$h_k/h_n = 2.0 \sim 2.5$，$2a \geqslant 0.35l$，$2c = (0.2 \sim 0.3)l$；对于有托板柱帽，$h_k/h_n \approx 1.5$，$2a \geqslant 0.35\,l$，$2c = (0.2 \sim 0.3)l$。l 为柱网跨度，h_n 为板厚。

2. 柱帽抗冲切验算

柱帽的结构计算主要是验算柱帽与板的抗冲切强度。试验表明，冲切破坏的特征是，支座负弯矩在柱帽顶产生受弯裂缝，继而出现斜拉破坏，其破裂面通常与板面成 45°左右的倾角，并形成冲切破坏锥体。因此一般需要对柱边、柱帽边、托板边、柱帽外轮廓转折处进行抗冲切验算。另外，对于板厚变化处和板内抗冲切钢筋配筋率变化处也应进行验算。

当板内不配置抗冲切箍筋和弯起钢筋时，抗冲切计算式为

$$F_l \leqslant 0.7\beta_h f_t \eta u_m h_0 \tag{12.2}$$

式中 F_l——冲切荷载设计值，取柱所承受的轴力减去柱顶冲切破坏锥体内的荷载。当柱帽平面为正方形或矩形时，有

$$F_l = q[l_x l_y - 4(x + h_0)(y + h_0)] \tag{12.3}$$

当柱帽平面为圆形时，有

$$F_l = q[l_x l_y - \pi(r + h_0)^2] \tag{12.4}$$

式中 l_x、l_y——分别为 x、y 方向柱网跨度；

r、x、y——分别为冲切验算处与柱轴线的距离（图 12.5）。当结构的跨度大于 5m，或其相邻跨度不等时，冲切荷载设计值应取按等效静载和静载共同作用下求得的冲切荷载的 1.1 倍；

u_m——冲切破坏锥体斜面的平均周长。当柱帽平面为正方形或矩形时，有

$$u_m = 4(x + y + h_0) \tag{12.5}$$

当柱帽平面为圆形时

$$u_m = \pi(2r + h_0) \tag{12.6}$$

h_0——冲切破坏锥体有效高度（如图12.5中 h_{ok}、h_{on}）；

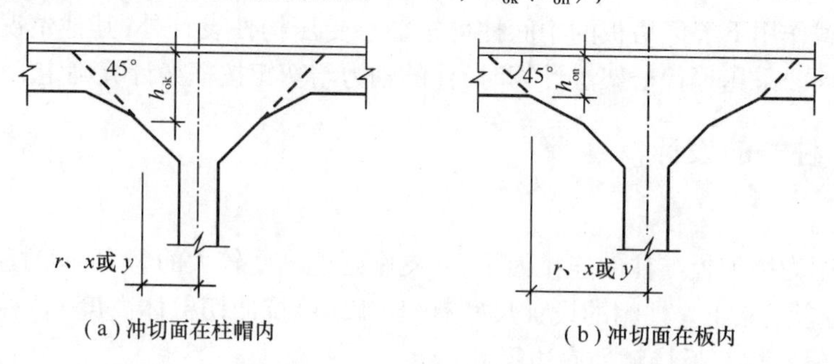

图12.5 柱帽抗冲切计算

f_t——混凝土抗拉强度设计值；

η——系数，取 η_1、η_2 较小值，其中 $\eta_1=0.4+\dfrac{1.2}{\beta_s}$，$\eta_2=0.5+\dfrac{\alpha_s h_0}{4u_m}$；

β_s——局部荷载或集中反力作用面积为矩形时的长边与短边尺寸的比值，β_s 不宜大于4；当 $\beta_s<2$ 时，取 $\beta_s=2$；当面积为圆形时，取 $\beta_s=2$；

α_s——板柱结构中柱类型的影响系数，对中柱，取 $\alpha_s=40$；对边柱，取 $\alpha_s=30$；对角柱，取 $\alpha_s=20$；

β_h——截面高度影响系数。当 $h\leqslant 800$mm 时，取 $\beta_h=1.0$；当 $h\geqslant 2000$mm 时，取 $\beta_h=0.9$，其间按线性内插法取用。

若混凝土的冲切强度不能满足式（12.2）的要求，可在柱帽处配置抗冲切箍筋或弯起钢筋来提高冲切承载力。此时，其受冲切面应符合下列条件，即

$$F_l\leqslant 1.2f_t\eta u_m h_0 \tag{12.7}$$

当配置抗冲切箍筋时，抗冲切承载力按式（12.8）计算，即

$$F_l\leqslant 0.5f_t\eta u_m h_0+0.8f_{yv}A_{svu} \tag{12.8}$$

当配置抗冲切弯起钢筋时，抗冲切承载力按式（12.9）计算，即

$$F_l\leqslant 0.5f_t\eta u_m h_0+0.8f_y A_{sbu}\sin\alpha \tag{12.9}$$

式中 f_{yv}——抗冲切箍筋的抗拉强度设计值；

f_y——抗冲切弯起钢筋的抗拉强度设计值；

A_{svu}——与成45°冲切斜截面相交的全部箍筋截面面积；

A_{sbu}——与成45°冲切斜截面相交的全部弯起钢筋的截面面积；

α——弯起钢筋与水平面的夹角。

对于人防结构抗动载验算，式（12.2）、式（12.7）、式（12.8）及式（12.9）中的混凝土和钢筋的抗拉强度设计值应分别取动力抗拉强度设计值。

12.4 截面设计与构造要求

12.4.1 板的截面与配筋

板柱结构的板的厚度主要由抗冲切控制，随着混凝土强度等级、荷载、跨度及柱帽尺寸不同，取不同的厚度。对于人防工程等防护结构，正方形区格板的估算厚度可参考表12.1。

表 12.1　正方形区格板柱板厚(mm)

荷载/(kN/m²) 区格跨度/m	120	150	200
4.0	300	350	400
4.5	330	380	450
5.0	370	420	500
5.5	400	450	550
6.0	450	500	600
注:本表按混凝土强度等级为 C30、取方形柱帽宽度 $2a=0.35l$。荷载为静载与等效静载值			

板的配筋由两个方向的柱上板带、跨中板带的截面弯矩按受弯构件分别计算。当动荷载作用时,其受力钢筋的最小配筋率不小于0.3%与$0.45f_{td}/f_{yd}$中的较大值。

板的受力筋采用与连续双向板类似的配筋方式,即一般按平行于板边的两个方向布筋,单根钢筋的配筋有弯起式和分离式两种。但应注意到板柱的受力特点,柱上板带和跨中板带应分别配筋。另外,当区格板内跨中或支座同一区域两个方向具有同号弯矩时,应将较大弯矩方向的受力筋置于外层。

人防工程等防护工程中的地下板柱结构,板一般较厚,主要承受战时动荷载,而且由于地基变形,结构各区格板产生局部弯曲的同时,还产生整体弯曲,因此,在板的纵、横方向需配置一定数量的通长钢筋。对于主要承受战时动荷载的板柱结构,为了提高板柱在动载作用下的延性,板内纵向钢筋宜通长布置,间距不大于$1.5h$(h为板厚),而且不大于250mm;邻跨之间的受力钢筋宜采用焊接接头,或伸入邻跨内锚固;板内下层正弯矩钢筋宜全部连通,不宜弯起;上层负弯矩筋一般也要连通,不宜采用分离式配筋,仅当相邻支座负弯矩相差较大时,可将负弯矩较大的支座处的顶层钢筋局部截断,但被截断的钢筋截面面积不应超过顶层受力钢筋总截面面积的1/3,且被截断钢筋应延伸至按截面受弯承载能力的计算不需设置钢筋处以外,延伸长度不小于20倍钢筋直径。

顶层钢筋网和底层钢筋网之间设梅花形布置的拉结筋,其直径不小于6mm,间距不大于500mm,弯钩直线段长度不小于拉结筋直径的6倍,并不小于50mm。

12.4.2　抗冲切钢筋

板中抗冲切钢筋可按图12.6设置。按计算所需的箍筋及相应的架立筋应设置在与冲切面相交的范围内,且从柱边缘向外的分布范围不小于$1.5h_0$,箍筋面积不小于$0.2u_m h_0 f_{td}/f_{yd}$,直径不小于6mm,间距不大于$h_0/3$,当板厚大于350mm时,箍筋可为开口形式,并可用拉结筋代替部分箍筋,但其截面积不得大于所需箍筋截面积的25%。

按计算所需的抗冲切弯起筋的弯起角度,可根据板的厚度在30°~45°之间选择,弯起筋的倾斜段应与冲切面相交,交点应在从柱边缘向外$(1/2\sim2/3)h_0$的范围内,直径不宜小于12mm,每个方向弯起筋不少于3根。

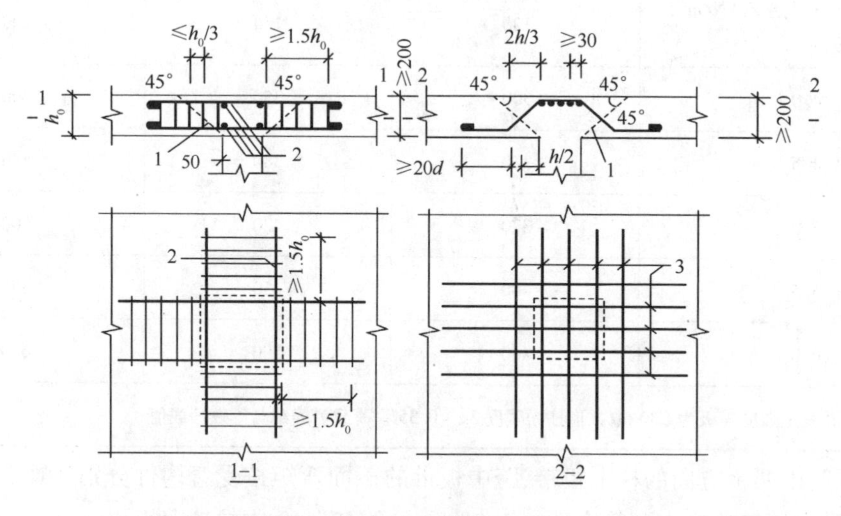

图 12.6　板中抗冲切钢筋布置

1—冲切破坏锥体截面；2—架立筋；3—弯起筋不少于 3 根。

12.4.3　柱帽构造钢筋

为了提高柱帽的整体强度，柱帽内需要设置构造钢筋，构造配筋如图 12.7 所示。

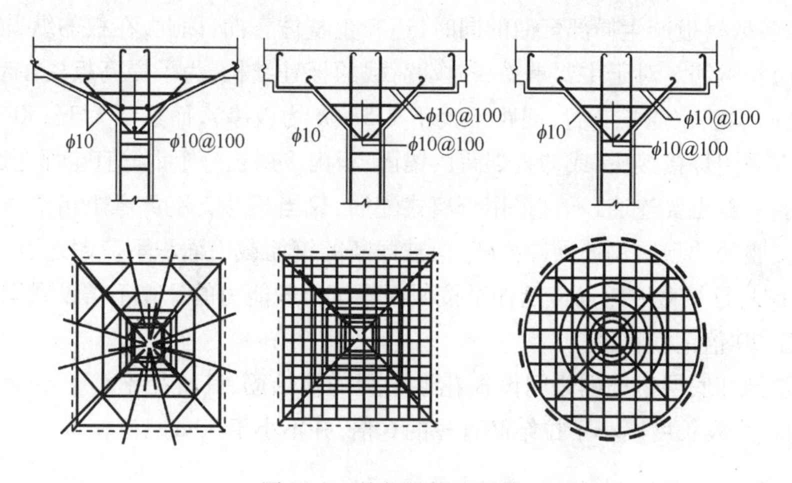

图 12.7　柱帽的构造配筋

本 章 小 结

对于人防工程中钢筋混凝土板柱结构的设计，应掌握板内力分析的等代框架法和柱帽抗冲切强度验算方法。柱帽的造型与尺寸参数必须满足工程内部净空使用要求和抗冲切强度要求，板的配筋方式应满足动载作用下板的受力特点。

思 考 题

12.1　对于人防等防护工程,采用板柱结构有哪些优点?

12.2　板柱结构和双向板结构比较,其受力特点有哪些?

12.3　板柱结构计算为什么要划分柱上板带和跨中板带?

12.4　在柱帽抗冲切验算中,如何选择柱帽冲切面位置?

第13章 钢筋混凝土防护结构简介

本章提要:钢筋混凝土结构是目前防护工程建设中运用最为普遍的结构。钢筋混凝土防护结构主要有掘开式防护结构、附建式防护结构、坑道式防护结构等类型。本章简介了每一种防护结构的主要类型、设计要点和构造要求等。

13.1 概　　述

由于地下工程的防护效能优于地面建筑,因此大多数防护结构建于地下或半地下,所以防护结构又称为地下防护结构。

13.1.1 核武器的破坏作用

核武器爆炸一般会产生以下几种杀伤破坏因素:热辐射、空气冲击波、早期核辐射、核电磁脉冲、直接地冲击和放射性沾染等。近年来,核武器爆炸时产生的冲击与震动也日益受到重视。

热辐射作用时间很短,主要引起一般民用建筑燃烧和人体烧伤。对于防护结构而言不致构成威胁,但所引起的城市大火会威胁防护工程的安全,应采取综合防火措施来解决。

空气冲击波是核武器爆炸的主要破坏杀伤因素,冲击波超压将使暴露在地面的人体或建筑物受到挤压作用,动压将使暴露在地面的人体或建筑物受到冲击和抛掷作用。当空气冲击波沿地面传播时,一部分能量传入地下,在地层内形成岩土中的压缩波,进而破坏岩土中的防护结构。

早期核辐射是核武器特有的杀伤破坏因素,可杀伤人员等有生力量。各种介质材料对于早期核辐射均有一定的削弱能力。对于浅埋防护结构必须验算防护层厚度是否满足对早期核辐射的削弱要求,使其进入工程内的剂量不大于允许值。

核电磁脉冲在瞬间产生的高强度电场和磁场,能使工程中的供、配电系统和无线电设备受到干扰或损坏,对指挥通信工程的 C^3I 系统构成严重威胁。对电磁脉冲防护最常用的方法是用金属材料进行屏蔽,防护结构中的钢筋网可起到一定的屏蔽作用。

直接地冲击是指核爆炸由爆心处直接耦合入地内的能量所产生的初始应力波引起的地冲击。对于完全封闭的地下核爆炸,它是实际存在的主要毁伤破坏因素;对于空中核爆炸一般不存在直接引起的地冲击;对于触地爆或近地爆,直接引起的地冲击是爆心下地冲击的主要形式。

放射性沾染主要包括核爆炸产生的存在于火球及烟云中的放射性物质和感生放射性地面物质。防护结构主要通过设置防护密闭门、密闭门、排气活门,必要时采取隔绝式通风等措施,防止放射性物质从出入口、门缝、孔洞、进排风口进入工事内部。

13.1.2 常规武器的破坏作用

常规武器对防护结构的破坏作用主要体现在冲击、爆炸局部破坏作用和整体破坏作用。

1. 局部破坏作用

(1) 冲击局部破坏作用。无装药的穿甲弹命中结构或有装药的弹丸命中结构尚未爆炸前,结构仅受冲击作用。具有动能的弹体撞击结构有两种可能:一是弹体动能较小或结构硬度很大,弹体冲击结构仅留下一定的凹坑后被弹开,或因弹体与结构成一定的角度而产生跳弹,即弹丸未能侵入结构;二是弹丸冲击结构侵入内部,甚至产生贯穿。这些破坏现象与一般工程结构的破坏现象如承重结构的变形以至倒塌等不同,它都发生在弹着点周围或结构反向临空面弹着投影点周围,故称为局部破坏,这里是由冲击引起的,因此又称冲击局部破坏。局部作用和结构的材料性质直接有关(如炮弹冲击钢筋混凝土产生震塌现象,而冲击木材就可能不出现震塌现象等),而和结构形式(板、刚架、拱形结构等)及支座条件关系不大。

(2) 爆炸局部破坏作用。常规武器一般都装有炸药,在冲击作用中或结束时装药爆炸,在命中点(冲击点处及爆心处)附近的材料质点获得了极高的速度,使介质内产生很大的应力而使结构破坏。这一破坏现象与冲击局部破坏作用相似,破坏都是发生在弹着点及其反表面附近区域内,故称为爆炸局部破坏。常规武器命中结构,装药爆炸可以分为3种情况:直接接触结构爆炸;侵入到结构材料内爆炸;距结构一定距离爆炸。前两种情况对结构的破坏一般是以局部作用为主,而距结构一定距离爆炸时,结构可能产生局部破坏;也可能不产生局部破坏,这时结构只承受爆炸的整体作用。

2. 整体破坏作用

结构在遭受常规武器的冲击与爆炸作用时,除了侵彻、震塌、贯穿等现象外,弹体冲击、爆炸时还要对结构整体产生压力作用,一般称为冲击和爆炸动荷载。在冲击、爆炸动荷载作用下,整个结构都将产生变形和内力。例如,梁、板将产生弯曲、剪切变形;柱的压缩及基础的沉陷等。整体破坏作用的特点是使结构整体产生变形和内力,结构破坏是由于出现过大的变形、裂缝,甚至造成整个结构的倒塌,破坏点(线)一般发生在产生最大内力的地方。结构的破坏形态与结构的形式和支座条件有密切关系。

从力学的观点,局部作用是应力波传播引起的波动效应,而整体作用是动荷载引起的振动效应。在设计结构时,原则上需同时考虑这两种破坏作用,以最危险的情况来设计结构。当弹体对目标物能造成侵彻,且弹体装设延时引信时,则按先侵彻后爆炸考虑二者作用,应考虑侵彻造成的填塞作用对爆炸作用的增强效应。当弹体对目标物不发生侵彻或弹体装设瞬发引信时,应按冲击与爆炸联合作用考虑。一般来说,跨度小、构件厚的结构,局部作用起决定影响;反之,跨度大、厚度薄的结构,整体作用常起控制作用。

13.1.3 防护结构的设计阶段

第一阶段:初步设计。其设计内容是选择结构形式和材料、拟定结构初步尺寸和提出结构设计方案,概略估算材料消耗量和建筑造价。

第二阶段:技术设计。其设计内容是提出合理的结构形式和主要尺寸;进行结构内力计算、截面校核或配筋计算;估算工程量和材料消耗量;编制工程概算。

第三阶段:施工设计。其设计内容是进一步检验和修正前一阶段技术设计所确定的结构形式和尺寸,补充细部结构的设计,为工程施工提供精确数据和施工详图,并为比较精确地计算工程量和材料需要量,编制施工预算提供依据。

对于规模不大的防护工程,常采用扩大初步设计和施工图设计两个阶段。扩大初步设计的要求与技术设计基本相同。

13.2 掘开式防护结构

13.2.1 小跨度整体式结构

小跨度整体式结构的判定依据是结构顶板厚度与跨度之比 $d_0/l_0 \geq 1/3 \sim 1/4$(图 13.1)。其特点是跨度小、板墙断面厚、配筋多,常用于战时的地面战斗工事、前沿指挥工事和坑道工事头部结构等。小跨度整体式结构一般按局部破坏作用设计,其抗常规武器或核爆炸冲击波整体作用均能满足承载能力要求,可不必进行验算。

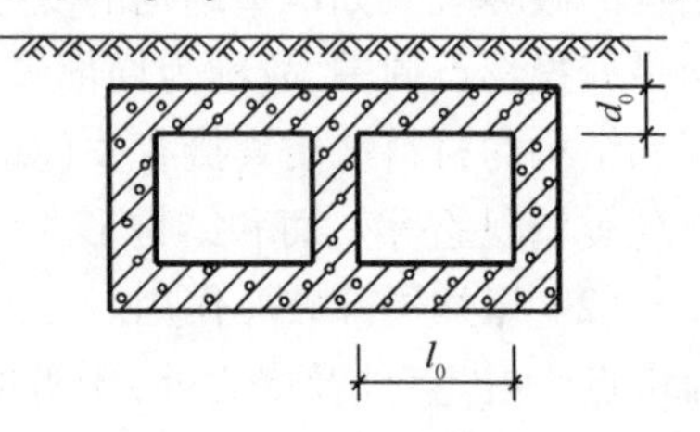

图 13.1 小跨度整体式结构

1. 结构布置

小跨度整体式结构由于具有抗常规武器直接命中的要求,结构多采用钢筋混凝土厚板厚墙整体浇筑构成,其结构布置主要依据工事的用途而定,常见的小跨度整体式工事有机枪工事、观察工事、掩蔽工事和坑道工事的头部结构等,如图 13.2和图 13.3 所示。

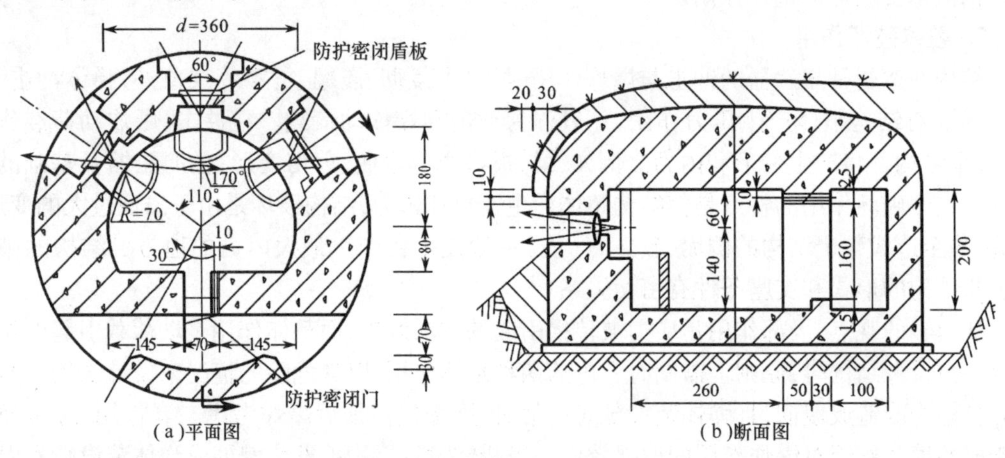

(a)平面图 (b)断面图

图 13.2 三孔射钢筋混凝土机枪工事

2. 设计要点

小跨度整体式结构设计,通常是按局部破坏作用(经验公式)确定结构厚度,然后按构造要求(典型配筋)进行截面配筋,再根据构造要求对节点进行处理(图 13.4)。由于局部破坏作用仅与结构厚度有关,受支撑条件影响很小,因此结构各组成部分可分别计算。实践经验表明,这样设计能保证工事的安全,也就是说,小跨度情况下,整体作用在设计中不起控制作用。

小跨度整体式结构的顶盖厚度应按照战术技术要求给定的杀伤兵器分别进行计算,取数

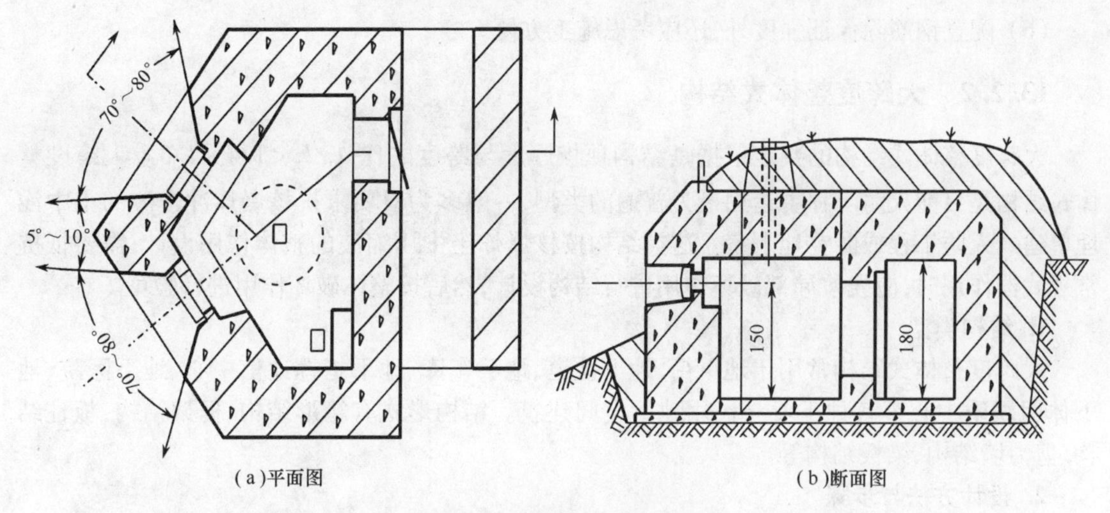

(a)平面图　　(b)断面图

图 13.3　钢筋混凝土观察工事

值较大者。①对于工事内有人员、设备的重要部位,应按不产生震塌确定顶盖厚度,有侵彻时,按侵彻不震塌、侵彻和爆炸不震塌计算,取二者中的较大值;无侵彻时,按爆炸不震塌计算;②对于工事其他次要部位,如防护门以外的连接通道,可以按侵彻不贯穿、侵彻和爆炸不贯穿要求计算,取二者中的较大值。

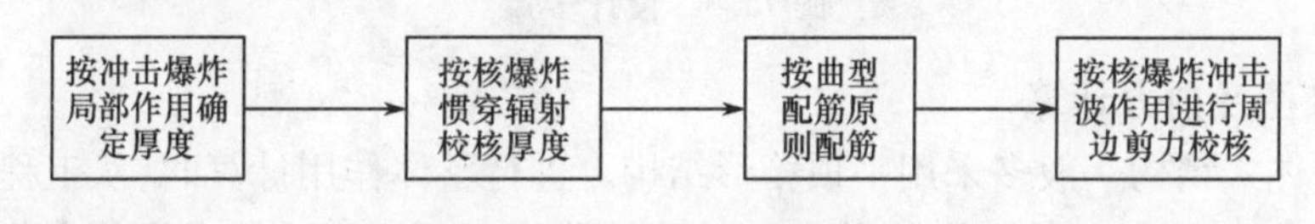

图 13.4　设计步骤

按侵彻、爆炸震塌与不震塌计算确定顶盖尺寸后,后墙可取顶盖厚度的 1/3;后挡墙可取顶盖厚度的 1/3 ~1/2;支撑墙厚度可取 300 ~600mm,且不小于 200mm;底板厚度可取顶盖厚度的 1/4 ~1/2.5,亦可取 300 ~600mm。

3. 截面配筋

小跨度整体式结构截面配筋遵循以下基本原则:

(1) 结构外层配置较细而密的钢筋网,可防止产生过大的裂缝,提高工事对整体作用的抗力和密闭性能。试验表明,混凝土中是否配筋对抗冲击局部作用的破坏深度(侵彻深度)影响不大,但对裂缝的开展有明显的限制作用,特别是最外层钢筋其作用更为明显。

(2) 在结构内层配置适量的钢筋,以承受厚板结构振动时所产生的复杂应力。整体式小跨度虽以局部作用作为设计厚度的依据,但并不是结构不受整体作用,所以配筋也是抵抗整体作用。试验表明,结构内层主要产生拉应力,故在结构内层应配置 2 ~3 层钢筋网,并用吊筋和箍筋联系起来,可基本上满足整体作用的要求。

(3) 结构内表面震塌是工程局部破坏的一个重要特征。为防止或减少结构内表面震塌,应在内表面设置防塌层。目前通常采用柔性防塌层(菱形钢丝网),必要时也可采用劲性防塌层(型钢铺成)。

(4) 为防止混凝土收缩和温度变化产生变形裂缝,提高构件的抗剪能力,当结构厚度较大时,需在中间层设置网格状的构造钢筋网。

(5) 为保证结构的整体性,在应力集中处应配置较密的钢筋,如孔口、门框等角隅处。

(6) 配置钢筋除保证强度外,还应考虑施工方便。

13.2.2 大跨度整体式结构

大跨度整体式结构的判定依据是结构顶板厚度与跨度之比 $d_0/l_0 < 1/4 \sim 1/3$。大跨度整体式结构是目前人防工程中运用最为普遍的类型,一般多为只要求抗核爆炸冲击波的土中浅埋单建式人防工程或防空地下室。这类结构按核爆炸土中压缩波的整体作用设计,需要抵抗常规武器作用时,应先按局部破坏作用进行结构设计,然后按整体破坏作用进行验算。

1. 结构类型

大跨度整体式结构常用于地下街、地下铁道、地下车库、地下指挥通信中心、地下医院、地下休闲娱乐中心等各种工业与民用地下空间建筑。结构形式有箱形结构、框架结构、板柱结构、剪力墙结构、梁板结构等。

2. 设计方法与步骤

大跨度整体式结构,除了按局部作用计算并满足典型配筋要求外,还必须按整体作用计算,根据钢筋混凝土结构原理计算配筋。其设计步骤一般如图 13.5 所示。

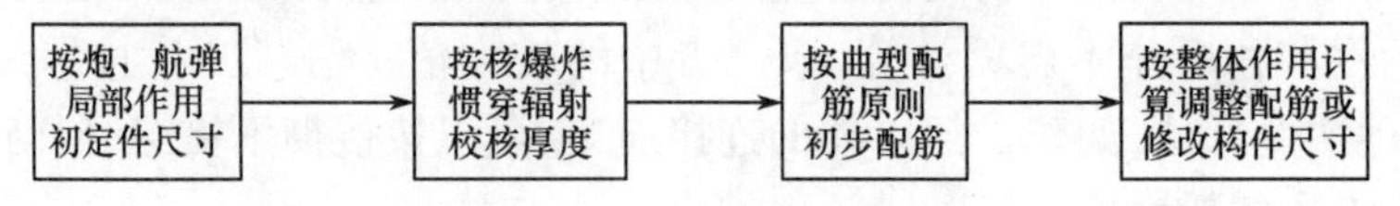

图 13.5 设计步骤

3. 计算简图及内力计算

大跨度整体式结构一般多采用平顶箱形结构。进行整体作用计算时,从工程观点出发,根据结构的受力特点和设计精度要求,将实际结构简化为平面框架或单个构件来分析。

从理论上讲,无论在动力计算(计算自振频率,求出等效静载)还是内力计算时,一种结构只应有一种计算简图,但考虑到整体式钢筋混凝土结构的自振频率较高,在核爆炸冲击波作用下,动力系数对于自振频率的微小变化并不敏感,而精确计算整体结构的自振频率是相当复杂和困难的,所以在动力计算时,计算简图粗糙地取为单个构件(梁、板等),在计算内力(静力计算)时,对于平面框架取整个结构;对于箱体结构取单个构件(板)然后进行修正。例如,一箱形结构长度方向(L)与宽度方向(b 为净跨)尺寸之比不小于 2($L/b \geqslant 2$)时,动力计算时可取为梁,内力计算时可取框架作为计算简图(图 13.6);当 $L/b < 2$ 时,动力计算和内力计算均取单个构件(板)作为计算简图(图 13.7)。

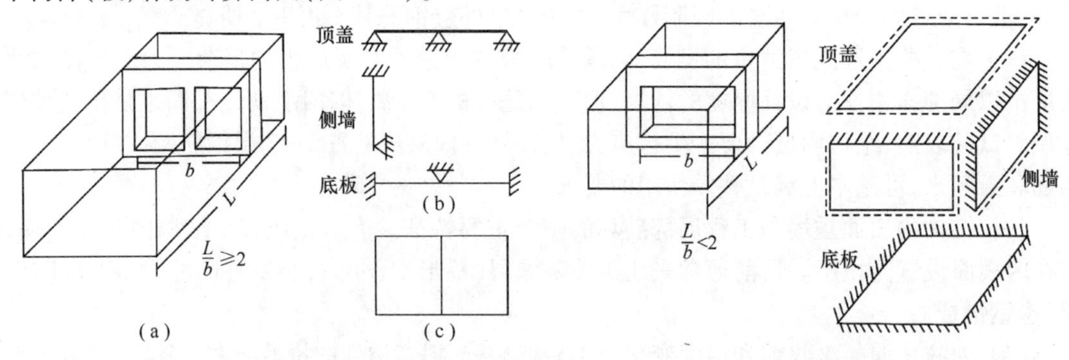

图 13.6 平面框架结构的计算简图

图 13.7 箱形结构的计算简图

对于计算跨度较大的构件(特别是某些多跨结构),因炮、航弹爆炸荷载的作用范围相对较小。而结构及构件达到最大挠度与内力的时间短,在此时间内,应力波只传至结构的某一局部,在这种情况下应取结构的一部分作为计算简图。

大跨度工事结构的内力计算与普通工程结构相同,可根据所取的计算简图参考有关结构静力计算手册进行。

4. 配筋

大跨度工事结构的顶盖属于薄板,应根据《规范》计算配筋的结果对初步典型配筋方案进行检查,并做补充调整。应控制受拉钢筋截面积,使配筋率 ρ 在允许范围以内。对受弯及偏心受压构件,$0.2\% \leqslant \rho \leqslant 2\%$ 。一般规定钢筋最大直径为 30mm,钢筋最小间距为 10cm。当顶盖厚度不超过 1.5m 时,受拉区一般配置二层钢筋,最多用三层;否则不经济。如以上要求不能满足,则需改变截面尺寸重新计算。

为承受构件振动(反弹)时可能产生的负弯距,规定顶盖上部抗冲击区(占顶盖厚度的 2/3)钢筋总横截面积应不小于下部抗拉区受拉抗筋的 1/4 或 1/8(前者指化爆,后者指核爆情况下)。若顶盖上部覆土较厚($H_0 < 50$cm)时,上部钢筋可酌减(20%)。

顶盖上部钢筋应伸入侧墙全厚,下部钢筋伸入侧墙 1/3 深度并不短于 $30 \sim 40d$。

侧墙和底板也同样根据内力计算的结果在按小跨度典型配筋的基础上补充调整。

13.2.3 成层式防护结构

1. 组成及作用

成层式防护结构由伪装层、遮弹层、分配层和支撑结构组成,如图 13.8 所示。成层式防护结构既能抗预定常规武器的直接命中,又能抗预定核爆炸冲击波的作用,这对有此特殊要求的防护工程而言是一种良好的防护形式。

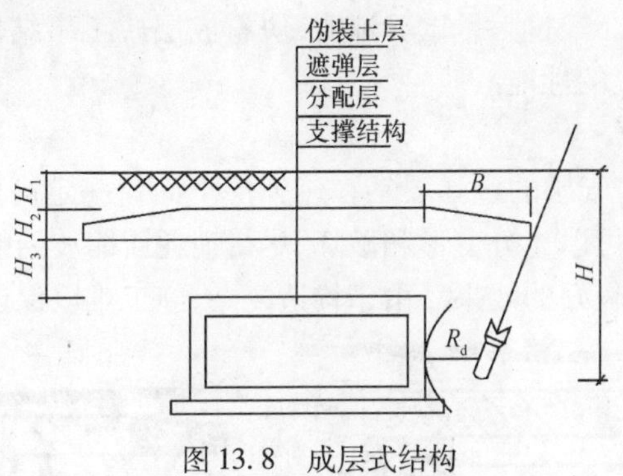

图 13.8 成层式结构

(1) 伪装层。又称覆土层,一般铺设自然土构成,其作用是对下部防护结构进行伪装。伪装层不宜太厚,太厚会增加炮航弹爆炸的填塞作用。

(2) 遮弹层。又称防弹层,其作用是抵抗炮航弹的冲击、侵彻并迫使炮、航弹在该层内爆炸。遮弹层应保证炮航弹侵彻不贯穿,因此必须用坚硬材料构成,通常采用混凝土、钢筋混凝土、钢纤维混凝土、块石等。

(3) 分配层。又称分散层,介于遮弹层与支撑结构之间,由砂、干燥松散土或者空气构成。其作用是将炮航弹冲击爆炸的作用效应分散到较大面积上去,砂或土层同时也会削弱爆炸引起的震塌作用,能对支撑结构起良好的减震作用。

(4) 支撑结构。成层式工事结构的基本部分,可用钢筋混凝土整体浇筑或采用装配式构件构筑。其作用是承受炮航弹爆炸的整体作用和核爆炸冲击波引起的土中压缩波作用。

2. 遮弹层主要类型

遮弹层的厚度常用弹体在遮弹层中的侵彻深度乘以材料侵彻不贯穿系数进行计算，材料侵彻不贯穿系数的取值除与材料类别、遮弹层背面支承条件（即分配层类别）有关外，还与所防御的弹体直径有关。遮弹层的常用类型有以下几种：

1）混凝土或钢筋混凝土遮弹层

图 13.8 所示是一典型的混凝土成层式结构，其特点是各层作用分工明确。在一些缺少石料地区以及城市等受条件限制地区，构筑成层式工事多采用混凝土或钢筋混凝土设置遮弹层。相对块石而言，遮弹层的厚度较薄，但造价较高，消耗混凝土、钢筋材料较多。

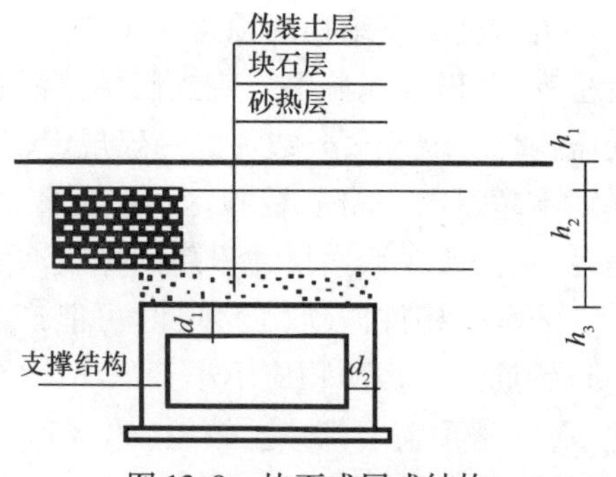

图 13.9　块石成层式结构

2）块石遮弹层

如图 13.10 所示，块石遮弹层一般上层用大块石密实干砌，必要时可以浆砌，这能较好地阻止炮航弹的侵彻，迫使弹丸在遮弹层内爆炸。下层采用较小石块松散堆积，可以有效地削弱压缩波，同时也起到部分分配层的作用。这样构筑的结果，实质上是将遮弹层与分配层有机地结合在一起，但块石下必须铺设一层砂，其目的是不使块石和支撑结构直接接触，以免武器作用时造成应力集中现象。

由于块石的抗侵彻能力不如混凝土或钢筋混凝土，因此所需遮弹层的厚度较大，支撑结构的埋深也要相应增大，开挖土石方及基坑边坡支护的工作量也随之加大。当地下水位较高时，支撑结构的防水问题也不易解决。当炮航弹在遮弹层爆炸时，也会造成块石飞散的次生伤害，并可能堵塞工程的出入口。经过大量试验证明，块石成层式工事结构具有较好的抗冲击侵彻性能、削弱冲击波和防震塌的性能。

3）带空气层的遮弹层

如图 13.10 所示，带空气层的遮弹层是在遮弹层下面留一定高度的空隙。其作用是遮弹层在核爆炸压缩波作用下可以充分变形和破坏，尽量消耗压缩波的能量，因此这种形式的遮弹层对防核爆炸压缩波具有较好的效果。由于构造复杂，施工难以保证质量，目前运用较少。

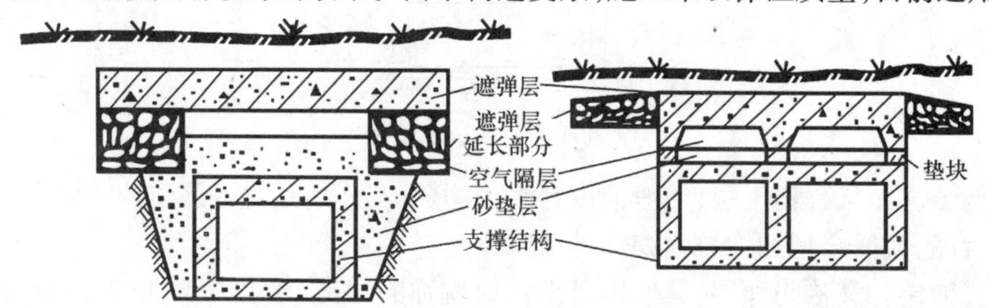

图 13.10　带空气层的成层式结构

3. 支撑结构设计

承受爆炸整体作用的支撑结构，材料通常采用不低于 C30 混凝土和 HRB335 级钢筋。

成层式防护结构的支撑结构只承受炮航弹爆炸及核爆炸冲击波的整体作用。由于支撑结构均较薄，多为大跨度结构，因此其截面厚度及配筋均需通过计算确定。又由于埋深较大，一般情况下防护层的静载不能忽略，因此计算内力和配筋时要考虑荷载的组合。其设计步骤如图 13.11 所示。

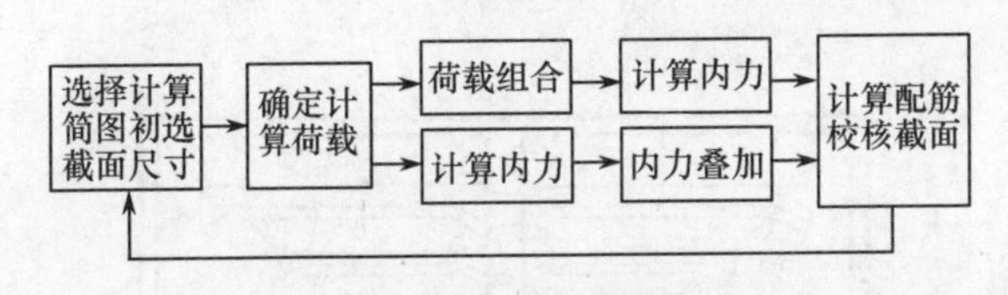

图 13.11　设计步骤

选择计算简图的原则和方法与大跨度整体式防护结构类同,这里不再重复。

13.3　附建式防护结构

13.3.1　设计原则

附建式防护结构是采用掘开式施工,其上部有地面建筑物的地下或半地下工程结构,也称防空地下室。其结构设计原则如下:

(1) 附建式防护结构的面积一般宜与地面建筑的底层面积相同,承重结构应尽量与地面建筑物的承重结构相互对应。

(2) 附建式防护结构除按防护结构进行设计外,还应根据其上部地面建筑在平时使用条件下,对附建式防护结构的结构要求进行设计,并取其中的控制条件作为附建式防护结构的结构设计依据。

(3) 平战结合的工程并应满足平时使用的要求。设计中应采取平战功能转换措施。采取的转换措施应能在规定的时限内完成附建式防护结构的功能转换。

(4) 附建式防护结构在核爆动荷载作用下,应验算结构承载力,对结构变形、裂缝开展以及地基承载力与地基变形可不进行验算。平时主要承受地上建筑静载,要作为结构截面校核的依据,平时作为高层的基础,要进行静力下的倾覆计算和承载力计算。

13.3.2　结构选型

附建式防护结构选型,应根据防护要求、使用要求、上部地面建筑物的结构类型、工程水文地质条件和施工条件等因素综合分析确定。常见的结构形式如下:

1. 梁板结构

梁板结构由钢筋混凝土梁和板组成,多用于混合结构,即内外墙均为砖砌体或柱承重,楼板与顶板形式相同。当板跨较大时应设梁,根据受力及使用功能要求既可单独设置,也可交叉设置。其主要特点是经济实用、施工方便、技术成熟,可预制装配,也可现浇施工。梁板结构如图 13.12 所示。

2. 箱形结构

箱形结构由钢筋现浇混凝土墙及顶板组成,其特点是整体性好、强度高、防水防潮效果好、防护能力强、较梁板结构造价高。通常结合高层建筑的箱形基础一同考虑。

箱形结构的受力分析主要有两种方式:一种是将其视为独立的结构进行板式或纵、横向的框架分析;另一种是将其视为箱形基础进行分析,两种分析方法的计算结果是不同的。箱形结构如图 13.13 所示。

3. 板柱结构

板柱结构由现浇钢筋混凝土柱和板组成,主要形式为无梁楼盖体系,分带柱帽和不带柱帽

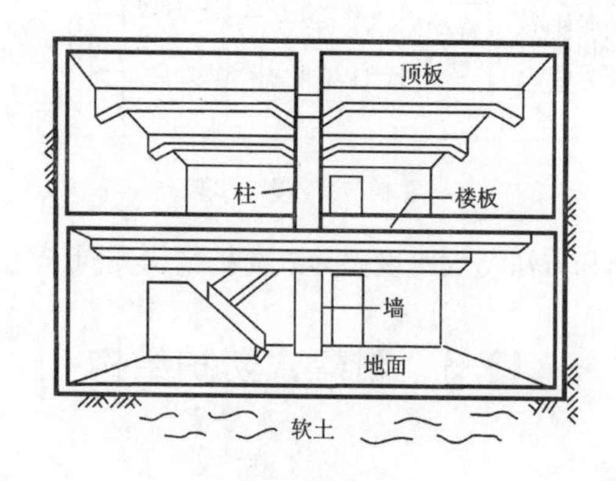

图 13.12　梁板结构

两种。柱下既可设独立基础,也可采用筏片基础或桩基础等类型。其主要特点是跨度大、净空高、空间可灵活分隔或开敞,适用于车库、储库、商场、餐厅等建筑形式。板柱结构如图 13.14 所示。

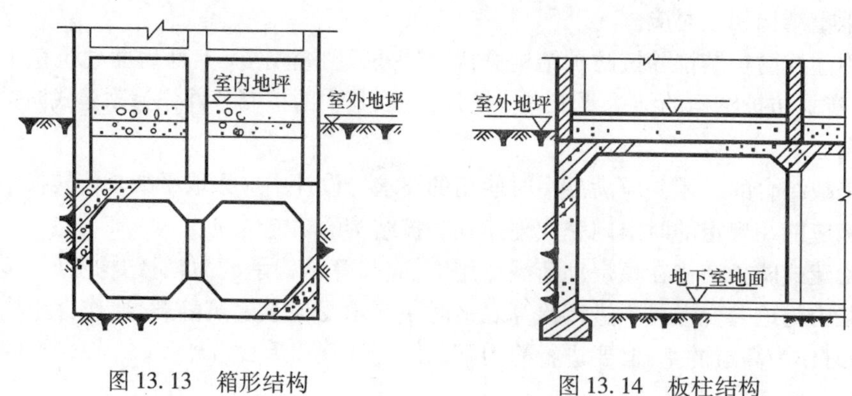

图 13.13　箱形结构　　　　图 13.14　板柱结构

4. 拱壳结构

拱壳结构是指地下空间的顶板为拱形或折板形结构,它适用于地面建筑为单层大跨的情况,地下室为平战结合两用工程,其主要特点是受力较好、内部空间较高、施工相对复杂。其中结构形式具体有双曲扁壳与筒壳的壳类结构、单跨或多跨的折板结构等,如图 13.15 所示。

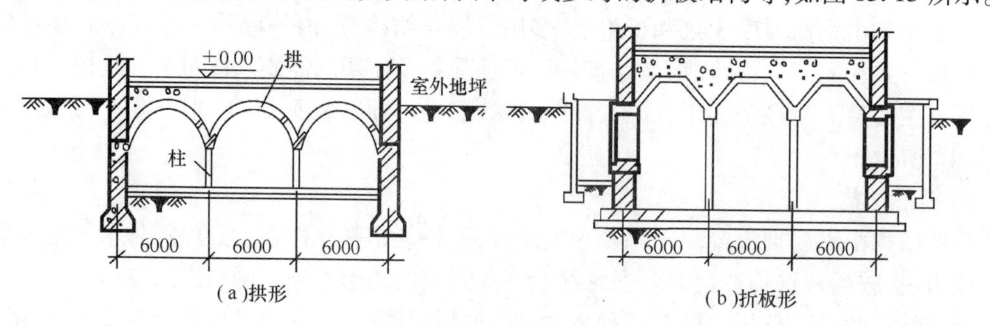

图 13.15　拱壳结构

5. 框架结构

框架结构由钢筋混凝土柱、梁、板组成,常用于地面建筑为框架结构的地下室。基础形式有梁板式、桩、筏片、独立基础等。框架结构形式如图 13.16 所示。

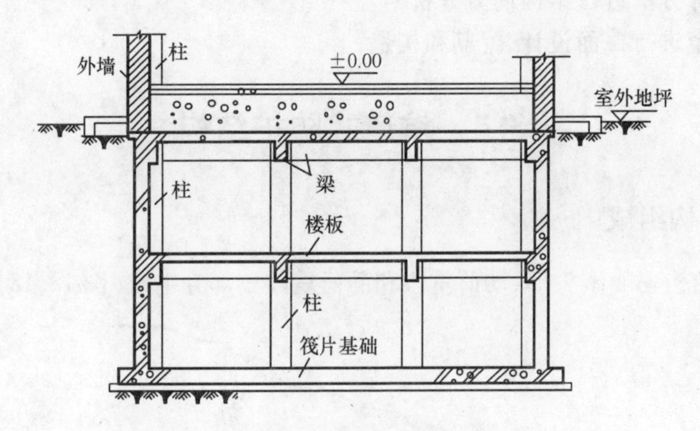

图 13.16　框架结构

6. 外墙内框结构

外墙内框是指外墙为现浇钢筋混凝土结构或砖墙,内部为柱梁组成的框架。该种结构除其他施工方法外,还可采用地下连续墙施工方法,把挡土用的挡土墙与建筑用的围护结构结合成一体,节约建筑造价,施工方法先进。外墙内框结构如图 13.17 所示。

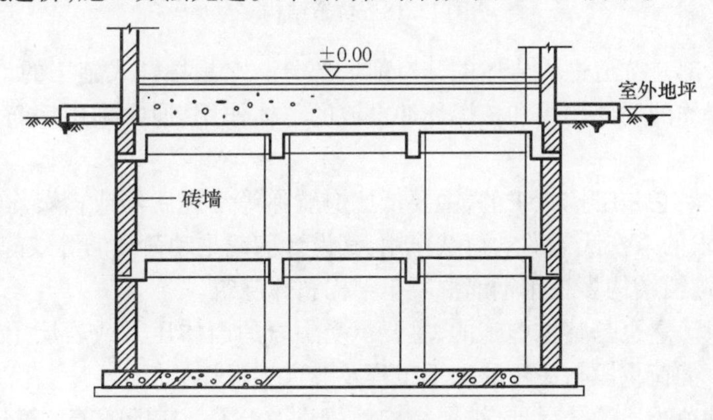

图 13.17　外墙内框结构

13.3.3　设计要点

1. 确定作用在结构上的荷载

作用在附建式防护结构上的静载,主要包括顶板静载、外墙静载、底板静载和承重内墙、柱静载等。其计算方法与一般民用结构相同。

作用在附建式防护结构上的动载,包括核爆炸冲击波动载和常规武器爆炸动载。其计算方法可参见相关规范。

2. 荷载组合

附建式防护结构所考虑的荷载组合有以下 3 种:

(1) 平时使用状态的结构设计荷载。

(2) 战时常规武器爆炸荷载与静载同时作用。

(3) 战时核爆炸冲击波荷载与静载同时作用。

设计时,应取各自的最不利的效应组合进行设计。

3. 按静力计算方法进行结构内力分析

4. 按有关规范进行截面设计、配筋和构造

13.4 坑道式防护结构

13.4.1 结构组成

坑道式防护结构一般由头部、动荷重段和静荷重段三部分组成(图 13.18)。

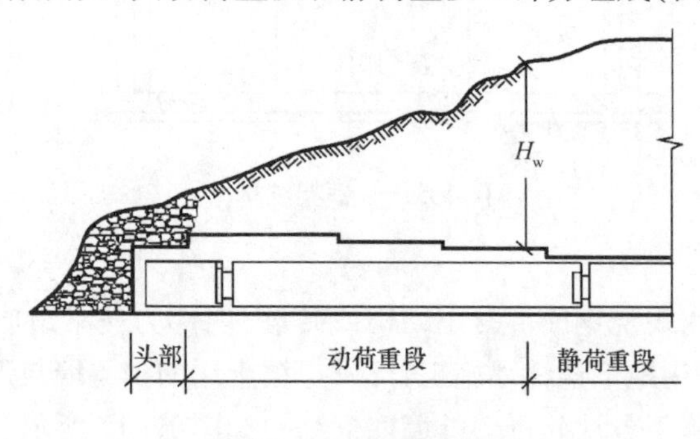

图 13.18 坑道结构

(1) 头部。头部是坑道进入岩体的开口削坡部分。它是掘开式施工的,主要抵抗炮航弹等常规武器冲击爆炸的局部作用和核爆炸冲击波的整体作用,通常采用钢筋混凝土整体式或成层式结构。

(2) 动荷重段。它是暗挖施工的,主要抵抗炮航弹等常规武器或核爆炸冲击波的整体作用,即承受抗力要求的杀伤武器的动荷载作用,其设计荷载是动荷载的等效静荷载与静荷载的组合,动荷重段的被覆结构多采用钢筋混凝土结构整体浇筑。

(3) 静荷重段。它也是暗挖施工的,主要承受围岩的山体压力或岩层中地下水压力以及结构自重等荷载。静荷重段与民用的地下工程及隧道工程相类似。

静荷重段与动荷重段的分界处,被覆结构动荷载等于零。亦即随着坑道口部向内的走向,岩层覆盖层不断增大,相应计算杀伤武器作用的动荷载不断减小,直至为零。此处即为动荷重的末端和静荷重的起始端,其岩体覆盖层的厚度称为最小安全防护层厚度 H_w。

13.4.2 结构特点

坑道式防护结构是防护工程常用的一种结构类型,它具有以下主要特点:

(1) 防护能力强。坑道工程通常构筑在较肥厚的岩体中,岩石覆盖层随进入距离的增大不断增厚,坚实的自然岩层抗御杀伤武器特别是大口径常规武器有良好的防护能力。因此,重要的大型防护工程或高抗力的防护工程多修筑成坑道工程,如指挥通信工程、飞机、舰艇和导弹掩蔽部、重型装备及物质工程等。

(2) 作用荷载小。坑道工程的主体结构多处在静荷重段,此时动荷载为零,主要承受围岩压力等荷载。由于围岩具有一定的自承载能力,可大大减小覆盖岩层的重力荷载。同时适当的围护结构形式,还可以利用围岩的被动抗力来改善结构的受力状态。

(3) 掩蔽容量大。坑道工程内部可根据战术技术要求进行各种不同功能的建筑布局,但相应非有效利用的面积也会增多,如通道部分所占面积较大。

(4) 施工难度大。坑道工程需要采用钻爆法在岩体中暗挖施工,与工程地质条件关联甚大,比掘开式防护结构施工复杂。

综上所述,从防护的角度出发,只要能满足工程使用的功能要求,工程地质条件允许,应尽可能修筑坑道式防护结构。

13.4.3 结构形式

坑道式防护结构的形式主要是拱形与圆形。其特点是受力合理,具体可根据工程地质条件和建筑使用功能来确定。对于头部和动荷重段,通常采用抗爆性能强的材料整体浇筑,如钢筋混凝土或钢纤维混凝土等。对于静荷重段,可根据岩体的良好状况来决定其内部被覆结构的形式及材料,因为此时岩体自然防护层完全可以抵抗常规武器及核武器爆炸的动荷载。

图 13.19 给出了坑道式防护结构常用的结构形式。图 13.19(a)为喷锚支护结构。图 13.19(b)为半被覆结构直墙拱顶,也可施工成全被覆结构。图 13.19(c)为拱结构中的落地拱结构,可用于大型军用(飞机库)、民用(商场)、工业车间和库房等建筑。图 13.19(d)为圆形结构,可用于地下交通,如地铁、公路、廊道等建筑。图 13.19(e)为离壁式结构,常用于岩体内裂隙水较多和潮湿的地下建筑。图 13.19(f)为混合结构,常用于工程抗力要求不高或就地取材的简易功能的工程。

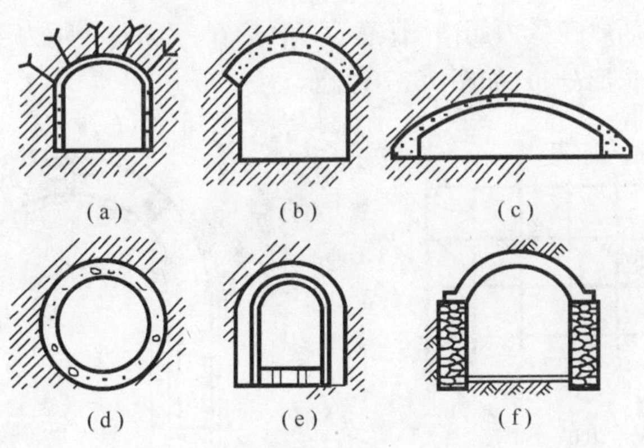

图 13.19 结构形式

13.4.4 设计要点

1. 头部结构设计

头部结构多为平顶箱形结构,其设计方法与同类型的掘开式防护结构相同,整体式结构按局部作用控制设计;成层式结构的防护层按局部作用设计,支撑结构则按整体作用设计。

2. 动荷重段被覆设计

1) 确定作用在被覆结构上的动荷载

按工程战术技术要求规定的常规武器和核爆炸冲击波,分别计算作用在被覆结构上的动荷载,从二者中选取较大值作为计算荷载(等效静荷载)。

2) 动被覆结构的内力计算与截面设计

(1) 确定最小安全防护层厚度。

对同一结构而言,抗常规武器的最小安全防护层厚度与抗核武器的最小安全防护层厚度是不同的,在工程设计中应取二者中的较大值作为坑道式防护结构静荷重段的起始处。

(2) 动荷重段的计算分段。

随着工程上部自然防护层的不断增加,作用在被覆结构上的相应动荷载不断减小。如果按动荷重段起始处截面的荷载参数来设计全部动荷重段,显然不经济也不合理。工程设计中可将动荷重段分为几段计算,每一段内的截面按同一组荷载参数设计,设计荷载可取每一段的起始截面处的荷载参数。

(3) 内力计算。

坑道动被覆结构设计计算应取静荷载与选取的动荷载等效静荷载进行荷载组合,按地下结构设计或有限元等静力学方法求解内力。

(4) 截面设计与构造要求。

按上述方法求得构件不利截面的最大内力设计值,即可按防护结构设计规范进行截面设计,并满足构造要求。

对于动荷重段常用的等截面直墙半圆拱结构,拱部一般按双层配筋,侧墙允许采用单层配筋。为施工方便,通常按拱脚最大负弯矩配置外层钢筋,按拱顶或侧墙最大正弯矩配置内层钢筋,拱部受压区应满足最小配筋率要求。其构造要求是:混凝土保护层,内层为3cm,外层为4cm;纵向分布筋直径为8~10mm,间距为20~30cm,不作弯钩,内外均需配置,在分布筋和受力筋交接处绑扎,分布筋放在受力筋内侧;箍筋直径为6~8mm,间距为40~60cm,在受力筋和分布筋的交接处,呈梅花形分布,如图13.20所示。

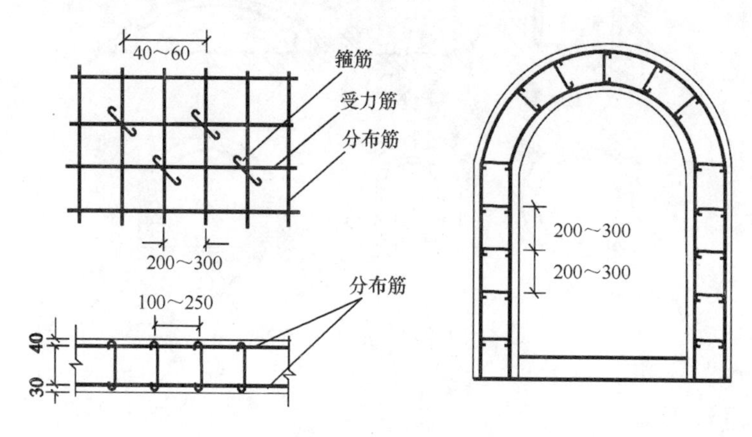

图13.20 动被覆配筋示意图

3. 静荷重段被覆设计

静荷重段被覆结构设计与民用的地下工程或隧道工程结构设计相同,可按相关规范进行结构设计。

本章小结

钢筋混凝土防护结构与其他工程结构相比,由于所受荷载的特点、结构形式的复杂和多样性、构筑场地的特殊性等影响因素,其设计较一般工程结构复杂,但它们的功能性质相同,遵守共同的设计原则,符合一般的设计要求,具有类似的设计步骤。

思 考 题

13.1 常规武器和核武器的主要破坏作用有哪些?

13.2 说明小跨整体式结构计算与构造的主要特点。

13.3 说明大跨整体式结构计算特点与配筋要求。

13.4 什么叫成层式结构? 都由哪几个主要部分组成?

13.5 什么叫附建式结构? 其包含哪些结构形式?

13.6 什么叫坑道式结构? 有哪几种结构类型?

附　　表

附表 1　混凝土强度标准值（N/mm^2）

强度种类	符号	混凝土强度等级													
		C15	C20	C25	C30	C35	C40	C45	C50	C55	C60	C65	C70	C75	C80
轴心抗压	f_{ck}	10.0	13.4	16.7	20.1	23.4	26.8	29.6	32.4	35.5	38.5	41.5	44.5	47.4	50.2
轴心抗拉	f_{tk}	1.27	1.54	1.78	2.01	2.20	2.39	2.51	2.64	2.74	2.85	2.93	2.99	3.05	3.11

附表 2　混凝土强度设计值（N/mm^2）

强度种类	符号	混凝土强度等级													
		C15	C20	C25	C30	C35	C40	C45	C50	C55	C60	C65	C70	C75	C80
轴心抗压	f_c	7.2	9.6	11.9	14.3	16.7	19.1	21.1	23.1	25.3	27.5	29.7	31.8	33.8	35.9
轴心抗拉	f_t	0.91	1.10	1.27	1.43	1.57	1.71	1.80	1.89	1.96	2.04	2.09	2.14	2.18	2.22

附表 3　混凝土弹性模量（$\times 10^4 N/mm^2$）

混凝土强度等级	C15	C20	C25	C30	C35	C40	C45	C50	C55	C60	C65	C70	C75	C80
E_c	2.20	2.55	2.80	3.00	3.15	3.25	3.35	3.45	3.55	3.60	3.65	3.70	3.75	3.80

注：1. 当有可靠试验依据时，弹性模量值也可根据实测数据确定；
2. 当混凝土中掺有大量矿物掺合料时，弹性模量可按规定龄期根据实测值确定

附表 4　普通钢筋强度标准值

牌 号	符 号	公称直径 d/mm	屈服强度标准值 f_{yk}/（N/mm^2）	极限强度标准值 f_{stk}/（N/mm^2）
HPB300	ф	6～22	300	420
HRB335 HRBF335	Φ $Φ^F$	6～50	335	455
HRB400 HRBF400 RRB400	Φ $Φ^F$ $Φ^R$	6～50	400	540
HRB500 HRBF500	Φ $Φ^F$	6～50	500	630

附表 5　预应力钢筋强度标准值（N/mm^2）

种 类		符 号	公称直径 d/mm	屈服强度标准值 f_{pyk}	极限强度标准值 f_{ptk}
中强度预应力钢丝	光面螺旋肋	$ф^{PM}$ $ф^{HM}$	5、7、9	620	800
				780	970
				980	1270

（续）

种类		符号	公称直径 d/mm	屈服强度标准值 f_{pyk}	极限强度标准值 f_{ptk}
预应力螺纹钢筋	螺纹	ϕ^{T}	18、25、32、40、50	785	980
				930	1080
				1080	1230
消除应力钢丝	光面 螺旋肋	ϕ^{P} ϕ^{H}	5	1380	1570
				1640	1860
			7	1380	1570
			9	1290	1470
				1380	1570
钢绞线	1×3（三股）	ϕ^{S}	8.6、10.8、12.9	1410	1570
				1670	1860
				1760	1960
	1×7（七股）		9.5、12.7、15.2、17.8	1540	1720
				1670	1860
				1760	1960
			21.6	1590	1770
				1670	1860

注：强度为1960MPa级的钢绞线作后张预应力配筋时，应有可靠的工程经验

附表6 普通钢筋强度设计值（N/mm²）

牌号	抗拉强度设计值 f_y	抗压强度设计值 f'_y
HPB300	270	270
HRB335、HRBF335	300	300
HRB400、HRBF400、RRB400	360	360
HRB500、HRBF500	435	435

附表7 预应力筋强度设计值（N/mm²）

种类	抗拉强度标准值 f_{ptk}	抗拉强度设计值 f_{py}	抗压强度设计值 f'_{py}
中强度预应力钢丝	800	510	410
	970	650	
	1270	810	
消除应力钢丝	1470	1040	410
	1570	1110	
	1860	1320	
钢绞线	1570	1110	390
	1720	1220	
	1860	1320	
	1960	1390	

CONTENTS 目录

第1章 绪论

第2章 混凝土结构材料的物理力学性能

（续）

种 类	抗拉强度标准值f_{ptk}	抗拉强度设计值f_{py}	抗压强度设计值f'_{py}
预应力螺纹钢筋	980	650	435
	1080	770	
	1230	900	
注：当预应力筋的强度标准值不符合表中的规定时，其强度设计值应进行相应的比例换算			

附表 8　普通钢筋及预应力筋在最大力作用下的总伸长率限值

钢筋品种	普 通 钢 筋		预应力筋
	HPB300	HRB335、HRBF335、HRB400、HRBF400、HRB500、HRBF500	
δ_{gt}/%	10.0	7.5	3.5

附表 9　钢筋的弹性模量（$\times 10^5 N/mm^2$）

牌号或种类	弹性模量 E_s
HPB300 钢筋	2.10
HRB335、HRB400、HRB500 钢筋； HRBF335、HRBF400、HRBF500 钢筋； RRB400 钢筋，预应力螺纹钢筋、中强度预应力钢丝	2.00
消除应力钢丝	2.05
钢绞线	1.95

附表 10　混凝土结构的环境类别

环境类别	条 件
一	室内干燥环境 无侵蚀性静水浸没环境
二 a	室内潮湿环境 非严寒和非寒冷地区的露天环境 非严寒和非寒冷地区与无侵蚀性的水或土直接接触的环境 严寒和寒冷地区的冰冻线以下与无侵蚀性的水或土直接接触的环境
二 b	干湿交替环境 水位频繁变动环境 严寒和寒冷地区的露天环境 严寒和寒冷地区冰冻线以上与无侵蚀性的水或土直接接触的环境
三 a	严寒和寒冷地区冬季水位变动区环境 受除冰盐影响环境 海风环境
三 b	盐渍土环境 受除冰盐作用环境 海岸环境
四	海水环境
五	受人为或自然的侵蚀性物质影响的环境
注：1. 室内潮湿环境是指构件表面经常处于结露或湿润状态的环境； 2. 严寒和寒冷地区的划分应符合国家现行标准《民用建筑热工设计规程》（GB 50176）的有关规定； 3. 海岸环境和海风环境宜根据当地情况，考虑主导风向及结构所处迎风、背风部位等因素的影响，由调查研究和工程经验确定； 4. 受除冰盐影响环境为受到除冰盐盐雾影响的环境，受除冰盐作用环境指被除冰盐溶液溅射的环境以及使用除冰盐地区的洗车房、停车楼等建筑	

附表 11　受弯构件的挠度限值

<table>
<tr><th colspan="2">构件类型</th><th>挠度限值</th></tr>
<tr><td rowspan="2">吊车梁</td><td>手动吊车</td><td>$l_0/500$</td></tr>
<tr><td>电动吊车</td><td>$l_0/600$</td></tr>
<tr><td rowspan="3">屋盖、楼盖及楼梯构件</td><td>当 $l_0 < 7\text{m}$ 时</td><td>$l_0/200(l_0/250)$</td></tr>
<tr><td>当 $7\text{m} \leqslant l_0 \leqslant 9\text{m}$ 时</td><td>$l_0/250(l_0/300)$</td></tr>
<tr><td>当 $l_0 > 9\text{m}$ 时</td><td>$l_0/300(l_0/400)$</td></tr>
</table>

注：1. 表中 l_0 为构件的计算跨度；计算悬臂构件的挠度限值时，其计算跨度 l_0 按实际悬臂长度的 2 倍取用；
2. 表中括号内的数值适用于使用上对挠度有较高要求的构件；
3. 如果构件制作时预先起拱，且使用上也允许，则在验算挠度时，可将计算所得的挠度值减去起拱值；对预应力混凝土构件，尚可减去预加力所产生的反拱值；
4. 构件制作时的起拱值和预加力所产生的反拱值，不宜超过构件在相应荷载组合作用下的计算挠度值；
5. 当构件对使用功能和外观有较高要求时，设计时可适当加严挠度限值

附表 12　结构构件的裂缝控制等级及最大裂缝宽度的限值 w_{lim}(mm)

<table>
<tr><th rowspan="2">环境类别</th><th colspan="2">钢筋混凝土结构</th><th colspan="2">预应力混凝土结构</th></tr>
<tr><th>裂缝控制等级</th><th>w_{lim}</th><th>裂缝控制等级</th><th>w_{lim}</th></tr>
<tr><td>一</td><td rowspan="4">三级</td><td>0.30(0.40)</td><td rowspan="2">三级</td><td>0.20</td></tr>
<tr><td>二 a</td><td rowspan="3">0.20</td><td>0.10</td></tr>
<tr><td>二 b</td><td>二级</td><td>—</td></tr>
<tr><td>三 a、三 b</td><td>一级</td><td>—</td></tr>
</table>

注：1. 表中的规定适用于采用热轧钢筋的钢筋混凝土构件和采用预应力钢丝、钢绞线及预应力螺纹钢筋的预应力混凝土构件，当采用其他类别的钢丝或钢筋时，其裂缝控制要求可按专门标准确定；
2. 对处于年平均相对湿度小于 60% 地区一级环境下的钢筋混凝土受弯构件，其最大裂缝宽度限值可采用括号内的数值；
3. 在一类环境下，对钢筋混凝土屋架、托架及需作疲劳验算的吊车梁，其最大裂缝宽度限值应取为 0.20mm；对钢筋混凝土屋面梁和托梁，其最大裂缝宽度限值应取为 0.30mm；
4. 在一类环境下，对预应力混凝土屋架、托架及双向板体系，应按二级裂缝控制等级进行验算；对预应力混凝土屋面梁、托梁、单向板，按表中二 a 级环境的要求进行验算；在一类和二类环境下，对需作疲劳验算的预应力混凝土吊车梁，应按一级裂缝控制等级进行验算；
5. 表中规定的预应力混凝土构件的裂缝控制等级和最大裂缝宽度限值仅适用于正截面的验算；预应力混凝土构件的斜截面裂缝控制验算尚应符合预应力构件的要求；
6. 对于烟囱、筒仓和处于液体压力下的结构构件，其裂缝控制要求应符合专门标准的有关规定；
7. 对于处于四、五类环境下的结构构件，其裂缝控制要求应符合专门标准的有关规定；
8. 混凝土保护层厚度较大的构件，可根据实践经验将表中最大裂缝宽度限值适当放宽

附表 13　结构混凝土材料的耐久性基本要求

<table>
<tr><th>环境等级</th><th>最大水胶比</th><th>最低强度等级</th><th>最大氯离子含量/%</th><th>最大碱含量/(kg/m^3)</th></tr>
<tr><td>一</td><td>0.60</td><td>C20</td><td>0.30</td><td>不限制</td></tr>
<tr><td>一 a</td><td>0.55</td><td>C25</td><td>0.20</td><td rowspan="4">3.0</td></tr>
<tr><td>二 b</td><td>0.50(0.55)</td><td>C30(C25)</td><td>0.15</td></tr>
<tr><td>三 a</td><td>0.45(0.50)</td><td>C35(C30)</td><td>0.15</td></tr>
<tr><td>三 b</td><td>0.40</td><td>C40</td><td>0.10</td></tr>
</table>

注：1. 氯离子含量是指其占胶凝材料总量的百分比；
2. 预应力构件混凝土中的最大氯离子含量为 0.05%，最低混凝土强度等级应按表中的规定提高两个等级；
3. 素混凝土构件的水胶比及最低强度等级的要求可适当放松；
4. 有可靠工程经验时，二类环境中的最低混凝土强度等级可降低一个等级；
5. 处于严寒和寒冷地区二 b、三 a 类环境中的混凝土应使用引气剂，并可采用括号中的有关参数；
6. 当使用非碱活性骨料时，对混凝土中的碱含量可不作限制

附表 14　民用建筑楼面活荷载标准值及其组合值、频遇值和准永久值系数

项次	类 别	标准值 /(kN/m^2)	组合值系数 ψ_c	频遇值系数 ψ_f	准永久值系数 ψ_q
1	(1)住宅、宿舍、旅馆、医院病房、托儿所、幼儿园、办公室(2) 教室、试验室、阅览室、会议室、医院门诊室	2.0 2.0	0.7 0.7	0.5 0.6	0.4 0.5
2	食堂、餐厅、一般资料档案室	2.5	0.7	0.6	0.5
3	(1)礼堂、剧场、影院、有固定座位的看台 (2) 公共洗衣房	3.0 3.0	0.7 0.7	0.5 0.6	0.3 0.5
4	(1)商店、展览厅、车站、港口,机场大厅及其旅客等候室 (2) 无固定座位的看台	3.5 3.5	0.7 0.7	0.6 0.5	0.5 0.3
5	(1)健身房、演出舞台 (2) 舞厅	4.0 4.0	0.7 0.7	0.6 0.6	0.5 0.3
6	(1)书库、档案库、储藏室 (2) 密集柜书库	5.0 2.0	0.9	0.9	0.8
7	通风机房,电梯机房	7.0	0.9	0.9	0.8
8	汽车通道及停车库: (1) 单向板楼盖(板跨不小于 2m) 客车 (2) 双向板楼盖和无梁楼盖(柱网尺寸不小于 6m×6m) 客车 消防车	 4.0 3.5 2.0 20.0	 0.7 0.7 0.7 0.7	 0.7 0.7 0.7 0.7	 0.6 0.6 0.6 0.6
9	厨房: (1) 一般的 (2) 餐厅的	 2.0 4.0	 0.7 0.7	 0.6 0.7	 0.5 0.7
10	浴室、厕所、盥洗室: (1) 第 1 项中的民用建筑 (2) 其他民用建筑	 2.0 2.5	 0.7 0.7	 0.5 0.6	 0.4 0.5
11	走廊、门厅、楼梯: (1) 宿舍、旅馆、医院病房、托儿所、幼儿园、住宅 (2) 办公楼、教室、餐厅、医院门诊部 (3) 其他民用建筑	 2.0 2.5 3.5	 0.7 0.7 0.7	 0.5 0.6 0.5	 0.4 0.5 0.3
12	阳台: (1) 一般情况 (2) 当人群有可能密集时	 2.5 3.5	0.7	0.6	0.5

注:1. 本表所给各项活荷载适用于一般使用条件,当使用荷载较大或情况特殊时,应按实际情况采用;

2. 第 6 项书库活荷载当书架高度大于 2m 时,书库活荷载尚应按海米书架高度不小于 2.5kN/m^2 定;

3. 第 8 项中的客车活荷载只适用于停放载人少于 9 人的客车;消防车活荷载是适用于满载总重为 300kN 的大型车辆;当不符合本表的要求时,应将车轮的局部荷载按结构效应的等效原则,换算为等效均布荷载;

4. 第 11 项楼梯活荷载,对预制楼梯踏步平板,尚应按 1.5kN 集中荷载验算;

5. 本表各项荷载不包括隔墙自重和二次装修荷载. 对固定隔墙的自重应按恒荷载考虑,当隔墙位置可灵活自由布置时,非固定隔墙的自重应取每延米长墙重(kN/m)的 1/3 作为楼面活荷载的附加值(kN/m^2)计入,附加值不小于 1.0kN/m^2

附表 15 纵向受力钢筋的最小配筋百分率 ρ_{min}(%)

<table>
<tr><th colspan="3">受力类型</th><th>最小配筋百分率</th></tr>
<tr><td rowspan="4">受压构件</td><td rowspan="3">全部纵向钢筋</td><td>强度级别 500 N/mm²</td><td>0.50</td></tr>
<tr><td>强度级别 400 N/mm²</td><td>0.55</td></tr>
<tr><td>强度级别 300 N/mm²、335 N/mm²</td><td>0.60</td></tr>
<tr><td colspan="2">一侧纵向钢筋</td><td>0.20</td></tr>
<tr><td colspan="3">受弯构件、偏心受拉、轴心受拉构件一侧的受拉钢筋</td><td>0.20 和 $45f_t/f_y$ 中的较大值</td></tr>
</table>

注:1. 当采用 C60 及以上强度等级的混凝土时,受压构件全部纵向钢筋最小配筋百分率应按表中规定增加 0.10;

2. 板类受弯构件的受拉钢筋,当采用强度级别为 400N/mm²、500N/mm² 的钢筋时,其最小配筋百分率应允许采用 0.15 和 $45f_t/f_y$ 中的较大值;

3. 偏心受拉构件中的受压钢筋,应按受压构件一侧纵向钢筋考虑;

4. 受压构件的全部纵向钢筋和一侧纵向钢筋的配筋率以及轴心受拉构件和小偏心受拉构件一侧受拉钢筋的配筋率均应按构件的全截面面积计算;

5. 受弯构件、大偏心受拉构件一侧受拉钢筋的配筋率应按全截面面积扣除受压翼缘面积 $(b'_f-b)h'_f$ 后的截面面积计算;

6. 当钢筋沿构件截面周边布置时,"一侧纵向钢筋"系指沿受力方向两个对边中一边布置的纵向钢筋

附表 16 钢筋的公称直径、公称截面面积及理论重量

公称直径/mm	不同根数钢筋的公称截面面积/mm²									单根钢筋理论重量/(kg/m)
	1	2	3	4	5	6	7	8	9	
6	28.3	57	85	113	142	170	198	226	255	0.222
8	50.3	101	151	201	252	302	352	402	453	0.395
10	78.5	157	236	314	393	471	550	628	707	0.617
12	113.1	226	339	452	565	678	791	904	1017	0.888
14	153.9	308	461	615	769	923	1077	1231	1385	1.21
16	201.1	402	603	804	1005	1206	1407	1608	1809	1.58
18	254.5	509	763	1017	1272	1527	1781	2036	2290	2.00(2.11)
20	314.2	628	942	1256	1570	1884	2199	2513	2827	2.47
22	380.1	760	1140	1520	1900	2281	2661	3041	3421	2.98
25	490.9	982	1473	1964	2454	2945	3436	3927	4418	3.85(4.10)
28	615.8	1232	1847	2463	3079	3695	4310	4926	5542	4.83
32	804.2	1609	2413	3217	4021	4826	5630	6434	7238	6.31(6.65)
36	1017.9	2036	3054	4072	5089	6107	7125	8143	9161	7.99
40	1256.6	2513	3770	5027	6283	7540	8796	10053	11310	9.87(10.34)
50	1963.5	3928	5892	7856	9820	11784	13748	15712	17676	15.42(16.28)

注:括号内为预应力螺纹钢筋的数值

附表17 钢绞线的公称直径、公称截面面积及理论重量

种类	公称直径/mm	公称截面面积/mm^2	理论重量/(kg/m)
1×3	8.6	37.4	0.296
	10.8	59.3	0.462
	12.9	85.4	0.666
1×7 (标准型)	9.5	54.8	0.430
	12.7	98.7	0.775
	15.2	139	1.101
	17.8	191	1.500
	21.6	285	2.237

附表18 钢丝的公称直径、公称截面面积及理论重量

公称直径/mm	公称截面面积/mm^2	理论重量/(kg/m)
5.0	19.63	0.154
7.0	38.48	0.302
9.0	63.62	0.499

附表19 钢筋混凝土板每m宽度的钢筋截面面积(mm^2)

钢筋直径	钢筋间距/mm															
d/mm	75	80	90	100	110	120	130	140	150	160	180	200	220	250	280	300
6	377	354	314	283	257	236	218	202	189	177	157	141	129	113	101	94
6/8	524	491	437	393	357	327	302	281	262	246	218	196	179	157	140	131
8	671	629	559	503	457	419	402	359	335	314	279	251	229	201	180	168
8/10	859	805	716	644	585	537	515	460	429	403	358	322	293	258	230	215
10	1047	981	872	785	714	654	623	561	523	491	436	393	357	314	280	262
10/12	1277	1198	1064	958	871	798	766	684	639	599	532	479	436	383	342	319
12	1508	1414	1257	1131	1023	942	905	808	754	707	628	565	514	452	404	377
12/14	1780	1669	1483	1335	1214	1113	1068	954	890	834	742	668	607	534	477	445
14	2052	1924	1710	1539	1399	1283	1231	1099	1026	962	855	770	700	616	550	513
16	2682	2513	2234	2011	1828	1676	1547	1436	1340	1257	1117	1005	914	804	718	670

附表20 钢筋混凝土矩形截面受弯构件正截面承载力计算系数表

ξ	γ_s	α_s	ξ	γ_s	α_s
0.01	0.995	0.010	0.31	0.845	0.262
0.02	0.990	0.020	0.32	0.840	0.269
0.03	0.985	0.030	0.33	0.835	0.276
0.04	0.980	0.039	0.34	0.830	0.282
0.05	0.975	0.049	0.35	0.825	0.289

（续）

ξ	γ_s	α_s	ξ	γ_s	α_s
0.06	0.970	0.058	0.36	0.820	0.295
0.07	0.965	0.068	0.37	0.815	0.302
0.08	0.960	0.077	0.38	0.810	0.308
0.09	0.955	0.086	0.39	0.805	0.314
0.10	0.950	0.095	0.40	0.800	0.320
0.11	0.945	0.104	0.41	0.795	0.326
0.12	0.940	0.113	0.42	0.790	0.332
0.13	0.935	0.122	0.43	0.785	0.338
0.14	0.930	0.130	0.44	0.780	0.343
0.15	0.925	0.139	0.45	0.775	0.349
0.16	0.920	0.147	0.46	0.770	0.354
0.17	0.915	0.156	0.47	0.765	0.360
0.18	0.910	0.164	0.48	0.760	0.365
0.19	0.905	0.172	0.482	0.759	0.366
0.20	0.900	0.180	0.49	0.755	0.370
0.21	0.895	0.188	0.50	0.750	0.375
0.22	0.890	0.196	0.51	0.745	0.380
0.23	0.885	0.204	0.518	0.741	0.384
0.24	0.880	0.211	0.52	0.740	0.385
0.25	0.875	0.219	0.53	0,735	0.390
0.26	0.870	0.226	0.54	0.730	0.394
0.27	0.865	0.234	0.550	0.725	0.399
0.28	0.860	0.241	0.56	0.720	0.403
0.29	0.855	0.248	0.57	0.715	0.408
0.30	0.850	0.255	0.576	0.712	0.410

注：1. 本表数值适用于混凝土强度等级不超过 C50 的受弯构件；

2. $\alpha_s=\dfrac{M}{a_1 f_c b h_0^2}$，$A_s=\xi b h_0\dfrac{a_1 f_c}{f_y}$或$A_s=\dfrac{M}{f_y\gamma_s h_0}$；

3. 表中 $\xi=0.482$ 以下数值不适用于500MPa 级钢筋，$\xi=0.518$ 以下数值不适用于400MPa 级钢筋，$\xi=0.550$ 以下数值不适用于335MPa 级钢筋

附表 21　符号及其说明

附表 21.1　材料性能符号

符号	说明
E_c	混凝土的弹性模量
E_s	钢筋的弹性模量
C30	立方体抗压强度标准值为 30 N/mm^2 的混凝土强度等级
HRB500	强度级别为 500 N/mm^2 的普通热轧带肋钢筋
HRBF400	强度级别为 400 N/mm^2 的细晶粒热轧带肋钢筋

（续）

E_c	混凝土的弹性模量
RRB400	强度级别为 400 N/mm^2 的余热处理带肋钢筋
HPB300	强度级别为 300 N/mm^2 的热轧光圆钢筋
f_{ck}、f_c	混凝土轴心抗压强度标准值、设计值
f_{tk}、f_t	混凝土轴心抗拉强度标准值、设计值
f_{yk}、f_{ptk}	普通钢筋、预应力筋强度标准值
f_y、f'_y	普通钢筋抗拉、抗压强度设计值
f_{py}、f'_{py}	预应力筋抗拉、抗压强度设计值
f_{yv}	横向钢筋的抗拉强度设计值
δ_{gt}	钢筋最大力下的总伸长率

附表 21.2 作用和作用效应符号

N	轴向力设计值
N_k、N_q	按荷载标准组合、准永久组合计算的轴向力值
N_{uo}	构件的截面轴心受压或轴心受拉承载力设计值
M	弯矩设计值
M_k、M_q	按荷载标准组合、准永久组合计算的弯矩值
M_u	构件的正截面受弯承载力设计值
M_{cr}	受弯构件的正截面开裂弯矩值
T	扭矩设计值
V	剪力设计值
F_1	局部荷载设计值或集中反力设计值
σ_s、σ_p	正截面承载力计算中纵向钢筋、预应力筋的应力
σ_{pe}	预应力筋的有效预应力
σ_1、σ'_1	受拉区、受压区预应力筋在相应阶段的预应力损失值
τ	混凝土的剪应力
ω_{max}	按荷载准永久组合或标准组合，并考虑长期作用影响的计算最大裂缝宽度

附表 21.3 几何参数

b	矩形截面宽度，T 形、I 形截面的腹板宽度
c	混凝土保护层厚度
d	钢筋的公称直径（简称直径）或圆形截面的直径
h	截面高度
h_0	截面有效高度
l_a	纵向受拉钢筋的锚固长度
l_0	计算跨度或计算长度
s	沿构件轴线方向上横向钢筋的间距、螺旋筋的间距或箍筋的间距
x	混凝土受压区高度
A	构件截面面积

（续）

A_s、A'_s	受拉区、受压区纵向普通钢筋的截面面积
A_p、A'_p	受拉区、受压区纵向预应力筋的截面面积
A_l	混凝土局部受压面积
A_{cor}	钢筋网、螺旋筋或箍筋内表面范围内的混凝土核心面积
B	受弯构件的截面刚度
I	截面惯性矩
W	截面受拉边缘的弹性抵抗矩
W_t	截面受扭塑性抵抗矩

附表 21.4　计算系数及其他符号

a_E	钢筋弹性模量与混凝土弹性模量的比值
γ	混凝土构件的截面抵抗矩塑性影响系数
η	偏心受压构件考虑二阶效应影响的轴向力偏心距增大系数
λ	计算截面的剪跨比，即 $M/(Vh_0)$
ρ	纵向受力钢筋的配筋率
ρ_v	间接钢筋或箍筋的体积配筋率
ϕ	表示钢筋直径的符号，ϕ20 表示直径为 20mm 的钢筋

附表 22　等截面等跨连续梁在常用荷载作用下的内力系数表

1. 在均布及三角形荷载作用下：

M = 表中系数 $\times ql_0^2$（或 $\times gl_0^2$）；

V = 表中系数 $\times ql_0$（或 $\times gl_0$）；

2. 在集中荷载作用下：

M = 表中系数 $\times Ql_0$（或 $\times Gl_0$）；

V = 表中系数 $\times Q$（或 $\times G$）；

3. 内力正负号规定：

M——使截面上部受压、下部受拉为正；

V——对邻近截面所产生的力矩沿顺时针方向者为正。

附表 22.1　两跨梁

荷载图	跨内最大弯距		支座弯距	剪力		
	M_1	M_2	M_B	V_A	V_{Bl} V_{Br}	V_C
q（满布两跨，A l B l C）	0.070	0.070	−0.125	0.375	−0.625 0.625	−0.375
q（仅第一跨）	0.096	—	−0.063	0.437	−0.563 0.063	0.063

（续）

荷载图	跨内最大弯距		支座弯距	剪力		
	M_1	M_2	M_B	V_A	V_{Bl} V_{Br}	V_C
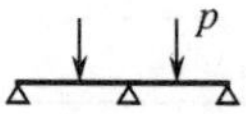	0. 156	0. 156	-0. 188	0. 312	-0. 688 0. 688	-0. 312
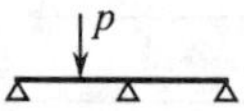	0. 203	—	0. 094	0. 406	-0. 594 0. 094	0. 094
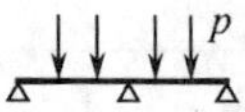	0. 222	0. 222	-0. 333	0. 667	-1. 333 1. 333	-0. 667
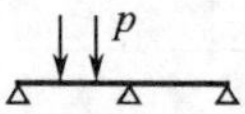	0. 278	—	-0. 167	0. 833	-1. 167 0. 167	0. 167

附表 22. 2　三跨梁

荷载图	跨内最大弯距		支座弯距		剪力			
	M_1	M_2	M_B	M_C	V_A	V_{Bl} V_{Br}	V_{Cl} V_{Cr}	V_D
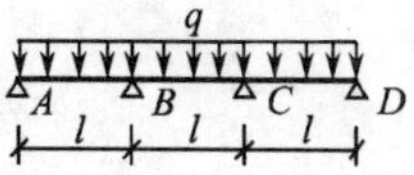	0. 080	0. 025	-0. 100	-0. 100	0. 400	-0. 600 0. 500	-0. 500 0. 600	-0. 400
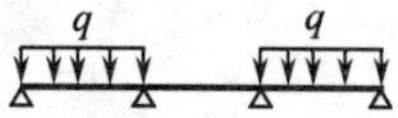	0. 101	—	-0. 050	-0. 050	0. 450	-0. 550 0	0 0. 550	-0. 450
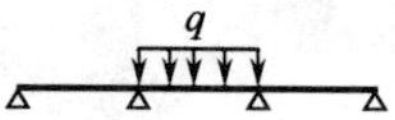	—	0. 075	-0. 050	-0. 050	0. 050	-0. 050 0. 500	-0. 500 -0. 050	0. 050
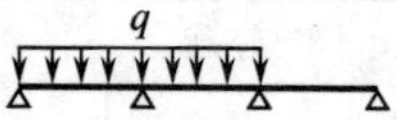	0. 073	0. 054	-0. 117	-0. 033	0. 383	-0. 617 0. 583	-0. 417 0. 033	0. 033
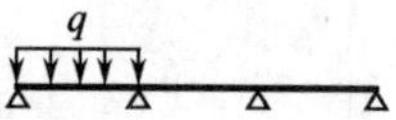	0. 094	—	-0. 067	0. 017	0. 433	-0. 567 0. 083	0. 083 -0. 017	-0. 017
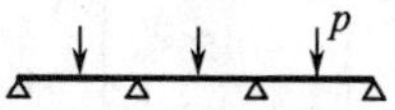	0. 175	0. 100	-0. 150	-0. 150	0. 350	-0. 650 0. 500	-0. 500 0. 650	-0. 350

（续）

荷载图	跨内最大弯距		支座弯距		剪力			
	M_1	M_2	M_B	M_C	V_A	V_{Bl} V_{Br}	V_{Cl} V_{Cr}	V_D
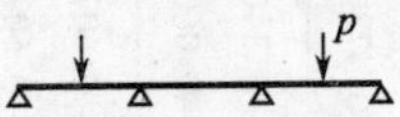 p	0.213	—	-0.075	-0.075	0.425	-0.575 0	0 0.575	-0.425
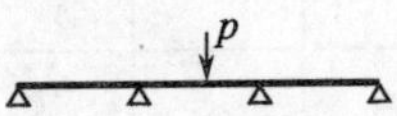 p	—	0.175	-0.075	-0.075	-0.075	-0.075 0.500	-0.500 0.075	0.075
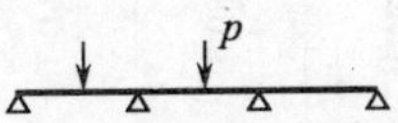 p	0.162	0.137	-0.175	-0.050	0.325	-0.675 0.625	-0.375 0.050	0.050
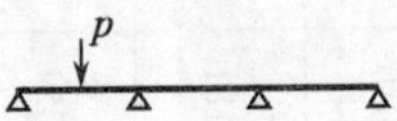 p	0.200	—	-0.100	0.025	0.400	-0.600 0.125	0.125 -0.025	-0.025
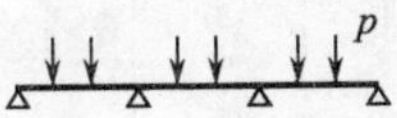 p	0.244	0.067	-0.267	-0.267	0.733	-1.267 1.000	-1.000 1.267	-0.733
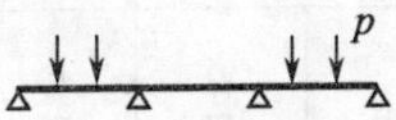 p	0.289	—	-0.133	-0.133	0.866	-1.134 0	0 1.134	-0.866
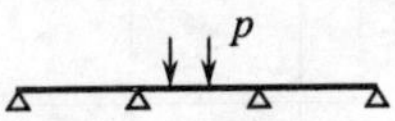 p	—	0.200	-0.133	-0.133	-0.133	-0.133 1.000	-1.000 0.133	0.133
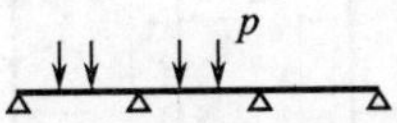 p	0.229	0.170	-0.311	-0.089	0.689	-1.311 1.222	-0.778 0.089	0.089
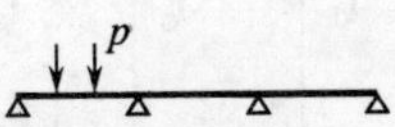 p	0.274	—	-0.178	0.044	0.822	-1.178 0.222	0.222 -0.044	-0.044

附表 22.3　四跨梁

荷载图	跨内最大弯距				支座弯距			剪力				
	M_1	M_2	M_3	M_4	M_B	M_C	M_D	V_A	V_{Bl} V_{Br}	V_{Cl} V_{Cr}	V_{Dl} V_{Dr}	V_E
q A B C D E l l l l	0.077	0.036	0.036	0.077	-0.107	-0.071	-0.107	0.393	-0.607 0.536	-0.464 0.464	-0.536 0.607	-0.393
q q	0.100	—	0.081	—	-0.054	0.036	-0.054	0.446	-0.554 0.018	0.018 0.482	-0.518 0.054	0.054
q q	0.072	0.061	—	0.098	-0.121	-0.018	-0.058	0.380	-0.620 0.603	-0.397 -0.040	-0.040 -0.558	-0.442
q	—	0.056	0.056	—	-0.036	-0.107	-0.036	-0.036	-0.036 0.429	-0.571 0.571	-0.429 0.036	0.036
q	0.094	—	—	—	-0.067	0.018	-0.004	0.433	-0.567 0.085	0.085 -0.022	-0.022 0.004	0.004
q	—	0.074	—	—	-0.049	-0.054	0.013	-0.049	-0.049 0.496	-0.504 0.067	0.067 -0.013	-0.013
p	0.169	0.116	0.116	0.169	-0.161	-0.107	-0.161	0.339	-0.661 0.554	-0.446 0.446	-0.554 0.661	-0.339
p	0.210	—	0.183	—	-0.080	-0.054	-0.080	0.420	-0.580 0.027	0.027 0.473	-0.527 0.080	0.080
p	0.159	0.146	—	0.206	-0.181	-0.027	-0.087	0.319	-0.681 0.654	-0.346 -0.060	-0.060 0.587	-0.413
p	—	0.142	0.142	—	-0.054	-0.161	-0.054	-0.054	-0.054 0.393	-0.607 -0.607	-0.393 0.054	0.054

（续）

荷载图	跨内最大弯距				支座弯距			剪力				
	M_1	M_2	M_3	M_4	M_B	M_C	M_D	V_A	V_{Bl} V_{Br}	V_{Cl} V_{Cr}	V_{Dl} V_{Dr}	V_E
p	0.200	—	—	—	-0.100	-0.027	-0.007	0.400	-0.600 0.127	0.127 -0.033	-0.033 0.007	0.007
p	—	0.173	—	—	-0.074	-0.080	0.020	-0.074	-0.074 0.493	-0.507 0.100	0.100 -0.020	-0.020
p	0.238	0.111	0.111	0.238	-0.286	-0.191	-0.286	0.714	-1.286 1.095	-0.905 0.905	-1.095 1.286	-0.714
p	0.286	—	0.222	—	-0.143	-0.095	-0.143	0.857	-1.143 0.048	0.048 0.952	-1.048 0.143	0.143
p	0.226	0.194	—	0.282	-0.321	-0.048	-0.155	0.679	-1.321 1.274	-0.726 -0.107	-0.107 1.155	-0.845
p	—	0.175	0.175	—	-0.095	-0.286	-0.095	-0.095	-0.095 0.810	-1.190 1.190	-0.810 0.095	0.095
p	0.274	—	—	—	-0.178	0.048	-0.012	0.822	-1.178 0.226	0.226 -0.060	-0.060 0.012	0.012
p	—	0.198	—	—	-0.131	-0.143	0.036	-0.131	-0.131 0.988	-1.012 0.178	0.178 -0.036	-0.036

附表 22.4 五跨梁

荷载图	跨内最大弯距			支座弯距				剪力					
	M_1	M_2	M_3	M_B	M_C	M_D	M_E	V_A	V_{Bl} V_{Br}	V_{Cl} V_{Cr}	V_{Dl} V_{Dr}	V_{El} V_{Er}	V_F
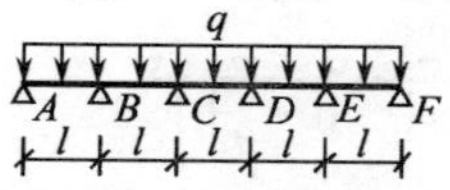	0.078	0.033	0.046	-0.105	-0.079	-0.079	-0.105	0.394	-0.606 0.526	-0.474 0.500	-0.500 0.474	-0.526 0.606	-0.394
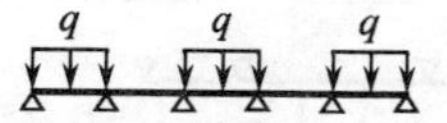	0.100	—	0.085	-0.053	-0.040	-0.040	-0.053	0.447	-0.553 0.013	0.013 0.500	-0.500 -0.013	-0.013 0.553	-0.447
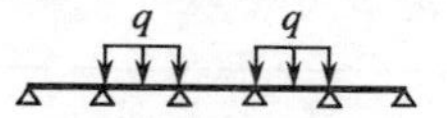	—	0.079	—	-0.053	-0.040	-0.040	-0.053	-0.053	-0.053 0.513	-0.487 0	0 0.487	-0.513 0.053	0.053
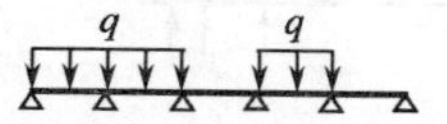	0.073	②0.059 0.078	—	-0.119	-0.022	-0.044	-0.051	0.380	-0.620 0.598	-0.402 -0.023	-0.023 0.493	-0.507 0.052	0.052
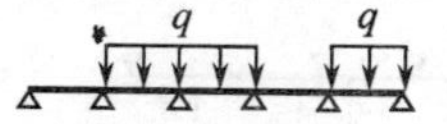	① - 0.0098	0.055	0.064	-0.035	-0.111	-0.020	-0.057	0.035	-0.035 0.424	-0.576 0.591	-0.409 -0.037	-0.037 0.557	-0.443
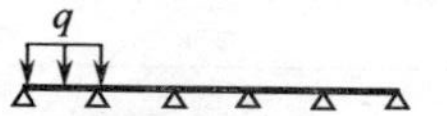	0.094	—	—	-0.067	0.018	-0.005	0.001	0.433	-0.567 0.085	0.085 -0.023	-0.023 0.006	0.006 -0.001	0.001
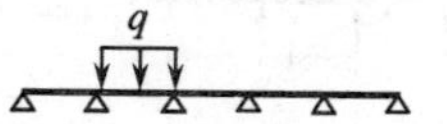	—	0.074	—	-0.049	-0.054	0.014	-0.004	-0.049	-0.049 0.495	-0.505 0.068	0.068 -0.018	-0.018 0.004	0.004
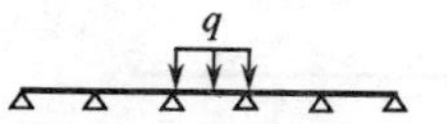	—	—	0.072	0.013	-0.053	-0.053	0.013	0.013	0.013 -0.066	-0.066 0.500	-0.500 0.066	0.066 -0.013	0.013
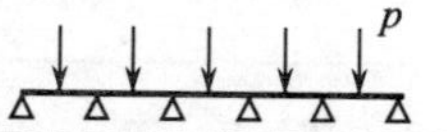	0.171	0.112	0.132	-0.158	-0.118	-0.118	-0.158	0.342	-0.658 0.540	-0.460 0.500	-0.500 0.460	-0.540 0.658	-0.342
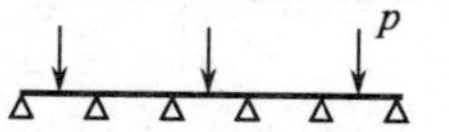	0.211	—	0.191	-0.079	-0.059	-0.059	-0.079	0.421	-0.579 0.020	0.020 0.500	-0.500 -0.020	-0.020 0.579	-0.421
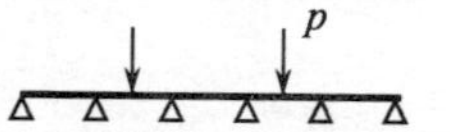	—	0.181	—	-0.079	-0.059	-0.059	-0.079	-0.079	-0.079 0.520	-0.480 0	0 0.480	-0.520 0.079	0.079

（续）

荷载图	跨内最大弯距			支座弯距				剪力					
	M_1	M_2	M_3	M_B	M_C	M_D	M_E	V_A	V_{Bl} V_{Br}	V_{Cl} V_{Cr}	V_{Dl} V_{Dr}	V_{El} V_{Er}	V_F
p	0.160	②0.144 0.178	—	-0.179	-0.032	-0.066	-0.077	0.321	-0.679 0.647	-0.353 -0.034	-0.034 0.489	-0.511 0.077	0.077
p	①- 0.207	0.140	0.151	-0.052	-0.167	-0.031	-0.086	-0.052	-0.052 0.385	-0.615 0.637	-0.363 -0.056	-0.056 0.586	-0.414
p	0.200	—	—	-0.100	0.027	-0.007	0.002	0.400	-0.600 0.127	0.127 -0.034	-0.034 0.009	0.009 -0.002	-0.002
p	—	0.173	—	-0.073	-0.081	0.022	-0.005	-0.073	-0.073 0.493	-0.507 0.102	0.102 -0.027	-0.027 0.005	0.005
p	—	—	0.171	0.020	-0.079	-0.079	0.020	0.020	0.020 -0.099	-0.099 0.500	-0.500 0.099	0.099 -0.020	-0.020
p	0.240	0.100	0.122	-0.281	-0.211	0.211	-0.281	0.719	1.281 1.070	-0.930 1.000	-1.000 0.930	1.070 1.281	-0.719
p	0.287	—	0.228	-0.140	-0.105	-0.105	-0.140	0.860	-1.140 0.035	0.035 1.000	-1.000 -0.035	-0.035 1.140	-0.860
p	—	0.216	—	-0.140	-0.105	-0.105	-0.140	-0.140	-0.140 1.035	-0.965 0	0. 0.965	-1.035 0.140	0.140
p	0.227	②0.189 0.209	—	-0.319	-0.057	-0.118	-0.137	0.681	-1.319 1.262	-0.738 -0.061	-0.061 0.981	-1.019 0.137	0.137
p	①- 0.282	0.172	0.198	-0.093	-0.297	-0.054	-0.153	-0.093	-0.093 0.796	-1.204 1.243	-0.757 -0.099	-0.099 1.153	0.847
p	0.274	—	—	-0.179	0.048	-0.013	0.003	0.821	-1.179 0.227	0.227 -0.061	-0.061 0.016	0.016 -0.003	-0.003
p	—	0.198	—	-0.131	-0.144	0.038	-0.010	-0.131	-0.131 0.987	-1.013 0.182	0.182 -0.048	-0.048 0.010	0.010
p	—	—	0.193	0.035	-0.140	-0.140	0.035	0.035	0.035 -0.175	-0.175 1.000	-1.000 0.175	0.175 -0.035	-0.035

附表 23　双向板弯矩、挠度计算系数

符号说明

$$B_C=\frac{Eh^3}{12(1-\mu^2)}\text{刚度};$$

式中　E—弹性模量；

h—板厚；

μ—泊松比。

f,f_{max}—分别为板中心点的挠度和最大挠度；

f_{01},f_{02}—分别为平行于 l_{01} 和/l_{02} 方向自由边的中点挠度；

$m_{01},m_{01,max}$,—分别为平行于 l_{01} 方向板中心点单位板宽内的弯矩和板跨内最大弯矩；

$m_{02},m_{02,max}$—分别为平行于 l_{02} 方向板中心点单位板宽内的弯矩和板跨内最大弯矩；

m_{01},m_{02}—分别为平行于 l_{01} 和 l_{02} 方向自由边的中点单位板宽内的弯矩；

m_1'—固定边中点沿 l_{01} 方向单位板宽内的弯矩；

m_2'—固定边中点沿 l_{02} 方向单位板宽内的弯矩；

－－－－代表固定边；——代表简支边；

正负号的规定：

弯矩——使板的受荷面受压者为正；

挠度——变位方向与荷载方向相同者为正。

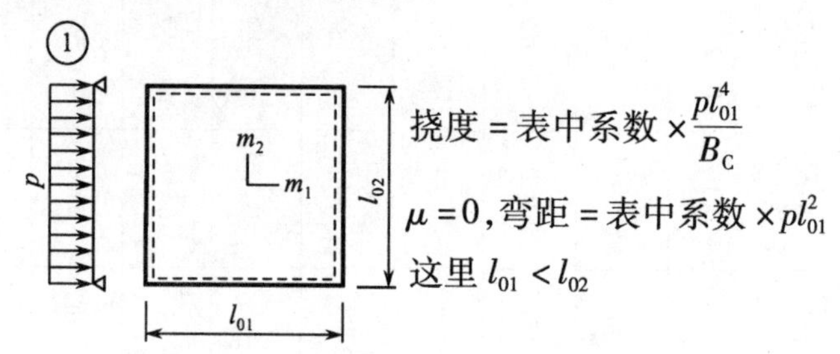

附表 23.1　四边简支

l_{01}/l_{02}	f	m_1	m_2	l_{01}/l_{02}	f	m_1	m_2
0.50	0.01013	0.0965	0.0174	0.80	0.00603	0.0561	0.0334
0.55	0.00940	0.0892	0.0210	0.85	0.00547	0.0506	0.0348
0.60	0.00867	0.0820	0.0242	0.90	0.00496	0.0456	0.0353
0.65	0.00796	0.0750	0.0271	0.95	0.00449	0.0410	0.0364
0.70	0.00727	0.0683	0.0296	1.00	0.00406	0.0368	0.0368
0.75	0.00663	0.0620	0.0317	—	—	—	—

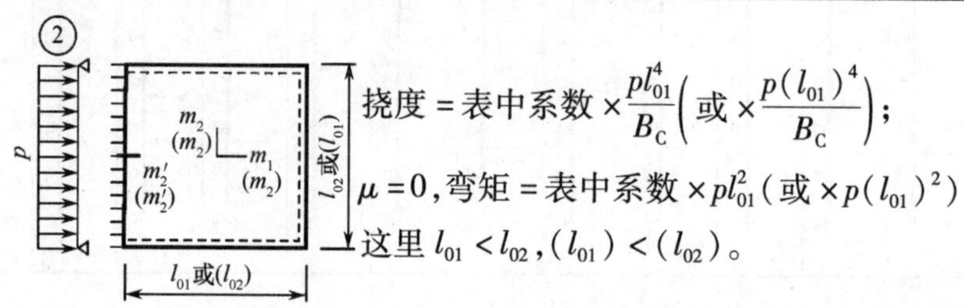

附表 23.2　三边简支一边固定

l_{01}/l_{02}	$(l_{01})/(l_{02})$	f	f_{max}	m_1	m_{1max}	m_2	m_{2max}	m_1'或m_2'
0.50		0.00488	0.00504	0.0583	0.0646	0.0060	0.0063	-0.1212
0.55		0.00471	0.00492	0.0563	0.0618	0.0081	0.0087	-0.1187
0.60		0.00453	0.00472	0.0539	0.0589	0.0104	0.0111	-0.1158
0.65		0.00432	0.00448	0.0513	0.0559	0.0126	0.0133	-0.1124
0.70		0.00410	0.00422	0.0485	0.0529	0.0148	0.0154	-0.1087
0.75		0.00388	0.00399	0.0457	0.0496	0.0168	0.0174	-0.1048
0.80		0.00365	0.00376	0.0428	0.0463	0.0187	0.0193	-0.1007
0.85		0.00343	0.00352	0.0400	0.0431	0.0204	0.0211	-0.0965
0.90		0.00321	0.00329	0.0372	0.0400	0.0219	0.0226	-0.0922
0.95		0.00299	0.00306	0.0345	0.0369	0.0232	0.0239	-0.0880
1.00	1.00	0.00279	0.00285	0.0319	0.0340	0.0243	0.0249	-0.0839
	0.95	0.00316	0.00324	0.0324	0.0345	0.0280	0.0287	-0.0882
	0.90	0.00360	0.00368	0.0328	0.0347	0.0322	0.0330	-0.0926
	0.85	0.00409	0.00417	0.0329	0.0347	0.0370	0.0378	-0.0970
	0.80	0.00464	0.00473	0.0326	0.0343	0.0424	0.0433	-0.1014
	0.75	0.00526	0.00536	0.0319	0.0335	0.0485	0.0494	-0.1056
	0.70	0.00595	0.00605	0.0308	0.0323	0.0533	0.0562	-0.1096
	0.65	0.00670	0.00680	0.0291	0.0306	0.0627	0.0637	-0.1133
	0.60	0.00752	0.00762	0.0268	0.0289	0.0707	0.0717	-0.1166
	0.55	0.00838	0.00848	0.0239	0.0271	0.0792	0.0801	-0.1193
	0.50	0.00927	0.00935	0.0205	0.0249	.0880	0.0888	-0.1215

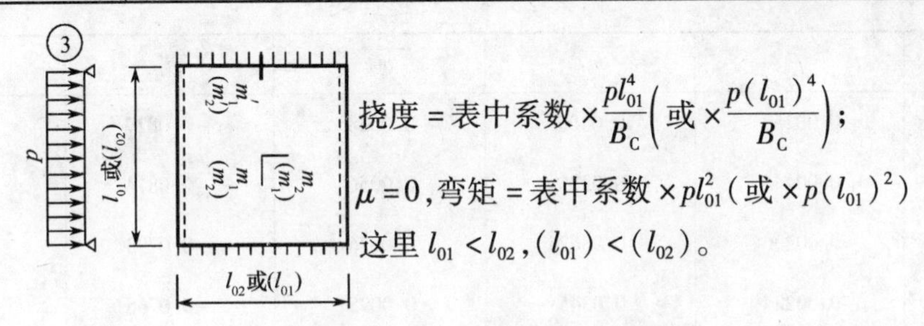

挠度 = 表中系数 $\times \frac{pl_{01}^4}{B_C}\left(或 \times \frac{p(l_{01})^4}{B_C}\right)$；

$\mu=0$，弯矩 = 表中系数 $\times pl_{01}^2$（或 $\times p(l_{01})^2$）

这里 $l_{01}<l_{02}$，$(l_{01})<(l_{02})$。

附表 23.3　对边简支、对边固定

l_{01}/l_{02}	$(l_{01})/(l_{02})$	f	m_1	m_2	m_1'或m_2'
0.50		0.00261	0.0416	0.0017	-0.0843
0.55		0.00259	0.0410	0.0028	-0.0840
0.60		0.00255	0.0402	0.0042	-0.0834
0.65		0.00250	0.0392	0.0057	-0.0826
0.70		0.00243	0.0379	0.0072	-0.0814
0.75		0.00236	0.0366	0.0088	-0.0799
0.80		0.00228	0.0351	0.0103	-0.0782

（续）

l_{01}/l_{02}	$(l_{01})/(l_{02})$	f	m_1	m_2	m_1'或m_2'
0.85		0.00220	0.0335	0.0118	−0.0763
0.90		0.00211	0.0319	0.0133	−0.0743
0.95		0.00201	0.0302	0.0146	−0.0721
1.00	1.00	0.00192	0.0285	0.0158	−0.0698
	0.95	0.00223	0.0296	0.0189	−0.0746
	0.90	0.00260	0.0306	0.0224	−0.0797
	0.85	0.00303	0.0314	0.0266	−0.0850
	0.80	0.00354	0.0319	0.0316	−0.0904
	0.75	0.00413	0.0321	0.0374	−0.0959
	0.70	0.00482	0.0318	0.0441	−0.1013
	0.65	0.00560	0.0308	0.0518	−0.1066
	0.60	0.00647	0.0292	0.0604	−0.1114
	0.55	0.00743	0.0267	0.0698	−0.1156
	0.50	0.00844	0.0234	0.0798	−0.1191

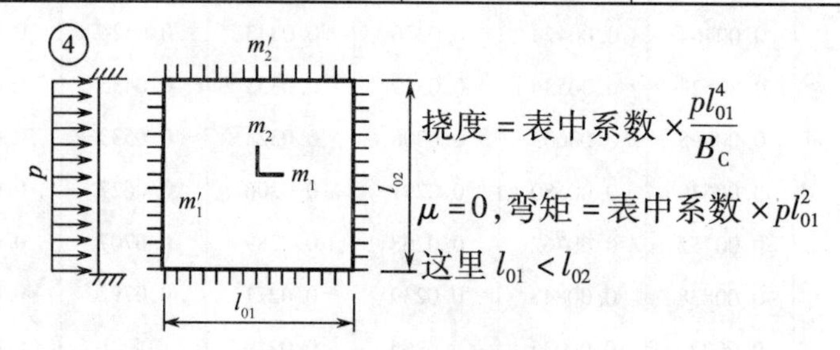

附表 23.4　四边固定

l_{01}/l_{02}	f	m_1	m_2	m_1'	m_2'
0.50	0.00253	0.0400	0.0038	−0.0829	−0.0570
0.55	0.00246	0.0385	0.0056	−0.0814	−0.0571
0.60	0.00236	0.0367	0.0076	−0.0793	−0.0571
0.65	0.00224	0.0345	0.0095	−0.0766	−0.0571
0.70	0.00211	0.0321	0.0113	−0.0735	−0.0569
0.75	0.00197	0.0296	0.0130	−0.0701	−0.0565
0.80	0.00182	0.0271	0.0144	−0.0664	−0.0559
0.85	0.00168	0.0246	0.0156	−0.0626	−0.0551
0.90	0.00153	0.0221	0.0165	−0.0588	−0.0541
0.95	0.00140	0.0198	0.0172	−0.0550	−0.0528
1.00	0.00127	0.0176	0.0176	−0.0513	−0.0513

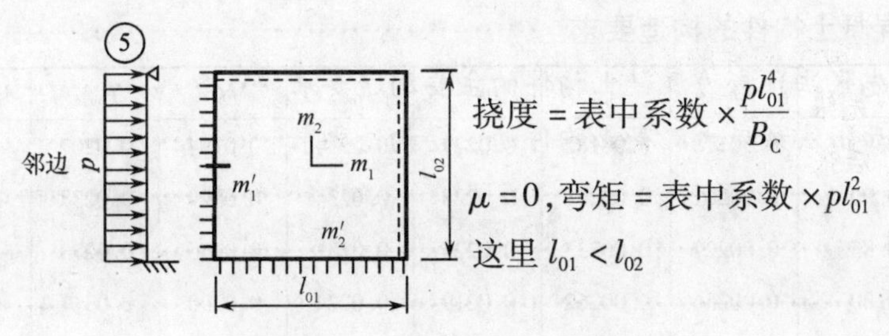

挠度 = 表中系数 × $\frac{pl_{01}^4}{B_C}$

$\mu=0$，弯矩 = 表中系数 × pl_{01}^2

这里 $l_{01}<l_{02}$

附表 23.5　简支、邻边固定

l_{01}/l_{02}	f	f_{max}	m_1	f_{1max}	m_2	f_{2max}	m_1'	m_2'
0.50	0.00468	0.00471	0.0559	0.0562	0.0079	0.0135	-0.1179	-0.0786
0.55	0.00445	0.00454	0.0529	0.0530	0.0104	0.0153	-0.1140	-0.0785
0.60	0.00419	0.00429	0.0496	0.0498	0.0129	0.0169	-0.1095	-0.0782
0.65	0.00391	0.00399	0.0461	0.0465	0.0151	0.0183	-0.1045	-0.0777
0.70	0.00363	0.00368	0.0426	0.0432	0.0172	0.0195	-0.0992	-0.0770
0.75	0.00335	0.00340	0.0390	0.0396	0.0189	0.0206	-0.0938	-0.0760
0.80	0.00308	0.00313	0.0356	0.0361	0.0204	0.0218	-0.0883	-0.0748
0.85	0.00281	0.00286	0.0322	0.0328	0.0215	0.0229	-0.0829	-0.0733
0.90	0.00256	0.00261	0.0291	0.0297	0.0224	0.0238	-0.0776	-0.0716
0.95	0.00232	0.00237	0.0261	0.0267	0.0230	0.0244	-0.0726	-0.0698
1.00	0.00210	0.00215	0.0234	0.0240	0.0234	0.0249	-0.0677	-0.0677

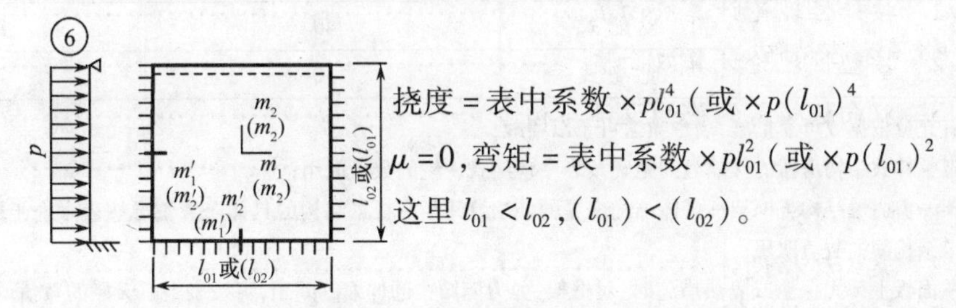

挠度 = 表中系数 × pl_{01}^4（或 × $p(l_{01})^4$）

$\mu=0$，弯矩 = 表中系数 × pl_{01}^2（或 × $p(l_{01})^2$）

这里 $l_{01}<l_{02}$，$(l_{01})<(l_{02})$。

附表 23.6　三边固定、一边简支

l_{01}/l_{02}	$(l_{01})/(l_{02})$	f	f_{max}	m_1	f_{1max}	m_2	f_{2max}	m_1'	m_2'
0.50		0.00257	0.00258	0.0408	0.0409	0.0028	0.0089	-0.0836	-0.0569
0.55		0.00252	0.00255	0.0398	0.0399	0.0042	0.0093	-0.0827	-0.0570
0.60		0.00245	0.00249	0.0384	0.0386	0.0059	0.0105	-0.0814	-0.0571
0.65		0.00237	0.00240	0.0368	0.0371	0.0076	0.0116	-0.0796	-0.0572
0.70		0.00227	0.00229	0.0350	0.0354	0.0093	0.0127	-0.0774	-0.0572
0.75		0.00216	0.00219	0.0331	0.0335	0.0109	0.0137	-0.0750	-0.0572
0.80		0.00205	0.00208	0.0310	0.0314	0.0124	0.0147	-0.0722	-0.0570
0.85		0.00193	0.00196	0.0289	0.0293	0.0138	0.0155	-0.0693	-0.0567
0.90		0.00181	0.00184	0.0268	0.0273	0.0159	0.0163	-0.0663	-0.0563
0.95		0.00169	0.00172	0.0247	0.0252	0.0160	0.0172	-0.0631	-0.0558
1.00	1.00	0.00157	0.00160	0.0227	0.0231	0.0168	0.0180	-0.0600	-0.0550

第11章 钢筋混凝土梁板结构

第12章 钢筋混凝土板柱结构

（续）

l_{01}/l_{02}	$(l_{01})/(l_{02})$	f	f_{max}	m_1	f_{1max}	m_2	f_{2max}	m_1'	m_2'
	0.95	0.00178	0.00182	0.0229	0.0234	0.0194	0.0207	−0.0629	[illegible]
	0.90	0.00201	0.00206	0.0228	0.0234	0.0223	0.0238	−0.0656	[illegible]
	0.85	0.00227	0.00233	0.0225	0.0231	0.0255	0.0273	−0.0683	[illegible]
	0.80	0.00256	0.00262	0.0219	0.0224	0.0290	0.0311	−0.0707	[illegible]
	0.75	0.00286	0.00294	0.0208	0.0214	0.0329	0.0354	−0.0729	−0.0837
	0.70	0.00319	[illegible]	[illegible]	[illegible]	[illegible]	0.0400	−0.0748	−0.0903
	0.65	0.00352	0.00365	0.0175	0.0182	0.0412	0.0446	−0.0762	−0.0970
	0.60	0.00386	0.00403	0.0153	0.0160	0.0454	0.0493	−0.0773	−0.1033
	0.55	0.00419	0.00437	0.0127	0.0133	0.0496	0.0541	−0.0780	−0.1093
	0.50	0.00449	0.00463	0.0099	0.0103	0.0534	0.0588	−0.0784	−0.1146

附表24 钢筋混凝土结构伸缩缝最大间距(m)

结构类别		室内或土中	露天
排架结构	装配式	100	70
框架结构	装配式	75	50
	现浇式	55	35
剪力墙结构	装配式	65	40
	现浇式	45	30
挡土墙、地下室墙壁等类结构	装配式	40	80
	现浇式	30	20

注：1. 如有充分依据或可靠措施，表中数值可予以增减；
2. 现浇整体式结构房屋的伸缩缝间距宜按表中现浇式一栏的数值取用；
3. 框架—剪力墙结构或框架—筒体结构房屋的伸缩缝间距应根据结构的具体布置情况按表中介于框架结构与剪力墙结构间的数值取用；
4. 当屋面板上部无保温或隔热措施时：对框架、剪力墙结构的伸缩缝间距，可按表中露天栏的数值取用；对排架结构的伸缩缝间距，可按表中室内栏的数值适当减少；
5. 排架结构的柱高（从基础顶面算起）低于8m时，宜适当减少伸缩缝间距；
6. 外墙装配内墙现浇的剪力墙结构，其伸缩缝最大间距宜按现浇式一栏的数值取用。滑模施工的剪力墙结构，宜适当减小伸缩缝间距，现浇墙体在施工中应采取措施减小混凝土收缩应力；
7. 位于气候干燥地区、夏季炎热且暴雨频繁地区的结构或经常处于高温作用下的结构，可按照使用经验适当减少伸缩缝间距；
8. 伸缩缝间距尚应考虑施工条件的影响，必要时（如材料收缩较大或室内结构因施工外露时间较长）宜适当减小伸缩缝间距；
9. 现浇挑梁、雨罩等外露结构宜沿纵向设置温度伸缩缝，间距不宜大于12m

第13章 钢筋混凝土防护结构简介

参考文献

[1] 中华人民共和国国家标准. 混凝土结构设计规范(GB50010-2010)[S]. 北京:中国建筑工业出版社,2011.
[2] 中华人民共和国国家标准. 建筑结构荷载规范(GB50009-2012)[S]. 北京:中国建筑工业出版社,2012.
[3] 中华人民共和国国家标准. 工程结构可靠性设计统一标准(GB50153-2008)[S]. 北京:中国建筑工业出版社,2008.
[4] 中华人民共和国国家标准. 混凝土结构耐久性设计规范(GB/T50476-2008)[S]. 北京:中国建筑工业出版社,2009.
[5] 高等学校土木工程学科专业指导委员会. 高等学校土木工程本科专业指导性规范[S]. 北京:中国建筑工业出版社,2011.
[6] 刘立新,叶燕华. 混凝土结构原理(新1版)[M]. 武汉:武汉理工大学出版社,2010.
[7] 叶列平. 混凝土结构(上册)[M]. 北京:中国建筑工业出版社,2012.
[8] 王铁成. 混凝土结构基本构件设计原理[M]. 北京:中国建材工业出版社,2011.
[9] 东南大学,天津大学,同济大学. 混凝土结构(上册)[M]. 北京:中国建筑工业出版社,2012.
[10] 徐有邻,周氐. 混凝土结构设计规范理解与应用[M]. 北京:中国建筑工业出版社,2002.
[11] 张季超. 新编混凝土结构原理[M]. 北京:科学出版社,2011.
[12] 梁兴文. 混凝土结构基本原理[M]. 重庆:重庆大学出版社,2011.
[13] 方秦,柳锦春. 地下防护结构[M]. 北京:知识产权出版社,2010.
[14] 王年桥. 防护结构计算原理与设计[M]. 南京:解放军理工大学,2002.
[15] 施元龙. 中国筑城史[M]. 北京:军事谊文出版社,1999.